ÖLHYDRAULIK

VON

Dr. HEINZ ZOEBL

WIEN

MIT 439 TEXTABBILDUNGEN

WIEN

SPRINGER-VERLAG

1963

ISBN-13: 978-3-7091-7626-9   e-ISBN-13: 978-3-7091-7625-2
DOI: 10.1007/978-3-7091-7625-2

Vorwort

Hydraulische Antriebe werden auf sämtlichen Gebieten des Maschinenbaues in besonders rasch zunehmendem Maße verwendet. Es wurde deshalb in allen Zweigen der Industrie immer wieder die Forderung nach einer Einführung in das Arbeitsgebiet der Ölhydraulik erhoben, in der alle Probleme behandelt werden, die bei der Ausrüstung neuer Maschinen mit hydraulischen Antrieben auftreten.

Eine solche Einführung lege ich hiermit vor. Das Buch gibt Entwicklungsingenieuren, Konstrukteuren, Betriebsleitern und Fertigungsingenieuren in erster Linie einen Überblick über die heute verfügbaren Normbauteile der Ölhydraulik sowie über die wichtigsten Anwendungsmöglichkeiten der Hydraulik auf den verschiedenen Gebieten des Maschinenbaues. Darüber hinaus werden die Fragen behandelt, die sich ergeben, wenn eine Entscheidung für oder gegen die Einführung eines hydraulischen Antriebes getroffen werden muß, — wie Zweckmäßigkeit und Wirtschaftlichkeit hydraulischer Antriebe im Vergleich mit elektrischen, mechanischen und pneumatischen Antrieben, besonders charakteristische Eigenschaften, die für und wider die Lösung bestimmter Aufgaben durch hydraulische Antriebe sprechen, usw.

Außerdem werden die für die Gestaltung ölhydraulischer Antriebe wichtigen Gesetze der Hydrostatik, Hydrodynamik und Thermodynamik zusammengefaßt. Auch die nicht stationären Strömungs- und Schwingungsvorgänge, insbesondere die sogenannten Druckstöße, die in hydraulischen Antrieben oft beträchtliche Schwierigkeiten verursachen, und die sonst in der Strömungslehre so oft vernachlässigten Gesetze über die nicht stationäre Strömung werden anschaulich und mit einfachen mathematischen Mitteln behandelt.

Die „Ölhydraulik" ist somit vor allem ein Hilfsmittel für den Ingenieur des allgemeinen Maschinenbaues. Absichtlich wurden deshalb teilweise die von verschiedenen Erzeugerfirmen hydraulischer Normbauteile sowie von Erzeugern von Maschinen, in denen hydraulische Antriebe verwendet werden, zur Verfügung gestellten Bilder und Schaltpläne so wiedergegeben, wie sie von diesen Firmen in der Praxis verwendet werden, obwohl diese Unterlagen teilweise nicht ganz den einheitlich festgelegten Normen für die Zusammenstellung der Schaltsymbole für hydraulische Normbauteile entsprechen.

Dem Krausskopf-Verlag, Wiesbaden, bin ich für die Erlaubnis, aus meinen dort erschienenen Publikationen und aus anderen Veröffentlichungen, insbesondere aus der Zeitschrift „Ölhydraulik und Pneumatik", Abbildungen in dieses Buch zu übernehmen, sehr zu Dank verpflichtet. Außerdem gebührt mein Dank allen jenen Firmen, die mir bereitwilligst Bildunterlagen zur Verfügung gestellt haben; die betreffenden Firmen sind jeweils in den Abbildungsunterschriften genannt.

Allen Benützern dieses Buches wäre ich für Anregungen zu Änderungen und Verbesserungen für eine Neuauflage dankbar.

Wien, im Januar 1963

Heinz Zoebl

Inhaltsverzeichnis

I. Einführung

1. Hundert Jahre hydrostatischer Antrieb

Im Jahre 1862, also gerade vor 100 Jahren, wurde die erste mit Druckwasser betriebene hydrostatische Presse, eine große Schmiedepresse, von JOHN HASWELL gebaut und in Leoben in der Steiermark (Österreich) in Betrieb genommen. In den folgenden Jahrzehnten wurde im Pressenbau von der Möglichkeit, große Kräfte auf relativ kleinem Raum durch Preßzylinder auszuüben, häufig Gebrauch gemacht. Auf anderen Gebieten des Maschinenbaues erkannte man jedoch noch lange nicht die Möglichkeiten, die sich durch die Verwendung hydraulischer Antriebe ergeben würden. Während sich die Hydrodynamik, die sich mit der Lehre von der strömenden Flüssigkeit beschäftigt,

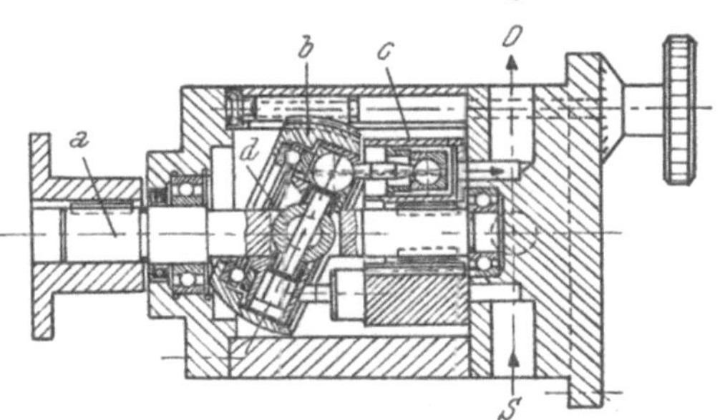

Abb. 1. Axialkolbenpumpe mit Taumelscheibe (aus RAUCHBERG)

mit der Entwicklung der Wasserturbine und Dampfturbine rasch zu einer wichtigen Wissenschaft entwickelte, beschränkte sich die Wissenschaft der Hydrostatik etwa auf die durch das archimedische Prinzip festgehaltenen Naturgesetze und wurde auch noch in den ersten Jahrzehnten dieses Jahrhunderts als technisch wenig interessante Wissenschaft kaum beachtet. Auch die Flüssigkeitsgetriebe wurden deshalb in Anbetracht der wesentlich weiter fortgeschrittenen Entwicklung der Hydrodynamik

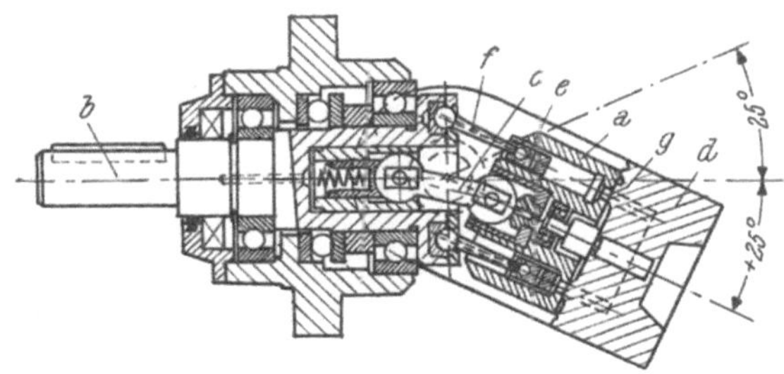

Abb. 2. Axialkolbenpumpe mit Kardangelenk (aus RAUCHBERG)

zunächst nur in Form der FÖTTINGER-Wandler als hydrodynamische Getriebe ausgebildet. Erst in den letzten Jahrzehnten fand die hydrostatische Energieübertragung — allerdings dann plötzlich in stürmischer Entwicklung — Eingang in alle Gebiete des Maschinenbaues.

Bereits im Jahre 1900 bauten die Amerikaner WILLIAMS und JANNEYS die ersten Axialkolbenpumpen (Abb. 1) mit verstellbarer Taumelscheibe und neun Kolben; diese Regelpumpen erreichen infolge der relativ hohen Kolbenzahl praktisch schon einen fast pulsationsfreien Förderstrom. Auch wurde bereits von Anfang an bei der Entwicklung dieser Axialkolbenpumpen die Möglichkeit der Verwendung von Hydrauliköl als Energieübertragungsmedium und gleichzeitig als Schmiermittel erkannt.

Die Konstruktion dieser Taumelscheibenpumpe ließ auch schon Betriebsdrücke bis zu 40 atü zu.

1930 wurde dann von Professor THOMA die erste Axialkolbenpumpe mit schwenkbarem Pumpenkörper gebaut, bei der die Mitnahme des Zylinderblocks durch ein Kardangelenk erfolgte. Zur Steuerung des Ölstroms durch die Zylinder wurde eine Steuerfläche mit entsprechenden Ausnehmungen verwendet (Abb. 2).

Etwa seit 1940 werden in U. S. A., Deutschland und England Axialkolbenpumpen nach dem THOMA-Prinzip in großen Serien hergestellt, an denen noch verschiedene Verbesserungen vorgenommen wurden. So erfolgt die Mitnahme des Zylinderkörpers meist nicht mehr durch ein Kardangelenk, sondern durch robuste kugelförmige Gelenkköpfe und die ursprünglich ebene Steuerfläche wurde teilweise durch eine sphärische Steuerfläche ersetzt. Die nach dem THOMA-Prinzip arbeitenden Axialkolbenpumpen werden heute meist für Betriebsdrücke zwischen 200 und 350 atü eingesetzt und sind die meistverwendeten regelbaren Pumpen für hydrostatische Antriebe.

Aber auch alle Pumpen mit unveränderlicher Fördermenge, wie Flügelpumpen, Zahnradpumpen, Schraubenradpumpen, sowie Pumpen, die nach verschiedenen anderen Verdrängersystemen arbeiten, wurden, insbesondere infolge ihrer zunehmenden Verwendung im Flugzeugbau und in Straßenfahrzeugen, die in großer Serie hergestellt werden, erst in den letzten Jahrzehnten zu ihrer heutigen Vollkommenheit entwickelt. Alle diese Pumpenbauarten werden heute in großen Serien hergestellt, wobei meist auch von jeder Bauart immer mehrere Typen in feingestuften Größen für verschiedene Lieferströme zur Verfügung stehen.

Durch die in den letzten Jahren ständig einsetzende Entwicklung aller anderen Normbauteile für ölhydraulische Antriebe, wie Druckventile, Mehrwegventile für die verschiedensten Betätigungsarten, Stromregler, Stromteiler, Eilgangventile usw., wurde aus dem Stiefkind der Hydrostatik plötzlich die auf allen Gebieten des Maschinenbaues in zunehmendem Maße verwendete Ölhydraulik und Hydroautomatik.

2. Vorbemerkung über einige Grundbegriffe der Ölhydraulik und ihre zweckmäßige Bezeichnung

Ebenso wie in vielen anderen Zweigen der Technik, so haben sich auch in der Ölhydraulik die einzelnen Bauelemente rascher entwickelt als die Sprache, die zur Beschreibung bestimmter Probleme oder häufig verwendeter Geräte erforderlich wäre. Die aus diesem Grunde zur Beschreibung bestimmter Begriffe von Fachausschüssen festgelegten Worte werden nun meist nur nach logischen Gesichtspunkten ausgewählt, ohne daß auf die Tendenz nach einer möglichst einfachen Ausdrucksweise Rücksicht genommen wird, die die Entwicklung jeder Sprache letzten Endes bestimmt. Denn die Sprache ist etwas Lebendiges und nicht das Ergebnis einer nach logischen Gesichtspunkten aufgebauten Norm. Welches Wort für die Bezeichnung eines bestimmten Begriffes verwendet wird, entscheiden letzten Endes alle Menschen, die sich der betreffenden Sprache bedienen, um mit bestimmten Worten bestimmte Begriffe zu bezeichnen. Je häufiger ein bestimmtes Wort zur Bezeichnung eines Begriffes verwendet wird, um so rascher wird der betreffende Begriff dann ausschließlich durch dieses Wort bezeichnet werden.

Mit jedem lebendigen Wort, das in einer Sprache verwendet wird, kann deshalb je nach dem Zusammenhang, in dem das Wort gebraucht wird, entweder immer der gleiche oder nahezu der gleiche Begriff oder auch jeweils ein anderer Begriff bezeichnet werden. Meist haben die Begriffe, die mit ein und demselben Wort bezeichnet werden, irgend etwas oder auch sehr viel gemeinsam, aber sie sind fast nie vollkommen identisch. So sprechen wir z. B. von einem Strom Menschen, der sich durch die Straßen bewegt, einem reißenden Strom, der eine Brücke beschädigt, einem Luftstrom, einem elektrischen Strom usw. und verwenden meist je nach dem Zusammenhang, in dem wir das Wort Strom verwenden, zur Bezeichnung eines dieser oben erwähnten Begriffe immer nur das Wort „Strom". In der Technik wird unter dem Wort Strom immer in irgendeiner Form ein Begriff verstanden, der eine Menge pro Zeiteinheit bezeichnet.

Das Wort Strom schillert also in den verschiedensten Farben und je nach dem Zusammenhang, in dem wir es verwenden, sehen wir immer nur eine dieser Farben: Die Menschenmenge, das strömende Wasser, die Luftbewegung, die elektrische Stromstärke usw.

In diesem Zusammenhang gliedert sich z. B. die allgemein eingeführte Bezeichnung „Fördermenge" für die Liefermenge einer Pumpe pro Zeiteinheit nicht organisch in den allgemeinen Sprachgebrauch ein. Richtiger sollte man nur von einem Förderstrom oder kurz Strom bzw. in Analogie zur Elektrotechnik von einer Stromstärke der Pumpen und Ölmotoren bzw. einer Stromstärke in den Rohrleitungen und Schiebern sprechen. Durch die Einführung dieser dem Sprachgefühl besser entsprechenden Bezeichnung Stromstärke oder kurz Strom an Stelle von Fördermenge können die verschiedensten Vorgänge in hydraulischen Antrieben wesentlich einfacher durch Worte beschrieben werden als mit den bisher üblichen Bezeichnungen. Wortzusammensetzungen, wie z. B. Stromregler statt Mengenregler, Stromteiler statt Mengenteiler, geben ein wesentlich klareres Bild von der wirklichen Funktion dieser Geräte als die bisher übliche Bezeichnung. Die Bestimmung der Stromstärke wurde bisher nach den „Allgemeinen Regeln für die Durchflußmengenmessung mit Düsen und Blenden" vorgenommen. Klarer wäre zweifellos die Bezeichnung „Regeln für die Messung der Stromstärke durch Düsen und Blenden"! Da sich auch an anderen Stellen bereits Bestrebungen zeigen, diesen Begriff des Stromes für die in der Zeiteinheit durch einen Querschnitt strömende Flüssigkeitsmenge einzuführen, wurde in der folgenden Einführung in die Ölhydraulik dieser Begriff in allen Wortzusammensetzungen verwendet. Es ergibt sich dadurch eine Vereinfachung der Sprache, die zur Beschreibung hydraulischer Probleme verwendet wird, und außerdem entspricht das Wort Strom auch nach logischen Gesichtspunkten besser als alle bisher verwendeten Wörter der Bedeutung einer Ölmenge pro Zeiteinheit.

In vielen anderen Fällen, in denen bereits Vorschläge für die Normung bestimmter Worte zur Bezeichnung bestimmter Begriffe vorliegen, die jedoch nur auf logischen Überlegungen basieren, liegen die Verhältnisse leider nicht so klar zugunsten dieser vorgeschlagenen Bezeichnungen: Die systematische Zuordnung längerer Wörter zu bestimmten Begriffen führt zu langen zusammengesetzten Wortbildungen, die sich in der Praxis der lebendigen Sprache wohl kaum durchsetzen werden. So erscheint es z. B. fraglich, ob sich statt des früher allgemein üblichen Wortes „Sicherheitsventil" das Wort „Druckbegrenzungsventil" auf die Dauer für die Bezeichnung eines so häufig benötigten Normbauteiles durchsetzen wird. Vielleicht wird man letzten Endes einfach bei „Druckventil" als Bezeichnung dieses Bauelementes bleiben, das heute auch noch unter den Bezeichnungen Druckeinstellventil und Abspritzventil erwähnt wird.

An einigen Überlegungen zum Worte „Ölhydraulik" selbst möge am deutlichsten gezeigt werden, daß der Versuch, die Gesetze einer lebendigen Sprache nach logischen Gesichtspunkten ausrichten zu wollen, kein sinnvolles Unternehmen ist. Das Wort „Ölhydraulik" wird heute meist für die Bezeichnung eines Begriffes verwendet, unter dem man die Lehre von der Energieübertragung durch hydrostatische Antriebe versteht. Die Druckenergie kann dabei durch eine rotierende Pumpe oder eine Kolbenpumpe oder aber auch durch einen Druckö/zylinder ohne Ventile erzeugt werden und in einem Arbeitszylinder oder Ölmotor in mechanische Energie zurückverwandelt werden. Die Pumpe kann einen konstanten Förder*strom* Q oder eine stufenlos veränderliche *Strom*stärke haben oder es kann eine Handpumpe mit bestimmter Förder*menge* pro Hub verwendet werden, wesentlich für die Einordnung eines hydraulischen Antriebes in das Gebiet der Ölhydraulik ist, daß die Bewegungsenergie der strömenden Hydraulikflüssigkeit bei der Energieübertragung von der Erzeugungsstelle zur Stelle der Rückverwandlung in mechanische Energie gegenüber der Druckenergie $Q \cdot p$ vernachlässigt werden kann. Ein Flüssigkeitsgetriebe für die Energieübertragung durch Bewegungsenergie, wie etwa die FÖTTINGER-Getriebe, wäre somit in das Gebiet der Hydrodynamik einzugliedern. Da jedoch die hydrodynamischen Getriebe oft in scharfen Wettbewerb mit hydrostatischen Getrieben treten und somit oft ein und dieselbe Maschine alternativ verwendet werden könnte, neigt man heute dazu, diese Flüssigkeitsgetriebe, die aus einer Kreiselpumpe und einer Gleichdruckturbine bestehen oder auch aus einem Getriebe, bei dem durch die Flüssigkeitsreibung das Mitnehmen einer mit Rippen versehenen Scheibe veranlaßt wird, ebenfalls in den Begriffsinhalt der Ölhydraulik mit einzubeziehen. Abgesehen von dieser Entscheidung, ob diese Begriffserweiterung zweckmäßig ist oder nicht, ist aber ziemlich klar, was man heute unter der Ölhydraulik versteht. Trotzdem bedeutet das Wort „Hydor" im Griechischen „Wasser". Die Kombination der beiden Worte „Öl" und „Hydraulik" zu dem Wort „Ölhydraulik" wäre somit nach logischen Gesichtspunkten eine ganz unmögliche Wortzusammensetzung, ganz abgesehen davon, daß der Begriff „Hydraulik" in der gesamten Technik für die Bezeichnung der „Lehre von den strömenden Flüssigkeiten" verwendet wird. Die Hydraulik ist also der Hydrodynamik zugeordnet und man versteht unter Hydraulik in erster Linie sogar den Begriffsinhalt der Hydrodynamik selbst und darüber hinaus vor allem die Lehre von den Strömungsmaschinen für Flüssigkeiten, wie Wasserturbinen, Kreiselpumpen usw. Wenn also der Begriff „Ölhydraulik" vornehmlich für die Lehre der Maschinenelemente zur hydrostatischen Energieübertragung verwendet wird, so liegt darin auch noch ein weiterer Widerspruch. Trotzdem wäre es auf keinen Fall zweckmäßig, an der gut eingebürgerten Zuordnung eines allgemein festgelegten Begriffsinhaltes zu dem Wort „Ölhydraulik", aus logischen Erwägungen heraus, Änderungsvorschläge zu erörtern, weil die lebendige Sprache in dieser Richtung bereits ihren Weg festgelegt hat.

Dagegen sollte man sich nicht scheuen, zweckmäßige neue oder bisher nur selten verwendete Worte für die Bezeichnung bestimmter Begriffe, die bisher nur in anderen Sparten der Technik üblich waren, wie etwa den Begriff der Stromstärke, in der Hydraulik einzuführen, wenn dadurch eine dem Sprachgefühl besser entsprechende Beschreibung der behandelten Fragen ermöglicht wird.

Besondere Schwierigkeiten ergeben sich auch bei einer systematischen Zuordnung von bestimmten Wörtern zu bestimmten Begriffen, wenn ein Wort je nach dem Arbeitsgebiet, innerhalb dessen es verwendet wird, jeweils für ganz andere Begriffe verwendet wird.

So versteht man z. B. im allgemeinen ebenso wie in der Pneumatik und Elektrotechnik heute auch in der Hydraulik unter einer „Folgesteuerung" eine Steuerung, bei der nach der Beendigung eines Arbeitsganges der nächstfolgende Arbeitsgang in Abhängigkeit von der Lage eines Arbeitskolbens oder von den nach der Beendigung eines Taktes auftretenden Drücken an einer bestimmten Stelle des Öldrucknetzes automatisch ausgelöst wird (vgl. Abb. 307, 308 und 310).

In der Hydraulik für Turbinenregelung und für Kopiereinrichtungen für Werkzeugmaschinen versteht man dagegen unter einer Folge- oder auch Nachfolgesteuerung einen Servomotor nach Abb. 3. Bei einer solchen Folgesteuerung wird durch die Bewegung eines mechanisch betätigten Fühlers mit sehr kleinen Kräften ein Steuerschieber betätigt, der die Druckölzufuhr bzw. -ableitung auf den beiden Seiten eines Servomotors steuert. Der Kolben des Servomotors führt dann die gleiche Bewegung aus wie der Impulsgeber, jedoch unter Überwindung wesentlich größerer Kräfte. Treten, wie dies bei Regelaufgaben oft der Fall ist, noch Schwingungserscheinungen in einem solchen Regelsystem auf, in dem eine derartige Folgesteuerung verwendet wird, so wird der Servomotor selbst noch durch entsprechende Rückführung und Dämpfungssysteme ergänzt, und es wird dann oft unter Folgesteuerung das gesamte System des Reglers verstanden.

Die Tatsache, daß das gleiche Wort „Folgesteuerung" sowohl für die Bezeichnung der Steuerung verwendet wird, die zur automatischen Abwicklung mehrerer aufeinanderfolgender Arbeitstakte dient, als auch für Regelsysteme mit Servomotoren, hat bisher wohl keine weiteren Schwierigkeiten bereitet, weil meist aus dem Zusammenhang

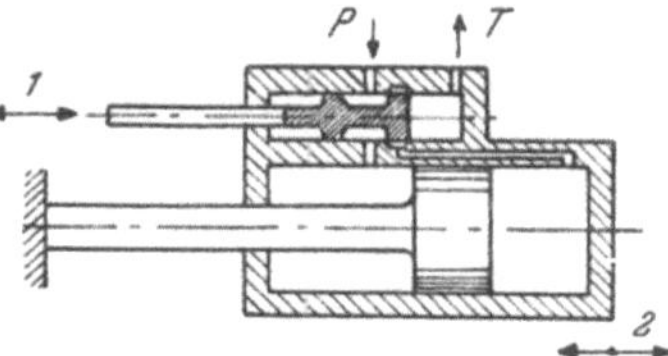

Abb. 3. Nachfolgesteuerung
(aus „Technische Rundschau")

des behandelten Problems immer klar hervorgeht, welche der beiden Arten von Folgesteuerungen jeweils gemeint ist.

Verwendet man aber nun z. B. einen solchen Servomotor zur Verstellung einer regelbaren Axialkolbenpumpe (Abb. 62 c), die als Druckölquelle für einen hydraulischen Antrieb mit Folgesteuerung im ersten Sinne dienen soll, dann wird die Sprache sogar gegenüber den ebenfalls nicht einheitlich festgelegten Zeichensymbolen für hydraulische Schaltpläne zu einem recht unhandlichen Instrument zur gegenseitigen Verständigung zwischen den Projektingenieuren eines hydraulischen Antriebes und den Konstrukteuren der Maschine, für die der Antrieb entwickelt werden soll.

Die obigen Gedanken über die zweckmäßigste Auswahl geeigneter Worte zur Bezeichnung bestimmter häufig verwendeter Begriffe wurden der Einführung in die Ölhydraulik vorangestellt, um zu erklären, warum teilweise bisher wenig gebräuchliche Begriffe, wie etwa der der Stromstärke, einheitlich verwendet wurde und warum andererseits zur Normung bereits vorgeschlagene Worte — wie etwa das Druckbegrenzungsventil — nicht einheitlich verwendet wurden, weil sie sich nach Ansicht des Verfassers auf die Dauer doch nicht werden durchsetzen können.

Vor allem sollte aber durch diese Vorbemerkungen auch manche Unklarheit beseitigt werden, die sich oft dadurch ergibt, daß z. B. von verschiedenen Erzeugerfirmen mit ein und demselben Wort ganz verschiedene Begriffe oder Geräte bezeichnet werden oder daß umgekehrt für ein in seiner Funktion praktisch identisches Gerät von verschiedenen Erzeugern andere Bezeichnungen gewählt werden.

Bei der Besprechung der einzelnen Geräte werden im folgenden wohl alle allgemein gebräuchlichen Bezeichnungen für die betreffenden Geräte einmal genannt, bei der Behandlung verschiedener Schaltpläne oder Verwendungsmöglichkeit im Zusammenhang mit bestimmten Maschinen wird aber dann immer nur eine der gebräuchlichsten Bezeichnungen verwendet und es erscheint

deshalb auch aus diesem Grunde zweckmäßig, auf diese nun einmal bestehenden
Unklarheiten in den Bezeichnungen der einzelnen Geräte vor der Besprechung
ihrer Anwendungsmöglichkeiten einmal hinzuweisen.

3. Die wichtigsten Anwendungsgebiete der Hydraulik und Entwicklungstendenzen

Die wesentlichen Vorteile der Hydraulik sind zum Teil schon seit Jahrzehnten bekannt. Beim Bau hydraulischer Pressen wurden schon vor hundert
Jahren große Kräfte mit einfachen Mitteln erzeugt und mit geringstem Raumbedarf übertragen. Die Möglichkeit, Vorschubgeschwindigkeiten und Kräfte
stufenlos in weiten Grenzen zu regeln, wurde im Werkzeugmaschinenbau an
Schleif- und Hobelmaschinen ausgenützt, wobei auch der Vorteil einer raschen
Umsteuermöglichkeit für hin- und hergehende Massen begrüßt wurde. Wenn
die rasche Umsteuerung auch bei rotierenden Bewegungen verlangt wurde,
fanden allmählich auch Ölmotoren dank ihren wesentlich geringeren Maßen
gegenüber denen von Elektromotoren Anwendung. Im Reglerbau für Wasser-
und Dampfturbinen, bei Kopiereinrichtungen für Schleif- und Fräsmaschinen
wurde die Hydraulik verwendet, um die Verschiebung eines Maschinenelementes
möglichst exakt fernzusteuern. Es fehlte aber, wenigstens in Europa, noch bis
zum Beginn des zweiten Weltkrieges an „Normbauteilen" der Hydraulik für
den allgemeinen Maschinenbau, die ebenso wie etwa Elektromotoren oder
elektrische Schaltgeräte einbaufertig zur Verfügung standen.

Es gab weder Normzylinder mit beliebigem Hub und durch Norm festgelegten
Durchmessern noch Steuerventile als Dreiwege- und Vierwegeventile zur Betätigung einfach- und doppeltwirkender Zylinder in allen erforderlichen Größen,
Befestigungsarten und Betätigungsmöglichkeiten, wie Hand-, Fuß-, Nocken-
und elektromagnetische Betätigung.

Es wurden deshalb früher meist nur dann hydraulische und pneumatische
Vorrichtungen verwendet, wenn elektrische oder mechanische Geräte den ge-
stellten Aufgaben nicht gerecht wurden. Die erforderlichen hydraulischen
Geräte mußten dann eigens für diesen Anwendungsfall konstruiert und in
Einzelfertigung hergestellt werden.

Erst in den letzten Jahren haben sich die Voraussetzungen für die Anwendung
hydraulischer Vorrichtungen zugunsten dieser Geräte vom Grund auf geändert:

In allen Industrieländern der Welt, vor allem in den U. S. A., aber auch
in England, Deutschland, Frankreich, Schweden und Italien, gibt es zahlreiche
Firmen, die sich nur auf die Herstellung bestimmter Normteile dieses Arbeits-
gebietes spezialisiert haben. Es werden deshalb heute in rasch zunehmendem
Maße hydraulische und hydropneumatische Geräte in allen Industriezweigen
auf irgendeinem Sektor verwendet. In Stahl- und Walzwerken, für die verschiedensten Preß- und Hubbewegungen sowie zum Abheben und Anstellen
von Walzen, in der Papierfabrikation zur Betätigung von Schabern sowie ebenfalls
zur Walzenbetätigung, in der metallverarbeitenden Industrie zum Antrieb von
Schneid- und Preßwerkzeugen, in der Glasindustrie an Flaschengießmaschinen
und Glasbiegemaschinen, in der Möbelindustrie für Leimpressen, Furnierpressen
und Fördereinrichtungen, in allen Zweigen der metallverarbeitenden Industrie
auch an den verschiedensten Werkzeugmaschinen, in der Schwachstrom- und
kleinmechanischen Industrie, insbesondere an Vorschubeinheiten für Bohr-
maschinen und Einzweckbänke. Im Baugewerbe, und zwar sowohl an ortsbeweglichen Maschinen, wie Gradern und Betonmischern, als auch an stationären
Anlagen, wie Füllgossen von Silos, an landwirtschaftlichen Maschinen, wie etwa

an Traktoren zum Heben des Pfluges, Frontladers oder Heckladers, und an Mähdreschern zur Betätigung der Haspel und des Schneidwerkes.

Teilweise bestehen die hydraulischen Anlagen hierbei nur aus einer Ölpumpe, einem oder mehreren Arbeitszylindern und den erforderlichen Steuerventilen, die durch Handhebel oder Fußtritte betätigt werden. In immer mehr zunehmendem Maße werden aber die verschiedensten Arbeitsgänge sowie alle erforderlichen Hilfsbewegungen automatisch ausgeführt.

In der gesamten Kunststoffindustrie z. B. werden heute fast ausnahmslos nicht nur die eigentlichen Preßvorgänge, sondern auch alle Hilfsbewegungen, wie Materialvorschub, Auswerfen, Verschweißen usw., vollautomatisch durch hydraulische oder hydroelektrische Maschinen abgewickelt. Für die Steuerung des automatischen Arbeitsablaufes werden in den meisten Fällen elektromagnetisch betätigte Ventile verwendet. Die durch Elektromagnete übertragbaren Kräfte sind aber begrenzt, wenn die Magnete nicht zu große Abmessungen erhalten sollen. Auch hier war der Ausweg, „vorgesteuerte" Ventile zu verwenden, schon lange bekannt. Meist wurde hierbei ein Hilfsventil durch einen kleinen Magneten betätigt, das seinerseits einen kleinen Arbeitszylinder steuert, der dann schließlich ein großes Ventil öffnet bzw. schließt. Eine der wesentlichen Voraussetzungen für die allgemeine Verwendbarkeit solcher vorgesteuerter Ventile auf allen Gebieten des Maschinenbaues für hydraulische Geräte war aber auch hier wieder die serienmäßige Herstellung solcher vorgesteuerter Ventile in den verschiedensten Ausführungsformen für bestimmte Normdruckgebiete, wie etwa 1 bis 50 atü, 100 bis 200 atü, 200 bis 300 atü, als auch Ausführungen mit Flanschen und mit Muffen, in Blockbauausführung sowie in Ausführung zum Anflanschen an eine Steuerplatte usw.

Heute gibt es in Deutschland allein etwa ein Dutzend bedeutender Firmen, von denen eine sogar neben einigen Sonderausführungen etwa 30 000 verschiedene Normtypen solcher Ventile als Absperrventile sowie als Drei-, Vier- und Sechswegeventile in allen Größen und mit verschiedenen Anschlußarten baut. Es werden auch Sonderbauarten, wie etwa Ventile mit Handnotbetätigung, mit Grundmengeneinstellung, das sind Ventile, die auch im geschlossenen Zustand noch einen kleinen Flüssigkeitsstrom durch das Ventil durchtreten lassen, und mit besonderen Vorrichtungen, die durch Drosseln die Reaktionsgeschwindigkeit des Ventils dem jeweiligen Bedarfsfalle entsprechend einstellen lassen, hergestellt.

Aber nicht nur Magnetventile, sondern auch alle anderen Bauteile hydraulischer Antriebe, wie Sicherheitsventile, Überdruckventile, Reduzierventile, Stromregler, Stromteiler und nicht zuletzt die Ölpumpen und Ölmotoren, werden heute in den verschiedensten Ausführungsformen als universell verwendbare Normbauteile hergestellt und stehen für die Konstruktion hydraulischer Antriebe für alle Gebiete des Maschinenbaues zur Verfügung.

Die Entwicklung eines jeden dieser Normbauteile wird meist durch den Bedarf an großen Stückzahlen dieser Bauteile für eine bestimmte Aufgabe angeregt. So wurden die Hochdruckzahnradpumpen und kleinen Axialkolbenpumpen, die kleineren Magnetventile sowie viele andere Druck- und Regelventile zuerst durch die Entwicklung der Flughydraulik sehr gefördert. Alle diese Geräte, die ursprünglich nur für den Bedarf des Flugzeugbaues entwickelt wurden, kommen heute allen Gebieten des Fahrzeugbaues sowie des gesamten Maschinenbaues zugute. Sie befruchten einerseits wieder eine ähnliche neue Entwicklung, wie sie etwa bei der Konstruktion der hydraulischen Lenkungen für Kraftfahrzeuge und bei allen landwirtschaftlichen Maschinen, wie Mähdrescher und Hilfsgeräte für Traktoren usw., heute im Gange ist; andererseits werden die ursprünglich für den Flugzeugbau entwickelten Geräte auch für die Zusammenstellung des hydraulischen Antriebes, für Frontlader und Hecklader, für Gabelstapler und viele landwirtschaftliche Maschinen verwendet und es ergibt sich dadurch die Möglichkeit, diese Geräte in noch größeren Stückzahlen herzustellen und dadurch den Preis zu senken und die konstruktiven und technischen Eigenschaften dieser Geräte weiteren Aufgaben anzupassen.

Eine ähnliche Entwicklung ist auch in der Hydraulik für stationäre Maschinen, wie Werkzeugmaschinen und Sondermaschinen, für die verschiedensten Produktionsaufgaben festzustellen. Auch hier wird die Produktion aller Normbauteile für Hochdruckhydraulik mit schweren und robusten Bauteilen, wie sie etwa in den Maschinen der Kunststoffverarbeitung in Stahl- und Walzwerken, Bergwerken und schweren Werkzeugmaschinen verwendet werden, in großen Serien dadurch ermöglicht, daß die gleichen universell verwendbaren Normbauteile in den Maschinen der verschiedensten Industriezweige in immer größerem Umfange Verwendung finden.

Diese rasch zunehmende Bedeutung auf allen Gebieten des Maschinenbaues verdanken die hydraulischen Antriebe in erster Linie ganz bestimmten Eigenschaften, die meist durch keine anderen Maschinenelemente erreicht werden können.

4. Technische Vorteile hydraulischer Antriebe

In vielen Fällen wird ein bestimmter Arbeitsgang durch hydraulische Antriebe wesentlich zweckmäßiger verrichtet als durch alle anderen Elemente. So wird z. B. in schweren Pressen der metallverarbeitenden Industrie und in Kunststoffspritzmaschinen, bei denen es darauf ankommt, möglichst große Kräfte auf kleinem Raum überhaupt erzeugen zu können und in denen eine gleichmäßige stoßfreie Vorschubbewegung verlangt wird, wohl kaum ein anderer Antrieb als ein hydraulischer überhaupt in Frage kommen.

Oft tritt aber der hydraulische Antrieb in scharfen Wettbewerb mit elektrischen, mechanischen oder pneumatischen Antriebselementen, denen er dann oft nur deshalb vorgezogen wird, weil er für die Verrichtung eines ganz bestimmten Arbeitsganges zweckmäßiger ist oder weil er sich unter bestimmten Betriebsbedingungen günstiger verhält.

Obwohl die verschiedensten hydraulischen Antriebe in ihrem Aufbau oft sehr verschieden sind, lassen sich gewisse für fast alle hydraulischen Antriebe charakteristische Eigenschaften zusammenstellen, deren Beachtung die Entscheidung für oder gegen die Verwendung eines hydraulischen Antriebes erleichtern. Die charakteristischen Vorteile, die sich durch die Verwendung eines hydraulischen Antriebes im allgemeinen ergeben, sind folgende:

1. Übertragung großer Kräfte auf kleinem Raum.

2. Übersetzung großer Geschwindigkeiten auf beliebig kleine Bewegungsgeschwindigkeiten ohne besondere Übersetzungsgetriebe.

3. Stufenlose Regelung der Bewegungsgeschwindigkeit durch Drosseln und Stromregler sowie stufenlose Regelung der Preßkräfte durch Druckbegrenzungsventile.

4. Einfache Überwachung aller auftretenden Kräfte durch Manometer und Druckschalter.

5. Rasche Bewegungsumkehr durch relativ kleine Massen der Antriebselemente, wie Arbeitskolben und Ölmotoren.

6. Stoßfreie Bewegungsumkehr durch Verwendung von Hubendebremsen in den Zylindern, durch Abspritzventile in den Zu- und Ableitungen von Ölmotoren

und durch Verwendung von vorgesteuerten Ventilen mit regelbarer Reaktionsgeschwindigkeit.

7. Einfache Übersetzung von rotierenden Bewegungen auf geradlinige Bewegungen oder umgekehrt.

8. Möglichkeit zur Automatisierung aller Arten von Bewegungen und Hilfsbewegungen durch Vorsteuerventile und elektrische Kontakte.

Oft sind viele dieser charakteristischen Eigenschaften des hydraulischen Antriebes erwünscht. Oft ist es aber auch nur eine einzige dieser Eigenschaften des hydraulischen Antriebes, die die Wahl des Antriebes eindeutig zugunsten der Hydraulik entscheidet.

5. Wirtschaftlichkeit hydraulischer Antriebe

Neben der Zweckmäßigkeit auf Grund der charakteristischen Eigenschaften eines hydraulischen Antriebes für die Lösung bestimmter Bewegungsaufgaben entscheidet natürlich auch die Wirtschaftlichkeit des Antriebes darüber, ob es überhaupt zur Verwendung eines hydraulischen Antriebes kommt.

Die Beurteilung erfolgt dabei oft nach folgenden Gesichtspunkten:

Der Preis des mechanischen oder elektromechanischen Antriebes einer Maschine wird mit dem Preis des hydraulischen Antriebes verglichen. Ist der hydraulische Antrieb billiger, so wird die Einführung eines hydraulischen an Stelle eines bisher verwendeten Antriebes näher ins Auge gefaßt. Ist der hydraulische Antrieb teurer, so wird seine Verwendungsmöglichkeit oft gar nicht näher geprüft.

Dieser Gesichtspunkt ist aber, wie an den beiden folgenden Beispielen gezeigt werden soll, in keiner Weise geeignet, die Wirtschaftlichkeit eines hydraulischen Antriebes richtig zu beurteilen:

Wesentlich für die Wirtschaftlichkeit eines hydraulischen Antriebes ist meist nicht der Preis des Antriebes, sondern die Möglichkeit der Steigerung des Nutzungsgrades der Maschine, für die der Antrieb verwendet werden soll, bzw. unter Umständen auch die Möglichkeit, den Preis der ganzen Maschine durch die Einführung der Hydraulik ganz wesentlich zu senken.

Abb. 425 zeigt einen Bagger mit hydraulischem Antrieb. Es sind zwei Axialkolbenpumpen vorgesehen. Jede dieser beiden Pumpen kann entweder zum Antrieb der Raupen für das Fahrwerk verwendet werden, für die Betätigung der Drehbewegung des Schwenkwerkes, das Heben und Senken des Schwenkarmes und das Öffnen und Schließen bzw. das Kippen des Löffels. Die Verbindung zwischen Fahrwerk und schwenkbarem Aufbau erfolgt durch eine rotierende Stopfbüchse. Die Steuerung erfolgt durch Mehrwegventile vom Führerhaus aus.

Der Bagger hat einen Löffelinhalt von 0,4 m³ und fördert 60 m³ in der Stunde. Für die gleiche Förderleistung wäre bei mechanischem Antrieb ein Bagger mit 0,6 m³ Löffelinhalt erforderlich, der natürlich wesentlich schwerer und damit auch wesentlich teurer ist und auch höhere Transportkosten verursacht. Außerdem ist für die Erhaltung des erforderlichen Ersatzteillagers beim hydraulischen Bagger ein wesentlich kleinerer Kostenaufwand erforderlich. Durch die Einführung des hydraulischen Antriebes war es also möglich, die gleiche Leistung von 60 m³ in der Stunde durch einen wesentlich kleineren und billigeren Bagger abzuwickeln, d. h. der Preis der Maschine konnte durch die Einführung der Hydraulik ganz wesentlich gesenkt werden. Dieses Argument war — abgesehen von der Verbesserung der Manövrierfähigkeit — ausschlaggebend für die Entscheidung zugunsten der Hydraulik und nicht der Preis des hydraulischen Antriebes oder etwa gar der Wirkungsgrad des Antriebes.

Ähnlich liegen die Verhältnisse bei Gesteinsbohrmaschinen. Auch hier erfolgt der Antrieb der Raupen oft durch zwei getrennte Ölmotoren, von denen je einer eine Raupe antreibt. Durch Verriegeln der Ölleitungen zu diesen Ölmotoren kann die Bohrmaschine in jeder Stellung festgehalten werden. Es können auch beide Ölmotoren in entgegengesetzter Richtung laufen, wodurch eine besonders gute Manövrierfähigkeit erreicht wird. Auch hier sind also ähnliche Argumente wie bei dem Bagger und nicht der Preis des hydraulischen Antriebes im Vergleich mit dem eines mechanischen Antriebes für die Entscheidung zugunsten der Hydraulik ausschlaggebend.

Abb. 4 zeigt den Bewegungsablauf für die oszillierende Bewegung eines Tisches einer schweren Hobelmaschine, und zwar a) für Riemenantrieb, b) für elektrischen Antrieb, c) für hydraulischen Antrieb, für einen Hub des Tisches von 2 m, 1 m und $^1/_2$ m. Insbesondere bei kurzen Hüben, also bei häufigen Bewegungsumkehren, wird durch den hydraulischen Antrieb durch die Beschleunigung der Bewegungsumkehr eine wesentliche Verkürzung der für die Abwicklung einer Hin- und Herbewegung erforderlichen Zeit und damit eine wesentlich bessere Ausnutzung der teuren Hobelmaschine erreicht.

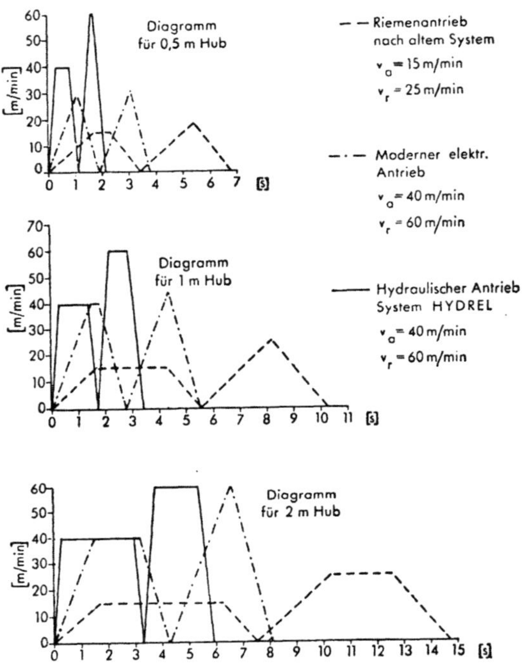

Abb. 4. Bewegungsdiagramm des Tisches einer Hobelmaschine für Riemenantrieb, elektrischen und hydraulischen Antrieb

Es wird also bei der Entscheidung zwischen mechanischen, elektrischen und hydraulischen Antrieben auch hier wohl nicht in erster Linie auf die Kosten des Antriebes oder auf den Wirkungsgrad der Energieübertragung durch den betreffenden Antrieb, sondern mehr auf die Möglichkeit der Steigerung des Nutzungsgrades der Maschine ankommen.

Die Beurteilung der Wirtschaftlichkeit eines hydraulischen Antriebes soll deshalb nicht auf Grund des Preises des hydraulischen Antriebes und nicht auf Grund des Wirkungsgrades, der mit dem Antrieb erreicht werden kann, erfolgen. Vor der Entscheidung für oder gegen den hydraulischen Antrieb soll man sich vielmehr in erster Linie zunächst folgende Frage vorlegen: Ist eine Steigerung des Nutzungsgrades der Maschine, für die der Antrieb bestimmt ist, durch den hydraulischen Antrieb möglich oder kann der Preis der ganzen Maschine bei gleicher Leistungsfähigkeit durch die Einführung der Hydraulik gesenkt werden?

Soweit die Gesichtspunkte für die Beurteilung der Wirtschaftlichkeit eines hydraulischen Antriebes für große Maschinen. Aber auch bei kleinen Hilfsantrieben, etwa zum Abstechen an einer Drehbank, zum Festklemmen und Vorschieben an Werkzeugmaschinen, zur Betätigung von Türen und Klappen usw., ist meist nicht der Preis des Antriebes ausschlaggebend dafür, ob die Einführung eines solchen Antriebes überhaupt wirtschaftlich ist oder nicht, sondern es kommt darauf an, welcher wirtschaftliche Effekt durch die Einführung des hydraulischen Antriebes erreicht wird. Die Beurteilung kann dabei in Anbetracht der Tatsache, daß die Energiekosten für solche Antriebe meist eine ganz untergeordnete Rolle spielen, etwa nach folgenden Gesichtspunkten erfolgen:

Mit den Abkürzungen

n = Anzahl der Betriebsstunden, nach deren Ablauf die Anschaffungskosten einer Vorrichtung amortisiert sind,

K = Anschaffungskosten einer Vorrichtung,

L = Lohnkosten einschließlich Unkostenzuschlag pro Stunde,

Δt = Verkürzung der Arbeitszeit pro Arbeitsgang durch die Anschaffung einer Vorrichtung,

$L\,\Delta t$ = Senkung der Produktionskosten nach Abschreibung der Vorrichtung,

x = Stückzahl, nach deren Fertigung die Anschaffungskosten einer Vorrichtung amortisiert sind,

t = Fertigungszeit für einen Arbeitsgang vor Einführung der Vorrichtung,

gelten folgende Beziehungen:

$$L\,\Delta t\,x = K,$$

$$x\,t = n,$$

$$\frac{L\,\Delta t\,n}{t} = K,$$

$$n = \frac{K\,t}{L\,\Delta t} \cdot 100\ (\%).$$

Kostet also z. B. eine Spannvorrichtung $K = 400$,— Währungseinheiten und werden hierdurch $z = 10$ Sek. Standzeit bei einer Laufzeit von $t = 60$ Sek. erspart, so ist diese Vorrichtung nach

$$n = \frac{400 \cdot 60}{6 \cdot 10} = 400\ \text{Std.}$$

amortisiert, wenn eine Arbeitsstunde 6,— Währungseinheiten kostet. Die Vorrichtung wäre bereits nach zwei Monaten amortisiert und die Produktionskosten für den betrachteten Arbeitsgang sinken von diesem Zeitpunkt an von $^{6}/_{60} = 0,1$ Währungseinheit auf $0,1 \cdot {}^{50}/_{60} = 0,084$ Währungseinheiten.

Wird durch die Beschleunigung des Arbeitsablaufes außerdem die Steigerung des Nutzungsgrades einer relativ teuren Maschine ermöglicht, so ist die erzielbare Ersparnis sogar noch wesentlich größer als nach den obigen Überlegungen, in denen nur die Löhne mit normalen Regiekosten berücksichtigt werden.

6. Richtlinien für den Konstrukteur von Maschinen mit hydraulischen Antrieben

a) Die richtige Zusammenarbeit zwischen Maschinenbauer und Hydraulikingenieur

Die Verwendung hydraulischer Normbauteile an Stelle von mechanischen Antriebselementen, wie Zahnräder, Hebel, Ketten usw., eröffnet für den Konstrukteur auf allen Gebieten des Maschinenbaues ganz neue Möglichkeiten.

Es ist zwar heute nicht mehr nötig, auf die charakteristischen Vorteile hydraulischer Antriebe, die im Abschn. „Technische Vorteile hydraulischer Antriebe" zusammengestellt wurden, besonders hinzuweisen, weil diese den meisten Konstrukteuren geläufig sind. Die Erkenntnis dieser prinzipiellen Vorteile hydraulischer Antriebe allein genügt aber noch lange nicht, um die Einführung des hydraulischen Antriebes in Maschinen zu ermöglichen, in denen bisher andere Antriebselemente üblich waren. Trotz der prinzipiellen Erkenntnis der charakteristischen Vorteile der hydraulischen Antriebe wird aber heute in vielen Fällen, in denen eine wesentliche Steigerung der Leistungsfähigkeit einer Maschine durch den hydraulischen Antrieb möglich wäre, von diesen Möglichkeiten noch nicht Gebrauch gemacht. Oft wird der hydraulische Antrieb zwar an einem Prototyp einer Maschine einmal ausprobiert, jedoch dann wieder zurückgestellt, weil durch die probeweise Einführung des hydraulischen Antriebes an der betreffenden Maschine nicht die an die Umstellung auf die Hydraulik gestellten Erwartungen erfüllt wurden.

Die Ursachen für diese Mißerfolge liegen aber oft nicht im Wesen des hydraulischen Antriebes selbst, sondern vielmehr an den falschen Methoden der Konstruktion bzw. der Entwicklung der Maschine selbst sowie des für die betreffende Maschine bestimmten hydraulischen Antriebes. Die vielen ausführlichen Kataloge der Erzeugerfirmen von hydraulischen Geräten mit vielen Tausenden von universell verwendbaren Normbauteilen werben wohl für die Hydraulik im allgemeinen. Sie verleiten aber oft auch zu der vollkommen falschen Auffassung, daß ein hydraulischer Antrieb, der aus diesen erprobten Bauteilen zusammengesetzt wird, auch unbedingt sofort dem ersten konstruktiven Entwurf entsprechend zur vollkommenen Zufriedenheit für den Benützer der betreffenden Maschine, in der der Antrieb eingebaut wird, funktionieren muß. Das ist aber natürlich bei weitem nicht der Fall. Auch jede Maschine, die aus Zahnrädern, Getrieben, Hebeln und Kupplungen, die als Normbauteile auf dem Markt verfügbar sind, zusammengestellt wird, muß in Verbindung mit diesen Bauteilen zunächst einmal erprobt werden, bevor sie von der Maschinenfabrik an den Verbraucher geliefert werden kann. Es ist deshalb auch bei der Einführung hydraulischer Antriebe unbedingt erforderlich, daß eine Maschine, die zum erstenmal mit hydraulischem Antrieb ausgerüstet wird, vor der Auslieferung an den Benützer gewissenhaft erprobt wird. Da die Maschineningenieure meist noch nicht über alle betriebstechnischen Erfahrungen auf dem Gebiete der Hydraulik verfügen, um z. B. beim Auftreten von Schwingungen und Druckstößen bei zu starker Ölerwärmung, bei Lufteinschlüssen im Öl usw. die richtigen Maßnahmen zu ergreifen, um Betriebsstörungen zu vermeiden, ist es zweckmäßig, bei diesen ersten Probeläufen immer einen Hydraulikfachmann beizuziehen.

Aber auch umgekehrt wird von seiten der Hydraulikingenieure oft mancher Mißerfolg bei der probeweisen Einführung hydraulischer Antriebe in neuen Maschinen verursacht, weil diese wieder bei der Planung und Auslegung des hydraulischen Antriebes die Betriebsverhältnisse an der Maschine, für die der Antrieb bestimmt ist, zu wenig kennen und sich auch viel zuwenig über diese Betriebsverhältnisse informieren.

Die Einführung eines hydraulischen Antriebes wird deshalb in denjenigen Fällen, in denen man zunächst auf den ersten Blick auf alle Fälle auf Grund der charakteristischen Eigenschaften hydraulischer Antriebe eine umwälzende Leistungssteigerung durch die Einführung des hydraulischen Antriebes erwarten dürfte, nur dann wirkliche Erfolge bringen, wenn schon die Planung des Antriebes in engster Fühlungnahme zwischen dem Konstrukteur der Maschine selbst und dem Konstrukteur des hydraulischen Antriebes erfolgt. In vielen Fällen ist aber noch eine weitere Entwicklungsarbeit durch Verbesserungen an den ersten Prototypen der betreffenden Maschinen in enger Fühlungnahme zwischen diesen beiden Konstrukteuren erforderlich, wenn sich der erwartete Erfolg auch wirklich einstellen soll.

Je nach den Betriebsverhältnissen und der Art der Maschine wird sich bei der Einführung eines hydraulischen Antriebes oft der hydraulische Antrieb den Bedürfnissen der Maschine, aber sehr oft auch die Maschine den Bedürfnissen der Hydraulik anpassen müssen. In manchen Fällen wird die Anpassung der Maschine an die Hydraulik sogar soweit gehen, daß die Maschine mit hydraulischem Antrieb mit der ursprünglichen Maschine mit mechanischem oder elektrischem Antrieb überhaupt nichts mehr gemeinsam hat, als daß durch sie die gleiche Aufgabe gelöst wird. Hat z. B. eine Maschine ein kompliziertes Gestänge, um durch geeignete Hebel einmal eine horizontale Längsbewegung und einmal eine auf- und abgehende Bewegung eines Teiles auszuführen, so liegt der Vorteil der Hydraulik gerade darin, daß dieses ganze Gestänge fortfallen kann. Es darf dann auf keinen Fall, etwa aus Rücksicht auf die Absatzmöglichkeiten „probeweise" nur eine Maschine mit der Hydraulik ausgerüstet werden, wobei dann das Gestänge zunächst beibehalten wird, und nur durch einen Hydraulikzylinder angetrieben wird. Ein solches Vorgehen ermöglicht es wohl, an allen bisher verwendeten Bauteilen festzuhalten und mit geringen Kosten ein Gerät mit hydraulischem Antrieb auszurüsten. Es bietet auch dem Verkauf die Möglichkeit, einmal ein Gerät probeweise mit hydraulischem Antrieb anbieten zu können und dadurch die Absatzmöglichkeiten zu prüfen. Trotzdem wird aber eine solche Lösung weder in technischer noch in wirtschaftlicher Hinsicht einen Erfolg auf weite Sicht bringen. Es ist in solchen Fällen selbstverständlich notwendig, alle konstruktiven Änderungen, die mit Rücksicht auf die Einführung des hydraulischen Antriebes notwendig werden, radikal und ohne Rücksicht auf andere Argumente durchzuführen, wenn sich die neue Maschine mit hydraulischem Antrieb auf dem Markt durchsetzen soll. Es ist also sowohl bei der Umstellung eines mechanischen oder auch elektrischen Antriebes auf einen hydraulischen als auch bei der Einführung neuer hydraulischer Antriebe für Hilfsbewegungen an vorhandenen Maschinen, wie etwa zum Spannen oder Vorschieben von Werkzeugen an Werkzeugmaschinen, zur Betätigung von Türen und Klappen an Transportgeräten usw., immer erforderlich, in der Konstruktion neue Wege zu beschreiten, die sich oft erst durch die Einführung der Hydraulik ergeben.

Mit der Idee für eine neue Gestaltung einer Konstruktion durch hydraulische Antriebe ist es aber im allgemeinen noch lange nicht getan. Es darf bei der Entwicklung neuer Maschinen oder Fertigungsmethoden nie vergessen werden, daß bei der Einführung des hydraulischen Antriebes an Stelle eines bisher verwendeten mechanischen die gleichen Richtlinien für die technische Entwicklung beachtet werden müssen wie bei allen anderen Maschinen oder Maschinenelementen.

Jede technische Entwicklung ergibt sich zunächst aus einer neuen Idee oder einer Erfindung aus der systematischen Erprobung eines nach diesen Richtlinien konstruierten Gerätes, aus Rückschlägen, bei denen sich zunächst nicht erwartete Schwierigkeiten beim Betrieb des Gerätes zeigen und schließlich aus Verbesserungen und Änderungen an dem ersten Probegerät, die auf Grund dieser Mißerfolge vorgenommen werden.

Die Hydraulik und Hydroautomatik gehen meist ganz neue Wege, die von den traditionellen Methoden des Maschinenbaues wesentlich abweichen. Es ist deshalb um so wichtiger, daß für die Erprobung und Entwicklung der Maschinen mit hydraulischem Antrieb die erforderliche Zeit auch immer zur Verfügung steht.

Für den Maschinenkonstrukteur, der die Verwendung eines hydraulischen Antriebes für eine bestimmte Antriebsaufgabe ins Auge faßt, gelten deshalb etwa den obigen Ausführungen entsprechend folgende Richtlinien:

1. Die Einführung eines hydraulischen Antriebes ist oft eine Aufgabe, die viele Änderungen und Umstellungen an der betreffenden Maschine verlangt, wenn die Maschine mit dem hydraulischen Antrieb allen Anforderungen, die an sie gestellt werden, gerecht werden soll. Oft ist es erforderlich, daß noch manche neue Idee oder Erfindung erst gemacht wird, bevor alle Schwierigkeiten, die sich durch die Umstellung auf den hydraulischen Antrieb ergeben, überwunden sind. Ist die richtige Lösung aber erst gefunden, dann lohnt sich die aufgewendete Mühe fast immer.

2. Die Entwicklung des hydraulischen Antriebes soll in enger Fühlungnahme zwischen dem Konstrukteur der Maschine und dem Konstrukteur des hydraulischen Antriebes erfolgen.

3. Je nach den Betriebsverhältnissen und der Art des gewählten Hydraulikantriebes muß entweder die Hydraulik auf die Maschine oder aber auch oft die Maschine auf die Erfordernisse des hydraulischen Antriebes weitgehend Rücksicht nehmen.

4. Wenn Normbauteile, die sich in anderen Antrieben und an anderen Maschinen bereits mehrfach bewährt haben, zu einem neuen hydraulischen Antrieb zusammengestellt werden, ist noch lange nicht gesagt, daß dieser Antrieb ohne gewisse Anlaufschwierigkeiten sofort einwandfrei arbeiten muß.

5. Die Maschine mit hydraulischem Antrieb wird deshalb oft mit der Maschine mit mechanischem Antrieb gar nichts mehr gemeinsam haben, als daß durch ihre Anwendung die gleiche Aufgabe gelöst werden kann.

Oft wird der für eine erfolgreiche Zusammenarbeit zwischen Maschinenkonstrukteur und Hydraulikingenieur so wichtige Kontakt durch große Entfernungen zwischen den Produktionsstätten der betreffenden Maschine und der Hydraulikanlage erschwert. Schon bei der ersten Anfrage nach einem hydraulischen Antrieb für eine bestimmte Aufgabe ist deshalb möglichst klar anzugeben, welche Anforderungen an den betreffenden Antrieb gestellt werden.

Die Anfrage soll dabei auf keinen Fall nur bestimmte Geräte anführen, etwa eine Pumpe mit bestimmtem Druck und bestimmter Liefermenge, ein bestimmtes Steuerventil, einen Zylinder mit vorgeschriebenem Durchmesser und Hub, ein Sicherheitsventil für einen bestimmten Druck usw. Es soll vielmehr die Aufgabe, die durch den betreffenden Antrieb gelöst werden soll, unter Beifügung von Zeichnungen und Prospekten der betreffenden Firma möglichst genau geschildert werden, um dem Hydraulikingenieur möglichst viele Freiheiten für eine besonders zweckmäßige Gestaltung des hydraulischen Antriebes offenzulassen. Nur dann ist es möglich, einen wirklich zweckmäßigen Antrieb zu entwerfen. So ist z. B. ein langer Zylinder mit kleinem Durchmesser fast immer billiger als ein kurzer Zylinder mit großem Durchmesser mit dem gleichen Arbeitsvermögen. Die Verwendung eines längeren Zylinders mit kleinem Durchmesser ist aber nur möglich, wenn man durch die Gestaltung der Maschine dem Hydraulikingenieur die Möglichkeit gibt, das Verhältnis des Hubes zum Durchmesser frei zu wählen.

Bei den Pumpen ergeben sich bestimmte Druckgrenzen, bei denen sprunghafte Preissteigerungen vorliegen. Es muß dann das Zylindervolumen wieder so gewählt werden, daß mit einem bestimmten Grenzdruck gerade noch das Auslangen gefunden wird. Bei allen Forderungen ist es deshalb zweckmäßig, vor die betreffende Forderung zu setzen „muß unbedingt", „soll" oder „kann".

Auch sind alle Anforderungen möglichst genau in Zahlen festzuhalten, d. h. es sind die Toleranzen anzugeben, innerhalb deren die gestellten Forderungen erzielt werden müssen. Also z. B. beim Gleichlauf von zwei oder mehreren Zylindern genügt es nicht, daß überhaupt ein Gleichlauf verlangt wird, sondern es ist vielmehr anzugeben, daß eine Abweichung vom Gleichlauf von höchstens 2%, 3%, 5% usw. zulässig ist. Oder: Wenn ein Zylinder in einer bestimmten Lage genau festgehalten werden muß, so genügt nicht die Angabe dieser Tatsache. Es ist anzugeben, welche Bewegung des Kolbens innerhalb einer bestimmten Zeit zugelassen werden darf. Denn ebenso wie ein absoluter Gleichlauf mit hydraulischen Mitteln nicht erreicht werden kann, ist auch ein absolutes Festhalten in einer bestimmten Lage durch hydraulische Steuerelemente überhaupt nicht möglich. Denn selbst wenn alle Steuerorgane absolut dicht abschließen, ergeben sich bei Erwärmung und Abkühlung des eingeschlossenen Öls unter Umständen Ursachen für eine geringe Kolbenbewegung. Nur auf Grund einer exakten Angabe über die — wenn auch noch so geringen — maximalen zulässigen Kolbenbewegungen kann entschieden werden: Soll ein Steuerschieber, dessen LecköImenge genau bekannt ist, allein verwendet werden, um den Zylinder festzuhalten, sind gesteuerte Rückschlagventile erforderlich oder ein eigener Akkumulator, der auch elastische Dehnungen des Öls auszugleichen in der Lage ist, genügt etwa eine Schlauchleitung, um diese elastischen Dehnungen aufzunehmen oder ist ein gesonderter Akkumulator erforderlich? usw.

Selbstverständlich liegen die Betriebsverhältnisse in jedem Bedarfsfall so verschieden, daß es schwer ist, allgemein gültige Richtlinien für die erforderlichen Angaben zusammenzustellen, die in einer Anfrage nach einem hydraulischen Antrieb enthalten sein sollen. Die Beachtung der folgenden Richtlinien für die zweckmäßige Abfassung einer Anfrage nach einem hydraulischen Antrieb wird aber trotzdem viel dazu beitragen, um überflüssige Rückfragen zu vermeiden und eine erste Planung eines möglichst zweckmäßigen Antriebes überhaupt zu ermöglichen.

b) Aufgabenstellung

An erster Stelle soll, den obigen Richtlinien entsprechend, zunächst angegeben werden, welches Ziel durch den hydraulischen Antrieb überhaupt erreicht werden soll, also z. B.:

Senkung des Preises der ganzen Maschine, stufenlose Regelung der Geschwindigkeiten oder Kräfte, Überlastungsschutz, automatischer Arbeitsablauf oder einfache Übersetzung auf sehr kleine Geschwindigkeit, stoßfreie Bewegungsumkehr usw.

Die Anforderungen, die an den hydraulischen Antrieb gestellt werden, sollen dabei derart geschildert werden, daß dem Hydraulikingenieur möglichst viel Spielraum für die Gestaltung des hydraulischen Antriebes gelassen wird. Die Wahl des Druckes, der Drehzahlen, die Entscheidung über die zweckmäßigste Steuerung, ob Folgesteuerung, Programmsteuerung oder ob eine kombinierte Folgesteuerung und Programmsteuerung gewählt wird, die Art der Steuerschieber, die Art der Pumpe, ob Kolben- oder Zahnradpumpe usw., sollte nach Möglichkeit dem Hydraulikingenieur offengelassen werden, soweit nicht andere Argumente in der betreffenden Maschine bestimmte Richtlinien vorschreiben. Auch die Abmessungen der Geräte sollen nur soweit festgelegt werden, als es in Anbetracht der vorliegenden Konstruktion einer Maschine unbedingt erforderlich ist. So ist es z. B. aus den bereits oben erwähnten Gründen immer zweckmäßig, das Verhältnis von Durchmesser zum Hub eines Zylinders dem Konstrukteur der hydraulischen Anlage zu überlassen.

c) Betriebsverhältnisse

Neben der Aufgabe, die durch den hydraulischen Antrieb zu lösen ist, sind dann in erster Linie die Betriebsverhältnisse genau zu beschreiben. Es ist anzugeben, ob die Anlage ununterbrochen in Betrieb steht, also 24 Stunden pro Tag läuft bzw. wie viele Betriebsstunden im Tag, Monat oder Jahr die Anlage in Betrieb steht, ob die Pumpe stets gegen den vollen Öldruck arbeitet oder ob sie während längerer oder kürzerer Betriebszeiten nur gegen geringen Druck fördern muß. Am zweckmäßigsten ist es, diese Leitungsverteilung durch ein Druckzeitdiagramm der Pumpe genau anzugeben, soweit diese Leistungsverteilung überhaupt bekannt ist, zumindest sind aber Angaben etwa nach folgenden Richtlinien erforderlich:

Periodisch fortlaufender Betrieb, 5 Min. Vollast, 3 Min. halbe Last, 10 Min. Stillstand usw. Diese Betriebsverhältnisse sind in erster Linie für die Auswahl einer geeigneten Pumpe erforderlich.

Für die Bemessung des Ölbehälters der Rohrleitung und des Filters sind noch folgende Betriebsverhältnisse genau anzugeben:

Steht die Anlage im Freien? Maximal auftretende Temperatur im Sommer, minimal auftretende Temperatur im Winter.

Werden die einzelnen Elemente, wie Ölbehälter, Rohrleitungen, Steuerventile und Zylinder, durch Luftströmungen gekühlt oder liegen sie in abgeschlossenen kleinen Räumen, so daß eine Kühlwirkung durch freie Luftströmung nicht entsteht?

Ist auf die Einwirkung von Wasser, Staub, Säure, korrodierenden Gasen usw. auf Teile, die mit der Umgebungsluft in Berührung kommen, insbesondere auf die Kolbenstangen der Zylinder, Rücksicht zu nehmen?

d) Funktion der Arbeitszylinder

Die vom Kolben geforderten Kräfte in beiden Bewegungsrichtungen sollen unter genauer Angabe des Kraftverlaufes über dem Hub angegeben werden. Es ist auch anzugeben, ob negative Kräfte auftreten, um eine unerwünschte Bewegung nach der Entstehung eines Vakuums im Zylinder zu vermeiden. So muß unter Umständen ein Vorspannventil verwendet werden oder an Stelle eines Zuflußstromreglers ein Abflußstromregler verwendet werden. Auch Plungerzylinder können bei negativen Kräften nicht verwendet werden, es sei denn, daß entsprechende Anschläge an anderer Stelle der Maschine vorgesehen sind. Neben den Kräften in beiden Bewegungsrichtungen ist auch der Geschwindigkeitsverlauf in beiden Bewegungsrichtungen über dem Kolbenhub anzugeben. Insbesondere ist auch die Art der gewünschten Bewegungsumkehr anzugeben. Sind Hubendebremsen an beiden Zylinderseiten erforderlich oder nur an einer Seite? An welcher Stelle soll die Dämpfungswirkung der Hubendebremse beginnen? Soll die Dämpfung der Bewegungsgeschwindigkeiten in beiden Bewegungsrichtungen oder nur in einer Richtung erfolgen? Darf der Kolben am Zylinderdeckel anschlagen? Oder sind andere Hubbegrenzungen durch mechanischen Anschlag vorhanden?

Hub und Durchmesser des Zylinders sind nur dann vorzuschreiben, wenn es die Konstruktion der Maschine verlangt, andernfalls dem Konstrukteur der hydraulischen Anlage zu überlassen, wobei dann nur das Arbeitsvermögen des Zylinders angegeben wird.

Sehr häufig muß der Hub des Zylinders aber vorgeschrieben werden. Es bleibt dann immer noch dem Konstrukteur der Hydraulikanlage überlassen, welchen Durchmesser bzw. welchen Betriebsdruck er wählen will. Meist wird auch die Art der Befestigung durch Füße, durch Flansch an der Deckelseite, durch Flansch an der Kolbenstangenseite, durch zwei Flanschen, durch Schwenkauge oder Kugelgelenk oder durch Schwenklager in der Mitte des Zylinders angegeben.

Soweit Querkräfte auf den Kolben nicht vermieden werden können, sollen über die Größe dieser Kräfte alle verfügbaren Angaben festgehalten werden, damit die Führungen richtig gestaltet werden können und die Kolbenstange nach den tatsächlich auftretenden kombinierten Biegungs- und Knickbeanspruchungen berechnet werden kann.

Die Art der Befestigung soll dabei nach den Richtlinien der Abb. 101 gewählt werden. In vielen Fällen, z. B. bei Gleichlaufproblemen, soll auch angegeben werden, ob wahlweise eine einseitig durchgeführte Kolbenstange oder eine durchgehende Kolbenstange gewählt werden kann oder ob nur eine der beiden Lösungen in Frage kommt. Ebenso ist anzugeben, ob auf alle Fälle ein feststehender Zylinder und eine bewegliche Kolbenstange oder eine feststehende Kolbenstange und bewegter Zylinder Verwendung finden kann. Außerdem ist die gewünschte Ausführung des Kolbenstangenendes — mit Gewinde, mit Gabel oder Auge — anzugeben.

e) Anforderungen an die Steuerorgane

Schon bei einem einzigen Zylinder, der z. B. eine oszillierende Bewegung ausführen soll, ergeben sich praktisch unbegrenzt viele Möglichkeiten für die Art der Steuerung. So kann eine oszillierende Bewegung eines einzigen Zylinders z. B. durch folgende Normbauteile erzeugt werden:

I. Doppeltwirkender Zylinder, der durch ein Vierwegeventil gesteuert wird. Und zwar:

A. Rein hydraulisch:

a) Umsteuerung des Vierwegeschiebers durch Anschläge.

b) Umsteuerung des Vierwegeschiebers durch zwei Vorsteuerventile, die auf ein Hauptsteuerventil wirken. Das Vierwege-Hauptsteuerventil kann dabei ein Zweipositionsventil sein oder ein Dreipositionsventil mit freiem Ölumlauf in der Mittellage, oder es kann ein Zweipositionsventil mit Federrückführung in eine Endlage verwendet werden. Es ist dann

c) nur ein mechanisch betätigtes Vorsteuerventil erforderlich, das auf den Hauptsteuerschieber wirkt.

B. Pneumohydraulisch: Die Vorsteuerung erfolgt dann z. B. durch Luft, wobei sich wieder die drei Varianten a, b, c wie oben unter A ergeben. Es können aber auch durch Lösungen nach Abb. 373 oszillierende Bewegungen erzeugt werden.

C. Elektrohydraulisch: Die Umsteuerung kann hierbei durch zwei Elektrokontakte erfolgen, die durch Rollen, Hebel oder durch Nocken lageabhängig betätigt werden, oder aber durch hydraulische Druckschalter, die in Abhängigkeit von dem Druck im Zylinder bzw. in der Zuleitung gesteuert werden. Diese elektrischen Kontakte können dann wieder wahlweise wirken:

a) Unmittelbar auf einen Vierwegeschieber, wobei dieser Vierwegeschieber wieder ein Zweipositionsschieber sein kann oder ein Schieber mit drei Schaltstellungen und Federrückführung in die Mittellage. Der Zweipositionsschieber kann wieder mit zwei Magneten ausgerüstet sein oder mit einem Magneten und zwei Spulen oder es kann ein Magnetschieber mit einem Magnet und einer Spule und Federrückführung in eine Endlage Verwendung finden.

b) Die Elektrokontakte können aber auch wieder entweder auf zwei Vorsteuerventile wirken, die einen Hauptsteuerschieber beeinflussen, oder aber es können überhaupt an Stelle eines Vierwegeschiebers zwei Dreiwegeventile verwendet werden.

Im allgemeinen wird eine lageabhängige Umsteuerung nach Beendigung des Hubes durch Rollenhebel, Schalter oder Nockenschalter vorgesehen, wenn die Bewegungsumkehr an einer bestimmten Stelle, also in Abhängigkeit von der Lage des Kolbens erfolgen soll. Eine druckabhängige Umsteuerung wählt man, wenn die Bewegungsumkehr bei Erreichung eines bestimmten Preßdruckes erfolgen soll. Es kann aber auch die eine Bewegungsumkehr durch einen Druckschalter und die andere durch einen lageabhängigen Schalter erfolgen. Die Bewegungsumkehr kann aber auch dann durch einen Druckschalter veranlaßt werden, wenn der Einbau eines lageabhängigen Kontaktgebers aus konstruktiven Schwierigkeiten unmöglich ist. Es wird dann ein Druckschalter zur Auslösung der Bewegungsumkehr verwendet, trotzdem die Hubbegrenzung an einer bestimmten Stelle erfolgen soll.

Je nach den gegebenen Betriebsverhältnissen können aber auch folgende Normbauteile für die Erzeugung einer einfachen oszillierenden Bewegung geeigneter erscheinen:

II. Einfachwirkender Zylinder mit Differentialkolben und Steuerung durch ein Dreiwegeventil, ein Vierwegeventil oder zwei Dreiwegeventile:

Es ergeben sich auch für diesen Antrieb die meisten Variationsmöglichkeiten nach I.

Wird ein bestimmter Geschwindigkeitsverlauf über dem Hub verlangt, so können außerdem noch etwa folgende Elemente für die Erzeugung einer einfachen oszillierenden Hubbewegung verwendet werden:

III. Einfach- oder doppeltwirkender Zylinder mit geeigneten Steuerventilen und Drosselventilen, Geschwindigkeitsventilen oder Stromreglern zwischen Steuerventil und Zylinder bzw. Stromregler zwischen Pumpe und Steuerventil oder im Bypass an geeigneter Stelle.

Außer den hier angedeuteten Variationsmöglichkeiten ergeben sich noch eine ganze Reihe anderer Kombinationsmöglichkeiten allein für die Erzeugung einer einfachen oszillierenden Bewegung eines einzigen Zylinders. Welche der vielen prinzipiell möglichen Lösungen zur Erzeugung dieser Bewegung am zweckmäßigsten ist, hängt von den Betriebsverhältnissen ab, so z. B. vom Verlauf der verlangten Kräfte über dem Hub bzw. vom Verlauf der verlangten Geschwindigkeiten über dem Hub, von der Größe der auftretenden Kräfte und Geschwindigkeiten, von der verlangten Geschwindigkeit der Bewegungsumkehr usw.

Bei einem Antrieb mit mehreren Zylindern ergeben sich natürlich noch mehr Variationsmöglichkeiten als bei einem Antrieb mit einem einzigen Zylinder. Es ist deshalb auch für die Planung der zweckmäßigsten Steuerung für einen bestimmten Antrieb mit mehreren Zylindern die genaue Beschreibung des Bewegungsablaufes erforderlich. Die Bewegungsvorgänge eines Antriebes mit mehreren Zylindern werden am besten durch ein Bewegungsdiagramm dargestellt, in dem die Kolbenbewegung jedes einzelnen Zylinders in Abhängigkeit von der Zeit dargestellt wird. Aus einem solchen Diagramm soll ersichtlich sein, in welcher Reihenfolge die einzelnen Zylinder arbeiten, ob sich die einzelnen Bewegungen überschneiden sollen oder überschneiden dürfen, ob auf eine genaue Einhaltung der im Diagramm wiedergegebenen Bewegungsfolge Wert gelegt wird oder ob es z. B. belanglos ist, ob zwei Zylinder genau gleichzeitig zurückgezogen werden oder ob einer von zwei Zylindern früher oder später zurückgezogen werden darf und schließlich ob ein angedeuteter Verlauf der Geschwindigkeit bzw. Kräfte über dem Hub genau eingehalten werden muß oder nur ungefähr.

Nur auf Grund derartiger vollständiger Unterlagen kann entschieden werden, ob eine Programmsteuerung oder Folgesteuerung bzw. eine kombinierte Steuerung, teilweise Programm-, teilweise Folgesteuerung, zweckmäßig ist, oder ob die Verwendung von Zeitrelais oder Programmwalzen vorzuziehen ist, oder ob die Steuerung durch weg- oder druckabhängige Steuerelemente zweckmäßiger ist. Bei Steuerventilen, die durch das Bedienungspersonal betätigt werden sollen, ist anzugeben, ob die Betätigung von Hand-, Fuß- oder Fernbetätigung erfolgen soll oder ob keine diesbezüglichen Richtlinien eingehalten werden müssen, ob nur Zwei- bzw. Drei-, Vier- oder Mehrpositionsventile gewünscht werden oder ob auch eine stufenlose Fühlerregelung verlangt wird, bei der jede Hebelstellung einer bestimmten Bewegungsgeschwindigkeit des Arbeitskolbens entspricht.

Für die Auswahl geeigneter Steuerorgane ist es außerdem erforderlich, anzugeben: Die Schalthäufigkeit pro Stunde, die Schaltgeschwindigkeit eines einzelnen Schaltvorganges. Gegebenenfalls sogar die genaue Verteilung der Reaktionszeit auf die Zeitspanne zwischen Betätigung des elektrischen Kontaktes und dem Beginn der Kolbenbewegung und auch die Zeitspanne, die zwischen Beginn der Kolbenbewegung und Beendigung der Kolbenbewegung verstreicht. Denn in vielen Fällen ist es wesentlich, daß der Strömungsquerschnitt nur möglichst rasch geöffnet wird. Es ist jedoch belanglos, welche Zeit zwischen der Betätigung des Kontaktes und dem Beginn der Kolbenbewegung eintritt. In anderen Fällen wieder ist es wesentlich, daß der Bewegungsbeginn möglichst rasch nach Betätigung des elektrischen Schalters einsetzt.

f) Pumpe und Pumpenantrieb

Nach Möglichkeit soll die Auswahl der geeigneten Pumpe mit allen ihren charakteristischen Eigenschaften dem Konstrukteur des hydraulischen Antriebes überlassen bleiben. In vielen Fällen bestehen jedoch gewisse Vorschriften, auf die bei der Wahl der Pumpe Rücksicht genommen werden muß. Es ist deshalb erforderlichenfalls anzugeben:

die Pumpendrehzahl bzw. die Grenzen, innerhalb derer die Pumpendrehzahl gewählt werden kann.

Das Antriebselement zwischen Antriebsmotor und Pumpen muß sich ebenfalls nach der gewählten Pumpe richten, denn viele Pumpen sind sehr empfindlich gegen axiale Kräfte. Müssen umgekehrt aus bestimmten Gründen die Kupplungselemente, wie Zahnräder mit Schräg- oder Stirnverzahnung, Keilriemen, elastische Kupplungen usw., vorgeschrieben werden, so muß die Wahl der Pumpe auf diese Elemente Rücksicht nehmen. Ob bei einem Antrieb mit stufenloser Regelung der Bewegungsgeschwindigkeiten und Kräfte eine Regelpumpe mit stufenlos veränderlicher Fördermenge verwendet werden soll oder aber eine Pumpe mit fixer Fördermenge und Mengenregler oder Drosselventile, sollte im allgemeinen auch dem Konstrukteur des hydraulischen Antriebes überlassen werden.

Die Liefermenge der Pumpe richtet sich nach der verlangten Kolbengeschwindigkeit. Es soll dabei auch angegeben werden, mit welcher Genauigkeit eine bestimmte Geschwindigkeit nötigenfalls unabhängig von einer wechselnden Kolbenkraft eingehalten werden muß, um erforderlichenfalls einen Stromregler mit entsprechender Genauigkeit auswählen zu können.

Aus den Angaben über die verlangte Kolbenkraft in Abhängigkeit vom Hub kann entschieden werden, ob zweckmäßigerweise nur eine Pumpe verwendet wird oder eine Eilgangsschaltung mit zwei oder drei Pumpen, wobei meist eine große Pumpe mit großer Fördermenge und geringem Betriebsdruck und eine oder zwei Pumpen mit höheren Betriebsdrücken und entsprechend kleineren Fördermengen durch entsprechende Ventile verbunden werden.

Bei der Bemessung der Pumpengröße und des Betriebsdruckes der Pumpe ist gegebenenfalls auch auf Beschleunigungskräfte Rücksicht zu nehmen. Wird eine plötzliche Beschleunigung großer Massen innerhalb kurzer Zeit verlangt, so sind unter Umständen wesentlich höhere Antriebsleistungen für die Pumpe und höhere Betriebsdrücke vorzusehen, als für den stationären Bewegungsvorgang erforderlich wären.

Die Befestigung der Pumpen kann durch Füße oder Flanschen erfolgen. Viele Pumpen werden auch mit durchgehender Welle geliefert, um an einem Motor mehrere Pumpen anschließen zu können. Werden durch einfache Kupplungen derart mehrere Pumpen hintereinander geschaltet, so ist jedoch darauf zu achten, daß die von einer Pumpenwelle übertragene Leistung nicht größer ist, als es die Abmessungen der betreffenden Welle zulassen.

Selbstverständlich gibt es aber auch dann, wenn eine Hydraulikanlage von erfahrenen Konstrukteuren geplant wurde, bei der ersten Inbetriebnahme oft noch manche Überraschung. Von einer Maschine, die in Serien gebaut werden soll, ist deshalb immer rechtzeitig ein Prototyp herzustellen, damit die hydraulische Anlage selbst sowie das Zusammenwirken des hydraulischen Antriebes mit der betreffenden Maschine innerhalb einer längeren Zeitspanne erprobt werden kann. Bei dieser Erprobung des Prototypen wird man dabei im allgemeinen zunächst folgende Fragen zu klären haben:

1. Arbeitet der hydraulische Antrieb richtig mit allen Bauteilen der Maschine zusammen? Treten keine Stoßbeanspruchungen oder zu rasche Bewegungen auf oder können umgekehrt manche Bewegungsvorgänge nicht rasch genug ausgeführt werden?

2. Entspricht die ganze Maschine den gestellten Anforderungen an ihre Arbeitsleistung? Bzw. bringt die Umstellung auf den hydraulischen Antrieb auch die erwartete Leistungssteigerung?

3. Ist die Maschine mit hydraulischem Antrieb auch allen möglichen Spitzen- und Dauerbeanspruchungen gewachsen?

Während die beiden ersten Fragen meist durch eine relativ kurzzeitige Erprobung schon geklärt werden können, ist es oft schwieriger, z. B. im Winter das Verhalten der Maschine im Sommer bei Einwirkung von Sonnenstrahlen zu erproben oder die Betriebsverhältnisse bei Tropenbedingungen zu prüfen. Trotzdem kommt aber gerade der Beantwortung der letzten Frage besondere Bedeutung zu. Da eine der wichtigsten Fragen bei hydraulischen Antrieben immer die Frage nach der Möglichkeit der Einhaltung der maximal zulässigen Öltemperatur ist, sollte deshalb immer die Öltemperatur gemessen werden. Aus dieser gemessenen Öltemperatur und der Temperatur der Umgebungsluft während der Versuche kann dann auf Grund von Erfahrungswerten meist zumindest auf die unter maximalen Umgebungstemperaturen auftretenden höchsten Öltemperaturen geschlossen werden. Selbst dann, wenn also die Erprobung der Maschine unter diesen maximalen Umgebungstemperaturen nicht möglich ist, lassen sich gewisse Schlüsse auf die eintretenden Öltemperaturen ziehen und damit auch auf das Verhalten der Maschine bei höheren Umgebungstemperaturen. Liegt die zu erwartende Öltemperatur bei höchsten Umgebungstemperaturen höher als die zulässige Grenze, dann ist die Maschine einer Dauerbeanspruchung auf keinen Fall gewachsen.

g) Beispiele für häufig auftretende Entwicklungsschwierigkeiten

An Hand von zwei Beispielen soll nun gezeigt werden, wie wichtig die rechtzeitige Erprobung und sorgfältige Entwicklung bei der Konstruktion hydraulischer Antriebe ist.

α) *Entwicklung des hydraulischen Antriebes einer Bahnbaumaschine*

Bahnbaumaschinen (Abb. 5) dienen unter anderem zur Aufbereitung des Schotters unter Eisenbahngeleisen. Ein schweres Hubgerät G wird durch einen Hydraulikzylinder schlagartig nach unten geschleudert. An diesem Schlagkörper G sind außerdem zwei Hydraulikzylinder A und B befestigt, die nach dem Einschlagen in den Schotter zwei Vibrationsarme betätigen. Nach dem Einschlagen des Gewichtes G in den Schotter wird durch oszillierende Bewegungen dieser Vibrationsarme, die durch die Hydraulikzylinder A und B erzeugt werden, der Schotter unter die Schwelle geschoben. Das Hubgerät G wird dann nach einigen Sekunden durch den Hubzylinder C wieder hochgezogen, die Maschine fährt zur nächsten Schwelle, wo sich der geschilderte Prozeß wiederholt.

Außer den geschilderten Vorgängen verrichten solche Maschinen noch die verschiedensten anderen Arbeitsvorgänge, größtenteils vollautomatisch, durch Druckluftzylinder und Steuergeräte oder hydraulische Antriebe, die hier jedoch nicht näher behandelt werden sollen. Auf einige Schwierigkeiten bei der Entwicklung des hydraulischen Antriebes für das Hubgerät soll jedoch hier näher eingegangen werden, weil sie für die Entwicklung hydraulischer Antriebe eine Reihe wichtiger Hinweise liefern:

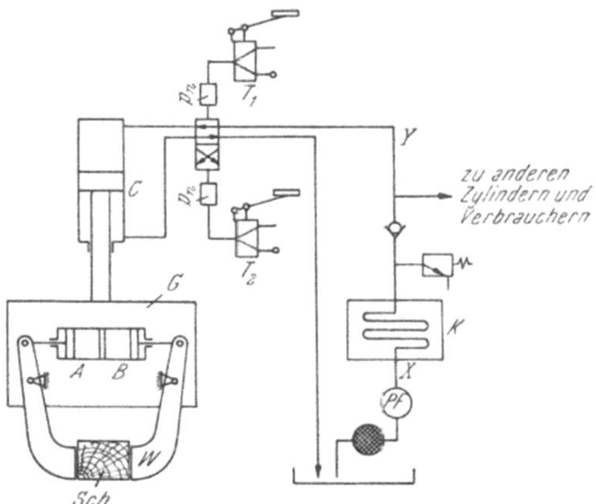

Abb. 5. Hydraulischer Antrieb des Hubgerätes für den Vibrator einer Bahnbaumaschine

Der Antrieb des Hubgerätes wurde ebenso wie alle Elemente für die übrigen hydraulischen Antriebe, die an der Maschine verwendet wurden, zunächst auf Grund der bis zur Projektierung der Maschine vorliegenden Erfahrungen über hydraulische Antriebe an Bahnbaumaschinen entworfen und eine Maschine nach diesen Richtlinien gebaut. Die erste kurzzeitige Erprobung des Antriebes verlief zur Zufriedenheit und man baute daraufhin eine kleine Serie dieser Maschinen, die alle für den Export nach Übersee bestimmt waren. Bereits bei den ersten, etwas längeren Probeläufen dieser Maschinen, die bereits in einigen Tagen hätten verschifft werden sollen, kam es dann der Reihe nach zu Pumpenbrüchen. Die Erzeugerfirma der Bahnbaumaschine glaubte natürlich zunächst, daß diese Pumpenbrüche auf Fehler in den Pumpen zurückzuführen sein müßten, ersetzte die Pumpen durch andere und forderte von der Lieferfirma für die Pumpen, die bereits nach wenigen Betriebsstunden zu Bruch gingen, Ersatz. Die Ersatzpumpen wurden mit der Begründung verlangt, daß der Druck in den Rohrleitungen gemessen wurde und nicht über 150 atü gestiegen sei, während die Pumpen für Betriebsdrücke von 180 atü geliefert wurden.

Der Pumpenlieferant kam auf Grund dieser Reklamation mit einem Meßwagen zu den Prüffeldern der Bahnbaumaschinen und begann mit oszillographischen Messungen der Öldrücke an den Stellen X und Y in dem hydraulischen System nach Abb. 5. Es zeigten sich Druckspitzen, die nur innerhalb ganz kurzer Zeitspanne von einem Bruchteil einer Sekunde auftraten, und zwar an der Stelle X von 500 atü, an der Stelle Y von 300 atü und unter dem Kolben C von 150 atü. Auf Grund dieser Messungen war es wohl klar, daß die Pumpen brechen mußten, da sie einer Druckspitze von 500 atü und vielleicht sogar noch mehr, weil die Druckspitze so kurzzeitig auftrat, daß eine genaue Messung gar nicht möglich war, auf keinen Fall hätten standhalten können.

Trotzdem widersprachen diese Meßergebnisse ganz den ersten Erwartungen:

Auf Grund der Messung der Bewegungsgeschwindigkeit des Gewichtes G und auf Grund der Berechnung der Strömungsgeschwindigkeit in der Leitung Y aus dieser Bewegungsgeschwindigkeit ergab sich, daß durch den freien Fall des Gewichtes G in der Leitung Y sogar ein Unterdruck entstehen müßte, vielleicht sogar ein Vakuum. Man vermutete also in der Leitung Y zunächst einen Unterdruck und nahm — bevor man die Druckmessung durchführte — an, daß dieses Vakuum eine kurze Lebensdauer der Pumpe verursachen müßte. Statt des vermuteten Unterdrucks wurde nun ein Überdruck von einigen hundert Atmosphären gemessen. Wie ist nun die Entstehung dieses Unterdrucks zu erklären?

Während die Kavitationsgefahr zu Beginn des Hubes vorliegt, entsteht die Druckspitze am Ende des Hubes durch die plötzliche Verzögerung der Ölsäule in den relativ langen Rohrleitungen zwischen Pumpe und Zylinder, sowie infolge der Verzögerung der Pumpendrehzahl am Ende des Hubes. Beim Aufschlagen des Gewichtes G auf den Schotter erfolgte die Verzögerung der rotierenden Massen an Pumpe und Antriebsmotor innerhalb eines so kleinen Bruchteiles einer Sekunde, daß sich das Sicherheitsventil nicht rechtzeitig öffnen kann und es entsteht in der Leitung sowie in der Pumpe selbst ein Druckstoß, dessen Größenordnung nach Abschn. VIII, S. 299, berechnet werden kann. Die gleichen Druckspitzen, die beim Aufschlagen des Hubgerätes beobachtet wurden, traten auch beim Umschalten des pneumatisch betätigten Vierwegeventils von einer auf die andere Stellung während der Hubbewegung auf. Bei früheren Typen der gleichen Bahnbaumaschinen, bei der Vierwegeschieber mit hydraulischer Vorsteuerung verwendet wurden, traten die Druckstöße jedoch nicht auf. Die Ursache für die nur bei der pneumatischen Vorsteuerung auftretenden hohen Druckstöße waren die wesentlich höheren Reaktionsgeschwindigkeiten des pneumatisch vorgesteuerten Schiebers, derentwegen vornehmlich die pneumatischen an Stelle der hydraulischen Vorsteuerschieber eingeführt wurden.

Auf Grund der Messungen des zeitlichen Druckverlaufes sowie der Berechnungen über die auftretenden Druckspitzen, die die Meßergebnisse nur bestätigen konnten, ergab sich nun die Notwendigkeit, entsprechende Vorkehrungen zur Vermeidung dieser Druckspitzen zu ergreifen. Es wurde deshalb als Maßnahme gegen das Auftreten der Druckstöße infolge der raschen Umsteuerung die Vergrößerung der Entlastungskerben in den Kolben der Steuerschieber ins Auge gefaßt, die jedoch dann aus Zeitmangel wieder zurückgestellt werden mußte. Auch Speicher zur Dämpfung der Stöße hätten nicht rasch genug geliefert werden können, da die Störungsursache längstens innerhalb von 1 bis 2 Tagen beseitigt werden mußte. Als vorübergehende Lösung wurden deshalb zunächst Schläuche mit besonders elastischem Verhalten (vgl. Abb. 106) in die Zuleitungen des Zylinders eingebaut. Die Druckspitzen konnten dadurch auf einen kleinen Bruchteil der ursprünglich auftretenden Spitzen reduziert werden. Erst bei der Planung für weitere Typen wurde dann der gesamte Schaltplan der hydraulischen Anlage so ausgelegt, daß die Verzögerung der bewegten Masse durch kleinere Strömungsgeschwindigkeiten und raschere Ansprechgeschwindigkeiten des Sicherheitsventils vermieden werden konnte.

β) *Hydraulischer Antrieb für einen Schwenkschaufellader*

In einem Schaufellader nach Abb. 6 sollten die vier folgenden Arbeitsgänge durch hydraulische Arbeitszylinder ausgeführt werden:

1. Schwenken des Drehteiles durch zwei einfachwirkende Zylinder d,
2. Betätigen des Grundhubzylinders b,
3. Betätigen des Oberhubzylinders c,
4. Betätigen des Greiferzylinders a.

Es wurde zunächst ein Prototyp dieses Schaufelladers mit hydraulischem Antrieb gebaut, bei dem als Drucködquelle eine Hochleistungszahnradpumpe für 120 l/Min. bei 1600 U/Min. verwendet wurde und die Zylinder a, b, c, d folgende Abmessungen hatten:

Tabelle 1

	Kolben-durchmesser	Kolben-stangen-durchmesser	Hub	Volumen auf der Deckelseite	Volumen auf der Kolben-stangenseite	Hubzeit auf der Deckelseite	Hubzeit auf der Kolben-stangenseite
d	140	60	550	—	6,9	—	3,5
b	140	60	900	13,8	—	6,9	—
c	140	60	400	6,16	5,03	3,1	2,5
a	120	50	500	5,6	4,67	2,8	2,3

Die Steuerung der Zylinder erfolgte durch Blocksteuerventile für einen Strom von 120 l/Min. Die Zulaufleitung vom Tank g für 130 l zur Pumpe hatte eine lichte Weite von 45 mm. Die Schwungmassen während der Schwenkbewegung verlangten eine minimale Schwenkzeit von 6 Sek., was einem Förderstrom von 70 l/Min. entspricht. Die Verminderung des Förderstroms der Pumpe von 120 l auf den für den Zylinder maximal zulässigen Strom von 70 l erfolgte durch eine Bypassdrossel.

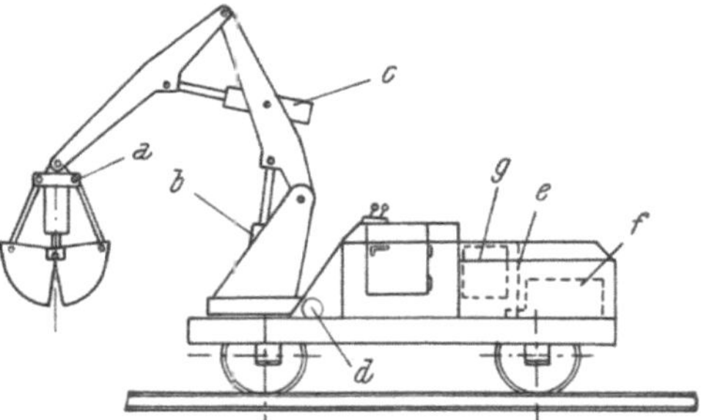

Abb. 6. Schwenkschaufellader

Die ersten Probeläufe ergaben eine einwandfreie Funktion des hydraulischen Antriebes und eine Zusammenarbeit zwischen dem Hydraulikantrieb mit den mechanischen Bauteilen, die allen Erwartungen entsprach. Auf eine Dauererprobung unter besonders hoher Überlastung mit pausenlosem Betrieb wurde verzichtet. Die Maschine wurde nun serienmäßig hergestellt und an Verbraucher ausgeliefert. Bereits einige Wochen nach der Auslieferung der Maschinen ergaben sich bei allen Verbrauchern Betriebsstörungen. Die zugesagte Umschlagleistung konnte überhaupt nur innerhalb weniger Stunden nach der Inbetriebnahme erreicht werden. An Sommertagen mit Einwirkung der Sonnenstrahlung ließen die Leistungen der Maschinen bereits nach wenigen Minuten nach und der Betriebsdruck fiel von 115 atü auf 70 atü. Was konnte die Ursache dieses plötzlichen Versagens sein? Die Querschnitte der Ölleitungen waren ausreichend bemessen. Starke Rohrkrümmungen wurden beseitigt. Die Möglichkeit einer Wärmeeinwirkung vom Antriebsdieselmotor auf den Hydrauliktank durch Isolierwände wurde ebenfalls beseitigt. Jedoch blieben alle diese Bemühungen erfolglos. Es wurde nun der zeitliche Druckverlauf und der Temperaturverlauf im Behälter während eines Dauerversuches gemessen. Diese Druck- und Temperaturmessungen wurden unter folgenden Bedingungen gemacht:

Phase 1. Alle Zylinder bis auf den Greiferzylinder in Tätigkeit.

Phase 2. Nur Grundhub- und Oberhubzylinder in Tätigkeit.

Phase 3. Maschine zum Nachfüllen von Kraftstoff kurzzeitig stillgesetzt.

Phase 4. Nur Schwenkzylinder betätigt.

Während dieser vier Versuchsphasen nach Abb. 7 wurden folgende Beobachtungen gemacht: Zu Beginn der Phase 4 wurde in dem Saugrohr, das durch ein durchsichtiges Plastikrohr ersetzt wurde, Schaumbildung beobachtet. Auch die Kurve des Temperaturverlaufes zeigt durch die Zunahme der Neigung der Kurve, daß die Drosselung während des Schwenkvorganges in erster Linie die starke Temperatursteigerung verursacht, so daß nur durch die Beseitigung dieser Störungsquelle eine Behebung der Störung zu erwarten war. Die Beseitigung dieser Ölerwärmung war entweder durch Einbau eines Ölkühlers möglich oder aber durch den Einbau einer zweiten Ölpumpe mit geringerem Förderstrom für den Schwenkantrieb.

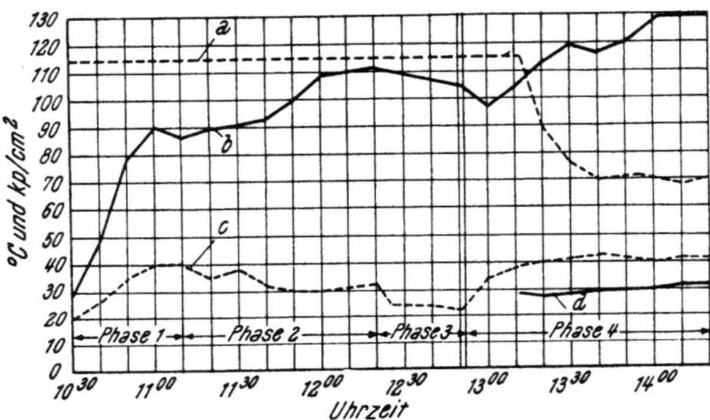

Abb. 7. Temperatur- und Druckverlauf während eines Versuchseinsatzes des Schwenkladers (Abb. 6)

Als Ölkühler hätte sich das im Lokomotivbau häufig verwendete Kühlersystem mit hydrostatischem Antrieb eines Lüfters nach Abb. 414 angeboten. Dabei hätte die Möglichkeit bestanden, das Drucköl sowohl für den Antrieb des Ölmotors für den Lüfter als auch als Kühlmittel selbst zu verwenden. Eine Beseitigung der Energieverluste durch die Drosselung wäre aber durch dieses Kühlsystem nicht zu erreichen gewesen. Auch die Kosten für einen solchen Lüfterantrieb wären höher gewesen als die einer zweiten Ölpumpe. Die Beseitigung der Drosselelemente und die Einführung einer eigenen Pumpe für den Schwenkantrieb brachten deshalb auch mit dem geringsten Kostenaufwand den erwarteten Erfolg.

Die beiden hier angedeuteten Beispiele sollten zeigen, wie viele überflüssige Kosten bei der Entwicklung eines allen Anforderungen entsprechenden hydraulischen Antriebes hätten erspart werden können, wenn eine gewissenhafte Erprobung an einem Prototypen der betreffenden Maschine erfolgt wäre.

Aus den beiden oben geschilderten Mißerfolgen kann somit etwa der folgende Schluß gezogen werden:

Die luxuriös ausgestatteten ausführlichen Kataloge über viele Tausende und Zehntausende von erprobten Normgeräten der Hydraulik verleiten leicht zu der selbstverständlich ganz falschen Überzeugung, daß eine Zusammenstellung aus diesen erprobten Geräten zu einer bestimmten Einzweckmaschine auch bereits wie eine erprobte Maschine arbeiten müsse. Das ist aber ganz und gar nicht der Fall. Auch eine Maschine, die aus traditionellen Maschinenelementen, wie Zahnrädern, Hebeln, Lagern und Getrieben, zusammengesetzt wird, muß noch lange nicht zur Zufriedenheit arbeiten, weil sie aus diesen im einzelnen wohl erprobten Bauelementen zusammengesetzt wurde.

Wie jede neue Maschine müssen auch hydraulische Antriebe, auch dann, wenn sie nur in Maschinen eingebaut werden, die früher von Hand oder mechanisch angetrieben wurden, in ihrer Zusammenarbeit mit den neuen Maschinen erprobt werden. Die Entwicklung neuer Maschinen, insbesondere solcher, die in Serien hergestellt werden sollen, muß deshalb immer in enger Fühlungnahme zwischen einem erfahrenen Fachmann des betreffenden Produktionszweiges, in dem diese Maschinen verwendet werden sollen, und einem gut informierten Hydraulikingenieur erfolgen. Wenn man glaubt, daß eine Maschine, die nur auf dem Reißbrett geplant wurde, ohne jede Erprobung nur deshalb einwandfrei funktionieren müsse, weil sie aus erprobten Normbauteilen zusammengesetzt wurde, dann darf man sich nicht wundern, wenn man schwere Rückschläge erlebt, an denen aber dann nicht die hydraulischen Elemente schuld sind, sondern nur die falschen Entwicklungsmethoden, die auch in keinem anderen Zweig des Maschinenbaues vertretbar gewesen wären.

II. Projektierung hydraulischer Antriebe

Hydraulische Antriebe für die Abwicklung von Hubbewegungen bestehen aus Arbeitszylindern, Steuerventilen, den Rohrverbindungen und der Ölpumpe, dem Ölbehälter und dem erforderlichen Druckventil sowie den verschiedenen Hilfsgeräten, wie Filter, Manometer usw., also letzten Endes aus verschiedenen Normbauteilen, die im Abschn. IV, S. 66, der Reihe nach ausführlich besprochen werden. Die Auswahl der einzelnen zweckmäßigsten Geräte wird also nur auf Grund der Kenntnis aller dieser Geräte möglich sein, wobei im Rahmen dieser Einführung natürlich nur ein kleiner Bruchteil aller verfügbaren Normbauteile erwähnt werden kann. Zur Abwicklung einer bestimmten Bewegungsaufgabe durch einen hydraulischen Antrieb gibt es aber praktisch immer unendlich viele Lösungen, von denen meist mehrere zweckmäßig und billig sein können. Diese herauszufinden, ist Aufgabe des Projektingenieurs für den hydraulischen Antrieb, der allerdings diese Aufgabe nur dann richtig lösen kann, wenn von seiten der Konstrukteure der Maschinen, für die der hydraulische Antrieb bestimmt ist, alle Hinweise der vorstehenden Abschnitte beachtet werden. Die Auswahl der zweckmäßigsten Antriebe aus mehreren möglichen Lösungen für bestimmte Aufgaben kann durch die Zusammenstellung von mehreren Antrieben zur Lösung der gleichen Aufgabe erleichtert werden. Es werden zu diesem Zwecke im Abschn. V, S. 250, etwa fünfzig verschiedene Grundschaltpläne zur Lösung relativ einfacher Antriebsaufgaben besprochen, wobei die Vor- und Nachteile der einzelnen Lösungen einer bestimmten Aufgabe gegenübergestellt werden und das Zusammenwirken verschiedener Normbauteile besprochen wird. Im Abschn. X, S. 315, werden schließlich noch einige Beispiele etwas komplizierterer Anlagen behandelt.

Vor der endgültigen Festlegung der einzelnen zweckmäßigsten Normbauteile, die natürlich nur auf Grund der Kenntnis einer Menge von universell verwendbaren Normbauteilen und deren Vor- und Nachteilen möglich ist, wird man aber bei jedem Antrieb für geradlinige Bewegungen zunächst die wichtigsten prinzipiellen Entscheidungen für die Gestaltung des Antriebes festlegen, und diese sind etwa:

1. Wahl der zweckmäßigsten Betriebsdrücke und der Pumpengröße sowie der Zylinderabmessungen,

2. Strömungsgeschwindigkeiten und Rohrabmessungen,

3. Auswahl der prinzipiellen Funktion und der Größe der Wegeventile und Druckventile,

4. Größe des Ölbehälters.

Alle für die grundlegende Arbeitsweise des Antriebes entscheidenden Größen, wie z. B. Zylinderinhalt und Öldruck, oder, bei festgelegtem Zylinderinhalt, das Verhältnis vom Hub zum Durchmesser bei gleichem Arbeitsvermögen, greifen ineinander. Sie sollen deshalb nicht unabhängig voneinander festgelegt werden, sondern es soll immer unter gegenseitiger Berücksichtigung der Verbesserungsmöglichkeit durch die Veränderung einer Größe auf die Veränderungen Rücksicht genommen werden, die sich durch die Änderungen einer dieser Größen zwangsläufig für den Antrieb ergeben.

Im allgemeinen wird man bei der ersten Projektierung eines hydraulischen Antriebes zunächst einmal die Funktion jedes einzelnen Zylinders für sich betrachten. Die prinzipiellen Richtlinien für die zweckmäßige Auswahl des Betriebsdruckes, der Abmessungen des Zylinders und der Pumpengröße sollen deshalb zunächst einmal für den denkbar einfachsten hydraulischen Antrieb betrachtet werden, der die Aufgabe hat, eine konstante gegebene Last P über einen bestimmten Weg s in einer vorgeschriebenen Zeitspanne t mit konstanter Geschwindigkeit zu verschieben. Diese Aufgabe kann mit einem Zylinder von kleinem Durchmesser D und hohem Öldruck p oder mit einem Zylinder von großem Durchmesser und niedrigem Druck gelöst werden. Die billigste Lösung liegt je nach den gegebenen Betriebsverhältnissen in erster Linie in Abhängigkeit von den auftretenden Kräften manchmal bei niedrigeren und manchmal bei höheren Drücken (Abb. 8). Für die Wahl des Arbeitsdruckes und des Zylinderdurchmessers ist aber nicht nur der Preis, das Gewicht oder die zulässigen Abmessungen der Zylinder und Steuerorgane maßgebend, sondern auch der Preis der Pumpe ausschlaggebend. Man wird daher oft trachten, mit einer bestimmten Pumpentype mit einem gegebenen Förderstrom und einem gegebenen maximal zulässigen Betriebsdruck bei der Lösung einer bestimmten Aufgabe durchzukommen. Man geht dann zunächst von den charakteristischen Größen der Pumpe aus und wählt Druck- und Zylinderabmessungen so, daß die gestellten Aufgaben mit der aus preislichen Rücksichten gewählten Pumpe erfüllt werden können. Die erste Festlegung des Betriebsdruckes, der Zylinderabmessungen und der Pumpengröße erfolgt dann zunächst auf Grund der folgenden grundlegenden Bedingungen:

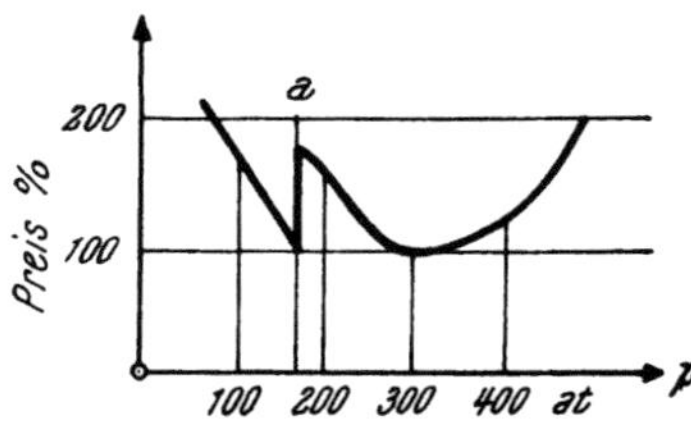

Abb. 8. Zusammenhang zwischen Betriebsdruck und Anschaffungskosten eines bestimmten hydraulischen Antriebes

$$P = p\,F = p\,\frac{D^2\pi}{4}, \tag{1}$$

$$F\,c = f\,w, \tag{2}$$

$$\frac{D^2\pi}{4}\cdot c = \frac{d^2\pi}{4}\,w, \tag{3}$$

$$\frac{w}{c} = \frac{D^2}{d^2}, \tag{4}$$

$$p\,F\,c = p\,f\,w, \tag{5}$$

$$N = \frac{P\,c}{75} = \frac{p\,Q}{450}, \tag{6}$$

$$\frac{D^2\pi}{4}\,s = V_z, \tag{7}$$

$$\frac{D^2\pi}{4}\,\frac{s}{t} = \frac{V_z}{t} = Q\,\frac{1}{60\,000}. \tag{8}$$

In diesen Gleichungen bedeuten:

P (kg)   Kraft am Arbeitskolben,
p (kg/m²)   Flüssigkeitsdruck,
F (m²)   Kolbenfläche,
D (m)   Kolbendurchmesser,
d (m)   Durchmesser der Rohrleitung,

c (m/Sek.) Kolbengeschwindigkeit $c = \dfrac{s}{t}$,

w (m/Sek.) mittlere Strömungsgeschwindigkeit, $w = \dfrac{Q}{f}$,

f (m²)   Querschnittsfläche der Rohrleitung,
Q (l/Min.) Förderstrom der Pumpe,
V_z (m³)   Zylinderinhalt,
s (m)   Kolbenhub,
t (Sek.)   Hubzeit,
N (PS)   Leistung ohne Berücksichtigung der Wirkungsgrade.

Der Zusammenhang zwischen je drei zusammengehörigen charakteristischen Größen kann aus einem Nomogramm (Abb. 9) entnommen werden. Es ist hierbei jeweils der Zusammenhang zwischen den drei folgenden Größen an den entsprechenden Skalen abzulesen:

    1. Durchmesser des Zylinders — Kolbenkraft — Flüssigkeitsdruck
           D (mm) P (kg) p (kg/cm²)

    2. Durchmesser des Zylinders — Kolbenhub — Zylinderinhalt
           D (mm) s (mm) V_z (l)

    3. Fördermenge der Pumpe — Hubzeit — Zylinderinhalt
           Q (l/Min.) t (Sek.) V_z (l)

Das Nomogramm ermöglicht die rasche Beurteilung des Einflusses einer dieser charakteristischen Größen auf die übrigen Größen unter der Bedingung, daß die Gl. (1) bis (8) erfüllt bleiben. Es dient zur überschlägigen Auslegung einer Anlage mit bestimmten gestellten Aufgaben für verschiedene Betriebsdrücke, Zylinderdurchmesser, Fördermengen usw.

Die Größen der Strömungsgeschwindigkeit und der Kolbengeschwindigkeit sind in das Nomogramm nicht aufgenommen. Sie ergeben sich einfacher aus der Beziehung

$$w = c \left(\frac{D}{d}\right)^2 \quad \text{und} \quad c = \frac{s}{t} \ (\text{m/Sek.}).$$

Nach Festlegung der Fördermenge, des Betriebsdruckes und der Zylinderabmessungen können die Strömungsgeschwindigkeiten in den Rohrleitungen den Richtlinien der Abb. 10 entsprechend festgelegt werden. Die Rohrkrümmungen sollen die auf dem Nomogramm angegebenen Werte nicht überschreiten.

Die Anschlußwerte für die Steuerventile sind den Rohrdurchmessern entsprechend zu wählen. Die prinzipielle Funktion — ob Dreiwege- oder Vierwegeventile, ob Zwei- oder Dreipositionsausführung, die Art der Betätigung durch Hand-, Fuß- oder Nockenbetätigung — ergibt sich meist aus den an die Art der Betätigung gestellten Anforderungen. Magnetventile für große Rohrquerschnitte sollen nur in vorgesteuerter Ausführung verwendet werden. Auch für höhere Betriebsdrücke sind oft bei relativ kleinen Durchmessern schon vorgesteuerte Ventile vorzuziehen. Auch die Zähigkeit des Öles sowie die Betriebstemperatur haben einen Einfluß auf die Höhe des Betriebsdruckes, von dem an Magnetventile nur in vorgesteuerter Ausführung verwendet werden sollen.

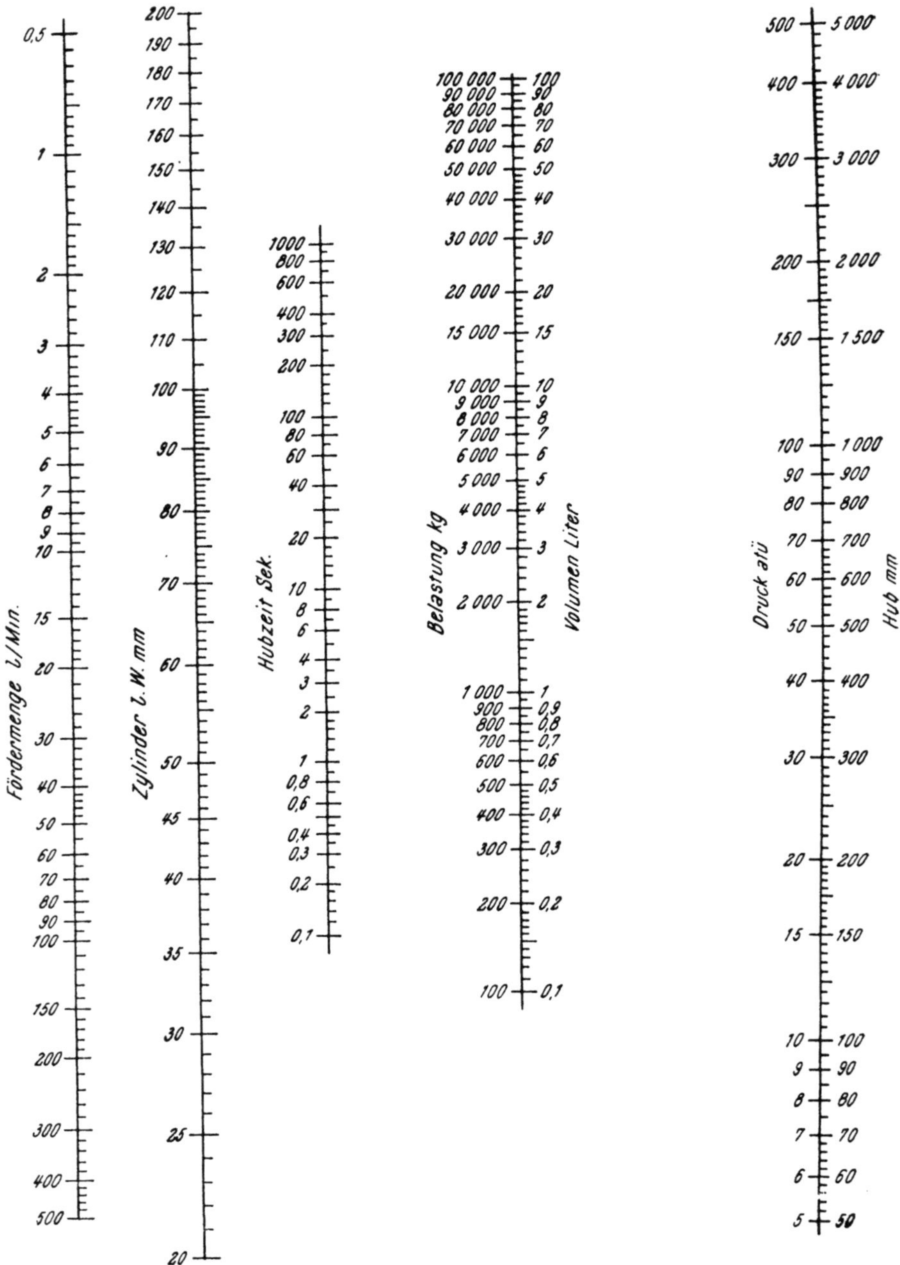

Abb. 9. Zusammenhang zwischen Zylinderdurchmesser, Hub, Zylindervolumen, Hubzeit und Fördermenge der Pumpe

Die Berechnung der Größe des Ölbehälters und der erforderlichen Ölmenge erfolgt oft nach einer Faustformel, der zufolge die Ölmenge etwa ein- bis dreimal so groß sein soll wie die Fördermenge der Pumpe in l/Min. Derartige Richtlinien gelten allerdings nur für ganz bestimmte normale Betriebsbedingungen und

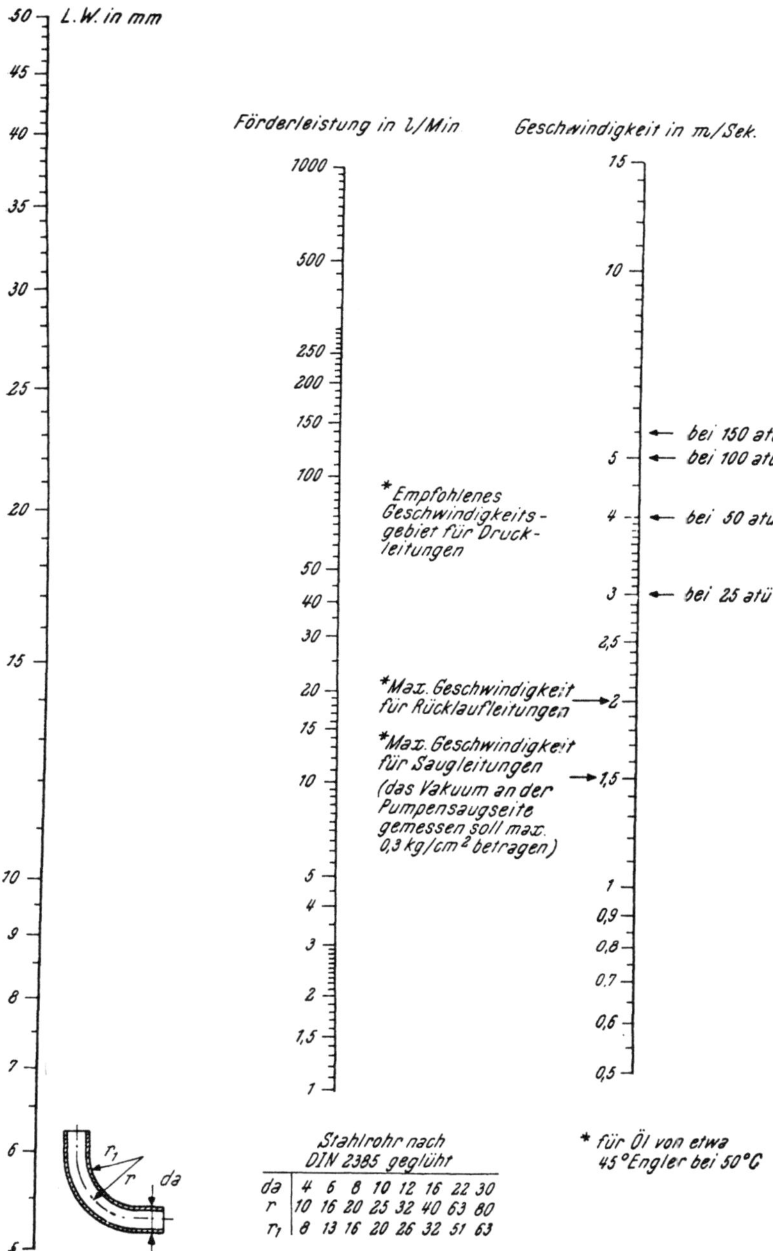

Abb. 10. Richtlinien für Strömungsgeschwindigkeiten und Rohrabmessungen

dürfen deshalb auf keinen Fall allgemein verwendet werden. Es gibt Anlagen, die nur kurzzeitig laufen und bei denen alle Rohre und Behälter in einem Kühlluftstrom liegen. Es genügt dann unter Umständen ein Zehntel der oben angegebenen Ölmenge vollständig, um die zulässigen Öltemperaturen einhalten zu können. Umgekehrt gibt es Anlagen, die in warmen Räumen arbeiten, ununterbrochen laufen und bei denen alle für den Wärmeaustausch in Frage kommenden Teile in einem abgeschlossenen Raum liegen, in dem keinerlei Luftbewegung möglich ist und bei denen somit auch die eingeschlossene Luft noch erwärmt wird. Es genügt dann oft auch die zehnfache von der durch die obige Faustregel gegebenen Ölmenge nicht, um eine ausreichende Rückkühlung des Öls zu erreichen.

In manchen Fällen wird die Größe des Ölbehälters aber nicht nur durch die zulässige Erwärmung des Öls bestimmt, sondern auch durch andere Argumente. So muß z. B. das im Ölbehälter enthaltene Öl auf alle Fälle mit entsprechender Reserve und auch bei etwas niedrigerem Ölstand als dem der Ölmarke entsprechenden ausreichen, um alle Zylinder mit Drucköl zu füllen. Bei einer Anlage mit besonders großen Zylindern, die selten betätigt werden und langsam laufen, kann diese Ölmenge unter Umständen wesentlich größer sein als diejenige, die sich auf Grund wärmetechnischer Überlegungen ergibt.

Eine richtige, den gegebenen Betriebsverhältnissen in bezug auf die Erwärmung entsprechende Bemessung des Ölbehälters und die Berechnung der für einen bestimmten Antrieb erforderlichen Ölmenge ist nur auf Grund der Berechnung der in der Anlage durch Drosselung erzeugten Wärme einerseits und durch Wärmeübertragung an die Umgebung abgeführten Wärme andererseits nach den in Abschn. III, 3, S. 53, und Abschn. IV, 10, S. 239, gegebenen Richtlinien möglich. Die Gestaltung des Ölbehälters und die Wahl der Ölmenge muß dabei so erfolgen, daß die Öltemperatur im stationären Zustand 70° C bei höchstmöglicher Umgebungstemperatur und ungünstigsten Kühlungsverhältnissen auf keinen Fall überschreiten kann.

III. Physikalische Grundlagen der Hydraulik

Im Gegensatz zu den Flüssigkeitsgetrieben, bei denen die Energieübertragung durch die Veränderung der Größe und Richtung der Geschwindigkeit einer strömenden Flüssigkeit erfolgt, versteht man unter hydraulischen Antrieben im wesentlichen hydrostatische Antriebe, bei denen die Übertragung der Energie nur durch den Druck der Flüssigkeit erfolgt. Hydraulische Antriebe werden deshalb auch meist in bezug auf die Auswahl der Abmessungen von Arbeitszylindern, Motoren und Pumpen zunächst nach den Gesetzen der Hydrostatik nach den Gl. (1) bis (8) ausgelegt.

Trotzdem die Strömungsgeschwindigkeiten in den Rohren und Zylindern hydraulischer Anlagen aber im allgemeinen möglichst klein gehalten werden, um Strömungsverluste zu vermeiden, wird an Drosselstellen, in Dichtungsspalten, in bestimmten Regel- und Steuerorganen die Funktion der einzelnen hydraulischen Geräte nur durch das physikalische Verhalten der strömenden Flüssigkeit beeinflußt. Für das Verständnis des gesamten Arbeitsablaufes hydraulischer Anlagen ist deshalb die Kenntnis der Gesetze der Hydrodynamik ebenso wichtig wie die Grundlagen der Hydrostatik.

Eine der wichtigsten Voraussetzungen für das einwandfreie Arbeiten hydraulischer Anlagen ist die Einhaltung der zulässigen Öltemperatur. Die für die Berechnung der auftretenden Öltemperatur erforderlichen Gesetze der Thermodynamik gehören deshalb ebenso zu den Grundlagen der Ölhydraulik wie die Hydrostatik und Hydrodynamik.

Die Gesetze der Hydrodynamik gelten für inkompressible Flüssigkeiten. Die Berechnung der Druckstöße beim plötzlichen Schließen von Steuerorganen sowie aller Schwingungserscheinungen in den Flüssigkeitssäulen basiert aber gerade auf den elastischen Eigenschaften der Flüssigkeit; auch das Verhalten von Arbeitszylindern während einer langsamen Bewegung oder im festgehaltenen

Zustand bei Veränderung der angreifenden Kräfte wird auf Grund der Gesetze für die Zusammendrückbarkeit von Flüssigkeiten berechnet. Schließlich beeinflußt auch die Dehnung der Zylinderwandung und Rohrwandung unter dem Einfluß schwankender Betriebsdrücke die Funktion der Anlage.

Die physikalischen Vorgänge bei der Zusammendrückung von Flüssigkeiten und bei der Ausdehnung von Metallen müssen deshalb neben den Gesetzen der Hydrostatik, der Hydrodynamik und der Thermodynamik hier auch noch soweit besprochen werden, als diese Vorgänge für das Verhalten hydraulischer Anlagen von Bedeutung sein können.

1. Hydrostatik

Bezeichnungen wie auf S. 27 und außerdem:

γ (kg/m³) spezifisches Gewicht der Flüssigkeit,
g (m/Sek.) Erdbeschleunigung.

In einer reibungsfreien Flüssigkeit pflanzt sich der Druck nach allen Richtungen gleichmäßig fort. An jeder Stelle eines hydrostatischen Systems ergibt sich somit der Druck p an einer beliebigen Stelle des Systems aus dem Eigengewicht der Flüssigkeitssäule, die oberhalb des betreffenden Punktes liegt, oder aus der Summe des Druckes, der an einer beliebigen anderen Stelle des Systems herrscht, und der Flüssigkeitssäule zwischen diesem Punkt und dem betrachteten Punkt. Für einen Punkt A am Boden des Plungerzylinders 1 in Abb. 11 ergibt sich z. B. der Druck p_A zu

$$p_A = \gamma\, h = \frac{P_1}{F_1} + \gamma\, Z_1 = \frac{P_2}{F_2} + \gamma\, Z_2. \tag{9}$$

Die Gl. (9) gilt, solange die Kolbenreibung die Bewegungsenergie der in den Rohrleitungen strömenden Flüssigkeit sowie die Reibungsverluste innerhalb der in Wirklichkeit nicht reibungsfreien Flüssigkeit vernachlässigt werden können, nicht nur für das ruhende System, sondern auch für langsame Bewegungen. Bei der Energieübertragung vom Kolben 1 an der Stelle 1 auf den Kolben 2 an der Stelle 2 wird dann beim Verschieben des Kolbens 1 eine Arbeit

$$A = P_1\, s_1 = p\, F_1\, s_1$$

geleistet. Die an der Stelle 2 wieder abgegebene Arbeit ist

$$A = P_2\, s_2 = p\, F_2\, s_2 = P_1\, s_1 = p\, F_1\, s_1.$$

Bei vollkommen inkompressibler Flüssigkeit ist

$$\frac{s_1}{s_2} = \frac{F_2}{F_1}. \tag{10}$$

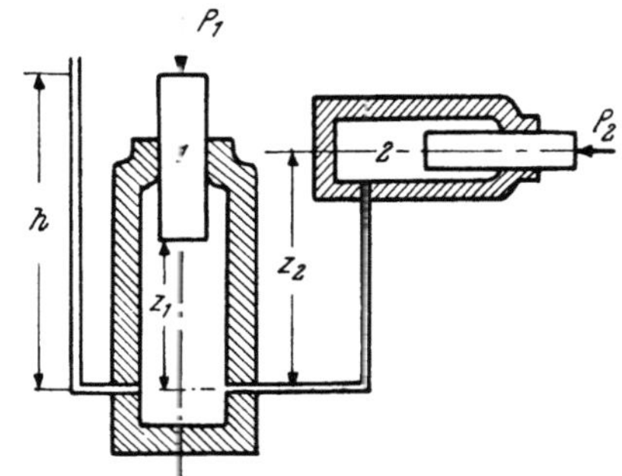

Abb. 11. Druckverteilung in hydrostatischen Systemen

Praktisch sind alle Flüssigkeiten mehr oder weniger zusammendrückbar, so daß bei zunehmender Kraft die Verschiebung des Kolbens 2 kleiner bleibt als

$$s_2 = s_1\, \frac{F_1}{F_2}.$$

Es ist deshalb bei kompressiblen Flüssigkeiten nur bei konstanten Kräften P_1 und P_2

$$s_2 = s_1\, \frac{F_1}{F_2}.$$

Besonders bei stark lufthaltigem Öl wird die Zusammendrückbarkeit des Öls größer und ist deshalb besonders zu berücksichtigen.

Bei der Energieübertragung durch hydrostatische Antriebe wären in Sonderfällen auch noch folgende Einflüsse zu berücksichtigen:

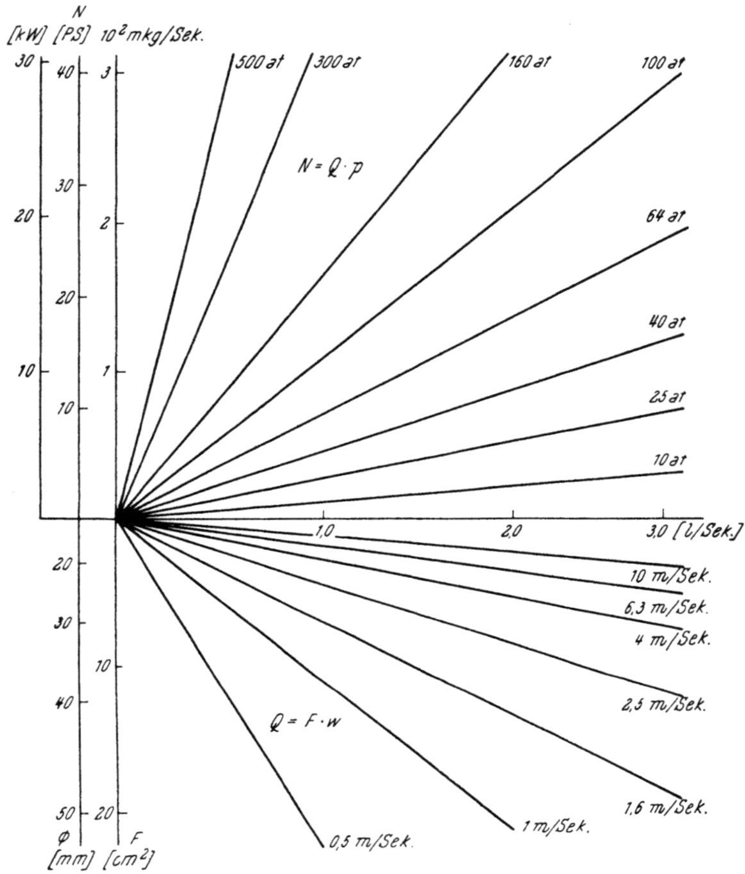

Abb. 12. Zusammenhang zwischen Stromstärke, Druck und Leistung sowie zwischen Stromstärke, Geschwindigkeit und Leistungsquerschnitt

1. Ein Teil der bei 1 aufgewendeten Arbeit geht auch bei langsamer Bewegung durch die Reibung der Kolben und durch die Flüssigkeitsreibung in den Rohrleitungen verloren.

2. Zum Heben des Flüssigkeitsvolumens $F_1 s_1$ von der Höhe z_1 auf die Höhe z_2 ist eine gewisse Arbeit erforderlich.

Die bei 2 geleistete Arbeit wird deshalb diesen beiden Verlusten entsprechend kleiner sein als die bei 1 aufgewendete. Zumindest der unter Punkt 2 erwähnte Arbeitsaufwand kann jedoch fast immer vernachlässigt werden.

Für die Übertragung der Leistung von der Stelle 1 auf die Stelle 2 gelten die gleichen Überlegungen wie für die Übertragung der Arbeit. Die von 1 nach 2 übertragene Leistung ist

$$N = \frac{P_1 s_1}{t} = \frac{P_2 s_2}{t},$$

$$P_1\, c_1 = P_2\, c_2,$$

$$p\, F_1\, c_1 = p\, F_2\, c_2 = p\, Q. \tag{11}$$

Die an einer beliebigen Stelle eines Flüssigkeitsstromes übertragene Leistung ist somit

$$p\, Q \cdot \left(\frac{\mathrm{m^3}}{\mathrm{Sek.}} \cdot \frac{\mathrm{kg}}{\mathrm{m^2}} \right) = \left(\frac{\mathrm{kgm}}{\mathrm{Sek.}} \right).$$

Bei jedem hydraulischen Antrieb, dessen Aufgabe letzten Endes eine bestimmte Art von Energietransport ist, kann somit die gewünschte Energieübertragung mit großen Flüssigkeitsmengen und niedrigeren Drücken oder mit kleinen Mengen und hohen Drücken erfolgen. Hohe Drücke ermöglichen die Verwendung kleiner Zylinder und enger Rohrleitungen, verlangen dafür aber große Wandstärken. Die zweckmäßigste Wahl von Flüssigkeitsdruck und Flüssigkeitsmenge wird somit in den meisten Fällen durch den Preis, seltener durch das Gewicht der Anlage bestimmt. Abb. 8 zeigt ungefähre Richtlinien für die Veränderung des Preises von Anlagen zur Übertragung einer bestimmten Energie mit verschiedenen Drücken. Unter Berücksichtigung aller benötigten Normbauteile einer hydraulischen Anlage liegen somit die in bezug auf den Anschaffungspreis günstigsten Betriebsdrücke je nach der Art der Anlage zwischen 100 und 300 atü. Diese Richtlinien gelten selbstverständlich nur, solange es sich um Anlagen mit entsprechend großen Kräften handelt.

Abb. 12 zeigt den Zusammenhang zwischen der übertragbaren Leistung $N = Q\, p$ in kW, PS und in kgm/Sek. für verschiedene Flüssigkeitsdrücke und Fördermengen sowie die erforderlichen Rohrquerschnitte für diesen Energietransport für verschiedene Strömungsgeschwindigkeiten zwischen 0,5 und 10 m/Sek.

2. Hydrodynamik

a) Energiegleichung und Bernoullische Gleichung

Bei stationärer Bewegung einer reibungsfreien, inkompressiblen Flüssigkeit gilt für jeden Querschnitt eines Stromfadens die BERNOULLIsche Gleichung

$$p + \gamma\, h + \gamma\, \frac{w^2}{2g} = \text{const.} \tag{12}$$

In einer hydraulischen Anlage nach Abb. 13 wäre somit

oder

$$p_1 + \gamma\, h_1 + \gamma\, \frac{w_1^2}{2g} = p_2 + \gamma\, h_2 + \gamma\, \frac{w_2^2}{2g}$$

$$p_2 = p_1 - \gamma\, (h_2 - h_1) + \frac{\gamma}{2g}\, (w_2^2 - w_1^2). \tag{13}$$

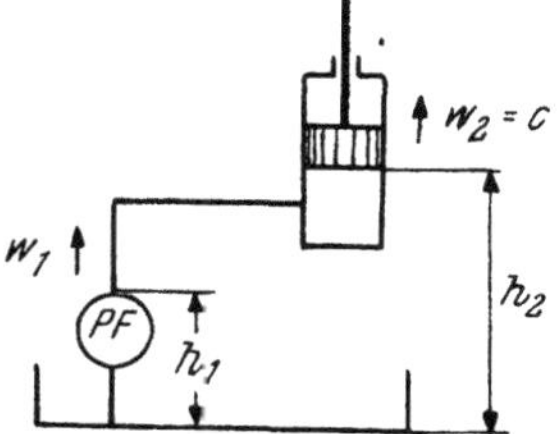

Abb. 13. Kontinuitätsgleichung und Energiefluß in einem hydraulischen Antrieb

Da in hydraulischen Antrieben meist sowohl die Geschwindigkeitshöhe als auch die Druckhöhe infolge des Eigengewichtes der Flüssigkeiten vernachlässigt werden können, gehen die Gleichungen der Hydrodynamik für die Berechnung der Kolbenbewegungen in die der Hydrostatik über.

Die Strömungsvorgänge in den Steuerorganen, in den Rohrleitungen, zwischen den Dichtungsflächen usw., die für die Funktion der ganzen Anlage auch ausschlaggebend sind, müssen dagegen nach den Gesetzen der Hydrodynamik berechnet werden:

Vor allem aber gehen die Reibungsverluste und Wirbelverluste — z. B. im Sicherheitsventil — vollständig in Wärme über und es sind deshalb auch noch thermodynamische Gesichtspunkte in der Energiegleichung zu berücksichtigen. Unter Berücksichtigung der Reibungsverluste h_V in den Rohrleitungen geht die Gl. (13) über in

$$\frac{p_1}{\gamma} + h_1 + \frac{w_1{}^2}{2\,g} = \frac{p_2}{\gamma} + h_2 + \frac{w_2{}^2}{2\,g} + h_V. \tag{14}$$

In dieser Energiegleichung ist h_V die Summe aller Verlustarbeiten in bezug auf die Gewichtseinheit der Flüssigkeit, die vollständig in Wärme verwandelt wird.

b) Die stationäre Strömung durch zylindrische Rohre

Die Strömung in zylindrischen Rohren kann nach zwei grundverschiedenen Gesetzen vor sich gehen. Bei der „laminaren Strömung" bewegen sich die Flüssigkeitsteilchen jeweils derart in den Strombahnen der Flüssigkeitsströmung, daß jedes Teilchen immer den gleichen Abstand von der Rohrwandung beibehält. Es verschiebt sich dann jedes Flüssigkeitsteilchen gegenüber einem etwas weiter außen liegenden unter Überwindung einer gewissen Reibungskraft, die zwischen den beiden Flüssigkeitsschichten auftritt. Bei der Strömung durch ein zylindrisches Rohr

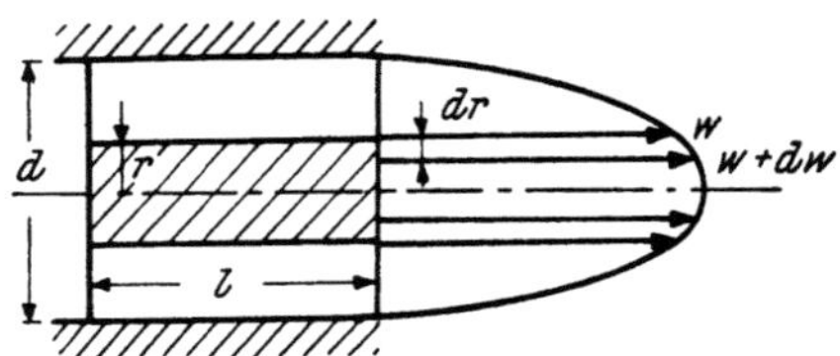

Abb. 14. Parabolische Geschwindigkeitsverteilung bei laminarer Strömung in zylindrischen Rohren

tritt in der Rohrachse die höchste Geschwindigkeit auf. Die Teilchen unmittelbar an der Rohrwandung bewegen sich nicht, ihre Geschwindigkeit ist Null.

Bei einer ebenen Strömung ist die Schubspannung τ, zwischen zwei ebenen Flüssigkeitsschichten von 1 cm^2 proportional der Zähigkeit der Flüssigkeit η, dem Geschwindigkeitsunterschied zwischen den beiden Flüssigkeitsschichten und verkehrt proportional dem Abstand zwischen den beiden Schichten, z

$$\tau = \eta\,\frac{\Delta w}{z}. \tag{15}$$

Im zylindrischen Rohr ergibt sich für jeden Rohrabstand von der Rohrachse eine bestimmte Geschwindigkeit unter der Voraussetzung, daß die Schubspannung zwischen den einzelnen Flüssigkeitsschichten an allen Stellen des Rohres $\tau = \eta\,\dfrac{dw}{dn}$ ist. Die im folgenden Abschnitt wiedergegebene Berechnung der Geschwindigkeitsverteilung über dem Querschnitt des Rohres zeigt, daß diese bei laminarer Strömung parabolisch ist.

Bei einer bestimmten „kritischen" Geschwindigkeit, bei der die Trägheitskräfte der Flüssigkeitsteilchen $\varrho\,\dfrac{w^2}{2}$ die Reibungskräfte $\eta\,\dfrac{dw}{dr}$ überwinden, die die Flüssigkeitsteilchen in ihrer Bahn halten, werden die Flüssigkeitsteilchen aus ihren geraden Bahnen geworfen und durcheinandergewirbelt. Der Widerstand der Strömung nimmt in diesem Augenblick plötzlich zu. Die Geschwindigkeitsverteilung über dem Rohrquerschnitt verändert ihr Profil von der parabolischen Form nach Abb. 14 zu der Verteilung nach Abb. 16, die Strömung wird „turbulent".

Die Reibungskräfte sind der Größe $\eta\,\dfrac{w}{d}$ proportional. Das Verhältnis der Trägheitskräfte zu den Reibungskräften wird als REYNOLDSsche Zahl bezeichnet und ergibt sich zu

$$\tau = \varrho\,\frac{w^2}{2} \cdot \frac{d}{\eta\,w} = \frac{w\,d\varrho}{2\,\eta} \tag{16}$$

Da in technischen Berechnungen meist der Durchmesser d und nicht der Radius r angegeben wird, sind in den meisten Tabellen und Kurven ebenso wie hier im folgenden nicht die Reynoldsschen Zahlen $\dfrac{w\,r}{v}$, sondern die doppelt so großen Werte $Re = \dfrac{w\,d}{v}$ angegeben.

Der Übergang von der laminaren zu der turbulenten Strömung erfolgt in geraden, zylindrischen und glatten Rohren, soweit keine Erschütterungen auftreten, etwa beim Erreichen einer Reynoldsschen Zahl von $Re = 2000$ bis 4000.

Als Maß für die Zähigkeit η einer Flüssigkeit verwendet man die Schubspannung, die erforderlich ist, um bei einer ebenen Strömung eine Fläche von $1\ \mathrm{m^2}$ gegenüber einer ebenso großen Fläche im Abstand von $1\ \mathrm{m}$ mit einer Geschwindigkeit von $1\ \mathrm{m/Sek.}$ zu verschieben. Allgemein ist die erforderliche Kraft zum Verschieben eines Flüssigkeitselementes von der Fläche $1\ \mathrm{m^2}$ gegenüber einem parallel liegenden Element im Abstand z proportional dem Unterschied der Strömungsgeschwindigkeit zwischen den beiden betrachteten Flächenelementen und verkehrt proportional dem Abstand zwischen den beiden Flächen,

$$\tau = \eta\,\frac{v}{z}$$ und die Zähigkeit ergibt sich umgekehrt aus der Schubspannung zwischen den beiden betrachteten Flächen zu $\eta = \tau\,\dfrac{z}{v}$; für $v = 1\ \mathrm{m/Sek.}$ und $z = 1\ \mathrm{m}$ wird die „absolute'' oder „dynamische'' Zähigkeit

$$\tau = \eta \cdot \frac{1\ \mathrm{kg}}{1\ \mathrm{m^2}} \cdot \mathrm{m} \cdot \frac{\mathrm{Sek.}}{\mathrm{m}} = \frac{\mathrm{kgs}}{\mathrm{m^2}}.$$

Nach Abschn. g, S. 49, ergibt sich daraus die „kinematische Zähigkeit''

$$v = \frac{\eta}{\varrho}\ \text{in}\ \frac{\mathrm{kg\,Sek.}}{\mathrm{m^2}} \cdot \frac{\mathrm{m^3}}{\mathrm{kg}} \cdot \frac{\mathrm{m}}{\mathrm{Sek^2.}} = \frac{\mathrm{m^2}}{\mathrm{Sek.}}.$$

Die kinematische Zähigkeit wird oft auch in Stokes angegeben, wobei 1 Stoke $1\ \mathrm{cm^2/Sek.}$ ist. $1\ \mathrm{m^2/Sek.}$ ist somit 10^4 Stokes oder 10^6 Centistokes.

In der Praxis erfolgt die Messung der Zähigkeit von Flüssigkeiten meist in „Englergraden'' oder in „Redwoodsekunden''. Diese Maßeinheiten geben nur das Verhältnis der Ausflußzeit einer Flüssigkeit aus einem genormten Gefäß zu der Ausflußzeit für Wasser an. Sie können unmittelbar nicht für die Berechnung von Strömungsvorgängen verwendet werden. Näherungsweise kann jedoch die dynamische und die kinematische Zähigkeit nach den Gleichungen des Abschn. g, S. 50, aus den Werten der Zähigkeit in Englergraden berechnet werden.

α) Laminare Strömung in zylindrischen Rohren

Es soll hier zunächst die Strömung einer inkompressiblen, aber zähen Flüssigkeit durch ein gerades zylindrisches Rohr betrachtet werden, dessen Wandungen nicht absolut glatt sein müssen. Solange die einzelnen Flüssigkeitsteilchen ihren Abstand von der Rohrachse bzw. von der Wandung beibehalten, verläuft der Strömungsvorgang laminar. Es haben dann alle Flüssigkeitsteilchen an beliebiger Stelle des Rohres, die sich in gleichem Abstand von der Rohrachse bewegen, die gleiche Geschwindigkeit.

Betrachtet man in Abb. 14 das schraffierte zylindrische Flüssigkeitselement mit dem Radius r und der Länge l, so ergibt sich folgendes Gleichgewicht zwischen dem Druckunterschied Δp zwischen dem Druck auf die linke und auf die rechte Fläche des betrachteten Flüssigkeitselementes und den Reibungskräften, die an den Mantelflächen dieses Flüssigkeitselementes überwunden werden müssen:

$$\Delta p \cdot r^2\,\pi = 2\,r\,\pi\,l \cdot \eta\,\frac{dw}{dr},$$

$$\Delta p \cdot r \cdot dr = 2\,l\,\eta\,dw,$$

$$c + \frac{\Delta p}{l}\,\frac{r^2}{4} = \eta\,w.$$

Und mit den Randbedingungen $w = 0$ bei $r = \dfrac{d}{2}$ wird $c = \dfrac{\Delta p}{l} \dfrac{d^2}{16}$

$$w = \frac{\Delta p}{4\,\eta\,l}\left(\frac{d^2}{4} - r^2\right); \tag{17}$$

$$w_{\max} = \frac{\Delta p}{4\,\eta\,l} \cdot \frac{d^2}{4} = \frac{\Delta p\, d^2}{16\,\eta\,l}.$$

Die durch die Ringfläche $2\,r\,\pi\,dr$ strömende Flüssigkeitsmenge ist

$$dQ = 2\,r\,\pi\,dr\,w$$

und

$$Q = \int_0^{d/2} 2\,r\,\pi\,dr\,\frac{\Delta p}{4\,\eta\,l}\left(\frac{d^2}{4} - r^2\right) = \frac{2\,\pi\,\Delta p}{4\,\eta\,l}\left(\frac{d^2}{4}\frac{r^2}{2} - \frac{r^2}{4}\right)\Big|_0^{d/2} = \frac{d^4\,\pi\,\Delta p}{16 \cdot 8\,\eta\,l} = \frac{F \cdot d^2\,\Delta p}{32\,\eta\,l}, \tag{18}$$

$$\Delta p = \frac{32\,\eta\,l\,Q}{F\,d^2} = \frac{32\,w_m\,\eta\,l}{d^2}, \tag{19}$$

$$\frac{\Delta p\, d^2}{16\,\eta\,l} = 2\,w_m = 2\,\frac{Q}{F} = w_{\max}.$$

Die parabolische Geschwindigkeitsverteilung nach Gl. (17) sowie die daraus abgeleiteten Gl. (18), (19) gelten allerdings erst für den Strömungszustand in entsprechend großer Entfernung vom Einlauf in das Rohr. Die „Anlaufstrecke", in der sich das parabolische Geschwindigkeitsprofil erst ausbildet, ist unter Umständen so lang, daß die parabolische Geschwindigkeitsverteilung in einer Rohrleitung eines hydraulischen Antriebes überhaupt nicht erreicht wird. Trotzdem können die Gl. (17), (18) und (19) immer als Näherungswerte, gegebenenfalls auch zur Berechnung des Druckabfalles in ganz kurzen Rohrleitungen verwendet werden.

Die Anlaufstrecke. Das Geschwindigkeitsprofil innerhalb der Anlaufstrecke hängt in erster Linie von der Gestalt des Einlaufes in das Rohr ab. Es sei hier, um nur einen Anhaltspunkt für die ungefähre Länge der Anlaufstrecke zu gewinnen, der Vorgang bei gut abgerundetem Einlauf betrachtet: Die Flüssigkeit tritt in diesem Falle mit einer über den Querschnitt des Rohres nahezu konstanten Geschwindigkeitsverteilung in das Rohr ein. In unmittelbarer Nähe der Wandung innerhalb einer ganz dünnen „Grenzschicht" fällt die über dem Querschnitt zunächst konstante Geschwindigkeit bereits im Einlauf fast plötzlich auf Null ab.

Bei der Strömung werden nun mit zunehmender Entfernung vom Einlauf zunächst die am Rand liegenden und später immer weiter im Inneren des Rohres liegenden Teile unter dem Einfluß der Zähigkeit der Flüssigkeit abgebremst, so lange, bis nach einer bestimmten Anlaufstrecke das parabolische Geschwindigkeitsprofil nach Gl. (17) ausgebildet ist. Damit die Kontinuität während der Strömung erfüllt bleibt, muß gleichzeitig ein Teil des Druckgefälles in der Anlaufstrecke dazu verwendet werden, um die im Kern der Strömung liegenden Teilchen ebensoviel zu beschleunigen, wie die am Rande liegenden verzögert werden. Streng genommen ändert sich die Geschwindigkeitsverteilung nur asymptotisch mit der Entfernung vom Einlauf der parabolischen Verteilung. Die genaue parabolische Verteilung wird somit erst im Unendlichen erreicht. Man hat deshalb als „Anlaufstrecke" diejenige Entfernung vom Einlauf definiert, bei der die Geschwindigkeitsverteilung nur noch um 1% von der genau parabolischen abweicht.

Boussinesq gibt die Länge dieser Anlaufstrecke mit $0{,}065 \cdot d \cdot Re$ an.

Beispiel:

1. Zylindrisches Rohr $d = 1$ cm, $w = 1$ m/Sek., $Re = w\,d/\nu = \dfrac{1 \cdot 1 \cdot 10^6}{100 \cdot 40} = 250$,
wenn die Zähigkeit des Öls $\nu = 40 \cdot 10^{-6}$ m²/Sek. beträgt. Die Anlaufstrecke x_1
wird $x_1 = \dfrac{6{,}5}{100} \cdot \dfrac{1}{100} \cdot 250 = 0{,}16$ m.

2. Bei absolut erschütterungsfreier Strömung kann die laminare Strömung
bis zu einer REYNOLDSschen Zahl von $Re = 8000$ aufrechterhalten werden.
Es ergibt sich dann die größtmögliche Anlaufstrecke, z. B. für ein Rohr
von 1 cm Durchmesser und für Wasser mit $\nu = 1$ Centistokes $= 10^{-6}$ m²/Sek. zu
$x_1 = 0{,}065 \cdot \dfrac{1}{100} \cdot 8000 = 5$ m.

Druckabfall im laminaren Einlauf. Bei gut abgerundetem Einlauf ist zunächst
das zur Erzeugung der Geschwindigkeitsenergie $\dfrac{w_m^2}{2\,g}$ erforderliche Druckgefälle
aufzuwenden. Bei der Veränderung des Geschwindigkeitsprofils von der Form

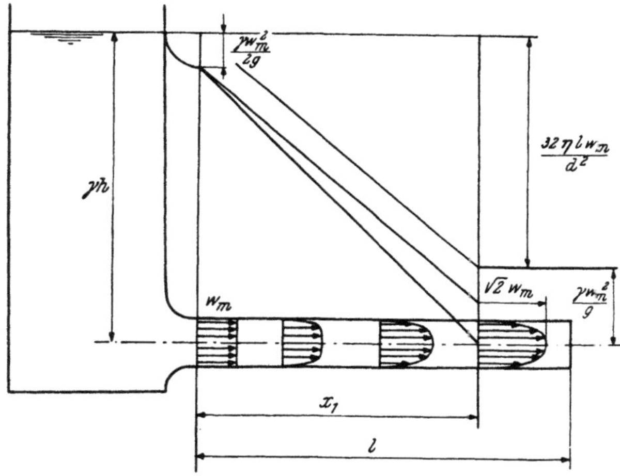

Abb. 15. Anlaufstrecke: Ausbildung des Geschwindigkeitsprofils — Verteilung des Druckabfalles

w_m = const. über den ganzen Querschnitt auf das parabolische Geschwindigkeits-
profil erhöht sich die Bewegungsenergie vom Wert $\dfrac{w_m^2}{2\,g}$ auf den Wert $2 \cdot \dfrac{w_m^2}{2\,g} =$
$= w_m^2/g$. (Die Auswertung des Integrals $\displaystyle\int_0^{d/2} \gamma\,\dfrac{w^2}{2\,g} \cdot w \cdot 2\,r\,\pi\,dr$ ergibt, daß
$\displaystyle\int_0^{d/2} \gamma\,\dfrac{w^3}{2\,g}\,2\,r\,\pi\,dr = 2\,\gamma\,\dfrac{w_m^2}{2\,g}\,Q$ wird.)

Zur Erzeugung der Bewegungsenergie der Mengeneinheit der strömenden
Flüssigkeit mit dem parabolischen Geschwindigkeitsprofil ist also das Druck-
gefälle $\varDelta p_b = \gamma\,\dfrac{w_m^2}{g}$ erforderlich. Das für den Ausfluß durch ein Rohr, dessen
Länge größer als die Anlaufstrecke x_1 ist, erforderliche Druckgefälle wird also

$$\varDelta p = \dfrac{32\,\eta\,l\,w_m}{d^2} + \gamma\,\dfrac{w_m^2}{g}.$$

Bei der laminaren Strömung kann das für die Beschleunigung erforderliche
Druckgefälle bei langen Rohren meist vernachlässigt werden. Bei kurzen Rohren

ist aber oft das für die Beschleunigung erforderliche Druckgefälle ebenso groß wie das zur Überwindung der Reibung erforderliche.

Beispiel: Wasser, 10 m/Sek. $\gamma \dfrac{w_m^2}{g} = \dfrac{1000}{10 \cdot 1} \cdot 100 = 10\,000 \text{ kg/m}^2 = 1 \text{ at,}$

während der Druckabfall durch die Flüssigkeitsreibung bei der Strömung durch ein Rohr von 1 m Länge und 1 cm Durchmesser

$$\Delta p_R = \frac{32\, w_m\, \eta\, l}{d^2} = \frac{32 \cdot 1000 \cdot 3 \cdot 10^{-7}}{1} \cdot 100 = \frac{96}{100},$$

also auch etwa 1 at betragen würde.

Bei kurzzeitig auftretenden hohen Geschwindigkeiten und turbulenter Strömung kann der für die Beschleunigung der Flüssigkeitssäule in der Anlaufstrecke erforderliche Beschleunigungsdruck auch noch höhere Werte erreichen. Wohl ist bei turbulenter Strömung dieses Beschleunigungsdruckgefälle wesentlich kleiner als $\gamma\, w_m^2/g$, auf alle Fälle aber größer als $\gamma\, w_m^2/2\, g$, da das Geschwindigkeitsprofil der turbulenten Strömung zwischen dem parabolischen und geradlinigen liegt.

Beispiel: Wasser, 50 m/Sek., $\Delta p_b > \gamma \dfrac{w_m^2}{2\, g} = 12{,}5 \text{ at.}$

Die Flüssigkeitsreibung in einem Rohr von 1 m Länge und 2 cm Durchmesser würde bei turbulenter Strömung dagegen nur einen Druckabfall von

$$\Delta p_R = \frac{\lambda \cdot 1}{d}\, \gamma\, \frac{w^2}{2\, g} = \frac{0{,}03 \cdot 1}{0{,}02} \cdot 1000 \cdot \frac{2500}{20} = 19 \text{ at}$$

verursachen.

In der Praxis ist meist kein gut abgerundeter, sondern ein mehr oder weniger scharfkantiger Einlauf vorhanden. Das zur Beschleunigung der Flüssigkeit im Einlauf erforderliche Druckgefälle ist dann infolge der Kontraktion um etwa 40 bis 70% größer als bei gut abgerundetem Einlauf.

β) *Turbulente Strömung in geraden zylindrischen Rohren*

Bei der turbulenten Strömung durch zylindrische Rohre bewegen sich die einzelnen Flüssigkeitsteilchen nicht wie bei der laminaren Strömung parallel zur Rohrachse in immer gleichbleibendem Abstand von der Rohrwandung. Die Teilchen werden hier vielmehr innerhalb des Rohres ununterbrochen hin- und hergeschleudert. Die Teilchen aus den zentralen Strombahnen mit hohen Axialgeschwindigkeiten werden nach außen geschleudert und dort abgebremst, umgekehrt werden andere Teilchen von den langsamer strömenden äußeren Schichten gegen die Rohrmitte gedrückt und dort beschleunigt. Die Geschwindigkeitsverteilung im Rohrquerschnitt wird somit durch eine unregelmäßige Wirbelbildung an allen Stellen des Rohres bestimmt und es erscheint zunächst aussichtslos, diese Geschwindigkeitsverteilung ähnlich wie bei der laminaren Strömung exakt zu berechnen. Es zeigt sich jedoch, daß das von I. PRANDTL zunächst nur für die äußerste Randschicht aufgestellte Gesetz für die Geschwindigkeitsverteilung, demzufolge die Strömungsgeschwindigkeit in jeder Stelle des Rohres w aus der Beziehung

$$w = w_{\max} \left(\frac{y}{r}\right)^{1/7} \tag{20}$$

zu berechnen ist, auch im Inneren des Rohres den tatsächlich gemessenen Werten der Geschwindigkeit an verschiedenen Stellen des Querschnittes gut entspricht.

Erst bei sehr hohen REYNOLDSschen Zahlen, etwa über $Re = 200000$, wird die Verteilung über dem Rohrquerschnitt besser durch die Beziehung

$$w = w_{\max} \left(\frac{y}{r}\right)^{1/8}$$

beschrieben. Für $Re = 2 \cdot 10^6$ schließlich gilt etwa

$$w = w_{\max} \left(\frac{y}{r}\right)^{1/10}.$$

Auch bei der turbulenten Strömung bildet sich das Geschwindigkeitsprofil nach Gl. (20) erst nach Durchströmung einer bestimmten Anlaufstrecke aus. Abb. 16 zeigt den Verlauf der Geschwindigkeitsverteilung innerhalb der Anlaufstrecke in verschiedenen Entfernungen vom Rohreinlauf.

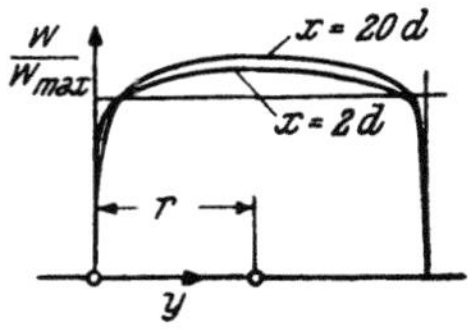

Der Druckabfall bei der turbulenten Strömung durch zylindrische Rohre wird heute allgemein nach der Beziehung

$$\Delta p = \lambda \frac{1}{d} \frac{\gamma}{g} \frac{w_m{}^2}{2} \qquad (21)$$

berechnet.

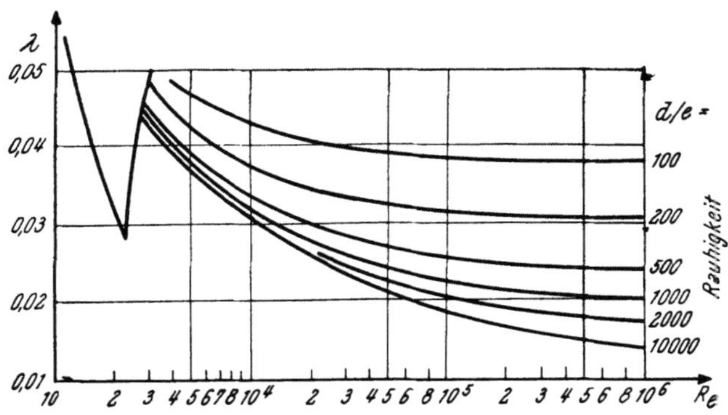

Abb. 16. Ausbildung der turbulenten Geschwindigkeitsverteilung in der Anlaufstrecke

Der Druckabfall ist allerdings in Wirklichkeit nur bei sehr rauhen Rohrwandungen dem Quadrat der Strömungsgeschwindigkeit proportional, d. h., daß der Reibungsbeiwert λ nur bei sehr rauhen Rohren unabhängig von der Strömungsgeschwindigkeit ist. Bei glatten Rohren nimmt λ mit zunehmender Strömungsgeschwindigkeit ab, und zwar gilt

$$\lambda = \frac{\text{const.}}{Re^{0,25}}. \qquad (22)$$

Es ist deshalb der Druckabfall in glatten Rohren nicht dem Quadrat der mittleren Strömungsgeschwindigkeit proportional, sondern es gilt vielmehr der Zusammenhang

$$\Delta p = \text{const.} \, w_m{}^{1,75}. \qquad (23)$$

Abb. 17. Abhängigkeit des Reibungsbeiwertes von der REYNOLDSschen Zahl $\left(\Delta p = \lambda \cdot \dfrac{b}{d} \cdot \dfrac{\gamma \, w^2}{2 \, g}\right)$

Abb. 17 zeigt die Abnahme des Reibungsbeiwertes λ mit zunehmender REYNOLDSscher Zahl bzw. mit zunehmender Strömungsgeschwindigkeit für Rohre mit verschieden starker Rauhigkeit. Man erkennt aus der Abbildung, daß nur bei hohen Geschwindigkeiten bzw. großen REYNOLDSschen Zahlen und sehr rauhen Rohrwandungen λ unabhängig von der Strömungsgeschwindigkeit wird.

Als Maß für die Rauhigkeit wird im allgemeinen das Verhältnis der Erhebungen der Rauhigkeiten des Rohres zum Rohrdurchmesser angegeben. Streng genommen wäre zwischen „Rauhigkeit" und „Welligkeit" zu unterscheiden, wobei bei wellenförmigen Erhebungen der Maßabweichungen im Durchmesser ein geringerer Einfluß auf die Zunahme des Strömungswiderstandes ausgeübt wird als bei scharfkantigen Erhebungen (Abbildung 18).

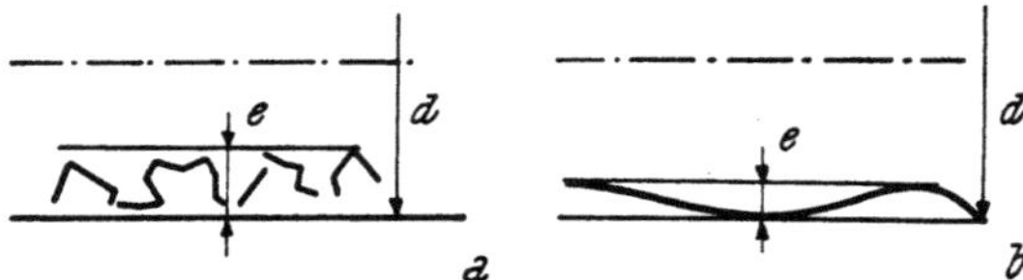

Abb. 18. Rauhigkeit und Welligkeit in Rohren

Grenzschicht. Auch dann, wenn im Inneren einer Strömung die Zähigkeitskräfte so klein sind, daß sie ohne weiteres vernachlässigt werden können, bildet sich in der Nähe der Wandungen eine dünne, sogenannte „Grenzschicht" aus, innerhalb der die Strömungsvorgänge vornehmlich durch die Reibungskräfte beeinflußt werden. Die Dicke dieser Grenzschicht nimmt mit der Entfernung vom Einlauf zu. Für ebene Platten kann die Dicke der Grenzschicht δ nach PRANDTL aus der Beziehung

$$\delta = 3,4\,x\,\sqrt{\frac{1}{Re}} = 3,4\,\sqrt{\frac{\nu\,x}{w}}$$

berechnet werden. So ergibt sich z. B. für Wasser, das entlang einer ebenen Platte mit 1 m/Sek. strömt, nach einer Anlaufstrecke von 1 m eine Grenzschichtdicke von

$$\vartheta = \sqrt{\frac{0,01 \cdot 100}{100}} \cdot 3,4 = 0,34 \text{ cm,}$$

$$\sqrt{\left(\frac{\text{cm}^2}{\text{Sek.}} \cdot \frac{\text{Sek. cm}}{\text{cm}}\right)} = [\text{cm}].$$

Die obige Beziehung zur Berechnung der Grenzschichtdicke gilt für stationäre Strömungen. Bei nichtstationärer Strömung braucht die Grenzschicht auch eine gewisse Zeit, t, um die Grenzschichtdicke der stationären Strömung zu erreichen. Während dieser Anlaufzeit gilt näherungsweise $\delta = \sqrt{\nu\,t}$, t ist dabei die Zeit in Sek. Die Zunahme der Grenzschichtdicke mit der Entfernung vom Einlauf in Rohren ist von derjenigen für ebene Platten nicht sehr verschieden, weil im allgemeinen die Grenzschichtdicke gegenüber dem Rohrradius sehr klein bleibt.

Die Dicke der Grenzschicht ist insbesondere für die Berechnung des Wärmeüberganges von Bedeutung, da der Wärmeübergang von dem in einem Rohr strömenden Öl an die Rohrwandung der Dicke der Grenzschicht verkehrt proportional ist.

c) Druckverluste in Drosseln, Rohrerweiterungen, Krümmern, usw.

Richtwerte für die Druckverluste in Krümmern, Absperrventilen oder an Drosselstellen und Rohrerweiterungen usw. finden sich in allen technischen Handbüchern. Der Druckverlust all dieser Strömungswiderstände wird meist als Vielfaches des Staudruckes der mittleren Geschwindigkeit $w_m = \dfrac{Q}{f}$ angegeben, wobei f den Querschnitt des Rohres mit der entsprechenden Nennweite bedeutet. Es ist dann der Strömungswiderstand jedes drosselnden Elementes

$$\Delta p = \zeta\,\frac{\gamma\,w_m{}^2}{2\,g}. \tag{24}$$

In Abb. 19 sind einige Richtwerte von ζ für verschiedene Widerstandselemente angegeben.

Der Widerstand $\Delta p = \zeta \dfrac{\gamma w_m^2}{2\,g}$ entspricht dabei dem Widerstand einer bestimmten Rohrlänge $\Delta p = \lambda \dfrac{l}{d} \dfrac{\gamma w_m^2}{2\,g}$ und es kann deshalb auch an Stelle des Beiwertes ζ die „Ersatzlänge" jenes Rohrstückes von gleicher lichter Weite angegeben werden, die den gleichen Widerstand hätte wie das drosselnde Element.

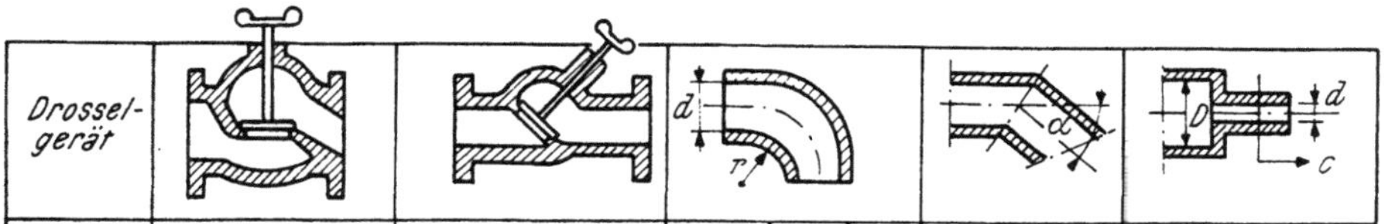

Drosselgerät							
ζ	3 – 4	1 – 2,5	$r:d =$	1 bis 6	Norm		je nach $D:d$
				0,2	0,5		0,3 – 2,4
			$\alpha = 10$	30	60°		
			0,04	0,15	0,6		

Abb. 19. Reibungsbeiwert verschiedener Drosselelemente $\left(\Delta p = \zeta \dfrac{\gamma w^2 m}{2\,g}\right)$

Diese Ersatzlänge ist dann jeweils $l = \dfrac{\zeta}{\lambda}\, d$. Für einen Krümmer mit $\dfrac{r}{d} = 4$, der nach Abb. 19 einen Verlustbeiwert von $\zeta = 0,23$ hätte, und für einen Rohrdurchmesser von 65 mm wäre bei $Re = 10^3$ und einer Rauhigkeit $\dfrac{d}{e} = 500$ $\lambda = 0,025$ und die dem Krümmer entsprechende Rohrlänge vom gleichen Strömungswiderstand wird 60 cm $\sim 9\,d$.

Der Reibungsbeiwert ζ für den charakteristischen Widerstand eines beliebigen Drosselelementes ist aber ebenso wie der Beiwert λ für die Strömung durch zylindrische Rohre eine Funktion der REYNOLDSschen Zahl. Da sich die meisten Angaben von ζ für verschiedene Drosselelemente auf Versuche mit Luft und Wasser beziehen, Öl jedoch wesentlich zäher ist als diese Elemente,

Abb. 20. Drosselkette

sind auch die REYNOLDSschen Zahlen bei der Strömung von Öl durch die gleichen Drosselelemente wesentlich kleiner, dies um so mehr, als wegen der hohen Zähigkeit des Öls auch meist noch wesentlich niedrigere Strömungsgeschwindigkeiten gewählt werden. Der Widerstandsbeiwert kann deshalb bei der Strömung von zähen Ölen durch bestimmte Drosselelemente wesentlich größer — unter Umständen 10- bis 15mal so groß — werden als die mit Wasser oder Luft ermittelten Richtwerte. Umgekehrt kann bei Strömungsgeschwindigkeiten, die gerade im Grenzgebiet zwischen turbulenter und laminarer Strömung liegen, der Widerstandsbeiwert auch wesentlich kleiner sein als der bei turbulenter Strömung gemessene, wenn die Strömung gerade noch laminar verläuft. Es gilt somit für den Reibungsbeiwert ζ für beliebige geometrische Abmessungen ein ähnlicher Zusammenhang zwischen ζ und Re wie für den Reibungsbeiwert λ für gerade zylindrische Rohre und es ist deshalb auf diesen Umstand Rücksicht zu nehmen, wenn die Richtwerte für ζ den üblichen Handbüchern entnommen werden.

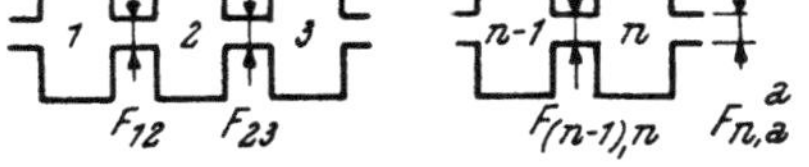

d) Drosselstrecken, Labyrinthdichtung

Für die Strömung durch mehrere hintereinandergeschaltete Drosseln (Abb. 20) gilt auf alle Fälle die Kontinuitätsgleichung, derzufolge bei stationärer Strömung durch jede der Drosselstellen die gleiche Flüssigkeitsmenge Q fließen muß.

Die Drosselung an den einzelnen Drosselstellen kann turbulent oder laminar erfolgen. Es kann entweder an allen Drosselstellen eine turbulente, an allen Drosselstellen eine laminare Drosselung erfolgen oder aber es kann an einigen Drosselstellen eine turbulente, an anderen Drosselstellen wieder eine laminare Drosselung erfolgen (Abb. 21).

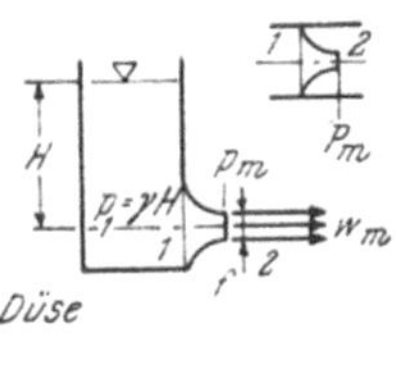

Für den laminaren Ausfluß aus einer einzigen Drossel gilt z. B., wenn diese Drossel aus einem langen, geraden, glatten Rohr besteht

$$Q = \frac{F\,d^2}{32\,\eta\,l}\,(p_1 - p_2).$$

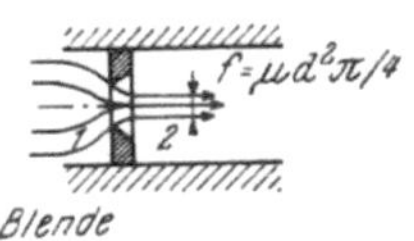

Für andere Drosselstellen gelten ähnliche Durchflußgesetze; z. B. für einen engen Ringspalt gilt nach Abschn. e, S. 44,

$$Q = \frac{D\pi \cdot \Delta D^3}{96\,\eta\,l}\,(p_1 - p_2).$$

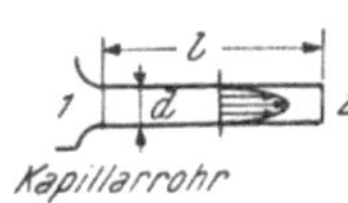

Wesentlich für die laminare Drosselung ist somit, daß die Durchflußmenge dem Druckgefälle linear proportional ist. Es gilt somit für lineare Drosselung jeweils allgemein

$$Q = F\,A\,(p_1 - p_2), \tag{25}$$

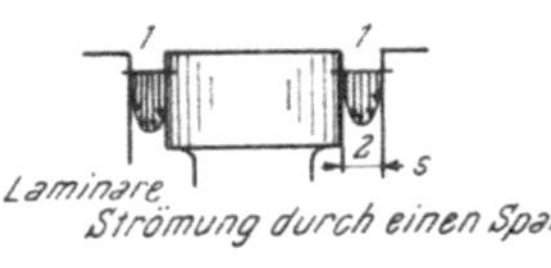

wenn F den Querschnitt der Drossel, A eine charakteristische Konstante und $(p_1 - p_2)$ das Druckgefälle zwischen dem Druck vor und hinter der Drosselstelle bedeuten.

Für turbulente Drosselung, z. B. bei der Strömung durch eine Düse oder Blende, gilt

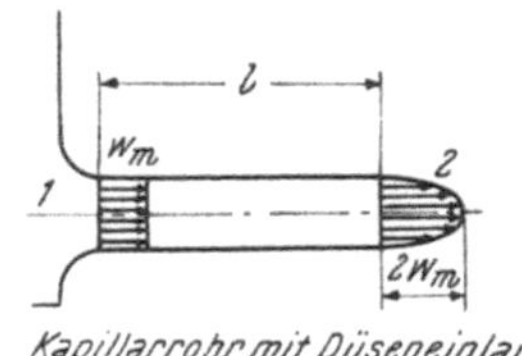

$$Q = C \cdot F \sqrt{\frac{2\,g\,(p_1 - p_2)}{\gamma}}, \tag{26}$$

wenn C wieder eine charakteristische Konstante für die Strömung durch das betreffende Drosselelement bedeutet. Es ergibt sich somit als Bedingung für die Strömung durch eine Drosselkette mit ausschließlich laminaren Drosselstellen die Bedingung:

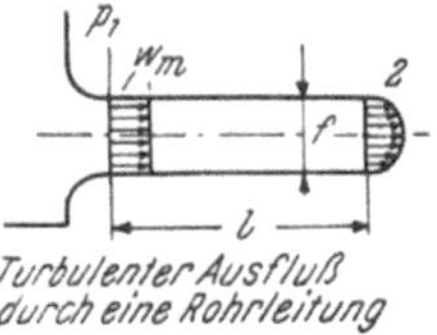

$$Q = F_{12}\,A_{12}\,(p_1 - p_2) = F_{23}\,A_{23}\,(p_2 - p_3) =$$
$$= \ldots = F_{na}\,A_{na}\,(p_n - p_a). \tag{27}$$

Abb. 21. Zusammenhang zwischen Stromstärke G (kg/Sek.) und Druckgefälle $p_1 - p_2$ für verschiedene Drosselelemente

Für eine Kette, die ausschließlich aus turbulenten Drosselstellen besteht, ergibt sich folgender Zusammenhang:

$$Q = F_{12}\,C_{12}\,\sqrt{p_1 - p_2} = F_{23}\,C_{23}\,\sqrt{p_2 - p_3} = \ldots = F_{na}\,C_{na}\,\sqrt{p_n - p_a}. \tag{28}$$

Auch für eine Kette, die teilweise aus turbulenten und teilweise aus laminaren Drosseln besteht, kann in ähnlicher Weise die Bedingung für die stationäre Strömung durch diese Drosselstrecke durch eine entsprechende, den Gl. (27), (28) ähnliche Beziehung beschrieben werden.

Die Strömung durch eine Drossel kann aber auch teilweise laminar und teilweise turbulent verlaufen. Das Durchflußgesetz durch eine solche Drossel mit dem Querschnitt F lautet:

$$Q = A\,F\,(p_1 - p_2) + C\,(F\,\sqrt{p_1 - p_2}).\qquad(29)$$

Unter Verwendung dieser Beziehung kann auch eine den Gl. (27) bis (29) analoge Gleichung für die Strömung durch eine Drosselkette angeschrieben werden, in der sowohl Drosseln mit laminarer Durchströmung als auch solche mit turbulenter Durchströmung und solche mit teilweise laminarer und teilweise turbulenter Strömung liegen.

Für die Strömung durch die Labyrinthdichtung eines Kolbens mit n Dichtungsrillen ergibt sich z. B. für laminare Strömung in den einzelnen Ringquerschnitten und unter der Bedingung, daß die Querschnittsflächen der einzelnen Drosselstellen gleich groß sind:

$$p_1 - p_2 = p_2 - p_3 \cdots p_{n-1} = p_n - p_a.$$

Viele Steuer- und Regelorgane, insbesondere alle Vorsteuerungen, beruhen auf der Funktion einer aus zwei hintereinandergeschalteten Drosseln bestehenden Drosselstrecke. Die Strömung durch zwei hintereinandergeschaltete Drosseln soll deshalb im folgenden noch etwas näher betrachtet werden. Zur Vereinfachung der Gleichungen sei angenommen, daß die Kontraktionszahl bei der Angabe der Querschnitte bereits berücksichtigt wurde. Es gilt dann:

a) für die turbulente Strömung durch zwei hintereinandergeschaltete Drosseln:

$$Q = F_{12}\,\sqrt{p_1 - p_2} = F_{23}\,\sqrt{p_2 - p_3}$$

und mit $\alpha = \left(\dfrac{F_{23}}{F_{12}}\right)^2$ wird

$$\alpha = \frac{p_1 - p_2}{p_2 - p_3} = \frac{1 - \dfrac{p_2}{p_1}}{\dfrac{p_2}{p_1} - \dfrac{p_3}{p_1}},$$

$$\alpha\left(\frac{p_2}{p_1} - \frac{p_3}{p_1}\right) = 1 - \frac{p_2}{p_1},$$

$$\frac{p_2}{p_1}(\alpha + 1) = 1 + \alpha\,\frac{p_3}{p_1},$$

$$\frac{p_2}{p_1} = \frac{1 + \alpha\,\dfrac{p_3}{p_1}}{\alpha + 1}.\qquad(30)$$

Ist p_3 konstant, so können die Drücke p_1 und p_2 als Überdrücke gegenüber p_3 eingesetzt werden und $p_3 = 0$ gesetzt werden. Es ist dann:

$$\frac{p_2}{p_1} = \frac{1}{1 + \alpha} \quad\text{und}\quad p_2 = \frac{p_1}{1 + \alpha} = \frac{p_1}{1 + \left(\dfrac{F_{23}}{F_{12}}\right)^2}.\qquad(31)$$

b) Für die laminare Strömung durch zwei hintereinandergeschaltete Drosseln ergibt sich in ähnlicher Weise:

$$Q = F_{12}\,(p_1 - p_2) = F_{23}\,(p_2 - p_3)$$

und mit $\alpha = \dfrac{F_{23}}{F_{12}}$

$$\alpha = \frac{p_1 - p_2}{p_2 - p_3} = \frac{1 - \dfrac{p_2}{p_1}}{\dfrac{p_2}{p_1} - \dfrac{p_3}{p_1}}$$

und wie oben

$$\frac{p_2}{p_1} = \frac{1 + \alpha \, \dfrac{p_3}{p_1}}{\alpha + 1}$$

und für $p_3 = 0$

$$\frac{p_2}{p_1} = \frac{1}{1 + \alpha} = \frac{1}{1 + \dfrac{F_{23}}{F_{12}}} \, . \tag{32}$$

Abb. 22 zeigt den Zusammenhang zwischen dem Druck p_2, zwischen zwei hintereinandergeschalteten Drosseln und dem Flächenverhältnis $\dfrac{F_{23}}{F_{12}}$ für turbulente und laminare Strömung in den Drosseln und $p_3 = 0$.

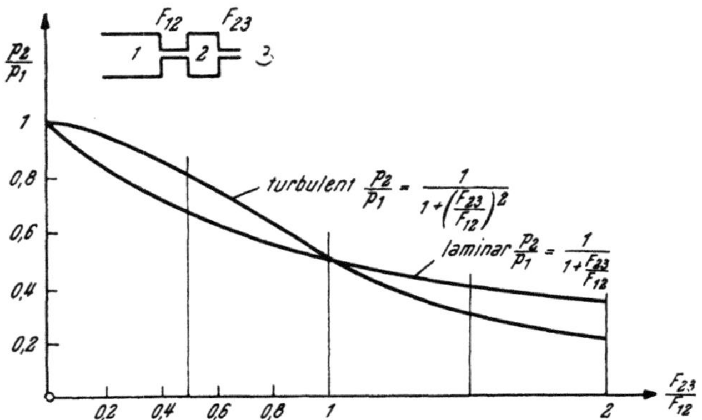

Abb. 22. Abhängigkeit des Druckes p_2 zwischen zwei Blenden vom Flächenverhältnis $\dfrac{F_{23}}{F_{12}}$

e) Leckverluste in Zylindern und Steuerschiebern
(Laminare Strömung im Ringspalt)

Ähnlich wie bei der laminaren Strömung durch glatte zylindrische gerade Rohre kann auch für die laminare Strömung durch einen Ringspalt nach Abb. 23 der Zusammenhang zwischen Druckabfall, Durchflußmenge und Geschwindigkeitsverteilung über den Querschnitt wie folgt beschrieben werden:

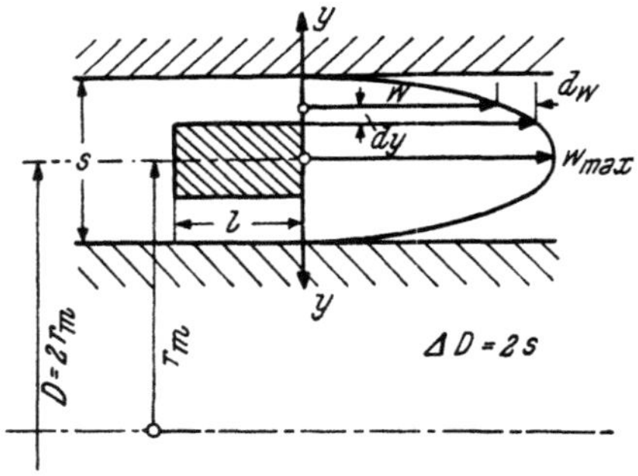

Das auf die Ringfläche $2\,r_m\,\pi\,2\,y$ wirkende Druckgefälle Δp hält nach Überwindung der Anlaufstrecke den Reibungskräften an den beiden Zylindermänteln mit den Flächen von je $2\,r_m\,\pi\,l$ das Gleichgewicht:

$$-\Delta p \cdot 2\,r_m\,\pi\,2\,y = \eta\,\frac{dw}{dy}\,2 \cdot 2\,r_m\,\pi\,l,$$

$$\frac{dw}{dy} = -\Delta p\,\frac{y}{\eta\,l},$$

$$w = -\frac{\Delta p}{\eta\,l} \cdot \frac{y^2}{2} + c.$$

Abb. 23. Geschwindigkeitsverteilung bei der Strömung durch einen Ringspalt

Mit den Randbedingungen $w = 0$ für $y = \pm \dfrac{s}{2}$ wird $c = \dfrac{\Delta p}{2\,\eta\,l} \cdot \dfrac{s^2}{4}$,

$$w = \frac{\Delta p}{2\,\eta\,l}\left(\frac{s^2}{4} - y^2\right) \quad \text{und für } y = 0, \tag{33}$$

$$w_{\max} = \frac{\Delta p}{8\,\eta\,l} \cdot s^2,$$

oder $w_{max} = \dfrac{\Delta p}{\eta\, l}\, \dfrac{\Delta D^2}{32}$ wenn man statt der Spaltbreite s den Unterschied $\Delta D = 2\, s$ zwischen dem Durchmesser der Bohrung $D + \dfrac{\Delta D}{2}$ und dem des Kolbens $D - \dfrac{\Delta D}{2}$ einführt.

Es ergibt sich also eine ähnliche parabolische Geschwindigkeitsverteilung wie bei der Strömung in zylindrischen Rohren. Die durch den Ringspalt strömende Flüssigkeitsmenge Q ergibt sich wie folgt:

$$dQ = 2 \cdot dy \cdot 2\, r_m \cdot \pi \cdot w,$$

$$\underline{Q} = \int_0^{s/2} 2\, dy\, 2\, r_m\, \pi\, \frac{\Delta p}{2\,\eta\, l}\left[\frac{s^2}{4} - y^2\right] = \frac{2\,\Delta p\, \pi\, r_m}{\eta\, l}\left(y\,\frac{s^2}{4} - \frac{y^3}{3}\right)\Big|_0^{s/2} =$$

$$= \frac{2\,\Delta p\, r_m\, \pi\, s^3}{\eta\, l}\left(\frac{1}{8} - \frac{1}{24}\right) = \frac{\Delta p\, r_m\, \pi\, s^3}{\eta\, l\, 6} = \underline{\frac{D\pi\, \Delta D^3\, \Delta p}{96\,\eta\, l}}. \qquad (34)$$

Beispiele:

1. Zylinder ohne Dichtmanschette bzw. ohne Kolbenring (z. B. hydraulischer Steuerkolben):

$\Delta p = 50$ at, $D = 80$ mm, $\Delta D = 0{,}04$ mm, $l = 40$ mm.

$\nu = 30 \cdot 10^{-2}$ cm²/Sek. $= 0{,}3$ cm²/Sek.

$\gamma = 0{,}9 \cdot 10^{-3}$ kg/cm³.

$\varrho = \dfrac{0{,}9 \cdot 10^{-3}}{1000} = 0{,}9 \cdot 10^{-6}$ kgs²/cm⁴.

$\eta = 2{,}75 \cdot 10^{-7}$ kgs/cm². $= \int \varrho \cdot \nu$

$Q = \dfrac{\pi \cdot 8 \cdot 0{,}004^3 \cdot 50}{96 \cdot 2{,}75 \cdot 10^{-7} \cdot 4} = 0{,}76$ cm³/Sek.

2. Schieber $\Delta p = 300$ at, $D = 20$ mm, $\Delta D = 0{,}01$ mm, $l = 10$ mm.

$Q = \dfrac{\pi \cdot 2 \cdot 0{,}001^3 \cdot 300}{96 \cdot 2{,}75 \cdot 10^{-7} \cdot 1} = 0{,}070$ cm³/Sek. $= 0{,}25$ l/Std. $= 0{,}412$ cm³/Sek.

Umgekehrt könnte die Frage auch lauten: An einem Schieber mit obigem Kolbendurchmesser und Überdeckung 1 sowie dem gegebenen Druckgefälle wird ein Leckverlust von 0,25 l/Std. gemessen. Wie groß ist der Spalt zwischen Kolben und Zylinderführung? Es ergäbe sich $\Delta D = 0{,}001$ cm und somit der Spalt zu 0,0005 cm oder 0,005 mm.

f) Grundlagen der nicht stationären Flüssigkeitsströmung

Herrscht bei einem Strömungsvorgang nicht an jeder Stelle, unabhängig von der Zeit, eine bestimmte Geschwindigkeit, die nur vom Ort der betrachteten Stelle abhängt, so ist der Vorgang nicht mehr stationär. Ein häufiger Sonderfall einer eindimensionalen, nicht stationären Strömung ist der Druckanstieg in einer Rohrleitung, der beim plötzlichen Abschließen eines Rohrquerschnittes entsteht.

Für die Strömung in Wasserrohrleitungen, insbesondere in den Druckrohrleitungen für Wasserturbinen sowie für die Untersuchung der Bewegungsvorgänge in Einspritzleitungen von Dieselmotoren, sind die nicht stationären Strömungsvorgänge in Rohrleitungen eingehend behandelt worden.

Für die Planung hydraulischer Anlagen ist es meist nicht erforderlich, den Druck- und Geschwindigkeitsverlauf genau als Funktion der Zeit zu berechnen.

Es genügt meist, wenn man die Größenordnung des plötzlichen Druck·
anstieges kennt, der durch das plötzliche Schließen eines Ventils in einer Rohrleitung verursacht wird, bzw. den Druckabfall, der dadurch entsteht, daß die
Rohrleitung plötzlich geöffnet wird.

Es sollten jedoch immer bei der Gestaltung und Auswahl der einzelnen
Steuergeräte alle Maßnahmen getroffen werden, um das Auftreten von
Schwingungen überhaupt zu vermeiden. Um jedoch die richtigen Maßnahmen
ergreifen zu können, die zur Verhinderung des Auftretens von Schwingungen
und Druckstößen dienen, ist das prinzipielle Verständnis der Bewegungsvorgänge
bei der nicht stationären Strömung unbedingt erforderlich.

Es sei deshalb im folgenden auf diese Vorgänge etwas näher eingegangen.

Wir betrachten hierzu eine Rohrleitung mit einem Querschnitt von 1 cm²
und bezeichnen im folgenden:

γ (kg/m³)   das spezifische Gewicht der Flüssigkeit,

$g = 10$ m/Sek.   die Erdbeschleunigung,

$\varrho = \gamma/g$ die Dichte der Flüssigkeit,

p (kg/m²)   den Druck der Flüssigkeit,

w (m/Sek.)   die Geschwindigkeit eines Flüssigkeitsteilchens,
                wobei p und w als Funktion der Zeit t und des Ortes ($x = $ Ent-
                fernung vom Rohrende) angegeben werden,

$E\left(\dfrac{\text{kg}}{\text{m}^2}\right)$ Elastizitätsmodul der Flüssigkeit.

Druck und Geschwindigkeit der einzelnen Flüssigkeitsteilchen in der Rohrleitung werden dann durch folgende Gesetze für die Flüssigkeitsbewegung
bestimmt.

α) Die Eulersche Bewegungsgleichung

Die EULERsche Bewegungsgleichung für die eindimensionale Flüssigkeitsbewegung besagt, daß die Flüssigkeitsmasse $\gamma \cdot 1 \cdot dx$ durch den Druckunterschied
zwischen dem Druck, der auf die linke, und dem, der auf die rechte Fläche dieses
Massenelementes wirkt, nach dem Grundgesetz der Mechanik, Kraft $=$ Masse $\times$
$\times$ Beschleunigung, beschleunigt wird:

$$\varrho\, dx\, \frac{\partial}{\partial t}\left(w - \frac{\partial w}{\partial x}\right) = -\frac{\partial p}{\partial x}\, dx, \tag{35}$$

$$\varrho\left(\frac{\partial w}{\partial t} - w\, \frac{\partial w}{\partial x}\right) = -\frac{\partial p}{\partial x}.$$

Solange die Stoffgeschwindigkeit, das ist die tatsächliche Bewegungsgeschwindigkeit des Flüssigkeitsteilchens, gegenüber der Schallgeschwindigkeit
vernachlässigt werden kann, kann $w\,\dfrac{\partial w}{\partial x}$ gegenüber $\dfrac{\partial w}{\partial t}$ vernachlässigt werden.

In den Rohrleitungen hydraulischer Anlagen ist die Stoffgeschwindigkeit
wesentlich geringer als die Schallgeschwindigkeit und die EULERsche Bewegungsgleichung lautet dann:

$$\varrho\, \frac{\partial w}{\partial t} = -\frac{\partial p}{\partial x}. \tag{36}$$

β) Die Kontinuitätsgleichung

Die Kontinuitätsgleichung besagt, daß die Flüssigkeit bei einem Druckanstieg dp/dt innerhalb der Zeit dt im Raumelement $1 \cdot dx$ zusammengedrückt
wird, und daß deshalb von einer Seite mehr Flüssigkeit in das Raumelement

hineinströmt, als auf der anderen Seite wieder herausströmt. Die Verkleinerung des Volumens der Flüssigkeit unter der Einwirkung des Druckanstieges ist ebenso groß wie der Unterschied zwischen der in das Raumelement einströmenden und der ausströmenden Flüssigkeitsmenge.

Der Unterschied zwischen der Flüssigkeitsmenge, die in das Raumelement hineinfließt und der, die wieder herausfließt, ist

$$1 \cdot w - 1 \cdot \left(w - \frac{\partial w}{\partial x}\, dx\right) = \frac{\partial w}{\partial x}\, dx.$$

Damit ergibt sich die Kontinuitätsgleichung zu:

$$\frac{\partial w}{\partial x}\, dx\, dt = \frac{dx}{E}\, \frac{\partial p}{\partial t}\, dt,$$

$$E\, \frac{\partial w}{\partial x} = \frac{\partial p}{\partial t}. \qquad (37)$$

Aus Gl. (36) und (37) ergibt sich

$$-\frac{\partial^2 p}{\partial x\, \partial t} = \varrho\, \frac{\partial^2 w}{\partial t^2} = E\, \frac{\partial^2 w}{\partial x^2}$$

oder

$$\frac{1}{a^2}\, \frac{\partial^2 w}{\partial t^2} = \frac{\partial^2 w}{\partial x^2}, \qquad (38)$$

$$\frac{1}{a^2}\, \frac{\partial^2 p}{\partial t^2} = \frac{\partial^2 p}{\partial x^2}, \qquad (39)$$

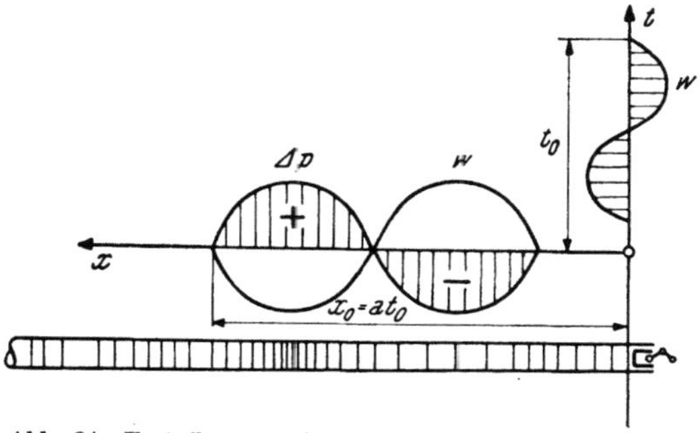

Abb. 24. Fortpflanzung einer Druck- und Geschwindigkeitswelle

wobei $a = \sqrt{\dfrac{E}{\varrho}}$ die Schallgeschwindigkeit in der betreffenden Flüssigkeitssäule bedeutet.

Die Elastizität des Rohres blieb der Einfachheit halber bei den obigen Betrachtungen unberücksichtigt. Die Gl. (38) und (39) sowie ihre im folgenden betrachteten Lösungen gelten aber auch für elastische Rohre, wobei sich lediglich eine geringere Fortpflanzungsgeschwindigkeit des Schalles ergibt. Die Gl. (38) und (39) sowie ihre Lösungen für bestimmte Randbedingungen sind die Grundlage der gesamten Akustik.

Die allgemeine Lösung der Differentialgleichung (38) und (39) lautet:

$$p = p_0 + \varrho\, g\, F\left(t - \frac{x}{a}\right) - \gamma\, f\left(t + \frac{x}{a}\right), \qquad (40)$$

$$w = w_0 - \frac{g}{a}\, F\left(t - \frac{x}{a}\right) - \frac{g}{a}\, f\left(t + \frac{x}{a}\right). \qquad (41)$$

Sie besagt nichts anderes, als daß sich jeder örtliche Druckunterschied in der Rohrleitung mit Schallgeschwindigkeit fortpflanzt. Jeder beliebige Druckverlauf, der gemäß Abb. 24 z. B. durch eine Kolbenbewegung an einem Ende des Rohres erzeugt wird, bewegt sich im Rohr mit Schallgeschwindigkeit fort. Wird in Abb. 24 z. B. durch die Bewegung des Kolbens nach der Funktion $\dot{x} = k \sin \omega\, t = w_{(x=0)}$ eine Druckwelle von der Form

$$\Delta p = k\, a\, \varrho \sin \omega\, t = k \cdot a\, \varrho\, w_{(x=0)}$$

erzeugt, so ist der Druckanstieg infolge dieser Bewegung an jeder beliebigen Stelle des Rohres

$$\Delta p = a\, \varrho\, k \sin \omega \left(t - \frac{x}{a}\right) = k\, a\, \varrho\, w_{\left(t - \frac{x}{a}\right)}.$$

Eine Druckwelle von dieser Gestalt durchläuft das Rohr mit Schallgeschwindigkeit. Jedes Flüssigkeitsteilchen hat an der von der Welle erfaßten Stelle des

Rohres jeweils wieder die gleiche Bewegungsgeschwindigkeit, die der Kolben $\frac{x}{a}$ Sek. früher ausgeführt hat.

Auch wenn die Druckwelle durch irgendwelche andere Vorgänge erzeugt wurde, so hat jedes Flüssigkeitsteilchen, das von einer durchlaufenden Welle erfaßt wird, deren Druckamplituden bekannt sind, in jedem Augenblick die Geschwindigkeit $w = \dfrac{\Delta p}{a\,\varrho}$, wenn Δp die Druckamplitude bedeutet.

Umgekehrt besagt die Lösung nach Gl. (40) und (41) für die Grundgleichungen der Akustik (38) und (39) auch, daß in einer Rohrleitung mit konstantem Quer-

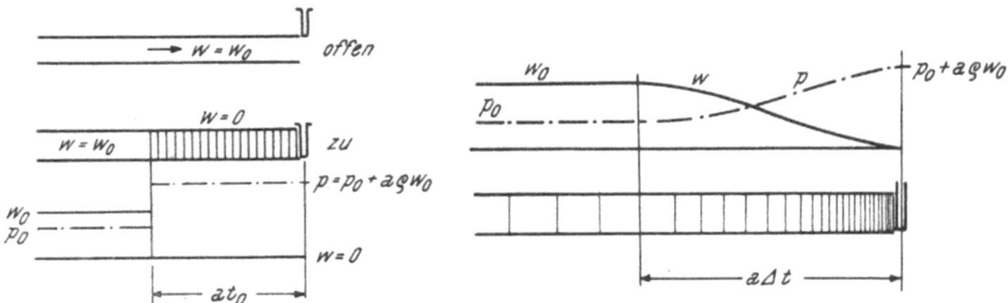

Abb. 25. Druckanstieg beim plötzlichen Verschließen einer Rohrleitung

Abb. 26. Druckanstieg beim Verschließen einer Rohrleitung innerhalb der Zeit $a\,\Delta t$

schnitt, in der durch eine nicht stationäre Strömung örtliche und zeitliche Druck- und Geschwindigkeitsunterschiede auftreten, jeder Geschwindigkeitsänderung Δw eine Druckänderung von der Größenordnung $\Delta p = a\,\varrho\,\Delta w$ entspricht.

Wird also z. B. in einer Rohrleitung, in der zunächst eine stationäre Strömung mit der Geschwindigkeit w stattfindet, plötzlich ein Absperrschieber geschlossen, so entsteht an dieser Stelle eine plötzliche Geschwindigkeitsabnahme um w m/Sek. und somit ein Druckanstieg von der Größe $\Delta p = a\,\varrho\,w$, bei der Geschwindigkeit von 10 m/Sek. und Wasser mit 1000 kg/m³ ergibt sich z. B. mit $a = 1000$ m/Sek. ein Druckanstieg von $\Delta p = \dfrac{1000 \cdot 1000 \cdot 10}{10 \cdot 10000} = 100$ at.

In einer Flüssigkeitsleitung mit nicht allzu großen Betriebsdrücken und Geschwindigkeiten von 10 m/Sek. kann somit der Druckanstieg durch plötzliches Absperren ein Vielfaches des Betriebsdruckes erreichen.

Das Sicherheitsventil eines hydraulischen Antriebes kann die Ausbildung eines solchen Druckstoßes nur dann verhindern, wenn das Abschließen nicht plötzlich, d. h. in der Zeit $\Delta t = 0$ erfolgt, sondern innerhalb einer Zeitspanne, innerhalb der das Ventil seinen Ausströmquerschnitt öffnen kann. Sowohl die Art der Dämpfung des Ventils, die zur Vermeidung von Schwingungen auf alle Fälle vorhanden sein muß, als auch die Masse der vorgelagerten Ölsäule machen ein plötzliches Öffnen unmöglich und bestimmen die erforderliche Reaktionszeit des Sicherheitsventils.

Der durch das plötzliche Schließen entstehende Druckanstieg pflanzt sich nun mit Schallgeschwindigkeit a von der Stelle, an der der Druckanstieg entstand, entgegen der ursprünglichen Strömungsrichtung fort. Die Funktion $F(t - x/a)$ ist somit eine Gerade (Abb. 25).

Erfolgt der Schließvorgang langsam, also nicht in der Zeit $t = 0$, sondern in der Zeit Δt gemäß Abb. 26, so kommt es zu einem allmählichen Druckanstieg. Ist die Stellung des Abschlußorganes innerhalb der Zeit Δt bekannt, so kann der Verlauf des Druckanstieges zu jeder Zeit t während des Schließvorganges berechnet werden. Er ergibt sich aus der Randbedingung an der Ausflußöffnung, wobei die Ausströmgeschwindigkeit w_a durch den jeweils offenen Querschnitt $w_a = \sqrt{2g\dfrac{\Delta p}{\gamma}}$ ist. Sobald das Ausströmventil vollkommen geschlossen hat, beträgt der gesamte Druckanstieg wieder

$$\Delta p = a\,\varrho\,w_0. \tag{42}$$

Eine Druckwelle wird an einem geschlossenen Rohrende in der gleichen Form zurückgeworfen, d. h. eine Welle von der Form $F(t + x/a)$ wird mit der Funktion $F(t - x/a)$ zurückgeworfen (Abb. 27 a). An einer offenen Mündung wird eine Druckwelle $F(t + x/a)$ als Saugwelle $- F(t - x/a)$ zurückgeworfen. Die Saugwelle ist bei vollständig offener Mündung das Spiegelbild der ursprünglichen Druckwelle (Abb. 27 b).

An Rohrverengungen (Blenden), bei denen nur ein Teil des Rohrquerschnittes offen ist, gelten andere Rückwurfgesetze. Es gilt hierbei immer die Randbedingung $w_a = \sqrt{2g}\,(p_i - p_a)$, wobei $p_i - p_a$ den Überdruck vor der Blende bedeutet (Abb. 27 c).

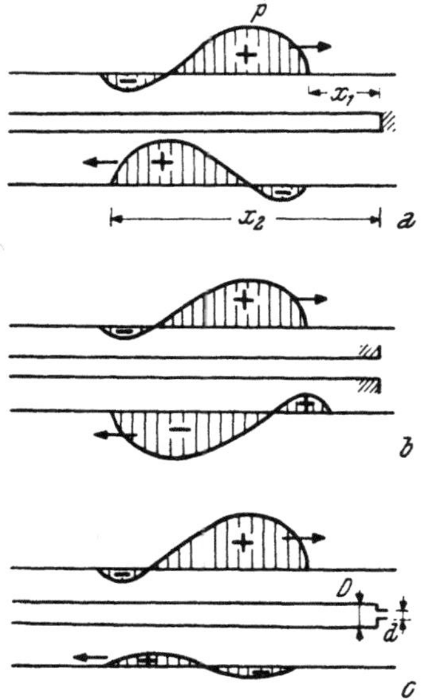

Abb. 27. Reflexion von Druckwellen

Der vollständige Druckanstieg $\Delta p = a\,\varrho\,w$ kommt natürlich nur dann beim plötzlichen Schließen einer Rohrleitung zustande, wenn die entstehende Druckwelle nicht vorher in einer relativ kurzen Rohrleitung etwa zu einem größeren Behälter läuft, wobei sie an der Verbindung zwischen der Rohrleitung und diesem Behälter negativ zurückgeworfen wird, und somit nach der Zeit $\dfrac{2L}{a}$ an der Entstehungsstelle wieder eine Druckabsenkung bewirkt. Eine Strömung durch ein relativ kurzes Rohr, bei der es vor der Entstehung einer größeren Amplitude bereits zu wiederholten Reflexionen kommt, kann dann als „quasistationär" behandelt werden, d. h. der Unterschied der Strömungsgeschwindigkeit an verschiedenen Stellen des Rohres vom gleichen Querschnitt infolge der Zusammendrückbarkeit der Flüssigkeit kann vernachlässigt werden. Eine solche quasi-stationäre Strömung ist z. B. der Ausfluß aus einem Gefäß ohne Zufluß oder aus einem Akkumulator mit veränderlichem Druck im Behälter.

Die Ausflußgeschwindigkeit $w = \sqrt{2gH}$ wird bei dem Ausfluß aus einem Gefäß ohne Zufluß mit der Zeit abnehmen, da die Höhe H des Flüssigkeitsspiegels über der Ausflußöffnung um so kleiner wird, je mehr Flüssigkeit aus dem Gefäß ausgeflossen ist. Die Ausflußgeschwindigkeit ist also eine Funktion der Zeit, trotzdem ist es nicht erforderlich, auf die Zusammendrückbarkeit der Flüssigkeit Rücksicht zu nehmen.

g) Die Zähigkeit der Hydraulikflüssigkeiten

In Deutschland wird die Zähigkeit von Ölen meist in Englergraden (° E), in England und U. S. A. in Saybolt- oder Redwoodsekunden angegeben.

Die Zähigkeit in ° E gibt das Verhältnis der Ausflußzeit für die betrachtete Flüssigkeit zur Ausflußzeit für Wasser durch eine bestimmte Ausflußvorrichtung an.

Die Angaben über die Zähigkeit in Saybolt- und Redwoodsekunden geben direkt die Zeit an, die für das Ausfließen einer bestimmten Menge aus einem genormten Meßgefäß erforderlich ist.

Es besteht kein exakt definierbarer systematischer Zusammenhang zwischen diesen konventionellen Einheiten und den absoluten Einheiten für die Angabe

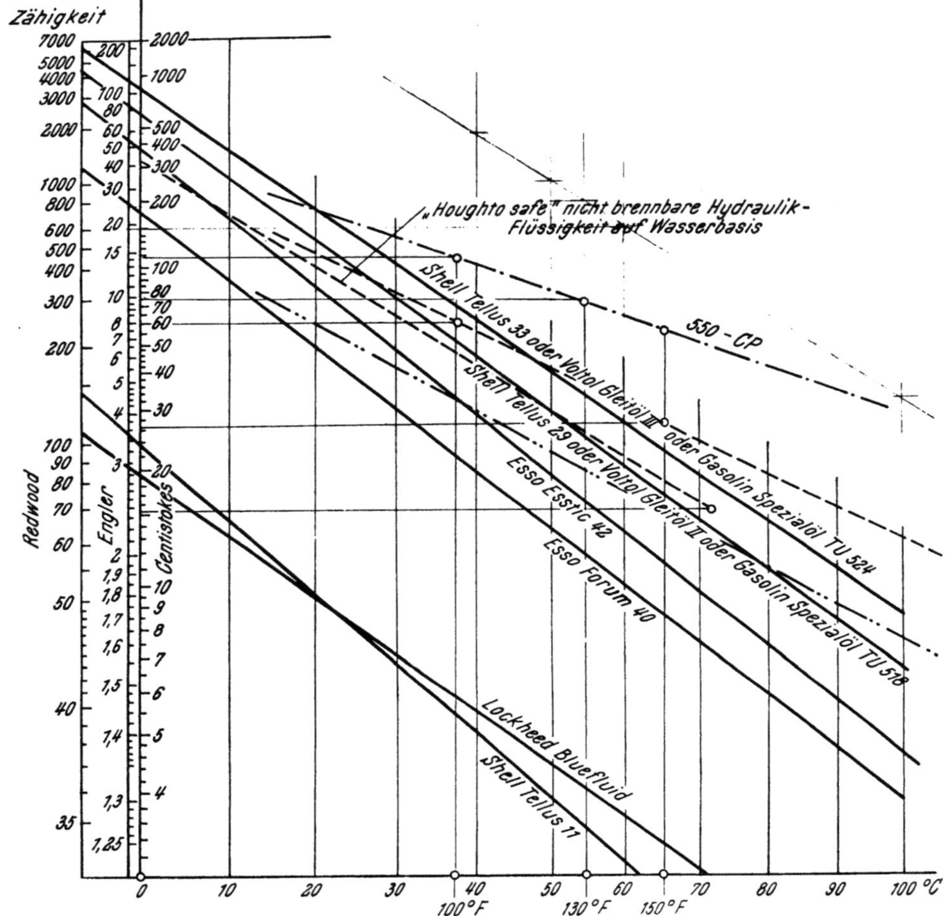

Abb. 28. Abhängigkeit der Viskosität verschiedener Hydraulikflüssigkeiten von der Temperatur

der kinematischen Zähigkeit in cm²/Sek. bzw. m²/Sek. oder der dynamischen Zähigkeit in kg · Sek./m², die sich aus der physikalischen Definition der Zähigkeit ergeben und auch allen Berechnungen von Strömungswiderständen zugrunde gelegt werden müssen.

Näherungsweise kann jedoch die Zähigkeit in m²/Sek. aus den Angaben über die Zähigkeit in ° E aus folgender Beziehung berechnet werden:

$$\nu = \frac{7{,}32\,E - \dfrac{6{,}31}{E}}{10^6} \cdot (\text{m}^2/\text{Sek.}). \tag{43}$$

Auf Grund der Angaben über die Zähigkeit in ° E kann die „kinematische Zähigkeit" ν in m²/Sek. auch aus den nebeneinander gezeichneten Skalen in ° E, Centistokes und Redwoodsekunden aus Abb. 28 entnommen werden.

Zwischen den üblichen Einheiten für die kinematische Zähigkeit in m²/Sek.
und cm²/Sek. besteht folgender Zusammenhang:

$$1 \text{ Stokes} = 1 \text{ cm}^2/\text{Sek.} = 100 \text{ Centistokes},$$

$$10^4 \text{ Stokes} = 10^4 \text{ cm}^2/\text{Sek.} = 1 \text{ m}^2/\text{Sek.},$$

$$\nu \text{ in Stokes} = 10^4 \, \nu \text{ in m}^2/\text{Sek.},$$

$$\nu \text{ in Centistokes} = 10^6 \, \nu \text{ in m}^2/\text{Sek.}$$

Als Einheit für die „dynamische Zähigkeit" wurde die Zähigkeit einer
Flüssigkeit definiert, bei der eine Schubspannung von 1 kg/m² erforderlich
ist, um ein ebenes Flächenelement von 1 m² gegenüber einem zweiten Element
der gleichen Größe, das 1 m entfernt ist, mit der Relativgeschwindigkeit von
1 m/Sek. zu bewegen:

$$\eta_0 = \frac{1 \text{ kg}}{\text{m}^2} \, \frac{1}{\dfrac{1 \text{ m}}{\text{Sek.}} \cdot \dfrac{1}{\text{m}}} = \frac{1 \text{ kg Sek.}}{\text{m}^2}.$$

Die „dynamische Zähigkeit" η einer beliebigen Flüssigkeit wird somit in
kg · Sek./m² angegeben. Sie ergibt sich auch aus der „kinematischen Zähigkeit" ν
in m²/Sek. aus der Beziehung

$$\eta = \nu \, \varrho \cdot \left(\frac{\text{m}^2}{\text{Sek.}} \, \frac{\text{kgs}^2}{\text{m}^4} \right) = \left(\frac{1 \text{ kgs}}{\text{m}^2} \right). \tag{44}$$

Tabelle 2. *Viskositäts-Umrechnungstafel*

Kinematische Viskosität Centistoke	Konventionelle Maße		
	Englergrade	Saybolt Universal Seconds	Redwood Seconds
1,99	1,140	32,6	30,35
4,98	1,400	42,3	38,01
7,97	1,653	52,0	46,07
10,97	1,928	62,3	54,80
14,95	2,323	77,2	67,75
20,93	2,984	101,7	89,26
25,92	3,575	123,3	108,2
30,90	4,195	145,3	127,7
35,88	4,825	167,7	147,4
40,88	5,465	190,2	167,4
45,85	6,105	213,0	187,5
51,84	6,890	240,6	211,6
61,80	8,16	286,6	251,9
71,76	9,48	332,6	292,3
81,73	10,79	378,8	332,5
91,70	12,11	425,0	373,1
99,71	13,16	462,0	405,5

Im physikalischen (cgs) System ist die Einheit der Zähigkeit 1 Poise; die
dynamische Zähigkeit in kg · Sek./m² ergibt sich aus den Angaben in Poise
aus der Beziehung:

$$\eta \left(\frac{\text{kgs}}{\text{m}^2.} \right) = \frac{\eta_{\text{Poise}}}{98,1}.$$

α) *Einfluß von Temperatur und Druck auf die Zähigkeit der Öle*

In Abb. 28 ist die Abhängigkeit der Zähigkeit von der Temperatur für einige
Hydrauliköle von Esso und Shell dargestellt.

Abb. 29 zeigt die Abhängigkeit der Zähigkeit eines bestimmten Öls vom Druck bei verschiedenen Temperaturen. Die Zunahme der Zähigkeit mit dem Druck ist bei niedrigen Temperaturen größer als bei hohen Temperaturen. Die lineare Zunahme der Zähigkeit mit dem Druck beträgt:

bei 40° C etwa 1,5 cSt/10 at bzw. 3,8%/10 at und

bei 100° C 0,3 cSt/10 at oder 2,5% auf 10 at.

Die Abhängigkeit der Zähigkeit von der Temperatur und vom Druck nach den Abb. 28 und 29 ist für alle Öle prinzipiell ähnlich. Durch Interpolation in den Abb. 28 und 29 kann deshalb für beliebige Öle, deren Zähigkeit für eine bestimmte Temperatur und einen bestimmten Druck in ° E bekannt ist, auch für jede andere Temperatur und jeden anderen Druck die kinematische Zähigkeit in m²/Sek. mit ausreichender Genauigkeit bestimmt werden.

Die Veränderung der Zähigkeit v_t mit der Temperatur t kann auch aus der Beziehung

$$v_t = v_{20}\,\alpha \left(\frac{20}{t°\,C}\right)^{K}$$

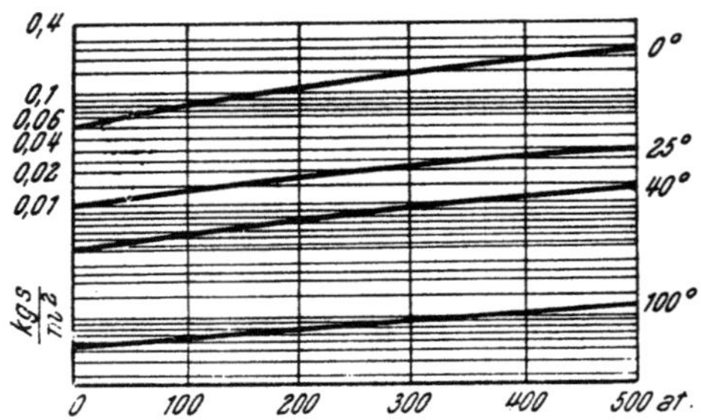

Abb. 29. Veränderung der Viskosität mit dem Druck

berechnet werden, wobei K zwischen 10 und 70° C etwa 1,6 bis 2,5 je nach der Zusammensetzung des Öls zu wählen ist und v_{20} die Zähigkeit bei 20° C bedeutet.

β) Der Stockpunkt

Der Stockpunkt einer Flüssigkeit ist diejenige Temperatur, bei der die Flüssigkeit so zäh wird, daß sie unter dem Einfluß der Schwerkraft nicht mehr fließt. Der Stockpunkt aller Öle, die heute als Hydraulikflüssigkeit praktisch Bedeutung haben, liegt unter 0° C. Bei Maschinen, die in geschlossenen Räumen verwendet werden, hat der Stockpunkt also praktisch überhaupt keine Bedeutung mehr. Bei Maschinen, die im Freien arbeiten sollen, ist es dagegen oft wünschenswert, ein Öl mit möglichst niedrigem Stockpunkt, der etwa zwischen — 30 und — 50° C liegen kann, zu verwenden.

Wie die folgende Gegenüberstellung eines Öls mit einem Stockpunkt von — 50° C und eines Öls mit einem Stockpunkt von — 40° C zeigt, ist der Stockpunkt allein jedoch nicht maßgebend für das Verhalten des Öls bei niedrigen Temperaturen:

Temperatur ° C	Zähigkeit des Öls mit einem Stockpunkt von — 50° C	Zähigkeit des Öls mit einem Stockpunkt von — 40° C
0	40	32
— 20	400	120
— 30	5000	550

Wie die Gegenüberstellung zeigt, ist das Öl mit einem Stockpunkt von — 40° C viel dünnflüssiger als dasjenige mit einem Stockpunkt von — 50° C. Bis zu Betriebstemperaturen von — 35° ist also das Öl mit einem Stockpunkt bei — 40° C demjenigen mit einem Stockpunkt von — 50° C auf alle Fälle vorzuziehen.

3. Thermodynamik

a) Der zeitliche Verlauf von Erwärmung und Abkühlung

Wird in einer hydraulischen Anlage nach Einschalten der Ölpumpe eine bestimmte, ununterbrochen gleichbleibende Leistung N (PS) durch Drosseln oder durch andere Reibungsverluste in Wärme verwandelt, so nimmt die Temperatur ϑ des Öls in der Zeiteinheit um einen bestimmten Betrag zu. Ist die in Wärme verwandelte Leistung

$$q_1 = \frac{75 \cdot N \cdot 3600}{428} \text{ kcal/Std.}, \qquad (45)$$

so erwärmt sich das Öl um

$$\frac{\Delta\vartheta}{\Delta t} = \frac{q_1}{G\,c_p} \text{ °C/Std.}, \qquad (46)$$

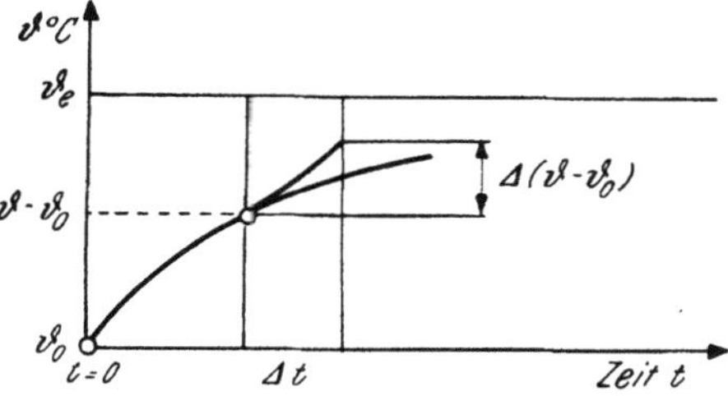

Abb. 30. Zeitlicher Verlauf der Öltemperatur bei Erwärmung und Abkühlung

solange keine Wärme vom Öl an die Umgebung abgegeben wird. Durch die Oberfläche der gesamten hydraulischen Anlage wird aber die Wärmemenge

$$q_2 = K\,F\,(\vartheta - \vartheta_0) \qquad (47)$$

an die Umgebung abgegeben. Nach entsprechend langer Anlaufzeit stellt sich ein stationärer Betriebszustand ein, bei dem die Öltemperatur schließlich konstant bleibt. Streng genommen wird dieser stationäre Zustand wohl erst nach einer unendlich langen Anlaufzeit erreicht, d. h. die Öltemperatur nähert sich asymptotisch einer Endtemperatur ϑ_e.

Der zeitliche Verlauf der Temperaturzunahme vom Augenblick, in dem die Energieverwandlung von Reibungsarbeit in Wärme beginnt ($t = 0$), bis zum Erreichen des stationären Betriebszustandes, der etwa nach Abb. 30 vor sich geht, kann wie folgt berechnet werden:

$$(q_1 - q_2)\,\Delta t = G\,c_p\,\Delta(\vartheta - \vartheta_0), \qquad (48)$$

$$\frac{d(\vartheta - \vartheta_0)}{dt} = \frac{q_1 - q_2}{G\,c_p},$$

$$\frac{d(\vartheta - \vartheta_0)}{dt} = \frac{q_1}{G\,c_p} - \frac{K\,F}{G\,c_p}\,(\vartheta - \vartheta_0). \qquad (49)$$

Darin bedeutet:

G (kg)   das Gewicht des in der Hydraulikanlage enthaltenen Öls,

c_p (kcal/kg °C)   die spezifische Wärme des Öls,

ϑ (°C)   die Temperatur des Öls,

δ_0 die Temperatur der Umgebung bzw. die Anfangstemperatur vor Beginn der Erwärmung,

k (kcal/Std. m² °C)   den Wärmedurchgangskoeffizienten für die am Wärmeaustausch beteiligten Flächen,

F (m²)   die für den Wärmeaustausch zur Verfügung stehende Fläche,

t (Sek.)   Zeit,

q_1 (kcal/Std.)   in einer Stunde durch Reibung und Wirbel erzeugte Wärmemenge,

q_2 (kcal/Std.)   an der Kühlfläche abgeführte Wärmemenge $q_2 = K\,F\,(\vartheta - \vartheta_0)$.

Um die Lösung dieser Differentialgleichung (49) leichter finden zu können, setzen wir

$$\vartheta - \vartheta_0 = y,$$

$$\frac{q_1}{G\,c_p} = \alpha, \qquad \frac{K\,F}{G\,c_p} = \beta.$$

Die Gleichung lautet dann

$$\frac{dy}{dt} = \alpha - \beta\,y.$$

Ihre Lösung lautet:

$$y = A\,e^{-\beta t} + \frac{\alpha}{\beta},$$

wie sich durch Einsetzen von y und $\frac{dy}{dt}$ in die obere Gleichung leicht beweisen läßt:

$$-\beta\,A\,e^{-\beta t} = \alpha - \beta\left(A\,e^{-\beta t} + \frac{\alpha}{\beta}\right).$$

Nach Einsetzen der ursprünglichen Ausgangsgleichung lautet somit die Lösung der Differentialgleichung (49)

$$\vartheta - \vartheta_0 = A\,e^{\frac{-K\,F}{G\,c_p}\,t} + \frac{q_1}{K\,F}. \tag{50}$$

Für die Randbedingung $\vartheta = \vartheta_0$ zur Zeit $t = 0$ ergibt sich

$$A\,e^{\circ} + \frac{q_1}{K\,F} = 0$$

und

$$A = -\frac{q_1}{K\,F},$$

$$\vartheta - \vartheta_0 = \frac{q_1}{K\,F}\left(1 - e^{\frac{-K\,F}{G\,c_p}\,t}\right) \tag{51}$$

für $t = \infty$ wird

$$\vartheta_e = \vartheta_0 + \frac{q_1}{K\,F}. \tag{52}$$

Somit kann die Gl. (51) auch geschrieben werden:

$$\vartheta - \vartheta_0 = (\vartheta_e - \vartheta_0)\left(1 - e^{\frac{-K\,F}{G\,c_p}\,t}\right). \tag{53}$$

$\vartheta_e - \vartheta_0$ kann aus der Beziehung (52) berechnet werden. Diese Beziehung ergibt sich natürlich einfacher bei unmittelbarer Betrachtung des stationären Betriebszustandes aus der Bedingung, daß die gesamte, durch Reibung erzeugte Wärme durch Wärmeübergang an die Umgebung abgegeben wird, wobei die Temperatur ϑ_e konstant bleibt. Es ist dann:

$$q_1 = K\,F(\vartheta_e - \vartheta_0),$$

$$\vartheta_e - \vartheta_0 = \frac{q_1}{K\,F}.$$

Umgekehrt ergibt sich für die Abkühlung der Anlage z. B. nach Stillsetzen des Antriebsmotors aus Gl. (53) auch

$$\vartheta = \vartheta_0 + (\vartheta_e - \vartheta_0)\left(1 - e^{\frac{-K\,F}{G\,c_p}\,t}\right),$$

$$\vartheta = \vartheta_0 + \vartheta_e - \vartheta_0 - (\vartheta_e - \vartheta_0)\,e^{\frac{-K\,F}{G\,c_p}\,t},$$

$$\vartheta = \vartheta_e - (\vartheta_e - \vartheta_0)\,e^{\frac{-K\,F}{G\,c_p}\,t}. \tag{54}$$

ϑ_e bedeutet hier die Anfangstemperatur, bei der die Abkühlung beginnt.

b) Der Wärmeübergang vom Öl an die Umgebung

Nach Erreichen eines stationären Betriebszustandes wird die durch Reibungsvorgänge in der Strömung erzeugte Wärme zur Gänze an die Umgebung abgegeben. Für jede Stelle der am Wärmeübergang beteiligten Oberfläche gilt die Kontinuitätsgleichung für den Wärmefluß, d. h. daß z. B. die an der Innenseite einer ebenen Wand des Ölbehälters vom Öl an die Wand abgegebene Wärme gleich sein muß der von der Außenseite der Wand an die Umgebung abgegebenen Wärme. Außerdem muß die betrachtete Wärmemenge senkrecht zu den ebenen Wänden durch das Material der Wandung durchströmen.

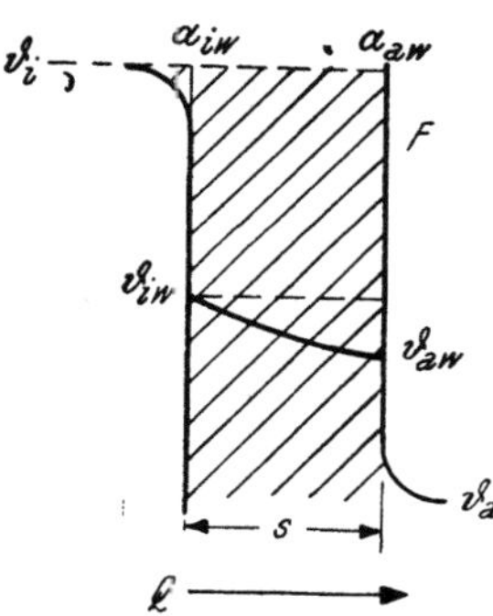

Abb. 31. Wärmefluß durch eine ebene Wand

Bezeichnet nach Abb. 31:

K (kcal/m² Std. ° C) Wärmedurchgangszahl für die Wärmeübertragung durch die Behälterwandung von der Fläche F,

F (m²) das betrachtete Flächenelement,

ϑ_i (° C) die mittlere Öltemperatur,

ϑ_a (° C) die mittlere Temperatur der Umgebungsluft,

ϑ_{iw} (° C) die Temperatur der Innenseite der Wandung,

ϑ_{aw} (° C) die Temperatur der Außenseite der Wandung,

α_i (kcal/m² Std. ° C) den Wärmeübergangskoeffizienten vom Öl an die Behälterwandung,

α_a (kcal/m² Std. ° C) den Wärmeübergangszahlen von der Behälterwand an die Umgebungsluft,

λ (kcal/m Std. ° C) die Wärmeleitzahl des Behältermaterials,

s (m) die Wandstärke des Behälters,

so muß folgender Zusammenhang zwischen den obigen Größen bestehen, damit die Kontinuität des Wärmeflusses erfüllt ist:

$$\left.\begin{aligned}
Q &= \alpha_i F(\vartheta_i - \vartheta_{iw}), \\
Q &= \frac{\lambda}{s} F(\vartheta_{iw} - \vartheta_{aw}), \\
Q &= \alpha_a F(\vartheta_{aw} - \vartheta_a), \\
\end{aligned}\right\} \tag{55}$$

$$Q = K\,F(\vartheta_i - \vartheta_a)\ \text{kcal/Std.}$$

oder

$$K(\vartheta_i - \vartheta_a) = \alpha_i(\vartheta_i - \vartheta_{iw}) = \frac{\lambda}{s}(\vartheta_{iw} - \vartheta_{aw}) = \alpha_a(\vartheta_{aw} - \vartheta_a),$$

$$\frac{K}{\alpha_i} = \frac{\vartheta_i - \vartheta_{iw}}{\vartheta_i - \vartheta_a}; \qquad \frac{K}{\alpha_a} = \frac{\vartheta_{aw} - \vartheta_a}{\vartheta_i - \vartheta_a}; \qquad \frac{K\,s}{\lambda} = \frac{\vartheta_{iw} - \vartheta_{aw}}{\vartheta_i - \vartheta_a}; \tag{56}$$

durch Addition dieser drei Gleichungen ergibt sich:

$$K\left(\frac{1}{\alpha_i} + \frac{1}{\alpha_a} + \frac{s}{\lambda}\right) = \frac{\vartheta_i - \vartheta_a}{\vartheta_i - \vartheta_a}$$

und

$$K = \frac{1}{\dfrac{1}{\alpha_i} + \dfrac{1}{\alpha_a} + \dfrac{s}{\lambda}}. \tag{57}$$

Solange die Wärmeübergangskoeffizienten α konstant bleiben, bleibt auch der Wärmedurchgangskoeffizient K konstant. Sowohl der Wärmeübergangskoeffizient α_i auf der Ölseite als auch die Wärmeübergangszahl auf der Außenseite α_a hängt von der Dicke der „Grenzschicht" ab, die zwischen dem eigentlich bewegten Medium und den Begrenzungsflächen der Behälterwand liegt und durch die die Wärmeübertragung erfolgt.

Die Dicke der Grenzschicht ist wieder abhängig von der Strömungsgeschwindigkeit des Öls bzw. des Kühlmittels und von der geometrischen Form und Lage des betrachteten Flächenelements.

Bei ruhendem Kühlmittel entsteht infolge der Erwärmung in der Wandnähe eine „freie Strömung". An der Außenwand des Ölbehälters entsteht z. B. infolge der Erwärmung eine Grenzschicht von leichterer Luft, die sich infolge des Einflusses der Schwerkraft nach oben bewegt. Der Wärmeübergang hängt dann indirekt auch von der Temperatur an dem betrachteten Flächenelement ab. Die Vorgänge bei der freien Strömung hängen natürlich auch von der Lage des Flächenelementes ab, entlang einer lotrechten Wand entsteht eine stärkere Strömung als an einer horizontal liegenden. Anhaltspunkte für die Berechnung der Grenzschichtdicke wurden in den vorhergehenden Abschnitten gegeben. Meist ist es aber nicht erforderlich, die Grenzschichtdicke zu berechnen, es genügt vielmehr die Erkenntnis, daß sich die Grenzschicht bei laminarer Strömung mit der Entfernung von einem Ausgangspunkt allmählich aufbaut und somit in Strömungsrichtung immer dicker wird. Auf Grund dieser Überlegung ist es auch klar, daß die Wärmeübergangszahlen für den Wärmeübergang durch Rohre wesentlich größer sind, wenn die Rohre senkrecht zur Achse angeströmt werden, als wenn die Strömung des Kühlmittels entlang der Rohrachse erfolgt. An der Kante einer Schneide oder an einer Spitze ist die Grenzschichtdicke praktisch Null, der Wärmeübergang daher sehr groß.

Für geometrisch ähnliche Gebilde — wie z. B. zylindrische Rohre mit kreisförmigem Querschnitt — lassen sich, ebenso wie bei den Strömungsvorgängen, auch für die Vorgänge bei der Wärmeübertragung Ähnlichkeitsbetrachtungen anstellen.

Allerdings genügt es nicht wie bei den Strömungsvorgängen, daß nur eine dimensionslose Kenngröße, die REYNOLDSsche Zahl, bei zwei Vorgängen identisch ist, damit zwei Vorgänge ähnlich verlaufen. Damit zwei Wärmeübergangsvorgänge ähnlich verlaufen, müssen außer der REYNOLDSschen Zahl, die besagt, daß die Strömungsvorgänge ähnlich verlaufen, auch noch eine oder mehrere weitere Kenngrößen identisch sein, damit zwei Vorgänge ähnlich verlaufen.

Wenn die Wandstärke s gegenüber dem Innendurchmesser d eines Rohres klein ist, gelten die Gl. (55), (56), (57) näherungsweise auch für zylindrische Rohre. Sind die Wandstärken s gegenüber dem Innendurchmesser d dagegen groß, so können unter Berücksichtigung dieser Tatsache die folgenden Gleichungen für den Wärmefluß durch die Rohrwandung aufgestellt werden:

$$Q = \alpha_i \, \pi \, d \, l \, (\vartheta_i - \vartheta_{iw}),$$

$$Q = \alpha_a \, \pi \, (d + 2\,s) \, l \, (\vartheta_{aw} - \vartheta_a),$$

$$Q = \frac{\lambda}{s} \, \pi \, (d + s) \, l \, (\vartheta_{iw} - \vartheta_{aw}),$$

$$Q = K \, \pi \, (d + s) \, l \, (\vartheta_i - \vartheta_a),$$

aus denen sich dann wieder der Wärmedurchgangskoeffizient k ergibt.

Unberücksichtigt bleibt in allen obigen Überlegungen die Tatsache, daß auch ein Wärmefluß parallel zu den Wandungen auftritt, der unter bestimmten

Bedingungen sogar sehr ins Gewicht fallen kann. Die Bedeutung dieser Wärmeströmung parallel zur Oberfläche der Wandungen sei kurz an einer Überlegung über die richtige Temperaturmessung erläutert:

Bei der Temperaturmessung durch ein Thermometer, das in ein Rohr eingebaut wird, fließt eine bestimmte Wärmemenge entlang der Achse des Thermometers, und zwar: wenn die zu messende Temperatur höher als die Umgebungstemperatur ist, vom Rohrinneren nach außen, und wenn die zu messende Temperatur niedriger als die Umgebungstemperatur ist, von außen in das Rohrinnere.

Da Glas ein sehr schlechter Wärmeleiter ist, wird bei einer Temperaturmessung, bei der ein Thermometer unmittelbar zur Temperaturmessung verwendet wird, nur eine sehr geringe Wärmemenge nach außen abgeleitet werden. Außerdem ist der Wärmeübergangskoeffizient etwa bei der Messung einer Öltemperatur von Öl an die Glaskugel des Thermometers relativ groß. Die „Anlauf-

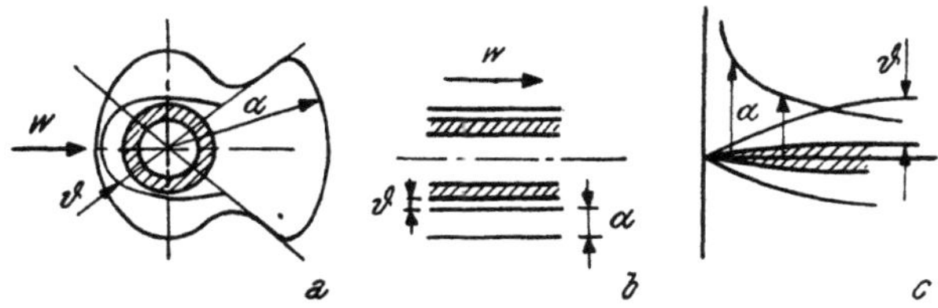

Abb. 32. Abhängigkeit des Wärmeübergangskoeffizienten α von der Grenzschichtdicke

strecken" an der kleinen Kugel sind kurz, die Grenzschicht ist daher dünn. Immerhin baut sich entlang der Kugeloberfläche eine gewisse Grenzschicht auf. Der Wärmeübergang vom Öl an die Kugel ist daher an jeder Stelle der Kugel verschieden groß (Abb. 32). Auf jeden Fall wird der Wärmeübergang vom Öl an die Kugel aber so groß sein, daß die Temperatur der Glaskugel und damit die Temperatur des Quecksilbers praktisch identisch mit der Temperatur des Öls wird. Die Messung der Temperatur erfolgt mit ausreichender Genauigkeit.

Ganz anders liegen die Verhältnisse, wenn das Thermometer durch einen Metallmantel, der das ganze Thermometer umgibt, geschützt wird. Der Wärmeübergangskoeffizient vom Öl an das Thermometer ist infolge der größeren Abmessungen der Schutzkappe kleiner, vor allem aber strömt durch die gut leitende Metallschutzkappe ein starker Wärmestrom vom Inneren des Rohres nach außen. Die Glaskugel des Thermometers hat dann eine niedrigere Temperatur als das Öl. Das Thermometer zeigt somit einen Mittelwert zwischen der Öltemperatur und der Umgebungstemperatur an.

c) Berechnung der Öltemperatur

Für die Wahl der Strömungsgeschwindigkeit sowie für die Bemessung der Rohrquerschnitte, ferner für die Wahl der Größe des Ölbehälters und der gewählten Ölmenge gibt es gewisse „Faustformeln" und Richtwerte (vgl. Abschn. IV, 10, S. 239). Diese Anhaltspunkte gelten aber immer nur unter bestimmten Voraussetzungen, die sehr häufig nicht den gegebenen Verhältnissen entsprechen. Es gibt deshalb Anlagen, in denen es genügt, wenn eine Ölmenge verwendet wird, die der Fördermenge in 30 Sek. entspricht, und andere Anlagen, in denen im Ölbehälter die in 10 Min. umgewälzte Ölmenge enthalten ist und in denen außerdem noch eine Wasserkühlung erforderlich ist, um die zulässige Öltemperatur einhalten zu können. Ähnlich liegen die Verhältnisse bei der Wahl der Strömungsgeschwindigkeiten. Es gibt Sonderfälle, in denen Strömungsgeschwindigkeiten von 40 m/Sek. zugelassen werden können, und solche, in denen eine Geschwindigkeit von 1 m/Sek. nicht mehr zugelassen werden soll. Die Wahl der Strömungsgeschwindigkeit hängt natürlich nicht nur von der durch die Strömung entwickelten Reibungswärme ab. Trotzdem muß die durch die Strömung erzeugte Reibungswärme auf alle Fälle richtig berücksichtigt werden. Damit die zulässige Öltemperatur von maximal 60 bis 70° C eingehalten werden kann, ist es somit erforderlich, daß alle Einflußgrößen auf diese Temperatur richtig erfaßt werden, damit bei der Planung einer Anlage alle Elemente so gestaltet werden können, daß die Öltemperatur in diesen zulässigen Grenzen bleibt.

Die maximale Öltemperatur stellt sich nach Abb. 30 nach einer bestimmten Anlaufzeit ein, sobald die durch Wärmeabgabe der Rohrleitungen und Behälter in der Zeiteinheit abgegebene Wärme mit der im Ölkreislauf erzeugten Wärme identisch ist. Die Tangente an die Kurve der Temperaturzunahme mit der Zeit zur Zeit $t = 0$ ergibt sich aus der Temperaturzunahme bei vollkommener Wärmeisolation zwischen Ölbehälter und Umgebung.

Um einen ersten Anhaltspunkt für den zeitlichen Verlauf der Zunahme der Öltemperatur mit der Zeit zu gewinnen, genügt oft die Kenntnis der Neigung dieser Tangente zur Zeit $t = 0$.

Die Neigung der Tangente $\dfrac{d\vartheta}{dt}$ soll nun an dem folgenden Beispiel für den Augenblick zur Zeit $t = 0$ und unter folgenden Voraussetzungen berechnet werden:

Eine Pumpe fördere die Ölmenge von 1 l/Sek. = 60 l/Min. über ein Überdruckventil, das auf einen Druck von 10 atü eingestellt ist, in den Behälter zurück, ohne daß hierbei gleichzeitig durch einen Arbeitszylinder oder andere Geräte irgendeine Arbeit geleistet wird. Die gesamte Energie der Pumpe $Q\,p$ wird dann im Überdruckventil in Wärme verwandelt. Wenn alle Größen in kg und m ausgedrückt werden, so ergibt sich die Entwicklung einer Wärmemenge von $Q\,p = \dfrac{1}{1000} \cdot 10 \cdot 10000$ (m³/Sek. kg/m²) $= 100$ (mkg/Sek.), das entspricht einer Wärmemenge von $\dfrac{100}{427} = 0{,}234$ (kcal/Sek.).

Das spezifische Gewicht des Öls sei 0,9 kg/dm³. Es werden dann 0,9 kg/Sek. umgewälzt. Dieser Ölmenge wird die insgesamt erzeugte Wärmemenge von 0,234 kcal/Sek. zugeführt. Damit ergibt sich eine Wärmezufuhr von $\dfrac{0{,}234}{0{,}9}$ (kcal/Sek., Sek./kg) $= 0{,}26$ (kcal/kg).

Mit einer spezifischen Wärme des Öls von $c_{p\alpha} = 0{,}48$ ergibt sich damit eine Temperaturzunahme von $\vartheta = \dfrac{0{,}26}{0{,}48} = 0{,}54°$ C bei der einmaligen Durchströmung des Überdruckventils und einem Druckgefälle von 10 atü.

Bei einem Druckgefälle von 100 atü würde sich bei einer einmaligen Drosselung bereits eine Temperaturerhöhung von 5,42° C und bei 300 atü sogar von 16° C ergeben.

Diese bei niedrigen Drücken an und für sich geringe, bei hohen Drücken jedoch bereits sehr bedeutende Temperaturerhöhung tritt nun bei jeder Umwälzung des Öls ein. Sind bei einer Fördermenge von 60 l/Min. $G_\alpha = 5 \cdot 60 = 300$ l oder 270 kg Öl im Ölbehälter enthalten, so ergibt sich die Ölerwärmung in einer Stunde bei vollständiger Isolation zwischen Öl und Umgebung für das obige Beispiel bei einem Druckgefälle von 10 at zu:

$$\Delta\vartheta_h = \frac{q_1}{G_\alpha\,c_{p\alpha}} = \frac{0{,}234 \cdot 3600}{270 \cdot 0{,}48} \; \frac{\text{kcal}}{h \cdot \text{kg}\,\dfrac{\text{kcal}}{\text{kg}\,°\text{C}}} = \frac{842}{130} = 6{,}48°\ \text{C/h}.$$

und bei 100 at zu 64,8° C/Std.

Der Winkel zwischen der Tangente an die Erwärmungskurve durch Zeit $t = 0$ und der Zeitachse ist somit $6{,}1°$ C/Std. bzw. $61°$ C/Std.

Bei der obigen Überlegung blieb zunächst unberücksichtigt, daß sich außer dem Öl auch alle mit dem Öl in Verbindung stehenden Metallteile erwärmen. Ist das mit dem Öl in unmittelbarer Berührung stehende Metallgewicht G_m, so wird nur ein Teil dieses Gewichtes $a\,G_m$ annähernd die jeweilige Öltemperatur erreichen. Je nachdem, ob der Wärmeübergang zwischen Umgebungsluft und Metallteilen oder zwischen den Metallteilen und dem Öl besser ist, werden die Temperaturen der Metallteile näher an der Umgebungstemperatur oder näher an der Öltemperatur liegen. Den gegebenen Verhältnissen entsprechend ist dann unter Berücksichtigung der Wärmeaufnahme der Metallteile

$$\Delta\vartheta_h = \frac{q_1}{G_\alpha\,c_{p\,\alpha} + a\,G_m\,c_{p\,m}}.$$

Da die spezifische Wärme von Metallen ohnedies nicht groß ist, so kann, soweit nicht große Metallblöcke in unmittelbarer Berührung mit dem Hydrauliköl stehen, sicherheitshalber auf die Berücksichtigung der Verzögerung des Temperaturanstieges durch die Erwärmung der Metallteile überhaupt verzichtet werden. Trotzdem wird es aber auch hier Fälle geben, wo gerade durch diese Möglichkeit der Wärmeaufnahme durch große Metallblöcke besonders günstige Kühlverhältnisse vorliegen und in denen deshalb mit kleineren Ölmengen das Auslangen gefunden werden kann.

d) Der zeitliche Temperaturverlauf unter Berücksichtigung der Wärmeabfuhr

Die maximale Temperatur ϑ_c, die nach unendlich langer Betriebszeit erreicht werden würde und der sich die tatsächliche Temperatur mit der Zeit asymptotisch nähert, ergibt sich aus dem Gleichgewicht zwischen der oben betrachteten erzeugten Wärme q_1 und der durch die Behälterwände und Rohrleitungen abgeführten Wärmemenge. Nach Gl. (52) ist

$$\vartheta_e = \vartheta_0 + \frac{q_1}{K\,F}.$$

Der Wärmeübergangskoeffizient K ist dabei mit den Bezeichnungen nach Gl. (57)

$$K = \frac{1}{\dfrac{1}{\alpha_i} + \dfrac{1}{\alpha_a} + \dfrac{s}{\lambda}}.$$

Genaue Werte für die Wärmeübergangskoeffizienten werden sich immer schwer angeben lassen. Einige Richtwerte können aus der folgenden Zusammenstellung entnommen werden:

	Wärmeleitzahl λ $\dfrac{\text{kcal}}{\text{m Std. }°\text{C}}$	Temperatur- leitzahl a $\dfrac{\text{m}^2}{\text{Std.}}$	Spez. W. c_p $\dfrac{\text{kcal}}{\text{kg }°\text{C}}$
Wasser: 10° C	0,5	0,0005	1
100° C	0,58	0,00058	
Transformatorenöl, Paraffinöl, Spindelöl ...	0,11	0,0025	0,48
Luft: 0° C	0,02	0,067	0,24
100° C	0,026	0,116	

A. Wichtige dimensionslose Kenngrößen für die Berechnung des Wärmeübergangs-koeffizienten:

$$Pe = \frac{w\, l_0}{a}, \qquad\qquad \text{Pécletsche Kennzahl}$$

$$Gr = \frac{l_0^3\, \varrho^2\, g\, (\vartheta_w - \vartheta_a)\, \beta}{\mu^2}, \qquad\qquad \text{Grashofsche Kennzahl}$$

$$Pr = \frac{v}{a} = \frac{\mu}{\varrho\, a}, \qquad\qquad \text{Prandtlsche Kennzahl}$$

$$a = \frac{\lambda}{c_p\, \gamma}. \qquad\qquad \text{Temperaturleitzahl}$$

B. Berechnung der Wärmeübergangszahlen α *aus obigen Kenngrößen:*

a) Erfahrungswerte für aufgezwungene Strömung:

1. Luft:

$$w < 5 \text{ m/Sek. Ebene Wand, } \alpha_L = 5 + 3{,}4\, w \; \frac{\text{kcal}}{\text{m}^2 \text{ Std. } ^\circ\text{C}},$$

$$w > 5 \text{ m/Sek. Ebene Wand, } \alpha_L = 0075\, P_e^{0{,}75}\, \frac{\lambda}{L}.$$

Nach TEN BOSCH:

$$\alpha_L = 6{,}8\, c_p\, w\, \gamma.$$

Senkrecht angeströmte Rohre:

$$\alpha_L = 0{,}075\, P_e^{0{,}75}\, \frac{\lambda}{d}.$$

Bei turbulenter Strömung in Rohren in axialer Richtung:

2. Wasser:

In geraden Rohren

$$\alpha_w = 1755\, (1 + 0015\, \vartheta_m)\, \frac{w^{0{,}87}}{d^{0{,}13}}.$$

wobei $\vartheta_m = 0{,}9\, \vartheta_a + 0{,}1\, \vartheta_w$ zu setzen ist.

3. Öl:

In geraden Rohren

$$\alpha_{\text{Öl}} = 0{,}09 \text{ bis } 0{,}05\, \alpha_w.$$

wobei für α_w der Wert für Wasser nach obiger Gleichung einzusetzen ist.

4. Petroleum:

In geraden Rohren

$$\alpha = 0{,}2\, \alpha_w.$$

5. Bei laminarer Strömung von Flüssigkeiten in Rohren in axialer Richtung ist:

$$\alpha = 3{,}65\, \frac{\lambda}{d}\, \frac{\text{kcal}}{\text{m}^2 \text{ Std. } ^\circ\text{C}}$$

und für Öl z. B. für $d = 0{,}01$ m

$$\alpha_{\text{Öl}} = 3{,}65\, \frac{0{,}11}{0{,}01} = 40{,}2\, \frac{\text{kcal}}{\text{m}^2 \text{ Std. } ^\circ\text{C}}.$$

b) Erfahrungswerte für freie Strömung an ebenen Wänden, vertikal oder horizontal nach TEN BOSCH:

$$\alpha_0 = 35\, (\vartheta_w - \vartheta_a)^{0{,}4},$$

$\vartheta_w - \vartheta_a$, z. B. 20° C $\alpha_{\text{Öl}} = 112$ kcal/m² Std. °C,

nach Hütte:

$$\alpha_{\text{Luft}} = 0{,}64 \cdot c_L \sqrt[4]{p^2\, (\vartheta_w - \vartheta_a)},$$

für $c_L \sim 3{,}3$ wird

$$\alpha_{\text{Luft}} = 2 \sqrt[4]{p^2 (\vartheta_w - \vartheta_a)},$$

$$\alpha_{\text{Wasser}} = 0{,}64\, c_w \sqrt[4]{\vartheta_w - \vartheta_a},$$

wobei $c_w = 300$ bei $25°\,\text{C}$ und $c_w = 418$ bei $50°\,\text{C}$.

$$\alpha_{\ddot{O}l} \sim 8 \sqrt[4]{\vartheta_w - \vartheta_a}.$$

Die Temperaturzunahme mit bekannten Werten für die Wärmeübergangszahlen ergibt sich dann nach der Exponentialfunktion der Gl. (53). Es kann aber auch umgekehrt der Wert von K dadurch ermittelt werden, daß die Temperatur des Öls zu verschiedenen Zeiten gemessen wird. Legt man durch die durch Messung gefundenen Punkte dann eine Kurve, die der Gl. (53) entspricht, so kann die maximal auftretende Temperatur durch Extrapolieren des zeitlichen Temperaturverlaufes genügend genau ermittelt werden.

e) Wärmeausdehnung von festen Körpern und Flüssigkeiten

α) Die Ausdehnung fester Körper

Die meisten festen Körper dehnen sich bei Erwärmung aus und vergrößern damit ihr Volumen. Bei einer Steigerung der Temperatur um $\vartheta_2 - \vartheta_1 \,°\text{C}$ vergrößert sich dabei das Volumen von der ursprünglichen Größe V_1 auf V_2 und es ist

$$V_2 = V_1 \cdot [1 + \beta_t (\vartheta_2 - \vartheta_1)]. \tag{58}$$

$\beta_t = \dfrac{V_2 - V_1}{V_1} \cdot \dfrac{1}{\vartheta_2 - \vartheta_1}$ wird als räumlicher Ausdehnungskoeffizient bezeichnet.

Die festen Körper verhalten sich bei der Ausdehnung isentropisch, d. h. sie dehnen sich nach allen Richtungen in gleichem Maße aus.

Die Ausdehnung, die ein stabförmiger Körper in einer Richtung erfährt, nennt man „lineare Ausdehnung". Ein Stab von der Länge l_1 dehnt sich bei der Erwärmung um $\vartheta_2 - \vartheta_1 \,°\text{C}$ um das Maß Δl aus und es ist, ähnlich wie bei der räumlichen Ausdehnung:

$$l_2 = l_1 [1 + \alpha_t (\vartheta_2 - \vartheta_1)].$$

Die lineare Ausdehnung des festen Körpers Δl ist somit

$$\Delta l = \alpha_t (\vartheta_2 - \vartheta_1)\, l_1 \quad \text{oder} \quad \frac{\Delta l}{l_1} = \alpha_t (\vartheta_2 - \vartheta_1).$$

Sie wird meist auf die Länge l_1 des Körpers bei $0°\,\text{C}$ bezogen. Der lineare Ausdehnungskoeffizient α_t eines festen Körpers ist somit das Verhältnis der Ausdehnung, die ein Stab bei einer Temperaturerhöhung um $1°\,\text{C}$ erfährt, zu seiner Länge bei $0°\,\text{C}$.

Da die Dehnungen unter dem Einfluß der Temperaturveränderung immer sehr klein sind gegenüber den Längenabmessungen der Körper, kann mit guter Annäherung gesetzt werden $\dfrac{\Delta v}{v} = \left(\dfrac{\Delta l}{l}\right)^3$ oder $\left(1 + \dfrac{\Delta l}{l}\right)^3 = 1 + \dfrac{\Delta v}{v}$ und es ist deshalb $\beta_t = 3\,\alpha_t$.

Tabelle 3. *Richtwerte für den linearen und räumlichen Ausdehnungskoeffizienten für verschiedene Metalle*

	$°/_{00}$ oder α_t mm/1 m und $100°\,\text{C}$	$\dfrac{\Delta l}{l\,1°\,\text{C}}$	$\beta_t\ °/_{00}\ 100°\,\text{C}$	$\dfrac{\Delta v}{v\,1°\,\text{C}}$
Gußeisen	1,04	0,0000010	3,12	0,00000312
Flußstahl........	1,17	0,00000117	3,51	0,00000361
Schmiedestahl....	1,2	0,0000012	3,6	0,0000036
Messing	1,19	0,0000019	3,6	0,0000036

β) Wärmeausdehnung des Öls

Bei einer Flüssigkeit kann sinngemäß überhaupt nur von einem räumlichen Ausdehnungskoeffizienten gesprochen werden. Bei einer Temperaturerhöhung um $\vartheta_2 - \vartheta_1$ °C dehnt sich ein Flüssigkeitsvolumen vom Volumen V_1 auf das Volumen V_2 aus und es ist, wie bei den festen Körpern,

$$V_2 = V_1 [1 + \beta_t (\vartheta_2 - \vartheta_1)] \quad \text{oder} \quad \Delta v = v_2 - v_1 = v_1 \beta_t (\vartheta_2 - \vartheta_1).$$

Für den räumlichen Wärmeausdehnungskoeffizienten des Öls werden folgende Werte angegeben:

1. DÜRR-WACHTER: 0,08% Ausdehnung des Ölvolumens bei Erwärmung um 1° C ($\vartheta_t = 0,0008$).

2. CHAIMOWITSCH: Aus der Abhängigkeit der Dichte von der Temperatur nach Abb. 33 ergibt sich ein Ausdehnungskoeffizient von 0,066% des Volumens

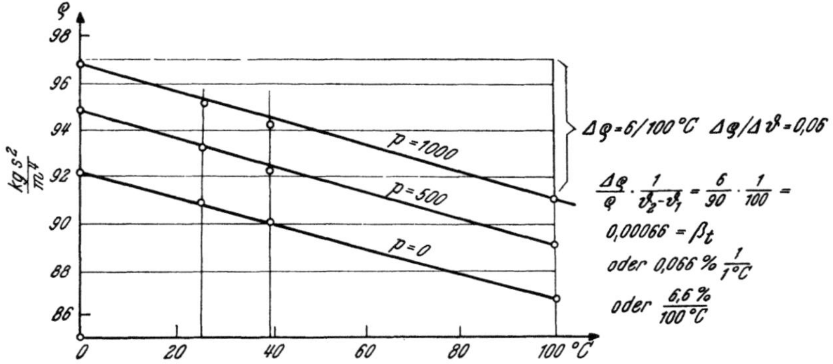

Abb. 33. Einfluß von Temperatur und Druck auf die Dichte der Hydraulikflüssigkeiten

bei Erwärmung um 1° C, der innerhalb der praktisch interessierenden Grenzen so gut wie unabhängig von der Temperatur und vom Druck wäre ($\beta_t = 0,00066$).

Die Berechnung des Ausdehnungskoeffizienten β_t aus der Veränderung der Dichte mit der Temperatur ϑ °C erfolgt dabei aus der Beziehung

$$\beta_t = \frac{\Delta \varrho}{\varrho} \frac{1}{\vartheta_2 - \vartheta_1}.$$

Der Unterschied zwischen dem Wärmeausdehnungskoeffizienten für Öl $\beta_{t\,\text{Öl}}$ und für Metalle $\beta_{t\,E} = 3\,\alpha_t$ beeinflußt das Verhalten hydraulischer Arbeitszylinder bei der Abkühlung und Erwärmung wie folgt:

1. Bei der Abkühlung des Öls in einem Zylinder, dessen Zuleitungen durch Steuerventile oder gesteuerte Rückschlagventile verschlossen sind, um die Temperatur $\Delta \vartheta$ verschiebt sich der Arbeitskolben bei unveränderlicher Temperatur der Metallteile und unter der Voraussetzung, daß der Druck im Zylinder konstant bleibt, um den Weg Δs_1.

Es wäre:

$$\Delta v_{\text{Öl}} = \beta_{t\,\text{Öl}} \Delta \vartheta \cdot V_{\text{Zyl}},$$

$$\Delta s_1 F = \beta_{t\,\text{Öl}} \Delta \vartheta F\, s,$$

$$\Delta s_1 = \beta_{t\,\text{Öl}} \Delta \vartheta s.$$

Der Zylinderdurchmesser ist somit für die Hubbewegung infolge der Abkühlung — soweit es sich nicht um Plungerkolben handelt — bedeutungslos. Bei Plungern wäre

$$\Delta s_1 = \beta_{t\,\text{Öl}} \Delta \vartheta s \frac{F}{f},$$

wenn F den Querschnitt des Zylinders und f den Querschnitt des Plungerkolbens bedeuten. Der Einfluß des im schädlichen Raum enthaltenen Öls kann meist vernachlässigt werden. Das in den Rohrleitungen befindliche Ölvolumen soll dagegen durch einen entsprechenden Rechnungsgang berücksichtigt werden, soweit die Rohrleitungen nicht ganz kurz sind.

Beispiel: Hub $s = 1000$ mm, Abkühlung $50°$ C, $\beta_t = 0{,}08\%$ für $1°$ C, Kolbendurchmesser 50 mm.

$$\Delta v_{\text{Öl}} = \beta_{t\,\text{Öl}} \Delta\vartheta V = 0{,}0008 \; 50 \cdot 1970 = 79 \text{ cm}^3,$$

$$\Delta s_1 = \vartheta_{t\,\text{Öl}} \Delta\vartheta s = 0{,}0008 \; 50 \cdot 1000 = 40 \text{ mm}!$$

2. Infolge der Ausdehnung des Zylindermantels wird die Kolbenbewegung um Δs_2 mm kleiner sein.

$$\Delta s_2 = 3\,\alpha_t\,\Delta\vartheta s.$$

Für den Zylinder mit den oben angegebenen Abmessungen wird

$$\Delta s_2 = \frac{3{,}6}{100\,000} \cdot 50 \cdot 1000 = 1{,}8 \text{ mm} \quad \text{und} \quad \Delta s = \Delta s_1 - \Delta s_2 = 38 \text{ mm}.$$

Die bei der Abkühlung tatsächlich eintretende Kolbenbewegung wird somit allgemein

$$\Delta s = \Delta s_1 - \Delta s_2.$$

Falls sich sowohl der Zylinder als auch das Öl um die gleiche Temperatur abkühlen, ist

$$\Delta s = \Delta\vartheta \cdot s \, (\beta_{t\,\text{Öl}} - 3\,\alpha_{t\,\text{Zyl}}).$$

Für obiges Beispiel ergibt sich $\Delta s = 38$ mm für einen Zylinder von 1000 mm Hub und eine Abkühlung von $50°$ C.

4. Das spezifische Gewicht und die Dichte der Hydraulikflüssigkeiten

Das spezifische Gewicht $\gamma \left(\frac{\text{kg}}{\text{m}^3}\right)$ wird für Öl meist für eine Temperatur von $20°$ C angegeben. Es verändert sich infolge der Wärmeausdehnung ebenso wie die spezifische Dichte $\varrho = \dfrac{\gamma}{g}$ mit der Temperatur (Abb. 33).

Die Größe des spezifischen Gewichtes für Hydrauliköle schwankt etwa zwischen 0,85 und 0,95.

Bei aromatischen und naphthenischen, kohlenstoffreichen und wasserstoffarmen Ölen liegt das spezifische Gewicht etwa zwischen 0,91 und 0,95, bei den Ölen auf Paraffinbasis zwischen 0,86 und 0,91.

Nicht brennbare Hydraulikflüssigkeiten auf Wasserbasis (Hydrolube usw., vgl. Abschn. VI, S. 283) sind jedoch wesentlich schwerer. Sie haben ein spezifisches Gewicht von $\gamma = 1$ bis 1,05.

5. Einfluß der Zusammendrückbarkeit der Flüssigkeiten auf das Verhalten hydraulischer Anlagen

Ein Flüssigkeitsvolumen V_1 wird unter dem Einfluß einer Drucksteigerung von p_1 auf p_2 auf das Volumen V_2 zusammengedrückt. Es ist

$$V_2 = V_1 \left[1 + \beta_p (p_2 - p_1)\right] \quad \text{oder} \quad V_2 - V_1 = \Delta V = \beta_p (p_2 - p_1) \, V_1. \tag{59}$$

Der Kompressibilitätsfaktor $\beta_p \left[\dfrac{\text{cm}^2}{\text{kg}}\right]$ ist stark von der Temperatur abhängig.

Nach Angaben von Shell ist $\beta_p = \beta_0 (1 + a\,\vartheta + b\,\vartheta^2)$ mit $\beta_0 = 0{,}00006$, $a = 6 \cdot 10^{-3}$, $b = 2 \cdot 10^{-5}$.

Die Kompressibilität ist auch druckabhängig, doch kann die Veränderung von β_p mit dem Druck in den praktisch meist verwendeten Druckgrenzen zwischen 0 und 300 atü vernachlässigt werden. Bei lufthaltigen Ölen gilt diese Voraussetzung allerdings nicht mehr.

W. WANNER gibt als Kompressibilitätsfaktor für Hydrauliköle für Temperaturen zwischen 50 und 80° C $7 \cdot 10^{-5}$ cm²/kg an.

Aus der Abhängigkeit der Öldichte vom Druck, die auch aus Abb. 33 entnommen werden kann, ergibt sich der Kompressibilitätsfaktor β_p ebenfalls aus der Neigung der Kurven, die die Abhängigkeit der Dichte vom Druck angeben, aus

$$\frac{\Delta \varrho}{\varrho} \frac{1}{\Delta p} = \beta_p.$$

Die Kolbenbewegung unter dem Einfluß einer Drucksteigerung von p_1 auf p_2 ist

$$\Delta s = \beta_p (p_2 - p_1)\, s.$$

Für Plungerkolben ist die wirksame Kolbenfläche f wieder kleiner als die Querschnittsfläche des Zylinders F und es gilt:

$$\Delta s = \frac{\Delta v}{f} = \beta_p (p_2 - p_1) \frac{F}{f}\, s. \tag{60}$$

Beispiel: Zylinder 1000 mm Hub, $p_2 - p_1 = 100$ at, $\Delta s = 0{,}000062 \cdot 100 \cdot 1000 = 6{,}2$ mm.

6. Bedeutung der Elastizität von Zylindern und Rohrleitungen für die Kolbenbewegung

Sowohl in den Zylindern als auch in den Rohrleitungen ist die Tangentialspannung

$$\sigma_t = \frac{p\, D}{2\, b}\ \text{kg/cm}^2. \tag{61}$$

Darin bedeuten:

D den Zylinderdurchmesser bzw. Rohrdurchmesser, b die Wandstärke des Zylinders bzw. Rohres, p den Öldruck.

Die Axialspannung in der Längsrichtung ist ungefähr $\sigma_a = \dfrac{\sigma_t}{2} = \dfrac{p\, D}{4\, b}$, die Dehnung der Zylinderwandung in radialer Richtung ist:

$$\Delta D = \frac{D}{E} [\sigma_t - 0{,}3\, \sigma_a] = \frac{D}{E} \sigma_t \left[1 - \frac{0{,}3}{2}\right] = \frac{D}{E} \sigma_t \cdot 0{,}85.$$

Die Dehnung der Zylinderwandung in axialer Richtung ist:

$$\Delta s_1 = \frac{s}{E} [\sigma_a - 0{,}3\, \sigma_t] = \frac{s}{E} \sigma_t [0{,}5 - 0{,}3] = \frac{s}{E} \sigma_t\, 0{,}2.$$

Das Volumen des Zylinders wird somit vergrößert um

$$\Delta V_z = \frac{\pi}{4} (D + \Delta D)^2 (s + \Delta s_1) - \frac{D^2\, \pi}{4}\, s$$

oder näherungsweise:

$$\Delta V_z = \frac{D^2\, \pi}{4} \left[\Delta s + \frac{2\, \Delta D}{D}\, s\right]. \tag{62}$$

Beispiel: Doppeltwirkender Stahlzylinder $D = 50$ mm, $F \doteq f \doteq 20$ cm², Kolbenhub 1000 mm, Wandstärke $b = 4$ mm.

Steigerung der Kolbenkraft von 2000 auf 4000 kg und damit Steigerung des Öldruckes von 100 auf 200 atü, $\Delta p = 100$ at. Die Zunahme der Spannung in den Wandungen beträgt $\Delta \sigma_t$. Die Beanspruchung des Zylinders erfolge so, daß keine Axialspannungen auftreten, wie dies etwa bei einem Zylinder mit Flansch am Zylinderboden der Fall wäre, wenn die Kolbenstange auf Druck beansprucht wird. Es ist dann

$$\Delta \sigma_t = \frac{\Delta p\, D}{2\, b} = \frac{100 \cdot 5}{2 \cdot 0,4} = 625 \text{ kg/cm}^2,$$

$$\Delta D = \frac{D}{E} \Delta \sigma_t = \frac{5 \cdot 625}{2 \cdot 10^6} = 0,0156 \text{ mm}.$$

Die Vergrößerung des Zylindervolumens ist

$$\Delta V_z = D\, \pi\, \frac{\Delta D}{2}\, s = \pi\, \frac{5}{2}\, \frac{1560}{10^6}\, 100 = \frac{1,58 \cdot 1,56}{2} = 1,23 \text{ cm}^3.$$

Die Kolbenbewegung infolge dieser Dehnung ist

$$\Delta s_1 = \frac{1,23}{20} = 0,0615 \text{ cm oder } 0,615 \text{ mm}.$$

Die Kolbenbewegung infolge der Kompression des Öls in dem gleichen Zylinder wäre

$$\Delta s_2 = \beta_p\, s\, \Delta p = 62 \cdot 10^{-6} \cdot 100\ 100 = 0,62 \text{ cm oder } 6,2 \text{ mm}.$$

Die gesamte Kolbenbewegung infolge der Kompression des Öls und infolge der Dehnung der Zylinderwand ist

$$\Delta s = \Delta s_1 + \Delta s_2 = 0,615 + 6,2 = 6,815 \text{ mm}.$$

Die durch einen Druckanstieg ausgelöste Kolbenbewegung unter gleichzeitiger Berücksichtigung der Kompressibilität des Öls und der Dehnung des Zylinders kann allgemein wie folgt berechnet werden:

1. Die Kolbenbewegung infolge der Kompression des Öls ist

$$\Delta s_1 = \beta_p\, \Delta p \cdot s, \qquad [\beta] = \left[\frac{\text{m}}{\text{m}}\, \frac{\text{cm}^2}{\text{kg}}\right].$$

2. Die Vergrößerung des Zylindervolumens infolge der Dehnung der Zylinderwand ist mit $\Delta \sigma_1 = \dfrac{\Delta p\, D}{2\, b}$; $\Delta D = \dfrac{D}{E} \Delta \sigma_t = \dfrac{\Delta p}{2\, b}\, \dfrac{D^2}{E}$; $\Delta s = \dfrac{s}{E}\, \Delta \sigma_a = \dfrac{s}{E}\, \dfrac{\Delta p\, D}{4\, b}$;

$$\Delta V_z = \frac{D^2\, \pi}{4}\left(\Delta s + \frac{2\, \Delta D}{D}\, s\right) = \frac{D^2\, \pi}{4}\left(\frac{s}{E}\, \frac{\Delta p\, D}{4\, b} + \frac{2\, \Delta p\, D^2\, s}{2\, D\, b\, E}\right) =$$

$$= \frac{D^2\, \pi \cdot s}{4\, E\, b}\, D \cdot \Delta p \left(\frac{1}{4} + 1\right) = \frac{D^2\, \pi}{4}\, s \cdot \frac{2,5}{2}\, \frac{\Delta p\, D}{E\, b},$$

$$\Delta V_z \sim \frac{D^2\, \pi}{4} \cdot s \cdot \frac{\Delta p\, D}{E\, b}.$$

Die Kolbenbewegung infolge dieser Vergrößerung des Zylindervolumens ist

$$\Delta s_2 = \frac{\Delta V_z}{F} = s \cdot \Delta p \cdot \frac{D}{E\, b}.$$

Die Kolbenbewegung, die infolge einer Drucksteigerung unter gleichzeitiger Berücksichtigung der Kompression des Öls und der Dehnung des Zylinders zustande kommt, ergibt sich somit etwa zu

$$\Delta s = \Delta s_1 + \Delta s_2 = \Delta p \cdot s \cdot \left[\beta_p + \frac{D}{E\, b}\right]. \tag{63}$$

Bei einer Vergrößerung der Kolbenkraft P und der damit verbundenen Steigerung des Flüssigkeitsdruckes p im Zylinder wird somit sowohl die Flüssigkeit im Zylinder zusammengedrückt als auch gleichzeitig die Zylinderwand infolge der Spannungszunahme im Zylindermantel ausgedehnt. Umgekehrt dehnt sich das Flüssigkeitsvolumen aus und die Zylinderwand zieht sich zusammen, wenn .der Kolben entlastet wird. Die gleichen Überlegungen bezüglich der Zusammendrückbarkeit der Flüssigkeit und der Dehnung der Rohrwandungen gelten auch für alle Rohrleitungen zwischen Zylinder und Steuerschieber.

Bei Steigerung bzw. Verringerung der Kolbenkraft führt somit der Kolben auch dann eine gewisse Bewegung aus, wenn der Mehrwegeschieber zur Steuerung des Zylinders absolut dicht schließt. Diese Bewegung infolge der Elastizität von Flüssigkeit und Rohrwandungen muß insbesondere in den beiden folgenden Fällen genau untersucht werden:

1. Wenn der Kolben auch bei Veränderung der angreifenden Kräfte möglichst genau in einer bestimmten Lage festgehalten werden muß. Dies ist insbesondere in allen jenen Fällen, in denen außer dem Steuerschieber zur Verriegelung des Zylinders in der Mittellage des Schiebers auch noch gesteuerte Rückschlagventile verwendet werden.

2. Wenn der Kolben durch einen Mengenregler für sehr kleine Geschwindigkeiten vorgeschoben wird. Die Kolbenbewegung infolge der Elastizität von Öl und Zylinderwandung liegt dann in der gleichen Größenordnung wie die Vorschubgeschwindigkeit durch den Mengenregler. Der Kolben kann in einem solchen Falle dann während der Vorwärtsbewegung bei zunehmendem Widerstand vorübergehend stehen bleiben oder sogar eine kurze Bewegung in der der Bewegungsrichtung entgegengesetzten Richtung ausführen, trotzdem der Mengenregler bei starrer Zylinderwand und inkompressibler Flüssigkeit den gestellten Bedingungen in bezug auf die Einhaltung einer unveränderlichen Vorschubgeschwindigkeit vollauf genügen würde.

In den vorhergehenden Abschnitten wurden Richtlinien für die Berechnung der Größenordnung der Kolbenbewegung infolge der elastischen Eigenschaften der Zylinderwände und eines absolut luftfreien Öls angegeben. Sind im Öl in Form von Luftblasen oder gar in Form von eingeschlossenen Luftsäcken kleine oder größere Luftmengen enthalten, so können diese unerwünschten Kolbenbewegungen infolge der Kompressibilität des Öls noch wesentlich größere Werte annehmen.

Die Absorption von Luft soll aber auch aus anderen Gründen vermieden werden: Die im Öl in Form kleinster Bläschen enthaltene Luft erwärmt sich während einer Drucksteigerung zunächst adiabatisch, und zwar z. B. bei einer Drucksteigerung um 10 atü um 250° C, bei 20 at um 360° C, bei 30 at um 440° C und bei 60 at sogar um 600° C usw. Diese örtliche Überhitzung des Öls weit über die zulässigen Grenzen der Öltemperatur hinaus führt zu einer raschen Alterung. Außerdem begünstigen die Lufteinflüsse die Schaumbildung. Die wesentlich größere Zusammendrückbarkeit des Öls mit Lufteinschlüssen begünstigt die Ausbildung von Schwingungen und damit auch die Geräuschbildung.

IV. Die Elemente hydraulischer Antriebe

1. Schaltsymbole

Das Grundprinzip der hydraulischen Antriebe wird heute allgemein durch Schaltpläne dargestellt, in denen für bestimmte Normbauteile festgelegte Schaltsymbole Verwendung finden, ähnlich wie dies in der Elektrotechnik schon seit langer Zeit üblich ist. In U. S. A. sind die Symbole, durch die die einzelnen hydraulischen Normbauteile darzustellen sind, in der JIC- (Joint-Industry-Conference-) Norm genau festgelegt.

In Deutschland werden zum Teil die gleichen Symbole, zum Teil die vom VDMA (Verband der Deutschen Maschinenbauanstalten) festgelegten Symbole, die auch in anderen Ländern verwendet werden, angewendet. Man hat in diesen VDMA-Symbolen die in der JIC-Norm durch Buchstaben bezeichneten Eigenschaften der Geräte durch Zeichensymbole ersetzt. Durch die Beseitigung dieses Zusammenhanges mit einer bestimmten Sprache sollten die Schaltsymbole für eine später auf internationaler Ebene festzulegende Form gebracht werden. An Stelle der amerikanischen Bezeichnung „man" für die Handbetätigung von Schiebern wird also z. B. ein Hebel mit Handgriff gezeichnet, an Stelle der Bezeichnung für hydraulisch betätigte Geräte, die in der JIC-Norm mit „hyd" bezeichnet werden, wird ein kleines „T" in das Feld eingezeichnet, das die Art der Betätigung durch hydraulische Fernsteuerung angibt. Die vorgesteuerten Mehrwegeschieber mit elektro-hydraulischer Betätigung werden nicht mit „el-hyd" gekennzeichnet, sondern durch eine Zickzacklinie als Symbol der elektro-magnetischen Betätigung und ein T zur Kennzeichnung der hydraulischen Betätigung (s. S. 192).

Alle diese symbolischen Darstellungen, die bisher verwendet wurden, ermöglichen aber immer nur eine symbolische Darstellung bestimmter Normbauteile, die von den verschiedenen Erzeugerfirmen immer in irgendeiner Weise in verschiedener Ausführung hergestellt werden. Es kann z. B. durch das Symbol Abb. 211h nicht dargestellt werden, ob die Vorsteuerung eines elektro-hydraulischen 4/3-Ventils durch zwei 3/2-Ventile (Abb. 211g) oder durch ein 4/3-Ventil erfolgt (Abb. 211a); es geht auch aus dem Symbol für eine regelbare Pumpe nicht hervor, ob zur Regelung ein Leistungsregler, ein Leistungsbegrenzer, ein Regler mit oder ohne Druckabschneider verwendet wird usw.

Wohl hat man versucht, z. B. die Art der Pumpenbauart, also Zahnradpumpe, Kolbenpumpe, Zellenpumpe, Axialkolbenpumpe usw., durch besondere Pfeile, die in dem für die Darstellung der Pumpe verwendeten Kreis vorzusehen sind, zu kennzeichnen. Gerade dies erscheint aber für einen allgemeinen Schaltplan, in dem die Pumpentype dann doch getrennt in irgendeiner Form angegeben wird, gar nicht so zweckmäßig, wohl dagegen sollten die für die Funktion des Antriebes kennzeichnenden Eigenschaften in irgendeiner Form aus dem Symbol erkennbar sein.

Um zwei Konkurrenzofferte vergleichen zu können, ist es oft belanglos, ob die eine Anlage mit Zahnradpumpen und die andere mit Kolbenpumpen, die eine mit Axialkolbenpumpen und die andere mit Radialkolbenpumpen oder mit Kolbenpumpen mit Ventilsteuerung arbeitet. Dagegen ist es sehr wesentlich, ob durch die Regelung der Pumpe jede beliebige Stromstärke eingeregelt werden kann oder nur die durch einen Leistungsregler auf konstante Antriebsleistung eingeregelte Stromstärke.

Weil alle Schaltsymbole, die bisher in größerem Umfang Verwendung fanden, gewisse Vorteile sowohl gegenüber den JIC-Symbolen als auch gegenüber den vom VDMA festgelegten Symbolen haben, sollen in den folgenden Beschreibungen der Normbauteile sowie in allen Schaltplänen, die zur Beschreibung der Antriebe in den späteren Abschnitten verwendet werden, absichtlich nicht nur einheitlich bestimmte Symbole, sondern abwechselnd alle — einander ja im großen und ganzen sehr ähnlichen — Symbole verwendet werden, die vor allem in den deutschsprachigen Gebieten und auch im übrigen Europa heute am häufigsten angewendet werden.

2. Druckölpumpen

Die verschiedensten Pumpenbauarten, wie Zahnradpumpen, Zellenpumpen und Kolbenpumpen, werden heute genauso wie die Steuerventile und Druckventile als Normbauteile in großen Serien hergestellt.

Abb. 34 zeigt eine Übersicht über die Verbreitung der wichtigsten Pumpenbauarten in U. S. A., aus der hervorgeht, daß im Flugzeugbau vornehmlich Kolbenpumpen, in Straßen- und Schienenfahrzeugen sowie in ortbeweglichen Baumaschinen und landwirtschaftlichen Maschinen vornehmlich Zahnradpumpen sowie Flügelpumpen verwendet werden, während in der Industrie alle Pumpenbauarten in etwa gleichem Umfange verwendet werden.

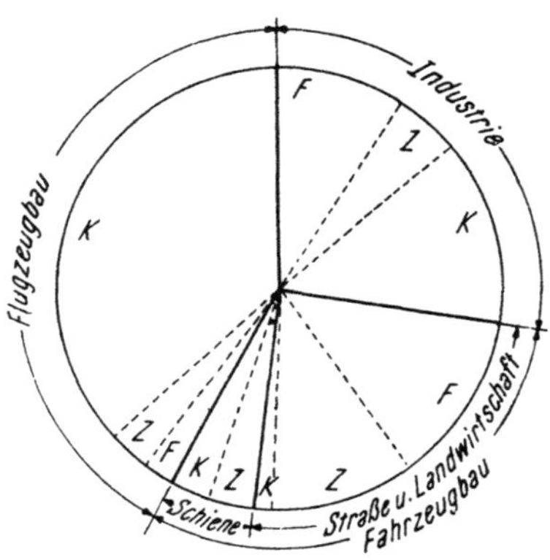

Abb. 34. Übersicht über Verwendungsgebiete verschiedener Pumpenbauarten im Flugzeugbau, Fahrzeugbau und in der Industrie in U. S. A. Pumpenart: *F* Flügel-, *Z* Zahnrad-, *K* Kolbenpumpen

Sowohl Zahnradpumpen wie Zellen- als auch Kolbenpumpen werden in den verschiedensten Ausführungsformen und -größen sowie für die verschiedensten Druckbereiche gebaut. Alle Bauarten der Zahnradpumpen, wie Pumpen mit geraden oder schrägen Zähnen, Schraubenradpumpen, Pumpen mit zwei, drei oder mehreren ineinandergreifenden Zahnrädern, die manchmal auch mehrere voneinander getrennte Förderströme liefern, einfache Pumpen ohne Druckausgleich für niedrige Drücke bis 20 atü sowie vollentlastete Hochdruckzahnradpumpen für Drücke bis zu 200 atü, werden jedoch nur als Pumpen mit unveränderlicher Fördermenge gebaut.

Die meisten Zellenpumpen und Kolbenpumpen dagegen werden sowohl als Pumpen mit konstantem Förderstrom als auch als regelbare Pumpen mit veränderlichem Förderstrom erzeugt. Bei den Pumpen mit veränderlichem Förderstrom unterscheidet man wieder solche, die durch Verstellung einer Exzentrizität des Gehäuses oder durch Schwenken einer Taumelscheibe oder eines Pumpengehäuses von Hand aus durch mechanische oder elektrische Hilfsmittel auf jeden beliebigen Förderstrom eingestellt werden können, und solche, die automatisch durch einen Regler auf eine bestimmte Fördermenge gestellt werden. Abb. 35 zeigt z. B. das System eines Leistungsreglers, bei dem mit zunehmendem Öldruck hinter der Pumpe der Förderstrom der Pumpe bei konstanter Drehzahl durch Verstellung der Exzentrizität des Rotors derart verkleinert wird, daß die Antriebsleistung konstant bleibt.

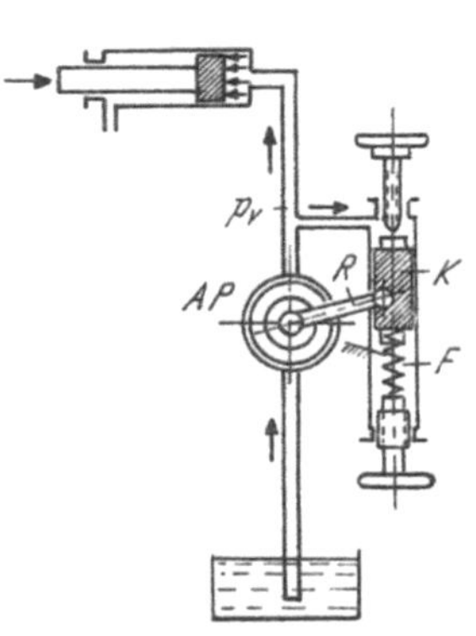

Abb. 35. Leistungsregelung einer Regelpumpe (aus Dürr-Wachter)

Viele Kolbenpumpen werden in ganz ähnlicher Ausführungsform sowohl als Pumpen mit unveränderlicher Fördermenge als auch als regelbare Pumpen gebaut. Je nach Bedarf kann dabei wieder die Regelpumpe einmal mit Handsteuerung ausgerüstet werden und ein anderes Mal mit verschiedenen Reglertypen, die eine Regelung nach bestimmten vorgeschriebenen Gesetzmäßigkeiten automatisch vornehmen.

Die regelbaren Pumpen werden sowohl zur Drucköversorgung hydraulischer Systeme, in denen nur Arbeitskolben betätigt werden, verwendet als auch mit Ölmotoren zu Flüssigkeitsgetrieben zusammengebaut.

Um einen einigermaßen vollständigen Überblick über die vielen in der Ölhydraulik verwendeten Pumpentypen geben zu können, sollen zunächst die Pumpen mit unveränderlicher Fördermenge und dann erst die Pumpen mit veränderlicher Fördermenge besprochen werden. Anschließend werden die Flüssigkeitsgetriebe behandelt, die meist aus einer Pumpe und einem der Konstruktion der Pumpe ähnlichen Ölmotor bestehen.

a) Zahnradpumpen

Mit den Bezeichnungen nach Abb. 37 und den Beziehungen

$$h = 2\,m,$$

wobei m den Modul der Verzahnung und h die Zahnhöhe bedeuten,

$$m = \frac{t}{\pi}, \qquad D\,\pi = m\,\pi\,z = t\,z \quad \text{und} \quad D = m\,z$$

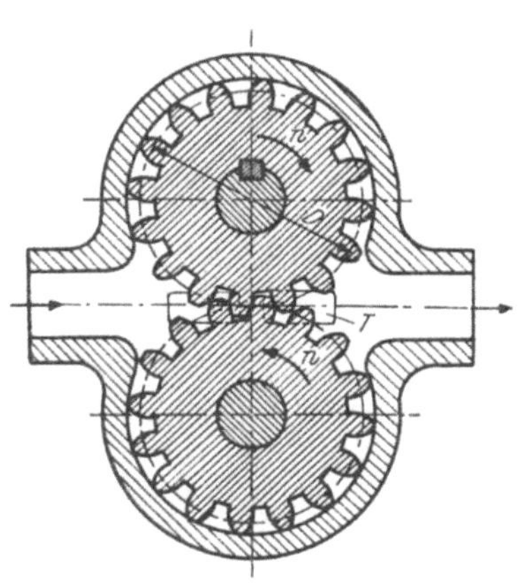

Abb. 36. Zahnradpumpe. T Tasche für Quetschölabfluß (aus „Technische Rundschau")

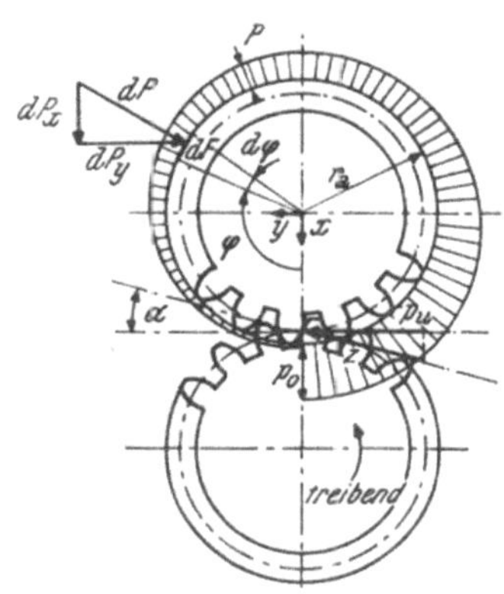

Abb. 37. Zur Berechnung der resultierenden Druckkraft auf das Lager bei einer Verteilung des Öldruckes am Umfang des Zahnrades nach einer logarithmischen Spirale (aus „Technische Rundschau")

ergibt sich die theoretische Fördermenge einer Zahnradpumpe mit zwei ineinandergreifenden Zähnen nach Abb. 36 zu:

$$Q = z \cdot n \cdot b \cdot t \cdot h \ \text{cm}^3/\text{Min.},$$

wenn alle Maße in cm und die Drehzahl n in U/Min. eingesetzt werden. Oder:

$$Q = D\,\pi\,n\,b \cdot h = D\,\pi\,n\,b\,2\,m \ \text{cm}^3/\text{Min.}$$

bzw.

$$Q = \frac{2\,D\,\pi\,n\,b\,m}{1000} \ \text{l/Min.} \tag{64}$$

Der von der Pumpe tatsächlich gelieferte Förderstrom ist infolge der Leckölverluste und Quetschölverluste etwas kleiner als die theoretische Fördermenge und nimmt mit zunehmendem Druckgefälle zwischen dem Druck vor und hinter der Pumpe auf alle Fälle ab. Die Größenordnung dieser Leckölverluste und damit auch der Liefergrad und der Wirkungsgrad der Pumpe hängen ganz von

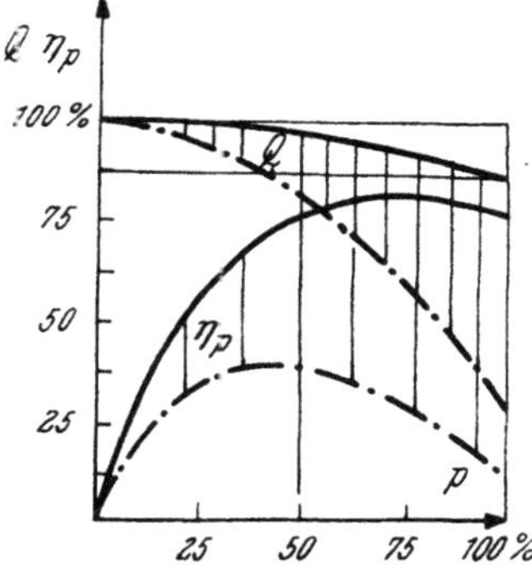

Abb. 38. Veränderung von Lieferstrom Q und Wirkungsgrad η_p von Zahnradpumpen mit zunehmendem Förderdruck p; ——— gute Pumpen, ––––– billige Pumpen

der Pumpenbauart ab (Abb. 38). Bei einfachen und billigen Zahnradpumpen, wie sie beispielsweise zur Schmierölförderung verwendet werden, sinkt der Förderstrom von seinem Maximalwert bei druckloser Umwälzung auf weniger als ein Drittel der maximalen Fördermenge ab, wenn der Druck von 0 auf seinen Maximalwert, der etwa zwischen 15 und 30 atü liegen kann, ansteigt. Bei entlasteten Zahnradpumpen, wie sie für den Flugzeugbau entwickelt und heute auch für hydraulische Antriebe in Pressen und Fahrzeugen in landwirtschaftlichen Maschinen und für den gesamten industriellen Bedarf verwendet werden, kann eine weitgehende Unabhängigkeit des Lieferstromes vom Gegendruck erreicht werden. Bei den besten Pumpen dieser Bauart nimmt die Liefermenge bei Zunahme des Gegendruckes von 0 auf seinen Maximalwert, der zwischen 100 und 200 atü liegen kann, nur um 5% ab. Die Abhängigkeit der Veränderung des Lieferstromes von dem Druck hinter der Pumpe wird auch weitgehend durch die Zahnbreite einer Pumpe bestimmt. Je breiter die Zähne sind, desto geringer wird diese Abhängigkeit sein, weil die Leckö lverluste an den Stirnseiten der Zähne auf alle Fälle in ihrem Absolutwert gleich groß sind, unabhängig davon, ob durch die Pumpe mit breiten Zähnen eine große Menge oder durch die Pumpe mit schmalen Zähnen eine kleine Menge von Öl fließt (Abb. 39).

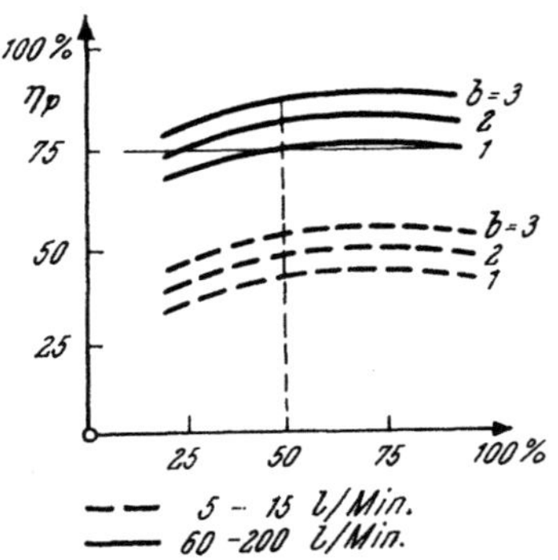

Abb. 39. Einfluß der Drehzahl n und der Zahnbreite b auf den Wirkungsgrad von Zahnradpumpen

Auf die Abhängigkeit der Fördermenge vom Gegendruck ist insbesondere bei allen Steuerungen zu achten, bei denen eine bestimmte Bewegungsgeschwindigkeit des Arbeitskolbens eingehalten werden muß, wie z. B. bei Gleichlaufsteuerungen, bei denen der Gleichlauf durch die Drucköl versorgung jedes Arbeitszylinders mit einer eigenen Pumpe erreicht werden soll. Bei einer solchen Gleichlaufsteuerung kann somit mit den besten Zahnradpumpen bestenfalls ein Gleichlauf erreicht werden, bei dem der belastete Zylinder um 5% gegenüber dem unbelasteten Zylinder zurückbleibt. Berücksichtigt man noch, daß auch bei Verwendung von zwei ganz gleichen Pumpentypen oft eine Pumpe einen etwas geringeren Förderstrom liefert als die andere, so wird die erreichbare Genauigkeit sogar noch geringer.

Auf alle Fälle darf somit für Antriebe, bei denen auf Einhaltung einer bestimmten, vom Gegendruck unabhängigen Bewegungsgeschwindigkeit des Kolbens ohne Zwischenschaltung eines Mengenreglers Wert gelegt wird, nur eine gute entlastete Zahnradpumpe verwendet werden.

Die Antriebsleistung N einer Zahnradpumpe kann aus der Beziehung

$$N = \frac{Q \cdot p \cdot 10}{60 \cdot 75 \cdot \eta} = \frac{Q\,p}{450\,\eta}\ [\text{PS}] \tag{65}$$

berechnet werden, wenn p den Druckunterschied zwischen dem Druck vor und hinter der Pumpe in atü, Q den Lieferstrom in l/Min. und η den Wirkungsgrad der Pumpe bedeuten.

Für den Wirkungsgrad der Pumpe gelten die gleichen Überlegungen wie für den Liefergrad. Hochwertige vollentlastete Zahnradpumpen erreichen im günstigsten Betriebsbereich Wirkungsgrade von mehr als 90%. Billige Pumpen ohne Entlastung, die mit entsprechend einfachen Fertigungsmethoden hergestellt werden, erreichen im neuwertigen Zustand oft nur Wirkungsgrade von 40%. Der Leistungsbedarf sowie die Ölerwärmung sind dann natürlich dementsprechend höher und es können solche Pumpen nur für untergeordnete Aufgaben, wie z. B. als Schmierölpumpen, Filterkreislaufpumpen, Steuerölpumpen usw., eingesetzt werden, bei denen dann auch meist nur niedrige Öldrücke verlangt werden.

Aus den obigen Überlegungen über die Verschiedenartigkeit der einzelnen Bauarten von Zahnradpumpen ergibt sich auch, daß die günstigste Drehzahl in bezug auf den Liefergrad und den Wirkungsgrad sowie in bezug auf die Geräuschentwicklung je nach der Pumpenbauart und je nach den Betriebsdrücken, für die eine Pumpe verwendet wird, einmal bei 500 und ein anderes Mal bei 3500 U/Min. liegen kann.

Im allgemeinen nimmt die Geräuschentwicklung mit der Drehzahl zu. Man wird also bei Anlagen, in denen auf geräuscharmen Lauf Wert gelegt wird, meist etwas niedrigere Drehzahlen der Pumpe wählen, auch wenn diese für höhere Drehzahlen verwendet werden können. Ebenso sollen entlastete Zahnradpumpen nicht gleichzeitig in bezug auf den Betriebsdruck als auch in bezug auf die zulässige Drehzahl mit Spitzenbeanspruchungen in Dauerbetrieb eingesetzt werden. Pumpen, die ständig gegen hohen Druck arbeiten, sollten nur mit geringeren Drehzahlen betrieben werden und umgekehrt. Pumpen, die immer mit maximalen Drehzahlen laufen, sollten nicht mit dem maximal zulässigen Gegendruck belastet werden, wenn gleichzeitig eine entsprechend hohe Lebensdauer verlangt wird. Die Frequenz der durch die einzelnen Zähne erzeugten Stromimpulse nimmt mit der Drehzahl der Pumpe zu. Es kann deshalb auch schon bei niedrigeren Drehzahlen bei bestimmten Drehzahlbereichen zu Resonanzerscheinungen zwischen den von der Pumpe erzeugten Schwingungen und der Eigenschwingungszahl einer Ölsäule oder eines Maschinenteiles kommen.

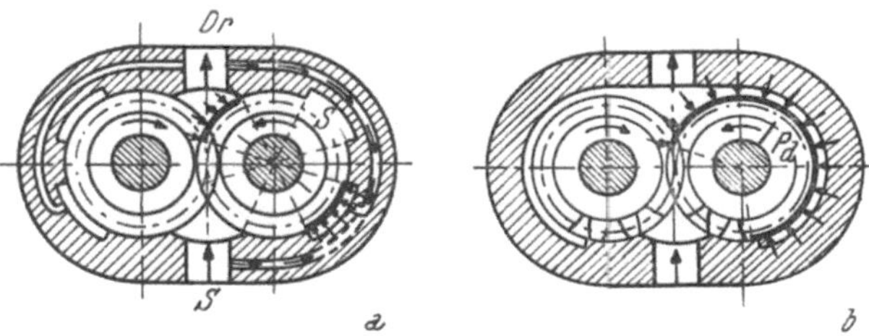

Abb. 40. Entlastung einer Zahnradpumpe a) durch symmetrische Verteilung der Druckkräfte auf den Umfang der Zähne, b) durch möglichst kurze Dichtleisten (aus DÜRR-WACHTER)

Druckentlastung von Zahnradpumpen. Wirkungsgrad und Liefergrad einer Zahnradpumpe werden durch die Größe der Leckölverluste bestimmt. Um diese Verluste auch bei hohen Drücken in ertragbaren Grenzen halten zu können, müssen alle einzelnen Teile sehr genau hergestellt werden. Aber auch bei der größten Genauigkeit in der Herstellung der Teile und bei der Auswahl des besten Rohmaterials treten durch die dauernde Reibung zwischen verschiedenen aneinandergleitenden Teilen Abnützungserscheinungen, insbesondere in den Lagern, an den Zahnköpfen und an den Flanken der Zähne auf, die bei längeren Betriebszeiten dann zu erhöhten Spaltverlusten führen, die ihrerseits wieder eine stärkere Erwärmung des Öls verursachen und damit zu immer schlechteren Wirkungsgraden führen. Die Leckölverluste entstehen in erster Linie:

1. durch das Spiel zwischen Rad und Gehäuse am Umfang des Zahnrades;

2. durch das Spiel zwischen Zahnrad und Gehäuse an den ebenen Stirnflächen des Zahnrades;

3. durch das Spiel zwischen den einzelnen Zähnen an der Eingriffstelle.

Das zwischen dem Kopf des gerade im Eingriff stehenden Zahnes und der Zahnlücke des gegenüberliegenden Zahnes eingeschlossene Quetschöl muß durch geeignete Ausnehmung Gelegenheit zum Austritt aus diesem abgeschlossenen Raum haben (Abb. 36). Andernfalls würden in dem zwischen den beiden Zähnen eingequetschten Öl Drücke entstehen, die wesentlich höher liegen als der Öldruck hinter der Pumpe. Die Lager würden dadurch auch wesentlich höher beansprucht werden als durch den von der Pumpe erzeugten Öldruck.

Um den Einfluß des Öldruckes auf die Vergrößerung des Spiels an den verschiedenen Reibflächen in der Zahnradpumpe in möglichst engen Grenzen zu halten, werden verschiedene Konstruktionen von Pumpen mit Druckentlastung gebaut. Abb. 40a zeigt z. B. eine Anordnung mit radialer Druckentlastung durch symmetrische Anordnung der Ein- und Ausströmkanäle. Diese Anordnung ermöglicht wohl einen vollkommenen Ausgleich der Druckkräfte infolge der Belastung durch den Öldruck. Die durch den Zahndruck entstehenden Druckkräfte auf die Lagerung können aber auch durch diese Anordnung nicht ausgeglichen werden. Infolge dieser unvermeidlichen Belastung durch den Zahndruck werden aber die Lager und Dichtflächen trotz des vollkommenen Ausgleiches der Druckkräfte abgenützt. Es entstehen dadurch ungleiche Spaltbreiten an den verschiedenen Stellen des Umfanges des Zahnes. Dadurch wird das Gleichgewicht der Druckverteilung am Umfang des Zahnes gestört. Es kommt nach dem Auftreten der ersten Abnützungserscheinungen dann doch wieder zu einer ungleichen Belastung des Zahnumfanges und damit auch zum Auftreten von Druckkräften auf die Lagerung, die durch den Öldruck verursacht

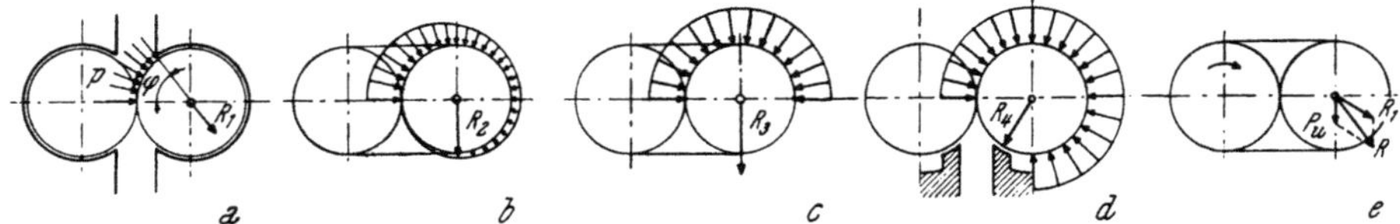

Abb. 41. Lagerbelastung durch den Öldruck allein (a, b, c, d) und durch die Resultierende aus Zahndruck und Öldruck (e)

a) Bei vollkommener Abdichtung zwischen Zahnkopf und Gehäuse, b) bei kleinem Spalt mit gleicher Spaltbreite an allen Stellen des Umfanges, c) bei großem Spalt an der Oberseite und engem Spalt an der Unterseite, d) bei Abdichtung an einem Zahn (nach Abb. 40 b), e) resultierende Kraft aus der Belastung durch den Öldruck und dem Zahndruck

werden. Man hat deshalb auch versucht, von vornherein die Dichtung nur einer kurzen Dichtungsfläche zu übertragen (Abb. 40 b). Infolge der kleinen Angriffsfläche für den Überdruck auf den gesamten Umfang des Rades würden die auf die Lagerung wirkenden Druckkräfte infolge des von der Pumpe erzeugten Überdruckes ebenfalls sehr klein bleiben. Die kurze Dichtungsleiste, die eine Abdichtung entweder nur an der Stirnfläche eines oder bestenfalls an zwei Zähnen ermöglicht, ist aber nicht in der Lage, dem Lecköistrom von der Druck- zur Saugseite einen entsprechenden Widerstand zu leisten, und es kommt deshalb auch bei dieser Pumpenbauart zu hohen Leckölverlusten, die relativ schlechte Wirkungsgrade bedingen. Bei einer neuen Zahnradpumpe ohne Druckentlastung mit vollkommener Abdichtung zwischen Zahnkopf und Gehäuse ergäbe sich nach Abb. 41a eine Lagerbelastung

$$R_1 = p_0 \cdot r \cdot b \, \varphi_0.$$

Mit zunehmender Abnützung oder bei Pumpen mit etwas größerem Spalt kann angenommen werden, daß sich der Druck am Umfang des Rades etwa nach einer logarithmischen Spirale verteilt. Es ergibt sich dann eine Lagerbelastung R_2, die etwa nach folgenden Richtlinien berechnet werden kann (Abb. 41 b):

$$R_2 = \int_0^{360} p_\varphi \, r \, d\varphi \, b.$$

Die Auswertung des Integrals gibt für eine Druckverteilung nach einer logarithmischen Spirale

$$R_2 = \frac{p_0 \cdot d \cdot b}{2}.$$

lpumpen

Bei noch stärkerer Abnützung wird der Spalt an der oberen Seite des Zahnes wesentlich größer, während an der unteren Seite durch die ständige Reibung ein ganz enger Spalt entsteht. Es wird dann die Lagerbeanspruchung (Abb. 41c)

$$R_3 = p_0 \cdot d \cdot b.$$

In Anbetracht dieser an und für sich unvermeidlich eintretenden Abnützungserscheinung hat man auch versucht, die Dichtung bereits bei der neuen Pumpe einem schmalen Steg am Umfang des Gehäuses zu übertragen (Abb. 40b) und dadurch einen gewissen Druckausgleich zu erreichen. Die Lagerbeanspruchung R_4 ist dann etwas kleiner als $p_0 \cdot d \cdot b$ und ist gegen die Mittellinie der Pumpe zu gerichtet (Abb. 41d).

Außer der Beanspruchung R der Lager durch den Öldruck erfolgt aber auch eine Beanspruchung durch den Zahndruck Z, da ja nur ein Zahnrad von außen angetrieben und das andere durch die zwischen den beiden Zahnflanken wirkende Kraft mitgenommen wird. Dieser Zahndruck ergibt sich aus der Umfangkraft

$$P_U = \frac{72\,000 \cdot N}{r \cdot n}\ \mathrm{kg},$$

der auf die Zahnflanke wirkende Zahndruck ist

$$Z = \frac{P_u}{\cos \alpha},$$

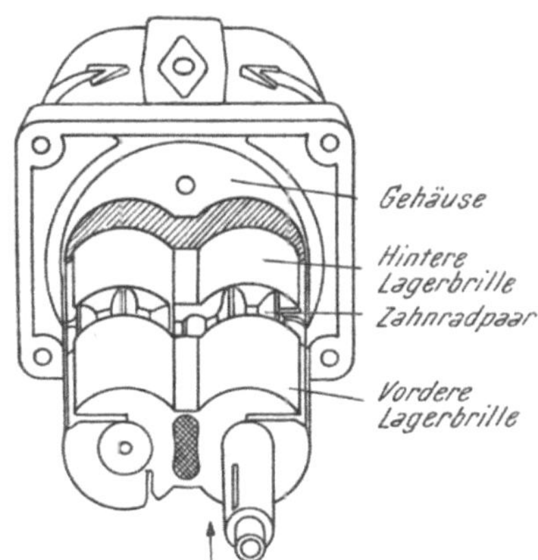

Abb. 42. Zahnradpumpe mit axialer und radialer Druckentlastung

wenn α den Eingriffswinkel bedeutet.

Die auf die Lager wirkende Kraft ergibt sich dann als Resultierende aus der Belastung durch den Öldruck und dem Zahndruck (Abb. 41e).

Beispiel:

Förderstrom der Pumpe 10 l/Min., Modul des Zahnes $m = 2$, $d = 4$ cm, $b = 3$ cm, $n = 1500$ U/Min.

Es ergibt sich eine Antriebsleistung von

$$N = \frac{10 \cdot 100 \cdot 10}{60 \cdot 75 \cdot 0,8} = 2,8\ \mathrm{PS}.$$

Die Umfangskraft P_U wird gleich

$$P_U = \frac{72\,000 \cdot 2,8}{2 \cdot 1500} = 67\ \mathrm{kg}$$

und der Zahndruck Z

$$Z = \frac{67}{\cos 20} = \frac{67}{0,94} = 72.$$

Die Druckbelastung wäre dagegen

$$R = p \cdot d \cdot b = 100 \cdot 4 \cdot 3 = 1200\ \mathrm{kg}.$$

Die Druckbelastung beträgt somit ein Vielfaches der Umfangskraft und es wäre deshalb auf alle Fälle durch eine Entlastung der Lager von dieser Druckbelastung durch den Öldruck eine wesentliche Verringerung der Lagerbeanspruchung zu erwarten; vorausgesetzt, daß diese Entlastung auch bei auftretenden Abnützungserscheinungen nach wie vor wirksam bleibt.

Eine Pumpe, an der eine solche Entlastung sowohl in radialer Richtung als auch in axialer Richtung erreicht wird, zeigt Abb. 42. Durch geeignete Dichtungskörper am Kopf der Lagerbrillen wird erreicht, daß auch bei fortschreitender Abnützung die axialen und radialen Druckkräfte weitgehend ausgeglichen werden. Mit fortschreitender Abnützung werden die Lagerbrillen derart nachgeschoben, daß immer die höchstmögliche Dichtung an den Stirnflächen der Zahnräder erreicht wird. Infolge einer relativ geringen Abnützung der Lager treten aber auch an den Zahnflanken und zwischen Zahnrad und Gehäuse am Umfang des Zahnrades nur kleine Leckverluste auf. Solche vollentlastete Hochdruck-

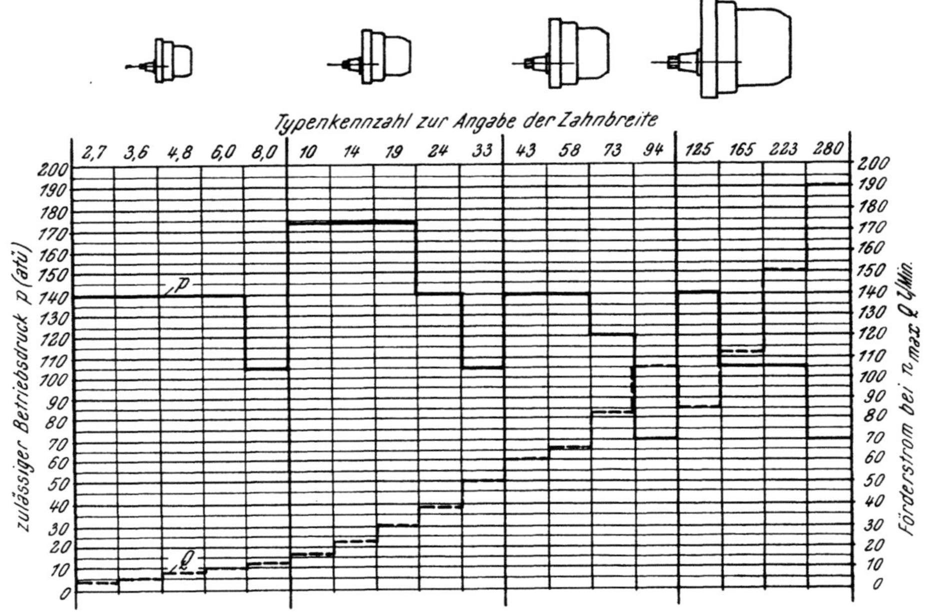

Abb. 43. Übersicht über Normbaugrößen von vollentlasteten Zahnradhochdruckpumpen

zahnradpumpen, die nach dem Pesco-Prinzip arbeiten, werden heute für Drücke bis zu 200 atü und für Liefermengen bis 400 l/Min. gebaut und erreichen Gesamtwirkungsgrade bis zu 96%.

Abb. 43 zeigt eine Zusammenstellung der Normtypen solcher Zahnradpumpen eines bestimmten Fabrikates, die alle in großen Stückzahlen serienmäßig erzeugt werden. Jede der vier Grundtypen dieser Pumpen wird mit verschiedenen Zahnbreiten hergestellt, um mit möglichst hohem Wirkungsgrad und bei möglichst geringer Ölerwärmung die gewünschte Stromstärke zu erreichen. Die maximal zulässigen Drehzahlen der einzelnen Pumpentypen in verschiedenen Größen sind in der Zusammenstellung ebenfalls angegeben. Auf Grund solcher Typenübersichtsblätter, die von allen Erzeugerfirmen, die Pumpen als Normbauteile in verschiedenen Größen und verschiedenen Drücken und Liefermengen bauen, herausgegeben werden, ist es dann relativ leicht, für einen bestimmten Anwendungsfall die zweckmäßigste Pumpe auszuwählen und auch die übrigen Normbauteile eines hydraulischen Antriebes umgekehrt auf die Pumpe abzustimmen.

Diese nach dem Pesco-Prinzip arbeitenden vollentlasteten Hochdruckzahnradpumpen werden sich wahrscheinlich in nächster Zeit noch ein großes Anwendungsgebiet sowohl im Fahrzeugbau als auch im Betrieb für stationäre Anlagen erobern. Es ist bei ihrer Verwendung lediglich darauf zu achten, daß sie teilweise gegenüber exzentrisch angreifenden Kräften an der Antriebswelle sehr empfindlich sind. Besonders die kleinsten Pumpen müssen durch elastische Kupplungen angetrieben werden, um die Übertragung von Querkräften vom Antriebsmotor auf die Pumpe zu vermeiden. Bei größeren Pumpen sind die Einbauvorschriften der Herstellfirma der Pumpen in bezug auf den Angriffswinkel, unter dem die Querkraft bei Zahnradantrieben, Keilriemenantrieben oder Kupplungen auf die Pumpenwelle wirkt, genau zu beachten.

Um die richtige Lage der schwimmenden Lagerbrille jederzeit einhalten zu können, dürfen vollentlastete Zahnradpumpen nach dem Presco-Prinzip auch immer nur in derjenigen Drehrichtung laufen, für die sie gebaut wurden. Bei Betrieb mit der entgegengesetzten Drehrichtung werden die Pumpen innerhalb kürzester Betriebszeit unbrauchbar.

Richtlinien für die Prüfung von Zahnradpumpen. Die einfachste Prüfung einer Pumpe erfolgt durch Messung der Fördermenge bei verschiedenen Betriebsdrücken. Die Abhängigkeit des Förderstromes bei konstanter Drehzahl und veränderlichem Förderdruck ist für neue Pumpen meist bekannt. Um bei einer gebrauchten Pumpe die tatsächlich auftretenden Lecköłverluste zu messen, genügt es meist, wenn die Fördermenge bei einer bestimmten Drehzahl und bei veränderlichen Gegendrücken gemessen wird. Nimmt der Förderstrom einer gebrauchten Pumpe mit zunehmendem Gegendruck wesentlich stärker ab als bei neuen Pumpen, so ist die Überholung der Pumpe erforderlich. Falls die Abnützung der Lager bereits so weit fortgeschritten ist, daß es zum Reiben der Zähne an den Zylinderwandungen gekommen ist, ist die Pumpe durch eine neue Pumpe zu ersetzen.

Bei Pumpen, die ausgesprochene Normbauteile sind, wie sie etwa im Flugzeugbau, Fahrzeugbau oder in landwirtschaftlichen Maschinen verwendet werden, lohnen sich Reparaturen nach einer längeren Betriebszeit meist überhaupt nicht mehr. Zahnradpumpen der hydraulischen Anlagen von Werkzeugmaschinen sowie alle anderen Zahnradpumpen, die in kleineren Serien erzeugt werden und daher auch wesentlich teurer sind, können nach Auftreten der ersten Abnützungserscheinungen an den Stirnflanken der Zähne und an den ebenen Flächen der Gehäuseteile nachgeschliffen werden und sind hierzu zweckmäßig an das Lieferwerk einzusenden. Das Spiel zwischen den ebenen Flächen der Gehäusewandung und des Zahnrades, das beim Zusammenbau durch eine Meßuhr geprüft werden sollte, soll etwa 0,04 bis 0,06 mm betragen.

Die Messung des Lieferstromes erfolgt am einfachsten dadurch, daß an die Abflußleitung des Überdruckventils eine Schlauchleitung angeschlossen wird, die in einen Eimer geführt wird. Die Liefermenge wird mit der Stoppuhr unter gleichzeitiger Kontrolle der Drehzahl gemessen.

b) Schraubenpumpen

In den Schraubenpumpen (Abb. 44) werden zwischen dem Pumpengehäuse, den Zahnflanken des Schraubenrades und dem Kerndurchmesser des Schraubenrades Zellen gebildet. Diese Zellen verschieben sich nur in der Längsrichtung der Schraubenachse. Die Förderung erfolgt deshalb ohne jede Drehbewegung des Fördergutes vollkommen pulsationsfrei und es entsteht auch kein Quetschöl wie bei den Zahnradpumpen. Es greifen meist drei, manchmal aber auch nur zwei oder fünf Rotoren ineinander, die sowohl gegeneinander als auch gegen das Pumpengehäuse gut abdichten. Meist wird nur einer dieser Rotoren angetrieben, während die anderen durch den Flankendruck mitgenommen werden. Es gibt aber auch Bauarten, bei denen alle ineinandergreifenden Rotoren außerdem durch ein Zahnradgetriebe miteinander verbunden sind und somit gleichzeitig angetrieben werden. Die Schraubenpumpen sind in bezug auf die Herstellungsgenauigkeit und Maßhaltigkeit der einzelnen ineinandergreifenden Teile ebenso empfindlich wie die Zahnradpumpen, erreichen aber bei Anwendung der erforderlichen Fertigungsgenauigkeit sehr hohe Wirkungsgrade.

Einige Typen von Schraubenpumpen werden für Drücke bis 350 atü und für Fördermengen von 3000 bis 6000 l/Min. gebaut. Die meisten Typen werden jedoch entweder für Drücke bis 10 oder 15 atü (Niederdruckschraubenpumpen) oder für Drücke von 30 bis 60 atü (Mitteldruckschraubenpumpen) gebaut.

Die Pumpen laufen meist mit Drehzahlen von 1500 oder 3000 U/Min. Es gibt aber auch Schraubenpumpen für Drehzahlen bis 30000 U/Min. Trotz dieser hohen Drehzahlen treten keinerlei Schwingungserscheinungen auf, weil weder Massenkräfte durch schlecht ausgewuchtete Drehteile auftreten, noch die Entstehung von Quetschöl oder Druckimpulse irgendwelcher Art zur Entstehung von Schwingungen Anlaß geben.

Wenn die Pumpen vor der ersten Inbetriebnahme zur Hälfte mit Flüssigkeit gefüllt werden, so sind sie selbst ansaugend. Sie eignen sich besonders für die Förderung von zähen Flüssigkeiten und werden sogar zur Förderung teigartiger Massen verwendet.

Abb. 44. Schraubenpumpen (Leistritz)

Die Lagerzapfen der Schraubenräder werden durch das Drucköl an der Stirnseite gleichzeitig geschmiert und der auftretende Axialschub kann bei entsprechender Dimensionierung der Lagerzapfen vom Öldruck selbst ausgeglichen werden. Da die Schraubenspindel auch radial fast vollkommen druckentlastet arbeitet, erreicht die Pumpe einen guten mechanischen Wirkungsgrad und eine lange Lebensdauer.

Es gibt Pumpen, die nur für die Verwendung in einer Drehrichtung geeignet sind, und solche, die auch in beiden Drehrichtungen laufen können.

Berechnung der Fördermenge. Die Fördermenge ergibt sich aus der Beziehung

$$Q = \frac{D \cdot \pi \cdot h \cdot b \cdot n}{1000} \text{ l/Min.,} \tag{66}$$

wenn

D den Flankendurchmesser der Spindel,

h die Gewindetiefe,

b die Nutenbreite im Flankendurchmesser in cm und

n die Drehzahl in U/Min. bedeuten.

Die in der obigen Beziehung nicht berücksichtigte Vergrößerung der Fördermenge durch die Steigung der Spindel entspricht etwa der Verkleinerung der Fördermenge durch das Ineinandergreifen der Schraubenräder. Diese beiden Einflüsse auf die Fördermenge sollen deshalb einfachheitshalber hier vernachlässigt werden. Die Antriebsleistung ergibt sich dann aus dem Förderstrom Q in l/Min. und dem Förderdruck p in atü zu

$$N = \frac{Q \cdot p \cdot 10}{60 \cdot 75 \cdot \eta}. \tag{67}$$

Richtlinien für die Abhängigkeit der Fördermenge vom Gegendruck gibt Abb. 45.

Ebenso wie bei allen Zahnradpumpen ist auch bei der Schraubenpumpe eine Regelung der Fördermenge nicht möglich.

Die in den folgenden Abschnitten besprochenen Zellenpumpen und Kolbenpumpen werden dagegen meist sowohl als Pumpen mit unveränderlicher Fördermenge als auch in ganz ähnlicher Ausführung als Regelpumpen mit stufenlos veränderlicher Fördermenge gebaut.

c) Zellenpumpen

Eine Zellenpumpe (Abbildung 46 a und b) besteht aus einem in einem Gehäuse exzentrisch gelagerten Rotor, in dem radial verschiebbar Lamellen gleiten, die durch die Fliehkraft an die Wandung des Gehäuses gepreßt werden und dadurch eine gute Abstufung zwischen Lamelle und Gehäuse herstellen. Der zwischen Gehäuse und Rotor liegende Raum wird durch die Flügel in einzelne Zellen unterteilt. Diese einzelnen Zellen sind während der Drehbewegung abwechslungsweise einmal mit der Saugseite und einmal mit der Druckseite verbunden. Die Förderung der Flüssigkeit erfolgt dabei durch die während der Drehung des

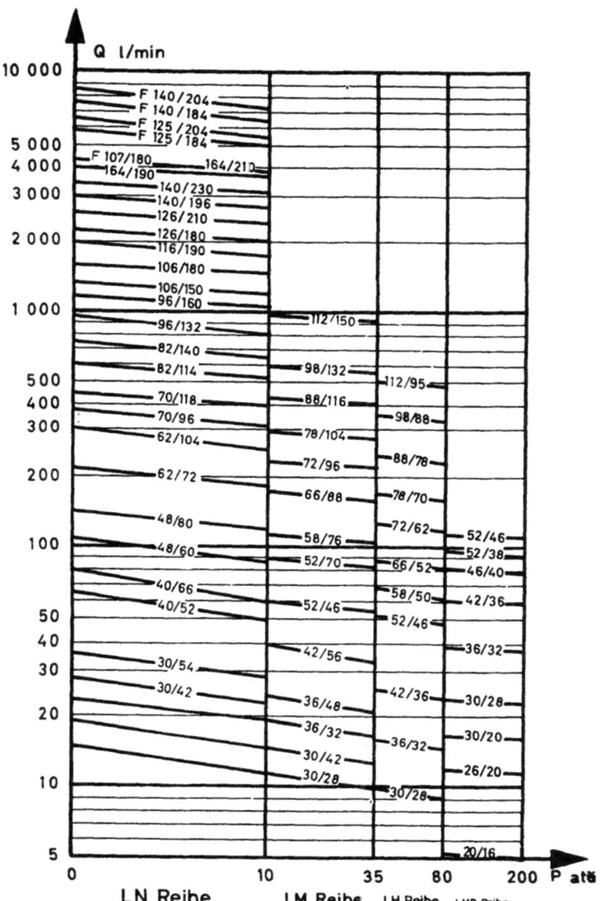

Abb. 45. Charakteristik von Schraubenpumpen mit verschiedenen Spindeldurchmessern und Steigungen (Leistritz)

Rotors allmählich eintretende Verkleinerung des Volumens, das zwischen zwei Lamellen und dem Rotor sowie der Außenwand des Gehäuses in einer der Zellen eingeschlossen ist.

Im allgemeinen steht bei Zellenpumpen das Gehäuse fest und der Rotor mit den in diesem liegenden Lamellen rotiert im Gehäuse. Es gibt aber auch Bauarten, bei denen das Gehäuse oder eine Nockenwelle rotiert und die Lamellen stillstehen (Abb. 46 c). Die meisten Flügelpumpen arbeiten mit äußerer Beaufschlagung gemäß Abb. 46. Es gibt aber auch Pumpen mit innerer Beaufschlagung.

Die theoretische Fördermenge kann aus folgenden Beziehungen berechnet werden:

Das Zellenvolumen ist mit den Bezeichnungen nach Abb. 46 a

$$V_{\max} = \frac{2 \cdot r_m \cdot \pi \cdot b\,(R + e - r)}{z}$$

für die Zelle mit dem größten Volumen und

$$V_{\min} = \frac{2 \cdot r_m \cdot \pi \cdot b\,(R - e - r)}{z}\;,$$

wobei

$$r_m = \frac{R + r}{2}$$

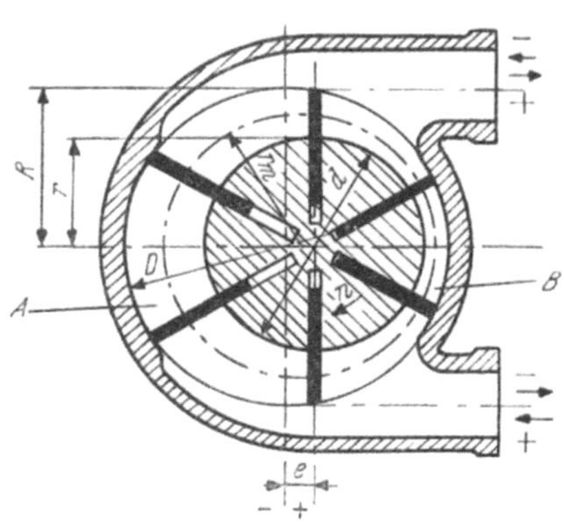

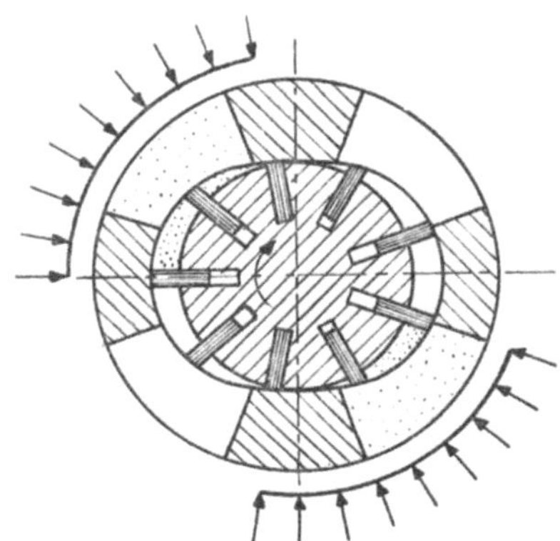

Abb. 46 a. Prinzipskizze zur Berechnung der Fördermenge (aus „Technische Rundschau")

Abb. 46 b. Druckentlastung durch symmetrische Anordnung von je zwei Saug- und Druckstutzen (Ate)

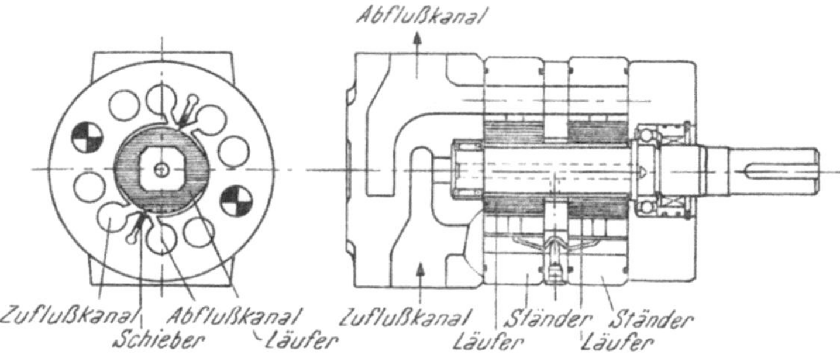

Abb. 46 c. Zellenpumpe mit feststehenden Lamellen und rotierender Kurvenscheibe (Deri)

ist. Es ist dann das je Umdrehung durch eine Zelle geförderte Volumen $V_{\max} - V_{\min} = \Delta V$

$$\Delta V = \frac{2 \cdot r_m \cdot \pi \cdot b \cdot 2\,e}{z}$$

und die Fördermenge

$$Q = \Delta V \cdot n \cdot z = 2\,r_m\,\pi\,b\,2\,e \cdot n.$$

Bei Pumpen mit unveränderlicher Exzentrizität e macht man

$$e = R - r$$

und es wird dann

$$Q = \frac{2\,(R+r)}{2} \cdot \pi\, b \cdot 2\,(R-r)\, n = 2\,(R^2 - r^2)\, \pi\, b \cdot n$$

und

$$Q = 2 \left(\frac{D^2 - d^2}{4} \right) \frac{\pi\, b \cdot n}{1000}\ \text{l/Min.},$$

wenn n in U/Min. und b, D und d in cm eingesetzt werden.

Die Antriebsleistung der Pumpe ergibt sich aus der Beziehung

$$N = \frac{Q \cdot p}{450\, \eta_{\text{ges}}}.$$

Anhaltspunkte für die mit Flügelpumpen erreichbaren Wirkungsgrade sowie für die charakteristische Abhängigkeit der Liefermenge vom Gegendruck zeigt Abb. 47.

Ebenso wie bei Zahnradpumpen treten auch bei Zellenpumpen infolge des radialen Flüssigkeitsdruckes hohe Lagerbeanspruchungen auf. Um diese Druckkräfte auf die Lager möglichst weitgehend auszuschalten, werden auch Flügelpumpen gebaut, bei denen durch symmetrische Anordnung von Ein- und Auslaßöffnungen diese Druckkräfte ausgeglichen werden (Abb. 46b).

Um die Reibungskräfte zwischen Gehäuse und Lamellen in möglichst engen Grenzen zu halten, können die Flügel bei größeren Pumpen auch in seitlich angeordneten Rinnen geführt werden. Die Abdichtung wird dann eigenen Dichtungsleisten übertragen, die mit Federn an die Wandung des Gehäuses gepreßt werden. Es gibt aber auch Bauarten, bei denen der Öldruck dazu benützt wird, um die Lamellen gegen die Gehäusewandung zu drücken

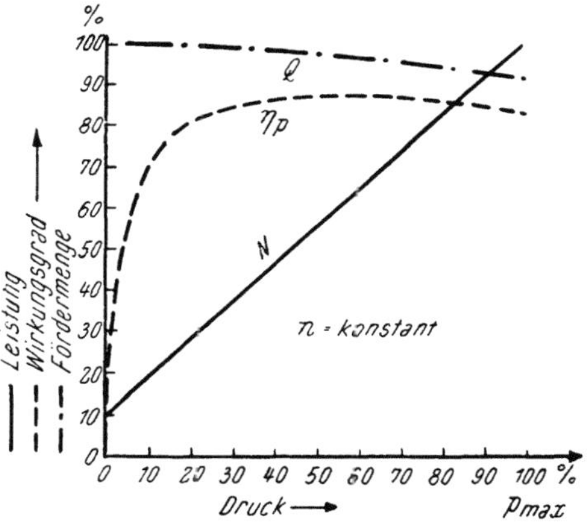

Abb. 47. Charakteristik bei konstanter Drehzahl einer Zellenpumpe (aus „Technische Rundschau")

und dadurch die Abdichtung zu verbessern. Bei Pumpen mit feststehenden Lamellen (Abb. 46c) werden die Lamellen sowohl durch Federn als auch durch den Öldruck gegen die Kurvenscheibe der rotierenden Welle gedrückt.

Zellenpumpen werden heute als einstufige Pumpen bis zu Drücken von 170 atü und Liefermengen bis zu 210 l/Min. gebaut. Für kurzzeitigen Betrieb werden sie auch schon für Drücke bis 300 atü eingesetzt. Sie sind im allgemeinen etwas weniger robust wie Zahnradpumpen, aber in bezug auf ruhigen Gang und Gleichförmigkeit des Förderstromes sowie in bezug auf die zulässigen Drehzahlen den Zahnradpumpen überlegen. Vor allem aber schätzt man an ihnen das besonders kleine Leistungsgewicht (0,5 bis 0,8 kg/PS) und den besonders niedrigen Preis.

Drehflügelpumpen werden auch als Zwillingspumpen mit zwei Flügelrädern in einem Gehäuse gebaut. Die beiden Räder mit meist verschiedenem Förderstrom können dabei zur Erzielung größerer Stromstärken nebeneinander oder zur Erzielung höherer Drücke hintereinander geschaltet werden. Jede Pumpe hat meist ein eigenes Sicherheitsventil. Bei Pumpen mit zwei parallellaufenden Rädern ergeben sich dann durch wahlweise Förderung der kleinen Pumpe allein, der großen Pumpe allein, bzw. durch Förderung in beiden Rädern gleichzeitig, drei Geschwindigkeitsstufen, wenn beide Pumpen in eine Druckleitung münden. Es können aber auch zwei Pumpen derart in einem Gehäuse zusammengebaut werden, daß jede der beiden Pumpen in ein anderes Drucköolnetz fördert. Eine solche Zwillingspumpe hat dann zwei Druckölanschlüsse. Auch für Gleichlaufsteuerungen werden manchmal solche Zwillingspumpen verwendet, bei denen zwei gleich große Pumpen in einem Gehäuse zusammengebaut werden.

Durch das Hintereinanderschalten von zwei gleich großen Pumpen können infolge der relativ kleinen Lecköolverluste hohe Betriebsdrücke mit guten Wirkungsgraden erreicht werden. Manchmal wird auch eine kleine Hochdruckflügelpumpe und eine große Niederdruckflügelpumpe in einem gemeinsamen Gehäuse eingebaut, in dem dann auch ein Entlastungs- und Rückschlagsventil vorgesehen wird. Ein solches Pumpenaggregat ermöglicht die Unterbringung eines Pumpenaggregates für Eilgangsbewegungen mit hohen Geschwindigkeiten und kleinen Drücken und Arbeitsbewegungen mit hohen Drücken und kleinen Fördermengen auf besonders kleinem Raum.

Zellenpumpen werden sowohl mit unveränderlicher Stromstärke als auch mit regelbarer Stromstärke gebaut. Bei den Regelpumpen kann die Exzentrizität e des Flügelmotors meist durch Verschieben des Gehäuses gegen den Rotor verändert werden.

Bei Zellenpumpen mit regelbarer Stromstärke bei konstanter Drehzahl des Rotors, bei der auch die Richtung des Ölstromes gewechselt werden kann, kann das Gehäuse gegen den Rotor in zwei Richtungen jeweils um die Exzentrizität $\pm e$ verstellt werden.

d) Kolbenpumpen

Man unterscheidet zunächst Kolbenpumpen mit Ventilsteuerung und Pumpen mit Steuerung durch Schlitze und Steuerplatten.

Wegen der unvermeidlichen Pulsationen im Förderstrom werden Einzylinderpumpen in der Ölhydraulik selten verwendet. Mehrzylinderpumpen werden, um mit möglichst geringer Zylinderzahl einen möglichst pulsationsfreien Förderstrom zu erreichen, meist mit 5, 7, 9, 11 Zylindern gebaut. Die Überlagerung von Sinusschwingungen ergibt bei diesen Zylinderzahlen die geringsten Druckschwankungen im Lieferstrom.

Die Zylinder werden im allgemeinen bei Pumpen für hydraulische Antriebe nicht in Reihenbauart hintereinander, sondern entweder sternförmig angeordnet (Radialkolbenpumpen, Abb. 50) oder axial um eine gemeinsame Achse angeordnet (Abb. 52). Bei den Radialkolbenpumpen unterscheidet man solche mit innerer Beaufschlagung (Abb. 50) und solche mit äußerer Beaufschlagung (Abb. 51). Bei regelbaren Axialkolbenpumpen mit innerer Beaufschlagung steht das Pumpengehäuse fest und der gegenüber dem Gehäuse exzentrisch gelagerte Zylinderblock rotiert. Durch die Exzentrizität des rotierenden Zylinderblockes gegenüber dem feststehenden Gehäuse wird die Fördermenge bestimmt. Die Pumpen werden meist als regelbare Pumpen mit verstellbarer Exzentrizität des Gehäuses gegenüber dem rotierenden Zylinderblock ausgeführt. Die Steuerung des Ölzuflusses zu den Zylindern und des Abflusses von den Zylindern erfolgt durch Bohrungen und Ausnehmungen in einem feststehenden zylindrischen Zapfen, der in der Achse des Zylinderblockes liegt. Auch bei den relativ selten verwendeten Radialkolbenpumpen mit äußerer Beaufschlagung erfolgt die Steuerung durch geeignete Schieber, jedoch ohne Ventile.

Auch bei den Axialkolbenpumpen steht das Gehäuse meist fest, während der Zylinderblock mit der Antriebswelle zusammen rotiert. Die Mitnahme des

Zylinderblockes erfolgt entweder durch ein Kardangelenk oder durch starke Kugelgelenke in den Pleuelstangen der Zylinder selbst (Abb. 52).

Andere Pumpentypen wieder arbeiten mit einer Taumelscheibe. Auch die Axialkolbenpumpen haben keine Ventile, sondern steuern den Zu- und Abfluß des Öls zu bzw. von den Zylindern in die Druckleitung durch geeignete Ausnehmung in den Steuerplatten oder Steuerkappen, an denen der rotierende Zylinderblock vorbeigleitet (Abb. 52, 53).

α) Kolbenpumpen mit Ventilsteuerung

Bis vor kurzem wurden ventilgesteuerte Kolbenpumpen meist nur für Drücke von mehr als 300 atü verwendet. Heute werden jedoch auch für Drücke zwischen 150 und 300 atü ventilgesteuerte Pumpen als Normbauteile für hydraulische Antriebe in den verschiedensten Größen und Ausführungsformen gebaut. Bei Mehrzylinderpumpen werden entweder alle Druckleitungen der einzelnen Zylinder in eine Sammelleitung zusammengeführt oder aber auch mehrere Druckanschlüsse an einer Pumpe vorgesehen. Ventilgesteuerte Kolbenpumpen werden auch mit Zahnradpumpen zu zweistufigen Pumpenaggregaten zusammengebaut, die dann aus einer Eilgangszahnradpumpe und einer ventilgesteuerten Hochdruckpumpe bestehen.

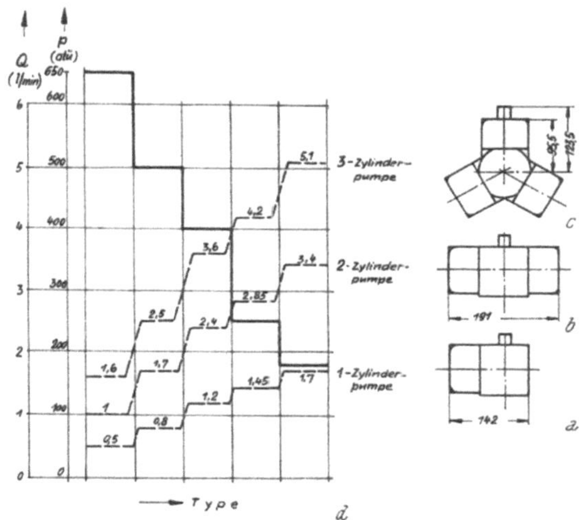

Abb. 48. Stufendiagramm über Normbautypen von Kolbenpumpen

Die in Abb. 48 rechts dargestellten kleinen ventilgesteuerten Radialkolbenpumpen werden wahlweise als Einzylinder-, Zweizylinder- oder Dreizylinderpumpen geliefert. Sie werden für Drücke zwischen 180 und 650 atü gebaut, wobei für hohe Betriebsdrücke innerhalb einer Baugruppe immer kleinere Zylinderdurchmesser gewählt werden. Abb. 48 d zeigt eine Übersicht über die Liefermengen und Betriebsdrücke der Normbautypen dieser Pumpe.

Die Pumpen können in beliebiger Drehrichtung angetrieben werden, wobei die Förderung unverändert in ein und derselben Richtung erfolgt. Die normale Betriebsdrehzahl dieser Pumpen ist 1450 U/Min., die Pumpen können jedoch mit Drehzahlen bis zu 2000 U/Min. und mit jeder beliebigen kleineren Drehzahl angetrieben werden, wobei die Fördermenge und die Antriebsleistung der Drehzahl der Pumpe linear proportional sind. Der Förderstrom ist bei diesen Pumpen vom Gegendruck nahezu unabhängig, er nimmt mit einer Zunahme des Gegendruckes um 100 atü (bei konstanter Drehzahl) etwa um 1% ab.

Die Pumpen können mit liegender oder stehender Welle laufen. Das Öl muß jedoch der Pumpe zulaufen. Die Pumpen sind nicht selbstsaugend. Der Zulauf muß immer an der höchsten Stelle liegen, damit Lufteinschlüsse durch die Zulaufleitung in den Ölbehälter aufsteigen können. Die Welle kann entweder unmittelbar mit dem Antriebsmotor durch eine Kupplung verbunden werden oder es kann eine Keilriemenscheibe auf die Pumpenwelle aufgesetzt werden. Eine besondere Bauart wird für den Zusammenbau mit Flanschmotoren hergestellt.

Abb. 49 b zeigt die Zusammenstellung von Lieferstrom und Betriebsdruck für eine andere ventilgesteuerte Hochdruckkolbenpumpe, die ebenfalls als Normbauteil in verschiedenen Baugruppen für Betriebsdrücke von 150, 250, 350 und 450 atü gebaut wird. Jede dieser Baugruppen für einen bestimmten Betriebsdruck wird wieder mit einem Zylinderstern von 2, 3, 4, 5, 6, 7 bzw. mit zwei Zylindersternen von je 4, 5, 6, 7 Zylindern gebaut. Es ergeben sich damit für jeden Betriebsdruck zehn verschiedene Pumpentypen. Alle diese insgesamt $4 \times 10 = 40$ Pumpen haben die gleichen äußeren Abmessungen. Nur die Bauhöhe ist bei den Pumpen mit zwei Sternen um etwa 23 mm größer als bei den Pumpen mit einem Stern. Abbildung 49 a zeigt die verfügbaren Pumpentypen mit verschiedenen Förderströmen und Betriebsdrücken. Eine ganz ähnliche Pumpe, jedoch mit drei Zylindersternen, wird auch für Betriebsdrücke von 100, 150, 250, 350 und 450 atü gebaut, wobei ebenfalls die Fördermengen bei niedrigeren Drücken immer höher sind als bei hohen Drücken, weil der Zylinderdurchmesser bei hohen Drücken kleiner gewählt wird als bei niedrigen Drücken.

Alle Pumpen dieser Bauart können ebenfalls entweder direkt an bestimmte Elektromotoren

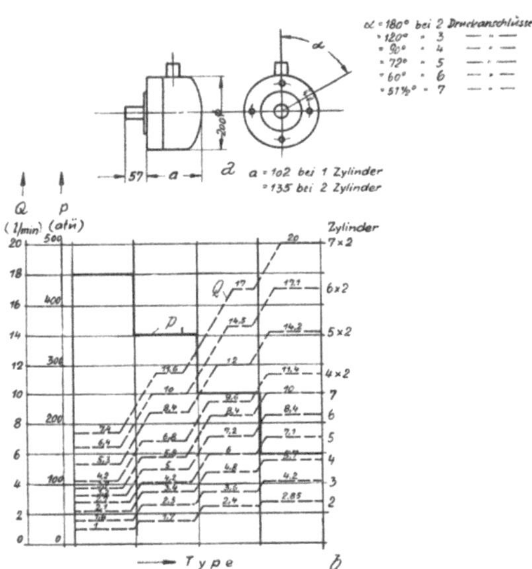

Abb. 49. Stufendiagramm über Normbautypen von Kolben-Sternpumpen mit 2, 3, 4 ... 14 Zylindern

angeflanscht werden, wobei auch zwei gegenüberliegende Pumpen an einen Motor angebaut werden können, oder aber es kann die gleiche Pumpe mit Füßen geliefert werden, wobei der Antrieb z. B. durch Keilriemen erfolgen kann.

Die Pumpen mit mehreren Zylindern sind entweder mit einem einzigen oder mit mehreren Druckölanschlüssen verfügbar. Die einzelnen Zylinder werden dabei gruppenweise zu bestimmten Anschlüssen zusammengeführt. So können z. B. in einer Sechszylinderpumpe je drei symmetrische Zylinder zusammengefaßt werden und es ergibt sich dann eine Pumpe mit zwei Anschlüssen, aus denen die gleichen Förderströme austreten. Es können aber z. B. auch vier Zylinder zu einem und zwei zu einem anderen Druckanschluß zusammengeschlossen werden, wobei sich dann zwei voneinander unabhängige und verschieden große Förderströme ergeben. Es können aber auch die Anschlüsse aller Zylinder getrennt nach außen geführt werden, wobei die Lage der Druckanschlüsse am Umfang der Pumpe dann der Lage der einzelnen Zylinder entspricht.

Zweistufige Pumpenaggregate mit Eilgangszahnradpumpe und ventilgesteuerten Hochdruckpumpen. Die zweckmäßigste Kombination eines solchen Pumpenaggregates für einen bestimmten Anwendungsfall kann z. B. durch

Auswahl der Eilgangspumpe aus einem Normbauprogramm von Zahnradpumpen (z. B. Abb. 43) und einer geeigneten Hochdruckpumpe aus einem Normbauprogramm für Hochdruckkolbenpumpen (z. B. Abb. 48) zusammengesetzt werden. Es gibt aber auch Erzeugerfirmen, die sowohl die Eilgangszahnradpumpen in den verschiedensten Größen und Abmessungen als auch die Hochdruckkolbenpumpen in den verschiedensten Ausführungsformen sowie die zu ihrer Verbindung erforderlichen Umschaltventile erzeugen.

Die Eilgangspumpe steht dabei für einen bestimmten Bereich der Fördermenge, z. B. zwischen 10 und 160 l/Min. und für einen Zwischendruck von etwa 20 bis 60 atü, zur Verfügung, wobei der höchste Druck der kleinsten Fördermenge der Eilgangspumpe und der niedrigste Druck der größten Fördermenge der Eilgangspumpe entspricht. Für die in Abb. 48 und 49 angegebenen Hochdruckkolbenpumpen mit Ventilsteuerung stehen z. B. zehn verschiedene Eilgangszahnradpumpen bei der Erzeugerfirma der Kolbenpumpe zur Verfügung, die mit diesen zu geeigneten zweistufigen Pumpenaggregaten zusammengebaut werden können.

β) *Radialkolbenpumpen*

Radialkolbenpumpen werden in den verschiedensten Ausführungen für Drücke bis 350 atü meist als Regelpumpen gebaut. Die Pumpen arbeiten im

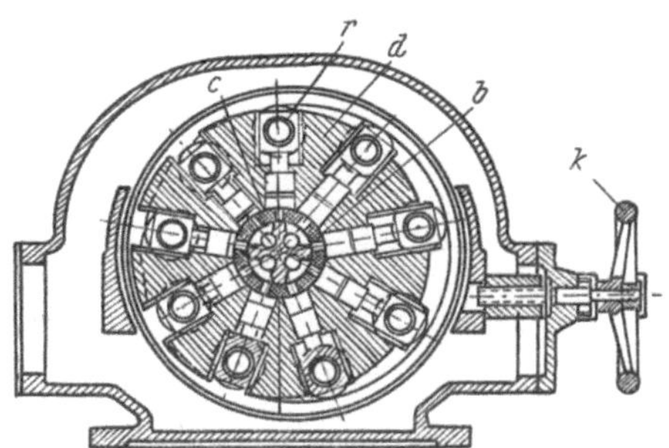

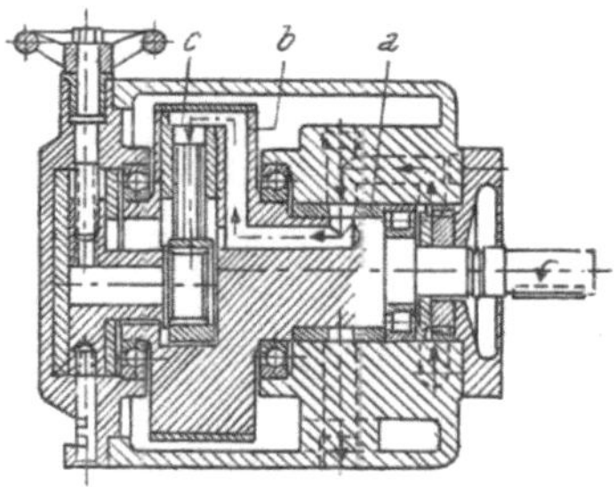

Abb. 50. Radialkolbenpumpe mit innerer Beaufschlagung (aus RAUCHBERG)

Abb. 51. Radialkolbenpumpe mit äußerer Beaufschlagung (aus DÜRR-WACHTER)

allgemeinen mit innerer Beaufschlagung. Das Grundprinzip der heute meist verwendeten regelbaren THOMA-Radialkolbenpumpe mit innerer Beaufschlagung zeigt Abb. 50. Durch Bohrungen in den feststehenden Zapfen fließt das drucklose Öl zu den Zylindern. Das Drucköl fließt ebenfalls durch Bohrungen in diesen Zapfen wieder von den Zylindern in die Druckleitung zurück. Die Steuerbüchsen c verbinden jeweils diejenigen Pumpenzylinder mit der Saugleitung, in denen der Kolben nach außen läuft, und diejenigen Pumpenzylinder mit der Druckleitung, in denen der Kolben nach innen läuft, und besorgen dadurch die Steuerung der gesamten Pumpe. Der Zylinderstern d dreht sich um den feststehenden Mittelzapfen b und wird durch eine auf der dem feststehenden Zapfen gegenüberliegenden Seite des Pumpengehäuses liegende Welle angetrieben. Jeder Kreuzkopf der einzelnen Kolben hat zwei Rollen r, die auf Schienen eines umlaufenden Gehäuses abrollen. Die Regelung des Förderstromes erfolgt durch Verstellen der Exzentrizität des Umlaufgehäuses durch Handrad k.

Pumpen mit äußerer Beaufschlagung (Abb. 51), bei denen die Druckölzylinder außerhalb der sternförmig angeordneten Kolben liegen, konnten sich bisher nicht durchsetzen. Die Ölzufuhr durch die mit Pfeilen in Abb. 51 angedeuteten Kanäle mit mehreren Umlenkungen bringt Schwierigkeiten in der Abdichtung mit sich. Es treten deshalb relativ hohe Leckverluste auf und die Pumpen erreichen keine hohen Wirkungsgrade und können auch nicht für höhere Drücke verwendet werden.

γ) Axialkolbenpumpen

Axialkolbenpumpen werden sowohl für veränderliche als auch für konstante Förderströme gebaut. Bei den regelbaren Pumpen kann durch Schwenken des Pumpenkörpers der wirksame Kolbenhub der Pumpe stufenlos verändert und damit auch der Förderstrom stufenlos und ohne jeden Drosselverlust dem jeweiligen Bedarfsfall angepaßt werden.

Abb. 52 zeigt den Schnitt durch eine solche Axialkolbenpumpe mit veränderlichem Förderstrom. Die Pumpe hat sieben Axialkolben (*3*) in einem Zylinderblock (*4*), der mit dem ganzen Gehäuse der Pumpe (*8*) um die Schwenk-

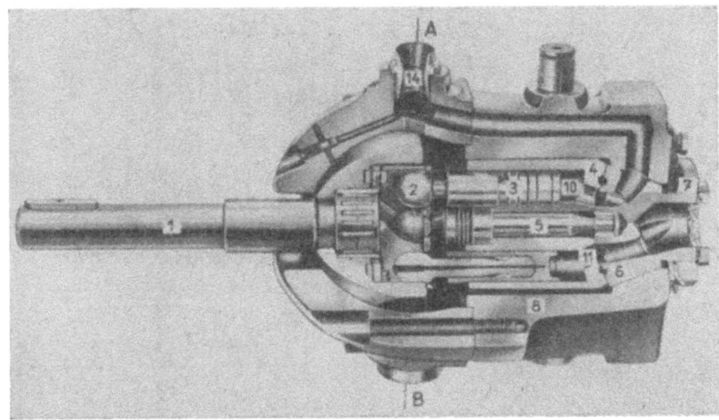

Abb. 52. Schnitt durch Axialkolbeneinheit mit veränderlicher Fördermenge und sphärischer Gleitfläche (Hydromatik)

achse *A B* geschwenkt werden kann. Der Kolbenhub und damit der Förderstrom ist dabei dem Schwenkwinkel proportional. Dem Schwenkwinkel 0 entspricht die Fördermenge 0 und dem maximalen Schwenkwinkel von meist 25° entspricht die maximale Fördermenge. Beim Durchschwenken durch die Null-Lage verändert der Förderstrom seine Richtung und es wird somit Druck- und Saugseite der Pumpe gegeneinander vertauscht.

Die Antriebswelle (*1*) wirkt über einen Treibflansch mit Kugelpfannen auf die Kolbenstange (*2*). Die Kolben übertragen die Drehbewegung auf den Zylinderblock (*4*). Der Zylinderblock wird durch den Mittelzapfen (*5*) geführt und stützt sich mit seiner Grundfläche gegen den Steuerkonus (*6*) ab, der mit dem Gehäuse (*8*) durch die Mutter (*7*) starr verschraubt ist. Die Teile *5, 6, 7, 8* stehen also still, während die Teile *1, 2, 3, 4* rotieren. In dem feststehenden Steuerkonus *6* befinden sich zwei nierenförmige Ausnehmungen, die während der rotierenden Bewegung die Verbindung zwischen den Bohrungen (*11*) der Zylinder und den Saug- und Druckstutzen (*14*) so steuern, daß das Öl während der einen Hälfte der Umdrehung angesaugt und während der zweiten Hälfte der Umdrehung der Antriebswelle (*1*) in den Druckstutzen gefördert wird. Das Öl kann entweder direkt durch eine Öffnung an der Außenseite des Steuerkonus (*6*) unmittelbar aus dem Tank angesaugt werden oder aber es wird durch eine Zahnradspeisepumpe das ganze System der Axialkolbenpumpe unter einen Druck von einigen atü gesetzt, um auch bei hohen Drehzahlen Kavitationserscheinungen auf alle Fälle zu vermeiden. Der Axialschub wird bei der Pumpe nach Abb. 52 durch ein Gleitlager mit sphärischer Dichtfläche aufgenommen und bei der Pumpe nach Abb. 53 durch ein Axialrollenlager.

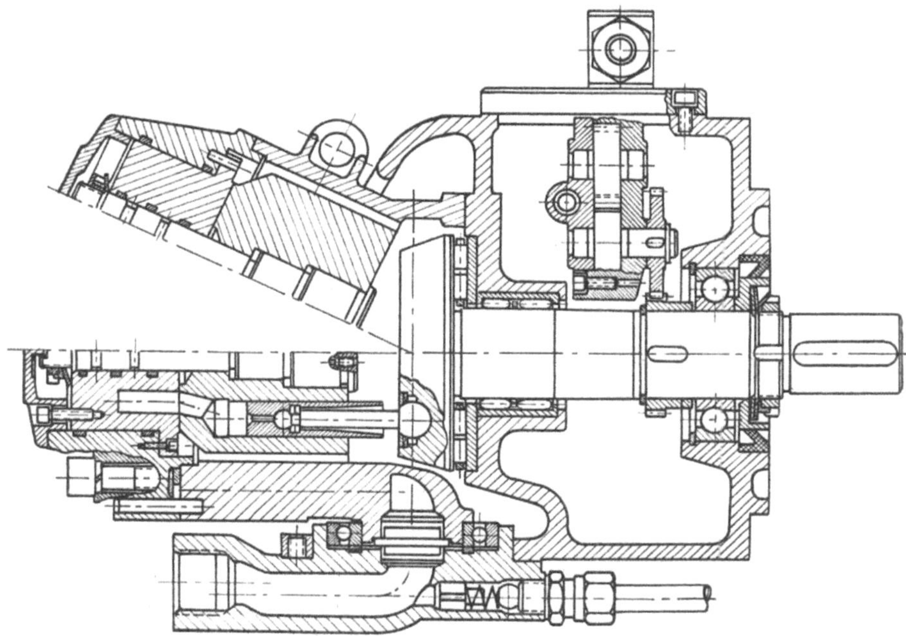

Abb. 53. Axialkolbenpumpe mit Rollenlagerung des rotierenden Zylinderblockes (Güldner)

Der Förderstrom Q einer Axialkolbenpumpe ergibt sich aus der Beziehung

$$Q = Q_{\text{th}} \cdot \eta_{\text{vol}} = F \cdot s \cdot z \cdot n \cdot \eta_{\text{vol}},$$

wenn

Q_{th} den theoretischen Förderstrom bei Förderung ohne Leckölverluste,
F die Kolbenfläche,
s den Kolbenhub,
z die Anzahl der Kolben,
n die Drehzahl der Pumpe und
η_{vol} den volumetrischen Wirkungsgrad der Pumpe bedeuten.

Der Kolbenhub ist

$$s = 2\,r \cdot \sin\varphi,$$

wenn

r den Radius des Teilkreises, auf dem die Kolben angeordnet sind, und
φ den Schwenkwinkel bedeuten.

Somit ist auch bei konstanter Drehzahl der Pumpe

$$Q = \text{const.} \sin\varphi\,\eta_{\text{vol}}.$$

Die Antriebsleistung der Pumpe N ist

$$N = \frac{p \cdot Q_{\text{th}}}{450\,\eta_m} = \frac{p \cdot Q}{450\,\eta_{\text{vol}}\,\eta_m} = \frac{p \cdot n\,\text{const.}\,\sin\varphi}{\eta_{\text{vol}}\,\eta_m} = \frac{M \cdot n}{716{,}2\,\eta},$$

wenn η_m den mechanischen Wirkungsgrad und $\eta = \eta_m\,\eta_{\text{vol}}$ den Gesamtwirkungsgrad der Pumpe bedeuten. Solange man die Veränderung des Wirkungsgrades mit der Fördermenge bzw. mit dem Schwenkwinkel vernachlässigen kann, ist das an der Pumpenwelle aufzubringende Drehmoment näherungsweise

$$M_d = \frac{716,2\,N}{n} = \text{const. } p \cdot \sin \varphi.$$

Soll dagegen die Veränderung des Gesamtwirkungsgrades mit dem Schwenkwinkel bzw. der Stromstärke berücksichtigt werden, so ist

$$M_d = \frac{716,2\,N\,\eta}{n}.$$

Der Gesamtwirkungsgrad η liegt bei voller Ausschwenkung je nach der Bauart der Pumpe und dem Druckbereich, in dem die Pumpe verwendet wird, zwischen 70 und 97%. Er ergibt sich aus dem Produkt des mechanischen Wirkungsgrades η_m mit dem volumetrischen Wirkungsgrad η_{vol}.

Der mechanische Wirkungsgrad berücksichtigt alle Reibungsverluste in Lagern, Strömungsverluste durch Kanäle und Krümmer, Reibungsverluste durch Verwirbelung des Öls bei der Drehbewegung usw.

Da das Drucköl gleichzeitig als Schmiermittel dient und z. B. durch die durchbohrten Kolbenstangen in die Kugelpfanne des Pleuelkopfes gelangt, sind die mechanischen Verluste weitgehend vom Öldruck abhängig. Als Richtwert für die Abhängigkeit des mechanischen Wirkungsgrades einer Pumpe vom Öldruck kann der Zusammenhang nach Abb. 54 gelten.

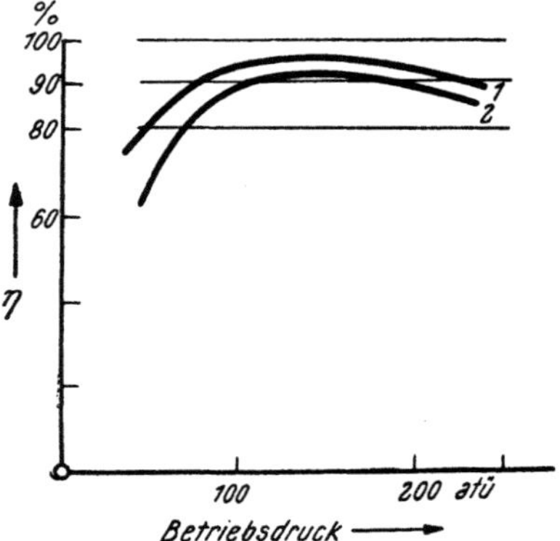

Abb. 54. Wirkungsgrad von Hochdruck-Axialkolbenpumpen und Getrieben; *1* mechanischer, *2* Gesamtwirkungsgrad

Der volumetrische Wirkungsgrad berücksichtigt alle Leckverluste im Spiegel, an den Pleueln, an der Kalotte sowie alle Schmierölverluste, die mit dem Öldruck etwa linear zunehmen.

Näherungsweise kann deshalb gesetzt werden

$$\eta_{vol} = 100 - \frac{x\,p}{100} \cdot \frac{25}{\alpha}, \tag{68}$$

wenn die Leckverluste bei 100 atü und voller Ausschwenkung der Pumpe $x\%$ betragen. Die meisten Pumpen erreichen heute schon eine so gute Dichtung, daß x zwischen 1 und 2% liegt. Die Ölverluste betragen dann bei Betriebsdrücken von 100 atü oft kaum 1% der Pumpe.

Abb. 55 zeigt die Darstellung des Zusammenhanges zwischen Betriebsdruck, Schwenkwinkel und volumetrischem Wirkungsgrad für ein hydrostatisches Getriebe mit einem Wirkungsgrad von $x = 4\%$ bei 100 atü und voller Ausschwenkung von $\alpha = 25°$.

Aus Gl. (68) kann auch bei bekanntem volumetrischem Wirkungsgrad für einen bestimmten Betriebsdruck jener Schwenkwinkel α_0 einer Regelpumpe ermittelt werden, auf den die Pumpe — sei es mechanisch oder durch eine Regeleinrichtung — zurückgeschwenkt werden muß, wenn durch die Stromstärke der Pumpe ausschließlich ein konstanter Druck im Netz aufrechterhalten werden soll und im Verbraucher überhaupt kein Drucköl aufgenommen wird.

Für das Getriebe, dessen Wirkungsgrade durch Abb. 55 dargestellt werden, ist dieser Schwenkwinkel, der zur Deckung der Leckverluste eingestellt werden muß, z. B. 1° bei 100 atü und 2° bei 200 atü.

δ) *Steuerung und Regelung der Axialkolbenpumpen*

Die Einstellung der Pumpe auf eine bestimmte Fördermenge durch Veränderung des Schwenkwinkels kann entweder von Hand aus oder durch andere geeignete Gestänge oder durch Elektromotoren erfolgen. Der Schwenkwinkel kann aber auch automatisch in Abhängigkeit vom Netzdruck durch einen besonderen Regler eingestellt werden. Nur in letzterem Falle sollte man von einer Regelung im engeren Sinne sprechen, weil die Veränderung einer bestimmten

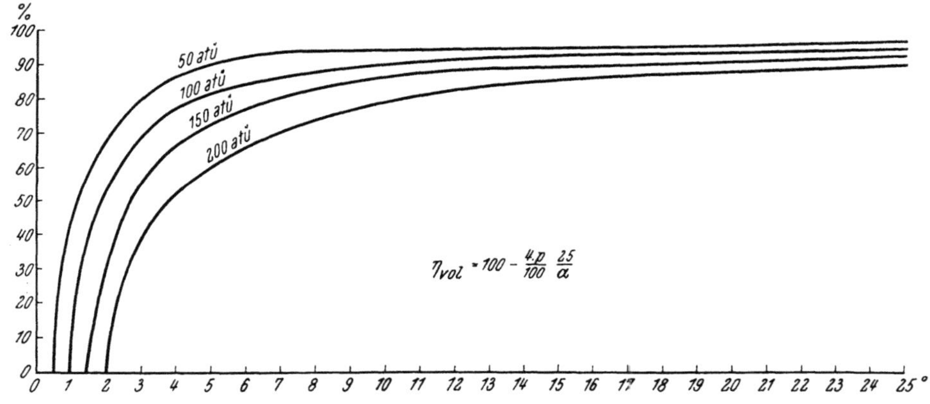

Abb. 55. Volumetrischer Wirkungsgrad eines hydrostatischen Getriebes

Ausgangsgröße — der Fördermenge der Pumpe — in Abhängigkeit von einer veränderlichen Eingangsgröße — dem veränderlichen Netzdruck — nach bestimmten vorgeschriebenen Gesetzen erfolgt. Die Verstellung des Schwenkwinkels von Hand aus oder durch Elektromotoren wäre nur dann als Regelung im engeren Sinne anzusprechen, wenn die Einstellung des Schwenkwinkels nach einem bestimmten vorgeschriebenen Gesetz, z. B. in Abhängigkeit von dem an einem Manometer abgelesenen Netzdruck, durch das Bedienungspersonal erfolgen würde, wobei dann das Bedienungspersonal eben die Aufgabe des Reglers übernehmen würde.

Bei einer willkürlichen Einstellung der Fördermenge durch Veränderung des Schwenkwinkels sollte man deshalb nur von einer Steuerung der Stromstärke sprechen.

a) Steuerung durch mechanischen Antrieb des Pumpengehäuses. Die Einstellung der Pumpe auf einen bestimmten Förderstrom durch Veränderung des Schwenkwinkels kann entweder von Hand aus z. B. durch eine Schraubenspindel oder durch Elektromotoren erfolgen. Eine rasche Einstellung auf drei verschiedene Geschwindigkeitsstufen ermöglicht eine hydraulische Fernbetätigung durch einen Dreipositions-Arbeitszylinder. Derartige Stufenantriebe ermöglichen eine rasche Verstellung von der minimalen auf die maximale Fördermenge bzw. auf einen Zwischenwert der betreffenden Stufenschaltung innerhalb von etwa 1 Sek. Wird außerdem eine stufenlose Regelung auf Zwischenwerte zwischen den drei Geschwindigkeitsstufen, die durch den Stufenkolben eingestellt werden können, verlangt, so kann die Nachregelung auf einen solchen Zwischenwert durch ein zusätzliches Handrad erfolgen. Für große Antriebe, in denen auch eine relativ rasche Verstellung der Pumpe vom maximalen Schwenkwinkel auf die Null-Lage verlangt wird, verwendet man auch die sogenannte Nachfolgesteuerung durch Servomotoren. Diese arbeitet nach dem gleichen System wie die Folgesteuerungen in Werkzeugmaschinen. Durch Verstellen eines kleinen Steuerschiebers mit geringen Kräften wird die Bewegung eines Kolbens mit großen Kräften nach dem Servomotorprinzip ausgelöst. Der Kolben des Servomotors wirkt dann erst auf das schwenkbare Gehäuse der Pumpe. Für die Erzeugung des Steuerdruckes, der im Servomotor benötigt wird, ist dann eine eigene kleine Druckölpumpe erforderlich. Die Nachfolgesteuerung mit Servomotor ermöglicht meist eine Verstellung über dem gesamten Schwenkwinkel innerhalb von 2 bis 3 Sek. Während mit dem Antrieb durch

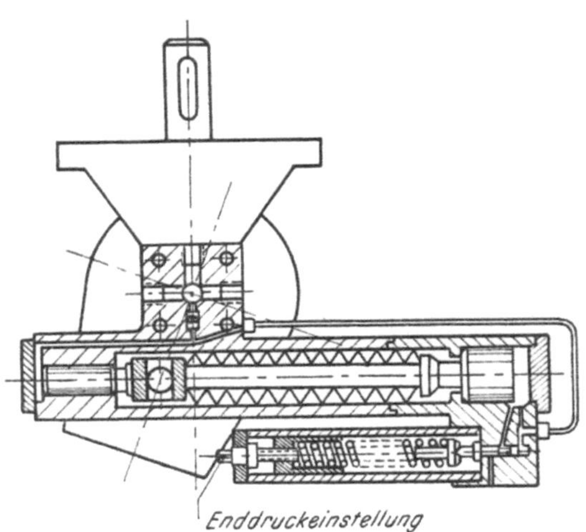

Abb. 56. Leistungsregler mit Nullhubregelung und Druckabschneider (Hydromatik)

Elektromotor in den meisten Fällen für die Verstellung über dem gesamten Schwenkwinkel immerhin eine Zeit von etwa 5 Sek. erforderlich ist.

Außer den hier herausgegriffenen Steuermöglichkeiten ergeben sich unter Zuhilfenahme verschiedener elektrischer und elektronischer Elemente noch eine Reihe anderer Steuersysteme, auf die hier nicht weiter eingegangen werden soll.

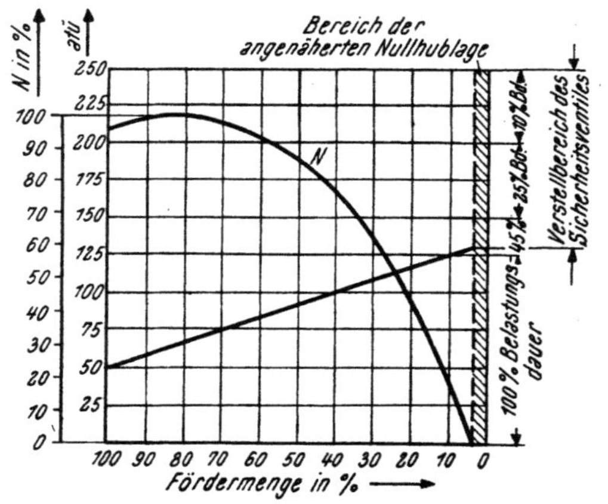

b) Automatische Regelung von Axialkolbenpumpen. Um das Auftreten von plötzlichen Druckstößen und alle damit verbundenen mechanischen Beanspruchungen oder gar das Platzen von Rohrleitungen, Zerreißen von Flanschen oder die Beschädigung der Kupplung zwischen Antriebsmotor und Pumpe zu vermeiden, wird oft außer der Steuerung und einem normalen Sicherheitsventil eines der im folgenden besprochenen Regelsysteme der Pumpe vorgesehen, das bei Überschreiten eines bestimmten Grenzdruckes die Pumpe automatisch auf eine minimale Fördermenge zurückstellt und damit das Auftreten zu hoher Drücke vermeidet.

Abb. 57. Charakteristik einer Nullhubregelung (Hydromatik)

Die häufigsten Regelaufgaben für die automatische Regelung des Förderstromes einer Axialkolbenpumpe in Abhängigkeit vom Öldruck hinter der Pumpe sind etwa die folgenden:

1. Nullhubregelung (Abb. 56). Mit zunehmendem Netzdruck soll der Förderstrom kleiner werden und mit sinkendem Netzdruck soll der Förderstrom zunehmen. Insbesondere bei Erreichen einer bestimmten einstellbaren oberen Druckgrenze soll der Förderstrom auf ein Minimum reduziert werden, das lediglich zur Deckung der Leckverluste ausreicht. Diese Regelaufgabe wird durch eine Regelung nach Abb. 56 erreicht, bei der der Netzdruck auf einen Steuerkolben wirkt und mit einer Federspannung im Gleichgewicht steht, die von der anderen Seite auf diesen Steuerkolben einwirkt. Da die Federcharakteristik einer normalen Feder etwa eine Gerade ist, nimmt auch der Druck etwa linear mit abnehmender Stromstärke zu und es ergibt sich die Regelcharakteristik nach Abb. 57.

2. Leistungsregelung (Abb. 58 und 59). Die von der Pumpe aufgenommene Leistung

$$\frac{p \cdot Q}{450\,\eta} = \frac{M_d \cdot n}{716\,\eta}$$

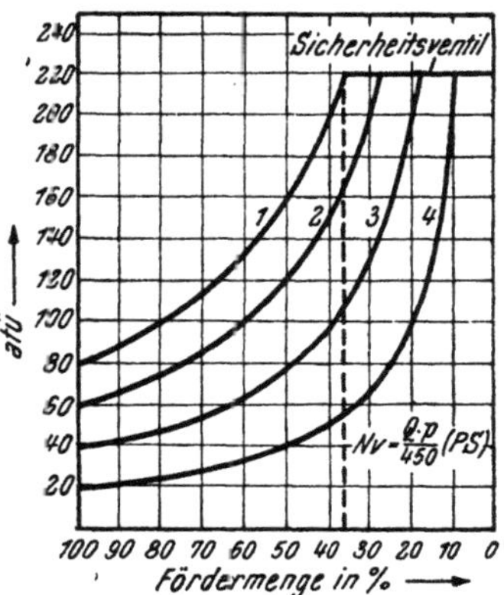

Abb. 58. Charakteristik einer Regelung auf konstante Leistung (Hydromatik)

soll über einen Teil des Drehzahlbereiches möglichst genau konstant gehalten werden, d. h. die Stromstärke in l/Min. soll bei sinkendem Gegendruck automatisch zunehmen und bei steigendem Gegendruck derart automatisch abnehmen, daß die Antriebsleitung konstant bleibt und daß somit mit relativ kleinen Antriebsmotoren das Auslangen gefunden werden kann: Die Abhängigkeit des Drehmomentes von der Drehzahl bzw. des Öldruckes vom Förderstrom soll also eine Hyperbel sein. Die Charakteristik der Feder in einer Regelung nach Abb. 56 muß also hier so festgelegt werden, daß der Kolbenhub s des Steuerkolbens K jeweils genau so festgelegt wird, daß das Produkt aus Förderstrom und Netzdruck konstant ist. Es ergibt sich dann die Regelcharakteristik nach Abb. 58 für die Regelung einer Axialkolbenpumpe auf konstante Leistung.

3. Druckabschneidung. Der Förderstrom wird bei Erreichen eines bestimmten Drehmomentes bzw. eines bestimmten Öldruckes unter-

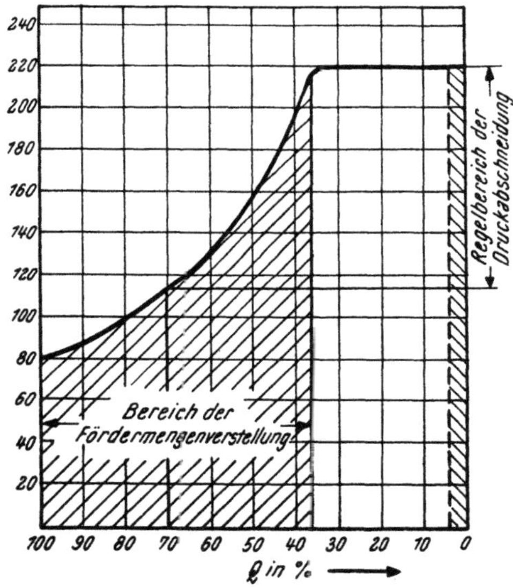

Abb. 59. Charakteristik einer Regelung mit Druckabschneidung auf konstante Leistung (Hydromatik)

brochen, wobei der maximale Öldruck aber bei jeder Einstellung der Pumpe aufrechterhalten werden muß. Im Druckabschneider in Abb. 56 wird z. B. durch ein Vorsteuerventil ein Arbeitskolben betätigt. Solange der zulässige Grenzdruck nicht überschritten wird, ist der Kolben in seiner linken Endlage. Bei Überschreiten des Grenzdruckes öffnet das Vorsteuerventil und der Kolben geht in seine rechte Endlage und stellt den Schwenkwinkel nahezu auf 0 zurück. Nur zur Deckung der

Leckverluste wird ein ganz kleiner Schwenkwinkel eingestellt, der dem zur Aufrechterhaltung des Druckes erforderlichen Leckölstrom entspricht. Aus der Kombination der Regelsysteme 2 und 3 ergibt sich:

4. Die Leistungsregelung mit Druckabschneidung, Abb. 59. Sie wird verwendet, wo über einem bestimmten Drehzahlbereich mit konstanter Leistung gefahren werden soll, wo aber nach Überschreiten eines bestimmten Drehmomentes der Netzdruck nur noch aufrechterhalten werden soll, die Förderung aber unterbrochen werden soll. In Abb. 59 rechts wird z. B. beim Überschreiten

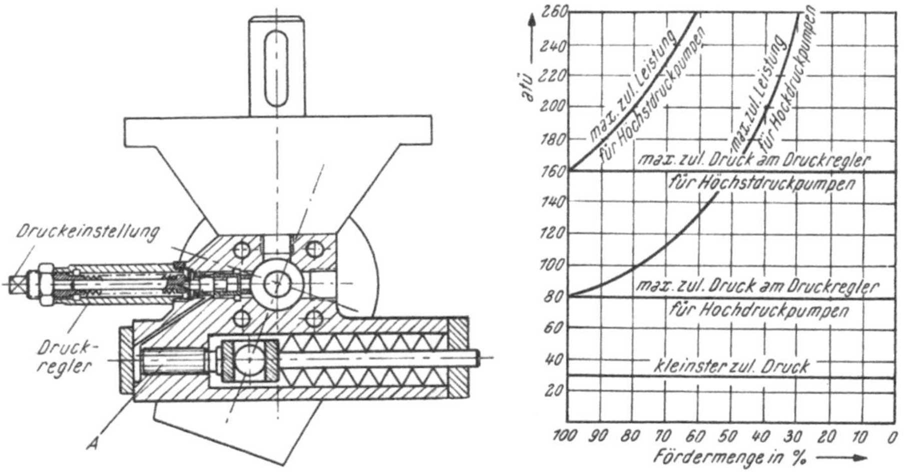

<table>
<tr><td>Abb. 60. Schematische Darstellung eines Reglers auf konstanten Druck (Hydromatik)</td><td>Abb. 61. Charakteristik einer Regelung auf konstanten Druck (Hydromatik)</td></tr>
</table>

des Druckes von 220 atü die Leistungsregelung unterbrochen, damit der Druck und das damit verbundene Drehmoment nicht über diesen Grenzwert hinausgehen kann.

5. Leistungsregelung und Fördermengenbegrenzung. Durch einen mechanischen Anschlag kann die maximale Fördermenge bei der Leistungsregelung begrenzt werden. Dieser Anschlag kann auch durch eine Schraubenspindel erfolgen, die dann jeweils zur Einstellung eines beliebigen maximalen Förderstromes verwendet werden kann.

6. Regelung auf konstanten Druck (Abb. 60 und 61). Sowohl bei der Nullhubregelung als auch bei der Leistungsregelung entspricht jeder Veränderung der Fördermenge eine bestimmte Veränderung des Öldruckes. Aufgabe der Regelung auf konstanten Enddruck ist es jedoch, den Öldruck unabhängig von der Fördermenge konstant zu halten. Der eigentliche Druckregler kann dabei meist im Verhältnis 1 : 2 verstellt werden. Die untere Druckgrenze liegt etwa bei 30 und die obere Druckgrenze bei 80 atü bzw. bei Höchstdruckpumpen bei 160 atü.

Das eigentliche Verstellorgan ist wie bei der Nullhub- und Leistungsregelung ein Steuerkolben *A*, auf den von der einen Seite der Öldruck und von der anderen Seite eine Feder wirkt. Der auf diesen Steuerkolben wirkende Druck wird nun durch den eigentlichen Druckregler wie folgt beeinflußt:

Bei fallender Tendenz des Netzdruckes öffnet der Druckregler eine Verbindung zwischen dem Raum hinter dem Steuerkolben *A* und dem Ölbehälter, dadurch sinkt der auf den Steuerkolben *A* wirkende Druck und die Pumpe

Abb. 62. Steuerung einer Axialkolbenpumpe mit Leistungsbegrenzer. a) Ansicht, b) Schnittmodell, c) Schnittzeichnung (Güldner)

regelt auf größere Fördermenge. Der Druck neigt hierdurch wieder zum Steigen, umgekehrt bewirkt eine steigende Tendenz des Druckes im Netz eine Verstellung des Reglers auf kleine Fördermengen und damit wieder die Einstellung des konstanten Netzdruckes.

7. Leistungsbegrenzung. Die sogenannte Leistungsbegrenzung stellt eine Verbindung der Steuerung einer Pumpe von Hand aus auf jeden beliebigen Schwenkwinkel zwischen 0 und 25° und der Regelung durch einen Leistungsregler auf einen bestimmten Sollwert dar.

Eine Leistungsbegrenzung, die aus einem Leistungsregler etwa nach Abb. 56 mit einer Regelcharakteristik nach Abb. 58 besteht, ermöglicht also die Steuerung der Pumpe auf jeden beliebigen Förderstrom unterhalb der durch den Leistungsregler festgelegten Hyperbel. Dagegen ist es nicht möglich, die Steuerung auf irgendeinen Druck oberhalb dieser Hyperbel einzustellen. Der Leistungsregler verstellt dabei nicht unmittelbar das Gehäuse der Pumpe, sondern nur einen Anschlag, so daß die Pumpe immer nur jeweils dem hinter der Pumpe auftretenden Öldruck entsprechend auf einen bestimmten Schwenkwinkel und damit auf eine bestimmte Stromstärke eingestellt werden kann. Die Pumpe kann somit immer auf diejenige zulässige Stromstärke gestellt werden, bei der die verfügbare Antriebsleistung, die sich aus dem Produkt aus der Stromstärke und dem jeweils auftretenden Öldruck im Netz ergibt, nicht überschritten wird.

Bei der Auswahl einer bestimmten Regelung für eine Axialkolbenpumpe ist außer den gestellten Aufgaben und der damit verlangten Reglercharakteristik auch auf die auftretenden Verstellkräfte Rücksicht zu nehmen. Diese hängen von der Höhe des Betriebsdruckes, von der Zeitdauer, innerhalb der der Schwenkvorgang ausgeführt werden soll, sowie von der Größe und Bauart der Pumpe ab. Wählt man den Kolbendurchmesser des Stellkolbens ebenso groß wie den Durchmesser der Pumpenkolben in der Axialkolbenpumpe, so reichen die auftretenden Stellkräfte auf alle Fälle aus, um die Schwenkung der Pumpe mit der erforderlichen Sicherheit durchzuführen. Bei großen Pumpe wirkt der Öldruck nicht unmittelbar auf den Steuerkolben, sondern es werden vorgesteuerte Regler verwendet, bei denen der Öldruck zunächst nur auf den Vorsteuerschieber mit geringer Stellkraft wirkt, der dann erst nach dem Servomotorprinzip die Schwenkung der Pumpe mit der erforderlichen Stellkraft einleitet.

Abb. 62 zeigt als Beispiel für die konstruktive Gestaltung einer Regeleinrichtung für Axialkolbenpumpen (Ansicht Abb. 62a) den Schnitt (Abb. 62b, c) durch einen Regler für Axialkolbenpumpen, der aus einem Leistungsbegrenzer, einem Servomotor und einem Druckabschneider besteht. Der Servomotor S arbeitet mit Steuerdruck von etwa 15 atü, der Leistungsbegrenzer L und Druckabschneider D werden durch die Rückschlagventile in den Kanälen a und b mit der jeweiligen Druckleitung der Regelpumpe verbunden.

Die meist im Pumpengehäuse eingebaute Steuerpumpe fördert durch die Leitung x in den Raum 1 oberhalb des Ringkolbens A und in den Raum 3 zwischen den Kolben B und C sowie durch die Bohrungen im Piloten in den Raum 5. In den Räumen 1, 3 und 5 herrscht also immer der Steuerdruck in voller Höhe.

Die beiden Räume 0 sind durch eine Bohrung z bzw. eine Nut y mit der Umgebung verbunden und deshalb immer drucklos.

Im Raum 2 und 6 herrscht etwa der halbe Steuerdruck, weil sich die Flächen A zu E sowie 1 zu 2 verhalten und der Kolben B nur um einige Prozent größer als C ist.

Die Folgesteuerung des Servomotors arbeitet somit bei Verstellung der Pumpe durch die Kurvenscheibe K wie folgt:

Eine geringe Verstellung des Kolbens F verstellt auch die starr miteinander verbundenen Kolben B und C, weil im Raum 5 immer voller Steuerdruck herrscht. Der Vorschub erfolgt also so, als ob F, B und C aus einem Stück wären.

Der Kolben F ist stets bis zu seinem Anschlag an einem Sprengring ausgefahren.

B versperrt die Verbindung von 3 zu 2, der Druck 6 sinkt, da das Öl von 6 und 2 nach 0 und über y in den Behälter austritt.

Der Kolben zwischen A und E folgt dem Kolben B. Der Kolben F wird dabei immer leicht gegen die Kurvenscheibe K gedrückt, weil B etwas größer als C ist.

Gibt die Kurvenscheibe K dem Kolben F die Möglichkeit auszufahren, so öffnet B die Verbindung 3—2. Der steigende Druck in 2 und 6 bewirkt, daß E wieder dem Piloten B folgt.

Leistungsbegrenzer L und Druckabschneider D arbeiten wie folgt mit dem Servomotor zur Steuerung der Pumpe auf beliebigen Förderstrom innerhalb der Leistungsgrenzen zusammen:

Je nach Drehrichtung der Pumpe strömt das Drucköl über die Kanäle a oder b zum Druckabschneider D und Leistungsbegrenzer L. Bei steigendem Druck wird zunächst das Federpaket des Leistungsbegrenzers gespannt, wobei der Öldruck auf die Ringfläche zwischen Kolben H und G wirkt. Die Ringfläche zwischen K und H ist drucklos. Bei steigendem Druck fährt deshalb zunächst der Anschlag N aus, der über dem Winkelhebel den Piloten mit B und C verstellt. Das Federpaket ist so bemessen, daß die Stellung der Kolben B und C jeweils so gewählt wird, daß die Fördermenge der Pumpe die Bedingung $N = \text{const.} = p\,Q$ erfüllt.

Erst wenn der am Druckabschneider eingestellte obere Grenzdruck erreicht wird, der auf die Ringfläche zwischen L und M wirkt, sperrt L die Verbindung vom Raum zwischen H und K zum Abfluß t ab und öffnet gleichzeitig eine Verbindung von Druckanschluß c in den Raum zwischen K und L. Kolben K ist wesentlich größer als H und der Anschlag N wird deshalb rasch in seine äußerste Endlage ausgefahren. Nach dieser Verstellung entspricht der Schwenkwinkel derjenigen Stellung der Pumpe, bei der lediglich die zur Aufrechterhaltung des maximalen Druckes erforderlichen Leckölmengen gefördert werden.

Bei sinkendem Öldruck gehen L und M in ihre ursprüngliche Lage zurück und das Öl unter K kann über t entweichen.

Die Leistungsbegrenzung in beiden Förderrichtungen wird folgendermaßen erreicht:

Sind Kolben A und F in der oberen Endlage und ist somit die Steuernocke K im Uhrzeigersinn in ihre Endlage gestellt, so hebt der Winkelhebel den Kolben F von der Nocke ab und verschiebt somit F, B und C, die gegeneinander keinerlei Relativbewegungen ausführen, um den gleichen Weg. Ist dagegen F, B und C in der unteren Endlage, wenn der Leistungsbegrenzer eingreift, so wird F unter Überwindung der Kraft, die sich aus dem Produkt aus dem Steuerdruck mit der Kolbenfläche F ergibt, in den Raum 5 geschoben. Der Kolben F bleibt also in der durch die Kurve K vorgegebenen Lage stehen, während der Pilot mit B und C und damit durch die Folgekolbensteuerung des Servomotors auch der Folgekolben mit A und E gegen die Mittellage verschoben werden.

3. Motoren und Getriebe

Alle Ölpumpen können prinzipiell auch als Ölmotoren verwendet werden, soweit sie nicht durch federbelastete Ventile, sondern durch Steuerschieber oder durch zwangsweise mit der Hauptwelle verbundene Organe gesteuert werden. Ebenso wie bei den Pumpen unterscheidet man auch bei den Ölmotoren zwischen Zahnradmotoren, Zellenmotoren und Kolbenmotoren. Ölmotoren werden in hydraulischen Antrieben meist zur Erzeugung rotierender Bewegungen verwendet, während Druckölzylinder zur Erzeugung geradliniger Bewegungen dienen. Nur für Drehbewegungen mit kleinen Schwenkwinkeln werden auch Drehkolben bzw. Arbeitszylinder verwendet, an deren Kolbenstange eine Zahnstange sitzt, die in ein Ritzel greift, um dadurch eine rotierende Bewegung zu erzeugen. Umgekehrt werden aber auch Ölmotoren mit einem Ritzel und Zahnstange zur Erzeugung von Hubbewegungen mit großen Hüben verwendet, wenn der Einbau von langen Zylindern auf Schwierigkeiten stößt.

Ein hydrostatisches Flüssigkeitsgetriebe ist eine Kombination einer Ölpumpe mit einem Ölmotor, die zur Energieübertragung verwendet wird. Es wird oft zur stufenlosen Drehzahlregelung verwendet und aus folgenden Gründen in zunehmendem Maße auf allen Gebieten des Maschinenbaues anderen Elementen zur Energieübertragung vorgezogen:

1. Ölpumpe und Ölmotor haben nur etwa ein Zehntel der Masse und ein Zehntel des Gewichtes sowie ein Zehntel des Volumens wie Elektromotoren und Generatoren.

2. Dies ermöglicht eine besonders rasche und stoßfreie Bewegungsumkehr infolge der kleinen Schwungmomente.

3. Kleine Abmessungen der Antriebsmotoren.

4. Geringes Gewicht der ausgerüsteten Maschinen.

5. Die Antriebswelle kann ohne Zwischenschaltung einer Kupplung entlastet anlaufen, wobei außerdem das Anlaufdrehmoment noch wesentlich kleiner ist als beim Antrieb mit Elektromotoren.

6. Das hydrostatische Getriebe ermöglicht auch ein sanftes und stoßfreies Bremsen mit oder ohne Energierückgewinnung.

7. Jeder Ölmotor kann durch entsprechende Steuerventile verriegelt werden. Es ergibt sich dadurch die Möglichkeit zum Festhalten der Antriebswelle ohne besondere Bremsvorrichtung. Beim Antrieb von Fahrzeugen ergibt sich z. B. eine wesentliche Verbesserung der Manövrierfähigkeit.

8. Sicherheitsventile ermöglichen einen einfachen Überlastungsschutz.

9. Die Energieübertragung durch Rohrleitungen ermöglicht im Gegensatz zu mechanischen Getrieben eine beliebige Verlegung der Elemente zur Energieübertragung und bietet damit oft große konstruktive Vorteile.

Im allgemeinen arbeitet eine Pumpe und ein Motor der gleichen Bauart zusammen. Also z. B. Zellenpumpen mit Zellenmotoren, Axialkolbenpumpen mit Axialkolbenmotoren, Radialkolbenpumpen mit Radialkolbenmotoren usw. Es werden aber auch Flüssigkeitsgetriebe verwendet, die z. B. aus einer starren *Zahnrad*pumpe oder *Zellen*pumpe und einem starren *Axialkolben*motor bestehen, wobei die Regelung durch einen Nebenstromkreislauf erfolgt. Das Beispiel des Lüfterantriebes in Straßenfahrzeugen zeigt z. B., daß zur Lösung bestimmter Aufgaben, insbesondere solange noch keine Zahnradmotoren mit hohen Wirkungsgraden verfügbar sind, manchmal auch Flüssigkeitsgetriebe vorzuziehen sind, bei denen Pumpe und Ölmotor prinzipiell grundverschieden aufgebaut sein können.

Man unterscheidet Getriebe mit konstantem Übersetzungsverhältnis — „oder hydraulische Wellen" —, bei denen eine Pumpe mit konstanter Förder-

menge einen Motor mit unveränderlichem Schluckvermögen antreibt, und Getriebe
zur stufenlosen Drehzahländerung der Abtriebswelle. Bei Getrieben mit veränderlicher Übersetzung kann entweder nur die Pumpe in ihrer Fördermenge
regelbar sein (Primärregelung) und der Motor konstantes Schluckvermögen
haben, oder aber es kann sowohl der Förderstrom der Pumpe als auch der Schluck-
strom des Motors veränderlich sein (Primär- und Sekundärregelung oder Verbundregelung). Getriebe mit Pumpen mit unveränderlicher Fördermenge der Pumpe
und Motoren mit veränderlichem Schluckvermögen werden selten verwendet.

Es muß auch nicht unbedingt immer eine Pumpe nur mit einem Motor
zusammenarbeiten, sondern es können auch zwei oder mehrere Ölmotoren durch
eine Pumpe mit Drucköl versorgt werden.

Soll ein Flüssigkeitsgetriebe vornehmlich als Dreh-
zahlwandler dienen, so werden Pumpe und Ölmotor in
einem Gehäuse zusammengebaut (Abb. 63, 69, 70). Soll
jedoch durch das Flüssigkeitsgetriebe eine Energieübertragung von der Stelle der Energieerzeugung zum
Antriebsort oder eine Verteilung der Energie erreicht
werden, so werden Pumpe und Motor getrennt voneinander angeordnet und durch Rohrleitungen miteinander verbunden.

Die häufigste Kombination in Flüssigkeitsgetrieben
ist die einer regelbaren Pumpe mit einem starren Motor.
Die Regelung des Lieferstromes der Pumpe kann dabei
bei konstanter Richtung des Förderstromes entweder
zwischen 0 und einem Maximalwert erfolgen, oder aber
es kann auch eine Pumpe verwendet werden, bei der die
Richtung des Förderstromes durch die Lage eines Steuerorgans verändert werden kann. Je nach der Lage des
Steuerorgans, das von der Null-Lage nach zwei verschiedenen Richtungen ausgeschwenkt werden kann,
wird dann jeweils Druck- und Saugstutzen der Pumpe
gegeneinander vertauscht. Durch ein Flüssigkeitsgetriebe,
das aus einer regelbaren Pumpe und einem starren

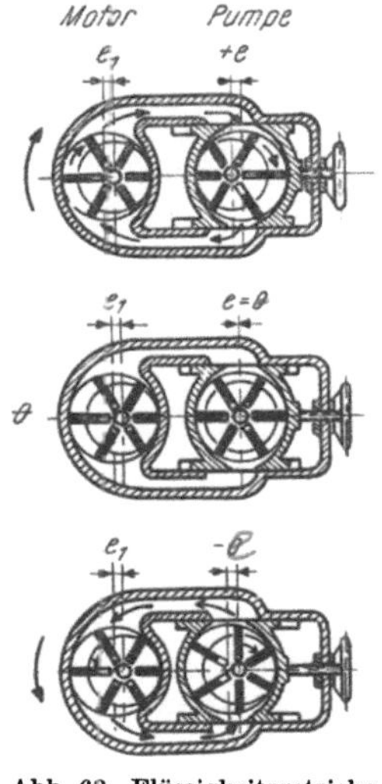

Abb. 63. Flüssigkeitsgetriebe
mit regelbarer Zellenpumpe
und Zellenmotor mit kon-
stantem Schluckvermögen
(aus DÜRR-WACHTER)

Motor besteht, kann somit die Drehzahl des Motors zwischen 0 und einem
Maximalwert verändert werden. Kann außerdem die Richtung des Förderstromes
in der Pumpe gewechselt werden, so ist eine Regelung der Drehzahl des Motors
zwischen 0 und einem Maximalwert in beiden Drehrichtungen möglich.

Die Größe der Pumpe und des Motors wird je nach dem Verwendungszweck
gewählt:

Meist dient das Getriebe zu einer Übersetzung von hohen Drehzahlen und
kleinem Drehmoment auf kleine Drehzahlen und großes Drehmoment. Das Verhältnis der Größe des Motors zur Größe der Pumpe wird deshalb den gewünschten
Grenzen, zwischen denen sich das Übersetzungsverhältnis bewegen soll, entsprechend auszuwählen sein.

Ist die maximale Liefermenge der Regelpumpe je Umdrehung und die Schluck-
menge des starren Motors je Umdrehung gleich groß, so laufen bei maximalem
Lieferstrom Pumpe und Motor mit der gleichen Drehzahl. Bei Verkleinerung der
Liefermenge der Pumpe je Umdrehung durch die Regelung läuft dann der starre
Motor immer langsamer, auf je kleinere Lieferströme die Pumpe gestellt wird.
Bei vielen Antrieben soll aber die maximale Motordrehzahl bereits kleiner sein
als die konstante Antriebsdrehzahl der Pumpe. Man wählt dann das Volumen
des Motors größer als das der Pumpe und damit werden auch alle anderen Ab-

messungen des Motors größer als die der Pumpe. Die Pumpe muß dann auch bei maximalem Lieferstrom schneller laufen als der Motor und ihre Abmessungen werden auch entsprechend kleiner als die des Motors.

Ergeben sich auch in der Antriebsdrehzahl der Pumpe Variationsmöglichkeiten, so ist eine hohe Drehzahl der Pumpe auch immer vorzuziehen, da hierdurch kleinere und billigere Pumpen verwendet und außerdem durch den kleineren Umfang der Dichtungsflächen auch kleinere Verluste erreicht werden können.

Für das Verhältnis der Drehzahl der Pumpe n_p mit einer Fördermenge Q_p je Umdrehung zu der Drehzahl des Motors n_m mit einer Schluckmenge von Q_m l je Umdrehung gilt für alle hydrostatischen Flüssigkeitsgetriebe ohne Bypassregelung und ohne Leckverluste die Beziehung

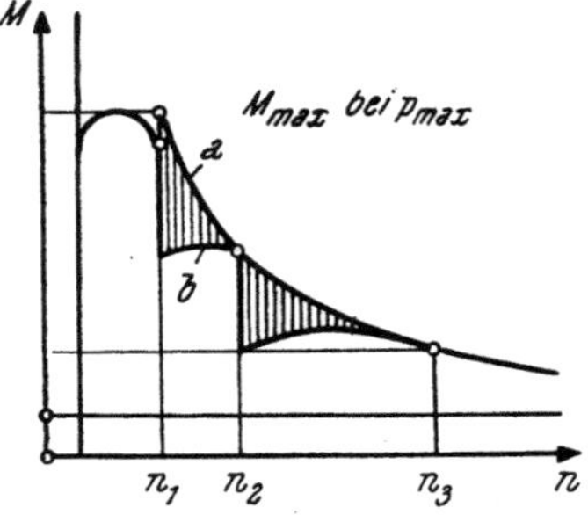

Abb. 64. Änderung eines Drehmomentes M mit der Drehzahl n eines Fahrzeugantriebes oder Windenantriebes durch Dieselmotor a) bei hydrostatischem Antrieb, b) bei Zahnradgetriebe

und

$$\frac{n_p}{n_m} = \frac{Q_m}{Q_p} \tag{69}$$

$$n_m = n_p \frac{Q_p}{Q_m}. \tag{70}$$

Dieser Zusammenhang gilt unabhängig davon, ob es sich um ein starres Getriebe mit einer Pumpe und einem Motor mit konstanter Stromstärke handelt, ob nur die Pumpe, nur der Motor oder sowohl Pumpe als auch Motor regelbar sind, unter der Voraussetzung, daß die gesamte von der Pumpe geförderte Ölmenge auch zum Antrieb des Motors verwendet wird.

Infolge der LecköIverluste in Pumpe und Motor ist die Drehzahl des Motors jedoch diesen Verlusten entsprechend geringer. Wenn die Schluckverluste durch einen Faktor η_{vol} berücksichtigt werden, so ist

$$n_m = n_p \frac{Q_p}{Q_m} \eta_{\mathrm{vol}}. \tag{71}$$

Bei einem Getriebe mit regelbarer Pumpe und starrem Motor nimmt die Drehzahl des Motors mit abnehmendem Förderstrom von ihrem Maximalwert bis auf 0 ab. Bei einem Getriebe mit starrer Pumpe und einem Motor, dessen Schluckmenge je Umdrehung veränderlich ist, würde sich der Motor bei Verkleinerung der Schluckmenge je Umdrehung immer schneller drehen, und zwar so lange, bis das Drehmoment im Motor nicht mehr zur Überwindung der Reibungskräfte ausreicht und der Motor durch Selbsthemmung stehenbleibt. Eine Motorregelung darf deshalb immer nur bis zu einer bestimmten zulässigen Schluckmenge je Umdrehung erfolgen, wenn diese Selbsthemmung vermieden werden soll. Eine Umsteuerung des Motors ist überhaupt nur möglich wenn der Ölstrom während der Umsteuerung — entweder durch Stillsetzen der Pumpe oder Ableitung des Ölstromes im Nebenstrom — abgeschaltet wird.

Eine wesentliche Aufgabe der Flüssigkeitsgetriebe ist es oft, durch die stufenlose Drehzahlregelung der Abtriebswelle eine bessere Ausnutzung der Antriebsenergie durch einen Motor mit konstanter Drehzahl dadurch zu erreichen, daß der Antriebsmotor immer mit derjenigen Drehzahl laufen kann, mit der er den besten Wirkungsgrad bzw. das größte Drehmoment erreicht.

Abb. 64 zeigt die Kennlinien für die Abhängigkeit des verfügbaren Drehmomentes an der Abtriebswelle von der Drehzahl dieser Welle für ein Zahnradgetriebe und ein hydrostatisches Getriebe. Die Abbildung soll zeigen, daß innerhalb weiter Drehzahlbereiche bei Verwendung eines Zahnradwechselgetriebes nur ein wesentlich geringerer Anteil der Antriebsleistung für die Arbeitsleistung zur Verfügung steht als bei Verwendung eines stufenlosen Flüssigkeitsgetriebes, bei dem für jede Drehzahl der Antriebsmaschine die maximale Motorleistung an der Abtriebswelle verfügbar ist. Nur bei den Drehzahlen n_1, n_2 und n_3 kann durch ein Zahnradgetriebe die volle Motorleistung ausgenützt werden, bei allen dazwischenliegenden Drehzahlen dagegen steht nur ein Teil der Leistung des Antriebsmotors an der Abtriebswelle zur Verfügung.

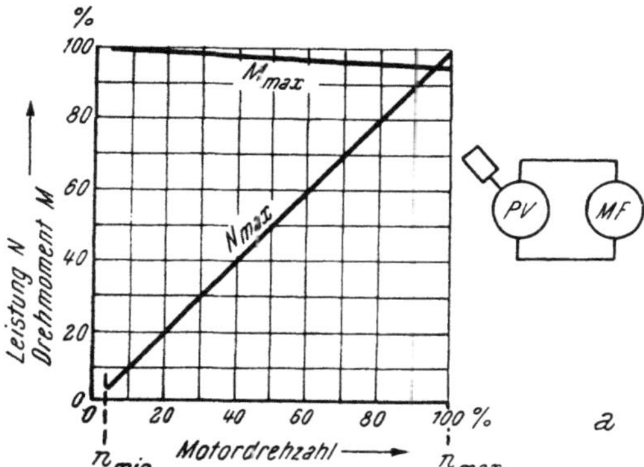

Abb. 65 bis 67. Charakteristiken hydrostatischer Getriebe (Pumpen mit konstanter Drehzahl angetrieben)

Aus dieser Gegenüberstellung zwischen Zahnradgetriebe und hydrostatischem Getriebe soll auch hervorgehen, daß durch die bessere Ausnutzung der Leistung einer Antriebsmaschine auf vielen Gebieten des Maschinenbaues eine wesentliche Steigerung des Nutzungsgrades einer Maschine durch die Einführung hydrostatischer Getriebe an Stelle von Zahnradgetrieben möglich sein wird.

Sollen also z. B. mit einem Kran Lasten von verschiedenem Gewicht gehoben werden, so kann die Antriebsleistung bei Verwendung eines Zahnradgetriebes nur bei den Drehzahlen n_1, n_2, n_3 voll ausgenützt werden. Bei allen anderen Drehzahlen muß einen Teil der verfügbaren Leistung verschenkt werden. Wählt man bei einem Zahnradgetriebe das Verhältnis der Drehzahlen 1 : 3 : 5, und sollen alle Lasten, die den Drehmomenten zwischen 0 und m_{max} entsprechen, gleich häufig gehoben werden, so ist die Nutzfläche unter der Hyperbel des

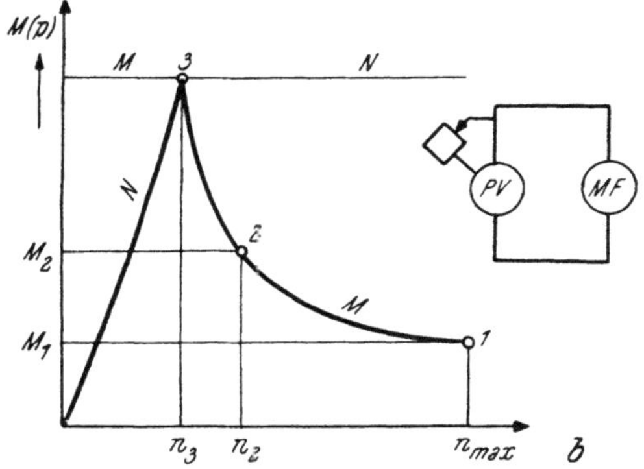

Abb. 65. a) Pumpe regelbar, ohne Leistungsregler, Motor starr, b) Pumpe regelbar, mit Leistungsregler, Motor starr

stufenlosen Getriebes um 30% größer als die Fläche unter der Stufenlinie des Zahnradgetriebes. Berücksichtigt man bei dem Beispiel des Kranes weiter, daß die Manövrierfähigkeit durch den hydrostatischen Antrieb verbessert wird, daß die Last schneller gesenkt werden kann und außerdem absolut stoßfrei angehoben und abgesenkt werden kann, so ergeben sich noch weitere Möglichkeiten zur Steigerung des Nutzungsgrades der ganzen Maschine, die in Zahlen gar nicht unmittelbar ausgedrückt werden können.

Ein wesentlicher Vorteil der stufenlosen Änderung der Übersetzung eines Getriebes gegenüber dem Zahnradwechselgetriebe liegt auch darin, daß der Antrieb während der zum Aus- und Einkuppeln erforderlichen Zeit nicht unterbrochen werden muß.

So ergeben sich z. B. beim Beschleunigen eines Kraftwagens insbesondere beim Bergauffahren, erhebliche Zeitverluste durch den Ausfall der Antriebsleistung während des Schaltens von einem Gang auf den anderen, da in dieser von der Geschicklichkeit des Fahrers abhängigen Zeitspanne auch noch eine Verzögerung des Fahrzeuges eintritt.

Ähnliche Überlegungen gelten für alle Antriebe, in denen ein Getriebe zwischen einem Antriebsmotor und rotierenden oder geradlinig bewegten Massen eingeschaltet werden muß, die häufig beschleunigt und verzögert werden müssen.

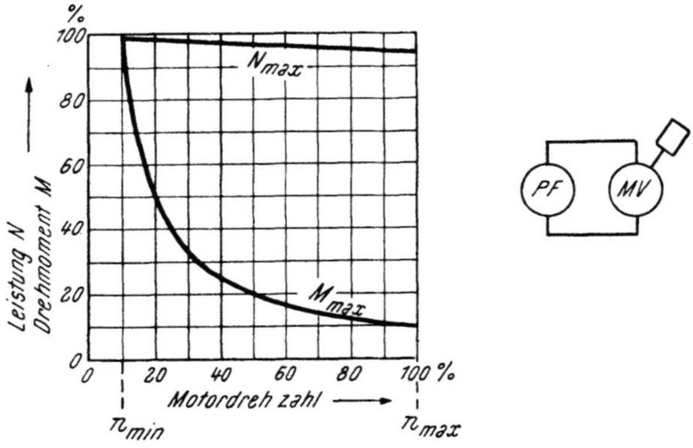

Abb. 66. Konstante Leistung. Pumpe starr, Motor regelbar (aus „Technische Rundschau")

Für hydraulische Antriebe mit stufenloser Regelung der Antriebsdrehzahl ergibt sich je nachdem, ob ein Getriebe mit Primärregelung, mit Sekundärregelung oder mit Verbundregelung verwendet wird, die Abhängigkeit des Drehmomentes und der Leistung von der Drehzahl nach Abb. 65, 66, 67, solange keine Leistungsregelung der Pumpe verwendet wird.

Wird ein Leistungsregler zur Regelung der Pumpe eines Getriebes mit Primärregelung verwendet, so wird die Pumpe bei steigender Belastung nach Erreichen der zulässigen Antriebsleistung auf kleinere Schwenkwinkel zurückgeschwenkt, um die Abtriebsdrehzahl auf den mit der verfügbaren Leistung gerade noch erreichbaren Wert einzustellen. Es ergibt sich dann die Abhängigkeit des Drehmomentes und der Leistung an der Abtriebswelle von der Drehzahl der Abtriebswelle nach Abb. 65 b.

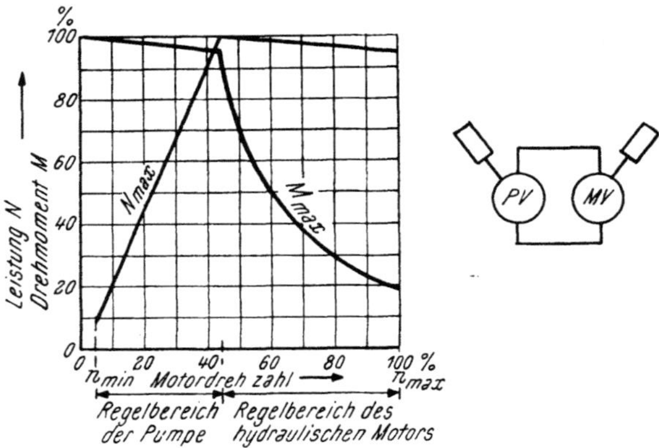

Abb. 67. Kombination von Abb. 65 a und Abb. 66 für großen Drehzahlbereich. Pumpe und Motor regelbar (aus „Technische Rundschau")

Nach diesem Überblick über die wichtigsten Ausführungsformen von Pumpen und Motoren und über die verschiedensten Kombinationsmöglichkeiten, wie diese zu Flüssigkeitsgetrieben zusammengesetzt werden können, sollen nun besprochen werden. Vor- und Nachteile der einzelnen Getriebearten sowie ihre charakteristischen Anwendungsgebiete ergeben sich aber auch aus der Besprechung der verschiedenen, in Abschn. X, XI und XII besprochenen Maschinen mit hydrostatischem Getriebe.

a) Getriebe mit Zahnradmotoren

Während Zahnradmotoren für Druckluft in mannigfaltigen Ausführungsformen mit geraden, schrägen und pfeilförmigen Zähnen und in den verschiedensten Größen verwendet werden, steht der Zahnradölmotor erst am Anfang seiner Entwicklung. Ganz im Gegensatz zu Zahnradpumpen, die durch die Einführung des Pescoprinzipes mit schwimmenden Lagerbrillen und sowohl radialer als auch axialer Druckentlastung der Lager auch bei langen Betriebszeiten gute Abdichtungen und hohe Wirkungsgrade erreichten, konnte sich der Zahnradölmotor als Normbauteil in der Ölhydraulik noch nicht durchsetzen. Insbesondere bei niedrigen Drehzahlen treten bei allen Ausführungsformen, die bisher zur Verfügung stehen, immer noch hohe Leckölverluste auf, die schlechte Wirkungsgrade und eine starke Ölerwärmung verursachen. An der weiteren Entwicklung der einfachen Zahnradmotoren wird aber insbesondere auch in Hinblick auf die erreichbaren Lebensdauern ständig weiter gearbeitet und es ist anzunehmen, daß in den nächsten Jahren auch solche aus zwei oder drei Zahnrädern bestehende Motoren mit besseren Wirkungsgraden als Normbauteile verfügbar sein werden. Im Werkzeugmaschinenbau werden wohl schon seit langer Zeit Zahnradölmotoren verwendet, bei denen meist drei oder mehrere kleinere Zahnräder um ein größeres zentral liegendes Zahnrad angeordnet sind. Auf die Abtriebswelle wirkt dann ein Drehmoment, das der Anzahl der kleinen Stirnräder entspricht. Die Schluckmenge Q_m des Zahnradölmotors ist

$$Q_m = \frac{d\pi\, 2\, m\, b\, z}{1000}\ \text{l/Umdrehung}$$

und das Drehmoment des Motors M_m ist

$$M_m = \frac{d}{2} \cdot \frac{2\, m\, b\, p\, z}{100} \cdot \text{kgm};$$

dabei bedeutet:

d Teilkreisdurchmesser in cm,
m Modul der Verzahnung in cm,
b Radbreite in cm,
z Anzahl der Räder.

b) Getriebe mit Zellenmotoren mit äußerer Beaufschlagung

Ebenso wie die Kolbenpumpen können auch die Zellenpumpen und Motoren mit äußerer und mit innerer Beaufschlagung arbeiten. Abb. 63 zeigt die Prinzipskizze eines Getriebes, das aus einer regelbaren Zellenpumpe mit äußerer Beaufschlagung und einem Motor mit unveränderlichem Schluckvermögen besteht. Auf die Funktion dieses Getriebes soll im folgenden etwas näher eingegangen werden.

Die Liefermenge der Pumpe des Zellengetriebes mit äußerer Beaufschlagung und mit einem Motor mit fixem Schluckvermögen kann an einem Handrad verstellt werden. Das Getriebe kann sowohl für Drehzahlregelung innerhalb beliebiger Grenzen zwischen 0 und der maximalen Drehzahl des Motors als auch als Wendegetriebe verwendet werden, da die Exzentrizität des Pumpengehäuses gegenüber der Pumpenachse von der Null-Lage (mittleres Bild) sowohl nach rechts (Bild oben) als auch nach links (Bild unten) verstellt werden kann. Die Drehrichtung des Motors ist dementsprechend im oberen Bild in der Richtung des Uhrzeigers und im unteren Bild entgegengesetzt der Richtung des Uhrzeigers.

Es gibt aber auch Flügelradgetriebe, bei denen sowohl die Fördermenge der Pumpe als auch die Schluckmenge des Motors verstellt werden können. Wie bei allen Getrieben mit Verbundregelung darf auch bei einem solchen Flügelradgetriebe die Motorregelung nur bis zu einer bestimmten kleinsten zulässigen Exzentrizität möglich sein, um Selbstsperrung des Motors zu verhindern.

Bei Getrieben, in denen Pumpe und Motor in einem Gehäuse zusammengebaut werden, wird die Pumpe meist etwas kleiner ausgeführt als der Motor.

Die Regelung eines Zellengetriebes kann auch so erfolgen, daß sowohl die Welle der Pumpe als auch die Welle des Motors feststehen und ein starres Gehäuse, in dem die Lamellen von Pumpe und Motor geführt werden, derart verschoben wird, daß die Exzentrizität der Pumpe und des Motors gleichzeitig jeweils um denselben Betrag verändert wird. Bei Verstellung des Gehäuses nimmt dann gleichzeitig die Fördermenge der Pumpe zu, während die Schluckmenge des Motors zurückgeht. Abb. 68 b zeigt die Veränderung des Drehmomentes an der Abtriebswelle sowie die übertragene Leistung in Abhängigkeit von der Abtriebsdrehzahl für ein solches Getriebe mit gleichzeitiger Verstellung der Exzentrizität von Pumpe und Motor um den gleichen Betrag.

Mit einem solchen Getriebe mit gleichzeitiger Verstellung der Exzentrizität der Pumpe und des Motors kann aber keine Energieübertragung mit konstanter Leistung über einem größeren Drehzahlbereich erreicht werden. Es muß dann die Exzentrizität von Pumpe und Motor getrennt voneinander eingestellt werden können, wenn eine Regelung auf konstante Leistung verlangt wird.

Bei Verstellung der Exzentrizität der Pumpe von 0 auf ihren Maximalwert und unveränderter Exzentrizität des Motors sowie bei konstantem Öldruck ergibt sich eine Zunahme der Abtriebsdrehzahl und der Abtriebsleistung mit steigender Exzentrizität. Die größte übertragbare Leistung wird bei der größten einstellbaren Exzentrizität erreicht.

Wird nun bei dieser maximalen Leistungsübertragung durch das Getriebe der Motor von seiner größten gegen seine kleinste Exzentrizität verstellt, so nimmt das Drehmoment mit abnehmender Exzentrizität ab

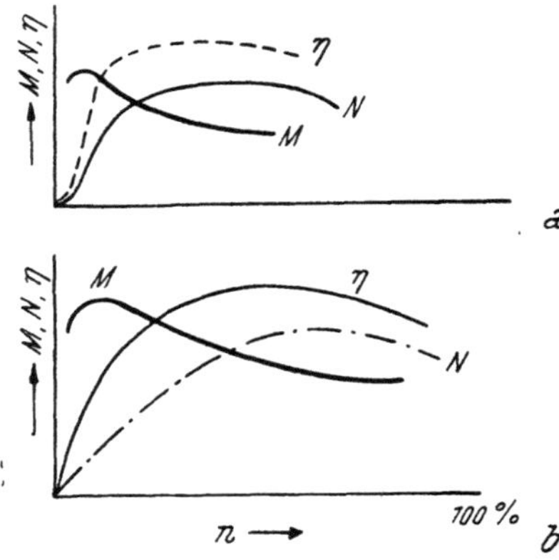

Abb. 68. Veränderung von Leistung und Drehmoment bei Flügelgetrieben mit gleichzeitiger Verstellung der Exzentrizität von Pumpen und Motorgehäuse a) um verschiedene, durch eine Kurvenführung einander zugeordnete Beträge, b) um den gleichen Betrag (aus Dürr-Wachter)

und die Drehzahl zu. Durch diese Verstellung des Motors kann etwa ein Drehzahlbereich von 1 : 5 bestrichen werden, bei dem die Leistung annähernd konstant bleibt. Die Einstellung der Exzentrizität von Pumpe und Motor kann dabei von einem Handrad aus so gesteuert werden, daß jeweils einer bestimmten Exzentrizität der Pumpe eine dieser zugeordnete Exzentrizität des Motors eingestellt wird, die jedoch dann von der des Motors verschieden ist, und es ergibt sich dann ein bestimmtes Leistungsdiagramm für ein solches Getriebe mit annähernd konstanter Leistungsübertragung über einen großen Drehzahlbereich (Abb. 68 a).

c) Zellengetriebe mit innerer Beaufschlagung

Abb. 70 zeigt ein Flügelradgetriebe mit innerer Beaufschlagung, bei dem durch einen Handhebel die Exzentrizität der Pumpe und durch ein Handrad die Exzentrizität des Motors unabhängig voneinander verstellt werden können. Abb. 69 zeigt das gleiche Getriebe im Längs- und Querschnitt.

Durch den Schalthebel kann somit das Einschalten des Getriebes sowie das Umsteuern und die Regelung der Abtriebsdrehzahl bei konstantem Drehmoment erfolgen. Am Handrad kann dagegen eine Regelung der Drehzahl des Motors bei konstanter Leistung erzielt werden (Abb. 70).

Im einzelnen arbeitet das Getriebe wie folgt:

Die feststehende, in der Achse des Getriebes liegende Steuerwelle hat in der Längsrichtung zwei Bohrungen für die Zufuhr des Öls von der Pumpe zum

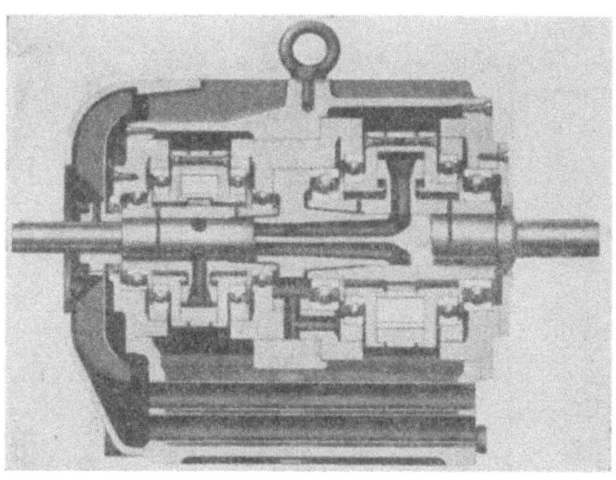

a   b

Abb. 69. a) Längsschnitt durch ein BOEHRINGER-STURM-Ölgetriebe in Normalform, b) Querschnitt durch den Ölmotor eines BOEHRINGER-STURM-Ölgetriebes in Normalform

Motor bzw. für die Abfuhr des Öls vom Motor zur Pumpe. Im Rotor des Motors und der Pumpe sind zwischen je zwei Flügeln radiale Bohrungen vorgesehen, durch die das Öl zu den Arbeitsräumen fließt bzw. durch die es wieder zur Steuerwelle zurückfließen kann. Der Flügelrotor der Pumpe wird durch den linken Wellenstumpf der Antriebswelle angetrieben und läuft auf Kugellagern ebenso wie der Rotor der Pumpe und der Rotor des Motors, der seinerseits seine Leistung an den rechten Wellenstumpf überträgt. Das mit den Flügeln umlaufende Gehäuse ist ebenfalls kugelgelagert, wobei diese Lagerung des Gehäuses bei der Pumpe durch den Handhebel und bei dem Motor durch das Handrad in seiner Exzentrizität verstellt werden kann. Durch das mitlaufende Gehäuse wird die Abnützung der Lamellen durch Gleitreibung verhindert und eine gute Dichtheit erreicht.

Abb. 70. Ansicht eines BOEHRINGER-STURM-Ölgetriebes

Ähnlich wie bei Zellengetrieben mit äußerer Beaufschlagung kann die Verstellung der Exzentrizitäten der Pumpe und des Motors auch hier mechanisch zwangsweise miteinander gekoppelt werden. Es kann dann durch einen einzigen Handhebel sowohl die Exzentrizität der Pumpe als auch die des Motors derart verstellt werden, daß einer bestimmten Verstellung der Pumpe eine zwangsweise zugeordnete Verstellung des Motors entspricht.

Die Verstellung der Exzentrizität der Pumpe und des Motors kann auch durch Elektromotoren erfolgen, um eine Fernbetätigung zu ermöglichen, wobei entweder wieder die Exzentrizität des Motors und die der Pumpe unabhängig voneinander durch je einen Motor erfolgen kann oder aber ein Motor gleichzeitig die Exzentrizität von Motor und Pumpe verstellen kann.

Der wesentliche Vorteil des Zellengetriebes mit innerer Beaufschlagung ist der einfache hydraulische Kreislauf ohne Hilfs- oder Spülpumpe und ohne Hilfs- und Spülventile. Er ermöglicht eine gedrungene Konstruktion mit geringem Raumbedarf und günstige Möglichkeiten für den Anbau der verschiedensten Verstell-, Steuer- und Regeleinrichtungen, von denen oben nur einige der einfachsten erwähnt wurden. So können außer Elektromotoren und mechanischen Getrieben auch andere elektrische und pneumatische Verstelleinrichtungen und Regeleinrichtungen mit oder ohne Servomotorwirkung zum Überlastungsschutz an Pumpe oder Motor vorgesehen werden. Besondere Zentralsteuerungen ermöglichen die Steuerung von Pumpe und Motor in einer bestimmten zeitlichen Reihenfolge. Angeflanschte Stirnrad-, Kegelrad- oder Cyclogetriebe ermöglichen die Verlagerung der Antriebsdrehzahl in andere Drehzahlbereiche. Auch der Antriebsmotor selbst kann an das Flüssigkeitsgetriebe unmittelbar angeflanscht werden und der Einbau eines Kühlers bei hohen Umgebungstemperaturen ist ohne Schwierigkeiten möglich.

d) Radialkolbenmotoren und Getriebe

Radialkolbengetriebe bestehen meist aus einer regelbaren Pumpe nach Abb. 50 und einem Motor mit unveränderlichem Schluckvermögen, der nach dem gleichen Prinzip wie die Pumpe arbeitet. Der feststehende Zapfen für die Ölzu- und -ableitung liegt zwischen Pumpe und Motor, durch eine Bohrung fließt das Drucköl von der Pumpe zum Motor und durch je eine getrennte Bohrung wird das Öl aus dem Ölbehälter zur Pumpe angesaugt bzw. vom Motor drucklos wieder in den Ölbehälter zurückgefördert.

e) Axialkolbengetriebe

In hydrostatischen Getrieben, in denen eine Axialkolbenpumpe, in der hydrostatische Druckenergie erzeugt wird, und ein Axialkolbenölmotor, der die Energie wieder als mechanische Energie an eine Welle abgibt, zusammengebaut werden, verwendet man meist auch eine regelbare Pumpe und einen Motor mit unveränderlicher Schluckmenge. Hat das Getriebe nur die Aufgabe, bei der Energieübertragung eine stufenlose Regelung der Drehzahl zu ermöglichen, so wird Pumpe und Motor in einem Aggregat zusammengebaut. Soll die Erzeugung der Druckenergie jedoch in der Nähe eines Antriebsmotors erfolgen und wird die Leistungsabgabe an einer anderen Stelle verlangt, so werden Motor und Pumpe getrennt voneinander eingebaut und mit entsprechenden Rohrleitungen verbunden. Es kann aber auch eine Regelpumpe mit einem Motor mit veränderlicher Schluckmenge zusammenarbeiten, um eine feinere Regelmöglichkeit zu erreichen, oder es kann auch eine Pumpe zur Speisung mehrerer Ölmotoren Verwendung finden.

Die Drehzahl eines Motors mit unveränderlicher Schluckmenge ist nur abhängig vom Lieferstrom der Pumpe und die Strömungsrichtung in der Pumpe bedingt auch die Drehrichtung des Motors. Drehrichtung und Drehzahl eines Motors kann also durch ein Getriebe, das aus einer nach zwei Seiten schwenkbaren Regelpumpe und aus einem Motor mit unveränderlichem Schluckvermögen besteht, beliebig verändert werden.

Zwischen der Fördermenge je Umdrehung der Pumpe Q_p und der Schluckmenge je Umdrehung des Motors Q_m und den Drehzahlen der Pumpe n_p und des Motors n_m besteht die Beziehung

$$n_m = n_p \frac{Q_p}{Q_m} \eta_{\text{vol}}. \qquad (71)$$

Der volumetrische Wirkungsgrad des Getriebes hängt vom Öldruck ab. Da die Leckverluste eines Getriebes, das aus Pumpe und Motor besteht, etwa doppelt so groß sind als die der Pumpe allein, so kann der volumetrische Wirkungsgrad des Getriebes ähnlich wie der der Pumpe allein aus der Beziehung (68), S. 86:

$$\eta_{\mathrm{vol}} = 100 - \frac{x\,p}{100} \cdot \frac{25}{\alpha}$$

berechnet werden. Wird der Lecköverlust x bei 100 atü und voller Ausschwenkung mit etwa 4% angenommen, so ergibt sich der Zusammenhang zwischen dem volumetrischen Wirkungsgrad eines Getriebes, das aus einer Pumpe und einem Motor besteht, nach Abb. 55.

Für Getriebe, die aus einem Motor und zwei oder mehreren parallelgeschalteten Motoren bestehen, gelten aber ebenfalls etwa die gleichen Zusammenhänge wie die in Abb. 55 dargestellten, da bei Verwendung mehrerer Motoren wohl längere Dichtungsfugen entstehen, aber dafür wieder geringere Spaltbreiten eine bessere Dichtung ermöglichen. Der Gesamtwirkungsgrad eines Getriebes

$$\eta = \eta_m \cdot \eta_{\mathrm{vol}} \tag{72}$$

ergibt sich ebenso wie bei der Pumpe allein aus dem Produkt der mechanischen Wirkungsgrade bei dem jeweiligen Betriebsdruck mit dem volumetrischen Wirkungsgrad.

Da die Sekundärdrehzahl n_m bei regelbarer Primär- und Sekundäreinheit

$$n_m = n_p \frac{Q_{p\mathrm{max}}}{Q_{m\mathrm{max}}} \frac{\sin \psi_p}{\sin \psi_m} = \mathrm{const.} \frac{\psi_p}{\psi_m}$$

ist, so ist auch

$$\omega_m = \omega_p \frac{Q_{p\mathrm{max}}}{Q_{m\mathrm{max}}} \frac{\sin \psi_p}{\sin \psi_m}$$

und

$$\omega_m \sim \mathrm{const.} \, \omega_p \, \frac{\psi_p}{\psi_m}.$$

Es ist dann bei Veränderung des primären Schwenkwinkels

$$\frac{d\omega_m}{dt} = \mathrm{const.} \, \frac{w_p}{\psi_m} \frac{d\psi_p}{dt}$$

und bei Veränderung des sekundären Schwenkwinkels

$$\frac{d\omega_p}{dt} = - \, \mathrm{const.} \, \omega_p \, \frac{\sin \psi_p \cos \psi_m}{\sin \psi_m^2} \frac{d\psi_m}{dt} \sim - \, \mathrm{const.} \, \omega_p \, \frac{\psi_p}{\psi_m^2} \frac{d\psi_m}{dt}.$$

Es entspricht deshalb nicht nur jedem Schwenkwinkel ein bestimmtes Drehzahlverhältnis des Primär- und Sekundärteiles, sondern auch jeder Schwenkgeschwindigkeit $d\psi/dt$ eine bestimmte Beschleunigung der Abtriebswelle, die sich aus den obigen Beziehungen ergibt.

Außer der Pumpe und dem Ölmotor sind in einem Axialkolbengetriebe je nach den Betriebsverhältnissen, den Leistungen und Betriebsdrücken noch verschiedene Hilfsgeräte erforderlich. Auf alle Fälle sind an dem Getriebe ein oder zwei Sicherheitsventile einzubauen, des weiteren müssen z. B. oft Leckverluste im geschlossenen Kreislauf zwischen Pumpe und Motor wieder durch eine Speisepumpe ersetzt werden, die ebenfalls wieder ein eigenes Sicherheitsventil haben muß und durch eigene Speiseventile in den geschlossenen Kreislauf fördert. Außer den Sicherheitsventilen ist jedoch auch noch oft ein Überlastungsschutz durch eine geeignete Regelung erforderlich und der Servomotor der Regelung benötigt meist eine eigene Steuerölpumpe. Abb. 71 zeigt die schematische Anordnung eines einfachen Getriebes, bei dem die Pumpe nur nach einer Drehrichtung ausgeschwenkt werden kann. Der Motor kann bei diesem Getriebe nur in einer Drehrichtung laufen und es ist deshalb stets die eine Seite der Pumpe Hochdruckseite und die andere Niederdruckseite. Die Speisepumpe *PF* kann dann immer in die Niederdruckleitung fördern, die

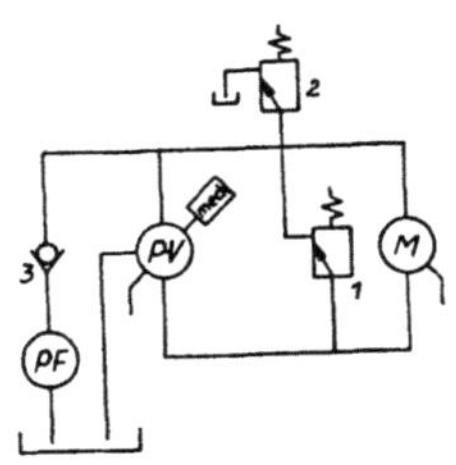

durch das Speisedruckventil (*2*) unter einem geringen Überdruck von etwa 5 bis 8 atü gehalten wird. Durch das Speisedruckventil tritt dann der größte Teil des von der Speisepumpe geförderten Ölstromes, der etwa bei 10% der Stromstärke der Axialkolbenpumpe selbst liegt, wieder aus. Es wird auf diese Weise laufend warmes Öl aus dem Hauptstromkreis durch kühles Öl aus dem Ölbehälter ersetzt. Außerdem bewirkt aber die Speisepumpe auch eine gleichmäßige Füllung aller Zylinder-

Abb. 71. Axialkolbengetriebe mit unveränderlicher Drehrichtung der Pumpe und des Motors und mit manueller Verstellung des Schwenkwinkels

räume und verhindert dadurch das Auftreten von Vakuum und die damit verbundenen Kavitations-erscheinungen, die bei hohen Drehzahlen unter Umständen auftreten könnten. Dadurch werden auch die Geräusche vermindert und die Möglichkeit eines Lufteintrittes in den geschlossenen Ölkreislauf wird ausgeschlossen. Das Sicherheitsventil *1* wird auf den zulässigen Maximaldruck im Hauptstromkreis eingestellt.

Ein solches Getriebe mit konstanter Drehrichtung kann auch im offenen Kreislauf arbeiten, wobei dann der gesamte Ölstrom vom Motor unmittelbar

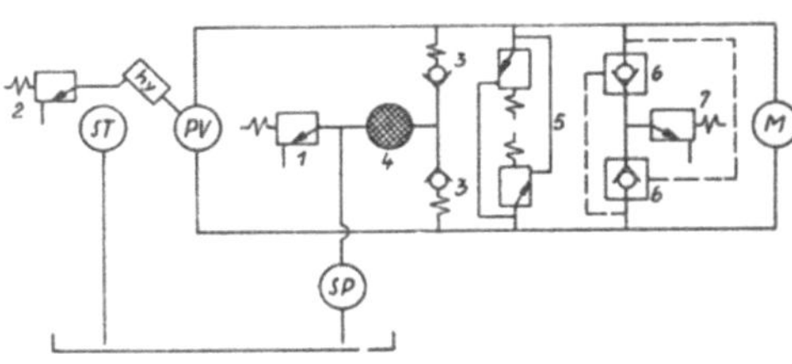

in den Tank fließt. Im offenen Kreislauf ist dann auch keine Speise-pumpe und kein Speisedruckventil mehr erforderlich (Abb. 73, 74).

Abb. 72 zeigt eine ähnliche ein-fache Anordnung eines Getriebes für die Übertragung von Drehbewegun-gen in zwei verschiedenen Richtun-gen. Je nach der Drehrichtung der Pumpe wird die Saug- und Druck-leitung jeweils miteinander ver-tauscht. Die Speisepumpe *SP* muß

Abb. 72. Axialkolbengetriebe für wechselnde Drehrichtung von Pumpe und Motor mit Verstellung des Schwenkwinkels durch Servomotor

aber immer nur in die jeweilige Saugleitung fördern und es sind deshalb zwei Speise-ventile (*3*) erforderlich, von denen jeweils eines die Verbindung zwischen Nieder-druckleitung und Speisepumpe herstellt und das andere die Verbindung zwischen Druckleitung und Speisepumpe sperrt. Das Umsteuerventil (*6*) hat die Aufgabe, die Niederdruckleitung des Hauptkreises mit dem Speisedruckventil (*7*) zu verbinden. Das Sicherheitsventil *5* muß bei Überschreiten des zulässigen Grenzdruckes in jeder der beiden Verbindungsleitungen zwischen Motor und Pumpe ansprechen und besteht somit aus zwei in einem Ventilblock eingebauten Überdruckventilen (vgl. Abb. 252 bis 254). Ein solches Getriebe mit wechselnder Drehrichtung von Pumpe und Motor kann nur im geschlossenen Kreislauf arbeiten.

Hydrostatische Getriebe mit Axialkolbenpumpen und Axialkolbenmotoren erreichen innerhalb eines weiten Drehzahlbereiches relativ hohe Wirkungsgrade. Je kürzer die Verbindungsleitungen zwischen Pumpe und Motor sind, desto höher liegt der Wirkungsgrad des Getriebes. Infolge der hohen Wirkungsgrade bleibt die Erwärmung des Öls in besonders engen Grenzen und durch die hohen volumetri-schen Wirkungsgrade wird eine praktisch starre Übersetzung zwischen Antriebs- und Abtriebswelle erreicht. Das Getriebe ist feinfühlig und stoßfrei regelbar und ermöglicht infolge seiner geringen Massen eine rasche Umsteuermöglichkeit von einer Drehrichtung auf eine andere bzw. einen raschen Drehzahlwechsel. Einige Anwendungsbeispiele hydrostatischer Antriebe, die in Abschn. X, XI und XII besprochen werden, mögen ebenfalls dazu beitragen, um die charakteristischen Anwendungsgebiete dieser Getriebe zu zeigen.

Charakteristische Unterschiede zwischen offenem und geschlossenem Kreislauf

Hydrostatische Getriebe, die aus einem oder aus mehreren Ölmotoren, die durch eine oder mehrere Pumpen angetrieben werden, bestehen, können im offenen Kreislauf (Abb. 73 und 74) und im geschlossenen Kreislauf (Abb. 75, 76 und 77) arbeiten.

Im offenen Kreislauf fördert die Pumpe immer nur in der gleichen Stromrichtung und kann deshalb auch nur in einer Richtung ausgeschwenkt werden. Beim geschlossenen Kreislauf unterscheidet man zwischen einem Kreislauf mit konstanter und einem solchen mit veränderlicher Stromrichtung. Im geschlossenen Kreislauf mit veränderlicher Stromrichtung kann die Förderrichtung der Pumpe durch das Schwenken des Gehäuses

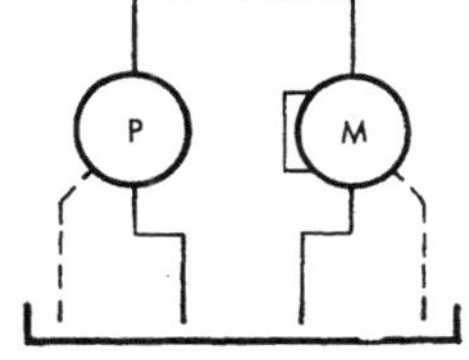

Abb. 73. Offener Kreislauf

durch die Null-Lage verändert werden und damit Saug- und Druckanschluß in ihrer Funktion gegeneinander vertauscht werden.

Bei Kreisläufen mit unveränderlicher Stromrichtung in der Förderpumpe kann die Speisepumpe, soweit eine solche überhaupt erforderlich ist, immer in die gleiche Anschlußleitung der Druckölpumpe, und zwar in die Saugleitung, fördern (Abb. 71). Bei Getrieben mit wechselnder Stromrichtung in der Druckölpumpe muß durch zwei Rückschlagventile dafür gesorgt werden, daß die Speisepumpe immer in diejenige Anschlußleitung der Pumpe fördert, die jeweils als Saugleitung verwendet wird (Abb. 72).

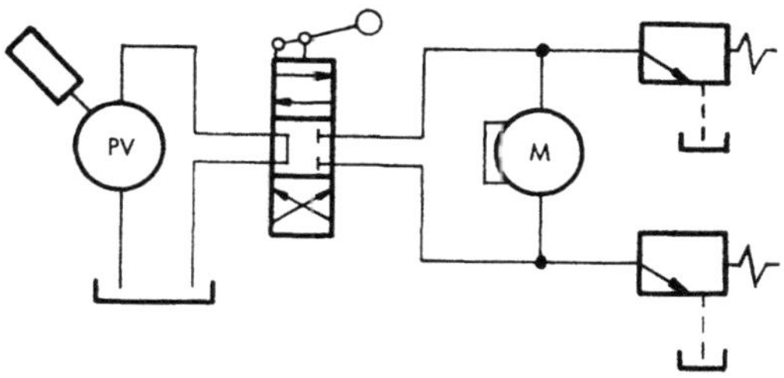

Die charakteristischen Eigenschaften des offenen Kreislaufes, des

Abb. 74. Offener Kreislauf mit 4/3-Ventil zur Umsteuerung und Bremsung

geschlossenen Kreislaufes mit unveränderlicher Stromrichtung und des geschlossenen Kreislaufes mit veränderlicher Stromrichtung soll im folgenden etwas näher betrachtet werden.

Der offene Kreislauf (Abb. 73, 74). Die Pumpe saugt Öl aus einem Behälter und fördert es durch eine Druckleitung zu einem Motor, der seine Leistung an eine Maschine abgibt. Das Öl fließt dann vom Motor drucklos in den Tank zurück. Soll im offenen Kreislauf die Richtung des Energieflusses wechseln, d. h. soll in Abb. 73 M als Pumpe und P als Motor arbeiten, so muß der Drehsinn geändert werden oder es muß sowohl die Primär- als auch die Sekundäreinheit durch die Null-Lage hindurch geschwenkt werden können. Eine Änderung der Richtung des Energiestromes unter Beibehaltung der Eingangs- und Ausgangsdrehrichtung, wie dies etwa bei Verwendung eines Verbrennungsmotors als Bremskompressor möglich ist, ist somit in einem hydrostatischen Getriebe ohne besondere Steuerorgane nicht möglich. Soll z. B. ein Getriebe mit offenem Kreislauf einmal zum Heben einer Last und einmal zum Bremsen der Abwärtsbewegung einer Last verwendet werden, so wäre dies nur möglich, wenn die Pumpe P und der Motor M durch die Null-Lage hindurch geschwenkt werden können.

Abb. 74 zeigt einen offenen Kreislauf, bei dem die Umsteuerung der Drehrichtung des Motors durch einen 4/3-Schieber erfolgt. In der Mittellage dieses Schiebers kann der Motor abgebremst werden, wobei das während des Bremsvorganges durch die Überdruckventile abgepreßte Öl in den Tank zurückfließt. Sobald die Bewegungsenergie der bewegten Massen vernichtet ist, wird der Motor hydraulisch festgebremst.

Der geschlossene Kreislauf mit unveränderlicher Stromrichtung in der Druckölpumpe (Abb. 75). Beim geschlossenen Kreislauf strömt das drucklose Öl vom Motor nicht in den Tank zurück, sondern durch eine Rohrleitung direkt zur Saugseite der Pumpe. Das während des Kreislaufes aus Pumpe und Motor austretende Lecköl muß dann durch eine eigene Speisepumpe ersetzt

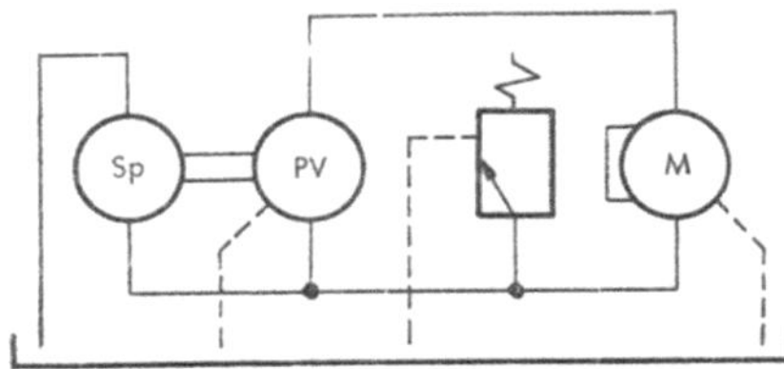

Abb. 75 bis 77. Geschlossene Kreisläufe mit unveränderlicher Stromrichtung in der regelbaren Pumpe *PV*

Abb. 75. Mit einem starren Motor *M*

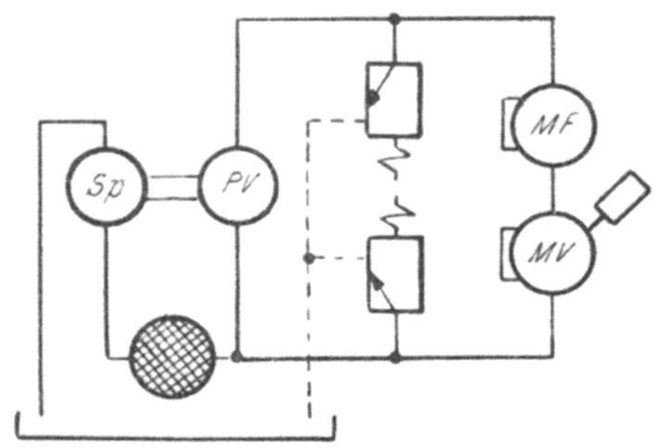

Abb. 76. Mit zwei hintereinandergeschalteten Motoren. *MF* starrer Motor, *MV* regelbarer Motor

werden, die entweder in die Druckölpumpe eingebaut oder getrennt von dieser angeordnet werden kann. Die Speisepumpe wird jedoch meist so bemessen, daß sie nicht nur die Leckölverluste deckt, sondern eine etwas größere Ölmenge — etwa 10% des Förderstromes — in die Niederdruckleitung zwischen Motor und Pumpe fördert. Es tritt dann der von der Speisepumpe geförderte, um die Leckölverluste verminderte Ölstrom durch ein Überstromventil wieder in den Tank zurück. Dadurch wird eine dauernde Erneuerung des Öls im Hauptkreislauf sowie eine entsprechende Kühlwirkung erreicht.

Der durch die Speisepumpe erzeugte höhere Speisedruck wirkt der Kavitation entgegen und ermöglicht dadurch auch den Betrieb der Pumpe bei wesentlich höheren Drehzahlen. Im Öl enthaltene kleine Luftblasen werden vorverdichtet und der Schlupf in der Pumpe wird dadurch verkleinert und die Regelgenauigkeit erhöht.

Zwischen Speisepumpe und Niederdruckleitung wird meist ein kombinierter Sieb- oder Spalt- und Magnetfilter und nötigenfalls auch ein Kühler gesetzt. Der Filter kann wesentlich kleinere Abmessungen erhalten, wenn er in diesen Nebenstromkreis gesetzt wird und kann dann auch kleinere Abmessungen und feinere Poren haben als ein im Hauptstrom liegender Filter.

Durch die hohe Regelgenauigkeit, die bei Verwendung geeigneter Primär- und Sekundäreinrichtungen mit diesem Kreislauf erreicht wird, ergeben sich auch bei Verwendung mehrerer parallel- oder hintereinandergeschalteter Sekundärteile die verschiedensten Möglichkeiten für die Lösung besonderer Antriebsaufgaben.

Abb. 76 zeigt z. B. einen Antrieb, bei dem der Sekundärteil aus zwei hintereinandergeschalteten Ölmotoren besteht, von denen der eine Motor eine unveränderliche und der andere eine veränderliche Schluckmenge hat. Die

Grundgeschwindigkeit dieser beiden Motoren wird an der Regelpumpe eingestellt. An dem regelbaren Motor wird dann nur mehr der Geschwindigkeitsunterschied zwischen den beiden Motoren eingestellt, der über dem gesamten Geschwindigkeits-

Abb. 77. Mehrere parallelgeschaltete Antriebe in geschlossenen Kreisläufen mit unveränderlicher Stromrichtung

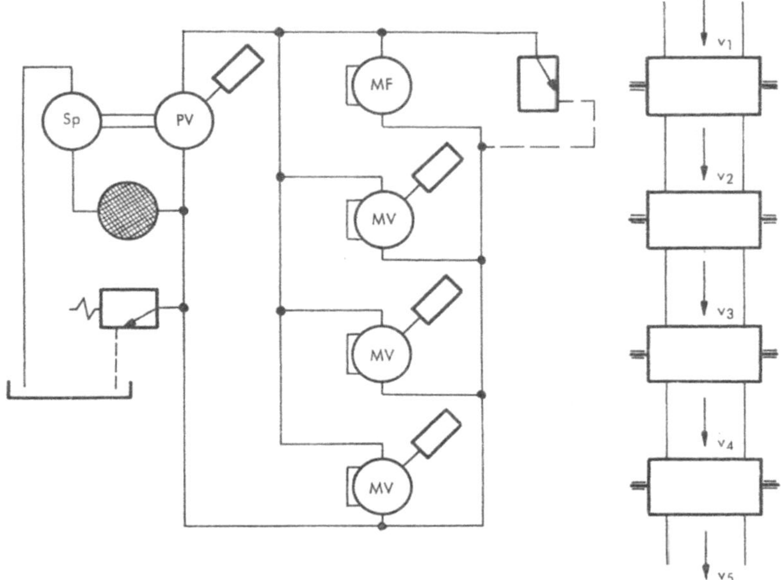

Abb. 77 a. Antrieb eines Walzwerkes durch vier parallelgeschaltete Ölmotoren: mechanische Kopplung durch das Walzgut

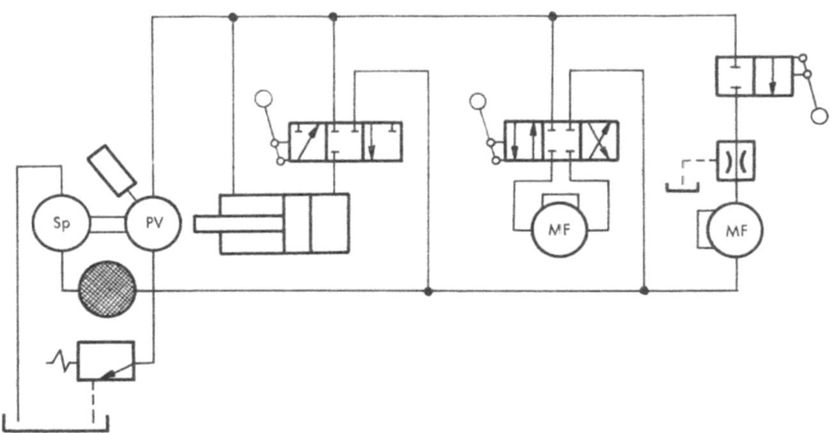

Abb. 77 b. Zwei Motoren mit unveränderlicher Schluckmenge und einem Differentialkolben

bereich, der durch die Einstellung der Pumpe möglich ist, konstant bleibt. Ein solcher Antrieb ermöglicht eine Regelgenauigkeit bis zu $5^0/_{00}$ in der Geschwindigkeitsabweichung ohne Verwendung irgendeiner zusätzlichen Regeleinrichtung.

Bei Parallelschaltung mehrerer Ölmotoren will der am geringsten belastete Motor dem stärker belasteten Motor voreilen, wenn keine mechanische Kopplung zwischen den einzelnen Motoren vorhanden ist (Abb. 77a). Bei voneinander unabhängigen Ölmotoren oder auch zu diesen noch parallelgeschalteten Arbeitszylindern sind deshalb geeignete Maßnahmen zu ergreifen, um das Voreilen eines Motors zu verhindern. Es kann z. B., wie dies in Abb. 77b angedeutet ist, vor den schwächer belasteten Motor ein Stromregler gesetzt werden, um eine von der Belastung des Motors unabhängige Drehzahl zu erreichen. Es könnten aber auch Motoren mit geeigneten Reglern verwendet werden, die bei zunehmender Drehzahl eine Drosselung des Ölstromes zum Motor veranlassen.

Der geschlossene Kreislauf nach Abb. 77b arbeitet mit konstantem Druck, wenn die Regelpumpe mit einem Regler auf konstanten Druck hinter der Pumpe ausgerüstet ist. Durch die Betätigung der drei verschiedenen Mehrwegeventile können wahlweise der Differentialkolben, der erste oder der zweite Ölmotor oder auch mehrere dieser Antriebselemente gleichzeitig angetrieben werden. Der linke Ölmotor kann in beiden Drehrichtungen betätigt werden und außerdem in jeder Lage festgehalten werden, der rechte Ölmotor kann nur in einer Drehrichtung angetrieben werden.

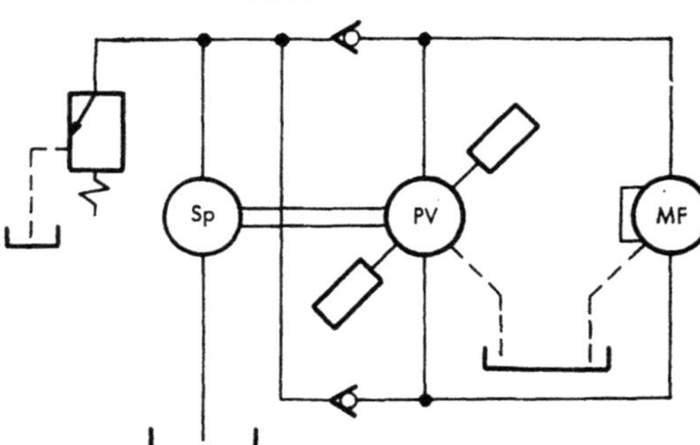

Abb. 78 und 79. Geschlossener Kreislauf mit veränderlicher Stromrichtung in der Druckölpumpe *PV* mit regelbarer Stromstärke

Abb. 78. Einfachster Kreislauf mit Speisepumpe, Speisedruck-Überströmventil und zwei Speiseventilen ohne Sicherheitsventil im Hauptkreis

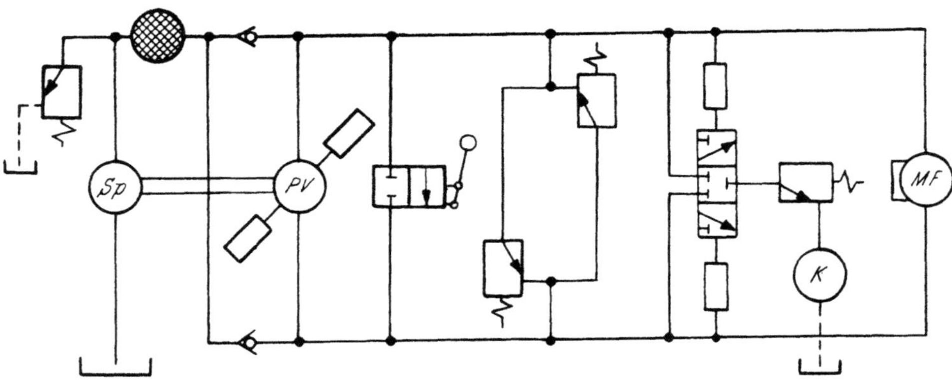

Abb. 79. Kreislauf mit zwei Hochdruck-Sicherheitsventilen

Der geschlossene Kreislauf mit veränderlicher Stromrichtung in der Druckölpumpe (Abb. 72, 78, 79). Da die Niederdruck- und Hochdruckleitung beim Schwenken durch die Null-Lage der Pumpe ihre Funktion vertauschen, muß durch geeignete Rückschlagventile erreicht werden, daß die Speisepumpe *SP* immer in die jeweilige Niederdruckleitung fördert. Die Höhe des Speisedruckes wird durch ein Speisedruckventil bestimmt.

Im Hauptstromkreis werden meist zwei oder ein in zwei Richtungen wirkendes Hochdrucksicherheitsventil vorgesehen. Um die Pumpe bei weiterlaufendem Antriebsmotor im Leerlauf drucklos umlaufen lassen zu können, kann ein Bypassventil (in Abb. 79 mit Handbetätigung) verwendet werden. Ist die Liefermenge der

Speisepumpe größer als die Leckölmenge, so fließt das überschüssige Spülöl durch
ein Spülventil, das jeweils an diejenige Verbindungsleitung zwischen Pumpe und
Motor angeschlossen werden muß, die gerade als Niederdruckleitung verwendet
wird. Dies wird durch ein Umsteuerventil erreicht, das den Ausfluß aus der
Hochdruckleitung abschließt und den Zufluß von der Niederdruckleitung zum
Spüldruckventil öffnet. Als Umschaltventil kann entweder ein hydraulisch
gesteuertes Wegeventil (Abb. 79) oder ein doppelt gesteuertes Rückschlagventil (Abb. 72 und 80) verwendet werden. Durch eine solche, aus Umsteuerventil und Spülventil bestehende Ventilkombination wird im geschlossenen
Kreislauf mit wechselnder Förderrichtung in der Pumpe die gleiche Öl-

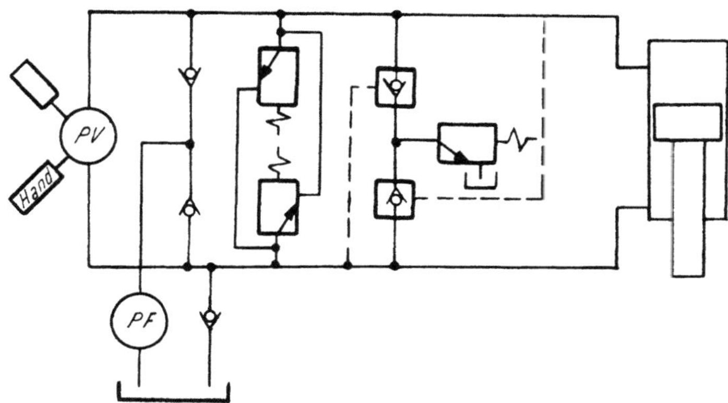

Abb. 80. Betätigung eines Arbeitszylinders durch eine Regelpumpe

erneuerung und Kühlwirkung erreicht, die im geschlossenen Kreislauf mit
unveränderlicher Stromrichtung durch ein einfaches Spülventil erzielt wurde.

Beim geschlossenen Kreislauf mit veränderlicher Stromrichtung in der
Pumpe ist ein Bremsen durch den Motor ohne zusätzliche Hilfsmittel möglich,
d. h. der Energiestrom kann bei gleichbleibender Schwenkrichtung des Primär-
und Sekundärteiles und bei unveränderter Drehrichtung aller Elemente in seiner
Richtung verändert werden.

Auch Arbeitszylinder allein können sowohl im offenen wie im geschlossenen
Kreislauf betätigt werden. Bei der Betätigung im offenen Kreislauf ist dann
immer ein Steuerventil zwischen Pumpe und Zylinder erforderlich. Bei der
Steuerung des Zylinders im geschlossenen Kreislauf durch Schwenken der Pumpe
durch die Null-Lage wird kein Steuerventil benötigt, dafür ist aber eine Speisepumpe, Speiseventile, ein Umsteuerventil und Spülventil sowie ein doppelt
wirkendes Überdruckventil erforderlich. Außerdem ist bei Zylindern mit einseitig herausgeführter Kolbenstange noch auf folgende Umstände zu achten:

Falls der Druckölbedarf bei der Förderung in einer Richtung größer ist als
in der anderen Richtung, kann dieser Unterschied im Ölbedarf durch die
Speisepumpe nur gedeckt werden, solange die Summe von diesem zusätzlichen
Bedarf und der Leckölmenge kleiner als die Liefermenge der Speisepumpe
bleibt.

Ein Arbeitszylinder mit einseitig herausgeführter Kolbenstange kann somit
durch eine Regelpumpe im geschlossenen Kreislauf, in dem die Speisepumpe
10% der Hauptfördermenge liefert, nur dann betätigt werden, wenn die Quer-

schnittsfläche der Kolbenstange weniger als etwa 7% der Kolbenfläche beträgt, da die Speisepumpe auf alle Fälle auch die Lecköverluste von etwa 3% decken muß.

Da dies in den seltensten Fällen der Fall ist, so muß bei Betätigung eines Arbeitszylinders im geschlossenen Kreislauf entweder ein Zylinder mit durchgehender Kolbenstange verwendet werden, oder es muß ein Nachsaugeventil, wie es in Abb. 80 dargestellt ist, verwendet werden. In Sonderfällen kann außer der üblichen kleinen Speisepumpe, die im Gehäuse der Regelpumpe meist eingebaut ist, noch eine besonders große Speisepumpe verwendet werden, um den Bedarf an Drucköl, der durch das Verdrängen der Kolbenstange entsteht, zu decken. Die Betätigung eines Zylinders im geschlossenen Kreislauf bietet somit den Vorteil, daß kein Wegeventil erforderlich ist und daß eine besonders sanfte Umkehr der Bewegungsrichtung möglich ist. Bei der Betätigung im offenen Kreislauf Abb. 81 können dagegen die Speisepumpe sowie das Umsteuerventil, das Spülventil und das eine der beiden Überdruckventile erspart werden, die im geschlossenen Kreislauf erforderlich sind.

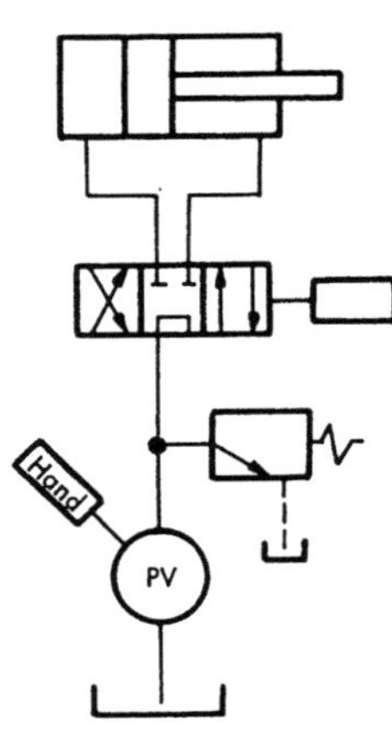

Abb. 81. Betätigung eines Arbeitszylinders durch eine Regelpumpe mit konstanter Förderrichtung im offenen Kreislauf

Der geschlossene Kreislauf mit regelbarer Kolbenpumpe wird besonders häufig auch bei Betätigung von Arbeitszylindern in Pressen verwendet. Auch bei den Pressensteuerungen werden geeignete Nachsaugventile vorgesehen, durch die ermöglicht wird, daß trotz Verwendung eines geschlossenen Kreislaufes eine größere Ölmenge von der Pumpe in die eine Zylinderseite gefördert wird, als von der anderen Zylinderseite zur Pumpe ohne Verwendung eines Nachsaugventils zurückfließen würde.

Abb. 82 zeigt die wichtigsten Elemente einer Pressensteuerung mit ge-

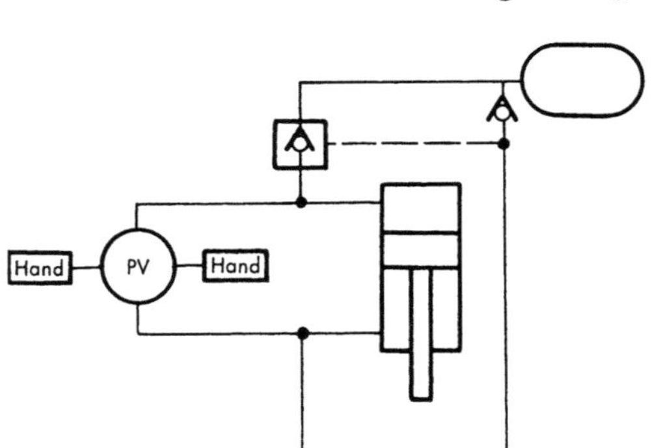

Abb. 82. Pressensteuerung mit geschlossenem Kreislauf, Pumpe mit Handregelung und veränderlicher Stromrichtung

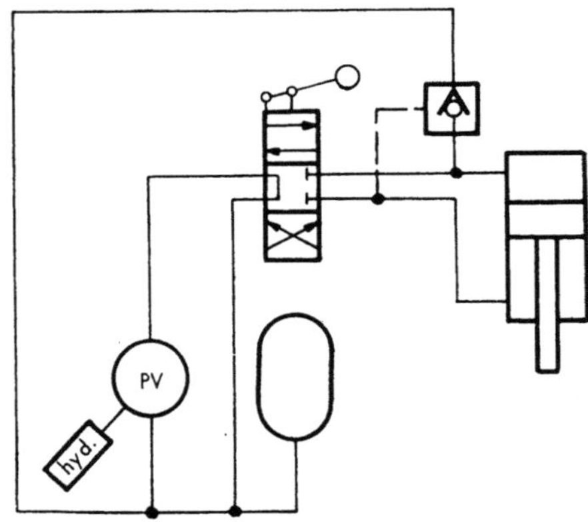

Abb. 83. Pressensteuerung mit geschlossenem Kreislauf und selbstregelnder Pumpe mit Nullhubregelung und konstanter Stromrichtung in der Pumpe

schlossenem Kreislauf und einer regelbaren Pumpe mit veränderlicher Stromrichtung. Beim Senken kann durch das Nachsaugventil Drucköl aus dem Akkumulator in die Oberseite des Zylinders einströmen und beim Heben wird das gesteuerte Nachsaugventil geöffnet und das überschüssige Öl kann in den Speicher gedrückt werden. Bei sehr langsam laufenden Pumpen kann die gleiche Steuerung ohne Akkumulator verwendet werden, wobei dann unmittelbar aus einem Behälter Drucköl nachgesaugt wird. Für größere Pressen wird die handgesteuerte Pumpe meist mit einem Leistungsbegrenzer ausgerüstet, durch den die Vorschubgeschwindigkeit immer innerhalb der für den Antriebsmotor zulässigen Grenzen gehalten wird.

Die Pressensteuerung mit Regelpumpen, die durch die Null-Lage hindurch in beiden Richtungen ausgeschwenkt werden kann, hat den Vorteil, daß überhaupt keine Steuerschieber erforderlich sind.

Abb. 83 zeigt zum Vergleich eine Presse mit geschlossenem Kreislauf und selbstregelnder Pumpe, die nicht durch die Null-Lage hindurchgeschwenkt werden kann, bei der die Bewegungsumkehr durch einen 4/3-Schieber erreicht wird. Auch bei dieser Steuerung öffnet das Füllventil bei der Senkbewegung und ermöglicht dadurch eine rasche Abwärtsbewegung. Bei der Aufwärtsbewegung wird das Füllventil ebenfalls zwangsweise geöffnet.

4. Arbeitszylinder

Arbeitszylinder werden meist zur Erzeugung geradliniger Hubbewegungen verwendet. Sie ermöglichen eine einfache Übersetzung der rotierenden Bewegung eines Antriebsmotors über die Ölpumpe auf die geradlinige Hubbewegung eines Maschinenteiles, wobei auch der Geschwindigkeitsverlauf dieser Bewegung durch geeignete Drosselelemente, Stromregler, Eilgangventile und besondere Steuerungen durch Mehrwegeventile beliebig beeinflußt werden kann.

Arbeitszylinder für die Ausführung geradliniger Bewegungen nach Abb. 84 werden heute in den verschiedensten Ausführungsformen und Bauarten als Normbauteile

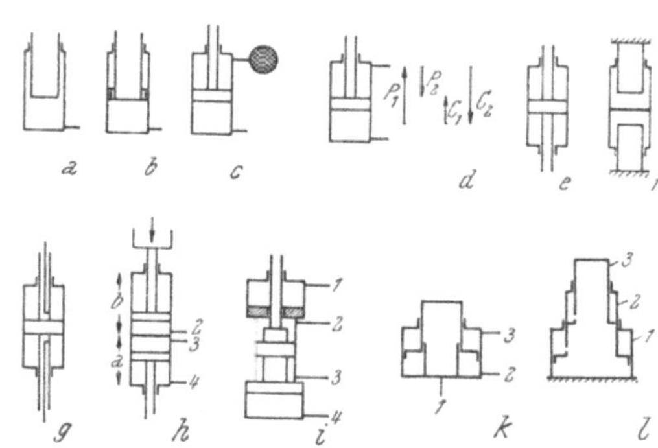

Abb. 84. Funktionsmöglichkeiten von Arbeitszylindern

verwendet. In bezug auf ihre Funktion unterscheidet man Plungerh einfach wirkende und doppelt wirkende Zylinder, Zylinder mit und ohne durc gehende Kolbenstange; Teleskopzylinder, Eilgangszylinder, Mehrpositionszylinder; Zylinder mit feststehendem Zylindermantel und solche mit feststehender Kolbenstange usw.

Die hohe Umsteuergeschwindigkeit von einer in die entgegengesetzte Bewegungsrichtung und die Möglichkeit der stufenlosen Regelbarkeit der Geschwindigkeit während der Bewegung wird nicht nur bei Zylindern für geradlinige Bewegungen, sondern auch bei Drehantrieben durch Arbeitszylinder begrüßt (Abb. 85). Die Drehbewegung wird dabei entweder durch Drehkolben erzeugt (Abb. 85d) oder durch eine Übertragung der geradlinigen Bewegung eines normalen Arbeitszylinders über mechanische Elemente, wie Kurbeln oder Zahnrad und Zahnstange auf die Drehbewegung des anzutreibenden Maschinenelementes (Abb. 85 a, b, c).

Da die Herstellung von Drehkolben fertigungstechnische Schwierigkeiten bereitet, werden meist diese Drehantriebe mit mechanischer Übersetzung von der geradlinigen Bewegung auf die Drehbewegung vorgezogen.

In bezug auf die Stoßdämpfung am Ende des Hubes unterscheidet man Zylinder mit und ohne Hubendebremse (Abb. 86). Die Hubendebremse er-

möglicht eine rasche und stoßfreie Bewegungsumkehr in den Endlagen der
Zylinder. Man unterscheidet Hubendebremsen mit stufenlos regelbarer Drosselwirkung in der Bremsdrossel und solche ohne Regelmöglichkeit.

In den Zylinderdeckeln können aber nicht nur Hubendebremsen vorgesehen
werden, sondern es können auch Drosselventile, Rückschlagventile und gesteuerte
Rückschlagventile eingebaut werden.
Drossel-, Rückschlagventile und ge-

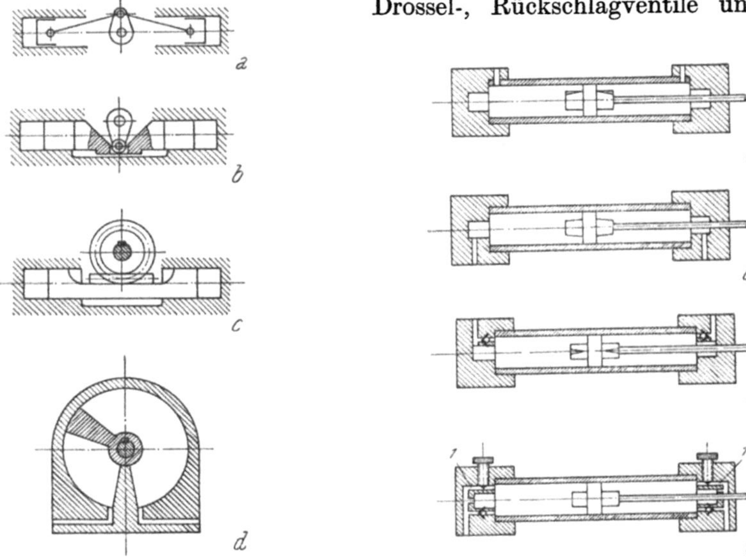

Abb. 85. Zylinder zur Erzeugung von Drehbewegungen

Abb. 86. Hubendebremsen

steuerte Rückschlagventile können aber auch in Blockbauweise an den Zylinderdeckel angebaut werden. Aber auch Mehrwegesteuerventile können unmittelbar

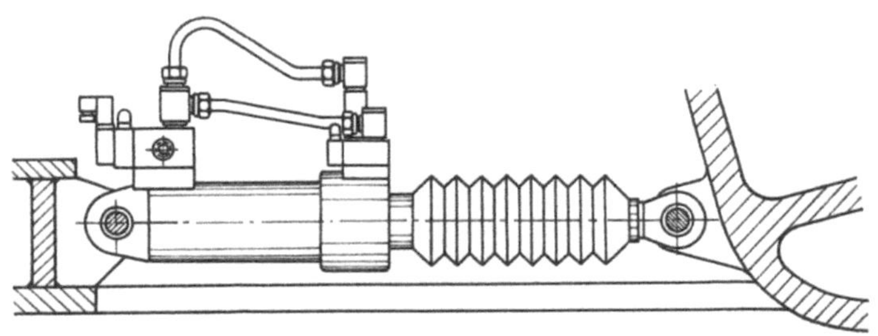

Abb. 87. Arbeitszylinder mit angeflanschtem Steuerventil (Hunger)

an den Zylinderdeckel angeflanscht werden, es sind dann keine Verbindungsleitungen mehr zwischen Mehrwegeventil und Arbeitszylinder erforderlich
(Abb. 87).

Ganz unabhängig von der Bauform des Zylinders ist bei der Wahl der Abmessungen eines Zylinders darauf zu achten, daß Zylinder des gleichen Arbeitsvermögens immer billiger sind, wenn sie einen großen Hub und einen kleinen
Durchmesser haben, im Gegensatz zu Zylindern, die einen großen Durchmesser
und einen kleinen Hub haben. Man wird deshalb nur, wenn eine Hebelübersetzung
überhaupt eingespart werden kann, Zylinder mit kleinerem Hub und großem

Durchmesser wählen. Überall dort, wo Zylinder auf alle Fälle an einem Hebelarm angreifen, wird man trachten, den Zylinder am äußersten Ende des Hebels angreifen zu lassen, um möglichst lange und schlanke Zylinder zu erhalten, die dann billiger sind als Zylinder des gleichen Arbeitsvermögens mit großem Durchmesser. Und ebenso wird man bei großen Hüben Zugzylinder dem Druckzylinder vorziehen, weil die Kolbenstange der Zugzylinder nur auf Zug beansprucht wird, während die Kolbenstangen der Druckzylinder auf Knickung berechnet werden und dementsprechend dimensioniert werden müssen. Druckzylinder sind deshalb meist teurer als Zugzylinder.

Die meisten Arbeitszylinder verwenden Dichtungselemente aus Kunststoff, wie aus Buna, Perbunan, Hydrophit, Silicon, Vulkolan usw., bzw. aus Textilgeweben, die mit Kunststoffen getränkt sind. Alle diese Rohstoffe für Dichtungselemente können nur bei Temperaturen bis etwa 80° C verwendet werden. Teflon behält wohl bis zu höheren Temperaturen von etwa 120° C seine Festigkeit und Abriebfestigkeit bei. Infolge der größeren Härte dieses Werkstoffes, die eine elastische Anpassung an eine Veränderung der Spaltbreite bzw. an Unebenheiten bei Wärmedehnungen und Verunreinigungen nicht ermöglicht, können aber Dichtungen aus Teflon nicht ohne weiteres für jeden Bedarfsfall verwendet werden.

Bei der Beurteilung der Widerstandsfähigkeit von Arbeitszylindern im Betrieb mit hohen Temperaturen ist weiters zu berücksichtigen, daß die Dichtungselemente während der auftretenden Gleitreibung eine beträchtliche Wärme entwickeln, die eine Erhöhung der Temperatur an den Dichtelementen gegenüber der Öltemperatur verursacht. Die Erwärmung infolge dieser Reibung ist der geleisteten Reibungsarbeit proportional, die ihrerseits wieder von der Güte der Oberfläche des Zylindermantels bzw. der Kolbenstange, von dem verwendeten Dichtungsmaterial und von der Flächenpressung zwischen Dichtung und Wandung abhängig ist.

Bei besonders hohen Umgebungstemperaturen müssen deshalb Zylinder mit Kühlmänteln für Wasserkühlung oder Zylinder mit Abdichtungen durch Kolbenringe verwendet werden.

a) Funktionsmöglichkeiten der Arbeitszylinder

Plungerzylinder (Abb. 84 a) sind infolge der einmaligen Führung des Kolbens billiger als Zylinder mit Kolbenführung. Der Plunger kann aber nur verwendet werden, wenn durch die Bauteile, mit denen der Plunger bzw. der Zylinder selbst verbunden ist, vermieden wird, daß der Kolben unter Einwirkung des Öldruckes aus dem Zylinder herausgedrückt wird. Wird ein Anschlag zur Sicherung gegen das Herausdrücken verlangt oder ist eine zusätzliche Führung durch den Kolben erwünscht, so kann entweder ein Plungerzylinder mit Kolbenführung nach Abb. 84 b oder ein einfach wirkender Zylinder (Abb. 84 c) Verwendung finden. Beim Plunger mit Kolbenführung ist der Kolben durchbohrt oder es stehen die beiden Zylinderseiten durch Kanäle miteinander in Verbindung, es steht also sowohl der Zylinderraum oberhalb des Kolbens als auch der Zylinderraum unterhalb des Kolbens unter dem gleichen Öldruck. Beim einfach wirkenden Zylinder ist einer der beiden Zylinderräume mit der Umgebungsluft verbunden und zweckmäßigerweise gegen das Eindringen von Schmutz durch einen Luftfilter geschützt. Die an der Kolbenstange verfügbare Kraft wird beim einfach wirkenden Zylinder durch die Kolbenfläche, beim Plunger mit Kolbenführung durch die Querschnittsfläche der Kolbenstange des Plungers bestimmt.

Plunger und einfach wirkende Zylinder werden verwendet, wenn nur in einer Richtung eine Kraft ausgeübt werden soll und die Rückführung des Kolbens in die Ausgangslage durch äußere Kräfte erfolgt.

Doppelt wirkende Zylinder Abb. 84 d, e ermöglichen die Ausübung von Kräften in beiden Bewegungsrichtungen des Kolbens. Bei Zylindern mit durchgehender Kolbenstange Abb. 84 e ist bei gleichem Öldruck in beiden Bewegungsrichtungen auch die Kraft und bei gleicher Stromstärke in der Zuleitung zum Zylinder auch die Bewegungsgeschwindigkeit in beiden Bewegungsrichtungen gleich groß. Bei Zylindern mit einseitig herausgeführter Kolbenstange wird die Kraft in einer Bewegungsrichtung durch die Fläche des Kolbens und in der anderen Richtung durch die Ringfläche zwischen Kolbenumfang und Querschnitt der Kolbenstange bestimmt. Die Bewegungsgeschwindigkeit ist somit beim ausfahrenden Kolben kleiner als beim einfahrenden Kolben, während die ausgeübte Kraft an der Kolbenstange beim Ausfahren des Kolbens größer ist als beim Einfahren. Für die Erzeugung hoher Rückzugsgeschwindigkeiten durch die Verwendung von besonders dicken Kolbenstangen kann diese Tatsache oft erwünscht sein. Verlangt man dagegen bei Zylindern mit einseitig herausgeführter Kolbenstange gleich große Kräfte und gleich große Bewegungsgeschwindigkeiten in beiden Richtungen, so sind diese Bedingungen gleichzeitig nicht zu erfüllen: Gleich große Bewegungsgeschwindigkeit kann durch einen Zylinder erreicht werden, dessen Kolbenstangenquerschnitt gerade halb so groß ist wie die Kolbenfläche und Steuerung durch einen Mehrwegeschieber mit konstantem Rückzug. Der Öldruck wirkt dann, wenn beide Zylinderseiten unter Druck stehen, einmal nur auf die Querschnittsfläche der Kolbenstange und wenn nur die Kolbenstangenseite des Zylinders unter Druck steht, nur auf die Ringfläche zwischen Kolben und Kolbenstange, die ebenso groß ist wie der Querschnitt der Kolbenstange selbst. Die Kräfte in beiden Bewegungsrichtungen sind jedoch auch bei der Steuerung eines solchen Zylinders, bei dem der Querschnitt der Kolbenstange ebenso groß ist wie die Ringfläche zwischen Kolben und Kolbenstange, nicht gleich groß. Während beide Zylinderseiten unter Druck stehen, ergeben sich bei allen Dichtungen zwischen Kolben und Zylinderwandung wesentlich größere Reibungskräfte als bei einseitiger Einwirkung eines Druckes auf den Kolben. Je nach der Art der verwendeten Dichtung und je nach der Höhe des Betriebsdruckes kann die Reibungskraft bei Einwirkung des Druckes auf beide Kolbenseiten doppelt so groß, aber unter Umständen auch zehnmal so groß werden, als bei einseitiger Beaufschlagung. Der Wirkungsgrad eines Arbeitszylinders, der durch einen Steuerschieber mit „konstantem Rückzug" gesteuert wird, kann somit bei Einwirkung eines Druckes auf beide Zylinderseiten kleiner als 10% werden und damit auch die an der Kolbenstange verfügbare Zugkraft beim Einfahren des Kolbens zehnmal so groß wie die Druckkraft in entgegengesetzter Richtung beim Ausfahren des Zylinders sein (vgl. Abb. 181 bis 183 und Abb. 96).

Prinzipiell kann bei jedem Arbeitszylinder immer entweder der Zylinder feststehend und der Kolben beweglich oder die Kolbenstange feststehend und der Zylindermantel beweglich angeordnet werden (Abb. 84 f, g). Bei feststehendem Zylindermantel erfolgt die Ölzu- und -ableitung meist durch die feststehenden Zylinderköpfe, bei feststehender Kolbenstange wird das Öl entweder durch die durchbohrte Kolbenstange zugeführt (Abb. 84 g) oder ebenfalls durch die Zylinderköpfe, wobei die Ölzuleitungen zu den Zylindern dann allerdings durch bewegliche Schläuche oder geeignete Gelenkverbindungen erfolgen müssen (Abb. 84 f, h). Dabei ist zu beachten, daß für große lichte Weiten Schläuche immer nur bis zu begrenzten Betriebsdrücken überhaupt verfügbar sind (Abb. 106).

Die Anordnung eines Arbeitszylinders mit feststehender Kolbenstange nach Abb. 84g bietet den Vorteil, daß für den ganzen Antrieb nur eine Einbaulänge von $2\,l$ erforderlich ist, wenn l die Baulänge des Zylinders ist, während bei beweglicher Kolbenstange und feststehendem Zylinder eine Einbaulänge von $3\,l$ erforderlich wäre. Teleskopzylinder ermöglichen noch geringere Einbaulängen (Abb. 84 l).

Mehrpositionszylinder ermöglichen eine exakte Einstellung der Lage der Kolbenstange in drei (Abb. 84 h und i), vier oder mehrere Lagen, je nachdem, ob die einzelnen Räume mit den Anschlüssen *1, 2, 3, 4* unter Druck gesetzt werden oder mit dem Tank in Verbindung stehen.

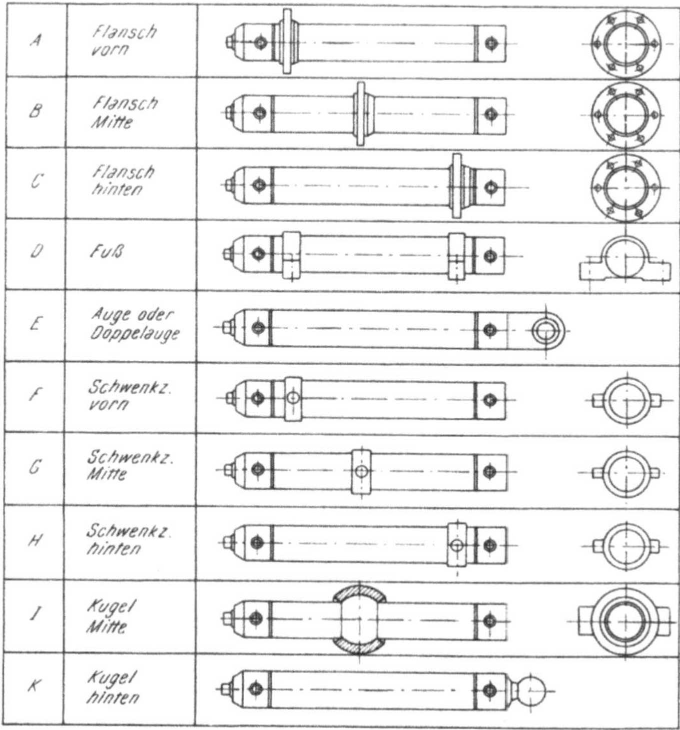

Abb. 88. Befestigungsarten von Normzylindern (Hunger)

b) Befestigungsmöglichkeiten von Arbeitszylindern

Die meisten Arbeitszylinder stehen als Normbauteile für die folgenden Befestigungsarten zur Verfügung (Abb. 88):

A, B, C Zylinder mit Flanschen: je ein Flansch an jeder Seite oder aber auch nur ein Zylinderdeckel mit einem Flansch an der Kolbenstangenseite oder an der Deckelseite, oder ein Flansch in der Mitte des Zylinders.

D Zylinderdeckel mit Füßen, meist je ein Fuß an jedem Zylinderdeckel.

E Zylinderdeckel mit einem Schwenkauge oder mit zwei konzentrischen Schwenkaugen.

F, G, H Schwenkzapfen an einem Zylinderdeckel oder in der Mitte des Zylinders.

I, K Zylinderdeckel mit Kugelgelenk, oder Kugelgelenk in der Mitte des Zylinders.

Die Kolbenstange trägt meist ein Gewinde, an dem ebenfalls Schwenkaugen oder beliebige andere Maschinenelemente befestigt werden können.

Außer diesen Grundbauformen finden oft auch Zylinder, die mit anderen Maschinenteilen aus einem Stück zusammengegossen werden, Verwendung, wenn dies die Raumverhältnisse oder andere konstruktive Gründe verlangen. Es gibt aber auch walzenförmige Zylinder, die nur durch Spannbänder befestigt werden, Zylinder mit Deckeln, mit einem um die Kolbenstange konzentrisch angeordneten Einschraubgewinde, Zylinder mit feststehenden Kolbenstangen, bei denen der Zylindermantel und eine Zahnstange aus einem Stück bestehen, Zylinder, bei denen ein großer Flansch und der Zylindermantel aus einem Stück gegossen werden usw.

c) Hubendebremsen

Eine sanfte und stoßfreie Bewegungsumkehr kann entweder durch einen den auftretenden Beschleunigungs- und Verzögerungskräften angepaßten zeitlichen Verlauf der Stromstärke in den Leitungen zwischen Zylinder und Mehrwegeventil oder durch entsprechende Gestaltung des Steuerventils und der Steuerzeiten erfolgen oder aber durch Hubendebremsen (Abb. 86).

Es kann selbstverständlich auch sowohl eine mit Rücksicht auf die auftretenden Beschleunigungskräfte zweckmäßig ausgelegte Steuerung mit der Wirkung von Hubendebremsen kombiniert werden.

Die Hubendebremse kann in beiden Umkehrpunkten der Kolbenbewegung oder auch nur auf einer Zylinderseite vorgesehen werden, es kann die Drosselwirkung der Ölbremse über den ganzen Bremsweg konstant oder veränderlich sein. Es können im Zylinderkopf verstellbare Drosselventile vorgesehen sein, die es ermöglichen, die Bremswirkung der Hubendebremse den im Betrieb auftretenden Geschwindigkeiten und den einwirkenden Massen entsprechend nach der ersten Inbetriebnahme einer Maschine anzupassen, oder es können Drosseln mit unveränderlichem Querschnitt verwendet werden, wenn es sich um die serienmäßige Herstellung einer bestimmten Maschine handelt, bei der die Größe der zweckmäßigen Drossel sowie die Länge des Bremsweges durch entsprechende Vorversuche bereits ermittelt wurden.

Abb. 86 a und b zeigen Hubendebremsen ohne Möglichkeit zur Verstellung des Drosselquerschnittes. Die Bremswirkung der Ölbremse beginnt, sobald die Steuerkante des Bremskolbens in den Bremszylinder eintritt. Mit zunehmender Eintauchtiefe des Bremskolbens in den Bremszylinder nimmt die Bremswirkung auf alle Fälle zu, und zwar auch dann, wenn der Bremszylinder genau zylindrisch ist und nicht etwa mit einem Konus versehen ist. Denn die Drosselwirkung der Hubendebremse wird sowohl durch die Spaltbreite als auch durch die Länge des Spaltes zwischen Bremskolben und Bremszylindermantel bestimmt, die Länge des Spaltes nimmt jedoch mit zunehmender Eintauchtiefe zu. Meist sind jedoch die Kolben der Bremszylinder konisch mit einem Kegelwinkel zwischen 1 und 3° oder mit Kerben versehen, die noch eine stärkere Zunahme der Bremskraft mit Annäherung an das Hubende ermöglichen. Durch die Gestalt der Kerbe bzw. die Neigung des Kegelwinkels kann somit der Verlauf der Verzögerung während der Bremsperiode weitgehend bestimmt werden.

Das für die Energievernichtung in der Bremsdrossel verfügbare Ölvolumen bei der Hubendebremse nach Abb. 86 a wird durch die Länge des Bremskolbens und durch die Ringfläche zwischen Bremskolben und Zylindermantel bestimmt. Das für die Bremswirkung verwendete Öl fließt bei der Anordnung nach Abb. 86 a und b aus dem Bremszylinder während des Bremsvorganges in den Hauptzylinder zurück. Dann erst kann es durch den Abfluß des Hauptzylinders austreten.

Bei der Ausführung nach Abb. 86 c dagegen fließt das Öl aus dem Ringraum um den Bremskolben während des Bremsvorganges in den Bremszylinder ein, um dann durch den Zylinderanschluß im Bremszylinder abfließen zu können.

Hubendebremsen nach Abb. 86 a und b ermöglichen wohl eine Beeinflussung der Verzögerung nach genau vorgeschriebenen Bedingungen während des Bremsweges, verursachen aber gleichzeitig eine dieser Verzögerung entsprechende Beeinflussung der Beschleunigung zu Beginn der Hubbewegung. Ein Rückschlagventil nach Abb. 86 c im Zylinderdeckel ermöglicht die gleiche Verzögerung am Ende der Hubbewegung, die mit den Bremsen nach Abb. 86 a und b erreicht wird, und gleichzeitig eine Beschleunigung zu Beginn der Hubbewegung, während der die Einwirkung der Drossel durch die freie Strömung durch das Rückschlagventil aufgehoben wird.

Eine Hubendebremse mit einstellbarer Drossel nach Abb. 86 d ermöglicht es, die Größe der Drosselöffnung während des Betriebes so einzustellen, daß die gewünschte Bremswirkung erzielt wird. Dies ist insbesondere bei Antrieben an Maschinen erwünscht, bei denen bei der Planung der Anlage die auftretenden Massenkräfte sowie die Geschwindigkeiten, die tatsächlich im Betrieb auftreten, noch nicht genau bekannt sind, und bei denen deshalb verlangt wird, daß der Verzögerungsvorgang nach der ersten Inbetriebnahme erst den im Betrieb tatsächlich auftretenden Verhältnissen angepaßt werden kann. Allerdings kann mit einer solchen einstellbaren Hubendebremse dann nur eine bestimmte, während des ganzen Bremshubes nahezu konstante Bremskraft durch die jeweilige Stellung der Drossel eingeregelt werden. Eine Veränderung des Verlaufes der Bremskraft während des Bremsweges ist nicht möglich.

d) Teleskopzylinder

Normale Teleskopzylinder mit mehreren ineinander liegenden Zylindern nach Abb. 84 l ermöglichen wohl die Unterbringung von Zylindern mit großen Hüben in kleinen Bauhöhen, sie haben aber folgende charakteristische Eigenschaften, die meist als Nachteil empfunden werden: Sobald dem Zylinder Drucköl zugeführt wird, bewegt sich zunächst der größte Kolben nach oben, also z. B. in Abb. 84 l der Kolben 2, der durch einen mechanischen Anschlag auch den Kolben 3 mitnimmt. Sobald der Zylinder 2 ganz ausgefahren ist, steigt der Druck innerhalb des Teleskopzylinders plötzlich auf denjenigen Wert an, der durch die Belastung des folgenden Kolbens, also im vorliegenden Beispiel durch die Belastung des Kolbens 3, gegeben wird. Infolge des kleineren Durchmessers des Kolbens des Zylinders 3 gegenüber dem Kolben des Zylinders 2 ist nach Beendigung der Hubbewegung des Zylinders 2 die Bewegungsgeschwindigkeit des Kolbens 3 größer, als die des Kolbens 2 war. Da auch die Druckangriffsfläche des Kolbens 3 allein wesentlich kleiner ist als die der beiden Kolben 2 und 3 zusammen, steigt auch der Druck in der Zuleitung zum Teleskopzylinder plötzlich an, sobald nicht mehr beide Zylinder 2 und 3 ausfahren, sondern nur der Zylinder 3 allein.

Bei mehreren ineinander liegenden Teleskopzylindern ergibt sich deshalb bei jedem Übergang von der Bewegung eines mit einem Kolben verbundenen Zylinders auf den nächst kleineren ein Druckstoß und eine plötzliche Geschwindigkeitszunahme. Diese Ungleichförmigkeit in der Bewegung kann wohl bei großen Anlagen durch Verwendung einer Regelpumpe teilweise — aber niemals vollkommen — ausgeglichen werden. Bei manchen Aufgaben, so z. B. bei der Betätigung eines Kippers, ist dagegen dieses charakteristische Verhalten des Teleskopzylinders sogar erwünscht: Solange bei Hubbeginn auf die Ladefläche eine große Kraft auszuüben ist, geht die Bewegung langsam vor sich. Mit zunehmendem Neigungswinkel nimmt die für die Betätigung des Kippers erforderliche Kraft ab. Eine Zunahme der Hubgeschwindigkeit mit der Hubhöhe wird deshalb hier begrüßt, weil sie eine wenn auch nur stufenweise Regelung auf annähernd konstante Leistung des Antriebsmotors ermöglicht.

Für die Erzeugung einer Hubbewegung durch einen Teleskopzylinder ohne plötzlich auftretende

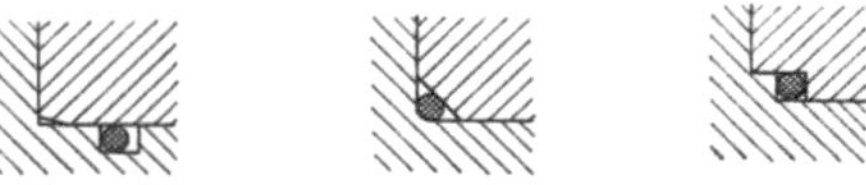

Abb. 90. O-Ring-Dichtung für starre Verbindungen

Druck- und Geschwindigkeitsstöße während des Hubes stehen Teleskopzylinder besonderer Bauart zur Verfügung (Abb. 89).

Bei diesen sogenannten „Gleichlaufteleskopzylindern" stehen die Druckräume der einzelnen

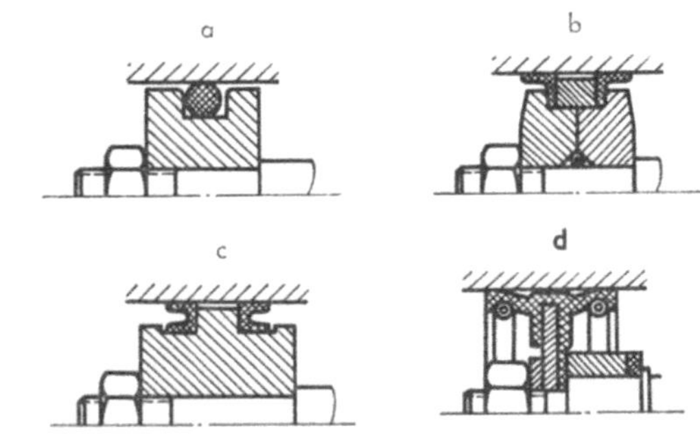

Abb. 91. Einfache Kolbendichtungen. a) O-Ring, b) Topfmanschette, c) Nutring, d) Doppeltopfmanschette

Zylinder nur über Rückschlagventile in Verbindung, die normalerweise gesperrt sind, und nur beim erstmaligen Aufladen sowie zur Leckölkompensation benötigt werden. Die Druckräume unter den Kolben stehen über Bohrungen mit den Ringräumen der nächst größeren Zylinder in Verbindung. Die kleine Kolbenfläche ist jeweils ebenso groß wie die um diese herumliegende Ringfläche. Da während des Hubes auf allen Kolbenflächen die gleiche Last liegt,

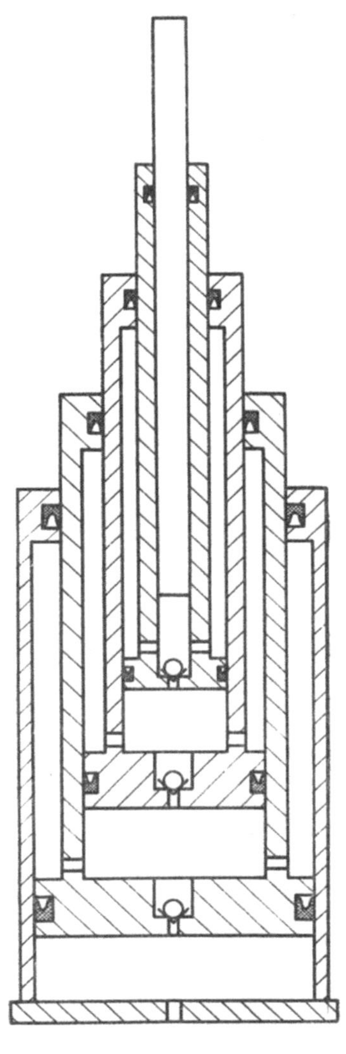

Abb. 89. Teleskopzylinder zur Erzeugung einer konstanten Hubgeschwindigkeit während der gesamten Hubbewegung (DBP. 924 479, Toussaint & Hess; aus DIETER)

herrscht unter den kleinsten Kolben ein höherer Druck als unter den nächst größeren usw., der niedrigste Druck herrscht unter den größten Kolben. Die Rückschlagventile bleiben deshalb geschlossen und bei Einwirkung von Drucköl auf den größten Kolben führen alle Kolben gleichzeitig eine Bewegung mit gleicher Geschwindigkeit aus und es kommt eine vollkommen stoßfreie Hubbewegung der Last mit konstanter Geschwindigkeit zustande.

e) Zylinderdichtungen

Dichtungen durch O-Ringe werden sowohl für die Abdichtung von zwei miteinander starr verbundenen Teilen als auch zur Abdichtung zwischen zwei aneinander gleitenden Teilen verwendet. Die Dichtung zwischen Zylinderrohr und Zylinderdeckel erfolgt meist nach Abb. 90. Auch in den Zylindern nach Abb. 99 und 100 sind überall O-Ringe vorgesehen, die für die Abdichtung von zwei miteinander starr verbundenen Teilen verwendet werden, die nach dem Prinzip von Abb. 90 gestaltet sind. Die Abmessungen der Nut müssen bei dieser Verbindung genau den von den Herstellerfirmen für O-Ringe angegebenen Richtlinien entsprechend gestaltet werden, wenn vermieden werden soll, daß der O-Ring bei der Montage verletzt oder in den Spalt zwischen Zylinder und Deckel gepreßt wird.

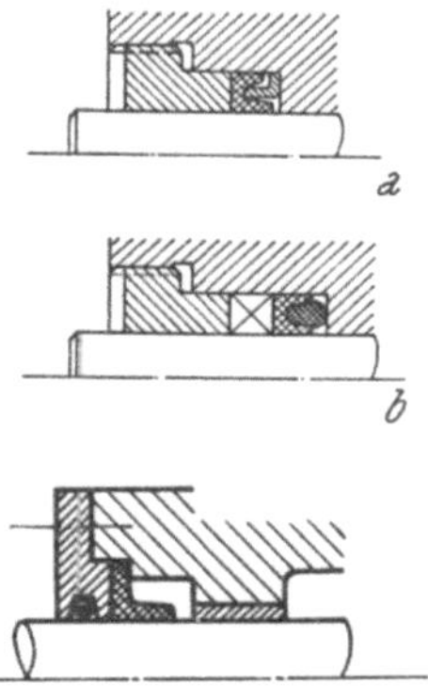

Abb. 92. Dichtungen für die Kolbenstange. a) Nutringmanschette mit Metallstützring, b) Nutring mit Gummistützring, c) Hutmanschette

Die Verbindung nach Abb. 90 Mitte ist nicht zu empfehlen, weil sich der O-Ring bei elastischen Dehnungen der Schrauben in den Spalt zwischen Deckel und Zylinderkopf und Zylindermantel hineinschieben kann und dabei so stark verletzt werden kann, daß er nicht mehr dichtet.

Eine besonders günstige Abdichtung für stoßweise Beanspruchung zeigt Abb. 90 rechts.

Für die Dichtung zwischen Kolben und Zylinderwandung Abb. 91 a kann der O-Ring nur für niedrige Drücke und für wenig beanspruchte Zylinder bei besonders sorgfältiger Bearbeitung der Oberfläche der Zylinderwandung verwendet werden. Der Abrieb ist bei O-Ringen wesentlich stärker als bei Hut-, Topfmanschetten und Nutringmanschetten. Nach längeren Betriebszeiten wird auch die Oberflächenbeschaffenheit der Zylinder schlechter, so daß der Abrieb des O-Ringes mit zunehmender Betriebszeit immer stärker wird. Bei hohen Betriebsdrücken kommt noch die Gefahr hinzu, daß der O-Ring zwischen Zylinderwandung und Kolben eingeklemmt wird. Auch vor den O-Ring geschaltete Gewebedruckringe können hier nicht immer Abhilfe schaffen.

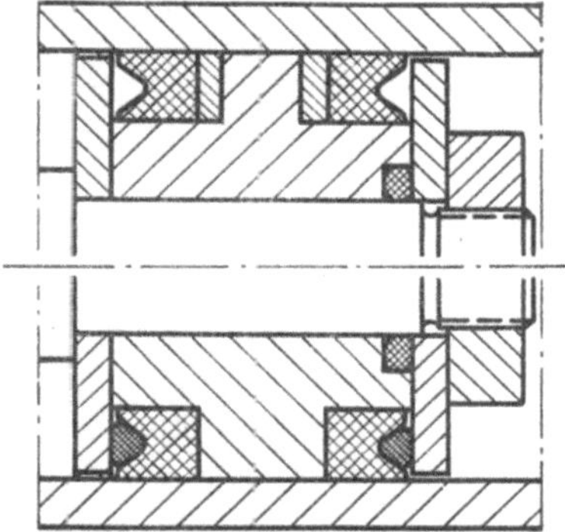

Abb. 93. Nutringmanschetten als Kolbendichtung. Oben: Gewebenutring ohne Gewebedruckring; unten: Gewebenutring mit Gewebedruckring und Kunststoffnutring (aus DIETER)

Die Abdichtung der Kolbenstangenführung kann dagegen auch bei höheren Drücken bei entsprechend guter Bearbeitung der Oberfläche der Stange mit O-Ringen erfolgen. Der wesentliche Vorteil des O-Ringes ist seine geringe Baulänge, derentwegen er oft auch für weniger beanspruchte Zylinder für die Kolbendichtung verwendet wird.

Weit verbreitet und auch in bezug auf die auftretenden Reibungskräfte, auf die Verschleißfestigkeit bzw. Lebensdauer sowie auf die erzielbare Dichtheit sind jedoch die verschiedenen Arten von Lippendichtungen, die sowohl für die Abdichtung der Kolbenstange (Abb. 92) als auch für die Dichtung zwischen Kolben und Zylinderwandung verwendet werden (Abb. 93). Sie bestehen aus ölbeständigem Gummi oder aus Kunststoff oder aus Geweben, die mit Kunstkautschuk getränkt werden. Die Reibungsbeiwerte einer mit Perbunan getränkten Baumwollmanschette sind z. B. geringer als halb so hoch wie die einer hochelastischen Vulkolanmanschette mit den gleichen Abmessungen (Abb. 94). Dafür wird der Ölfilm durch die Dichtungsringe mit Gewebeeinlagen nicht so einwandfrei abgestreift wie bei Verwendung von Ringen aus Kunststoff oder Kautschuk allein.

Nutringmanschetten werden entweder ganz ohne Stützring, mit einem Stützring aus Metall (Abb. 94) oder in neuester Zeit vornehmlich mit einem Stützring aus elastischem Gummi (Abb. 93 unten) verwendet. Sie dienen sowohl zur Abdichtung der Kolbenstange als auch zur Abdichtung des Kolbens gegen die Zylinderwandung.

Der Nutring ohne Stütze oder mit Metallstütze muß hoch elastisch sein, da im drucklosen Zustand die Lippenpressung allein für die Erzeugung des nötigen Anpreßdruckes sorgen muß. Nutringe mit Gummistützring dagegen werden durch den elastischen Gummiring an die Wandung gepreßt. Gleichzeitig sorgt der Gummiring für die axiale Fixierung des Nutringes. Um ein Eindringen des Nutringes in den Führungsspalt zu verhindern, kann ein Gewebering zwischen Nutring und Druckbüchse gelegt werden (Abb. 93 oben).

In hochwertigen Zylindern und insbesondere auch in Zylindern, bei denen in dem hydraulischen oder mechanischen System Schwingungen auftreten können, verwendet man an der Kolbenstange Abdichtungen, die aus mehreren nebeneinander liegenden Manschetten bestehen (Abb. 99 und 100). Gerät eine Stange in Schwingungen, so wird eine einzige Lippe ihrer Trägheit wegen oft mit der Frequenz der Stange mitschwingen und es ist deshalb während des Schwingungsvorganges mit dem Austreten von Lecköl zu rechnen. Mehrere hintereinandergeschaltete Lippen dagegen bieten einen wesentlich besseren Schutz gegen das Austreten von Lecköl während solcher Schwingungserscheinungen an der Kolbenstange.

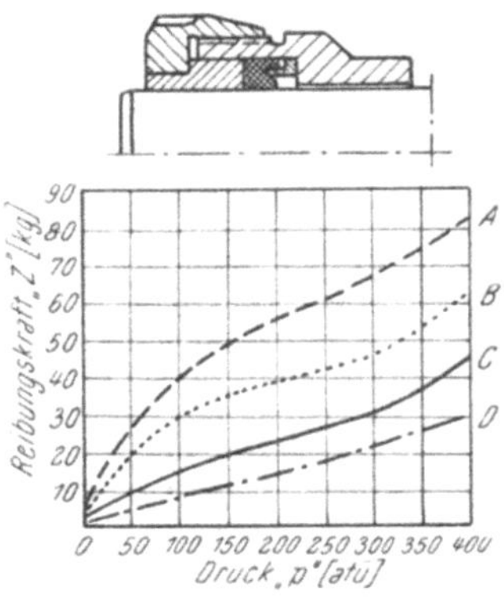

Abb. 94. Zunahme der Reibungskraft bei Nutring-Kolbendichtung (50 × 70 × 10 mm) mit steigendem Öldruck. *A* Vulkollan, *B* Perbunan, *C* Perbunan und Kunststoff, *D* Baumwollgewebe mit Perbunan getränkt (aus Handbuch Dichtelemente)

Der Manschettensatz in Abb. 99 besteht aus zwei Lippenringen und je einem formgepreßten Druck- und Stützring. Die Ringe bestehen aus Gewebe, das in Kunstkautschuk getränkt wurde. Die langen elastischen Lippen bilden einen besonders guten Schutz gegen das Austreten von Lecköl.

Der Manschettensatz in Abb. 100 besteht aus ineinander liegenden Dachmanschetten. In wechselnder Folge liegt jeweils eine Manschette aus Kunststoff ohne Gewebeeinlagen und eine aus Kautschuk mit Gewebeeinlagen aufeinander.

f) Reibungsverluste und Wirkungsgrad von Arbeitszylindern

Durch die Dichtungselemente an Kolben und Kolbenstange treten Reibungskräfte auf, die sowohl von der Art der Dichtungselemente, von der Güte der Oberflächenbeschaffenheit und vom Betriebsdruck abhängen. Einige Anhaltspunkte für die bei verschiedenen Dichtungselementen auftretenden Reibungskräfte zeigt Abb. 95. Auch im drucklosen Zustand ist zur Überwindung der Reibungskräfte eine bestimmte Kraft aufzuwenden, die dann je nach der Art der Dichtungselemente und der Härte und Eigenschaften des Materials, aus dem die Dichtelemente hergestellt sind, nach verschiedenen Gesetzmäßigkeiten mit dem Druck zunimmt.

Der Wirkungsgrad des Arbeitszylinders ist unter Berücksichtigung dieser Reibungsverluste:

$$\eta = \frac{\text{geleistete Arbeit während des Hin- und Rückhubes}}{\text{geleistete Arbeit bei reibungsfreier Bewegung}},$$

$$\eta = \frac{\int\limits_{-s}^{+s} [(p_1 F_1 - p_2 F_2) - R]\, ds}{\int\limits_{-s}^{+s} (p_1 F_1 - p_2 F_2)\, ds},$$

wobei die Drücke p_1 und p_2 in atü einzusetzen sind. Bei konstanter Reibungskraft und konstanter Last während der ganzen Hubbewegung und bei durchgehender Kolbenstange sowie bei vernachlässigbar kleinem Gegendruck auf der zweiten Zylinderseite ist der Wirkungsgrad während eines Hubes

$$\eta = \frac{p \cdot F - R}{p \cdot F}.$$

Die Reibungskräfte sind auch weitgehend von der Bewegungsgeschwindigkeit abhängig. Die Reibung der Ruhe ist bei Lippendichtungen um 20 bis 40% und bei O-Ringen sogar bis zu 300% größer als die Reibung während der Bewegung. Die Kraft, bei der überhaupt eine Bewegung des Kolbens erst möglich wird, ist deshalb wesentlich größer als die zur Aufrechterhaltung der Bewegung erforderliche Kraft. Ruckweise, oft mit Brummgeräuschen verbundene Kolbenbewegungen sind auf diesen Umstand zurückzuführen. Unmittelbar nach Überwindung der Reibungskraft für die Ruhe wird der Kolben rasch beschleunigt. Sowohl infolge der elastischen Eigenschaften des Öls als auch infolge der Tatsache, daß das Öl nicht rasch genug nach-

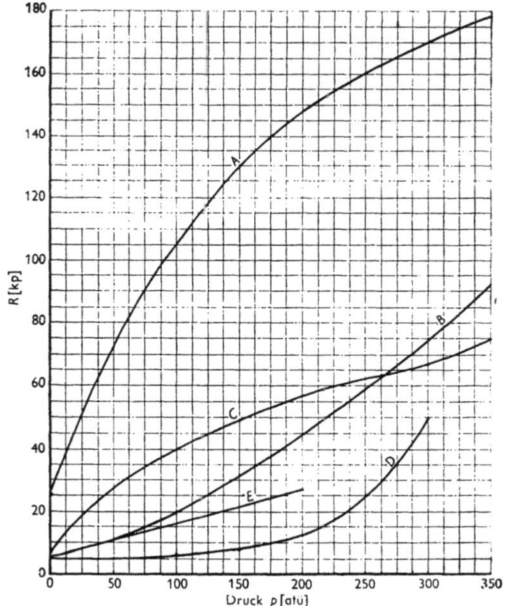

Abb. 95. Zunahme der Reibungskraft an Kolbenstangendichtungen mit steigendem Öldruck. *A* Dachmanschetten, *B* Lippensatz, *C* Nutring-Vulkollan, *D* O-Ring-Perbunan, *E* Gewebenutring mit Gummistützring nach Abb. 93 (Kolbengeschwindigkeit 0,15 m/Sek., Rauhigkeit der Stange 0,0005 mm, Flüssigkeit: Ölemulsion von 17% in Wasser) (aus DIETER)

fließen kann, sinkt hierauf der Druck sofort wieder und damit nimmt auch die Antriebskraft des Kolbens rasch ab. Der Kolben bleibt wieder stehen, und zwar so lange, bis wieder die wesentlich größere Reibungskraft der Ruhe überwunden wird. Bei bestimmten Betriebsbedingungen ergibt sich auch noch Resonanz zwischen der Eigenschwingungszahl der Ölsäule und der Zeitspanne zwischen dem Auftreten der maximalen Reibungskraft der Ruhe und der minimalen Reibungskraft bei höchster Bewegungsgeschwindigkeit. Besonders schlechte Wirkungsgrade treten bei Zylindern mit relativ kleinem Querschnitt in der Kolbenstange gegenüber dem Kolbendurchmesser auf, wenn diese Zylinder auf beiden Seiten des Kolbens unter Druck gesetzt werden. Erzeugt man deshalb eine Eilgangsbewegung dadurch, daß der Netzdruck nur auf den Querschnitt der Kolbenstangenfläche wirkt, so sind meist besonders schlechte Wirkungsgrade während dieser Eilgangsbewegung in Kauf zu nehmen (Abb. 96).

Die Tatsache, daß die unter Druck stehende Dichtungsmanschette wesentlich höhere Reibungswerte hat als eine Manschette in unbelastetem Zustand, erklärt auch, warum die Reibungskraft in doppelt wirkenden Zylindern mit zwei Dichtungsmanschetten nur unwesentlich größer ist als die Reibung in einfach wirkenden Zylindern mit einer einzigen Dichtungsmanschette.

g) Die einzelnen Bauteile der Zylinder

α) Zylindermantel und Kolben

Die Wahl der Wandstärke des Zylindermantels richtet sich nach den auftretenden Betriebsdrücken, und zwar meist mit Rücksicht auf die Festigkeit und Sicherheit gegenüber einer Überlastung der zulässigen Spannungen und mit Rücksicht auf die zulässigen Dehnungen bei Veränderung des Betriebsdruckes und der damit verbundenen Kolbenbewegung. Oft werden die Wandstärken aber auch wesentlich stärker gewählt, als sie sich auf Grund dieser Überlegungen ergeben würden, denn die Zylinder müssen oft einer Beanspruchung durch Steinschlag, durch Beschädigung durch schwere Werkzeuge usw. standhalten und müssen deshalb wesentlich stärkere Wandstärken haben, als sie sich auf Grund einer Festigkeitsrechnung unter normalen Betriebsbedingungen ergeben würden.

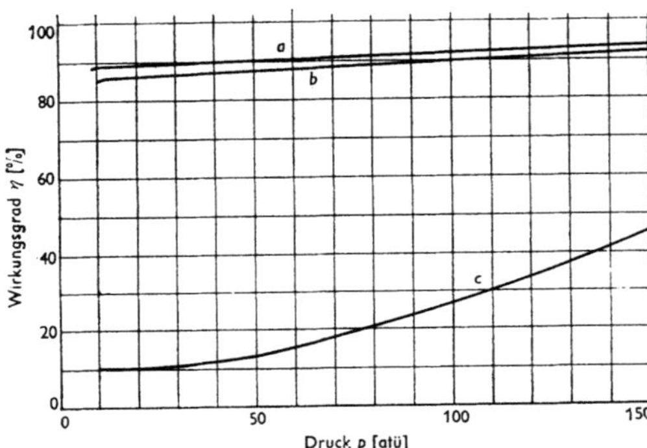

Abb. 96.　Veränderungen des Wirkungsgrades von Differentialkolben. *a* Kolbenfläche beaufschlagt, *b* Ringfläche beaufschlagt, *c* beide Kolbenseiten beaufschlagt (aus DIETER)

Der Zylindermantel wird meist aus Stahl hergestellt und der Kolben zur Erzielung einer guten Laufeigenschaft aus einem besonders dichten Hydraulikguß, z. B. dem sogenannten HK-Sonderguß, hergestellt. Bei Arbeitszylindern ohne besonderen Mantel, bei denen die Laufbüchse in einen anderen Maschinenteil aus Guß hineingearbeitet wird, wählt man umgekehrt als Material für den Kolben Stahl, um ebenfalls wieder gute Laufeigenschaften zu erreichen.

Die Oberflächengüte der Zylinderlaufbüchse ist für die auftretende Reibung zwischen Kolbendichtung und Zylinderwandung ebenso wichtig wie für die Lebensdauer der Dichtungselemente. Die Rauhigkeit der Oberfläche soll 3 bis 5 Mikron nicht überschreiten.

Die Dichtungselemente selbst dürfen auf keinen Fall die Aufgabe der Führung übernehmen und es muß deshalb, falls das Auftreten gewisser Querkräfte nicht vermieden werden kann, die Führung durch die Berührung zwischen Kolben und Zylinderwand oder nur durch die Führung der Kolbenstange allein erfolgen.

Für niedrige Drücke und relativ seltene Betätigung der Zylinder genügen nahtlos gezogene Präzisions-Stahlrohre nach DIN 2391 ohne mechanische Nachbearbeitung der Oberfläche. Für hohe Drücke stehen Präzisions-Stahlrohre bis 125 mm Durchmesser zur Verfügung, deren Oberflächengüte den Anforderungen für Hydraulikzylinder meist genügen (Rauhigkeit unter 4 Mikron, Durchmessertoleranz H 8).

In England werden heute fast alle Zylinder aus solchen vorbearbeiteten Rohren hergestellt. In Deutschland dagegen zieht man meist z. B. nahtlos gezogene Flußstahlrohre vor, die aufgebohrt und gehont werden und erforderlichenfalls noch durch Kalibrieren bearbeitet werden, um die Oberflächengüte zu verbessern und die Härte der Oberfläche zu erhöhen. Die Toleranz zwischen Kolben und Zylinderbüchse wird meist mit H 8/f 7 gewählt.

β) Kolbenstange und Kolbenstangenführung

Die Oberflächengüte der Kolbenstange ist für die Lebensdauer der Dichtungselemente ebenfalls ausschlaggebend und soll deshalb zumindest gleitgebondert werden. Bei Korrosionsgefahr werden die Stangen geschliffen und verchromt. Die Oberflächenrauhigkeit soll 2 Mikron nicht überschreiten. Besteht außerdem die Gefahr, daß die Kolbenstange durch mechanische Einwirkung, wie Werkzeuge, Steine, Staub usw., verletzt wird, so muß die Stange gehärtet und hart verchromt werden. Hart verchromen allein genügt jedoch meist nicht, weil die dünne Chromschicht durchgedrückt werden kann, wenn die Unterlage der Chromschicht weich bleibt.

Bei Zylindern mit Kolbenführung wird die Länge der Führungsbüchse der Kolbenstange mit dem Durchmesser d meist mit 1,5 d gewählt. Bei Führung der Kolbenstange durch die Führungsbüchsen allein wählt man die Länge der Kolbenstangenführung mit etwa 2,5 d.

Um das Verkanten zu vermeiden, soll das Spiel zwischen Kolbenstange und deren Führung auf das Spiel zwischen Kolben und Zylindermantel abgestimmt sein. Als Toleranz für die Führungsbüchse der Kolbenstange empfiehlt sich deshalb ebenfalls H 8/f 7. Als Material für die Führungsbüchse eignet sich ebenfalls besonders ein absolut dichter Sonderguß mit guten Bearbeitungseigenschaften.

γ) Schmutzabstreifer und Faltenbälge

Bei allen guten Arbeitszylindern werden an den Kolbenstangenführungen Schmutzabstreifer vorgesehen. Die Schmutzabstreifringe können in eine Nut eingesprengt oder durch einen Ring gehalten werden. Bei Einwirkung von besonders aggressiven Medien, wie an Schleifmaschinen, Steinbrüchen usw., können die Stangen noch durch Faltenbälge geschützt werden, die allerdings auch keinen absoluten Schutz gegen das Eindringen von Staub oder von aggressiven Gasen und Feuchtigkeit bieten, denn eine Entlüftung des Raumes zwischen Faltenbalg und Kolbenstange ist auf alle Fälle erforderlich. Bei besonders ungünstigen Betriebsbedingungen können Faltenbälge mit besonderer Entlüftung Verwendung finden. Bei diesen wird der Raum zwischen Balg und Kolbenstange über ein Reduzierventil, das auf etwa 0,1 bis 0,2 atü eingestellt wird, an ein Druckluftnetz angeschlossen.

h) Konstruktive Gestaltung der Zylinder für verschiedene Betriebsdrücke

Die Abb. 97, 98, 99 zeigen als Beispiele für Betriebsdrücke von 150, 250, 350 atü einige Ausführungsformen von Arbeitszylindern, wie sie in Deutschland viel verwendet werden. Abb. 100 zeigt eine französische Konstruktion mit besonders starkem Zylindermantel und eingeschraubten Zylinderdeckeln für Betriebsdrücke bis 350 atü. Bei der leichten und billigen Bauart nach Abb. 97 ohne Hubendebremse für Drücke bis 150 atü wird der Zylindermantel meist mit den Zylinderdeckeln verschweißt. Die Kolbenstangendichtung ist leicht auswechselbar, nicht dagegen die Kolbendichtungen, die jedoch die

Ausführung von mehreren Millionen Hüben zulassen. Kolbenstangenführung und Kolben sind aus perlitischem Sonderguß hergestellt.

Als Dichtung des Kolbens und der Kolbenstangenführung werden Gewebenutringe mit Gummieinlage verwendet. Die Kolbenstangen werden aus härt-

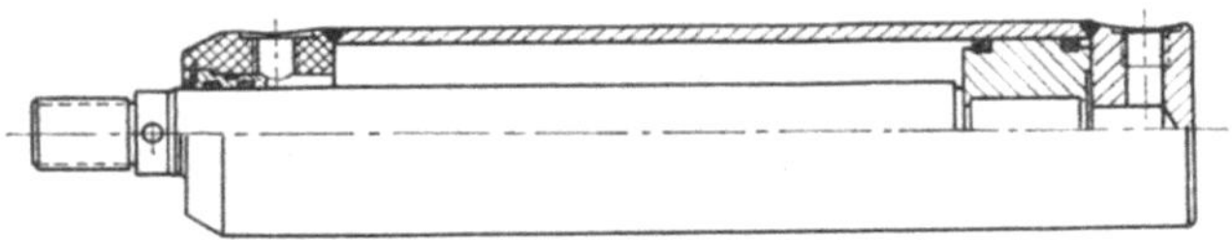

Abb. 97. Arbeitszylinder mit Schweißverbindung zwischen Rohr und Zylinderkopf (150 atü; Hunger)

barem Material hergestellt und können bei Bedarf gehärtet werden. Das Verhältnis der Kolbenfläche zur Kolbenstangenfläche ist 3 : 1.

Die Ausführung nach Abb. 98 für Drücke bis zu 250 atü kann mit oder ohne Hubendebremse ausgeführt werden. Die Schraubverbindung mit einem

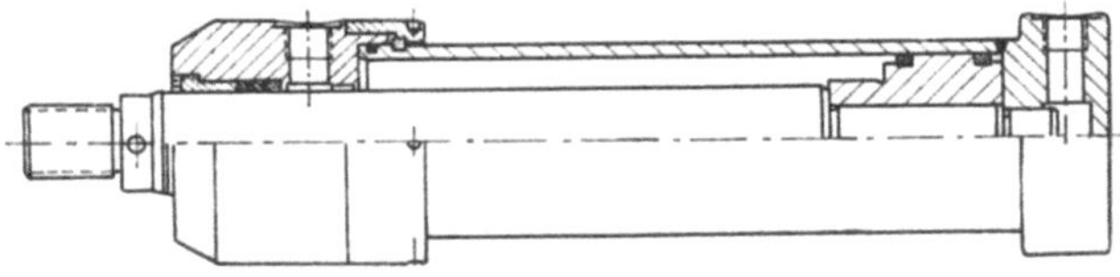

Abb. 98. Arbeitszylinder mit Verbindung zwischen Kopf und Rohr durch zweiteiligen Ring (250 atü; Hunger)

Ring mit Muttergewinde und geteiltem Ring zwischen Zylinderkopf und Rohr auf der Kolbenstangenseite gestattet auch ein Auswechseln der Kolbendichtungen. Der Zylinderboden ist mit dem Zylinderrohr verschweißt. Kolbenstangenführung und Kolbenstange aus Sonderguß ergeben gute Laufeigenschaften

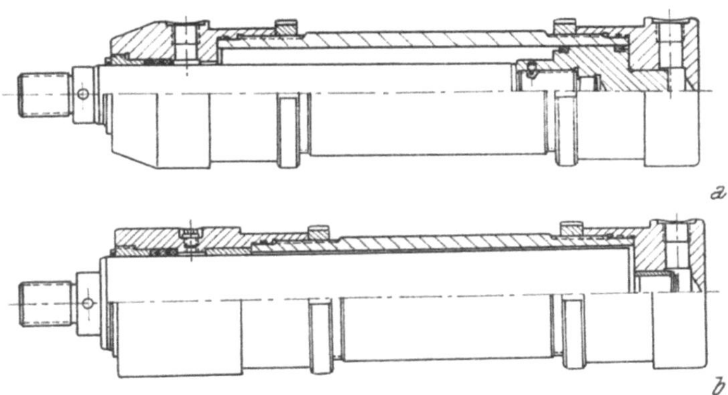

Abb. 99. Arbeitszylinder mit aufgeschraubten Zylinderköpfen (350 atü; Hunger)

mit der Zylinderlaufbüchse und Kolbenstange aus Stahl. Als Dichtungselemente werden für die Kolbenstangenführung Dachmanschetten und für die Kolben Gewebenutringe mit Gummistützring verwendet. Das Verhältnis der Kolbenfläche zur Kolbenstangenfläche kann 2 : 1 oder 3 : 1 gewählt werden.

Bei der schweren Bauweise der Zylinder nach Abb. 99 für Drücke bis 350 atü werden beide Zylinderdeckel durch Schraubverbindungen mit dem Zylindermantel verbunden, im übrigen entspricht die Konstruktion der etwas leichteren Bauart nach Abb. 98.

i) Richtlinien für den Einbau von Arbeitszylindern

Die Lebensdauer und das einwandfreie Arbeiten eines Zylinders wird nicht nur durch die Konstruktion des Zylinders selbst, sondern auch durch die Art des richtigen Einbaues weitgehend beeinflußt. Aber auch umgekehrt ist es oft erforderlich, daß die Bauart des Zylinders z. B. in bezug auf die Gestaltung der Kolbenführung und Kolbenstangenführung auf die gewünschte Einbauart Rücksicht nimmt. Es soll deshalb im folgenden auf die wichtigsten Richtlinien für den richtigen Zusammenbau zwischen den Zylindern mit anderen Maschinenteilen etwas näher eingegangen werden.

Auf alle Fälle muß der Einbau des Zylinders in andere Maschinenteile derart erfolgen, daß überflüssige Biegebeanspruchungen oder Klemmerscheinungen bei Wärmedehnungen und Veränderungen des Druckes im Zylinder vermieden werden und daß durch kleine Bewegungen, die infolge der Wechselbeanspruchung

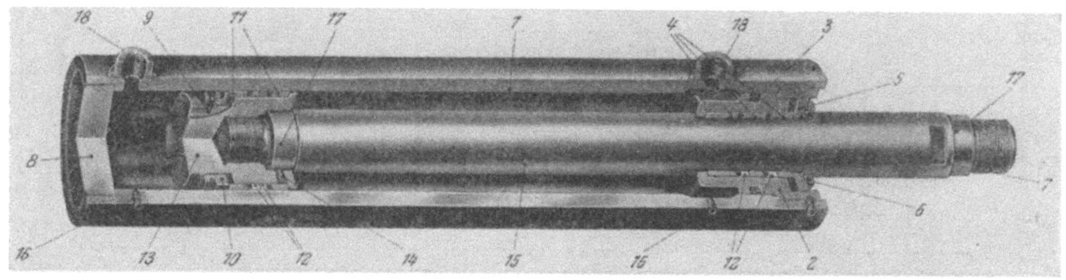

Abb. 100. Arbeitszylinder mit eingeschraubten Zylinderdeckeln für 350 atü (Marrel Hydro, Saint-Etienne, Frankreich). *1* Zylindermantel, *2* Zylinderdeckel, kolbenstangenseitig, *3* O-Ring-Dichtung, *4* Führungspackung der Kolbenstange, *5* Druckschraube für das Nachstellen der Kolbenstangendichtung, *6* Abstreifring, *7* Anfräsung, *8* Zylinderdeckel, *9* Sicherungsring, *10* Stellschraube zum Nachstellen der Kolbendichtung, *11* Führungspackung des Kolbens, *12* Rilsan-Dichtung (Torns-Dichtung), *13* Kolben, *14* Sicherungsschraube für Kolbenbefestigung, *15* Kolbenstange, *16* Schraube für Ölablaß oder Entlüftung, *17* Zentrierung, *18* Rohranschlüsse

an den Befestigungsschrauben auftreten, keine Abnützungserscheinungen an den Elementen des Zylinders entstehen, die nach einiger Zeit zu Betriebsstörungen Anlaß geben könnten.

Aus Abb. 101, in der jeweils ein Zylinder mit richtigem Einbau einem anderen gegenübergestellt wurde, bei dem irgendeine grundlegende Einbauvorschrift verletzt wurde, gehen die Richtlinien für den zweckmäßigen Zusammenbau von Zylindern mit anderen Maschinenteilen bereits ohne nähere Erklärung hervor. Es sollen deshalb den sieben Positionen der Abb. 101 nur noch einige Ausführungen hinzugefügt werden:

Position 1 und 2 zeigt, daß der Einbau von Plungerzylindern immer so erfolgen soll, daß die Befestigungsschraube während der Belastung mit möglichst kleinen Kräften beansprucht wird. Wird der Zylinder vornehmlich auf Druck beansprucht, so wird der Zylinder nach der linken Position 1 auf seiner Unterlage befestigt. Wird der Zylinder vornehmlich auf Zug beansprucht, so erfolgt die Befestigung nach der rechten Abbildung. Sind Zug- und Druckbeanspruchungen gleichzeitig zu erwarten, so wird man vielleicht bei besonders großen Kräften überhaupt keinen Zylinder mit Flansch nach Position 1, sondern besser eine Befestigung nach Position 3, 6 oder 7 wählen.

Auf alle Fälle muß vermieden werden, daß sich die Schrauben durch die Belastungsschwankungen, mit denen sie beansprucht werden, allmählich lockern, sonst treten bald auch Beanspruchungen in der Kolbenstangenführung und in der Kolbenführung ein und die Zylinder sind nach kurzer Betriebszeit überhaupt nicht mehr verwendbar.

Wirken auf die Kolbenstange auch Querkräfte, die jedoch mehr oder weniger in einer Ebene liegen, so wählt man einen Zylinder mit Schwenkauge nach Position 7. Greifen exzentrische Kräfte jedoch in allen Richtungen an, so sind statt des schwenkbaren Zylinders Zylinder mit Kugelgelenken vorzusehen, die eine Bewegung der Zylinderachse in allen Richtungen ermöglichen. Eine Befestigung eines Zylinders mit Schwenkauge, bei dem ein Schwenkauge der Kolbenstange in einer anderen Ebene liegt als das Schwenkauge des Zylinders (Position 7 rechts), neigt immer zum Verklemmen.

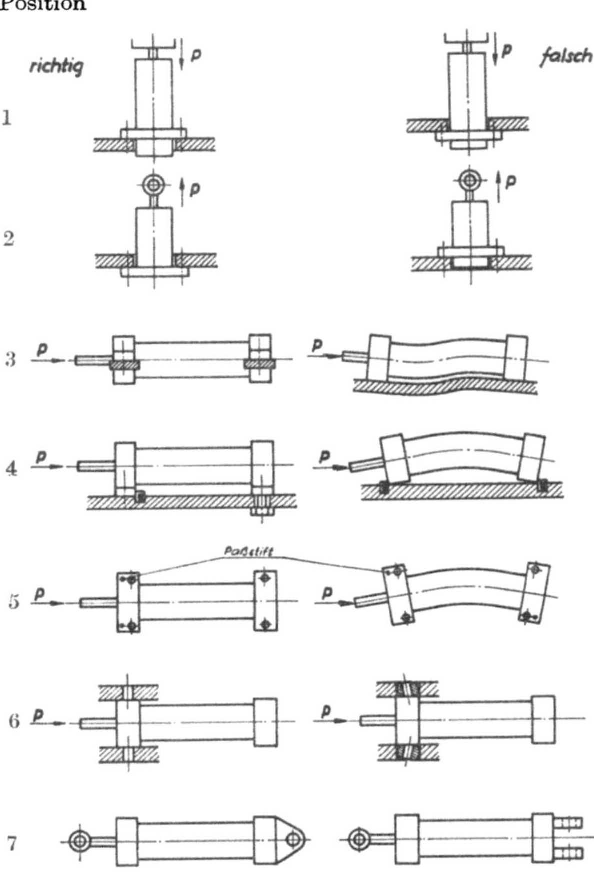

Abb. 101. Richtlinien für die Wahl der zweckmäßigsten Befestigungsart von Arbeitszylindern

Auch bei der normalen Fußbefestigung nach Position 4 rechts kann durch das Biegemoment bei schwachen und dünnwandigen Zylindern eine Verformung des Zylinders eintreten. Insbesondere dann, wenn die Unterlage des Zylinders diesem Drehmoment keinen Widerstand entgegensetzt. Eine robuste Zylinderkonstruktion von Zylindern mit Füßen kann jedoch ohne weiteres nach Position 4 rechts verwendet werden, und zwar insbesondere dann, wenn die Konstruktion der Kolbenstangen und Zylinderführung auf das Auftreten geringer Querkräfte bereits Rücksicht nimmt. Zylinder mit der Befestigung durch Flanschen, die in der gleichen Ebene liegen wie die angreifende Kraft nach Position 3 links, können jedoch bei gleichen Beanspruchungen leichter ausgeführt werden als Zylinder mit Füßen nach Position 4 rechts und sind somit auch billiger als die übliche Fußkonstruktion. Die Position 4 und 5 sollen andeuten, daß auch auf die Dehnung des Zylinders infolge der veränderlichen Öltemperatur und infolge der Veränderung des Betriebsdruckes im Zylinder Rücksicht genommen werden muß. Weder durch Gegenlager (Position 4 rechts) noch durch Paßstifte (Position 5 rechts) darf der Zylinder an seiner Dehnung verhindert werden, sonst entstehen Spannungen, die zur Verformung des Zylinders führen.

Der Verriegelungsbolzen nach Position 4 links oder der Paßstift nach Position 5 links ist bei einem auf Druck arbeitenden Zylinder immer an der Kolbenstangenseite des Zylinders vorzusehen, damit die Dehnung in Achsrichtung möglichst reibungsfrei möglich ist. Bei einem auf Zug beanspruchten Zylinder ist umgekehrt der Verriegelungsbolzen bzw. Paßstift sinngemäß auf der Deckelseite des Zylinders und auf der anderen Seite des Fußes anzubringen. Die Verwendung eines solchen Verriegelungsbolzens ermöglicht eine Entlastung der Befestigungsschrauben und somit die Verwendung von Schrauben mit kleineren Abmessungen. Selbstverständlich muß sich der Zylinder an einem Ende frei dehnen können und darf nicht etwa durch die Befestigungsschrauben, die in zu engen Bohrungen sitzen, an seiner Längsbewegung gehindert werden.

Zylinder mit Drehzapfen nach Position 6 sollen gemäß der linken Abbildung so ausgeführt werden, daß sie eine Biegung des Drehzapfens nicht zulassen. Selbstausrichtende Drehzapfenlagerungen nach der rechten Abbildung sind deshalb nach Möglichkeit zu vermeiden. Erforderlichenfalls sind jedoch die Drehzapfen bei einer solchen Lagerung stärker auszuführen als bei einer Lagerung nach Position 6 links. Im allgemeinen sind jedoch Drehzapfenlagerungen nach Position 6 links vorzuziehen, bei denen der Schwenkzapfen nicht auf Biegung, sondern nur auf Abscherung beansprucht werden kann.

5. Rohrleitungen, Schläuche und Rohrverbindungen
a) Rohrleitungen

Die richtige Gestaltung des Rohrleitungsnetzes ist für die einwandfreie Funktion eines hydraulischen Antriebes oft von ausschlaggebender Bedeutung. Bei der Auswahl der Abmessungen der Rohrleitungen, bei der Gestaltung der einzelnen Rohrverbindungen in bezug auf ihre Lage gegenüber den einzelnen Elementen des hydraulischen Antriebes sowie in bezug auf die Wahl der Lage der einzelnen Rohrleitungen zueinander sind oft eine ganze Reihe von Gesichtspunkten zu beachten:

Das Rohrleitungssystem muß auf alle Fälle möglichst übersichtlich gestaltet werden. Alle vermeidbaren Umlenkungen, Verknüpfungen und Berührungen zwischen zwei Rohren sollen vermieden werden. Alle Elemente des hydraulischen Antriebes sollen so angeordnet werden, daß mit möglichst kurzen Rohrleitungen das Auslangen gefunden werden kann, alle Ventile und Regelorgane, Druckschalter und Manometer, an denen fallweise oder regelmäßig irgendwelche Einstellorgane bedient werden sollen, sowie Filter, die gereinigt werden sollen, müssen gut zugänglich sein. Es dürfen sich im Rohrsystem keine Luftsäcke bilden können oder, falls Toträume an hochgelegenen Stellen unvermeidlich sind, müssen Entlüftungsorgane vorgesehen werden. Alle Rohre müssen vor dem Zusammenbau auf Sauberkeit geprüft und nötigenfalls gereinigt werden, damit nicht gleich nach dem ersten Zusammenbau empfindliche Elemente des Systems an der Erfüllung ihrer Funktion durch Verunreinigungen verhindert werden. Aus dem gleichen Grunde sind Schweißverbindungen zu vermeiden, weil durch den Schweißvorgang immer Zunderteilchen entstehen, die dann infolge mangelhafter Reinigung nach beendigter Schweißung in den Ölpumpen und Steuerorganen schwere Schäden anrichten können.

Die Wahl der Abmessungen wird durch folgende Einflußgrößen bestimmt:

1. Die Druckverluste des gesamten Rohrleitungssystems sollen möglichst gering sein. Bei den meisten hydraulischen Antrieben bleibt der Druckverlust in den Rohrleitungen kleiner als 10% des von der Pumpe erzeugten Netzdruckes. Die unerwünschten Druckverluste in den Rohrleitungen werden um so geringer, je größere Rohrdurchmesser gewählt werden und je weniger Rohrkrümmungen und Drosselstellen im Rohrleitungssystem vorhanden sind.

2. Mit Rücksicht auf den Preis und das Gewicht der Rohrleitungen sollen die Rohrdurchmesser aber auch nicht zu groß gewählt werden. Insbesondere im Flugzeugbau, aber auch bei allen ortsbeweglichen Maschinen wird man trachten, mit einem möglichst geringen Gewicht und mit möglichst kleinen Abmessungen der Rohrleitungen auszukommen.

3. Die Wandstärke und der Werkstoff der Rohre ist den Betriebsdrücken und der Art der Beanspruchung entsprechend auszuwählen. Dabei ist zu berücksichtigen, daß unter Umständen in allen hydraulischen Systemen mehr oder weniger starke Druckstöße durch das plötzliche Absperren von Steuerventilen bzw. unmittelbar vor der Öffnung der Sicherheitsventile auftreten können. Erfahrungsgemäß liegen die bei diesen Schwingungserscheinungen und Druckstößen auftretenden Druckspitzen meist wesentlich höher als die maximalen Drücke, die bei schwingungsfreiem Abfluß durch das Überdruckventil auftreten würden.

In vielen Antrieben kann auch durch die plötzliche Beschleunigung oder Verzögerung der Lasten eine zusätzliche Beanspruchung der Rohrleitungen entstehen, deren Druckspitzen oft ebenfalls ein Vielfaches der Beanspruchung durch ruhende Last betragen. Auch diese Druckstöße sind oft trotz Verwendung eines Überdruckventils mit hoher Reaktionsgeschwindigkeit nicht zu vermeiden, weil die Entstehungsstelle der Druckwelle oft weit von der Lage des Überdruckventils entfernt ist. Es ist deshalb auch auf diese Druckspitzen bei der Bemessung der Rohrleitungen Rücksicht zu nehmen.

4. In Betrieben, in denen mehrere hydraulische Antriebe verwendet werden, oder bei Erzeugerfirmen, die verschiedene hydraulische Antriebe erzeugen, wird man sich aus Gründen der Lagerhaltung eine Art Werksnorm für die meist verwendeten Rohrabmessungen und Rohrverbindungen zurechtlegen, dabei wird man sich bei der Auswahl der Wandstärken nach den höchsten jeweils auftretenden Drücken richten und darauf verzichten, Rohre mit verschiedenen Wandstärken, jedoch mit dem gleichen Außendurchmesser zu verwenden.

α) Richtlinien für die Wahl des Rohrdurchmessers mit Rücksicht auf die in den Rohrleitungen entstehenden Druckverluste

Im Abb. 10, S. 29, wurden für die Wahl der Strömungsgeschwindigkeiten in den Rohrleitungen und Steuerschiebern hydraulischer Anlagen folgende Richtwerte angegeben:

Saugleitungen: unter 1,5 m/Sek.

Druckleitungen: für Drücke bis 50 atü 4 m/Sek.,
für Drücke zwischen 50 und 100 atü 5 m/Sek.,
für Drücke zwischen 100 und 200 atü 6,5 m/Sek.

Rücklaufleitungen: 2 m/Sek.

Diese Richtwerte sind Mittelwerte, die in vielen, jedoch keinesfalls in allen Fällen die richtigen Anhaltspunkte für die zweckmäßigste Auswahl der Rohrabmessungen geben.

Die geringen Strömungsgeschwindigkeiten in den Saugleitungen werden im allgemeinen vornehmlich für Anlagen mit Pumpen vorgeschrieben, die durch Kavitationserscheinungen rasch beschädigt werden. In den Saugleitungen vor Zahnradpumpen z. B. darf der Druckabfall in der Saugleitung höchstens 0,3 atü betragen. Der zulässige Druckabfall in der Saugleitung hängt also in erster Linie von der verwendeten Pumpe ab und es kommt deshalb nicht so sehr auf die Strömungsgeschwindigkeit selbst, sondern nur auf den auftretenden Druckabfall vor der Pumpe an. Je länger die Saugleitung ist, desto geringer muß die Strömungsgeschwindigkeit sein. Besteht die Gefahr, daß durch einen verschmutzten Filter ein zusätzlicher Druckabfall erzeugt wird, sind ebenfalls noch weitere Saugrohre zu verwenden.

Selbstverständlich ist bei der Wahl der Strömungsgeschwindigkeit im Saugrohr auch zu berücksichtigen, ob durch einen höher liegenden Tank in der Saugleitung ein Überdruck durch das Gewicht der ober der Pumpe liegenden Ölsäule erzeugt wird oder ob bei oberhalb des Ölspiegels liegender Pumpe vor der Pumpe auch im Stillstand schon ein dem Gewicht der Ölsäule entsprechender Unterdruck herrscht.

Falls vor der Pumpe ein Unterdruck herrscht, ist die Saugleitung außerdem auf Dichtheit zu prüfen, weil sonst durch die undichten Stellen in der Saugleitung Luft angesaugt wird. Sowohl durch das Eindringen von Luft durch undichte Stellen als auch durch das Eintreten von Kavitation in der Saugleitung entstehen unerwünschte Geräusche, Schaumbildung im Öl und es kommt innerhalb kurzer Betriebszeiten zur Beschädigung der Pumpen. Mit Rücksicht auf die Kavitationsgefahr ist auch darauf zu achten, daß insbesondere in der Saugleitung die kleinsten zulässigen Krümmungsradien nach Abb. 10 eingehalten werden.

Ebenso wie für die zulässigen Grenzwerte der Strömungsgeschwindigkeit in der Saugleitung lassen sich auch für Druck- und Rücklaufleitungen keine allgemein gültigen Richtlinien angeben.

Soll z. B. die Bewegungsgeschwindigkeit eines Arbeitszylinders durch eine in beiden Bewegungsrichtungen wirkende Drossel auf sehr kleine Geschwindigkeiten begrenzt werden, so wird während der Bewegung des unbelasteten Kolbens ohnedies die Druckenergie in einer Drossel vernichtet. Es kann deshalb natürlich eine Rohrleitung von beliebig kleinem Querschnitt verwendet werden, soweit die größte überhaupt gewünschte Bewegungsgeschwindigkeit des Kolbens noch erreicht werden kann.

Ob man in einem solchen Falle von dieser Möglichkeit zur Verwendung einer wesentlich engeren und damit auch billigeren und leichteren Leitung Gebrauch machen wird oder nicht, hängt natürlich auch noch von verschiedenen anderen Einflußgrößen ab. Ist sowohl der Preis als auch das Gewicht der Rohrleitung bedeutungslos gegenüber dem Preis der Anlage, so wird man aus Gründen der Einheitlichkeit wahrscheinlich trotzdem stärkere Leitungen verwenden, obwohl diese stärkeren Leitungen in bezug auf die auftretenden Drosselverluste vollkommen sinnlos wären.

In einer Maschine, die im Bergbau, Bahnbau oder Straßenbau verwendet wird, wird man dagegen überhaupt von vornherein mit Rücksicht auf die mögliche Beanspruchung durch Steinschlag, durch die Berührung mit schweren Werkzeugen oder Vorrichtungen auf alle Fälle stärkere Rohrleitungen nehmen, als auf Grund der auftretenden Drosselverluste erforderlich wären.

Aber auch in denjenigen Fällen, in denen vornehmlich die in den Druck- und Rücklaufleitungen auftretenden Druckverluste für die Wahl des Durchmessers ausschlaggebend sind, wird man je nach den an den hydraulischen Antrieb gestellten Aufgaben einmal relativ hohe — vielleicht sogar bis zu 50% der Pumpenleistung verzehrende — Druckverluste zulassen und in anderen Fällen wieder verlangen, daß die Druckverluste kleiner als 1% der Pumpenleistung bleiben.

Je länger die Betriebszeiten im Verhältnis zu den Zeiten, in denen die Anlage stillsteht, sind, desto kleinere Druckverluste wird man im allgemeinen verlangen, weil sowohl die Energieverluste als auch alle mit der Ölerwärmung verbundenen Nachteile um so mehr ins Gewicht fallen, je größer das Verhältnis der Betriebszeit zu der Zeit ist, in der die Anlage stillsteht.

β) Einfluß von Preis und Gewicht auf die Wahl der zweckmäßigsten Rohrabmessungen

Im allgemeinen ist der Preis der Rohrleitung gegenüber dem der ganzen Anlage relativ gering. Andererseits entspricht einer Zunahme des Durchmessers um 10% eine Vergrößerung der Rohrquerschnittsfläche bzw. eine Verkleinerung der Strömungsgeschwindigkeit im Rohr von 20%. Bei laminarer Strömung im Rohr sinkt dadurch der Druckabfall in einer Rohrleitung bei Erweiterung des Durchmessers um 10% um 20% und bei turbulenter Strömung um 40%.

Der Preis der Rohrleitungen bzw. der Rohrverbindungen steigt bei einer Vergrößerung des Rohrdurchmessers um 10% ebenfalls um etwa 20%. Da jedoch der für die Montagearbeiten meist erforderliche Kostenaufwand wesentlich größer ist als der für die Rohre und deren Verbindungen allein erforderliche Aufwand, wird man im allgemeinen immer alle Rohrleitungen reichlich bemessen, soweit nicht ganz besondere Voraussetzungen für die Wahl engerer Leitungen sprechen. Man soll dabei auch bedenken, daß das nachträgliche Auswechseln

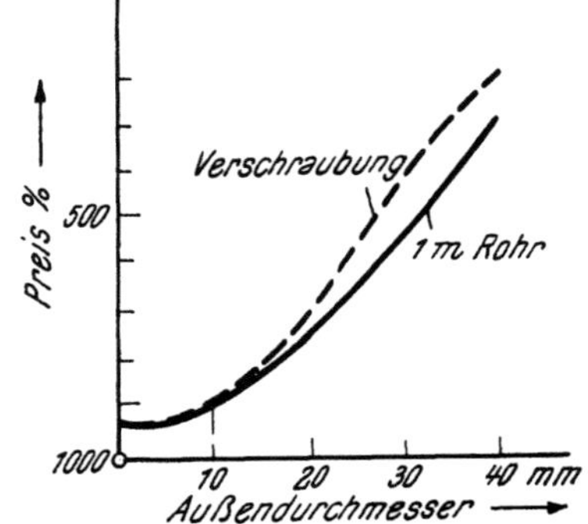

Abb. 102. Abhängigkeit des Preises von 1 m Rohrleitung und einer Schneidringverschraubung für Betriebsdrücke von 150 atü vom Durchmesser

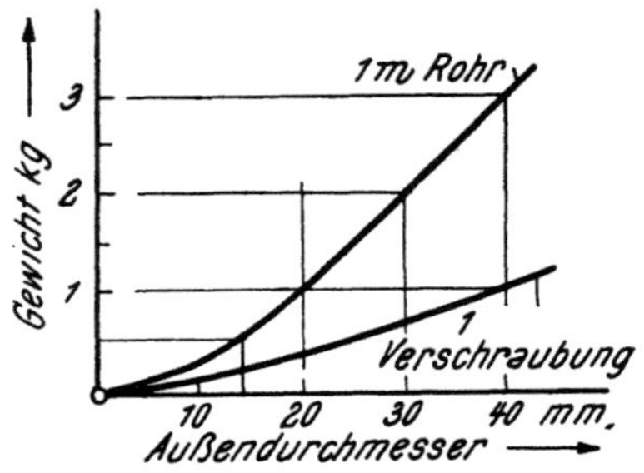

Abb. 103. Abhängigkeit des Gewichtes von 1 m Rohrleitung und einer Schneidringverschraubung vom Durchmesser

einer engeren Rohrleitung durch eine weitere oft mit größeren Unkosten verbunden ist als das einmalige Verlegen aller Rohrleitungen eines Systems zusammen.

Die Abb. 102 und 103 zeigen die Abhängigkeit des Preises und des Gewichtes vom Durchmesser für Rohre und Schneidringverbindungen, und zwar für Betriebsdrücke von 150 atü.

γ) Richtlinien für die Wahl der Wandstärke mit Rücksicht auf die Beanspruchung der Rohre durch den Öldruck

Für relativ dünnwandige Rohre kann die erforderliche Wandstärke s_0 aus dem maximalen, innerhalb des Rohres auftretenden Öldruck p und dem Innendurchmesser des Rohres d_i aus der einfachen Beziehung

$$\sigma = \frac{d_i \cdot p}{200 \cdot s_0}$$

bzw.

$$s_0 = \frac{d_i \cdot p}{200 \cdot \sigma_{\text{zul}}} = \frac{d_i \cdot p\, S}{200 \cdot \sigma_s} \tag{73}$$

berechnet werden, wenn σ und σ_{zul} die auftretende bzw. zulässige Spannungen in der Rohrwandung und S die Sicherheit gegenüber dem Erreichen der Streckgrenze σ_s bedeuten.

Für Rohre bis zum Verhältnis des Außendurchmessers d_a zum Innendurchmesser d_i von $d_a/d_i = 1,7$ kann die erforderliche Wandstärke aus der Beziehung

$$s_0 = \frac{d_a \cdot p \cdot S}{200\,\sigma_\mathrm{S}} \qquad (74)$$

berechnet werden.

Dabei sind in den Gl. (73) und (74) die einzelnen Größen in folgenden Dimensionen einzusetzen:

d_i, d_a Rohrinnendurchmesser und Rohraußendurchmesser in mm,

σ_s die Streckgrenze in kg/mm²,

p der höchste in der Rohrleitung auftretende Druck in kg/cm².

Der Sicherheitsfaktor S ist in Gl. (74) bei vorhandenem Abnahmezeugnis für den Werkstoff nach DIN 50049 1,7 zu wählen, andernfalls ist er gleich 2 zu setzen.

Der maximale auftretende Öldruck p kann prinzipiell bei kurzen Druckstößen auch höher liegen als der am Sicherheitsventil eingestellte Druck, und zwar insbesondere dann, wenn die Reaktionsgeschwindigkeit des Sicherheitsventils relativ gering ist. Außerdem ist zu berücksichtigen, daß der Öffnungsvorgang des Sicherheitsventils meist mit einem Schwingungsvorgang verbunden ist und daß infolgedessen die Beanspruchung während der Öffnung des Sicherheitsventils nicht nach dem Belastungsfall 1 für ruhende Belastung, sondern als Wechselbeanspruchung mit relativ starken Schwankungen zwischen der Höchstlast und einer geringen Teillast erfolgt. Die Amplituden dieser Druckschwingungen, die sich durch entsprechende Geräusche bemerkbar machen, werden insbesondere dann hohe Werte erreichen, wenn es zu einer Resonanz zwischen den Schwingungen im Sicherheitsventil und der Eigenschwingungszahl der Ölsäule in den Rohrleitungen kommt.

Sind die Amplituden einer Druckschwingung bekannt, so kann die erforderliche Wandstärke s_0 aus der folgenden Beziehung berechnet werden:

$$s_0 = \frac{d_a \cdot (p_\mathrm{max} - p_\mathrm{min})}{200 \cdot \dfrac{\sigma_\mathrm{sch}}{S} - (p_\mathrm{max} - p_\mathrm{min})}. \qquad (75)$$

Darin bedeuten:

p_max den höchsten in der Rohrleitung während des Schwingungsvorganges auftretenden Druck,

p_min den niedrigsten während der Schwingung auftretenden Druck in der Rohrleitung in kg/cm²,

σ_sch Zeit-Schwellfestigkeit bei 20° C nach DIN 50100,

S den Sicherheitsfaktor, der hier mit 2,2 bei vorliegendem Abnahmezeugnis, sonst mit 2,5 einzusetzen ist.

Ist also der Druckverlauf während eines Schwingungsvorganges bekannt, so kann die erforderliche Wandstärke sowohl in bezug auf die Beanspruchung durch Schwingungen nach Gl. (75) als auch in bezug auf die zulässige Verformung nach Gl. (73) oder (74) berechnet werden. Unabhängig davon, ob sich nach Gl. (75) bzw. (73) oder nach Gl. (74) dann eine größere Wandstärke ergibt, ist für die Bemessung der Rohrleitung jeweils die größere Wandstärke zugrunde zu legen.

Bei den meisten hydraulischen Anlagen ist jedoch zumindest im Augenblick der Planung der Anlage die Größe der Druckschwingungen noch nicht bekannt und man muß deshalb auf Erfahrungswerte zurückgreifen.

Tab. 4 gibt für verschiedene Rohrdurchmesser die bei ruhender Belastung nach Gl. (74) zulässigen Betriebsdrücke an. Die Werte gelten für einen Sicherheitsfaktor von $S = 1,7$ für nahtlos gezogene Präzisionsstahlrohre nach DIN 2391 aus St 35 mit einer Streckgrenze von $16\ \mathrm{kg/mm^2}$ und einer Zerreißfestigkeit von $\sigma_d = 32\ \mathrm{kg/mm^2}$. Bei den Werten dieser Tabelle bleiben alle zusätzlichen Beanspruchungen durch Schwingungserscheinungen und Druckstöße ebenso unberücksichtigt wie die Zuschläge, die infolge möglicher Korrosion erforderlich wären. Die Zunahme der Beanspruchung der Rohrwandung bei Unterschreitung der vorgeschriebenen Wanddicke innerhalb der zulässigen Werte kann bei Verwendung der Gl. (74) durch folgende Beziehung berücksichtigt werden:

$$s = s_0\,(c_1 + c_2).$$

Dabei ist

s_0 die Wandstärke nach Beziehung (74),

s die Wandstärke, die bei Unterschreitung der vorgeschriebenen Dicke innerhalb der handelsüblichen Toleranzen erforderlich wird,

c_1 ein Faktor zur Berücksichtigung dieser Maßabweichung,

c_2 ein Faktor, der zusätzlich noch zur Berücksichtigung der Korrosionserscheinungen eingesetzt werden kann.

c_1 ist für eine Unterschreitung der Wandstärke von 10% 1,1 und für eine Unterschreitung der Wandstärke von 18% 1,22.

Tabelle 4. *Zulässige Betriebsdrücke in atü in Stahlrohren bei ruhender Belastung nach der Beziehung* $p_{\mathrm{zul}} = \dfrac{200\,\sigma_\mathrm{s}}{S}\dfrac{s_0}{d_a}$ *für $S = 1,7$ (aus* DIETER*)*

d_a	Wanddicke S_0 (Bestellwanddicke)						
	1	1,5	2	2,5	3	3,5	4
6	268						
8	200	300					
10	170	154	338				
12	141	212	282	353			
14	121	182	242	302			
15	113	170	226	282	339		
16	106	159	212	265	317		
18	94	141	188	235	282	329	
20	85	127	170	212	254	296	339
22	77	115	154	192,5	231	270	308
25	67,8	102	135	170	203	240	272
28	60,5	91	121	151	181	212	242
30	56,3	85	113	141	170	198	226
32	53	79,5	106	132,5	159	185	212
35	48,4	72,6	97	121	145	170	194
38	44,6	67	89	111,5	134	156	178
40	42,0	63,6	85	106	127	148	170

Tab. 5 zeigt Richtlinien für die zweckmäßige Auswahl von Rohren verschiedener Nennweite für Betriebsdrücke von 100, 250 und 400 atü. Die in der Tabelle angegebenen Rohrleitungen entsprechen den in der Praxis meist verwendeten Rohren und beinhalten damit indirekt alle oben angeführten Einflußgrößen auf die zusätzlichen Beanspruchungen der Rohrwandungen durch Wechselbeanspruchung, Korrosion, Unterschreitung der Wandstärke innerhalb der zulässigen Grenzen usw.

Tab. 5 zeigt auch, daß die Nennweite und die lichten Weiten nicht immer identisch sind. Die Außendurchmesser sind durch die Herstellungsmethode bedingt einheitlich festgelegt. Die Wandstärken dagegen werden durch die Betriebsdrücke bestimmt in verschiedenen Abmessungen hergestellt. Bei der

Bestellung ist deshalb auf eine eindeutige Bezeichnung der Rohrleitungen zu achten, in der außer den gewünschten Abmessungen von Außendurchmesser und Wandstärke auch die Materialqualität genau angegeben werden muß.

Ob bei gleich hoher Beanspruchung ein Rohr mit geringer Wandstärke und hoher Festigkeit oder mit geringerer Festigkeit und stärkerer Wandstärke vorzuziehen ist, kann von den verschiedensten Einflußgrößen abhängen. Da in der Regel vom Lieferanten hydraulischer Anlagen verlangt wird, daß die Anlage

Tabelle 5. *Richtlinien für die Auswahl von Rohren verschiedener Nennweite für maximale Drücke von 100, 250 und 400 atü (aus* BERNS)

Nennweite	Maximaler Druck		
	100	250	400
	Durchmesser		
6	6/10	6/10	6/10
8	8/18	8/18	8/18
10	10/16	10/16	10/16
16	16/25	16/25	16/25
25	24/35	24/35	24/35
40	41/51	41/51	41/57
65	67/75	60/76	65/89

im Betrieb bestimmten, bei der Auftragserteilung gestellten Forderungen genügt, sollte man ihm auch die Auswahl und die Lieferung der Rohrleitungen überlassen. Denn meist kann nur der Erzeuger der hydraulischen Anlage auf Grund vorliegender Erfahrungen beurteilen, ob voraussichtlich stärkere Druckschwingungen in einer Anlage zu erwarten sind und welche Sicherheiten somit für die Bemessung der Rohrleitungen verlangt werden müssen, welche Rohrverbindungen unter Berücksichtigung der möglichen Erschütterungen zweckmäßig sind usw.

b) Schlauchleitungen

Schläuche für Druckölleitungen bestehen aus ölfestem, synthetischem Gummi und aus einer oder aus mehreren einvulkanisierten Einlagen aus Textilschläuchen

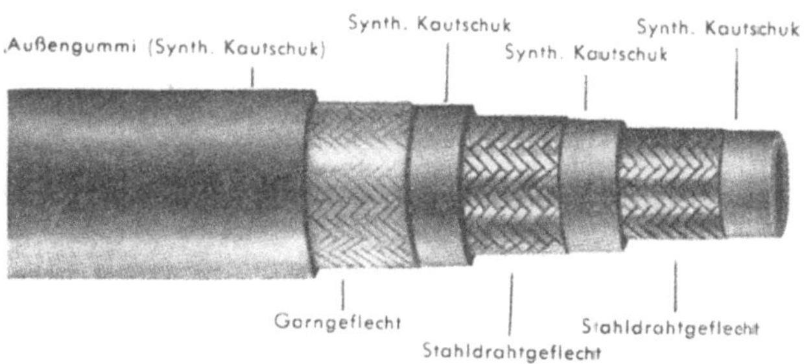

Abb. 104. Höchstdruckschlauch (aus DIETER)

oder Stahldrahtgeflechten. Sie werden in Prospekten und Katalogen meist in Schläuche für Niederdruck, Mitteldruck, Hochdruck und Höchstdruck eingeteilt, wobei dann in Tabellen für die einzelnen Schlauchdimensionen die zulässigen Höchstdrücke angegeben werden. Alle Hochdruckschläuche enthalten mehrere reißfeste Textilgeflechteinlagen, die die eigentlichen Zugkräfte aufnehmen. Einige Schlaucharten sind außerdem mit einem Mantel aus ölfestem, synthetischem Gummi mit besonders hoher Abriebsfestigkeit überzogen. Höchstdruckschläuche haben außerdem immer noch Stahlgeflechteinlagen und werden immer mit abriebfesten Gummimänteln versehen (Abb. 104).

Die Erzeuger von Schläuchen geben meist Tabellen heraus, in denen zwischen Niederdruck-, Hoch- und Höchstdruckschläuchen unterschieden wird und in denen auch bei der Auswahl der Schlauchtype zwischen ruhender und stoßweiser Belastung zu unterscheiden ist, wobei sicherheitshalber bei der Auswahl der

Schlauchtypen ähnlich wie bei den Rohrleitungen immer auch auf die oft unvermutet auftretenden Schwingungserscheinungen und Druckstöße Rücksicht

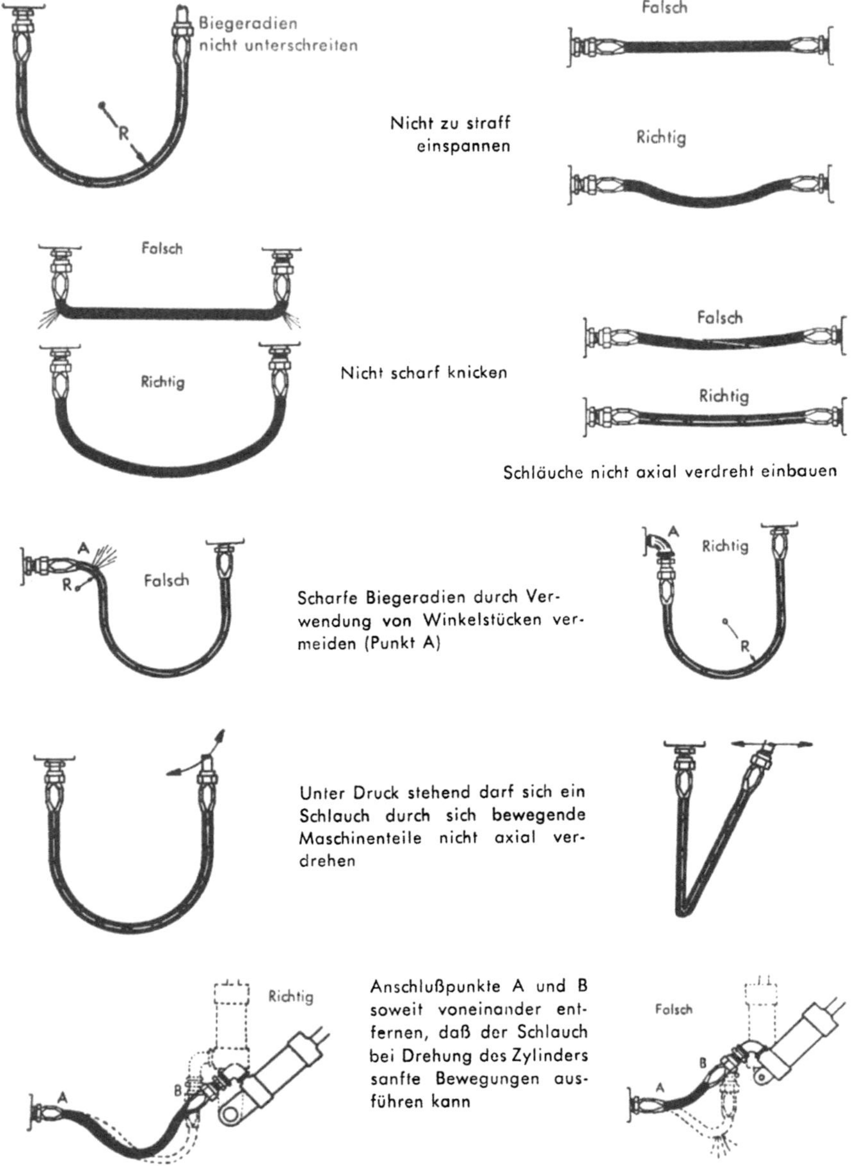

Abb. 105. Richtige und falsche Verlegung von Schläuchen (aus Berns)

genommen werden soll. Das heißt, es soll sicherheitshalber immer mit dem Auftreten von Druckstößen gerechnet werden.

Die Auswahl der geeigneten Schlauchtype soll aber auf keinen Fall nur nach dem in der Schlauchleitung auftretenden Höchstdruck allein erfolgen.

Für Saugleitungen sind z. B. Schläuche auszuwählen, deren Steifheit dafür garantiert, daß der Schlauch bei starkem Unterdruck in der Saugleitung nicht zusammenklappen und auch nicht leicht geknickt werden kann.

Auch bei niedrigen Betriebsdrücken sind die Schläuche oft stärkerer Beanspruchung, z. B. durch Steinschlag, Beschädigung durch Werkzeuge, gegenseitiges Scheuern usw., ausgesetzt und man wird dann in solchen Fällen einen besonders robusten Höchstdruckschlauch auch für eine Rücklaufleitung wählen, in der nur wenige atü auftreten, um eine Beschädigung des Schlauches mit Sicherheit zu vermeiden.

Besonders zu achten ist bei der Auswahl der Schläuche auch auf die auftretenden Betriebstemperaturen und auf die Eignung der Schlauches für die betreffende Hydraulikflüssigkeit. Die normalen Schläuche für Mineralöle sind z. B. für Pydraul und ähnliche schwer brennbare Hydraulikflüssigkeiten nicht geeignet (s. Abschn. VI, 2, S. 289). Für normale Schläuche für Drucköl liegen die zulässigen Betriebstemperaturen etwa zwischen $-30°$ C und $+80°$ C. Kurzzeitige Öltemperaturen von $100°$ C können dabei auch noch in Kauf genommen werden. Falls aber eine zusätzliche Wärmestrahlung von außen auf die Schläuche einwirkt, dürfen Schläuche aus synthetischem Gummi nicht mehr verwendet werden.

Auf die Einhaltung der in den Tabellen der Lieferfirmen für die einzelnen Schlauchtypen zusammengestellten kleinsten Biegeradien ist unbedingt zu achten. Dabei

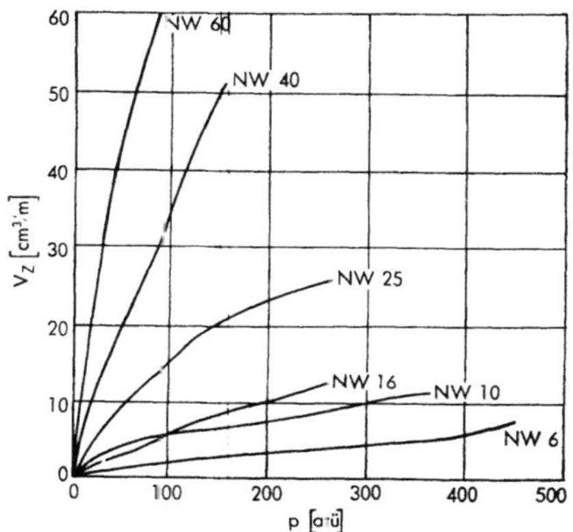

Abb. 106. Speichervermögen von Schläuchen

ist jede Lage des Schlauches, die während des Betriebes der Anlage vorkommt, zu berücksichtigen. Der Schlauch darf auch während des Betriebes oder beim Einschrauben auf keinen Fall axial verdreht werden. Schlauchleitungen dürfen auch nicht straff gespannt werden, sondern sollen immer eine Längsbewegung der beiden Schlauchantriebe gegeneinander von mindestens 5% der Länge zulassen. Alle überflüssigen Krümmungen im Schlauch sind zu vermeiden und nach Möglichkeit durch starre Krümmer zu ersetzen. Abb. 105 gibt eine Gegenüberstellung von richtig und falsch verlegten Schlauchleitungen.

Schläuche haben bestimmte charakteristische Eigenschaften, die sich oft sehr unangenehm bemerkbar machen, die aber oft auch mit den einfachsten Mitteln schwierige Probleme zu lösen gestatten. Dank ihrer elastischen Eigenschaft können auch kurzzeitig auftretende plötzliche Druckstöße durch das Speichervermögen der Schläuche aufgenommen werden, Schwingungserscheinungen vermieden werden und Geräusche weitgehend beseitigt werden. Soll dagegen in einem Arbeitszylinder durch einen Stromregler eine konstante Geschwindigkeit erzeugt werden, so ist dies nicht mehr möglich, sobald ein Schlauch zwischen Zylinder und Stromregler eingebaut werden muß. Man wird daher in solchen Fällen immer trachten, nach Möglichkeit ohne Schlauchverbindungen auszukommen und gegebenenfalls Teleskoprohre oder Gelenksverbindungen mit Drehdurchführungen verwenden, um die unangenehmen Eigenschaften der Schläuche zu vermeiden.

Das Speichervermögen in cm³/m Schlauchlänge ist natürlich weitgehend von der Schlauchart, von der Festigkeit der Textil- bzw. Stahlgeflechteinlagen abhängig. Abb. 106 zeigt als Anhaltspunkt für die Möglichkeiten der kurzzeitigen Druckölspeicherung in Hochdruckschläuchen das Speichervolumen je Meter Schlauchmenge für einige bestimmte Schlauchtypen.

Aus dieser Abbildung ist gleichzeitig zu ersehen, daß für hohe Drücke oft überhaupt keine Schläuche von entsprechenden Durchmessern mehr zur Verfügung stehen. Der Endpunkt der einzelnen Linien gibt gleichzeitig an, bis zu welchen Betriebsdrücken die einzelnen Schlauchdimensionen noch verwendet werden können.

c) Rohr- und Schlauchverbindungen

Die Verbindung von Rohren untereinander oder von Rohrleitungen mit den einzelnen hydraulischen Normbauteilen soll möglichst durch lösbare Rohr-

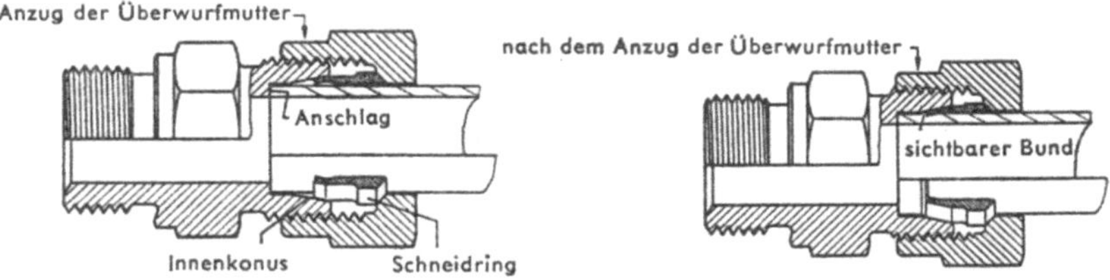

Abb. 107. Schneidringverschraubung (nach DIN 2353 und DIN 3861)

verbindungen geschehen. Die heute am meisten verwendete Ausführung ist die Schneidringverschraubung, es werden aber auch Klemmringverschraubungen und Bördelverbindungen benützt.

Bei allen lösbaren Rohrverbindungen kann die Montage sowohl beim ersten Zusammenbau als auch beim wiederholten Lösen und neuerlichem Verbinden in wesentlich kürzerer Zeit erledigt werden als bei den früher üblichen Lötverbindungen. Die meisten lösbaren Verbindungen sind auch in bezug auf Betriebssicherheit und Dichtheit, besonders bei Betrieb mit Erschütterungen und Temperaturschwankungen, den früheren Ausführungen gegenüber überlegen.

Die Schneidringverschraubung nach DIN 2353 und 3861 (Abbildung 107) ist am einfachsten zu montieren. Durch Anziehen der Überwurfmutter wird der Schneidring durch den Innenkonus des Gewindestutzens in das Stahlrohr eingepreßt. Die Ver-

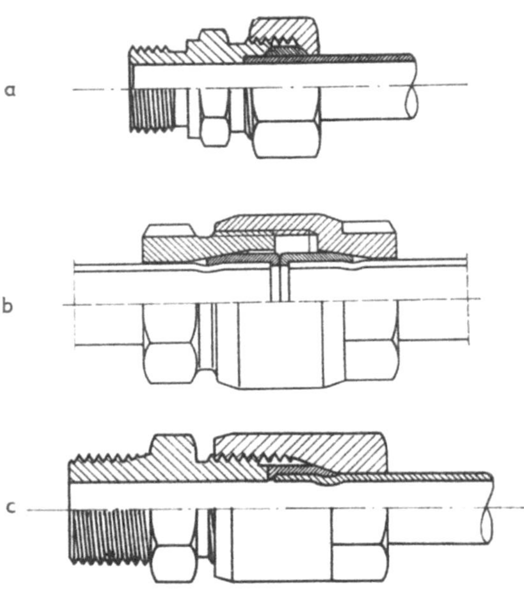

Abb. 108. Klemmringverbindungen. a) Nach DIN 2367, b) und c) Rohrverbindung, die einen Ausbau der Rohre ohne axiale Verschiebung erlaubt

schraubung kann mehrmals gelöst und wieder verbunden werden. Es kann deshalb auch einfach kontrolliert werden, ob der Schneidring auf dem ganzen Umfang des Rohres richtig eingreift. Die Klemmringverschraubung (Abb. 108) kann nur für Rohre, deren Abmessungen sich an enge Toleranzen halten, vorgesehen werden. Dichtheit wird hier nur durch die plastische Zusammendrückung des Klemmringes erreicht. Die Montage muß von geschultem Personal durchgeführt werden. Bei Verwendung einer Klemmringverschraubung nach Abbildung 108 b und c lassen sich die Rohrleitungen auch ohne axiales Verschieben ein- und ausbauen. Bei den Ausführungen nach Abb. 108 b und c wird das Rohr leicht eingedrückt. Die Empfindlichkeit gegenüber genauer Einhaltung genauer Toleranzen des Rohres ist also

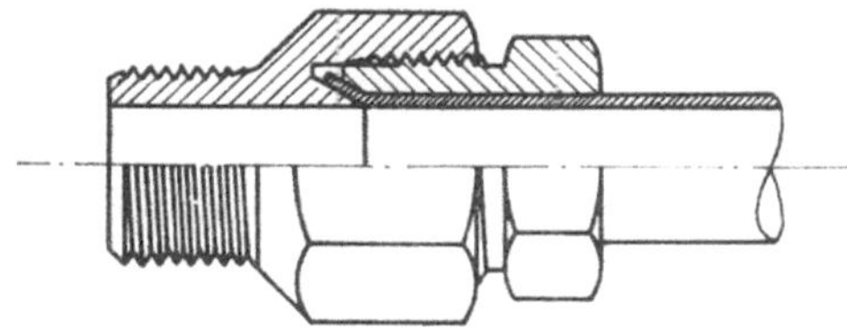

Abb. 109. Bördelverbindungen

nicht mehr so groß wie bei der Klemmringverschraubung nach Abb. 108 a.

Die Bördelverbindung nach Abb. 109 wird vornehmlich für Kupferrohre verwendet, weil bei Stahlrohren die Gefahr besteht, daß beim Bördeln Risse

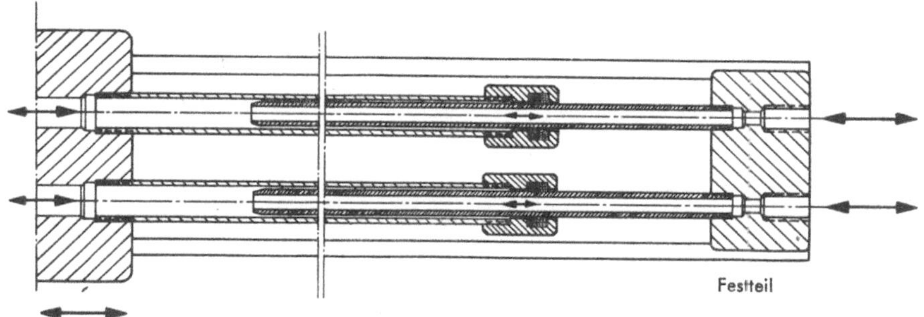

Abb. 110. Teleskoprohre (aus DIETER)

am Rohrende entstehen. Zum Bördeln des Rohres ist auf alle Fälle ein eigenes Werkzeug erforderlich.

Bei hohen Drücken und gleichzeitig großen Nennweiten, bei hohen Betriebstemperaturen und bei Einwirken von Wärmestrahlung können gegeneinander

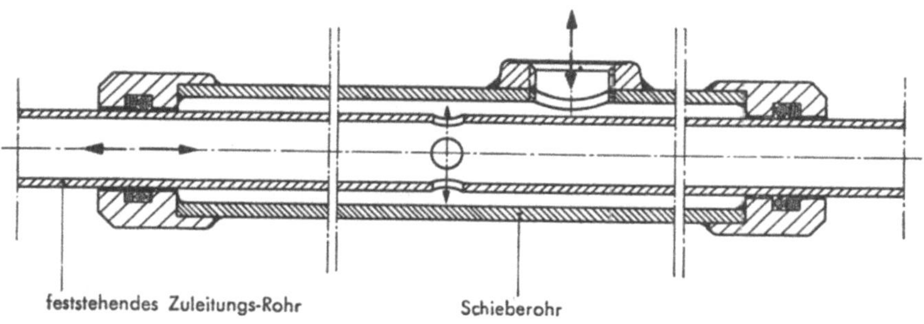

Abb. 111. Schieberohrverbindung (aus DIETER)

bewegliche Teile hydraulischer Antriebe nicht mehr durch Schlauchleitungen miteinander verbunden werden. Man verwendet in solchen Fällen Rohrgelenke. Auch bei Bewegungen, die sehr starke Verformungen der Schläuche verlangen würden, werden Rohrgelenke den Schläuchen vorgezogen, weil sie eine längere Lebensdauer erreichen.

Bei geradliniger Bewegung eines Maschinenteiles gegenüber einem anderen Teil verwendet man Teleskoprohre (Abb. 110). Die Außendurchmesser der Innenrohre müssen dabei eine besonders glatte und gegen Rostbildung geschützte

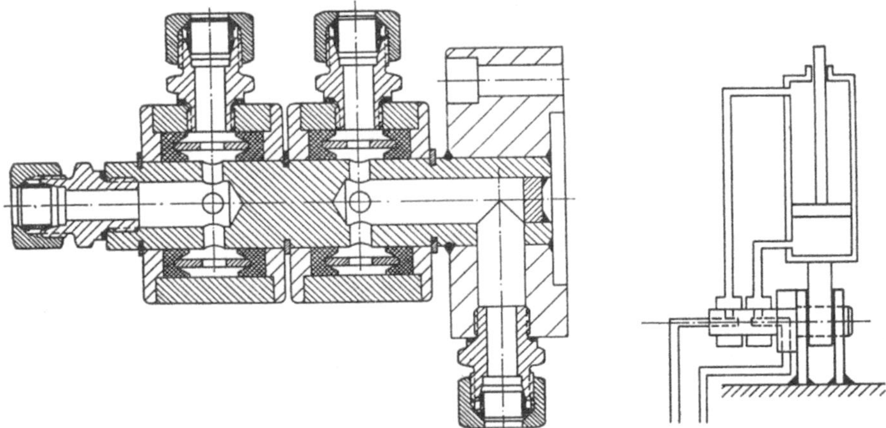

Abb. 112. Ölzufuhr durch eine Schwenkachse eines Arbeitszylinders (aus DIETER)

Oberfläche haben, wenn die Abdichtung durch Nutringe oder O-Ringe eine entsprechend lange Lebensdauer erreichen soll. Als Nachteil des Teleskoprohres wird oft empfunden, daß sich das im Rohr enthaltene Ölvolumen mit der Stellung

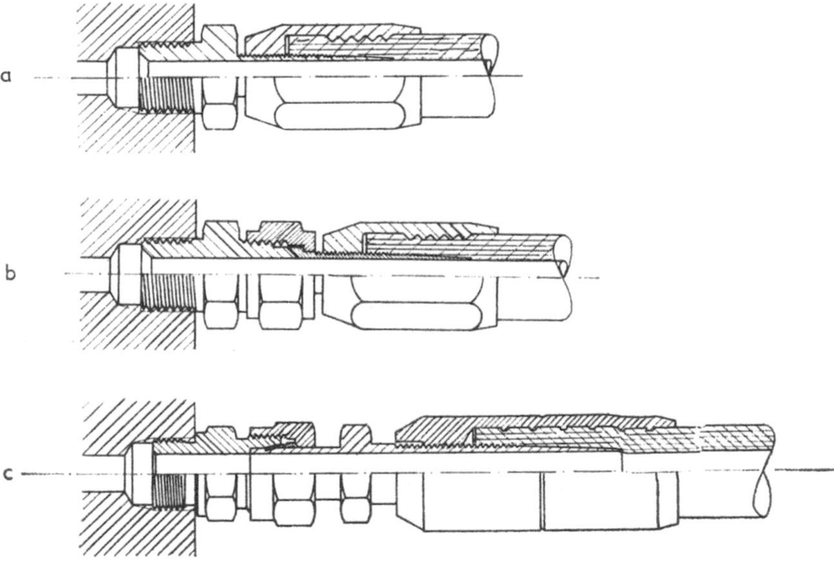

Abb. 113. Verbindung zwischen Schläuchen und Maschinenteilen

der beiden Rohre gegeneinander verändert und dadurch z. B. die Bewegungsgeschwindigkeit eines Kolbens beeinflußt. Wird also darauf Wert gelegt, daß das im Rohrgelenk enthaltene Ölvolumen konstant bleibt, so sind z. B. Schieberohre nach Abb. 111 zu verwenden. Allerdings verlangen solche Schieberohre zwei Abdichtungen an einer Schieberohrverbindung, während bei Teleskoprohren nur eine Abdichtung erforderlich ist.

Rohrgelenke zur Verbindung zwischen zwei Maschinenteilen, die gegeneinander eine Drehbewegung ausführen, bestehen entweder nur aus einer Drehdurchführung (Abb. 112) oder aus Kugelgelenken, die sowohl eine Bewegung der beiden aneinanderschließenden Rohre um die eigene Achse gestatten als auch eine Kippbewegung der beiden Rohre gegeneinander um etwa 20°. Die Verbindung von

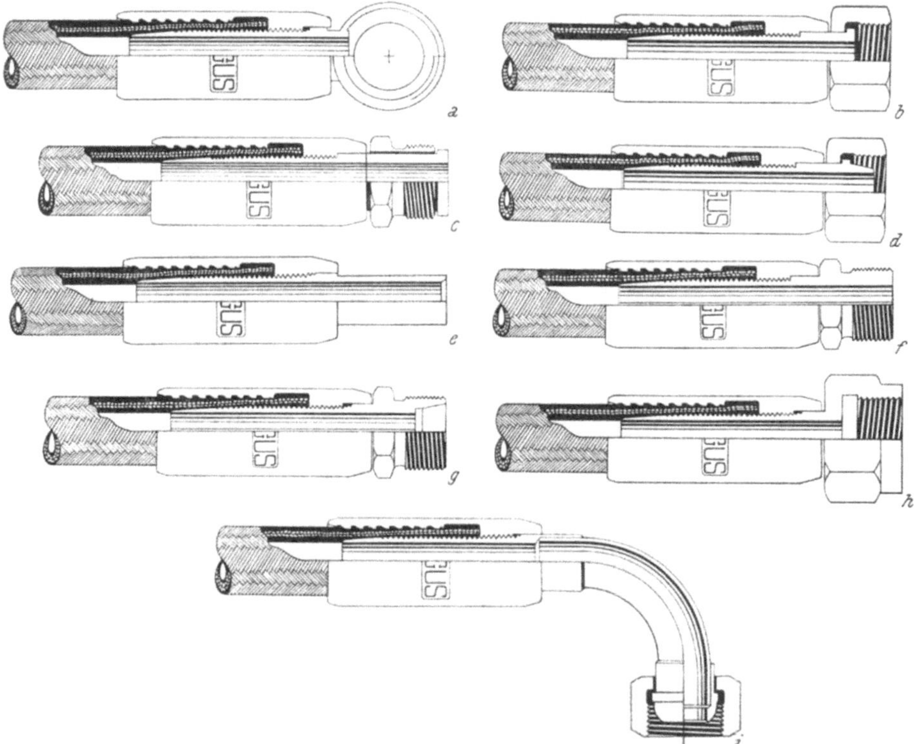

Abb. 114   Die gebräuchlichsten Schlauchanschlüsse (Argus)

Schläuchen mit anderen Bauteilen eines hydraulischen Antriebes erfolgt meist durch eine Schlauchtülle und Klemmringe z. B. nach Abb. 113. Abb. 113a zeigt eine Verbindung mit festem Einschraubgewinde. Der Schlauch muß hierbei in das entsprechende Muttergewinde des Maschinenteiles eingeschraubt werden, mit dem er verbunden werden soll.

Abb. 113b zeigt einen Schlauchanschluß mit Überwurfmutter, bei dem der Schlauch während der Montage nicht verdreht werden muß. In Abb. 113c ist eine Schlauchverbindung dargestellt, bei der der Schlauchanschluß genauso wie eine Rohrleitung entsprechender Nennweite durch eine Schneidringverbindung mit einem anderen Maschinenteil verbunden werden kann.

Abb. 114 zeigt eine Zusammenstellung von verschiedenen anderen Schlauchanschlüssen, die gelegentlich auch verwendet werden, um bestimmten konstruktiven Anforderungen zu entsprechen.

Schlauchkupplungen werden verwendet, wenn Teile eines hydraulischen Systems oftmals schnell miteinander verbunden oder getrennt werden müssen.

Sie ermöglichen die Verbindung und Trennung von gefüllten Leitungen nahezu ohne Leckverluste.

Schlauchkupplungen können Schraub- oder Schnellkupplungen sein.

Bei Schraubkupplungen (Abb. 115) erfolgt das Kuppeln der aus zwei Hälften bestehenden Rohrleitungskupplung durch Rechtsdrehen einer Handmutter bzw.

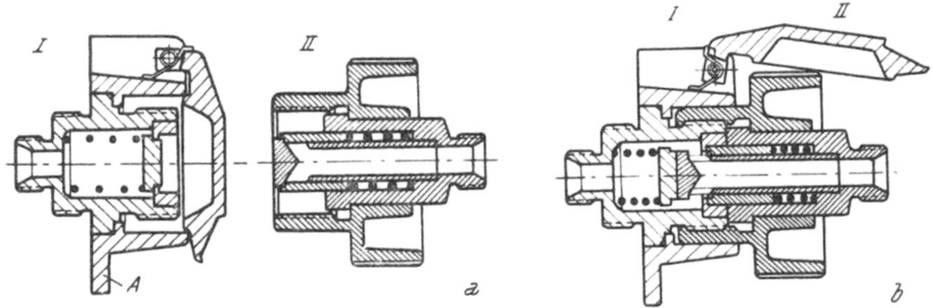

Abb. 115. Schlauchkupplung (Argus). a) Gelöst, b) gekuppelt

eines Handrades. Hierbei werden die Rückschlagventile in beiden Kupplungshälften geöffnet und der Durchfluß freigegeben. Das Entkuppeln geschieht durch Linksdrehen der Handmutter bzw. des Handrades. Die beiden Rück-

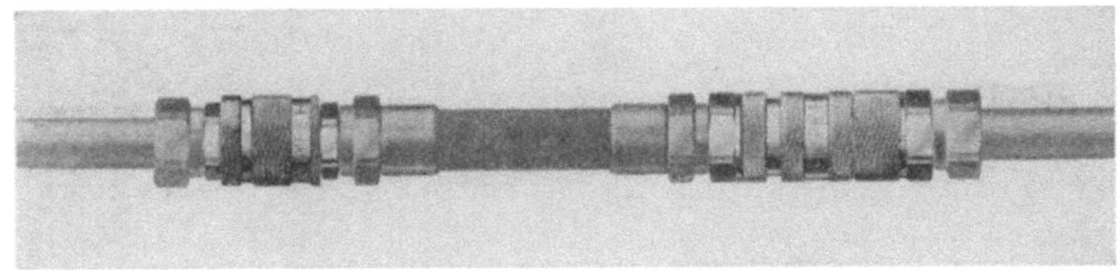

Abb. 116 a. Schnellkupplung. Links Durchgangskupplung, rechts Verschlußkupplung (Walther Präzision)

Abb. 116 b. Schnellkupplung. Schnitt durch eine Verschlußkupplung mit Sicherheitssperre (Walther Präzision)

schlagventile in den Kupplungshälften werden dabei durch Federkraft geschlossen. Im entkuppelten Zustand verhindert eine Staubschutzklappe das Eindringen von Fremdkörpern.

Bei Schraubkupplungen mit Abreißsicherung reißen bei einer bestimmten äußeren Zugkraft federbelastete Gewindesegmente auf. Hierdurch werden die Kupplungshälften selbsttätig getrennt. Die Rückschlagventile schließen. Es entstehen keine nennenswerten Ölverluste.

Bei Schnellkupplungen brauchen die Kupplungshälften nicht zusammengeschraubt zu werden. In der Kupplung befindliche Riegelglieder verriegeln beim Zusammenstecken der Kupplungshälften die Kupplung automatisch.

Schnellkupplungen gibt es als Durchgangskupplungen (Abb. 116a links) und als wechselseitig ein- oder beidseitig selbsttätig absperrende Verschlußkupplungen (Abb. 116a rechts). Die Ventile können im entkuppelten Zustand stirnseitig abschließen oder aber, wenn beidseitig Kupplungen mit extrem kleinen Außendurchmessern gefordert werden, in räumlich getrennten Ventilkammern angeordnet sein.

Schnellkupplungen sind handlich. Ihre Außendurchmesser stehen in einem äußerst günstigen Verhältnis zu den Nennweiten. Die strömungsgünstige Form der in der Öffnungsstellung zwangsverriegelten Ventile (Abb. 116b) reduziert die Strömungsverluste auf ein Mindestmaß. Auch bei Schnellkupplungen verhindern im entkuppelten Zustand Staubschutzkappen das Eindringen von Fremdkörpern.

Eine besondere Bauart der Schnellkupplungen sind Kupplungen mit Sicherungssperre und Kupplungen mit Abreißsicherung.

Bei Schnellkupplungen mit Sicherungssperre (Abb. 116b) verhindert eine um 90° verdrehbare federbelastete Sicherungshülse, die nach dem Kuppeln in die Sicherungsstellung springt, ein unbeabsichtigtes Entkuppeln der Schnellkupplung. Besonders bei Durchgangskupplungen ist eine Sicherung zweckmäßig.

Als Abreißkupplungen ausgebildete Schnellkupplungen arbeiten beim Auseinanderreißen wie Schraubkupplungen, jedoch wird hier der Abreißvorgang nicht durch aufspringende Gewindesegmente, sondern durch in der Kupplung befindliche, unter Federvorspannung stehende Riegelglieder erreicht, die bei einer von außen angreifenden Zugkraft in axialer Richtung ausweichen und hierdurch die Kupplungshälften trennen.

6. Blockverbindungen, Plattenaufbau und Weichdichtungen

Viele Steuergeräte werden heute in Blockausführung oder zum Aufspannen auf eine mit Bohrungen versehene Grundplatte gebaut. Werden z. B. mehrere Magnetventile, deren Ein- und Austrittsöffnungen nur aus einer zylindrischen Bohrung ohne irgendein Anschlußgewinde oder einen Flansch besteht, zu einem Block zusammengeflanscht oder auf eine Platte aufgeflanscht, so können eine ganze Reihe von Verbindungsrohrleitungen erspart werden. Als Dichtungselement zwischen den einzelnen Blockventilen oder zwischen den Ventilen und der Grundplatte

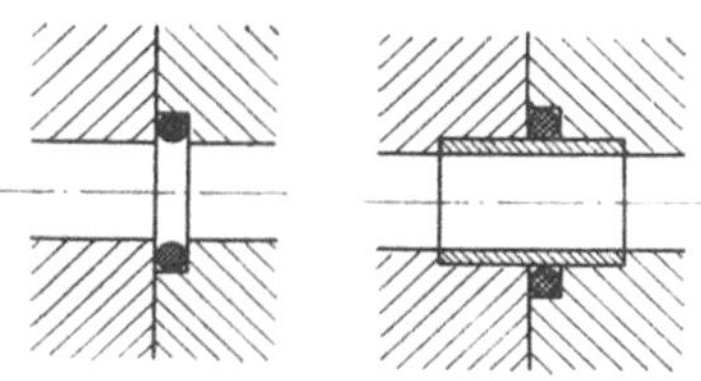

Abb. 117. O-Ring-Dichtung bei Blockverbindung

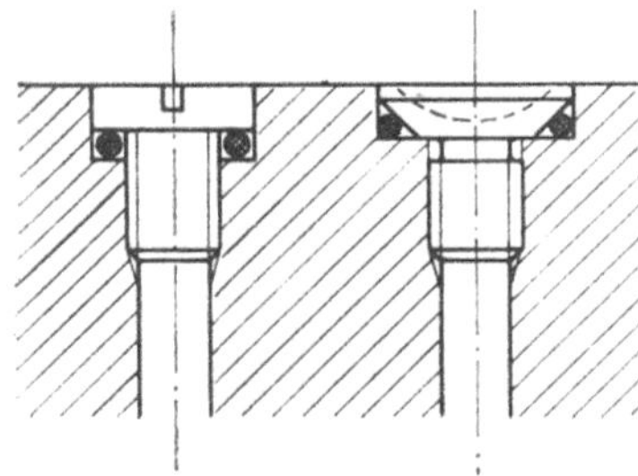

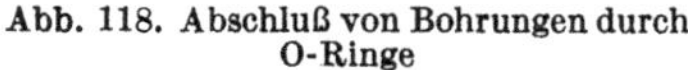

Abb. 118. Abschluß von Bohrungen durch O-Ringe

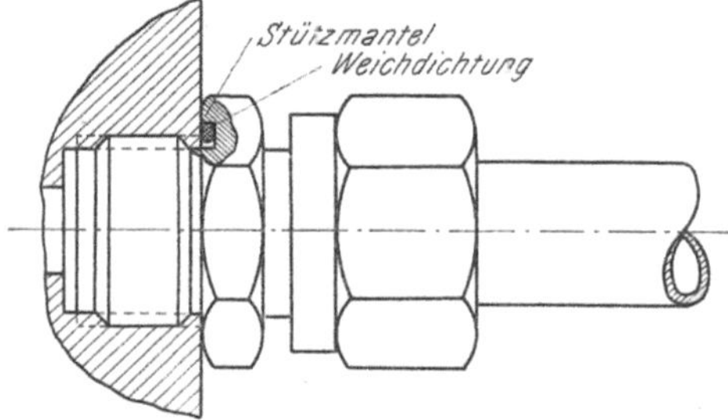

Abb. 119. Einschraubstutzen für Schneidringverschraubung mit O-Ring-Dichtung

kann einfach ein O-Ring nach Abb. 117 verwendet werden. Der Aufbau auf eine Platte hat gegenüber der Blockbauweise den Vorteil, daß bei Störungen jeder einzelne Schieber abgeflanscht werden kann, ohne daß so irgendwelche Verbindungen zu lösen sind. Abb. 118 zeigt einen zweckmäßigen Abschluß von Bohrungen in Steuerelementen, der oft verwendet wird, wenn ein winkeliger Kanal durch zwei Bohrungen hergestellt werden soll.

Steuerschieber für große Stromstärken und mit engen Passungen zwischen Steuerkolben und Zylinderführung neigen oft zum Klemmen infolge von Verspannungen, die durch das zu starke Einschrauben von Einschraub-Verschraubungen entstehen.

In solchen Fällen ist es ratsam, statt der normalen Einschraubstücke mit metallischer Dichtung Weichdichtungen zu verwenden, die kein starkes Anziehen erfordern. Der Stutzen wird nur so weit angezogen, bis der Stützmantel metallisch allseitig fest aufliegt (Abb. 119).

7. Ventile und Regelorgane

Die wichtigsten Regel- und Steuergeräte für hydraulische Anlagen werden heute in allen Industrieländern in zunehmendem Maße als Normbauteile erzeugt. Es werden allerdings oft für die gleichen Geräte die verschiedensten Bezeichnungen verwendet und umgekehrt unter der gleichen Bezeichnung von verschiedenen Erzeugern in ihrer Funktion ganz verschiedene Geräte angeboten. So wird z. B. ein Ventil, dessen prinzipielle Aufgabe darin besteht, einen Querschnitt nach Überschreiten eines bestimmten einstellbaren Grenzdruckes zu öffnen, einmal als Vorspannventil oder Nachschaltventil und ein anderes Mal als Folgeventil, Zuschaltventil, Ladeventil oder Abschaltventil bezeichnet.

In den U. S. A. ist die einheitliche Zuordnung bestimmter Regel- und Steuergeräte zu bestimmten Bezeichnungen in der englischen Sprache etwas einheitlicher festgelegt als bei uns in Europa. Sowohl die Zeichensymbole für die einzelnen Geräte als auch die Worte, mit denen bestimmte Begriffe bezeichnet werden, sind in den U. S. A. seit längerer Zeit nach den Richtlinien der JIC genormt. Die amerikanischen Symbole wurden auch in Europa in zunehmendem Maße verwendet und dienten auch als Grundlage für die vom VDMA herausgegebenen Einheitsblätter für die Darstellung ölhydraulischer Anlagen (VDMA 2430, Blatt 1 bis 6), die jedoch von den JIC-Normen zum Teil erheblich abweichen. Eine Normung der Begriffe, die für die Bezeichnung bestimmter hydraulischer Geräte verwendet werden sollen, sowie der für ihre Darstellung verwendeten Zeichnungssymbole besteht jedoch in Deutschland noch nicht und die Tatsache, daß vorläufig keinerlei einheitlich festgelegte Symbole für die einzelnen Bauelemente der Ölhydraulik verwendet werden, wie dies etwa in der Elektrotechnik seit Jahrzehnten der Fall ist, wirkt sich natürlich auf die gesamte weitere Entwicklung der Ölhydraulik sehr hemmend aus.

Die Voraussetzungen für die Festlegung solcher Normen liegen allerdings wohl in der Ölhydraulik zur Zeit etwas anders als in der Elektrotechnik. Denn es gibt unter den hydraulischen Normbauteilen sehr viele universell verwendbare Ventiltypen, die für die verschiedensten Anwendungszwecke eingesetzt werden können, wobei jeweils an diesen universell verwendbaren Bauteilen nur einige geringfügige Änderungen erforderlich sind. So kann z. B. ein Ventil, das aus drei Gehäuseteilen und zwei Steuerkolben besteht (Abb. 120), je nach der relativen Lage, in der die einzelnen Bauteile zueinander zusammengebaut werden, und je nach dem verwendeten Steuerkolben, der in dem Ventil eingebaut wird, einmal als Überdruckventil A, ein anderes Mal als Folgeventil B oder Abschaltventil C oder als Reduzierventil D verwendet werden. Es ergibt sich dadurch die Möglichkeit, die einzelnen Grundbauteile dieses Ventils in größeren Stückzahlen herzustellen und dadurch den Preis aller Ventile, die aus diesen Grundbauteilen zusammengesetzt werden können, zu senken. Abb. 120 soll dieses für die Zusammenstellung von Normbauteilen der Ölhydraulik aus einzelnen „Bausteinen" charakteristische Prinzip an einem einfachen Beispiel zeigen: Alle Ventiltypen A, B, C, D.

die auf Abb. 120 dargestellt sind, können aus den drei gleichen Bauteilen, Ventilkörper, Unterteil und Oberteil, zusammengesetzt werden. Je nach Bedarf
kann der Deckel und der Unterteil in zwei verschiedenen Lagen — jeweils um
90° verdreht — auf den Ventilkörper aufgesetzt werden. Je nach den Verbindungen zwischen den einzelnen in den drei Teilen vorhandenen Kanälen,
die durch diese verschiedenartige Zusammensetzung entstehen, ergeben sich
dann aus diesen drei Bausteinen die vier in der Abbildung dargestellten Ventile A,
B, C, D.

Durch Verwendung eines nicht durchbohrten Kolbens ergeben sich noch
weitere Möglichkeiten zur Zusammenstellung von Reduzierventilen und anderen

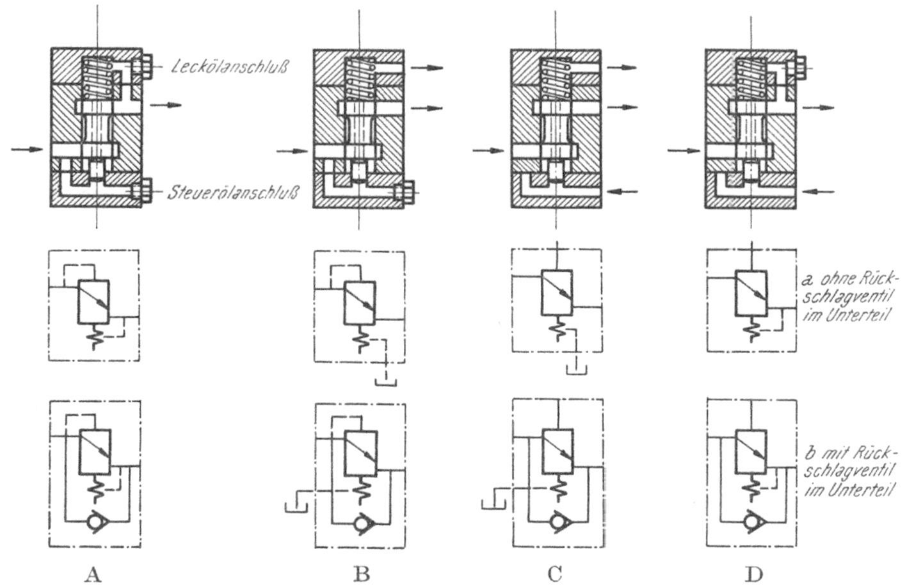

Abb. 120. Universell verwendbare Normventile, die je nach Lage der einzelnen Bauteile zueinander als Überdruckventile, Folgeventile, Entladeventile usw. verwendet werden

Ventilen, wobei sich die Anschlüsse für Eintritt und Austritt auch noch je nach
Bedarf vertauschen lassen.

Durch Weglassen der kleinen Kolben im Steuerölanschluß können die Ventile
für niedrigere Drücke verwendet werden. Außerdem lassen sich für verschiedene
Druckbereiche die entsprechenden Federn einsetzen.

Ähnliche Kombinationsmöglichkeiten ergeben sich für hydraulisch, pneumatisch
und elektrisch vorgesteuerte Wegeventile, wobei die einzelnen Vorsteuerelemente
— wie z. B. kleine Dreiwegevorsteuerventile für die verschiedenen Wegeventile —
ebenfalls in großen Serien erzeugt werden können.

Aber auch bei allen Typen von vorgesteuerten Druckventilen ergibt sich
meist die Möglichkeit, das gleiche Vorsteuerventil, das in Wegeventilen verwendet
wird, auch in den verschiedensten Ventiltypen für ganz verschiedene Anwendungsgebiete und gleichzeitig auch für die gleichen Ventiltypen in verschiedenen Größen
zu verwenden und somit dieses Vorsteuerelement in besonders großen Serien
herzustellen.

Die meistverwendeten Druckventile, wie Druckbegrenzungsventile, Reduzierventile, Folgeventile, Abschaltventile, werden für niedrige Drücke und kleine

Abmessungen ohne Vorsteuerung und für hohe Drücke und große Abmessungen auch als vorgesteuerte Ventile gebaut. In vielen Fällen kann für den höheren Betriebsdruck und für die großen Abmessungen überhaupt nur die vorgesteuerte Ausführung gebaut werden, weil z. B. bei einem Druckbegrenzungsventil, dessen Öffnungsdruck an einem Handrad eingestellt wird, die Betätigungskräfte für hohe Drücke und große Abmessungen so groß werden, daß das Ventil mit Handrädern normaler Abmessungen gar nicht mehr betätigt werden könnte.

Oft werden aber auch bestimmte Ventile sowohl mit als auch ohne Vorsteuerung bzw. mit Anschlüssen für Fernsteuerungen gebaut. Das vorgesteuerte Ventil wird dann oft nur deshalb vorgezogen, weil es eine einfachere oder zweckmäßigere Gestaltung der hydraulischen Anlage ermöglicht. So verursacht z. B. ein vorgesteuertes Ventil oft keine Druckstöße und somit auch keine Geräusche. Speicher

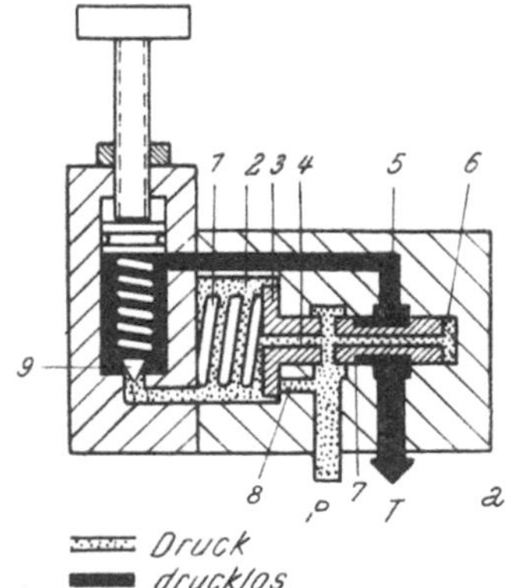

Abb. 121. Vorgesteuertes Druckbegrenzungsventil (Rexroth). a) Funktion, b) Ansicht

zur Stoßdämpfung oder Geräuschverminderung können dadurch oft erspart werden. Der Preis einer Anlage kann somit unter Umständen durch die Verwendung eines vorgesteuerten an Stelle eines direktgesteuerten Ventils sogar gesenkt werden. Vorgesteuerte Überdruckventile haben eine bessere Charakteristik als einfache und billige Überdruckventile ohne Vorsteuerung. Es kann deshalb oft durch die Verwendung vorgesteuerter Überdruckventile das Auftreten von Druckschwingungen und damit eine besonders starke Ölerwärmung vermieden werden, wenn direkt gesteuerte Überdruckventile durch vorgesteuerte ersetzt werden. Das vorgesteuerte Überdruckventil ermöglicht dann gegenüber dem direkt gesteuerten eine Energieersparnis und in manchen Fällen sogar die Einsparung eines sonst erforderlichen Ölkühlers.

Alle vorgesteuerten Ventile zeichnen sich gegenüber ähnlichen Ventilen ohne Vorsteuerung durch sanften Bewegungsvorgang aller bewegten Teile im Ventil aus, erreichen deshalb längere Lebensdauer und erhöhen dadurch indirekt die Betriebssicherheit einer Anlage. Wenn die Vorsteuerventile an derjenigen Stelle, an der der Druck auf einen bestimmten Wert eingeregelt werden soll, eingebaut werden können und durch Fernsteuerung auf das Hauptventil wirken, das aus konstruktiven Gründen oft nicht an der gleichen Stelle eingebaut werden kann, ergeben sich des weiteren höhere Regelgenauigkeiten auf den verlangten Sollwert. Durch solche Kombinationsmöglichkeiten ergibt sich dann oft letzten Endes die Möglichkeit zu einer gedrungeneren Bauweise des ganzen Steuersystems, dadurch auch eine übersichtlichere Anordnung der einzelnen Bauteile und eine bessere Wartungsmöglichkeit.

Abb. 122 und 123 zeigen z. B. Variationsmöglichkeiten für die Zusammenstellung verschiedener Druckventile aus einem vorgesteuerten Überdruckventil nach Abb. 121 mit verschiedenen Anbauteilen.

Durch Anflanschen eines Zweiwegemagnetventils an das vorgesteuerte Überdruckventil nach Abb. 121 ergibt sich z. B. ein Schaltventil für drucklosen Umlauf (Abb. 122) und durch Anbau eines Vorsteuerabschaltventils an das

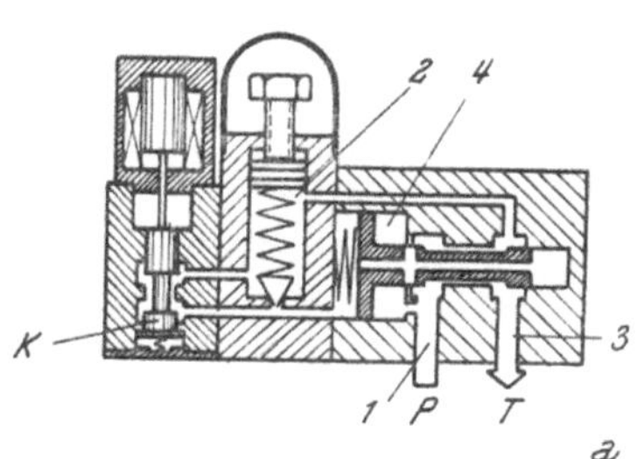

Abb. 122. Schaltventil für drucklosen Umlauf (Rexroth)

vorgesteuerte Überdruckventil nach Abb. 121 ergibt sich ein Abschaltventil, wie es in hydraulischen Arbeitskreisen mit Speicherbetrieb benötigt wird (Abb. 123).

Das vorgesteuerte Überdruckventil nach Abb. 121 selbst arbeitet wie folgt:

Auf die gesamte Oberfläche des Kolbens 3 wirkt, solange keine Strömung in den Kanälen des Ventils eintritt, der Netzdruck des Systems. Der Kolben 3

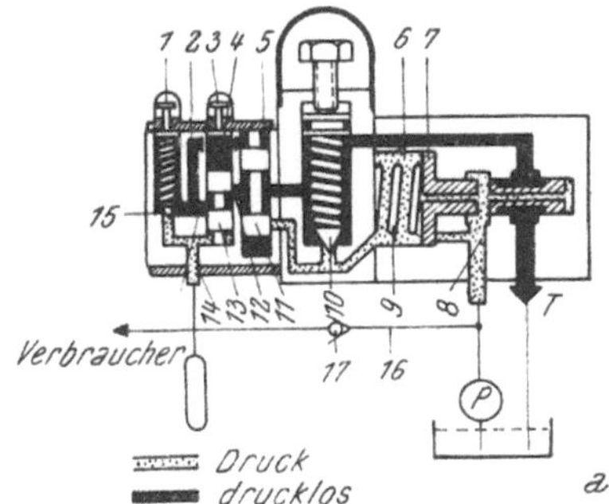

Abb. 123. Abschaltventil für hydraulische Druckspeicher (Rexroth)

würde sich somit in jeder Stellung im Gleichgewicht befinden, wenn keine Federkraft auf ihn wirken würde. Die Feder 1 drückt deshalb den Kolben in seine rechte Endlage, solange das Vorsteuerventil geschlossen ist. Bei Überschreiten des eingestellten Grenzdruckes öffnet das Vorsteuerventil 9 und es strömt wesentlich mehr Öl in den Kanal 5 zum Tank zurück, als durch den Kanal 4 in den Federraum 2 nachfließen kann. Der Druck im Raum 2 bleibt um den Druckabfall der Strömung in dem Kanal 4 kleiner als der Netzdruck, der nun weiter auf die rechte Fläche 6 des Steuerkolbens 3 einwirkt. Der Steuerkolben bewegt sich deshalb nach links, und die Steuerkante 7 des Kolbens verschiebt sich ebenfalls soweit nach links, daß der Rückfluß vom Anschluß P zum Anschluß T des Überdruckventils freigegeben wird.

Erst wenn der Druck in der Zuflußleitung P auf den Schließdruck des Vorsteuerventils fällt, wird die Strömung durch den Kanal *4* wieder unterbrochen und der Steuerkolben *3* bewegt sich unter Einwirkung der Federkraft wieder in seine rechte Endlage. Der Abspritzvorgang durch das Druckbegrenzungsventil wird damit beendet.

Durch Verbindung dieses vorgesteuerten Überdruckventils nach Abb. 121 mit einem Absperrventil kann nun ein Schaltventil für drucklosen Umlauf nach Abb. 122 zusammengestellt werden. Das Absperrventil, das an das Vorsteuerventil des Überdruckventils angeflanscht wird, kann dabei ein Ventil für Handbetätigung, ein hydraulisch oder ein magnetisch gesteuertes Ventil, wie es in Abb. 122 dargestellt ist, sein. In der gezeichneten stromlosen Stellung gibt der Schieber K dem im Federraum *2* befindlichen Drucköl den Abfluß

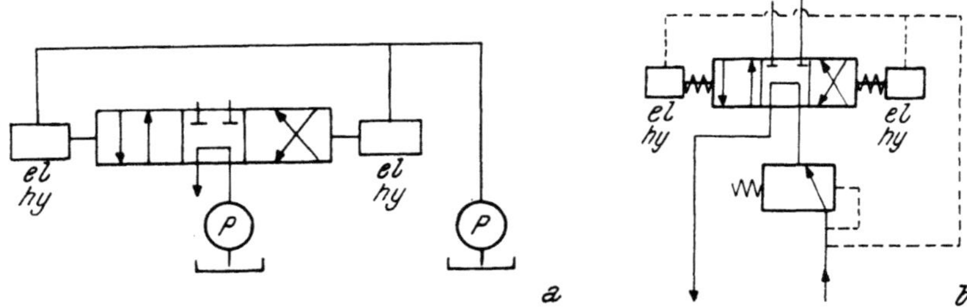

Abb. 124. Vorgesteuertes Vierwegeventil. a) Mit Vorsteuerpumpe, b) mit Vorspannventil

zum Tank durch das Vorsteuerventil frei, genauso, wie wenn das Vorsteuerventil öffnen würde. Der Hauptsteuerkolben befindet sich dann in seiner linken Endlage und der Abfluß von der Pumpe *1* zum Tank *3* ist freigegeben.

Bei Erregung des Magneten bewegt sich der Schieber K in seine untere Totlage und der Abfluß vom Federraum *2* über das Vorsteuerventil zum Tank wird unterbrochen. Der Netzdruck wird im Federraum *2* aufgebaut und das Vorsteuerventil arbeitet nun wieder wie in Abb. 121 nur als Vorsteuerventil des Überdruckventils.

Die Verwendung eines solchen Schaltventils zur Erzielung des drucklosen Umlaufes bietet gegenüber den üblichen Längsventilen mit drei Schaltstellungen und drucklosem Umlauf in der Mittelstellung (Abb. 124) meist die Möglichkeit einer technischen Verbesserung und einer Verbilligung des hydraulischen Antriebes.

Bei Längsventilen mit drei Schaltstellungen ist zur Erzeugung eines Steuerdruckes entweder eine gesonderte Vorsteuerpumpe (Abb. 124 a) oder aber ein Vorspannventil in der Zuleitung (Abb. 124 b) bzw. Ableitung (Abb. 211 b) erforderlich, weil sich infolge des freien Durchflusses von der Pumpe zum Tank kein Druck aufbauen kann, solange der Schieber in Mittelstellung steht (vgl. Abb. 211 und Text auf S. 195).

Durch die Verwendung des Schaltventils nach Abb. 122 können die meist nennenswerten Kosten der Vorsteuerpumpe sowie ihres elektrischen Antriebes bzw. die Kosten des Vorsteuerventils erspart werden. Es können aber auch keine Energieverluste mehr infolge der ununterbrochenen Drosselung im Vorspannventil entstehen und die Öltemperatur kann durch die Beseitigung dieser Drosselstelle gesenkt werden.

Das in Abb. 123 dargestellte Abschaltventil besteht ebenfalls aus dem vorgesteuerten Überdruckventil nach Abb. 121 und einem an das Vorsteuerventil dieses Ventils angeflanschten Vorsteuerabschaltventil.

Abschaltventile werden unter anderem in Kreisläufen mit Speichern verwendet und haben die Aufgabe, den Strom der Pumpe bis zum Erreichen eines bestimmten einstellbaren Grenzdruckes dem Speicher zuzuführen und bei gefülltem Speicher auf drucklosen Umlauf umzuschalten.

Das Öl fließt in dieser Ventilkombination über Leitung *16* und Rückschlagventil *17* zum Verbraucher und zum Speicher. Der Netzdruck teilt sich über Leitung *14* gleichzeitig dem Ventil *15* und dem Schieber *13* mit. Bei ansteigendem Druck im Netz bewegt sich zuerst der Schieber *13* in seine obere Endlage und unterbricht die Verbindung von der linken Seite des Schiebers *12* auf die rechte nach *12*. Bei weiterem Ansteigen des Druckes öffnet das auf den Abschaltdruck (maximaler Speicherdruck) eingestellte Ventil *15*. Das Öl fließt über Kanal *2* in den Raum *5* und drückt den Schieber *11* in seine untere Endlage. Damit wird aus Federraum *6* der Abfluß freigegeben. Der Stufenkolben geht in die linke Endlage und gibt dem Öl den drucklosen Rücklauf zum Tank frei. Dem Speicher kann nun solange Energie entnommen werden, bis der dem absinkenden Druck folgende Schieber *15* wieder die gezeichnete untere Endlage einnimmt. Das im Raum *5* befindliche Druckmittel kann über die Kanäle *2* und *12* in den Ablaß fließen und der Schieber *11* kann in seine obere Endlage zurückkehren, wobei zugleich der Abfluß aus Federraum *6* verschlossen wird. Im Federraum *6* baut sich wieder der Netzdruck auf und die Feder *9* drückt den Stufenkolben *7* wieder in die rechte Endlage. Das Abschaltventil schaltet damit wieder auf Laden um.

Die Ventilkombination gestattet sowohl das Einstellen einer sehr kleinen als auch einer sehr großen Differenz zwischen dem Einschalt- und dem Abschaltdruck durch entsprechendes Regulieren der Stellschrauben *1* und *3*. Das Umsteuern erfolgt nicht schleichend, sondern schlagartig.

Bei Funktionsstörungen im Vorsteuerabschaltventil wirkt die ganze Ventilkombination wie ein normales Überdruckventil. Es muß somit neben dieser Ventilkombination kein gesondertes Überdruckventil im hydraulischen Antrieb vorgesehen werden.

In den folgenden Abschnitten werden die verschiedensten Ventile und Regelorgane, wie Drosseln, Druckbegrenzungsventile, Reduzierventile, Folgeventile, Entlastungs- und Zuschaltventile, Abschaltventile, Eilgangventile, Rückschlagventile, Stromregler, sowie die mannigfaltigen Ausführungsformen der Wegeventile mit und ohne Vorsteuerung der Reihe nach besprochen.

Die obige Zusammenstellung einiger ausgewählter Ventile sollte aber an den Beispielen von Abb. 120 bis 123 zeigen, wie nach dem Baukastensystem aus einigen Bausteinen oft die verschiedensten Ventile zusammengesetzt werden können.

Ebenso wie aus den drei Bausteinen der Abb. 120, Ventilkörper, Oberteil und Unterteil, einmal ein Druckbegrenzungsventil ohne getrennten Lecköl-abfluß, einmal ein Folgeventil mit getrenntem Leckölabfluß, einmal ein Folgeventil für Fremdsteuerung zusammengesetzt werden kann und bei Verwendung anderer Kolben sogar auch ein Reduzierventil, so kann aus dem vorgesteuerten Druckbegrenzungsventil nach Abb. 121 durch den Anbau bestimmter Normbausteine ein Entlastungsventil (Abb. 122) und ein Abschaltventil (Abb. 123) entwickelt werden.

Ähnliche Variationsmöglichkeiten ergeben sich bei den meisten im folgenden besprochenen Ventilen und Regelorganen. Die oben ausgewählten Beispiele wurden der folgenden systematischen Besprechung der einzelnen Ventiltypen vorangestellt, damit diese prinzipiell bei den meisten Normbauventilen in irgendeiner Form zusammenstellbaren Kombinationsmöglichkeiten nicht bei jedem einzelnen Ventil wiederholt werden müssen.

a) Drosseln und Drosselventile

Zur stufenlosen Regelung der Bewegungsgeschwindigkeit eines Arbeits-kolbens oder Ölmotors auf einen bestimmten Wert verwendet man entweder eine regelbare Pumpe, ein Drosselventil oder einen Stromregler. Die in ihrem Aufbau relativ einfachen Drosselventile ermöglichen oft sogar eine genauere Einhaltung einer bestimmten Bewegungsgeschwindigkeit als eine Regelpumpe und bieten außerdem den Vorteil, daß sie gleichzeitig als Schwingungsdämpfer wirken. Dagegen kann die Einhaltung einer bestimmten Bewegungsgeschwindig-keit auch bei stark veränderlichen Kolbenkräften nur durch einen Stromregler und nicht durch ein Drosselventil erreicht werden. Dies gilt insbesondere bei plötzlichen Änderungen der am Kolben angreifenden Kräfte, wie etwa bei Bohr- und Fräsmaschinen, bei denen nach Beendigung des Arbeitsganges ein starker Widerstand plötzlich zu wirken aufhört. Bei relativ langsamen und geringen Änderungen der kolbenangreifenden Kräfte, wie bei Schleifmaschinen, Transport-aufgaben usw., findet man leicht mit Drosselventilen das Auslangen. Je größer der an der Drossel vorgesehene Druckabfall gegenüber dem für die Förderung der Last aufgewendeten Druckabfall ist, desto genauer kann die Kolben-geschwindigkeit auch bei Belastungsschwankungen eingehalten werden. Ist die durch die Änderung der Last erzeugte Veränderung des an der Pumpe erzeugten Öldruckes gegenüber dem in der Drossel auftretenden Druckabfall sehr klein, so kann auch durch einfache Drosseln eine von der Belastung nahezu unabhängige Bewegungsgeschwindigkeit eingehalten werden.

Die konstruktive Gestaltung der eigentlichen Drosselstelle im Ventil muß dabei je nachdem, ob eine besondere Unabhängigkeit der Stromstärke von der Temperatur, eine besondere Unempfindlichkeit gegenüber Verschmutzung im Öl, ein größerer oder kleinerer Regelbereich des Drosselventils verlangt werden, nach ganz bestimmten Gesichtspunkten erfolgen.

Drosselstellen im Ölstrom werden aber nicht nur in Drosselventilen, sondern auch in vielen anderen Steuerorganen, wie z. B. in Stromreglern, vorgesteuerten Sicherheitsventilen, Vorspann- und Reduzierventilen, verwendet. Es soll deshalb auf die Richtlinien für die Gestaltung von Drosselstellen hier ganz allgemein etwas näher eingegangen werden, wobei diese Richtlinien dann nicht nur für Drosselelemente in Drosselventilen im engeren Sinne, sondern auch für alle anderen Steuerorgane, in denen Drosselstellen verwendet werden, gelten.

Im Abschn. 2, b, c, d, S. 34 bis 44, wurde der Zusammenhang zwischen der Stromstärke in kg/Sek. und dem Druckgefälle zwischen dem Druck vor und hinter einem Drosselelement nach den Gesetzen der Strömungslehre behandelt. Es war prinzipiell zwischen einer laminaren Strömung durch Kapillardrosseln zu unter-scheiden, bei denen die Stromstärke dem Druckgefälle und der Zähigkeit der durchströmenden Flüssigkeit direkt proportional ist, und zwischen einer Drossel mit turbulenter Strömung, bei der die Stromstärke etwa der Wurzel aus dem Druckgefälle proportional war. Aus den Gesetzen für die turbulente Strömung durch eine Drossel geht auch hervor, daß die Zähigkeit entweder gar keinen oder nur einen untergeordneten Einfluß auf die Stromstärke bei der Durch-strömung einer Drossel mit bestimmtem Druckgefälle ausübt. Das verfügbare Druckgefälle wird also bei der turbulenten Strömung durch eine Drossel vor-nehmlich nur zur Beschleunigung der strömenden Flüssigkeit verwendet.

Schließlich wurden im Abschn. 2, d, S. 42, außerdem noch die Durchfluß-gesetze für Drosselelemente angegeben, bei denen teilweise eine laminare, teilweise eine turbulente Strömung auftritt. Anschließend wurde die Bedeutung der Anlaufstrecke besprochen und in Abb. 15 wurde schließlich die Ausbildung eines Geschwindigkeitsprofils bei der Ausströmung durch ein zylindrisches Rohr dargestellt. Der gesamte Druckabfall bei der Ausströmung durch ein zylindrisches Rohr setzte sich diesen Überlegungen zufolge zusammen aus einem zur Be-schleunigung der Flüssigkeit in dem Rohr erforderlichen Druckgefälle

$$\frac{\gamma \cdot w_m{}^2}{g}$$

und aus dem zur Überwindung der Flüssigkeitstreibung erforderlichen

$$\frac{32 \cdot \eta \cdot l \cdot w_m}{d^2}.$$

Ähnliche Überlegungen, wie sie in Abb. 15 für ein zylindrisches Rohr dar-gestellt wurden, gelten aber prinzipiell für jedes Drosselelement. Je nach der

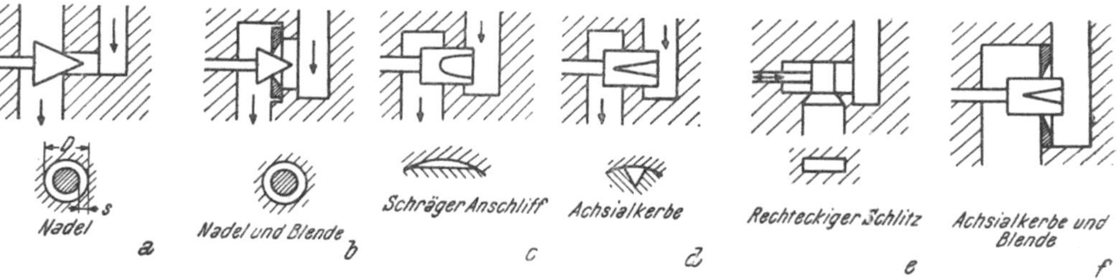

Abb. 125. Drosseln

Gestalt der Drossel wird entweder der für die Überwindung der Reibung er-forderliche Anteil oder der für die Beschleunigung der Flüssigkeit erforderliche Anteil des gesamten Druckgefälles zwischen dem Druck vor und hinter der Drossel größer sein. Das für die Beschleunigung der Flüssigkeit erforderliche Druckgefälle ist von der Zähigkeit und damit auch von der Temperatur des Öls unabhängig, das für die Überwindung der Reibung erforderliche Druckgefälle ist dagegen von der Zähigkeit und damit von der Temperatur des Öls weit-gehend abhängig. Bei der Ausströmung durch ein zylindrisches Rohr wird also z. B. die Abhängigkeit der Stromstärke von der Temperatur um so größer sein, je länger das Rohr ist. Die geringste Abhängigkeit von der Temperatur wird bei der Ausströmung durch eine scharfkantige Blende erreicht werden. Aber auch bei einer Blende bildet sich an der Schneide eine gewisse Grenzschicht aus, so daß eine vollkommene Unabhängigkeit der Stromstärke von der Temperatur nicht erreicht werden kann. Außer von der Länge des Rohres bzw. des Kanals eines Drosselelementes wird deshalb die Temperaturabhängigkeit der Stromstärke auch von dem Verhältnis des Umfanges zur Querschnittsfläche des engsten Querschnittes abhängig. Eine Kreisfläche würde die geringste Temperaturabhängigkeit ermöglichen. Ein Kreisring dagegen, wie er bei einem Nadelventil (Abb. 125a) vorkommt, wird eine stärkere Abhängigkeit der Stromstärke von der Öltemperatur verursachen. Je größer bei gleich großer Querschnittsfläche das Verhältnis des Durchmessers D zur Spaltbreite s wird, desto ungünstiger wird das Verhältnis des benetzten Umfanges zur Querschnitts-fläche und desto stärker wird der Strom von der Temperatur abhängen, desto leichter wird es aber auch zur Verstopfung des engsten Querschnittes durch

Verunreinigungen kommen. Abb. 125a bis f zeigt einige Ausführungsformen von Drosselelementen mit verschiedenem Verhalten in bezug auf die Unempfindlichkeit gegenüber Temperaturschwankungen und gegen Verstopfungen durch Verunreinigungen. Ein Nadelventil in Verbindung mit einer Blende (Abb. 125b) ist gegen Verschmutzung ebenfalls sehr empfindlich und gestattet deshalb auch nur Regelbereiche von etwa 1:10. In bezug auf die Temperaturabhängigkeit ist es dagegen wesentlich unempfindlicher als das Nadelventil mit zylindrischem Kanal (Abb. 125a), weil bei der Durchströmung der Blende der Einfluß der Zähigkeit bei weitem nicht so groß ist wie bei der Durchströmung eines Kanals. Ein günstigeres Verhältnis des Umfanges zum Querschnitt wird mit Axialkerben erreicht, die dann ebenfalls gegen Verunreinigung weniger empfindlich sind und einen Regelbereich von 1:50 bis 1:80 ermöglichen (Abb. 125d). Die günstigste Lösung in bezug auf die Unempfindlichkeit gegenüber Temperaturschwankungen zeigt die Ausführung Abb. 125f in Form einer Verbindung einer Axialkerbe mit einer Blende, wobei sowohl das Verhältnis des Umfanges zum Querschnitt sehr günstig ist, als auch infolge der kurzen Längenabmessung des Drosselkanals nur eine sehr geringe Abhängigkeit von der Zähigkeit erreicht wird. Auch der rechteckige Schlitz nach Abb. 125e erlaubt ein günstiges Verhältnis zwischen Umfang zum Querschnitt und damit eine weitgehende Unempfindlichkeit in der Abhängigkeit der Stromstärke von der Temperatur und von Verunreinigungen. Da die Herstellung eines solchen rechteckigen Querschnittes aber meist gewisse Schwierigkeiten bereitet, wird er dementsprechend selten verwendet.

Neben den durch die Gesetze der Strömungslehre eindeutig festgelegten Richtlinien für die Gestaltung von Drosseln sind jedoch noch andere Gesichtspunkte und Erfahrungstatsachen zu berücksichtigen, deren physikalische Grundlagen bisher noch nicht genügend geklärt werden konnten. Enge Querschnitte sind gegen Verstopfungen durch Verunreinigungen sehr empfindlich und es werden deshalb bereits aus diesem Grunde, wie oben erwähnt wurde, nach Möglichkeit Drosseln mit kleinem Verhältnis vom Umfang zum Querschnitt verwendet. Bei sehr engen Drosseln werden außerdem infolge der Flüssigkeitsreibung einzelne Ölmoleküle elektrisch geladen und es kommt zur Bildung von Ölionen, die sich gegenseitig anziehen. Diese Ionen bilden — jedoch nur bei ganz bestimmten Betriebsbedingungen — bei Stromreglern z. B. nur bei Zuflußreglern und merkwürdigerweise nicht bei Abflußreglern — eine Mauer aus Ölmolekülen, die mit der Zeit immer weiter ausgebaut wird, solange, bis der Drosselquerschnitt vollkommen verschlossen wird. Diese Erscheinungen treten im allgemeinen bei Drosseln für Durchflußmengen von weniger als 10 bis 30 cm³/Min. ein und es ist dann oft erst durch entsprechende Versuche nach einer Anordnung zu suchen, bei der die Durchflußmenge mit der Zeit nicht abnimmt. Bis vor kurzem war man der Ansicht, daß das Abnehmen der Durchflußmenge durch eine Drossel mit konstantem Querschnitt und bei sonst unveränderten Betriebsbedingungen auf alle Fälle auf Verschmutzungen zurückzuführen sein müsse. Erst als sich auch bei Ölen, die nach den besten Filterverfahren gereinigt wurden, zeigte, daß die Durchflußmenge mit der Zeit abnimmt, kam man zu der Erkenntnis, daß es sich hier um elektrische Erscheinungen handeln muß.

Die oben an Hand der Grundgesetze der Strömungslehre zusammengestellten Richtlinien für die Gestaltung von Drosseln sowie die Erwähnung der elektrischen Vorgänge bei der Strömung von zähen Ölen durch Drosseln sollten dazu beitragen, um mit dem nötigen Nachdruck darauf hinzuweisen, welche Bedeutung oft der richtigen Gestaltung einer Drossel zukommt und wie sehr es unter Umständen bei einem hydraulischen Antrieb darauf ankommen kann, daß ein geeignetes Drosselventil verwendet wird. Viele hydraulische und pneumohydraulische Antriebe wurden schon vollkommen unberechtigterweise nur deshalb nach der ersten Erprobung als unbrauchbar zurückgewiesen, weil die verlangten konstanten Vorschubgeschwindigkeiten nicht erreicht werden konnten. In den meisten Fällen waren diese Mißerfolge aber — abgesehen von der Außerachtlassung aller in Abschn. 6, S. 11, für die Konstruktion von Maschinen, in denen hydraulische Antriebe verwendet werden sollen, gegebenen Richtlinien — nur darauf zurückzuführen, daß man nicht die geeigneten Drosselventile verwendete. Welche ausgefallenen Lösungen man oft für die zweckmäßige Gestaltung einer Drossel in einem Ölstrom suchen muß, möge ein Beispiel aus der Pneumatik zeigen:

Bei Nebelölern für Druckluft, bei denen durch einen ganz engen Drosselquerschnitt oft nur Ölmengen von einigen mm³/Min. gefördert werden müssen, verwendet man als Drossel einen Filzkörper, dessen Kapillaren durch Zusammendrücken des Filzes verengt werden können, um den gewünschten Drosseleffekt zu erreichen. Bei allen anderen Drosselelementen, die für den gleichen Verwendungszweck erprobt wurden, zeigte sich ebenfalls die Tendenz zum allmählichen Schließen der Drossel infolge von elektrischen Erscheinungen.

b) Druckbegrenzungsventile

Druckbegrenzungsventile (Überdruckventile, Sicherheitsventile, Ablaßventile, Maximaldruckventile) sind Ventile, die bei Überschreiten eines bestimmten

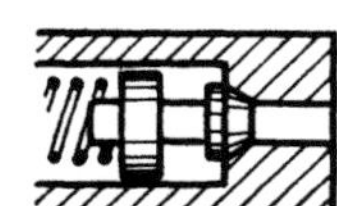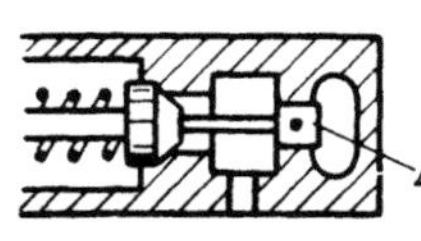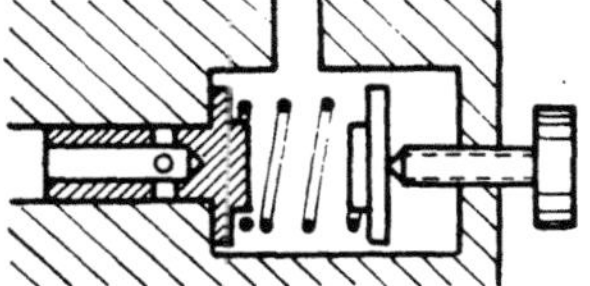

Abb. 126 bis 129. Sicherheitsventile mit verschiedenen Ventilkörpern

einstellbaren Druckes einen Austrittsquerschnitt öffnen und somit verhindern, daß der Öldruck in einem System einen zulässigen Maximalwert überschreitet.

Die einfachsten Druckbegrenzungsventile sind federbelastete Kugelventile (Abb. 126). Sie sind billig, neigen aber zum Flattern und haben eine schlechte Charakteristik, d. h. mit zunehmender Durchflußmenge steigt auch der Öldruck stark an.

Besser sind federbelastete Kegelventile, insbesondere dann, wenn hinter dem eigentlichen Dichtkegel noch ein ringförmiger Bund vorgesehen ist. Nach Öffnen des Dichtkegels baut sich dann in einem Stauraum, der zwischen der Drosselstelle an dem eigentlichen Dichtkegel und der Drosselstelle bei dem ringförmigen Bund liegt, ein Zwischendruck auf (Abb. 127). Die Charakteristik kann durch diese Maßnahme verbessert werden. Gleichzeitig wird durch die Drosselung bei der Umströmung des Bundes eine Dämpfung erreicht und damit das Flattern vermieden. Zur Verbesserung der Dämpfung kann auch ein eigener Dämpfungszylinder D nach Abb. 128 vorgesehen werden. Bei dieser Konstruktion ist außerdem eine Verkleinerung der Federkraft bei gleichem Ausströmquerschnitt möglich, weil der Öldruck zunächst nur auf die Differenz zwischen der Fläche des Dichtkegels und des Dämpfungszylinders wirkt.

Am günstigsten verhalten sich Sicherheitsventile nach Abb. 129 oder eine Verbindung dieser Konstruktion mit derjenigen nach Abb. 128.

Abb. 131 zeigt die Charakteristik für das Ventil nach Abb. 130. Der Öldruck verändert sich mit der Stromstärke nur innerhalb relativ enger Grenzen. Abb. 132 zeigt zum Vergleich die Charakteristik eines einfachen Kugelventils und Abb. 133 den Einfluß der Öltemperatur auf die Charakteristik eines Sicherheitsventils.

Prinzipiell neigt jedes Sicherheitsventil bis zu einem gewissen Grade zum Flattern auch dann, wenn die verschiedensten Maßnahmen gegen das Auftreten dieser

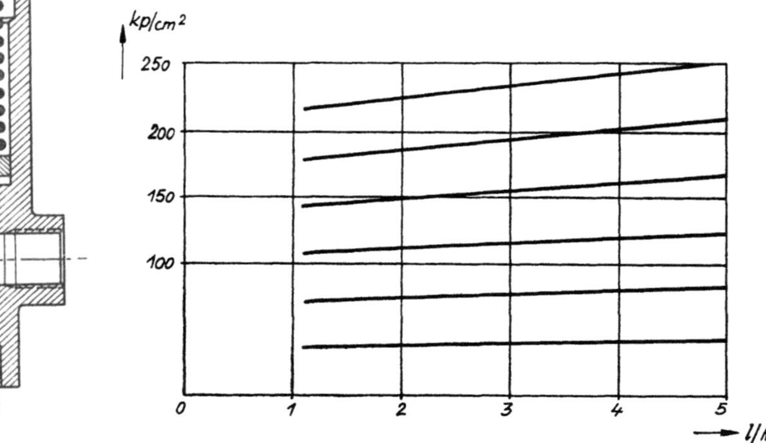

Abb. 130. Einstellbares Druckbegrenzungsventil mit Dämpfung

Abb. 131. Zunahme des Netzdruckes mit der Stromstärke in einem Sicherheitsventil nach Abb. 130

Erscheinungen getroffen werden. Die Vorgänge, die zu Flattererscheinungen führen, sollen deshalb kurz erörtert werden:

Steigt der Druck p z. B. vor der Kugel in Abb. 126 auf den eingestellten Öffnungsdruck, so öffnet das Ventil. In diesem Augenblick sinkt aber der Druck vor der Kugel sofort wieder ab, weil für die Beschleunigung der vor dem Ventil liegenden Ölteilchen ein Druckgefälle erforderlich ist. Eine Unterdruckwelle bewegt sich in der Rohrleitung vom Ventil weg, und das Ventil schließt sofort wieder. Wird diese Saugwelle irgendwo im System in einem Regelorgan oder im Ölbehälter am Ende einer offenen Rohrleitung so als Druckwelle zurückgeworfen, daß sie gerade wieder zum Sicherheitsventil zurück-

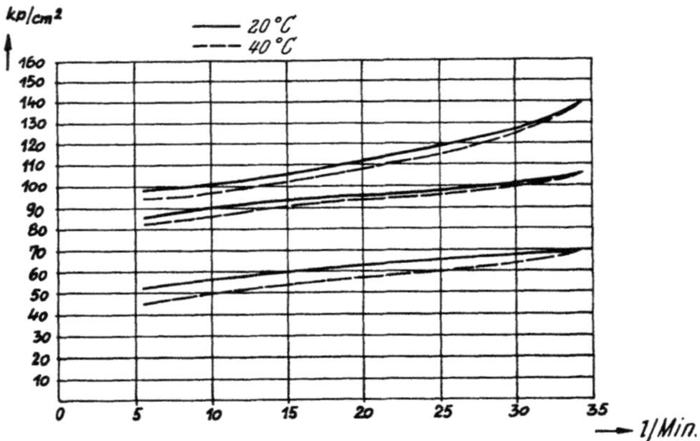

Abb. 132. Zunahme des Netzdruckes mit der Stromstärke in einem Sicherheitsventil mit Kugelsitz

kommt, wenn dieses inzwischen wieder geschlossen hat und dadurch ebenfalls einen Druckanstieg verursacht, so kommt es zu den unerwünschten Resonanzschwingungen. Durch gleichzeitige Resonanz dieser Schwingung mit der Frequenz der Belastungsfeder können die Schwingungen noch verstärkt werden.

Irgendwelche Dämpfungsvorrichtungen sind deshalb in jedem Druckbegrenzungsventil vorzusehen und der Schließdruck des Ventils nach einmal erfolgter Öffnung soll entsprechend kleiner sein als der Öffnungsdruck. Dies wird durch einen Dämpfungszylinder nach Abb. 128 oder einem Offenhaltebund nach Abb. 127 oder 130 erreicht.

Bei einem solchen Ventilkegel mit Bund kann der Schließdruck aus den Abmessungen des Ventils wie folgt berechnet werden: Wenn der Öffnungsdruck erreicht wird, so ist die Federkraft beim Öffnen R_A; die Schließkraft der Feder R_S ist größer als die Öffnungskraft, weil die Feder jetzt um den Hub des Ventilkegels s zusammengedrückt wurde.

$$R_S = R_A \cdot \frac{s_0 + s}{s_0}.$$

s_0 bedeutet hierin den Weg, um den die Feder beim Einbau in das Ventil zusammengedrückt wurde.

Aus den oben ausgeführten Gründen muß aber der Schließdruck p_s kleiner als der Öffnungsdruck p_A gehalten werden, um das Flattern zu vermeiden. Bedeutet F den Querschnitt des

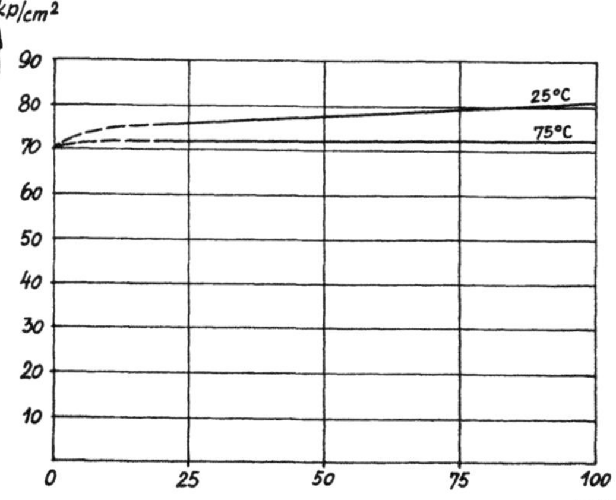

Abb. 133. Einfluß der Temperatur auf die Charakteristik eines Sicherheitsventils

Ringwulstes hinter dem eigentlichen Sitz und f den Ventilquerschnitt des eigentlichen Sitzes (der bei genauer Berechnung an und für sich auch für die Schließbewegung größer als für die Öffnungsbewegung ist), so ergibt sich folgende Beziehung

$$p_s F = R_s = R_A \cdot \frac{s_0 + s}{s_0} = p_A \cdot f \frac{s_0 + s}{s_0},$$

$$p_s = p_A \cdot \frac{f}{F} \cdot \frac{s_0 + s}{s_0} = p_A \frac{f}{F} \left(1 + \frac{s}{s_0} \right) \tag{76}$$

unter der Voraussetzung, daß der Ringquerschnitt zwischen dem Wulst mit der Fläche F und dessen Führungsmantel klein ist, und somit auch nahezu der volle Druck p_A bzw. p_s auf die Fläche F überhaupt wirken kann. Selbstverständlich können die obigen Gleichungen die Vorgänge im Sicherheitsventil in keiner Weise genau quantitativ beschreiben. Sie sollen jedoch wenigstens qualitativ das Kräftespiel im Sicherheitsventil veranschaulichen und gegebenenfalls auch dazu dienen, um wenigstens näherungsweise den Unterschied zwischen Öffnungs- und Schließdruck zu berechnen.

Für kleinere Anlagen und bei niederen Drücken werden Sicherheitsventile auch als Regelventile zum Konstanthalten des Betriebsdruckes in einem System verwendet. Das Öl strömt dann ständig durch das Regelventil ab. Die gesamte bei dieser Drosselung entstehende Wärme führt bei größeren Anlagen zu einer nicht tragbaren Ölerwärmung. Es können deshalb nur ganz kleine Anlagen oder Anlagen mit Niederdruck so ausgeführt werden, daß das Öl längere Zeit hindurch über das Druckbegrenzungsventil abströmt. Bei größeren Anlagen ist ein Entlastungs- oder Abschaltventil vorzusehen, damit die Pumpe bei Stillstand der Arbeitszylinder oder Ölmotoren nicht gegen den Betriebsdruck der Anlage arbeiten muß, sondern nur die Strömungswiderstände in Saug- und Druck-leitung überwinden muß.

Die für das Verstellen an einem Handknopf erforderlichen Kräfte zur Ver-änderung der Federspannung in Regel- und Sicherheitsventilen werden bei hohen Drücken zu groß. Die Ventile könnten von Hand aus meist nicht mehr verstellt werden. Für große Ventile und hohe Drücke verwendet man deshalb Sicherheitsventile mit Vorsteuerung nach Abb. 134, 135. Die Einstellung der Feder des Vorsteuerventils erfordert dann nur geringe Kräfte.

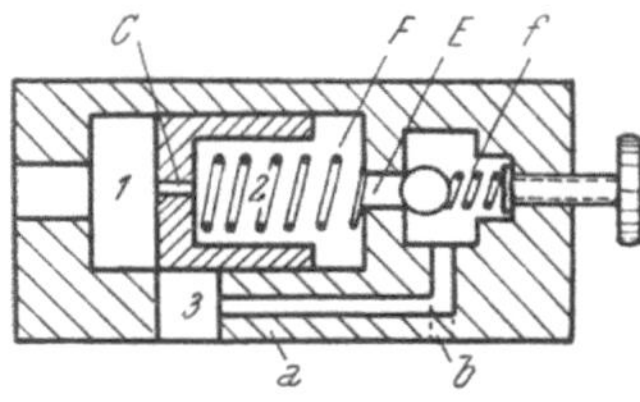

Abb. 134. Druckbegrenzungsventil mit Vorsteuerung

Der Hauptventilkegel wird bei allen vorgesteuer-ten Ventilen hauptsächlich durch den Öldruck, der sich hinter dem Sitz aufbaut, auf seinen Sitz gedrückt. Die Ventile haben deshalb eine Art Rückführung und eine sehr gute Charakteristik.

Wie bei allen vorgesteuerten Ventilen ergeben sich auch bei Druck-begrenzungsventilen die verschiedensten Vorteile durch die Vorsteuerung, wie z. B.:

1. Verkleinerung der Verstellkräfte bei Handbetätigung.

2. Bei starken Schwankungen der Stromstärke nur geringe Druckschwankun-gen von einigen Prozent.

3. Geringer Unterschied zwischen Öffnungsdruck und Schließdruck.

4. Hohe Genauigkeit und Empfindlichkeit über einen großen Regelbereich des Sollwertes.

5. Möglichkeit der Fernregelung von einer bestimmten vorgeschriebenen, oft auch schwer zugängigen Stelle aus (Abb. 135 und 136). Das Vorsteuerventil im Hauptventil wird dabei auf den zulässigen Maximaldruck und das Vorsteuerventil für die Fernregelung auf einen niedrigeren Wert ein-gestellt.

Abb. 134 zeigt das Grundprinzip eines vor-gesteuerten Überdruckventils. Der Öffnungs-druck wird an der Feder des Vorsteuerventils f eingestellt. Solange der Öffnungsdruck nicht erreicht wird, tritt im Ventil keine Strömung auf. Es strömt also auch kein Öl durch die Drossel C. Der Druck im Federraum 2 ist identisch mit dem Netzdruck im Einlaß des Ventils. Sobald das Vorsteuerventil bei dem eingestellten Öffnungsdruck öffnet, bricht der Druck hinter dem Hauptsteuerkolben zu-sammen und es beginnt eine Strömung durch die beiden hintereinandergeschalteten Drosseln C und E. Das Lecköl kann getrennt vom

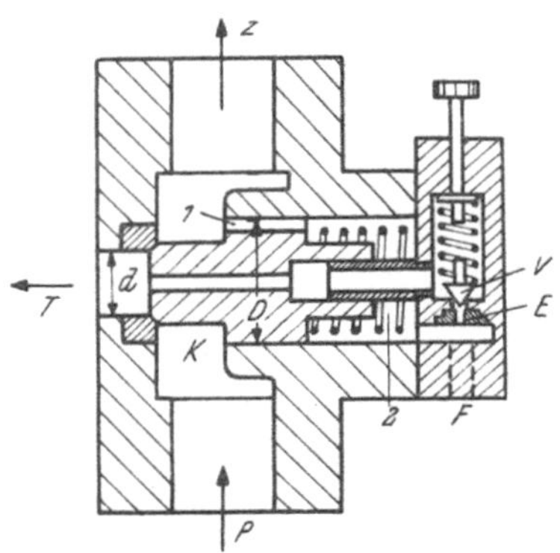

Abb. 135. Überdruckventil mit Vor-steuerung und Leckölabfluß in die Abfluß-leitung zum Tank der Hauptventile (ohne Leckölanschluß)

Hauptstrom vom Ventil abgeführt werden (b). Es besteht dann keine Gefahr, daß der Sollwert des Netzdruckes durch Strömungswiderstände im Ablauf beeinflußt wird. Liegen im Abfluß keine Strömungswiderstände, so können auch vorgesteuerte Ventile verwendet werden, bei denen das Lecköl aus dem Raum hinter dem Vorsteuerquerschnitt in die Abflußleitung des Hauptventils geführt wird (a) nach Abb. 134. Das Überdruckventil nach Abb. 135, bei dem die Drosselbohrung nicht im Ventilkolben K, sondern im Gehäuse vorgesehen ist, arbeitet nach dem gleichen Prinzip: Solange das Vorsteuerventil geschlossen ist, strömt kein Öl durch die Drosseln 1 und E. Auf die Ringfläche $(D^2 - d^2)\frac{\pi}{4}$ des Hauptsteuerkolbens K wirkt somit keine statische Druckkraft, weil der Druck ober und unter dieser Kolbenfläche gleich groß ist und mit dem Netzdruck identisch ist. Nach Öffnen des Vorsteuerventils V strömt das Öl durch die Drosseln 1 und E und schließlich durch den hohlen Hauptsteuerkolben in

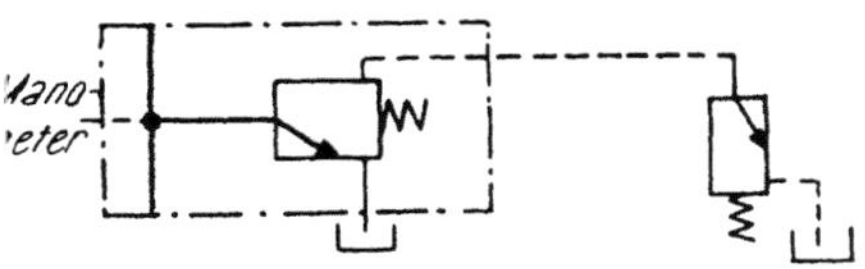

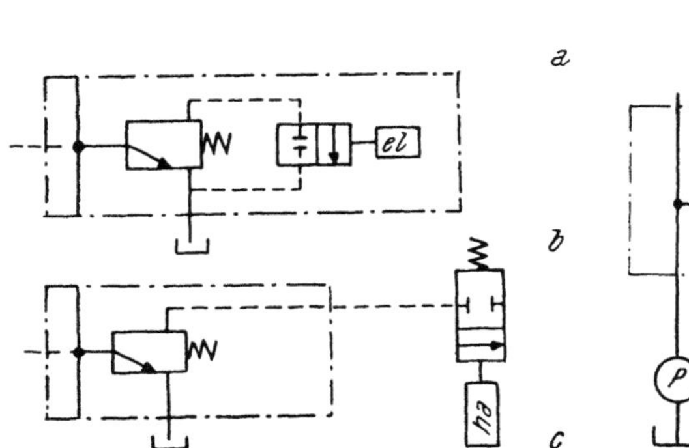

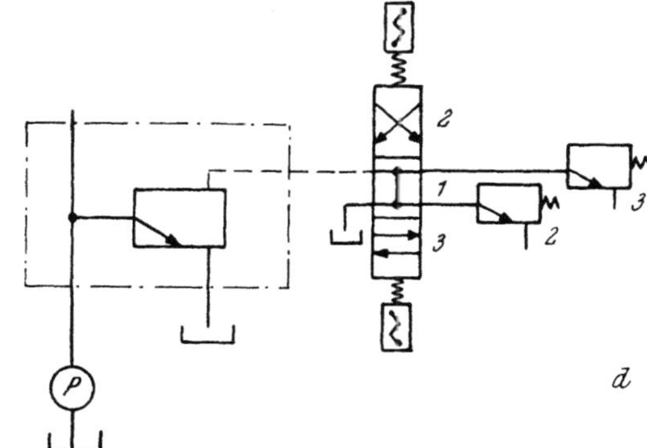

Abb. 136. Überdruckventile mit a) Fernsteuerung durch Vorsteuerventil an entfernter Druckregelstelle, b) Vorsteuerung durch angebautes Magnetventil, c) Vorsteuerung durch 2/2-Handventil, d) Fernsteuerung durch 4/3-Ventil

den Abfluß T des Ventils. Die Feder 2 hält dem Druckunterschied zwischen dem Druck ober und dem Druck unter dem Hauptsteuerkolben das Gleichgewicht.

Die Vorsteuerung kann auch als Fernsteuerung an den Anschluß F angeschlossen werden, wobei das Vorsteuerventil V im Hauptventil auf den Maximaldruck und das Vorsteuerventil für Fernbetätigung auf einen beliebig niedrigeren Druck eingestellt werden kann. Die Fernbetätigung kann aber nicht nur durch ein Vorsteuerventil, das ähnlich dem im Ventil selbst vorgesehenen Vorsteuerventil arbeitet, erfolgen, wie dies in Abb. 136 a angedeutet ist, sondern auch durch Elektroventile (Abbildung 136 b, d) oder durch Vorsteuerventile für Handbetätigung (Abb. 136 c). Abb. 136 d zeigt eine Anordnung, bei der die Entspannung des Federraumes je nach bei zwei verschiedenen Drücken erfolgen kann, die an den Vorsteuerventilen 2 und 3 eingestellt werden. Die Abb. 137 und 138 zeigen zwei weitere Beispiele für die Anwendungsmöglichkeiten von Überdruckventilen für Fernsteuerung.

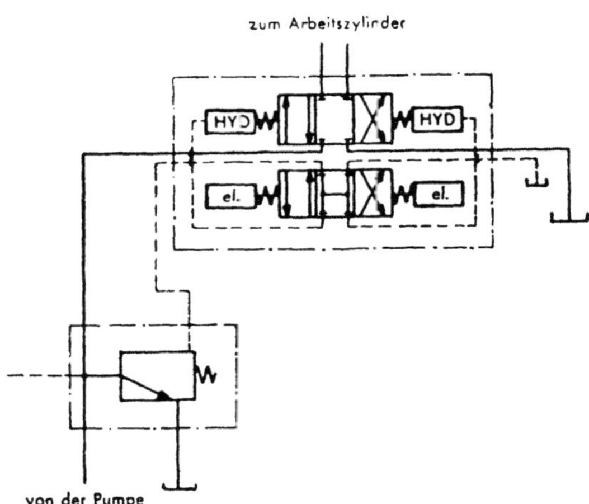

Abb. 137. Automatische Fernsteuerung eines Überdruckventils nach Abb. 135 und 136 durch ein vorgesteuertes 4/3-Ventil

der Stellung des Vierwegeventils wahlweise erfolgen kann, die an den Vorsteuerventilen 2 und 3 eingestellt werden. Die Abb. 137 und 138 zeigen zwei weitere Beispiele für die Anwendungsmöglichkeiten von Überdruckventilen für Fernsteuerung.

Abb. 137 zeigt die Verbindung des ferngesteuerten Überdruckventils mit einem vorgesteuerten 4/3-Magnetventil. Diese Ventilkombination ermöglicht zunächst, daß der freie Ölumlauf von der Pumpe zum Tank automatisch freigegeben wird, wenn das 4/3-Ventil in die Mittellage zurückgeführt wird. Vor allem erreicht aber das ferngesteuerte Überdruckventil auch einen stoßfreien Druckaufbau, da der Beginn des Druckanstieges überhaupt erst einsetzt, wenn der 4/3-Schieber seinen Schaltvorgang vollständig beendet hat. Damit wird auch eine geringe Beanspruchung der Pumpe und eine höhere Betriebssicherheit erreicht. Die Größe der Drosselbohrung bestimmt dabei die Geschwindigkeit des Druckanstieges nach der Betätigung des Steuerschiebers. Durch kleine Bohrungen wird ein besonders langsamer und sanfter Druckanstieg erreicht. Wird dagegen eine hohe Reaktionsgeschwindigkeit verlangt, so kann die Schaltgeschwindigkeit durch einen getrennten Steuerölkreislauf erhöht werden.

Das Blockventil mit angebautem Überdruckventil nach Abb. 138 ermöglicht ebenfalls bei Mittellage aller 6/3-Wegeventile einen freien Abfluß des Öls von der Pumpe zum Tank. Der Vorteil dieser Anordnung gegenüber einem Block mit drei Stück 6/3-Ventilen, bei dem die gesamte Ölmenge durch geeignete Kanäle der Wegeventile durchfließt, liegt darin, daß die Kanäle durch die Wegeventile nur geringere Abmessungen haben müssen. Die Wegeventile können also kleiner sein und trotzdem kann im Überdruckventil der freie Rückfluß durch einen großen Querschnitt ermöglicht werden, um eine möglichst geringe Ölerwärmung zu erreichen und Energieverluste zu vermeiden.

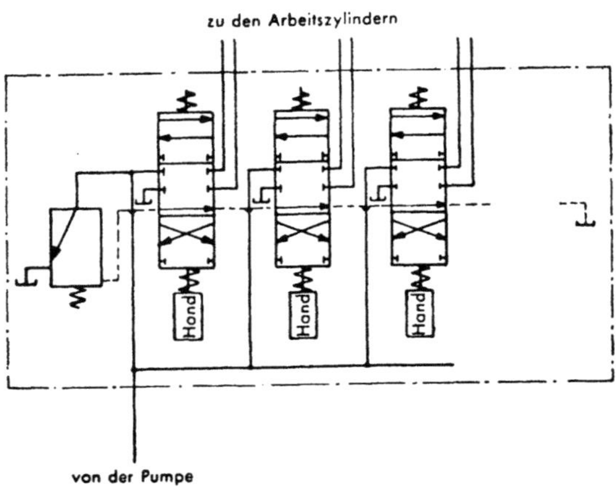

Abb. 138. Steuerblock, bestehend aus drei 6/3-Blockventilen und einem Druckbegrenzungsventil

c) Reduzierventile

Unter Reduzierventilen werden meist Druckregler verstanden, deren Aufgabe darin besteht, einen Sekundärdruck bei veränderlichem Primärdruck konstant zu halten. Meist werden sie dazu verwendet, um den Druck in einem Nebenstromkreis bei veränderlichem Druck im Hauptstromkreis konstant zu halten. Der Sekundärdruck im Nebenstromkreis ist dabei immer niedriger als der Primärdruck im Hauptstromkreis.

Diese als Druckregler arbeitenden Ventile können entweder mit oder ohne Vorsteuerung arbeiten. Vorgesteuerte Geräte arbeiten meist genauer, erfordern ähnlich wie bei den Sicherheitsventilen geringere Verstellkräfte und sind deshalb auch bei größeren Durchflußmengen erforderlich. Abb. 139 zeigt die prinzipielle Funktion von normalen Reduzierventilen:

Bei sinkendem Sekundärdruck öffnet eine Feder das Zuströmventil, der Sekundärdruck steigt auf seinen Sollwert an. Solange der Sekundärdruck auf seinem Sollwert konstant bleibt, bleibt das Zuströmventil geschlossen. Ventile mit entlasteten Steuerkolben nach Abb. 139 arbeiten genauer als Kegelventile. Außer diesen meistverwendeten Reduzierventilen, die als Druckregler auf konstanten Sekundärdruck arbeiten, gibt es auch Geräte, die in der Literatur ebenfalls oft als Reduzierventile bezeichnet werden und einen Regler auf konstantes Druckgefälle im Reduzierventil darstellen.

Solche Regler auf konstantes Druckgefälle sind auch der wesentlichste Bestandteil eines im folgenden Abschnitt näher beschriebenen Stromreglers. Sie werden auch „Druckgefälleventile" genannt. Abb. 140 zeigt das Prinzip eines solchen Ventils, das als Regler auf ein bestimmtes konstantes Druckgefälle Verwendung findet.

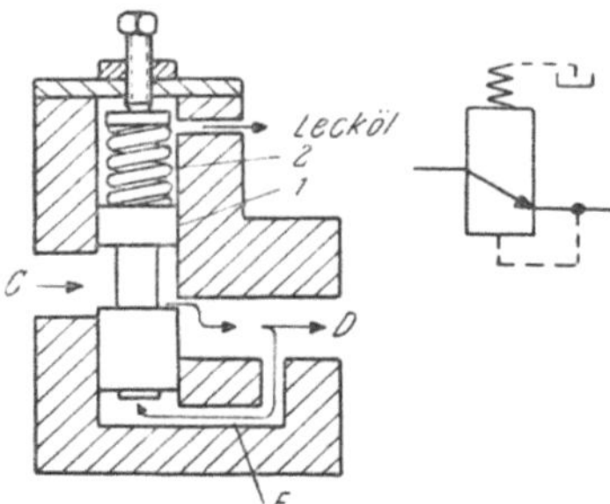

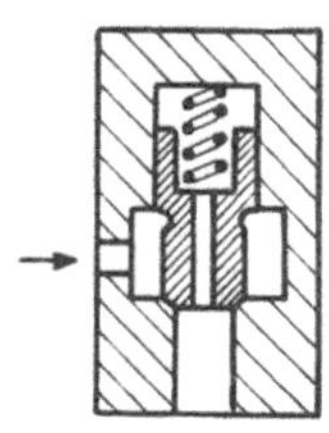

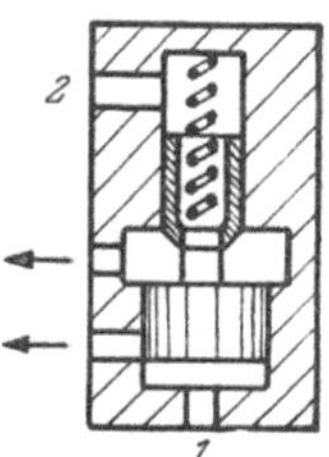

Abb. 139. Reduzierventil ohne Vorsteuerung   Abb. 140. Druckgefälleventil   Abb. 141. Druckstufenventil

Abb. 141 zeigt schließlich noch ein Reduzierventil, das einen bestimmten Differenzdruck etwa zwischen der ersten und zweiten Stufe einer Pumpenanlage konstant halten soll. Es hält den Druckunterschied zwischen den beiden Anschlüssen *1* und *2* konstant und wird auch als Druckstufenventil genannt.

Schließlich gibt es noch Reduzierventile, die den Zulaufdruck zum Ablaufdruck so regeln, daß das Verhältnis vom Zulaufdruck zum Ablaufdruck konstant bleibt. Diese Ventile werden Druckverhältnisventile genannt.

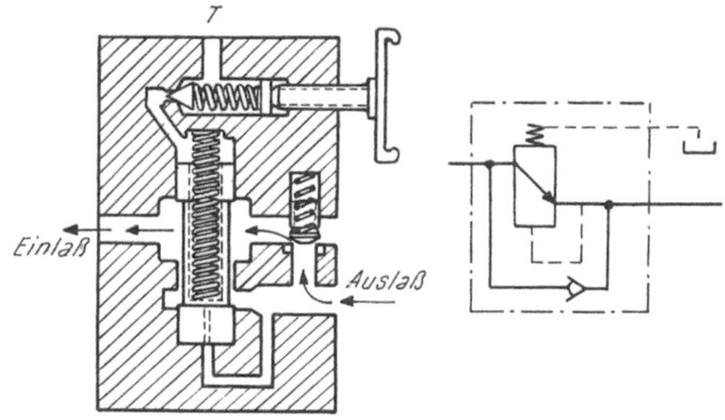

Abb. 142. Reduzierventil mit Rückentlastung

Reduzierventile im engeren Sinne sind somit nur die nach den VDMA-Regeln als Druckminderventile bezeichneten Ventile, auf die hier im folgenden noch etwas näher eingegangen werden soll.

Während ein Überdruckventil öffnet, sobald der Druck in der Zuleitung über den eingestellten Wert steigt, ist es die Aufgabe dieses Druckminderventils, einen Querschnitt zu öffnen, sobald der Druck in einem Zweignetz unter einen eingestellten Grenzwert sinkt. Wird kein Öl verbraucht, so ist das Ventil geschlossen und erst bei Ölverlusten im Zweignetz, in dem der Druck konstant gehalten werden soll, öffnet das Ventil.

Abb. 139 zeigt das Prinzip eines solchen einfachen Reduzierventils ohne Vorsteuerung, jedoch mit getrenntem Leckölabschluß. Die Oberseite des Kolbens ist drucklos, es hält also die Feder dem Sollwert des reduzierten Druckes das Gleichgewicht. Neigt der reduzierte Druck zu einer Drucksenkung, so öffnet das Ventil. Neigt er zu einem Druckanstieg, so schließt das Ventil. Abb. 142 zeigt ein einfaches Reduzierventil mit Vorsteuerung und getrenntem Leckölanschluß. Auf die Oberseite des Hauptkolbens wirkt hier sowohl die Kraft der Feder als auch der reduzierte Druck, der aber auch auf die Kolbenunterseite wirkt, da der Hauptsteuerkolben durchbohrt ist. Bei steigender Tendenz des reduzierten Druckes öffnet das Vorsteuerventil und der Druck auf die Oberseite des Hauptsteuerkolbens bricht zusammen, das Ventil schließt. Bei sinkender Tendenz des reduzierten Druckes schließt das Vorsteuerventil und die Feder schließt anschließend das Hauptsteuerventil. In dem Ventil ist außerdem durch ein eingebautes Rückschlagventil eine „Rückentlastung" vorgesehen. Diese ermöglicht auch die Aufrechterhaltung eines konstanten Druckes, wenn aus irgendwelchen Gründen der Sekundärdruck die Tendenz zeigt, höher als der Primärdruck zu werden. Dies ist z. B. der Fall, wenn das eingeschlossene Öl im Sekundärkreis erwärmt wird oder wenn äußere Kräfte auf einen Arbeitskolben zunehmen usw.

Abb. 143 zeigt ein Reduzierventil mit Vorsteuerung und mit Fernsteueranschluß F. Das Fernsteuerventil liegt dabei in Serie mit dem im Ventilkörper eingebauten Vorsteuerventil, wobei das im Hauptventil eingebaute Vorsteuerventil auf minimalen Druck und das Fernregelventil auf den maximalen Druck eingestellt wird.

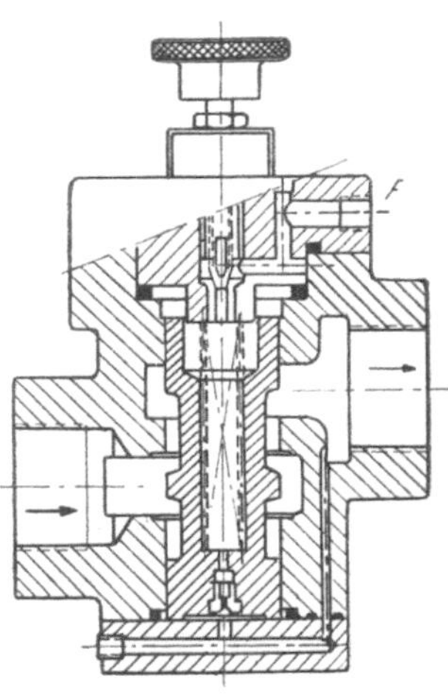

Abb. 143. Reduzierventil mit Vorsteuerung und Fernsteueranschluß

Wenn kein Drucköl im Netz hinter dem Reduzierventil verbraucht wird und das Ventil somit geschlossen ist, steigt der Druck hinter dem Reduzierventil bei Ventilen ohne Vorsteuerung infolge des ausfließenden Lecköls allmählich bis zum Wert vor dem Ventil an. Soll dieser unvermeidliche Druckanstieg vermieden werden, so ist ein geringer Leckölstrom im Netz hinter dem Reduzierventil durch eine Drossel vorzusehen. Bei Ventilen mit Vorsteuerung ist dies jedoch nicht erforderlich.

Abb. 144 zeigt schließlich noch das Schaltsymbol einer Ventilkombination aus einem Reduzierventil mit mehreren Vorsteuerventilen, an denen wahlweise je nach der Stellung des Magnetventils 5 zwei verschiedene Sekundärdrücke eingestellt werden können.

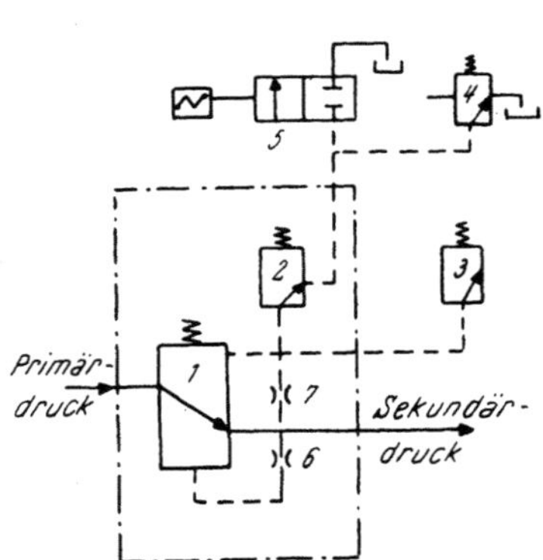

Abb. 144. Reduzierventil mit mehreren Vorsteuerventilen für verschiedene Sekundärdrücke. *1* Reduzierventil, *2* angeflanschtes Vorsteuerventil, *3, 4* einstellbare Vorsteuerventile für Fernsteuerung, *5* Magnetabsperrventil, *6, 7* Drosseln

d) Folgeventile und Entlastungsventile

Ventile mit einer prinzipiellen Funktion nach Abb. 120 können fremdgesteuert sein (Abb. 120 C und D) oder durch den Druck vor dem Ventil selbstgesteuert werden (Abb. 120 A, B). Der Durchfluß kann nur in einer Richtung möglich sein, es ist dann ein Rückschlagventil parallel zu schalten, falls eine Durchströmung in beiden Richtungen verlangt wird. Es gibt aber auch Ventile, in denen das Rückschlagventil bereits eingebaut ist.

Fremdgesteuerte Ventile haben somit drei Anschlüsse. Selbststeuernde dagegen nur zwei, wobei der Druck der Zuleitung innerhalb des Ventils unter den Steuerkolben geführt wird.

Folgeventile nach Abb. 120 öffnen ebenso wie Sicherheitsventile nach Erreichen eines eingestellten Grenzdruckes einen Durchströmquerschnitt. Der Steuerkolben ist aber bei Folgeventilen vollkommen entlastet. Der das Ventil betätigende Druck wirkt nicht unmittelbar auf den Steuerkolben, der die Strömungsquerschnitte freigibt, sondern auf einen eigenen Arbeitskolben, auf dessen gesamte Angriffsfläche immer der volle Steuerdruck wirkt. Dieser Arbeitskolben wird also nicht umströmt.

Folgeventile werden auch als Vorspannventile, Zuschaltventile oder aber als Widerstandsventile bezeichnet, wenn sie dazu verwendet werden, den Zufluß zu einem Arbeitszylinder oder einem Ölmotor oder zu einem hydraulisch vor-

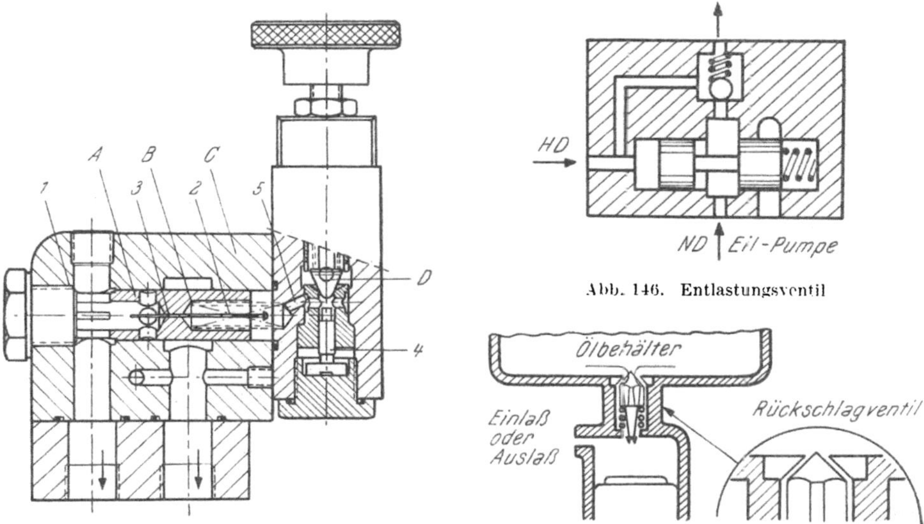

Abb. 146. Entlastungsventil

Abb. 145. Folgeventil mit Vor- und Fernsteuerung   Abb. 147. Füllventil

gesteuerten Mehrwegeschieber erst nach Erreichen eines bestimmten eingestellten Vorspanndruckes freizugeben. Folgeventile sollen also wohl ebenso wie Überdruckventile bei Erreichen eines einstellbaren Druckes vor dem Ventil einen Querschnitt öffnen. Während aber nach Öffnen des Ventils beim Überdruckventil das Öl möglichst drucklos abströmen soll, wird beim Folgeventil in der Abflußleitung des Ventils wieder ein Druck aufgebaut. Es ist deshalb auch meist bei vorgesteuerten Folgeventilen eine besondere Leckölleitung erforderlich, damit das Druckgefälle am Vorsteuerventil nicht durch den Ablaufdruck beeinflußt werden kann. Abb. 145 zeigt den Aufbau eines vorgesteuerten Folgeventils, auf dem allerdings dieser meist erforderliche Leckölabfluß nicht sichtbar ist. Das Ventil kann durch Kolben 4 ferngesteuert werden, wobei der Fernsteuerdruck auf die Unterseite dieses Kolbens wirkt.

Abschaltventile, Ladeventile oder Entlastungsventile (Abb. 146) sind prinzipiell die gleichen Ventile wie Folgeventile. Sie geben jedoch die Durchströmung durch das Ventil nach Erreichen eines einstellbaren Maximaldruckes frei, um der Pumpe den freien Ablauf von der Druckleitung in die Rücklaufleitung zu ermöglichen. Die Symbole nach Abb. 120 A werden sowohl für Folgeventile als auch für Abschaltventile verwendet.

Füllventile (Abb. 147) sind in bezug auf ihren Aufbau Rückschlagventile, in bezug auf ihre Funktion aber Folgeventile. Entsteht durch rasche Kolbenbewegung ein Unterdruck im Zylinder, so wird nach Überschreiten eines bestimmten Druckgefälles zwischen Behälter und Zylinder Öl aus dem Behälter angesaugt.

Nachsaugeventile sind gesteuerte Rückschlagventile, deren Steuerleitung an der einen und deren Hauptstromleitung an der anderen Seite eines doppeltwirkenden Zylinders angeschlossen werden (Abb. 82); sie gehören deshalb nicht zu den Folgeventilen.

e) Abschaltventile

In Anlagen mit Hoch- und Niederdruckpumpen und in Speicherkreisläufen werden oft Abschaltventile verwendet, in denen das erforderliche Rückschlagventil schon eingebaut ist.

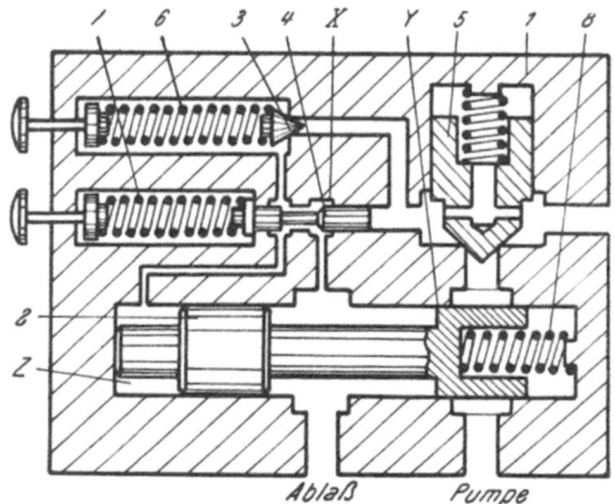

Abb. 148. Abschaltventil mit einstellbarem Ein- und Ausschaltdruck

Abb. 146 zeigt die prinzipielle Funktion eines Abschaltventils mit eingebautem Rückschlagventil für eine Anlage mit Eilgang und Druckpumpe.

Es fördern zunächst die Niederdruck-Eilgang- (ND) und die Hochdruckpumpe (HD) gleichzeitig. Nach Erreichen eines einstellbaren Grenzdruckes bewegt sich der Steuerkolben des Abschaltventils nach rechts. Die Eilgangpumpe wird abgeschaltet und es fördert nur noch die Hochdruckpumpe eine geringe Fördermenge in das System. Das Rückschlagventil wird durch den hohen Druck auf seinen Sitz gedrückt und sperrt den Abfluß zur Niederdruckpumpe ab.

Abb. 148 zeigt die Funktion eines Abschaltventils für Speicheranlagen, bei dem der Abschalt- und der Einschaltdruck getrennt eingestellt werden kann. Der Abschaltdruck ist bei diesem Ventil vollkommen unabhängig von der Geschwindigkeit des Druckanstieges.

Das Ventil arbeitet wie folgt:

Das Öl fließt durch den Einlaß um das rechte Ende des Kolbens (2) über das Rückschlagventil (5) zum Verbraucher. Wird der Einschaltdruck erreicht, so schließt der Kolben (4) die Steuerkante (X) und unterbricht die Verbindung der Kammer (Z) mit dem Ablaß. Wenn der Abschaltdruck die durch die Feder (6) bestimmte Kraft überschreitet, hebt sich der Kegel (3) von seinem Sitz ab. Das Öl strömt in die Kammer (Z) und drückt den Kolben (2) nach rechts, wodurch die Steuerkante (Y) der Pumpe freien Durchlauf zum Ablaß gibt. Die Verbindung Verbraucher—Ablaß ist durch das Rückschlagventil (5) unterbrochen. Sinkt auf der Verbraucherseite der Druck auf den durch die Vorspannung der Feder (7) bestimmten Einschaltdruck, so wird durch Öffnen der Steuerkante (X) die Kammer (Z) mit dem Ablaß verbunden, wodurch die Feder (8) den Kolben (2) in seine Ausgangsstellung zurückdrücken kann.

f) Eilgangventile

Eilgangventile sind eigengesteuerte Umschaltventile, die bei Überschreiten eines bestimmten einstellbaren Grenzdruckes im Zulauf zum Ventil einen hydraulisch gesteuerten Vierwegeschieber bestimmter Bauart umschalten.

Die prinzipielle Arbeitsweise eines einfachen Eilgangventils zeigt Abb. 149.

Vor Erreichen der eingestellten Druckgrenze fördert die Pumpe mit unveränderlicher Liefermenge Drucköl zum Eilgangventil. Das Ventil verbindet hierbei die Druckleitung der Pumpe mit beiden Seiten des Arbeitszylinders. Die Pumpe fördert also nach Abb. 181 bis 183, Schaltstellung II, Drucköl zum Arbeitszylinder, wobei nur der Kolbenstangendurchmesser als wirksame Angriffsfläche zur Verfügung steht. Während der Bewegung des Kolbens fließt Öl von der Kolbenstangenseite des Zylinders über das Eilgangventil auch zur Deckelseite des Zylinders.

Nach Erreichen des Grenzdruckes wird der Steuerkolben des Eilgangventils nach rechts gedrückt. Das als Vierwegeventil ausgebildete Eilgangventil stellt nun folgende Verbindungen her:

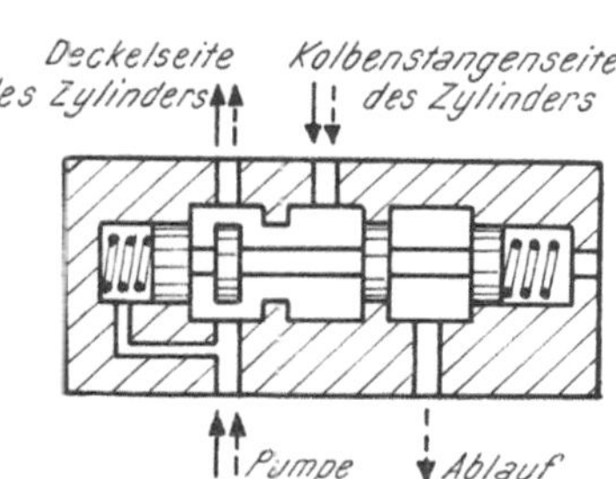

Abb. 149. Eilgangventil (vgl. Abb. 299)

Von der Öldruckpumpe zur Deckelseite des Zylinders und von der Kolbenstangenseite des Zylinders zum Ablauf. Die Kolbenkraft wächst in diesem Augenblick im Verhältnis der Kolbenfläche zur Kolbenstangenfläche an, die Bewegungsgeschwindigkeit des Kolbens sinkt dagegen im gleichen Verhältnis. Die Kolbenbewegung erfolgt nach Schaltstellung I in Abb. 181 bis 183.

g) Rückschlagventile

Als Rückschlagventile werden meist federbelastete Kugel- oder Kegelventile verwendet (Abb. 150a und b).

Absolute Dichtheit, insbesondere auch bei kleineren Verunreinigungen im Öl, erreichen Kegelventile mit einem im Kegel gefaßten O-Ring oder Profilring nach Abb. 150c und d.

Rückschlagventile werden überall dort verwendet, wo in einer Richtung eine Durchströmung der Rohrleitung ohne irgendeinen Widerstand erfolgen soll, während eine Durchströmung in der entgegengesetzten Richtung vermieden werden soll.

Bei Verwendung stärkerer Federkräfte können sie auch als eine Art Folgeventil für besonders niedrige Ansprechdrücke verwendet werden. Das Rückschlagventil gibt dann den Strömungsquerschnitt erst frei, wenn der Druck in der Rohrleitung die Federkraft im Ventil überwindet.

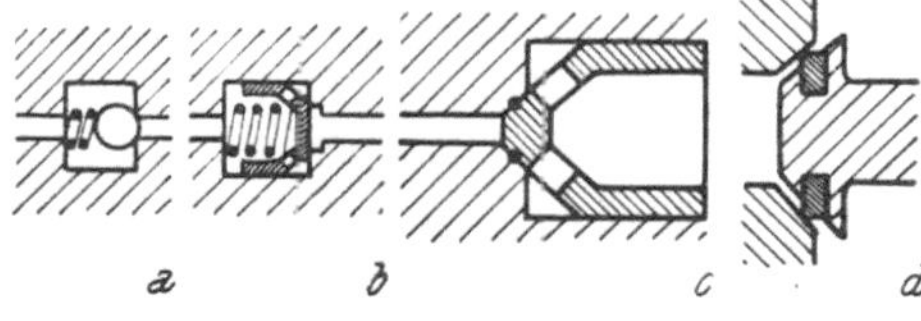

Abb. 150. Rückschlagventile. a) Kugelventil, b) Kegelventil, c) Kegel mit O-Ring-Dichtung, d) Kegel mit Ringdichtung von rechteckigem Querschnitt

Solche federbelastete Rückschlagventile werden z. B. in der Hauptrückströmleitung verwendet, wobei der Ölrückfluß entweder über dieses Rückschlagventil oder über einen Nebenstromkreis mit Mikrofilter erfolgen kann (Abb. 256 und 257).

Bei nicht selbstsaugenden Pumpen wird auch ein Rückschlagventil in die Saugleitung der Pumpe gelegt, um das Absinken einer Flüssigkeitssäule zwischen Pumpe und Ölbehälter während dem Stillstand der Pumpe zu verhindern.

h) Drosselrückschlagventile

Soll in einer Strömungsrichtung nur eine gedrosselte, langsame Strömung, in der entgegengesetzten aber eine unbehinderte, rasche Rückströmung möglich sein, so verwendet man entweder eine Kombination, die aus einem Rückschlag-

ventil und einem dazu parallelgeschalteten Drosselventil besteht, oder ein
sogenanntes Drosselrückschlagventil (Abb. 151, 152). Der Drosselquerschnitt
dieses Ventils kann entweder, wie in Abb. 151, eine Öffnung von unveränderlichem
Querschnitt sein oder aber es kann auch die Größe des
Drosselquerschnittes durch eine Stellschraube oder auch
durch eine randrierte Hülse, in der das ganze Ventil eingebaut ist, verstellbar sein (Abb. 152).

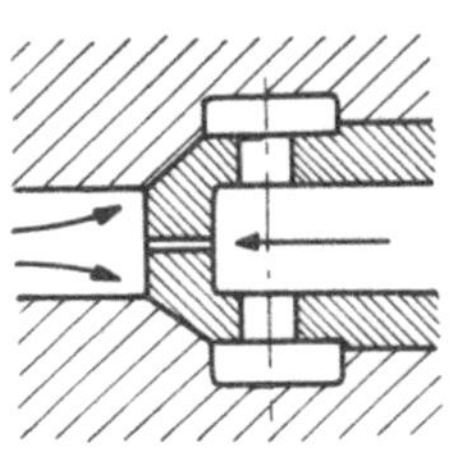

Abb. 151. Drosselrück-
schlagventil mit unver-
änderlichem Drossel-
querschnitt

An Stelle von Drosselrückschlagventilen können auch
Magnetventile Verwendung finden, die im geschlossenen
Zustand noch einen kleinen, meist ebenfalls einstellbaren
Durchströmquerschnitt freilassen und im offenen Zustand
den gesamten Rohrquerschnitt freigeben.

Diese „Magnetventile mit Grundmengeneinstellung"
bieten gegenüber den Drosselrückschlagventilen den Vorteil,
daß in beiden Bewegungsrichtungen während des Hubes
von der Geschwindigkeit bei geöffnetem Ventil auf die Geschwindigkeit bei
gedrosselter Strömung umgeschaltet werden kann.

i) Gesteuerte Rückschlagventile

Gesteuerte Rückschlagventile werden verwendet, wenn das Durchströmen
einer Leitung in einer Richtung immer möglich sein soll, in der entgegengesetzten

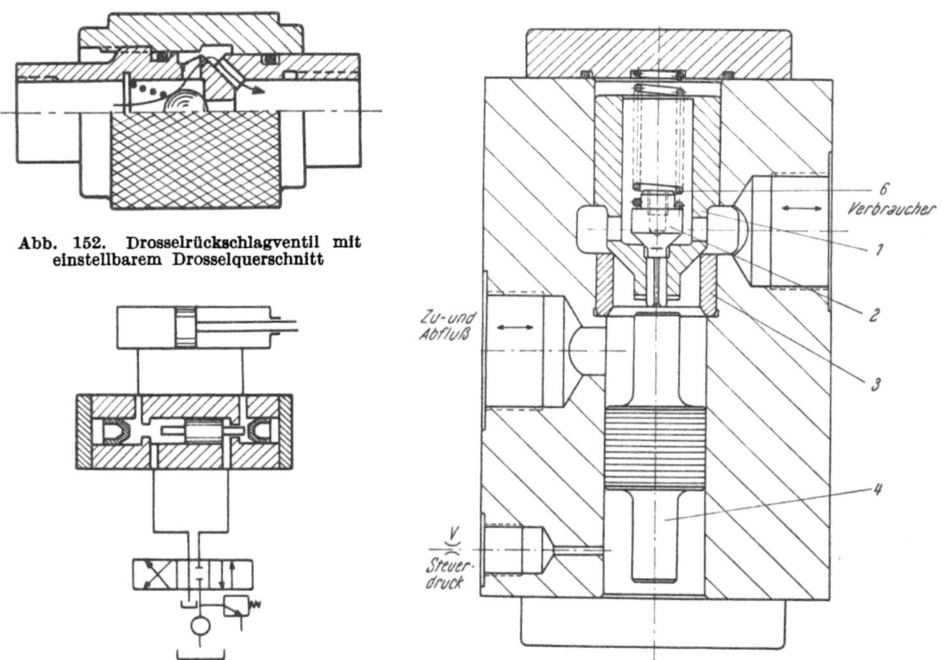

Abb. 152. Drosselrückschlagventil mit
einstellbarem Drosselquerschnitt

Abb. 153. Gesteuertes Doppelrückschlagventil

Abb. 154. Gesteuertes Rückschlagventil mit Stichkegel. *1* Dichtkegel, *2* Stichkegel, *3* Ventilsitz, *4* Steuerkolben, *6* Feder (Rexroth)

Richtung aber nur dann, wenn der Dichtungskörper des Rückschlagventils durch
einen eigenen Steuerkolben abgehoben wird (Abb. 153). Solche gesteuerte
Rückschlagventile werden z. B. verwendet, wenn ein Arbeitskolben längere

Zeit mit absoluter Sicherheit in seiner Lage festgehalten werden soll und deshalb
zur Steuerung des Zylinders kein Vierwegeventil mit Verriegelung der Zylinderanschlüsse in der Mittellage verwendet werden kann, weil dieses nicht absolut
dicht hält. Für das Festhalten eines Arbeitskolbens, der nur in einer Richtung
belastet wird, genügt die Verwendung eines einfachen gesteuerten Rückschlagventils nach Abb. 154. Für das Festhalten eines doppelt wirkenden
Arbeitszylinders in beiden Bewegungsrichtungen wird ein gesteuertes Doppelrückschlagventil verwendet (Abb. 153). Das gesteuerte Rückschlagventil in
Abb. 154 hat außerdem eine Vorentlastung, bei der durch einen Steuerkolben
zunächst ein kleines Kegelventil geöffnet wird, das zum schlagfreien Abbau
des Hochdruckes dient. Ist der Druck auf einen bestimmten Wert abgesunken,
so öffnet der Steuerkolben automatisch das Hauptrückschlagventil, wodurch
ein großer Durchflußquerschnitt freigegeben wird. Bei gesteuerten Rückschlagventilen ohne Vorentlastung fehlt der Stichkegel und es sind dann die Teile *1*
und *2* in Abb. 154 aus einem Stück. Gesteuerte Rückschlagventile mit Vorentlastung dienen meist zur Lösung folgender Aufgaben:

1. Als Absperrventil in Hydraulikanlagen mit schiebergesteuerten, doppeltwirkenden Hubzylindern, wenn absolut dichtes Schließen einer Zylinderseite
verlangt wird.

2. Als Rücklaufentlastung, wenn beim Einfahren des doppeltwirkenden
Hubzylinders größere Ölmengen in den Rücklauf fließen, als die zulässige Durchflußmenge im Steuergerät beträgt.

3. Als hydraulisch betätigtes Ablaßventil.

Der zum Öffnen der Vorentlastung notwendige Steuerdruck beträgt meist
etwa 10 bis 30% des in der Hauptleitung stehenden Druckes.

Bei der Auswahl von gesteuerten Rückschlagventilen mit Vorentlastung für
einen bestimmten Verwendungszweck ist darauf zu achten, daß das Verhältnis
von Steuerdruck zum Belastungsdruck des Stichkegels auch dem Verhältnis
vom Querschnitt der Dichtfläche des Stichkegels zur Fläche des Steuerkolbens
entspricht, damit eine Öffnung des Ventils mit entsprechender Sicherheit möglich
ist. Durch eine Drossel im Zulauf zum Steuerkolben *4* kann die Öffnungs-
geschwindigkeit des Ventils herabgesetzt und stufenlos geregelt werden.

k) Stromregler

Wird ein Drosselventil zur Regelung der Kolbengeschwindigkeit verwendet,
so kann eine konstante Bewegungsgeschwindigkeit nur bei konstanter Kolbenbelastung und konstantem Widerstand des Kolbens innerhalb des Zylinders
erreicht werden.

Soll bei schwankender Belastung des Kolbens unabhängig von der jeweils
auf den Kolben wirkenden Kraft eine konstante Bewegungsgeschwindigkeit
erreicht werden, so ist ein Stromregler erforderlich. Dieser besteht prinzipiell
immer aus einer Drossel von unveränderlichem Querschnitt F und einer zweiten
Drossel mit veränderlichem Querschnitt, die der Drossel mit unveränderlichem
Querschnitt vor-, nach- oder parallelgeschaltet sein kann. Die durch den
unveränderlichen Querschnitt F, der im folgenden kurz Blende genannt werden
soll, strömende Flüssigkeitsmenge Q ergibt sich aus der Beziehung

$$Q = \text{const.}\, F \sqrt{\Delta p}$$

oder aus einem ähnlichen Zusammenhang zwischen Q und Δp.

Das Druckgefälle Δp zwischen dem Druck vor und hinter dieser Blende kann
nun prinzipiell durch folgende Maßnahme konstant gehalten werden:

1. Es wird neben die Blende mit unveränderlichem Querschnitt eine Drossel mit veränderlichem Querschnitt geschaltet, deren Querschnitt so geändert

Abb. 155. Stromregler

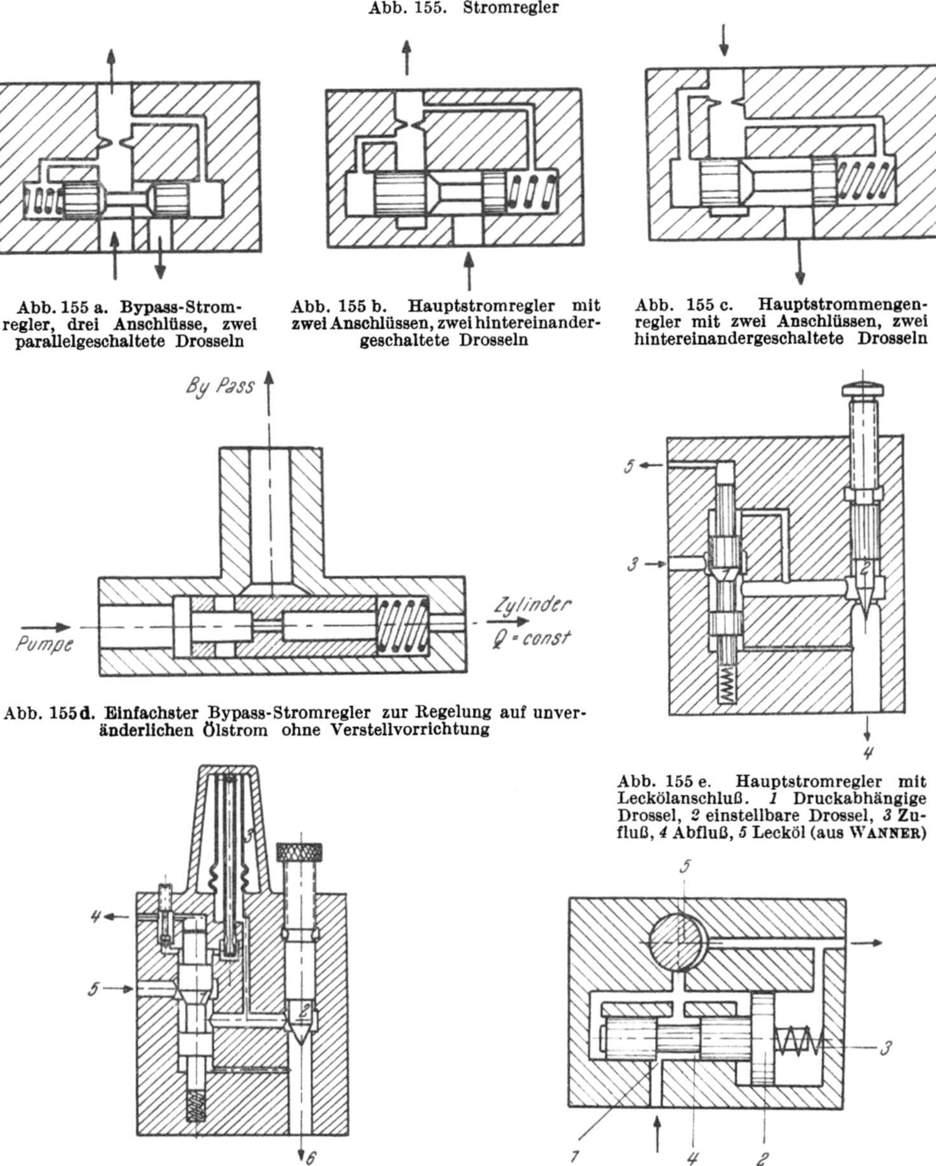

Abb. 155 a. Bypass-Stromregler, drei Anschlüsse, zwei parallelgeschaltete Drosseln

Abb. 155 b. Hauptstromregler mit zwei Anschlüssen, zwei hintereinandergeschaltete Drosseln

Abb. 155 c. Hauptstrommengenregler mit zwei Anschlüssen, zwei hintereinandergeschaltete Drosseln

Abb. 155 d. Einfachster Bypass-Stromregler zur Regelung auf unveränderlichen Ölstrom ohne Verstellvorrichtung

Abb. 155 e. Hauptstromregler mit Leckölanschluß. *1* Druckabhängige Drossel, *2* einstellbare Drossel, *3* Zufluß, *4* Abfluß, *5* Lecköl (aus WANNER)

Abb. 155 f. Hauptstromregler mit Temperaturkompensator. *1* Druck- und temperaturabhängige Drossel, *2* einstellbare Drossel, *3* Thermostat, *4* Lecköl, *5* Zufluß, *6* Abfluß (aus WANNER)

Abb. 155 g. Hauptstromregler mit Einstellung der Blende durch Kerbe am Umfang der Spindel *5* (aus WANNER)

wird, daß das Druckgefälle an der Blende konstant bleibt. Ein solcher Stromregler wird als Bypassregler bezeichnet (Abb. 155 a). Bei diesem Stromregler fördert die Pumpe nur bei maximaler Belastung des Kolbens auf volle Last. Bei geringer Belastung des Kolbens fördert die Pumpe nur gegen den durch die Kolbenbelastung gegebenen niedrigeren Druck. Bei Teillast tritt somit beim Bypassregler geringe Belastung der Pumpe und geringe Ölerwärmung auf.

2. Es wird vor die Blende eine zweite Drosselstelle mit veränderlichem Querschnitt gelegt. Der Querschnitt dieser Vorblende kann dann in Abhängigkeit vom gesamten, für die Durchströmung beider Drosseln verfügbaren Druckgefälle so geregelt werden, daß das Druckgefälle an der Blende mit konstantem Querschnitt konstant bleibt. Wird dies erreicht, so bleibt auch die durch den konstanten Querschnitt F strömende Flüssigkeitsmenge konstant. Ein solcher Mengenregler wird Hauptstromregler genannt (Abb. 155b). Die Ölpumpe fördert in einem Stromkreis mit Hauptstromregler immer gegen den vollen Gegendruck. Das Öl fließt durch zwei hintereinandergeschaltete Drosseln, von denen die erste einen veränderlichen Querschnitt hat. Bei geringer Belastung des Kolbens sinkt der Druck hinter der fixen Meßblende. Damit nach wie vor immer die gleiche Ölmenge dem Zylinder zuströmt, regelt der Mengenregler derart, daß durch starke Drosselung an der Vordrossel auch der Druck vor der Meßblende sinkt. Trotz kleiner Belastung bleibt die Kolbengeschwindigkeit klein. Nahezu die gesamte Energie wird hinter der Vorblende verwirbelt. Es tritt bei kleiner Stromstärke eine stärkere Ölerwärmung ein als bei großer. Außerdem hat ein solcher Hauptstromregler, bei dem die Drossel mit veränderlichem Querschnitt derjenigen mit unveränderlichem Querschnitt vorgelagert ist, den Nachteil, daß das Öl bei starker Drosselung in der ersten Drossel stark erwärmt wird und somit mit höherer Temperatur durch die die Stromstärke bestimmende Blende mit konstantem Querschnitt strömt. Die Stromstärke wird dadurch von der im Regler selbst erzeugten Temperaturschwankung abhängig, weil auch bei der Strömung durch scharfkantige Blenden, wie bei der Besprechung der Strömung durch Drosseln im vorhergehenden Abschnitt ausführlich erörtert wurde, eine gewisse Abhängigkeit der Stromstärke von der Temperatur bzw. der Zähigkeit des Öls unvermeidlich ist.

Bei Hauptstromreglern, bei denen die Drossel mit veränderlichem Querschnitt hinter der Meßblende liegt (Abb. 155c), wird die Abhängigkeit der Stromstärke von der Temperatur geringer als bei Stromreglern, bei denen die Meßblende hinter der Drossel mit veränderlichem Querschnitt liegt wie in Abb. 155b.

Abgesehen von der im Stromregler selbst entstehenden Erwärmung nimmt aber die Stromstärke mit steigender Temperatur immer bei allen Stromreglertypen etwas zu, weil die Zähigkeit des Öls mit steigender Temperatur abnimmt. Es ist deshalb bei veränderlicher Öltemperatur eine gewisse, je nach der Ausführung der Regler stärkere oder geringere Abhängigkeit der Stromstärke von der Temperatur unvermeidlich. Regler mit scharfkantigen Drosselblenden erreichen immerhin bei Temperaturschwankungen zwischen 30 und 50° C die Einhaltung einer nahezu konstanten Vorschubgeschwindigkeit im Arbeitszylinder, die sich beim Übergang von 30 auf 50° C nur um etwa 4% verändert.

Für diejenigen Bedarfsfälle, in denen auch diese Abhängigkeit der Bewegungsgeschwindigkeit von der Öltemperatur nicht mehr zulässig ist, stehen Stromregler mit Temperaturkompensator zur Verfügung. Diese werden meist nur dann erforderlich sein, wenn stärkere Temperaturschwankungen im Öl auftreten und trotzdem eine absolut konstante Kolbengeschwindigkeit erreicht werden soll. Bei diesen Stromreglern mit Temperaturkompensation (Abb. 155f) wird die sonst unvermeidliche Zunahme der Stromstärke mit der Temperatur dadurch wieder verringert, daß ein geeignetes Vorsteuersystem für eine temperaturabhängige Verschiebung der sonst nur vom Ein- und Austrittsdruck abhängigen Drosselschieber sorgt. Bei steigender Temperatur öffnet dieser Thermostat die Zulaufdrossel zu dem Druckraum oberhalb des Steuerkolbens der verstellbaren Hauptdrossel. Bei gleichem Druckgefälle zwischen dem Druck vor und hinter dem Regler hat deshalb die Vordrossel bei höheren Temperaturen einen kleineren Querschnitt als bei niedrigeren und verringert dadurch die Stromstärke bei höherer Temperatur. In einem gewissen Temperaturbereich von etwa 20 bis 40° C entspricht diese Verkleinerung der Stromstärke gerade der Zunahme infolge der abnehmenden Zähigkeit.

Richtlinien für die Verwendung von Stromreglern

Die Bewegungsgeschwindigkeit eines Kolbens bzw. die Drehzahl eines Motors hängt nicht nur von der genauen Einhaltung der vorgeschriebenen Stromstärke in dem zur Regelung der Geschwindigkeit verwendeten Stromregler ab, sondern auch von verschiedenen anderen Einflußgrößen. Bei der Auswahl eines geeigneten Stromreglers ist deshalb nicht nur auf die Eigenschaften des Reglers selbst, sondern auch noch auf den Einfluß der folgenden Größen auf die Bewegungsgeschwindigkeit eines Kolbens oder Ölmotors Rücksicht zu nehmen:

1. Zusammendrückbarkeit des Öls im Zylinder bzw. Motor in den Rohrleitungen und Schläuchen vom Regler zum Motor usw.

2. Elastische Ausdehnung der Zylinder, Rohrleitungen, Schlauchleitungen usw.

3. Leckverluste an den Kolben- und Steuerelementen.

4. Lufteinschlüsse im Öl.

Die Bedeutung dieser Einflußgrößen auf die Bewegungsgeschwindigkeit des Antriebes hängt ganz von den Betriebsverhältnissen ab. Bei sehr kleinen Stromstärken z. B. können — auch dann, wenn überhaupt keine Lufteinschlüsse im Öl vorhanden sind — die elastischen Eigenschaften des Öls dazu führen, daß der Kolben bei plötzlicher Belastung eine Bewegung in der der ursprünglichen Bewegungsrichtung entgegengesetzten Richtung ausführt. Umgekehrt kann auch — besonders bei längeren Arbeitszylindern — durch eine plötzliche Entlastung des Kolbens eine kurzzeitige Beschleunigung der Kolbenbewegung verursacht werden. In allen Anlagen, in denen eine möglichst konstante Bewegungsgeschwindigkeit des Kolbens oder Ölmotors verlangt wird, sollte deshalb nicht nur auf die Auswahl eines geeigneten Stromreglers oder Stromteilers geachtet werden, sondern es sollten auch alle Maßnahmen ergriffen werden, um alle anderen Einflußgrößen auf die Veränderung der Bewegungsgeschwindigkeit in möglichst engen Grenzen zu halten.

Es ergeben sich damit folgende Richtlinien für die Verwendung von Stromreglern:

1. Das Ölvolumen, das elastischen Formänderungen ausgesetzt ist, muß möglichst klein sein. Der Einbau des Reglers soll also auch möglichst nahe am Zylinder oder Motor vorgesehen werden.

2. Lufteinschlüsse im Öl müssen unbedingt vermieden werden.

3. Schläuche sind besonders elastisch und sollten deshalb nicht zwischen Regler und Zylinder geschaltet werden. Die Zylinder sollen genügend starke Wandstärken haben, so daß ihre Ausdehnung für die Bewegungsgeschwindigkeit praktisch bedeutungslos bleiben. Die verwendeten Rohrleitungen sollen ebenfalls kurz und möglichst starkwandig sein.

4. Um die Lecköverluste in möglichst engen Grenzen halten zu können, wird man oft Steuerschieber mit kleineren Querschnitten verwenden. Außerdem soll nach Möglichkeit kein Steuerelement mit zusätzlichen Leckölquerschnitten zwischen Stromregler bzw. Stromteiler und Arbeitszylinder vorgesehen werden.

Wenn außer positiven Druckkräften am Kolben auch negative Zugkräfte auftreten, so besteht die Möglichkeit, daß im Zylinder ein Vakuum entsteht und die Ölsäule auseinanderreißt, wenn die Bewegungsgeschwindigkeit durch

Zuflußstromregler geregelt wird (Abb. 156 a, c). Besteht also die Möglichkeit, daß auch negative Kräfte auftreten, so sind auf alle Fälle nur Abflußstromregler zu verwenden (Abb. 156 b).

Bypassregler werden dagegen nur im Zufluß eingebaut (Abb. 156 c, d).

Wird mit einem Stromregler innerhalb bestimmter Grenzen des Druckgefälles eine bestimmte Genauigkeit in der Einhaltung der vorgeschriebenen Stromstärke erreicht, so ermöglicht dieser Regler als Hauptstromregler (Abb. 156 a und b) eine genauere Einhaltung der Bewegungsgeschwindigkeit als die Verwendung des gleichen Reglers im Bypass (Abb. 156 c). Denn die Liefermenge der Pumpe ändert sich infolge von Lecköllverlusten innerhalb der Pumpe oft sehr stark mit dem Betriebsdruck. Bei Kolbenpumpen steigt die Liefermenge bei abnehmendem Betriebsdruck auf Werte, die 1 bis 5% höher liegen als die Liefermenge bei voller Belastung. Bei Zahnradpumpen steigt die Liefermenge bei abnehmender Belastung sogar auf Werte, die um 5 bis 25% höher liegen

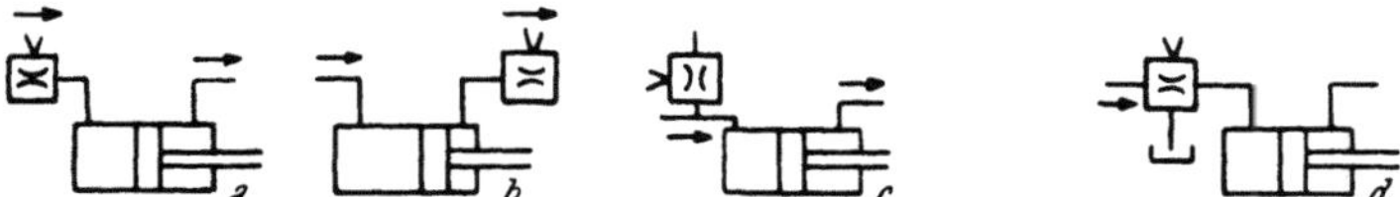

Abb. 156. Verschiedene Einbaumöglichkeiten für Hauptstrom- und Bypassregler

als bei Vollast. Auch dann, wenn die durch den Stromregler im Bypass abgeführte Ölmenge nahezu konstant bleibt, wird also die Bewegungsgeschwindigkeit des Arbeitskolbens diesen Schwankungen im Lieferstrom der Pumpe entsprechend verändert werden, wenn sich der Widerstand am Kolben verändert. Mit einem Hauptstromregler wird deshalb eine genauere Einhaltung der Bewegungsgeschwindigkeit möglich sein als mit Bypassreglern. Dafür verursacht aber der Hauptstromregler, insbesondere dann, wenn der Widerstand am Kolben gering ist und somit der größte Teil der Druckenergie im Regler vernichtet werden muß, eine stärkere Erwärmung des Öls als der Bypassregler.

Man unterscheidet Mengenregler mit unveränderlicher Stromstärke ohne irgendwelche Einstellmöglichkeiten (Abb. 155 d), die z. B. an Gabelstaplern, Mähdreschern und überall dort verwendet werden, wo eine Verstellung der Stromstärke nicht verlangt wird, und Regler zur stufenlosen Regelung der Stromstärke, bei denen z. B. durch Verstellung des Querschnittes der Meßblende jede beliebige Stromstärke eingestellt werden kann. Abb. 155 g zeigt einen solchen Hauptstromregler, der nach dem Prinzip von Abb. 155 b arbeitet, bei dem jedoch durch Verdrehen der Welle 5 mit einer am Umfang liegenden Nut mit veränderlicher Tiefe der Querschnitt der Meßblende verstellt werden kann. Jeder Stromregler für veränderliche Stromstärke ist für eine bestimmte mittlere Stromstärke bestimmt. Im allgemeinen darf die Stromstärke nur etwa im Verhältnis 1:3 verändert werden, wenn einerseits eine genaue Einhaltung der Stromstärke bei stark wechselndem Druckgefälle erreicht werden soll und andererseits der Druckabfall im Regler nicht allzu groß werden soll. Es gibt aber auch Stromregler besonderer Bauart, die innerhalb eines Regelbereiches in bezug auf die Stromstärke von 1:30 verwendet werden können.

Die maximale Abweichung des innerhalb dieser Bereiche eingestellten Abflußstromes liegt bei den heute verfügbaren Reglern für Drücke bis 150 atü meist unter ± 4%. Es gibt aber auch Stromregler, bei denen eine Druckänderung von 50 auf 150 atü nur eine Änderung der Stromstärke von 1 bis 2% verursacht.

Die kleinsten einstellbaren Stromstärken lagen bei älteren Bauarten bei 0,1 l/Min. für Regler mit maximaler Stromstärke von 6 l/Min. und bei 1 l/Min. für Regler mit maximaler Stromstärke von 60 l/Min. Kleinere Stromstärken können infolge der unvermeidlichen Leckverluste nicht mehr mit genügender Genauigkeit konstant gehalten werden. Heute stehen jedoch Stromregler zur Verfügung, mit denen Stromstärken von 30 bis 50 cm³/Min. eingestellt werden können, und zwar unabhängig von der maximalen Stromstärke, die bei lichten Weiten von 30 bis zu 250 l/Min. betragen kann.

Bei der Druckölentnahme aus Speichern müssen Hauptstromregler verwendet werden, weil der Speicher sonst bei Stillstand des Verbrauchers entleert werden würde. Der Speicherdruck muß immer höher bleiben als die Summe aus dem Druck im Verbraucher und dem Druckgefälle im Stromregler.

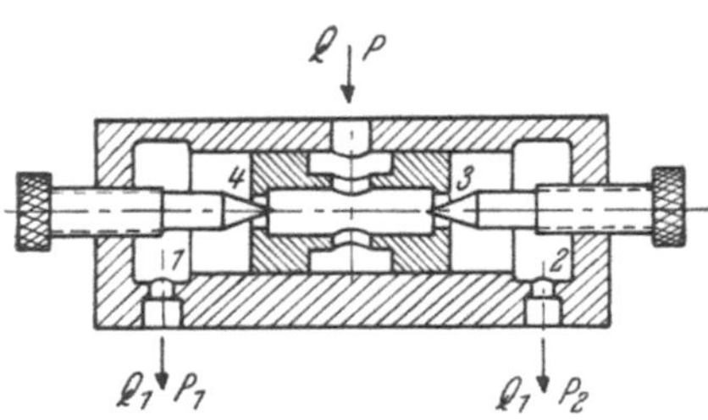

Abb. 157. Prinzip des Stromteilers (aus WANNER)

Ähnlich wie bei den Geschwindigkeitsventilen werden auch Stromregler mit einem Rückschlagventil in einem Bauelement zusammengebaut. Zuflußstromregler werden auch mit eingebautem Überdruckventil gebaut, das dann auf den zulässigen Hochdruck in der Druckseite des Arbeitszylinders eingestellt werden kann.

Stromteiler

Während der Stromregler die Aufgabe hat, den durch den Regler hindurchfließenden Ölstrom unabhängig vom Druck hinter dem Regler und vor dem Regler auf einen eingestellten Wert konstant zu halten, ist es die Aufgabe des Stromteilers, einen zufließenden Ölstrom in zwei gleiche Teile aufzuteilen. Der Stromteiler (Schema: Abb. 157) hat somit drei Anschlüsse, einen Zufluß und zwei Abflußleitungen. Die durch den Stromteiler hindurchgehende Stromstärke kann sich also ohne weiteres innerhalb weiterer und engerer Grenzen verändern; Aufgabe des Teilers ist es nur, diesen Strom in zwei möglichst gleiche Teile aufzuteilen.

Der Stromteiler wird vornehmlich dazu verwendet, um den Gleichlauf von zwei Zylindern zu erreichen. Die einzelnen Vor- und Nachteile, die die Erzeugung eines Gleichlaufes durch Stromteiler anderen Mitteln gegenüber, durch die ebenfalls ein Gleichlauf erreicht werden kann, hat, werden im Abschn. V, 9, S. 268, behandelt.

Die prinzipielle Funktion des Stromteilers kann man einfach aus Abb. 157 entnehmen:

Er besteht aus zwei parallelgeschalteten Hauptstromreglern, wobei jedoch der Stromsteuerkolben, der die Größe des Drosselquerschnittes der vorgeschalteten Drossel bestimmt, für beide Mengenregler aus einem Stahlkörper besteht.

Der dem Stromteiler zufließende Strom Q wird in zwei gleich große Teile Q_1 und Q_2 aufgeteilt, die bei *1* und *2* aus dem Regler abfließen. Sinkt der Druck z. B. beim Anschluß *1* stark ab, so bewirkt der auf beide Seiten des Steuerkolbens wirkende Druck eine Verschiebung des Steuerkolbens nach links und damit eine Verkleinerung des Querschnittes *4*. Dadurch wird vermieden, daß infolge der Druckabsenkung ein größerer Teil des Ölstromes Q_1 über die Drosseln *4* und *1* abfließt als über die Drossel *3* und *2* (Q_2). Stößt umgekehrt einer der beiden Kolben gegen einen Widerstand, so sperrt der Steuerkolben den Zufluß zu dem anderen Zylinder, so daß auch dieser zum Stehen kommt. Abb. 158 zeigt eine einfache Ausführungsform eines solchen Stromteilers. Der gleiche Stromteiler wird auch mit Anschlägen für den Reglerkolben gebaut, die es ermöglichen, daß bei mechanischer Verriegelung eines Arbeitskolbens der Öl- strom zum anderen Zylinder nicht vollkommen verriegelt wird, sondern nur auf einen bestimmten Kleinstwert eingeregelt wird. Der nicht blockierte Kolben bewegt sich dann langsam in seine Endlage. Die für die Rückströmung in ent- gegengesetzter Richtung erforderlichen Rückschlagventile können ebenfalls im Stromteiler eingebaut oder auch parallelgeschaltet getrennt vom Stromteiler angebracht werden.

Im allgemeinen werden auch Stromteiler ähnlich wie Stromregler für eine bestimmte Stromstärke bemessen. Wird ein Stromteiler für eine wesentlich größere Stromstärke verwendet als diejenige, für die er vorge- sehen ist, so wird der für die Durchströmung der Drosseln er- forderliche Druckabfall zu groß. Damit wird aber auch die Öl- erwärmung und der durch die Drosselung verursachte Energie- verlust zu groß.

Wird dagegen ein Stromteiler für eine kleinere Stromstärke verwendet als für diejenige, für die er ausgelegt wurde, so ergeben sich bei Belastungsschwankungen in einem der beiden Zylinder auch größere Unterschiede zwi- schen den beiden Stromstärken in den Zuleitungen zu den Zylin-

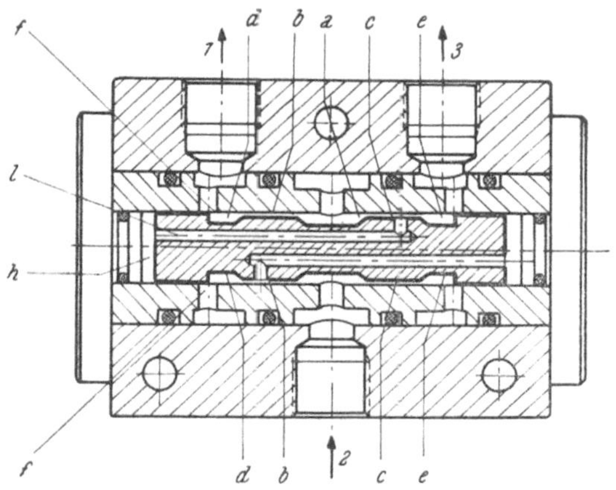

Abb. 158. Schnitt durch einen einfachen Stromteiler (Herion)

dern, d. h. mit abnehmender Stromstärke nimmt auch die Teilgenauigkeit ab.

Verlangt man z. B., daß der Unterschied der Stromstärke in den beiden Abflußleitungen kleiner als 2% bleibt, so darf sich bei den meisten Stromteilern die gesamte Stromstärke nicht stärker als im Verhältnis 1 : 2 ändern, wenn einerseits zu große Ölerwärmungen vermieden werden sollen und andererseits die verlangte Teilgenauigkeit eingehalten werden soll.

Auch bei Stromteilern hängt die erzielbare Gleichlaufgenauigkeit von zwei Zylindern nicht nur von der Teilgenauigkeit des Stromteilers ab, sondern auch von verschiedenen anderen Einflußgrößen. Auch bei Stromteilern höchster Teilgenauigkeit kann z. B. ein Gleichlauf von zwei Zylindern nur erreicht werden, wenn die beiden Zylinder genau den gleichen Durchmesser haben. Einer Ab- weichung im Durchmesser von 1% entspricht dabei eine Abweichung in der Bewegungsgeschwindigkeit des Kolbens von 2%, da das Volumen des Zylinders dem Quadrat des Durchmessers proportional ist. Bei längeren Zylindern ergeben sich dadurch bei kleinen Abweichungen im Durchmesser entsprechend große Abweichungen in der Stellung der Kolben der beiden Zylinder vor dem Hub- ende.

Im übrigen gelten für die Verwendung von Stromteilern ähnliche Richtlinien wie die für die Verwendung von Stromreglern wiedergegebenen, es kann also auch durch einen Stromteiler mit der größten Teilgenauigkeit nicht verhindert werden, daß infolge der Zusammendrückbarkeit des Öls infolge von Luft- einschlüssen im Öl und infolge der elastischen Eigenschaften der Zylinder in

Rohrleitungen und Schläuchen diejenigen Fehler im Gleichlauf der Zylinder oder Motoren auftreten, die durch diese Einflußgrößen verursacht werden.

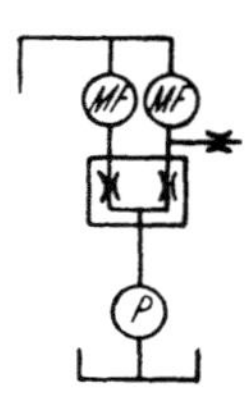

Abb. 159. Regelung der Drehzahl von zwei Ölmotoren durch Stromteiler und Drossel

Stromteiler dienen aber nicht nur zur Erzeugung eines Gleichlaufes. Abb. 159 zeigt z. B. einen Antrieb, bei dem der Stromteiler zunächst einen Strom in zwei gleiche Teile aufteilt; durch eine Drossel zwischen dem einen Teilstrom und dem einen Ölmotor kann eine beliebig kleine Abweichung der Drehzahl des einen Motors von der des anderen Motors erreicht werden. Diese Aufgabe wird oft im Papier- und Textilmaschinenbau gestellt. Die oben gezeigte Lösung dieser Aufgabe ist meist billiger als die Verwendung je eines Ölmotors mit fixem Schluckvermögen und eines Ölmotors mit veränderlicher Schluckmenge, die beide von einer gemeinsamen Ölpumpe aus mit Drucköl versorgt werden.

Ein Stromteiler kann in Verbindung mit zwei Zylindern von verschiedenem Durchmesser auch zur Steuerung eines hydraulischen Antriebes verwendet werden, bei dem in einer bestimmten vorgeschriebenen Zeit von diesen zwei Zylindern zwei verschiedene Wege zurückgelegt werden sollen.

Stromregler ohne Drosselelemente (Abb. 160)

Für die genaue Regelung kleiner Mengen werden insbesondere im Werkzeugmaschinenbau Stromregler verwendet, die nach einem ganz anderen Prinzip arbeiten als die bisher besprochenen Geräte mit stationärer Strömung durch den Regler.

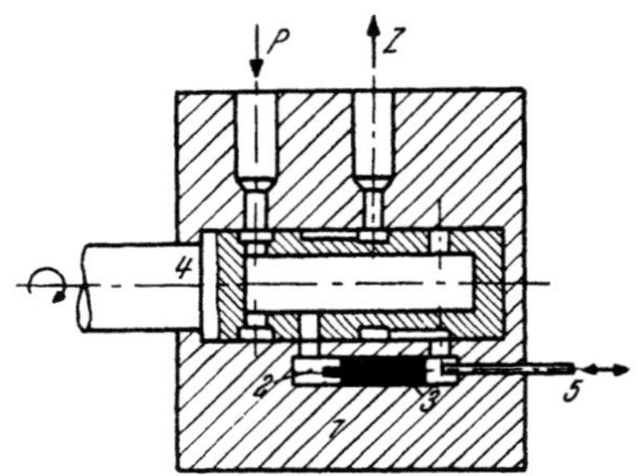

Abb. 160. Stromregler ohne Drosselelemente (Dosierapparat) (aus WANNER)

Diese Geräte bestehen aus einem rotierenden Steuerschieber (*4*), der sich in einem Gehäuse (*1*) bewegt, in dem außerdem kleine Meßkolben (*3*) konzentrisch um den Steuerschieber herum angeordnet sind. Die Meßkolben werden auf einer Seite durch den Netzdruck betätigt und wirken auf der anderen Seite auf das Drucköl, das zum Verbraucher gefördert wird, und führen ständig oszillierende Bewegungen aus.

Der rotierende Steuerschieber *4* kann mit konstanter oder mit veränderlicher Drehzahl angetrieben werden. Während jeder Umdrehung stellt er jeweils gleichzeitig eine Verbindung zwischen dem Netzdruck P und der einen Seite des Meßzylinders und zwischen der anderen Seite des Meßzylinders und dem Verbraucher Z her. Einem Hub des Meßkolbens entspricht also eine ganz bestimmte, von dem Kolbenweg abhängige Fördermenge, die durch den Anschlag *5* eingestellt werden kann. Es können somit an dem Anschlag *5* beliebig kleine Fördermengen je Umdrehung des rotierenden Steuerschiebers eingestellt werden, wobei überhaupt keine Drosselung in dem Stromregler erfolgt. Der Anschlagbolzen *2* ist mit dem Kolben *3* starr verbunden und stößt gegen das Gehäuse *1*.

Die Genauigkeit dieser Stromregler mit oszillierenden Meßkolben, die auch Dosierapparate genannt werden, hängt von der Größenordnung der Leckverluste und damit vom Spiel zwischen den bewegten Teilen ab. Da die Steuerungskanäle in dem Drehschieber so gestaltet sind, daß die Bewegungen voll entlastet erfolgen, werden keine Querkräfte auf den Schieber ausgeübt, so daß der Antrieb des Drehschiebers mit geringsten Kräften möglich ist. Wenn alle Querschnitte des Reglers reichlich bemessen werden, so bleiben die Durchströmwiderstände

klein und es werden somit auch die Druckverluste im Gegensatz zu allen Stromreglern mit Drosseln sehr gering sein. Es muß allerdings in Kauf genommen
werden, daß der Durchfluß nicht stetig erfolgt, sondern in Form von einzelnen
Stromstößen. Bei entsprechend hohen Anzahlen von Meßzylindern kann jedoch,
ähnlich wie bei Zahnradpumpen, ein nahezu stationärer Strom erreicht werden.
Für die Erzeugung eines Gleichlaufes mehrerer Zylinder ergeben sich prinzipiell
die gleichen Möglichkeiten wie bei der Verwendung von Stromreglern mit
Drosselelementen.

l) Wegeventile

α) Grundbegriffe und Überblick über die verfügbaren Ausführungsformen

Um zwischen mehreren an einem Steuerorgan angeschlossenen Kanälen
wahlweise bestimmte Verbindungen herzustellen, verwendet man Mehrwegeventile, die auch kurz Wegeventile genannt werden. Jeder Stellung des Steuerorgans, das zwei, drei oder auch mehrere Stellungen haben kann, entsprechen
dann ganz bestimmte Verbindungen zwischen den einzelnen an dem Steuerorgan
angeschlossenen Kanälen. Die Wegeventile können Ventile im engeren Sinne
mit Kugel- oder Kegelsitzen sein. Aber auch Drehschieber, Längsschieber und
Mehrwegeschieber mit vielen Stellungen, bei denen der Steuerkolben sowohl
Längs- als auch Drehbewegungen ausführt, werden nach den Richtlinien des
VDMA heute einheitlich als Wegeventile bezeichnet, unabhängig davon, ob
die Steuerung durch Kegel oder Kugeln erfolgt, die von ihren Sitzen abgehoben
werden, durch einen Längsschieber oder durch einen Drehschieber.

Mit Wegeventilen, die als Steuerschieber ausgebildet sind, lassen sich
insbesondere durch kombinierte Dreh- und Längsschieber oft durch einen einzigen
Schieber komplizierte Steuerungen beherrschen. Sie erfordern geringere Schalt-
kräfte als Ventile mit Kegeln und Kugeln, die von ihrem Sitz abgehoben werden.
Es besteht jedoch die Gefahr, daß die Schieber z. B. beim plötzlichen Einströmen
von heißem Öl in den Schieber klemmen, weil sich der Kolben stärker ausdehnt
als das Gehäuse oder weil sich Fremdkörper zwischen Kolben und Zylinder
verklemmen. Bei Schiebern mit durchbohrtem Kolben kann der Kolben auch
durch den im Inneren des Kolbens wirkenden Druck ausgeweitet werden. Aber
auch bei ungleicher Verteilung des Druckes über den Umfang des Kolbens,
durch Spaltfilterwirkung oder durch den Strahldruck können bei hohen Drücken
Schwierigkeiten in der Betätigung durch hohe Stellkräfte eintreten, die sich
insbesondere bei Elektroventilen unangenehm bemerkbar machen. Außerdem
sind Schieber niemals vollkommen dicht und es ist mit gewissen Erfahrungswerten für die Lecködmenge zu rechnen.

Ventile im engeren Sinn, mit Kugeln oder Kegeln, die durch Stößel von
ihrem Sitz abgehoben werden, also mit mechanisch gesteuerten Rückschlagventilen, etwa nach Abb. 229 oder Abb. 231, sind dagegen absolut dicht und
gestatten eine feinfühlige Regelung des Ölstromes. Sie stellen auch die geringsten
Anforderungen an die Schmierfähigkeit der Hydraulikflüssigkeit und sind relativ
unempfindlich gegen Verunreinigungen im Öl. Diese Ventile im engeren Sinn
erfordern jedoch hohe Stellkräfte. Es ist deshalb z. B. bei Kegelventilen der
Einbau eines Vorsteuerkegels erforderlich (Abb. 229). Ventile im engeren Sinne
können entweder nur für kleine Stromstärken verwendet werden oder aber sie
erfordern eine relativ komplizierte und teure Konstruktion. Die Lösung
komplizierterer Steueraufgaben in einem einzigen Ventil ist ebenfalls mit
Ventilen im engeren Sinn meist nicht ohne komplizierte mechanische Gestänge-
oder Nockensteuerungen möglich.

Die prinzipielle Funktion der Längs- und Drehschieber zeigt Abb. 161. Bei der Herstellung von Längsschiebern verursachen die Ringnuten im Schiebergehäuse nach Abb. 161 gewisse fertigungstechnische Schwierigkeiten. Es wird deshalb oft in das Schiebergehäuse eine zylindrische Büchse mit axialen

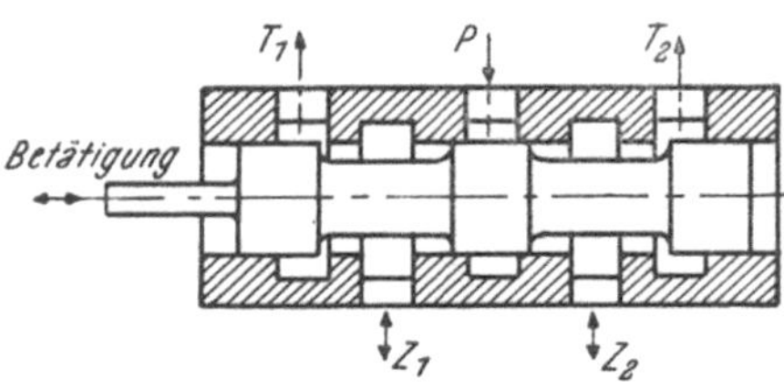

Abb. 161. Längsschieber mit Ringnuten im Gehäuse (aus WANNER)

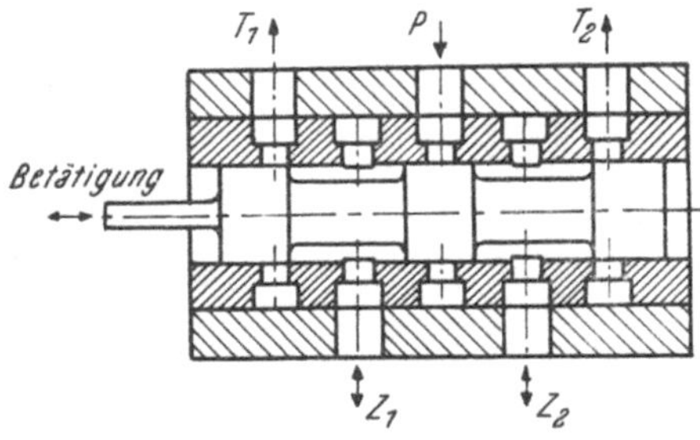

Abb. 162. Längsschieber mit eingesetzter Büchse mit radialen Bohrungen (aus WANNER)

Bohrungen und Ringnuten an der Außenseite dieser Büchse eingesetzt (Abb. 162). Drehschieber können entweder nur radiale Anschlüsse haben (Abb. 163) oder sowohl radiale als auch axiale Anschlüsse haben (Abb. 164).

Die häufigsten Wegeventile sind Drei- und Vierwegeventile, die meist zur Steuerung einfachwirkender und doppeltwirkender Zylinder verwendet werden. Es gibt Wegeventile mit zwei Stellungen und solche mit drei oder auch mehr als drei Stellungen. Die Anzahl der Anschlüsse des Schiebers und die Anzahl der Stellungen soll im folgenden durch einen Bruch mit schrägem Bruchstrich angegeben werden. Es soll also z. B. ein Dreiwege-Zweipositionsschieber als 3/2-Ventil gekennzeichnet werden. Ein Ventil mit sechs Anschlüssen und drei Stellungen wird also dann z. B. als 6/3-Ventil bezeichnet (Abb. 179) usw.

Ein n-Wegeventil ist also nach der derzeitigen im deutschen Sprachgebrauch allgemein üblichen Bezeichnungsweise ein Ventil, mit dem zwischen n zu dem

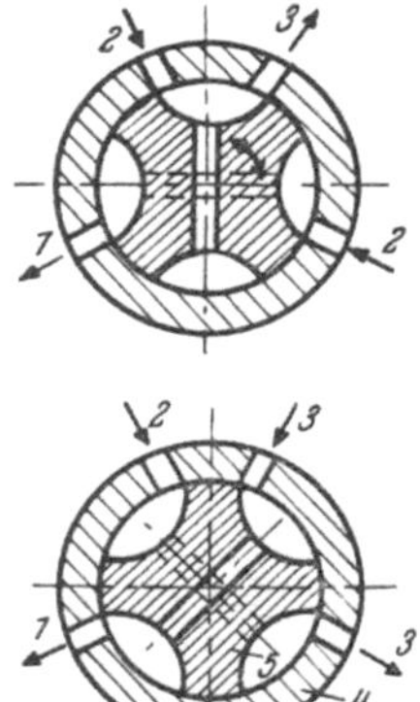

Abb. 163. Drehschieber mit vier radialen Anschlüssen (aus WANNER)

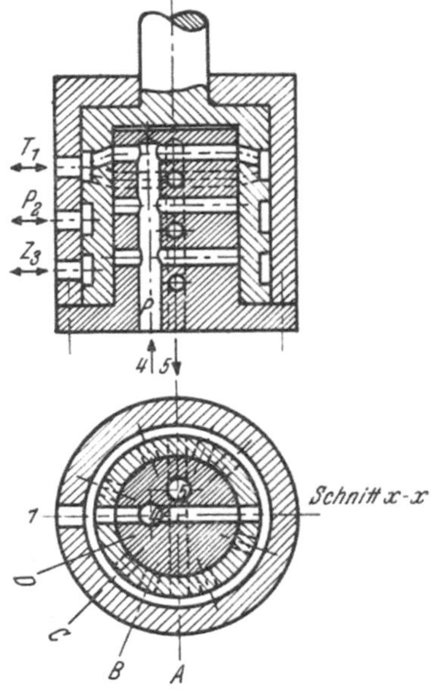

Abb. 164. Drehschieber mit drei radialen und zwei achsialen Anschlüssen (aus WANNER)

Ventil hinführenden Leitungen verschiedene Verbindungen hergestellt werden können, und nicht etwa ein Ventil, in dessen Körper n Wege vorhanden sind. So hat z. B. ein Dreiwegeventil nach Abb. 172 und Abb. 187 drei Anschlußleitungen. Es sind dagegen innerhalb des Ventils nur zwei verschiedene Wege vorhanden. Im Englischen unterscheidet man etwas exakter, z. B. zwischen Vierwege/Fünfanschlußventilen (Four-way/five-portvalves) und Vierwege/Vieranschlußventilen (Four-way/four-portvalves). Es kann also auch ein Vierwegeventil fünf Anschlüsse haben, trotzdem dient das Vierwegeventil immer nur dazu, um wahlweise je nach der Stellung des Steuerkolbens verschiedene Verbindungen zwischen vier zu dem Steuerschieber hinführenden Kanälen herzustellen. So werden z. B. die beiden Abflußleitungen (T_1) und (T_2) nach

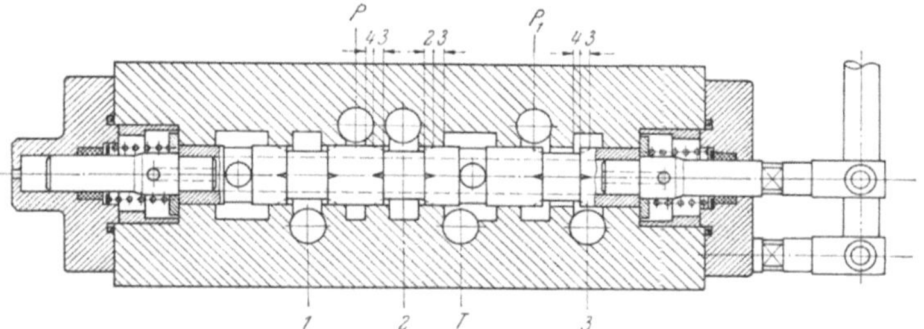

Abb. 165. 4/3-Ventil für Handbetätigung (Rexroth)

Abb. 162 oft nicht innerhalb des Schiebers zusammengeschlossen, sondern getrennt nach außen geführt, um das Gehäuse des Schiebers konstruktiv einfacher gestalten zu können. Insbesondere für Steuerschieber für Luft ist diese Ausführung des Vierwegeventils mit fünf Anschlüssen häufiger zu finden als die Ausführung mit vier Anschlüssen. Trotzdem führen aber letzten Endes immer nur vier Anschlußwege des Steuersystems zu dem Vierwegeschieber hin, unabhängig davon, ob dieser nun vier oder fünf Anschlüsse hat. Zu einem n-Wegeschieber führen somit immer n Leitungen des Steuersystems hin und es sind nicht n Wege innerhalb des Schiebers vorhanden.

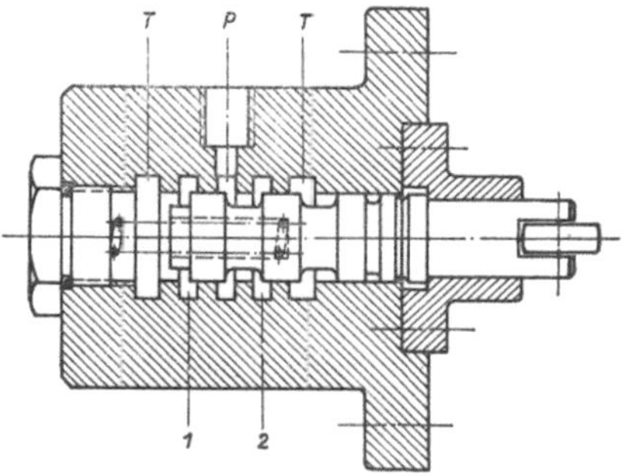

Abb. 166. 4/2-Ventil für Rollenbetätigung

Die verbreitetste Ausführung der Wegeventile sind Ventile mit Längsschiebern mit axial verschiebbaren Steuerkolben. Die Abb. 212 und 213 zeigen zunächst einige Beispiele der vielen Variationsmöglichkeiten, die sich durch die Ausführung der gleichen Ventiltypen für verschiedene Betätigungsarten durch die Verwendung verschiedener Kolben in den gleichen Ventilgehäusen durch den

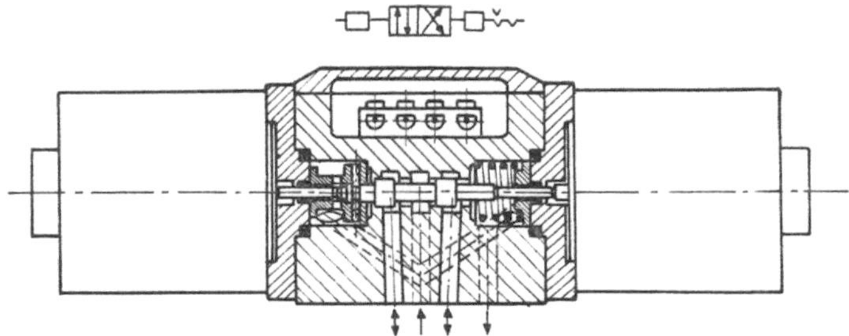

Abb. 167. 4/2-Wegeventil, Betätigung durch zwei Magnete (Herion)

Zusammenbau verschiedener Vorsteuer- und Hauptsteuerschieber usw. ergeben: 4/3-Ventile nach Abb. 165 für Handsteuerung werden sowohl mit Rasten in den einzelnen Stellungen mit Federrückführung in die Mittellage oder mit Federrückführung in eine Endlage gebaut. 4/2-Ventile für Rollenbetätigung werden häufig als Vorsteuerventile für mechanische Betätigung in Werkzeugmaschinen verwendet (Abb. 166). Magnetventile für kleine Rohrweiten nach Abb. 167 und 168 dienen häufig auch als Vorsteuerventile für hydraulisch betätigte

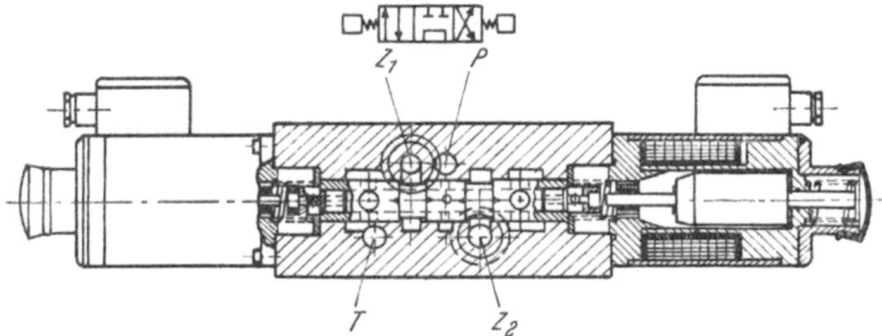

Abb. 168. 4/3-Wegeventil mit Federrückführung in die Mittellage, Betätigung durch zwei Magnete
(Rexroth)

Ventile. Die durch Magnetventile oder mechanisch betätigte Steuerventile mit kleinen Querschnitten vorgesteuerten, hydraulisch betätigten Schieber können entweder mit Federrückführung in die Mittellage (Abb. 168) oder mit hydraulischer Rückführung in die Mittellage (Abb. 170) arbeiten.

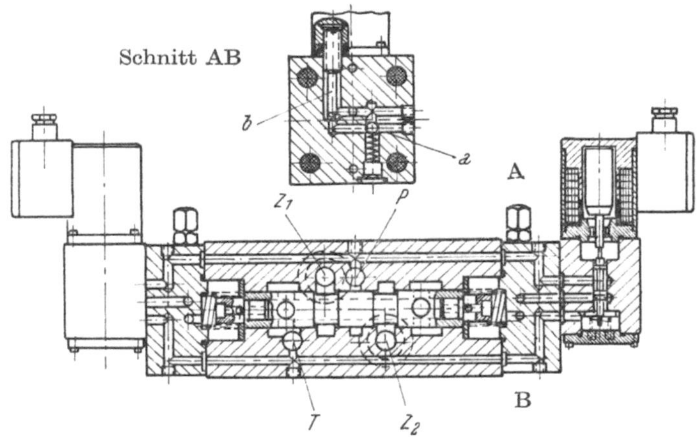

Abb. 169. 4/3-Wegeventil mit Federrückführung und Drosselplatten (Rexroth). *a* Rückschlagventil,
b Drosselventil

Die meisten Ventile werden in sonst gleicher Ausführung in den verschiedensten Ausführungsformen in bezug auf die Befestigungsart und in bezug auf die Befestigungsmöglichkeiten erzeugt. Die folgende Zusammenstellung soll zunächst einen kurzen Überblick über die verschiedenen Ausführungsformen der Wegeventile in bezug auf die Art der Anschlüsse sowie der Funktion und der Betätigung der Ventile geben.

1. Art der Befestigung bzw. des Zusammenschlusses mehrerer Ventile zu einem Block:

a) Gewindeanschluß ohne Befestigungsflanschen.

b) Gewindeanschluß und Befestigungsflansch (besonders bei Drehschiebern).

c) Plattenbefestigung auf einer Grundplatte mit O-Ringdichtung. Verbindungsleitungen gehen durch die Platte. Es können alle Anschlüsse nach unten gehen oder Pumpe und Tank nach unten und ein Gewindeanschluß zum Zylinder nach oben.

d) Blockbefestigung: Alle Zylinderanschlüsse oben als Gewindeanschluß. Das Drucköl strömt durch alle nebeneinander liegenden Ventile vom ersten bis zum letzten Schieber hindurch. An dem ersten Schieber wird meist das Sicherheitsventil angeflanscht.

2. Art der Funktion der Ventile:

a) Längsschieber, Drehschieber, kombinierter Längs- und Drehschieber.
b) Mit Lecköanschluß, ohne Lecköanschluß.
c) Federrückzug, hydraulische Rückführung, Raste.
d) Mit Schaltzeitverzögerung, ohne Schaltzeitverzögerung.
e) Direkt gesteuert, vorgesteuert durch Arbeitsdruck, vorgesteuert mit getrenntem Steuerölanschluß, vorgesteuert durch Luft.

3. Art der Betätigung durch:

Hand, Fuß, mechanisch, hydraulisch, magnetisch, magnetisch mit Handnotbetätigung, pneumatisch.

Die Abb. 190 bis 193 geben schließlich noch einen Einblick in die mannigfaltigen Möglichkeiten in der Kanalführung in Wegeventilen mit Längsschiebern.

Berücksichtigt man noch, daß jedes Ventil, das in den verschiedensten Variationsmöglichkeiten, die sich aus der Kombination der oben zusammengestellten möglichen Ausführungsformen und Kanalführungen ergibt, meist auch in verschiedenen Größen für Rohranschlüsse von $^1/_8$ Zoll bis 1 Zoll oder 2 Zoll erzeugt wird, so ergeben sich viele Tausende von Wegeventilen, die als Normbauteile für die Entwicklung hydraulischer Antriebe zur Verfügung stehen. Für die Gestaltung hydraulischer Antriebe eröffnen sich dadurch auf allen Gebieten des Maschinenbaues praktisch unbegrenzte Möglichkeiten für den Konstrukteur.

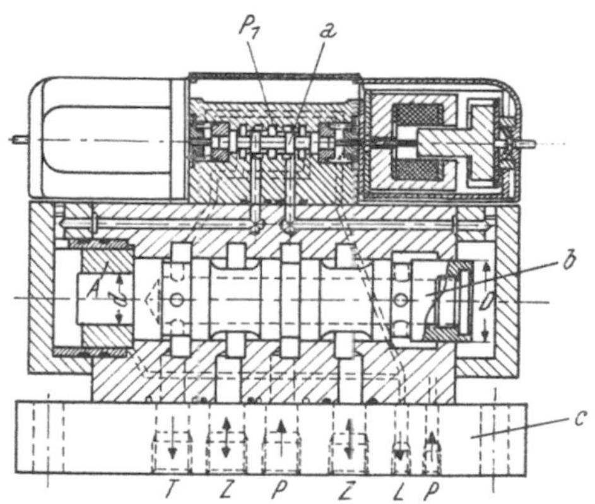

Abb. 170. Vorgesteuertes 4/3-Wegeventil mit hydraulischer Rückführung (Double a Product)

β) Betätigungsarten

Alle Mehrwegeventile können entweder mechanisch durch Hebel, Rollen oder Nocken von Hand aus oder durch Fuß betätigt werden oder durch Elektromagnete hydraulisch oder pneumatisch ferngesteuert werden. Sie können durch Federrückführung in eine Endlage oder aber bei Ventilen mit mehr als zwei Positionen in eine Mittellage zurückgeführt werden. Alle Ventile können aber auch, unabhängig davon, ob sie durch Hand, Fuß, Elektromagnete oder hydraulisch betätigt werden, durch eine Raste in derjenigen Stellung verriegelt werden, in die sie durch eine beliebige Betätigungsart gebracht werden.

Eine feinfühlige Stromregelung durch die Wahl einer bestimmten Hebelstellung ist nur bei Ventilen für Hand, Fuß oder mechanische Betätigung möglich.

Fußventile gestatten bei entsprechender Gestaltung des Pedals eine besonders feinfühlige Regelung und werden vor allem dort vorgezogen, wo das Bedienungspersonal die Hände für die Verrichtung anderer Aufgaben benötigt. Alle Fußventile können ebenso wie Handventile mit Federrückführung in eine Endlage, in die Mittellage oder mit Federrasten zur Verriegelung in jeder beliebigen Stellung arbeiten.

Zur Lösung bestimmter Aufgaben gibt es auch kombinierte mechanisch und hydraulisch betätigte Ventile, die durch Hebel in eine Endlage gebracht und durch hydraulische Impulse in die andere Endlage zurückgeführt werden können.

Rollen- und Rollenhebelventile dienen meist zur Auslösung von Impulsen in Folgesteuerungen. Sie arbeiten meist mit Federrückführungen in eine Endlage und werden durch die Federkraft ständig an eine Führungskurve oder Führungsschiene gepreßt. Sie ermöglichen eine Regelung nach genau vorgeschriebenem Verlauf für die Verzögerungs- und Beschleunigungsvorgänge des Steuerkolbens bzw. des Arbeitszylinders, wobei jeder Stellung des Steuerkolbens zwangsweise ein bestimmter Öffnungsquerschnitt des Ventils zugeordnet werden kann.

Für Antriebe, bei denen wegen Explosionsgefahr keine elektrischen Elemente verwendet werden dürfen, oder für die keine elektrische Stromquelle zur Verfügung steht, ergibt sich auch durch Verwendung mechanisch betätigter Ventile die Möglichkeit zur Lösung aller Bewegungsaufgaben. Auch durch eine hydraulische oder pneumatische Fernsteuerung kann eine explosionssichere Ausführung eines Antriebes ermöglicht werden. Luftsteuerungen bieten darüber hinaus sogar einen Schutz gegen Brandgefahr in Systemen, in denen durch Funkenwirkung oder durch glühende Eisenteile bei Lecköllaustritt oder bei Rohrbruch eine gewisse Feuersgefahr besteht.

Rollenventile in Zwei-, Drei- oder Vierwegeausführung werden oft auch zur Verriegelung von Druckleitungen verwendet, wenn in einer Maschine verhindert werden soll, daß eine bestimmte Bewegung ausgelöst werden kann, bevor eine andere Bewegung beendet ist.

Die Vorsteuerung durch die Hydraulikflüssigkeit ermöglicht auch eine Beeinflussung des Geschwindigkeitsverlaufes der Bewegung des Steuerkolbens durch Drosseln und Rückschlagventile zwischen Vorsteuerventil und Steuerkolbenantrieb. Durch diese regelbare Geschwindigkeit des Schaltvorganges wird eine sanfte Beschleunigung oder Verzögerung aller Bewegungen ermöglicht, und zwar sowohl bei Verwendung von vorgesteuerten Ventilen, in denen die Drosselelemente im Schieber selbst eingebaut sind, als auch bei Fernsteuerungen, bei denen das Drosselelement in der Fernsteuerleitung zwischen Hauptsteuerventil und Vorsteuerventil eingebaut wird. Die Steuerleitungen haben geringe Abmessungen und ermöglichen deshalb oft bei großen Entfernungen zwischen Betätigungsort und Hauptsteuerventil eine Senkung der Anlagekosten und gleichzeitig eine Erhöhung der Reaktionsgeschwindigkeit. Wohl ist für vorgesteuerte Ventile oft eine eigene Steuerölquelle erforderlich, doch können mehrere Hauptsteuerventile fast immer von einer Steuerölquelle aus versorgt werden.

Die Fernsteuerung durch Magnetventile ohne Vorsteuerung war früher die meistverbreitete Fernbetätigung. Für große Schieber und hohe Drücke sind jedoch große Magnete erforderlich; man verwendet deshalb heute vornehmlich für hohe Drücke und für Schieber mit größeren Querschnitten vorgesteuerte Ventile, die die gleiche Steueraufgabe meist billiger und zweckmäßiger zu lösen gestatten als direktgesteuerte Schieber. Der vorgesteuerte Schieber bietet dabei außerdem noch den Vorteil, daß die Geschwindigkeit des Steuervorganges beeinflußt werden kann, während der direktgesteuerte Magnetschieber meist infolge der hohen Schaltgeschwindigkeit zur Erzeugung von Druckstößen Anlaß gibt. Insbesondere bei langen Rohrleitungen zwischen Steuerschieber und Zylinder oder zwischen Steuerschieber und Pumpe wäre deshalb oft bei Ver-

wendung von direktgesteuerten Schiebern eine geeignete Maßnahme zur Beseitigung der Druckstöße, wie etwa die Verwendung eines kleinen Speichers,

Abb. 171 bis 180. Schaltsymbole für Wegeventile ohne Vorsteuerung

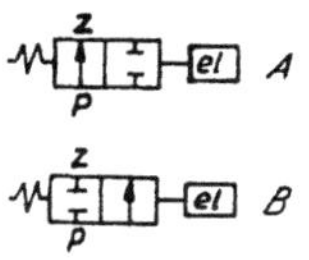

Abb. 171. 2/2-Ventile

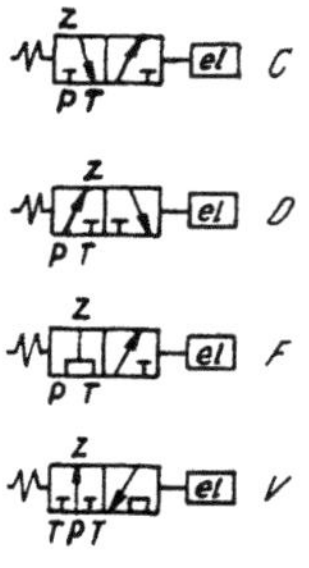

Abb. 172. 3/2-Ventile

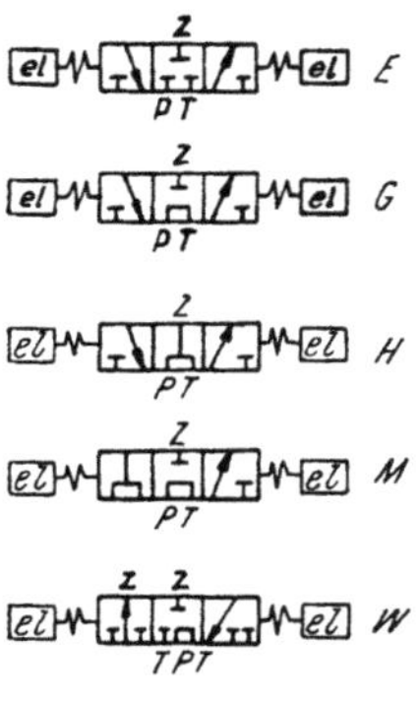

Abb. 173. 3/3-Ventile

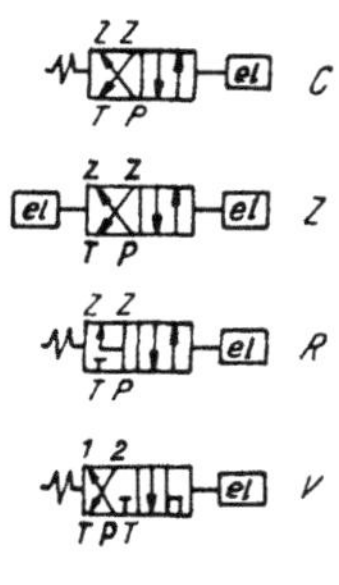

Abb. 174. 4/2-Ventile

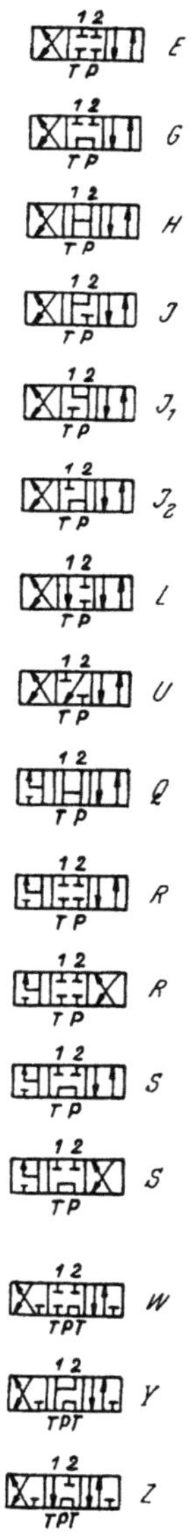

Abb. 175. 4/3-Ventile (Ventile
Ausführung „R" und „S" vgl.
Abb. 181 bis 183, S. 179)

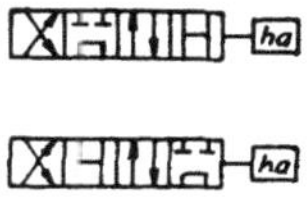

Abb. 176. 4/4-Ventile

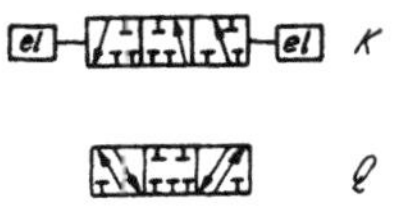

Abb. 177. 5/3-Ventile

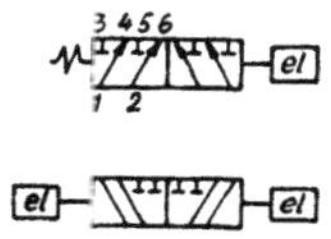

Abb. 178. 6/2-Ventile

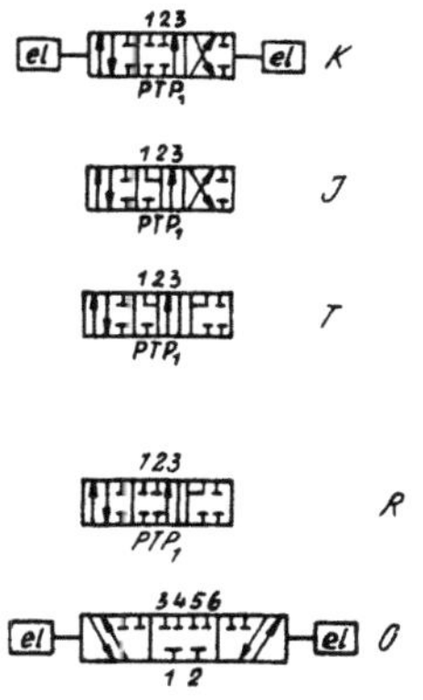

Abb. 179. 6/3-Wegeventile

Abb. 180. 10/3-Ventile

erforderlich, der jedoch dann meist wesentlich teurer wäre als die Verwendung
eines vorgesteuerten Ventils mit Schaltzeitverzögerung.

Direktgesteuerte Magnetventile werden deshalb heute im allgemeinen nur für niedrige Drücke für kleine Stromstärken im Ölstrom und insbesondere zur Vorsteuerung hydraulisch betätigter Steuerventile verwendet.

In den Symbolen für Wegeventile kann die Art der Betätigung durch folgende Symbole gekennzeichnet werden:

Alle Ventile mit den Schaltfunktionen nach Abb. 171 bis 180 können durch Elektromagnete mechanisch durch Handhebel, Fußtritte, Rollen, Hebel oder Nocken bzw. durch hydraulische oder pneumatische Impulse ferngesteuert werden. Wegeventile mit Vorsteuerung bestehen aus einem durch hydraulische Impulse gesteuerten Hauptsteuerventil und einem oder zwei an diesem Hauptsteuerventil angebauten Vorsteuerventilen, die wieder elektrisch oder mechanisch betätigt werden können. Alle in den Abb. 205 bis 211 dargestellten Schaltelemente können auch aus einem hydraulisch fernbetätigten Hauptsteuerventil und Vorsteuerventilen bestehen, die getrennt von dem Hauptsteuerventil angeordnet sind. Es fällt dann in der Darstellung des Schaltsymbols lediglich die strichpunktierte Umrandungslinie fort.

γ) Zur Auswahl zweckentsprechender Ventiltypen für die Lösung bestimmter charakteristischer Aufgaben

Welches der vielen prinzipiell verfügbaren Wegeventile für einen bestimmten Bedarfsfall am besten geeignet ist, ist meist nur durch enge Fühlungnahme zwischen einem Hydraulikfachmann und dem Konstrukteur der Maschine, für welche der hydraulische Antrieb entwickelt werden soll, möglich. Einige Richtlinien für die zweckmäßige Auswahl von Wegeventilen sollen aber trotzdem im folgenden zusammengestellt werden.

Unabhängig von der Art der Betätigung soll zunächst immer beachtet werden, daß die Pumpe bei etwas höheren Betriebsdrücken immer im Leerlauf entlastet laufen soll. Nach Beendigung der Hub- und Arbeitsbewegungen soll also die gesamte Ölmenge nicht über das Sicherheitsventil, sondern entweder durch ein Entlastungsventil in den Behälter zurückfließen oder aber es ist ein Ventil mit Mittelstellung und freiem Durchfluß des Öls von der Pumpe zum Abfluß in dieser Mittelstellung zu wählen.

Bei den Vierwegeventilen nach Abb. 175, Ausführung H, J, Q, Y, und nach Abb. 176 versteht man unter „Schwimmstellung" des Kolbens im Steuerschieber eine Stellung, bei der sich der Arbeitskolben frei bewegen kann. Dies ist immer dann der Fall, wenn beide Zylinderseiten mit dem Abfluß verbunden sind. Bei Zylindern mit durchgehender Kolbenstange könnte sich der Kolben auch dann frei bewegen, wenn beide Zylinderseiten unter Druck stehen. Bei Zylindern mit durchgehender Kolbenstange unterscheidet man deshalb zwischen einer Schwimmstellung, bei der beide Zylinderseiten entlastet sind, und einer solchen, bei der beide Zylinderseiten unter Druck stehen. Bei Zylindern mit einseitig herausgeführter Kolbenstange wirkt dagegen der durch das Sicherheitsventil gegebene Druck auf eine Fläche, die durch den Querschnitt der Kolbenstange gegeben ist, wenn auf beiden Zylinderseiten der gleiche Druck herrscht. Die 4/3-Ventile nach Abb. 175, Type J_1QRS, ermöglichen es, beide Zylinderseiten mit der Drucköilleitung gleichzeitig zu verbinden und dadurch zu erreichen, daß das Drucköl nur auf die durch die Kolbenstange gegebene Querschnittsfläche wirkt. Der Kolben fährt dann mit geringer Kraft, jedoch mit hoher Geschwindigkeit aus.

Die Ventile nach Abb. 175, Ausführung J, J_1 und J_2, sind in bezug auf die Kanalführung identisch. Je nachdem, ob an den in der Mittellage verschlossenen

Anschluß die Pumpe oder der Tank angeschlossen wird bzw. ob die Pumpe so angeschlossen wird, daß sie in der Mittellage freien Durchfluß hat, oder aber so, daß der Druck der Pumpe auf beide Zylinderseiten wirkt, kann ein solches Ventil für ganz verschiedene Aufgaben verwendet werden. Die Vierpositions-Vierwegeventile nach Abb. 176 werden verwendet, wenn man durch einen Steuerschieber den Kolben eines doppeltwirkenden Zylinders einmal in der einen und ein anderes Mal in der anderen Richtung verschieben will, einmal in jeder beliebigen Lage festhalten will und wenn außerdem noch eine Schwimmstellung verlangt wird, in der sich der Kolben frei bewegen kann. Selbstverständlich ergeben sich außer den zwei gezeichneten Variationsmöglichkeiten für einen solchen 4/4-Schieber noch weitere Möglichkeiten für die Kanalführung in den vier verschiedenen Stellungen.

Die Abb. 181, 182, 183 zeigen Anwendungsmöglichkeiten der 4/3-Schieber, Ausführung R, S, und Q, nach Abb. 175. Diese Schieber werden oft als Steuer-

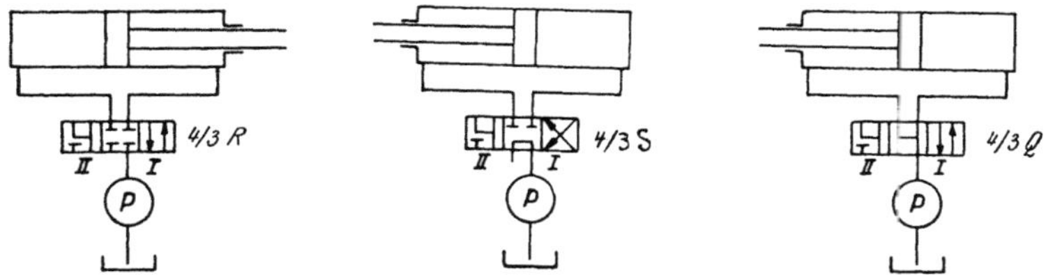

Abb. 181 bis 183. Anwendung von 4/3-Ventilen mit konstantem Rückzug

ventile „mit konstantem Rückzug" bezeichnet, weil sie es ermöglichen, einen Kolben mit einseitig herausgeführter Kolbenstange auch dann in beiden Bewegungsrichtungen gleich schnell zu bewegen, wenn die Liefermenge der Pumpe konstant bleibt. Ist das Verhältnis der Kolbenstangenfläche zur Kolbenfläche in den Abb. 181, 182 und 183 1 : 2, so bewegt sich der Kolben in beiden Bewegungsrichtungen mit der gleichen Geschwindigkeit. In der Stellung II des 4/3-Ventils wirkt dabei der Öldruck immer nur auf die Fläche der Kolbenstange.

Bei anderen Verhältnissen der Fläche der Kolbenstange zur Fläche des Kolbens lassen sich beliebige andere Geschwindigkeitsverhältnisse zwischen der Bewegung in der einen und in der anderen Richtung erzielen. Das Ventil kann somit bei kleinen Querschnitten der Kolbenstange auch als Eilgangventil verwendet werden.

In Abb. 181 wird ein 4/3-Ventil ohne freien Rücklauf und in Abb. 182 und 183 ein 4/3-Ventil, Ausführung S bzw. Q, mit freiem Rücklauf von der Pumpe zum Abfluß gezeigt. Die Kanalführung innerhalb der drei Schieber in den Endlagen ist jedoch bei den Schiebern in Abb. 181 bis 183 identisch, obwohl die Schieber in den Abb. 181 bis 183 ganz andere Aufgaben erfüllen.

Abb. 181 und 182:

Stellung I: Langsames Einfahren mit großer Kraft.

Stellung II: Rasches Ausfahren mit kleiner Kraft.

Mittellage: Festhalten des Zylinders.

Abb. 183:

Stellung I: Langsames Ausfahren mit großer Kraft.

Stellung II: Rasches Ausfahren im Eilgang mit geringer Kraft.

Mittellage: Senken oder Rückbewegung des Kolbens durch Eigengewicht oder durch andere Kräfte, die von außen auf den Kolben einwirken.

Die Querschnittsfläche der Kolbenstange muß zur Erzielung einer hohen Eilganggeschwindigkeit entsprechend klein gewählt werden.

Abb. 184 zeigt ein Anwendungsbeispiel des 5/3-Ventils, Type K, nach Abb. 177. Das Ventil erfüllt prinzipiell die gleiche Aufgabe wie ein 3/3-Ventil nach Abb. 173, Ausführung G:

Stellung I: Ausfahren.

Stellung II: Einfahren unter Einwirken äußerer Kräfte.

Mittellage: Freier Ölrücklauf von der Pumpe zum Tank.

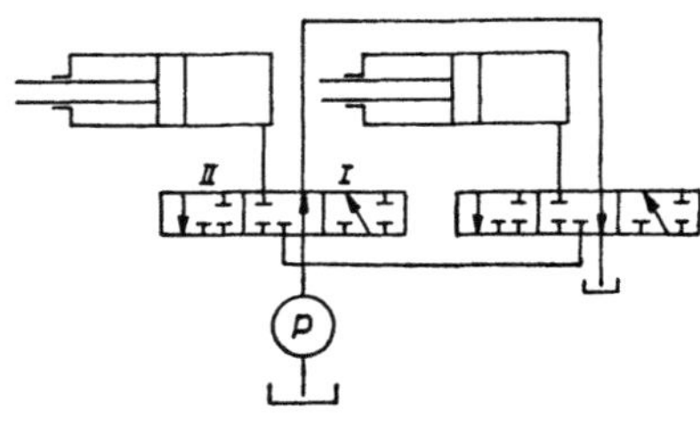

Abb. 184. Steuerung von zwei Zylindern durch zwei 5/3-Ventile

Der Ölrücklauf in der Mittellage bei 3/3-Ventilen und 4/3-Ventilen wird meist durch den im Mittel durchbohrten Kolben geführt. Bei hohen Drücken wird hierdurch der Schieber durch den Druck in der Bohrung des Kolbens jedoch unter Umständen ausgeweitet und klemmt in der Bohrung des Schiebergehäuses. Ein Ventil, bei dem diese Gefahr besteht, darf deshalb nur dann, wenn es unmittelbar freien Rücklauf zum Tank hat, für hohe Drücke von etwa 200 bis 300 atü verwendet werden. Wenn mehrere Ventile hintereinandergeschaltet werden, so sind z. B. für die Aufgabe nach Abb. 184 5/3-Ventile bzw. nach Abb. 185 6/3-Ventile zu verwenden. Diese Ventile bestehen im wesentlichen dann aus einem 3/3- bzw. 4/3-Ventil und einem normalen Zweiwegeventil, die in Tandemanordnung in einem Gehäuse zusammengebaut sind.

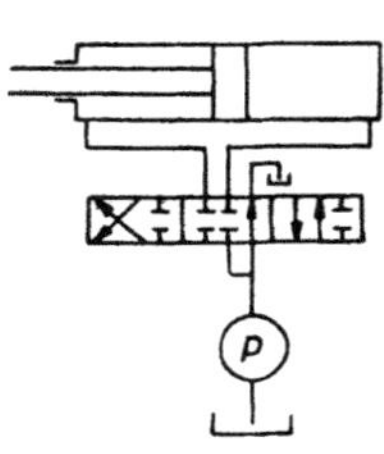

Abb. 185. Steuerung eines Arbeitszylinders mit freiem Rücklauf des Öls von der Pumpe zum Tank bei Stillstand des Zylinders durch 6/3-Ventil

Ein anderes Anwendungsbeispiel zur Verwendung von 6/3-Ventilen nach Bauart K zeigt Abb. 186.

Der Antrieb des Kolbens erfolgt bei dieser Steuerung nach Umstellung des Wegeventils in eine Endlage zunächst durch Drucköl aus dem Akkumulator. Anschließend fließt auch gleichzeitig

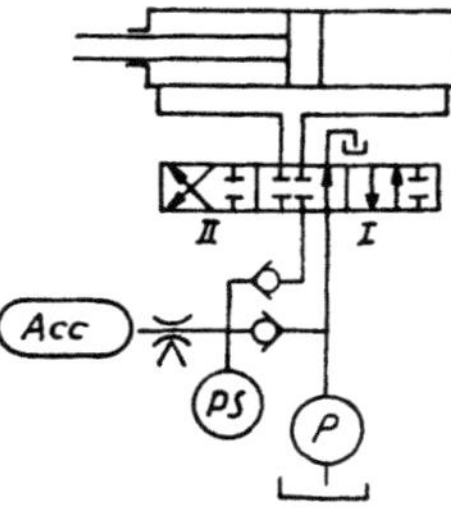

Abb. 186. Steuerung eines Arbeitszylinders mit Druckölversorgung aus Pumpe und Speicher durch 6/3-Ventil

Drucköl von der Pumpe in den Zylinder. Nach Erreichen der Endlage des Arbeitskolbens wird schließlich der Akkumulator wieder aufgeladen. Das 6/3-Ventil ermöglicht somit in den einzelnen Stellungen folgende Bewegungsvorgänge:

Stellung I: Zunächst Vorschieben des Arbeitskolbens durch Drucköl aus dem Akkumulator. Während des Hubes anschließend Druckölförderung von der Pumpe in den Zylinder und schließlich nach Anschlagen des Kolbens in seiner Endlage Aufladen des Akkumulators. Bei Überschreiten der oberen Druckgrenze im Akkumulator erfolgt Rückschalten auf die Mittellage des Wegeventils durch den Druckschalter.

Mittellage: Freier Durchfluß von der Pumpe zum Tank.

Stellung II: Vorschieben in entgegengesetzter Richtung wie bei Stellung I zunächst durch Drucköl aus dem Akkumulator, dann durch Drucköl aus der Druckleitung der Pumpe. Die Rückschaltung auf die Mittellage des Wegeventils erfolgt wieder nach Erreichen der oberen Druckgrenze im Akkumulator. Das

Drosselventil ist nur erforderlich, wenn eine zu rasche Entladung des Speichers vermieden werden soll.

δ) Innerer Aufbau und Kanalführung in Drei- und Vierwegeventilen

Die verschiedenen Kanalverbindungen, die durch einen Steuerschieber in den einzelnen Stellungen des Steuerkolbens hergestellt werden sollen, können durch verschiedenartige Gestaltung des Steuerkolbens und des Steuergehäuses erreicht werden. Abb. 187 zeigt z. B. zwei verschiedene Möglichkeiten zur Lösung der Steueraufgaben eines 3/2-Ventils. Bei der Ausführung mit zwei Steuerflächen (a) wird der Zylinder mit der Pumpe verbunden, wenn der Kolben in seiner linken Endlage steht. Bei der Ausführung mit einer Steuerfläche (b) wird der Zylinder mit der Pumpe verbunden, wenn der Steuerkolben in seiner rechten Endlage steht. Abb. 188 zeigt die prinzipielle Funktion eines Vierwegeventils mit einem Kolben mit zwei Steuerflächen und mit vier Steuerflächen. Ein solches Ventil mit zwei Steuerflächen ist in bezug auf die Bearbeitung des Kolbens das einfachste Vierwegeventil und ermöglicht für große Stromstärken eine strömungstechnisch günstige

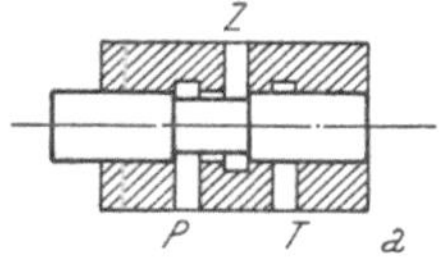
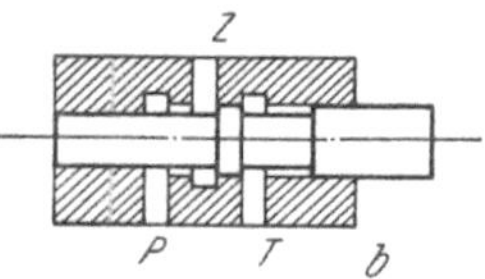

Abb. 187. 3/2-Ventil mit zwei Steuerflächen (a) und einer Steuerfläche (b)

Kanalführung mit geringen Druckverlusten. Derartige Ventile werden sowohl, wie in Abb. 188 gezeichnet, mit durchgehender Kolbenstange des Steuerkolbens gebaut als auch mit einseitig herausgeführter Kolbenstange. Insbesondere bei den Ventilen für Hand-, Fuß- oder mechanische Betätigung sowie bei Magnetventilen mit Rückführung in eine Endlage genügt im allgemeinen die einseitige Abdichtung der Kolbenstange. Wenn sich bei einem derartigen Ventil mit einseitig herausgeführter Kolbenstange im Rücklauf ein Gegendruck in der Ablaufleitung aufbaut, besteht aber bei solchen Ventilen die Gefahr, daß der Kolben durch die Wirkung dieses Druckes auf die Querschnittsfläche der Kolbenstange unbeabsichtigt betätigt wird.

Das Ventil mit vier Steuerflächen ist in seiner Funktion mit den Ventilen mit zwei Steuerflächen prinzipiell identisch. Das Ventil mit vier Steuerflächen bietet jedoch den Vorteil, daß eine unbeabsichtigte Verstellung

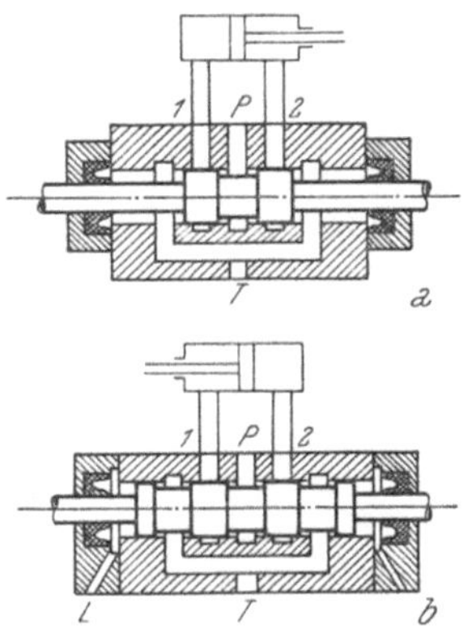

Abb. 188. 4/3-Ventil mit gemeinsamer (a) und getrennter Lecködlabfuhr (b)

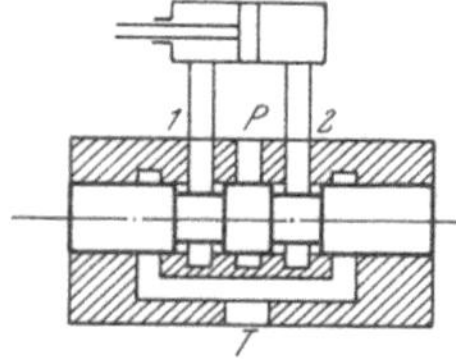

Abb. 189. 4/3-Ventil mit drei Steuerflächen

durch den Rückflußdruck auch bei einseitig herausgeführter Kolbenstange nicht möglich ist, wenn das Lecköl aus den Schieberräumen unabhängig von dem zurückfließenden Öl des Hauptstromkreises abgeführt wird.

Bei Ventilen mit Steuerkolben mit zwei oder vier Steuerflächen bewirkt eine Verschiebung des Steuerkolbens nach links eine Verschiebung des Arbeitskolbens nach rechts.

Bei Ventilen mit Steuerkolben mit drei Steuerflächen nach Abb. 189 dagegen bewirkt eine Verschiebung des Steuerkolbens nach links ebenfalls eine Verschiebung des Arbeitskolbens nach links. Je nach der Stellung des Steuerkolbens

mit drei Steuerflächen wird in dem Schieber eine der drei folgenden Verbindungen hergestellt:
a) Steuerkolben links: Zylinderbewegung nach links,
b) Steuerkolben in Mittellage: Zylinder verriegelt,
c) Steuerkolben rechts: Zylinderbewegung nach rechts.

Alle Mehrwegeventile können, je nachdem, ob der Steuerkolben in der Mittellage durch Rasten, durch Federrückführung oder durch hydraulische Kräfte festgehalten werden kann oder nicht, als 4/3- oder 4/2-Ventile verwendet werden. Wenn keine Markierung der Mittellage vorgesehen ist, arbeitet das gleiche Ventil als 4/2-Ventil, das bei entsprechender Markierung der Mittellage als 4/3-Ventil arbeitet. Im funktionellen Aufbau besteht somit abgesehen von der Verriegelung oder Rückführung in die Mittellage kein wesentlicher Unterschied zwischen einem Drei- und einem Zweipositionsventil. Auch jedes 4/2-Ventil muß bei seiner Umstellung von einer in die andere Endlage durch eine Mittellage hindurchgehen, in der bei positiver Überdeckung entweder alle Anschlußkanäle einen Augenblick lang verschlossen sind oder aber in der bei negativer Überdeckung alle Anschlüsse an dem Schieber vorübergehend kurzzeitig miteinander verbunden sind.

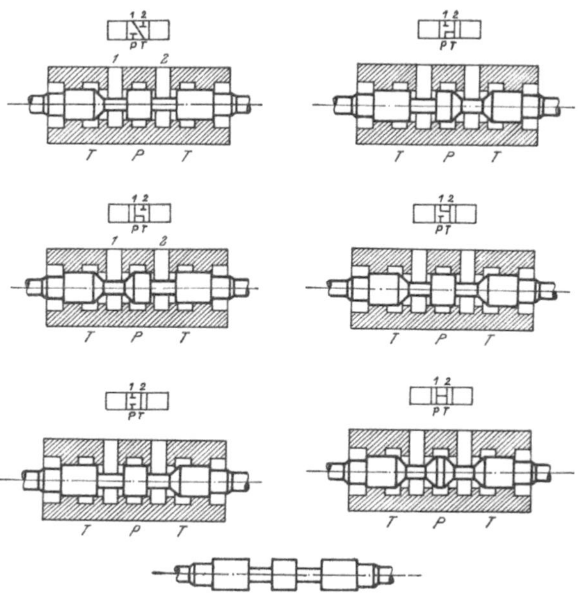

Abb. 190. Sieben Varianten von 4/3-Ventilen mit Steuerkolben mit drei zylindrischen Steuerflächen (der unten gezeichnete Kolben entspricht Abb. 189)

Durch die verschiedenartige Gestaltung des Kolbens, der jeweils in ein und demselben Ventilgehäuse verwendet werden kann, ergeben sich insbesondere bei Steuerkolben mit drei Steuerflächen ganz verschiedene Variationsmöglichkeiten für die in der Mittellage des Kolbens hergestellten Kanalverbindungen (Abb. 190). Die Herstellung solcher Ventile, bei denen der Steuerkolben aus einem Zylinder mit eingestochenen Nuten besteht, ist relativ einfach und wird deshalb vornehmlich für große Ventile gerne ausgeführt. Die beiden Tankanschlüsse können zur Vermeidung von Druckverlusten auch getrennt aus dem Gehäuse herausgeführt werden.

Durch Steuerventile mit durchbohrtem Steuerkolben (Abb. 191 bis 197) können jedoch wesentlich kleinere äußere Abmessungen der Steuerschieber bei gleich großen Strömungsquerschnitten innerhalb des Schiebers erreicht werden. Überall dort, wo es in erster Linie auf Gewichts- und Raumersparnis ankommt, werden diese Ventile mit durchbohrtem Kolben vorgezogen, trotzdem bei manchen Schiebern dieser Type durch eine besonders enge Bohrung im Kolben eine Drosselung derjenigen Strombahnen eintritt, die durch den durchbohrten Kolben führen.

Schieber nach Abb. 191 können, je nachdem, ob eine Verriegelung oder Rückführung in die Mittellage vorgesehen ist oder nicht, als 4/3- oder als 4/2-

Ventile verwendet werden. Wird eine sanfte Beschleunigung und Verzögerung verlangt, so können die Schieber dieser Bauart auch mit Kolben mit konischer Abschrägung oder mit Kerben versehen werden (Abb. 194 bis 197).

Schieber mit freiem Durchfluß von der Pumpe zum Tank in der Mittellage werden selten als 4/2-Ventile verwendet. In Anlagen, in denen während des Schaltvorganges das Auftreten von Druckstößen weitgehendst vermieden werden soll, bieten jedoch solche Schieber mit freiem Durchfluß in der Mittellage die Möglichkeit zur Schaltung von einer Endlage in die andere Endlage ohne Erzeugung eines nennenswerten Druckstoßes. Von dieser Möglichkeit kann selbstverständlich nur dann Gebrauch gemacht werden, wenn in dem betreffenden Kreislauf keine Speicher vorgesehen sind, die während der Überschreitung der Mittellage durch den freien Abfluß zum Tank entleert werden könnten und wenn auch mit Rücksicht auf andere Gesichtspunkte ein kurzzeitiger Druckabfall im Netz toleriert werden kann.

Da bei 4/2-Ventilen mit freiem Durchfluß in der Mittellage nicht verlangt wird, daß der volle Querschnitt in der Mittellage

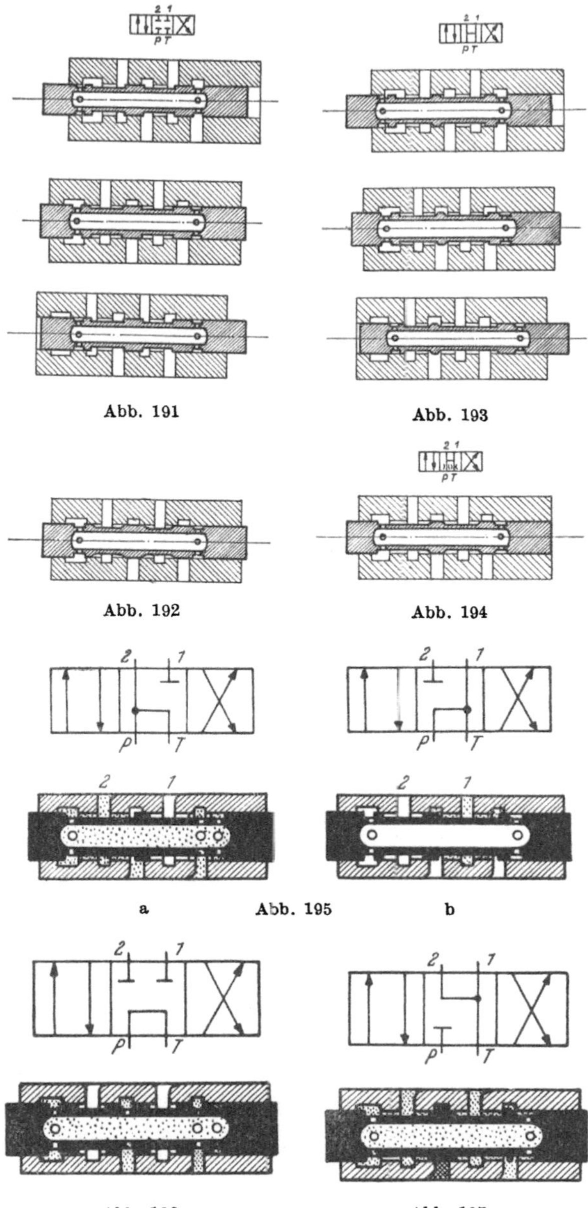

Abb. 191 bis 197. Kanalführung in 4/3-Ventilen mit hohlem Steuerkolben

Abb. 191   Abb. 193

Abb. 192   Abb. 194

a   Abb. 195   b

Abb. 196   Abb. 197

freigegeben wird, sondern umgekehrt meist nur eine kleine Drosselöffnung in der Mittellage gewünscht wird, die das Auftreten von Druckstößen verhindert, kann für diesen Zweck auch ein Schieber nach Abb. 194 verwendet werden, der in der Mittellage den Abfluß von der Pumpe zum Tank nur durch einen gedrosselten Querschnitt freigibt. Die meisten heute verwendeten 4/2-Ventile mit freiem bzw. gedrosseltem Abfluß von der Pumpe zum Tank in der, wenn auch nicht durch besondere Vorrichtungen markierten, Mittellage arbeiten nach dem Schema von Abb. 194.

Bei 4/3-Ventilen ist die Mittellage keine Durchgangsstellung, sondern eine Arbeitsstellung mit Verriegelung aller Anschlüsse, mit freiem Durchfluß oder auch mit gedrosseltem Durchfluß von der Pumpe zum Tank. Außer diesen am häufigsten verwendeten 4/3-Ventilen können aber auch noch andere Kanalverbindungen in der Mittellage verlangt werden, wie z. B. die in Abb. 195 und Abb. 197 gezeigten.

Bei einem Schieber mit Verriegelung aller Anschlüsse in der Mittellage kann durch die Leckölspalte in den einzelnen Kanälen immer ein kleiner Ölstrom hindurchtreten, denn um eine Bewegung des Steuerkolbens mit geringen Stellkräften zu ermöglichen, muß der Leckölspalt bestimmte zulässige Abmessungen einhalten. Um eine unbeabsichtigte Bewegung des Arbeitskolbens insbesondere bei geringer Belastung im Arbeitszylinder zu verhindern, muß dagegen der Leckölspalt möglichst klein gehalten werden. Auf alle Fälle ist aber bei Steuerschiebern mit eingeschliffenem Kolben ein gewisses Spiel zwischen Kolben und Zylinder erforderlich und es tritt deshalb auch immer eine gewisse Leckölmenge durch die verschlossenen Kanäle hindurch. Nur für ganz niedrige Drücke können absolut dichte Steuerschieber mit O-Ringdichtungen an den Steuerkanten — wie sie auch in Luftsteuerventilen üblich sind — verwendet werden.

Für hohe Drücke sind nur mit entsprechendem Steuermechanismus ausgerüstete Kugelventile oder Kegelventile absolut dicht. 4/3-Ventile mit gedrosseltem Durchfluß werden selten verwendet, weil die Drosselung bei längerer Standzeit in der Mittellage zu einer unzulässig hohen Ölerwärmung führen würde.

Ventile mit freiem Durchfluß in der Mittellage, in denen alle vier Anschlüsse des Schiebers in der Mittellage miteinander verbunden werden, führen oft zu folgender Schwierigkeit: bei verschmutztem Rücklauffilter, bei langen und engen Rücklaufleitungen oder anderen Ursachen für die Entstehung eines Überdruckes vor dem Steuerschieber stehen beide Seiten des Arbeitszylinders unter dem Einfluß dieses Staudruckes. Dadurch wirkt auf die Querschnittsfläche der Kolbenstange eine Kraft, die bei geringer Belastung des Arbeitskolbens zu einer unerwünschten Bewegung des Arbeitskolbens führt.

Abb. 195 zeigt zwei verschiedene Ausführungsformen von 4/3-Ventilen, bei denen in der Mittellage freier Durchfluß von der Pumpe zum Tank gegeben und gleichzeitig eine Zylinderseite verringert wird. Die beiden Ausführungsformen a und b unterscheiden sich nicht nur in bezug auf die Art der Kanalverbindung, die in der Mittellage hergestellt wird, sondern auch in bezug auf den Druckabfall, der in der Mittellage bei freiem Durchfluß durch den Schieber entsteht. Der Schieber nach Ausführung b hat infolge der günstigeren Kanalführung mit weniger starken Umlenkungen einen geringeren Druckabfall als die Ausführung nach a.

4/3-Ventile, bei denen in der Mittellage beide Zylinderanschlüsse verriegelt sind, während die Pumpe freien Abfluß zum Tank hat, werden vornehmlich für die Betätigung von Zylindern oder Ölmotoren verwendet, bei denen die Ventile hintereinandergeschaltet werden sollen. Wenn beide Schieber gleichzeitig betätigt werden, so steht für jeden der hintereinandergeschalteten Antriebe nur ein Teil bei gleichzeitiger Belastung von zwei Antrieben, also z. B. die Hälfte des gesamten verfügbaren Druckgefälles für den Antrieb jedes einzelnen Elements zur Verfügung. Bei entsprechend großer Bohrung im Steuerkolben sind die Druckverluste dieser Ventile in der Mittellage gering. Bei engen Bohrungen jedoch kann der Druckverlust bei der Durchströmung des durchbohrten Kolbens auch hohe Werte annehmen. Die Höhe des gesamten Druckverlustes, der beim Hintereinanderschalten mehrerer solcher Schieber zustande kommt, bestimmt die Anzahl der Antriebselemente, die hintereinandergeschaltet werden können.

ε) Magnetventile

Magnetventile mit unmittelbarer Betätigung eines Steuerkolbens durch den Magneten werden entweder nur für kleinere Schieber oder bei großen Schiebern nur für niedrige Betriebsdrücke verwendet, weil bei großen Schiebern für hohe Drücke die erforderlichen Betätigungskräfte für den Magnet so groß werden, daß die Abmessungen des Magneten gegenüber dem Ventilkörper zu groß wären. Direktbetätigte Magnetventile arbeiten als Zweipositionsventile mit einem Magnet und Federrückführung in eine Endlage, mit zwei Magneten und zwei Kernen oder mit zwei Magneten und einem Kern.

Dreipositionsventile arbeiten meist mit zwei Magneten und Federrückführung in die Mittellage.

Alle diese Ventiltypen dienen entweder für die unmittelbare Betätigung eines Arbeitszylinders oder Ölmotors oder aber auch als Vorsteuerventil für hydraulisch betätigte Mehrwegeventile. Die Vorsteuerung eines hydraulisch betätigten Ventils kann dabei durch ein Dreiwegeventil, ein Vierwegeventil oder durch zwei Dreiwegeventile in den verschiedensten Variationen erfolgen. Die Rückführung des hydraulisch betätigten Hauptsteuerventils erfolgt dabei entweder durch Federrückführung in die Mittellage ebenso wie bei dem Vorsteuerventil selbst oder durch hydraulische Rückführung (Abb. 170).

Nach einer kurzen Besprechung der Magnete, die für direktgesteuerte Ventile und Vorsteuerventile Verwendung finden, sollen zunächst die direktgesteuerten Ventile und anschließend die vorgesteuerten Magnetventile behandelt werden.

Der Magnet. Zur Betätigung von Wegeventilen mit axial verschiebbaren Steuerkolben werden sowohl Gleichstrom- als auch Wechselstrommagnete verwendet, die meist als Stoßmagnet arbeiten.

Bei Gleichstrommagneten kann der bewegliche Kern ein massiver Klotz aus Stahl oder Magneteisen sein. Bei Wechselstrommagneten muß der Kern zur Vermeidung von Wirbelströmen aus Metallplatten mit dazwischenliegender Isolierung bestehen oder es muß ein Kern aus Niro mit tiefen Nuten verwendet werden. Da der Wechselstrom den Magneten nur periodisch mit der Frequenz des Stromes erregt, hat der Magnet die Neigung zum Vibrieren. Diese Vibration muß durch einen Abschirmring aus gut leitendem Material, wie Kupfer, Silber oder Aluminium, verhindert werden, der in dem feststehenden Teil des Kernes oder am Ende des beweglichen Kernes befestigt wird. Der Abschirmring erzeugt einen phasenverschobenen Strom, der sein Maximum erreicht, wenn der Netzstrom durch die Null-Lage geht. Er vermeidet dadurch das Eintreten eines Zustandes, in dem der bewegliche Kern überhaupt nicht angezogen wird. Die Ursache für das Entstehen für Vibrationen wird dadurch beseitigt. Es treten allerdings oft bei Wechselstrommagneten, die im neuwertigen Zustand einwandfrei funktionieren, nach längeren Betriebszeiten auch wieder Vibrationserscheinungen auf.

Bei Gleichstrommagneten ist die Stromstärke unabhängig von der Lage des Magneten, bei Wechselstrom dagegen ist die Stromstärke wesentlich größer, wenn der bewegliche Kern in der ausgerückten Stellung liegt. Unmittelbar nach Betätigung des Magneten sinkt der Strom des Wechselstrommagneten deshalb erst auf seinen für den Dauerbetrieb berechneten Wert ab. Wird der Kern jedoch aus irgendeinem Grunde an seiner Bewegung verhindert, etwa weil der Kolben eine stärkere Reibung hat, weil infolge zu hoher Drücke des Mediums oder nach langer Standzeit der Kolben nicht bewegt werden kann, so brennt die Spule des Wechselstrommagneten durch, weil die Stromstärke wesentlich höher ist als die für den Dauerbetrieb vorgesehene. Der Gleichstrommagnet dagegen nimmt auch im zwangsweise offengehaltenen Zustand des Ventils keinen größeren Strom auf und erwärmt sich somit auch nicht stärker als im normalen Betrieb.

Vornehmlich aus diesem Grunde werden heute infolge der größeren Betriebssicherheit, die durch den Gleichstrommagnet erzielt wird, vornehmlich Gleichstrommagnete verwendet, trotzdem durch Wechselstrommagnete kürzere Schaltzeiten und bei gleichen Abmessungen größere Zugkräfte erreicht werden können. Mit Gleichstrommagneten werden außerdem hohe Schaltzahlen erreicht und die Zugkräfte des Magneten entsprechen auch besser dem jeweiligen Kraftbedarf des Ventils während des Kolbenhubes. Der Gleichstrommagnet verlangt allerdings besondere Maßnahmen zur Vermeidung der Funkenbildung und Maßnahmen zum Schutz gegen Überspannungen. Außerdem ist bei vorhandenem Wechselstrom ein eigener Gleichrichter erforderlich, um den Gleichstrommagnet überhaupt verwenden zu können.

Der Magnet liegt meist in einem eigenen Gehäuse, das durch eine Dichtung von dem mit Öl gefüllten Schiebergehäuse getrennt ist (Abb. 167). Es kann aber auch das ganze Magnetgehäuse mit Öl ausgefüllt sein (Abb. 168). Je nachdem, ob sich der Magnetkern in einem mit Luft oder Öl erfüllten Raum bewegt, spricht man auch von trockenen und nassen Magneten.

Die Bedingungen in bezug auf die Einwirkung von Feuchtigkeit oder explosionsgefährlichen Gasen, unter denen Magnetventile eingesetzt werden, sind oft ganz verschieden. Es werden deshalb für besondere Betriebsbedingungen auch Magnete mit entsprechendem Schutz gegen Einwirkung von starker Feuchtigkeit sowie Magnete in schlagwetter- und explosionsgeschützter Ausführung gebaut.

Spannung und Anschluß der Magnete. Die meistverwendete Spannung für Gleichstrommagnete ist 24 V. Es werden aber auch Gleichstrommagnete für 6, 12, 48, 60, 110, 180 und 220 V verwendet.

Bei Selengleichrichtern ergibt sich die Gleichstromspannung U_g aus der verfügbaren Wechselstromspannung U_w aus der Beziehung

$$U_g = 0,8\, U_w,$$

wenn kein Transformator verwendet wird. Soll aus 220 V Wechselstrom ein Gleichstrom von 24 V erzeugt werden, so ist außer dem Gleichrichter auch noch ein Transformator erforderlich. Die für den Magneten angegebene Leistungsaufnahme versteht sich bei Temperaturen von 20° C. Die zulässige Toleranz des Widerstandes darf sich innerhalb von $\pm\, 5\%$ bewegen.

Die Magnete sind gegenüber Spannungsschwankungen meist recht empfindlich und es ist deshalb darauf zu achten, daß die meist ohnedies unvermeidlichen Spannungsschwankungen im Netz nicht noch zusätzlich durch einen Spannungsabfall beeinflußt werden, der bei Verwendung von zu schwachen Zuleitungsdrähten entsteht. Der maximal zulässige Spannungsabfall in den Zuleitungen soll deshalb höchstens 3 bis 5% der Netzspannung betragen.

Eine Verkürzung der Anzugszeit von Gleichstrommagneten bis zu 50% ist durch eine Schaltung nach Abb. 198 durch Einfügen eines Vorschaltwiderstandes möglich. Die Betriebsspannung U ist dann entweder so weit zu erhöhen, daß die Spannung U_0 am Magneten dem vorgeschriebenen Wert entspricht, oder es ist die Magnetspule für eine niedrigere Spannung auszulegen.

Die höchstzulässige Betriebstemperatur der Magnete liegt meist bei 130° C. Es ist deshalb je nach den vorliegenden Betriebsverhältnissen, z. B. im Betrieb an Öfen, darauf zu achten, daß bei hohen Umgebungstemperaturen entsprechend große Magnete verwendet werden, die sich weniger stark erwärmen, oder daß entsprechend geringere Schalthäufigkeiten im Betrieb auftreten, als für normale Umgebungstemperaturen für den Schieber zugelassen werden.

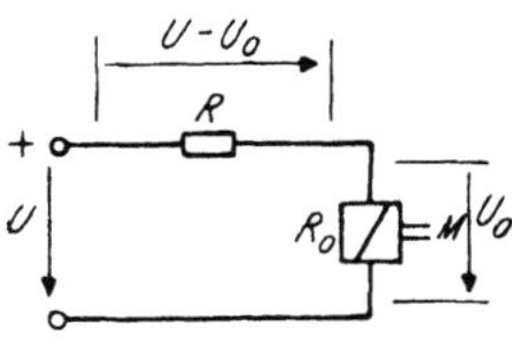

Abb. 198. Erhöhung der Schaltgeschwindigkeit durch Verwendung eines Vorschaltwiderstandes

Die Leistungsaufnahme der Magnete liegt bei 20 bis 30, 50 bis 75 und 100 bis 125 Watt für Schieber mit Nennweiten von 6 bis 10, 10 bis 20 und 25 bis 30 mm. Die unteren Grenzwerte gelten etwa für Betriebsdrücke von 150 atü und die oberen Grenzwerte für 300 atü. Für Betriebs-

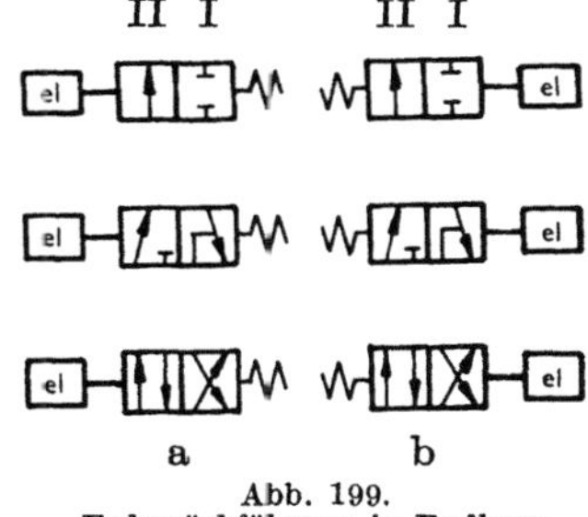

Abb. 199. Federrückführung in Endlage.
a) Federrückführung in Stellung I
b) Federrückführung in Stellung II
(aus DIETER)

drücke von 300 atü ist also etwa die doppelte Leistungsaufnahme als bei 100 atü erforderlich und nicht etwa die dreifache Leistung, weil die Reibungskräfte durch Dichtungen usw. wohl mit dem Druck wachsen, aber diesem nicht unmittelbar proportional sind.

Direktgesteuerte Magnetventile. Zwei-, Drei-, Vier- oder Mehrwegeventile mit mehr als vier Anschlüssen in Zweipositionsausführung haben entweder

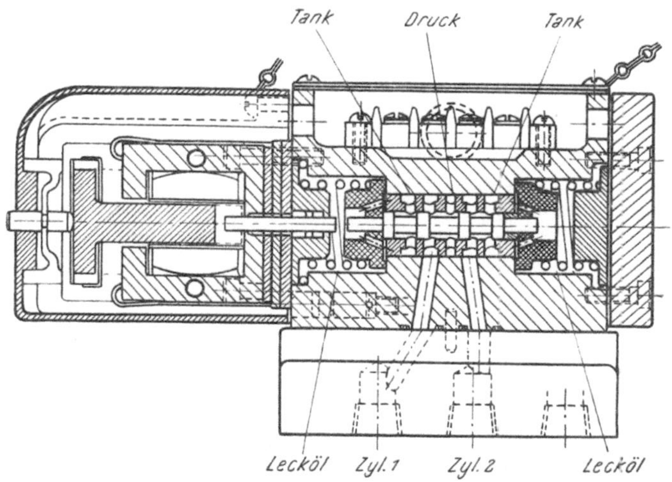

Abb. 200. 4/2-Ventil mit einem Magnet und Federrückführung in eine Endlage, mit vier Steuerflächen und getrennter Leckölableitung (aus PIPPENGER)

einen Magnet, der den Steuerkolben unter Überwindung einer Federkraft verstellt, oder zwei Magnete bzw. einen Magnet mit zwei Kernen und Rasten in den Endlagen. Bei Schiebern mit Federrückführung in eine Endlage wird der Steuerkolben im stromlosen Zustand durch die Feder in seine Ruhelage zurückgedrückt. Welche der beiden durch einen Zweipositionsschieber herstellbaren Kanalverbindungen im stromlosen Zustand hergestellt wird und welche im eingeschalteten Zustand, kann durch die Lage des Stoßmagneten gegenüber dem Ventilkörper bestimmt werden (Abb. 199).

Steht ein Magnetventil mit Federrückführung in einer Endlage in eingeschaltetem Zustand, so tritt bei Stromausfall ein Schaltvorgang ein. Ist dies nicht zulässig, so sind Ventile mit zwei Stoßmagneten oder mit einem

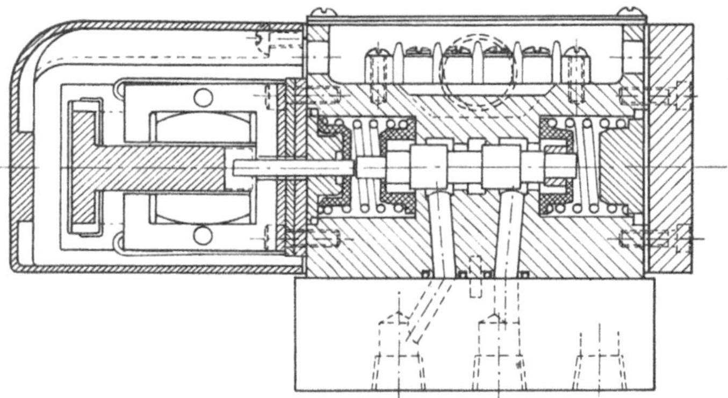

Abb. 201. 4/2-Ventil mit einem Magnet und Federrückführung in eine Endlage, mit zwei Steuerflächen ohne getrennte Leckölableitung (aus PIPPENGER)

Magneten und zwei Kernen und Federrasten in den Endlagen zu verwenden (Abb. 167). Ventile mit zwei Stellungen und zwei Magneten kommen oft mit kleineren Magneten aus als Ventile mit einem Magnet und Federrückführung in eine Endlage, weil bei Verwendung von zwei Magneten keine Federkraft zu überwinden ist. Die Federkraft entspricht aber der maximalen auftretenden

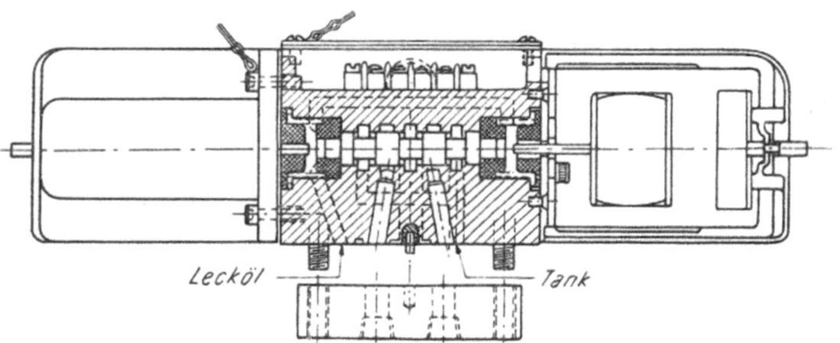

Abb. 202. 4/3-Ventil mit zwei Magneten und Federrückführung (aus PIPPENGER)

Stellkraft des Steuerkolbens. Es muß somit der Magnet eines Zweipositions-Zweiwegeventils mit Federrückführung in eine Endlage mindestens doppelt so stark sein als einer der beiden Magnete eines Zweipositionsventils mit zwei Magneten.

Dreipositionsventile mit Federrückführung in die Mittellage arbeiten ebenfalls immer mit zwei Magneten (Abb. 168, 202).

Abb. 200 zeigt ein Zweipositions-Vierwegeventil mit einem Kolben, mit vier Steuerflächen und Federrückführung in eine Endlage. Das Ventil wird durch einen Magnet betätigt und hat vom Rücklauf getrennten Leckölabfluß. Auch beim Aufbau eines Druckes in der Rückleitung des Arbeitssystems bleibt deshalb der Steuerkolben immer entlastet. Bei Ventilen ohne getrennte Leckölabfuhr aus

dem Vorsteuerventil (Abb. 201) besteht immer die Gefahr, daß bei Rücklauf-
drücken über 2 bis 3 Atmosphären bereits die Kraft des Magneten nicht mehr
ausreicht, um die auf den Steuerkolben durch den Rücköldruck ausgeübten Kräfte
zu überwinden. Solche Schieber können deshalb nur verwendet werden, wenn
in der Anlage auf keinen Fall höhere Rücklaufdrücke infolge von langen Rücklaufleitungen, verschmutzten Rücklauffiltern usw. entstehen können.

Die Tatsache, daß ein Steuerschieber unmittelbar nach der ersten Inbetriebnahme auch ohne getrennte Leckölabfuhr einwandfrei arbeitet, besagt noch
lange nicht, daß auch nach längeren Betriebszeiten keine Störung eintreten
kann. Der Federraum hinter dem Steuerkolben füllt sich nämlich allmählich
mit Öl an und der Magnet kann den Steuerkolben dann überhaupt nicht mehr
verschieben. Es empfiehlt sich deshalb immer bei Steuerschiebern mit getrennter
Leckölabfuhr, von diesem getrennten Anschluß für das Lecköl auch Gebrauch
zu machen und nicht etwa die Leckölleitungen mit den Rücklaufleitungen
zusammenzuschließen oder gar ganz abzuschließen. Den prinzipiellen Aufbau
eines Dreipositions-Vierwegeventils mit zwei Magneten, Federrückführung in
die Mittellage und getrennter Ableitung des Rücklauföls und des Lecköls zeigt
Abb. 202. Die beiden Tankanschlüsse in der linken und rechten Gehäuseseite
sind innerhalb des Gehäuses zusammengeführt, münden jedoch in einen vom
Leckölabfluß getrennten Kanal nach außen. Solche Schieber sind erforderlich,
wenn durch besonders starke Stromstärken im Schieber hohe Rücköldrücke
entstehen, die bei langen Rücklaufleitungen unter Umständen bis zu 50% des
Betriebsdruckes erreichen können. Direktgesteuerte Magnetventile können in
jeder Lage eingebaut werden, wenn die Kraft des Magneten so groß ist, daß
das Eigengewicht des Kolbens sowie des Magnetankers vernachlässigt werden
kann und wenn zwischen Stößel des Magneten und Gehäuse des Schiebers eine
einwandfreie Abdichtung erfolgt, so daß auf keinen Fall Öl in den Magnetraum
eindringen kann.

Ventile ohne Abdichtung zwischen Ventilstößel und Gehäuse haben zwar
den Vorteil, daß keine zusätzlichen Reibungskräfte für die Betätigung des Stößels
überwunden werden müssen, sie dürfen aber nur mit dem Magnet nach oben
eingebaut werden, da sonst Lecköl in den Magnetraum eindringen würde.

Oft wird aber auch bei Ventilen mit sehr starken Magneten und entsprechender
Abdichtung zwischen Stößel und Ventilkörper die waagrechte Lage empfohlen.

Ventile mit Magneten, bei denen der Kern im Öl liegt, haben gegenüber
den Ventilen mit trockenen Magneten den Vorteil, daß die auf den Steuerkolben
wirkenden statischen Druckkräfte ausgeglichen sind. Der mit Rücksicht auf
die Festigkeit des Gehäuses zulässige Druck im Magnetteil liegt meist etwa
bei 30 atü. Solange in den Rücklaufleitungen keine höheren Drücke als diese
Werte auftreten, kann somit bei Ventilen mit nassen Magneten immer Lecköl
und Rücklauföl gemeinsam abgeführt werden und es sind keine Leckölleitungen
erforderlich.

Bei Schiebern mit trockenen Magneten wirkt dagegen der Öldruck im Rücklauf
auf den Steuerkolben und es kann deshalb bereits bei Drücken von 2 atü diese
durch den Öldruck ausgeübte Kraft die Magnetkraft überwinden. Nur bei weiten
und kurzen Rücklaufleitungen kann deshalb Rücklauf und Lecköl zusammengeführt werden. Anderenfalls sind bei Schiebern mit trockenen Magneten eigene
Leckölleitungen unbedingt erforderlich.

Vorgesteuerte Magnetventile. Bei Schiebern für große Stromstärken und für
hohe Öldrücke treten hohe Stellkräfte des Steuerkolbens auf, die durch die
Zugkräfte des Magneten allein nicht mehr überwunden werden können. Es

sind deshalb vorgesteuerte Ventile zu verwenden, die gleichzeitig durch den Einbau von Drosselelementen die Möglichkeit bilden, den zeitlichen Verlauf des Öffnungs- und Schließvorganges so zu steuern, daß keine Druckstöße in den Hauptstromleitungen entstehen.

Voraussetzung für ein einwandfreies Arbeiten von vorgesteuerten Ventilen ist, daß bei allen Antrieben, in denen entsprechend hohe Drücke im Rücklauföl auftreten können, Schieber mit getrennter Leckölabfuhr aus den entsprechenden Federräumen oder Kammern der Vorsteuerschieber verwendet werden. Eine weitere Voraussetzung für die einwandfreie Funktion von vorgesteuerten Ventilen ist die Auswahl einer richtigen Steuerölquelle.

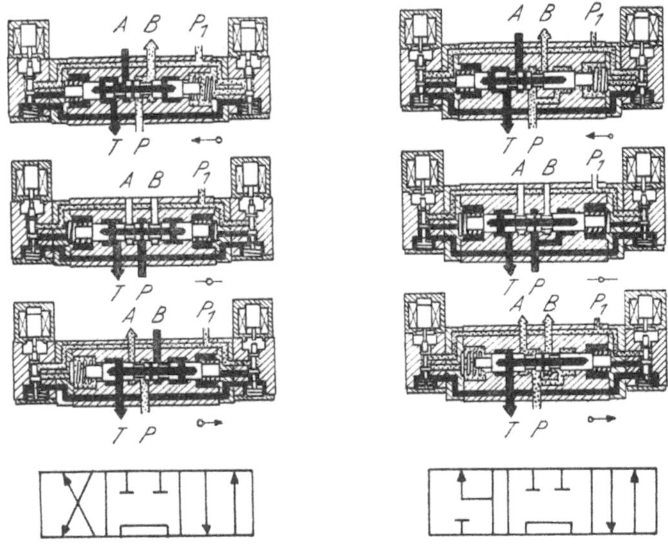

Abb. 203 und 204. 4/3-Ventil mit Vorsteuerung durch zwei Dreiwegeventile

Als Steueröl kann entweder das Drucköl des Arbeitskreises selbst Verwendung finden, und zwar mit oder ohne Reduktion auf einen niedrigeren Druck, oder aber es kann, wie dies in den Schiebern nach Abb. 203 und 204 vorgesehen ist, Steueröl aus einer eigenen Steuerölquelle verwendet werden. Die Vorsteuerung durch den Arbeitsdruck ist jedoch nur möglich, wenn in jeder Stellung des Schiebers, in der eine Betätigung durch den Steuerdruck erfolgen soll, auch ein bestimmter, für die Erzeugung der Stellkräfte erforderlicher minimaler Steuerdruck zwischen dem Druck vor und hinter dem Verstellschieber im Arbeitskreis vorhanden ist.

Im allgemeinen wird deshalb der Arbeitsdruck nur bei 4/2-Ventilen und bei 4/3-Ventilen mit gesperrtem Durchfluß in der Mittellage gleichzeitig als Steuerdruck verwendet. Die erzielbare Schaltgeschwindigkeit des Hauptsteuerschiebers hängt dann vom Druckgefälle zwischen dem Druck vor und hinter dem Vorsteuerschieber ab. Zwei- und Dreiwegeventile sowie Vierwegeventile mit freiem Durchfluß in der Mittellage werden meist durch eigene kleine Steuerölpumpen oder durch einen Akkumulator mit Steueröl versorgt oder aber es ist durch geeignete Vorspannventile vor ·oder hinter dem Hauptsteuerventil für die Aufrechterhaltung eines für die Vorsteuerung erforderlichen Druckgefälles zu sorgen (Abb. 211 b, c). Es kann jedoch auch ein federbelastetes

Rückschlagventil an Stelle eines Vorspannventils zur Erzeugung des erforderlichen Vorspanndruckes verwendet werden, das unter Umständen auch in den Ventilkörper des vorgesteuerten Magnetventils selbst eingebaut sein kann. Das für die Erzeugung des Steuerdruckes erforderliche Druckgefälle in einem solchen Ventil bedeutet jedoch auf alle Fälle einen Verlust am Arbeitsdruckgefälle.

Die erzielbare Schaltgeschwindigkeit des Hauptsteuerschiebers hängt weitgehendst von der verfügbaren Stromstärke der Steuerölquelle ab. Eine Verkleinerung der Schaltgeschwindigkeit ist sowohl bei getrennter Steuerölquelle als auch bei Verwendung des Arbeitsdruckes als Steueröl immer durch Drosselung zwischen Druckleitung bzw. Rücklaufleitung des Vorsteuerventils und dem betätigten Zylinder im Hauptsteuerventil möglich. Meist erfolgt der Zulauf zum Hauptventil über ein Rückschlagventil und nur der Rücklauf wird gedrosselt (Abb. 169).

Die Rückstellfedern am Hauptsteuerventil haben meist geringere Kräfte als der Steueröldruck auf die Querschnittsfläche der Steuerkolben. Die Schaltgeschwindigkeit ist deshalb bei Steuerschiebern mit Federrückführung in die Mittellage meist beim Verstellen in die Endlagen durch den Öldruck größer als beim Zurückstellen in die Mittellage durch die Federkraft.

Meist ist es jedoch ohnedies erwünscht, daß gerade beim Verschließen der Leitungen beim Zurückstellen in die Mittellage eine stärkere Dämpfung des Druckstoßes erreicht wird als beim Öffnen der Leitungen beim Verstellen in die Endlage. Bei Ventilen mit Geschwindigkeitsregelung durch Drosseln in den Verbindungskanälen zwischen Vorsteuerschieber und dem Druckraum vor dem Hauptsteuerkolben ist jedoch auf diese Unterschiede zwischen der Bewegungsgeschwindigkeit bei der Betätigung durch den Öldruck und derjenigen bei der Betätigung durch die Federkraft besonders zu achten. Eine gleich große Schaltgeschwindigkeit für alle Bewegungen wird nur durch rein hydraulische Rückstellung des Hauptsteuerkolbens erreicht (Abb. 170). In der gezeichneten Stellung dieses Schiebers wirkt der Steuerdruck von links auf den Ring A und auf eine kleine Kreisfläche der Kolbenstange des Hauptsteuerschiebers. Von rechts wirkt der gleiche Druck auf die große Querschnittsfläche des Hauptsteuerkolbens. Der Hauptsteuerkolben ist deshalb in der Mittellage festgehalten. Wirkt der Steuerdruck nur auf die linke Seite des Hauptsteuerkolbens, so wird der Ring A ebenfalls gegen den gleichen Anschlag wie in der Mittellage gedrückt und der Hauptsteuerkolben b bewegt sich in seine rechte Endlage. Wirkt der Steuerdruck nur auf die rechte Seite des Hauptsteuerkolbens, so fährt der Hauptsteuerkolben in seine linke Endlage aus.

Vorgesteuerte Ventile werden für den Einbau an Grundplatten, in Blockbauweise und mit Anschlüssen für Rohrleitungen durch Schneidringverschraubungen oder Schweißverbindungen hergestellt.

Im allgemeinen trachtet man in einem hydraulischen System, in einem Typenprogramm von einer bestimmten Erzeugungsfirma oder in einem bestimmten Betriebe, der hydraulische Elemente verwendet, mit möglichst kleinen Vorsteuerventilen auszukommen.

Reichen die normalerweise verwendeten Vorsteuerventile für die Betätigung sehr großer Schieber, die relativ selten verwendet werden, nicht aus, so können zwei Hauptsteuerschieber parallelgeschaltet werden, die dann kleinere Abmessungen haben als der große benötigte Schieber. Da dann auch der Hauptsteuerschieber meist einem bereits verwendeten Normprogramm entnommen werden kann, sind oft zwei solche parallelgeschaltete Schieber billiger als ein großer Schieber in Sonderausführung. Will man jedoch nur einen Schieber verwenden und trotzdem mit den üblichen kleinen Vorsteuerventilen auskommen, so kann auch eine doppelte Vorsteuerung angewendet werden, wobei dann ein ganz kleines Vorsteuerventil einen gleichartigen, aber größeren hydraulisch gesteuerten Schieber betätigt, der seinerseits als Vorsteuerventil für das größte Steuerventil dient. Auf diese Weise ist es möglich, mit den Normbauteilen durchzukommen. Ersatzteile stehen meist dann immer zur Verfügung, da an dem ganz großen Hauptsteuerventil Störungen nicht zu erwarten sind, die kleinen Vorsteuerventile dagegen auch für andere Zwecke auf Lager gehalten werden können. Wenn keine besonders hohen Schaltgeschwindigkeiten verlangt werden, können auch mehrere parallelgeschaltete große Hauptsteuerschieber von einem einzigen Vorsteuerventil aus gesteuert werden.

ζ) Funktion und Schaltsymbole für die Kanalführung im Inneren verschiedener vorgesteuerter Magnetventile

In den Abb. 205 bis 211 soll an Hand von einigen Beispielen die Funktion verschiedener vorgesteuerter Ventile gezeigt werden. Aber auch die Variationsmöglichkeiten für die Ausbildung der Vorsteuerung eines bestimmten Hauptsteuerschiebers sollen hierbei systematisch erklärt werden. Die einzelnen Ventiltypen sind sowohl in der vereinfachten Darstellung, in der auf die Vorsteuerung nur durch die Angabe der Art der Betätigung durch $\boxed{\text{el/hy}}$ oder $\boxed{.\diagup\diagdown\, | \vdash}$ hingewiesen wird, als auch in der vollständigen Darstellung, aus der sich die Kanalführung zwischen Haupt- und Vorsteuerventil ergibt, wiedergegeben.

Aus dem Vergleich der beiden Darstellungen geht hervor, daß durch die vereinfachte Darstellung mit der Angabe el/hy als Betätigungsart nicht hervorgeht, ob z. B. ein 4/3-Ventil durch ein 4/3- oder zwei gleichartige 3/2-Ventile vorgesteuert wird. Dagegen kann wohl durch eine kurze gestrichelte Linie angegeben werden, ob ein getrennter Steuerölanschluß vorhanden ist, ob eine getrennte Leckölleitung und eine eigene Abflußleitung für das Steueröl an dem vorgesteuerten Ventil vorgesehen ist (Abb. 211 h, i, k). Da die Kenntnis der inneren Funktion der Schieber für die Ausarbeitung von Schaltplänen meist nicht erforderlich ist, so wird im allgemeinen auch die vereinfachte Darstellung — jedoch unter genauer Beachtung der Angaben über zusätzliche Anschlüsse für Steuerölzufluß, Lecköl und Steuerölabfluß — für die Auslegung aller Schaltpläne für hydraulische Antriebe genügen. Der gesamte Schaltplan wird dann durch diese vereinfachte Darstellung wesentlich übersichtlicher als ein Plan, in dem auch alle Kanäle innerhalb der Schieber angegeben werden.

Abb. 205 zeigt zunächst nur ein vorgesteuertes Absperrventil, ein 2/2-Ventil, und zwar in zwei Ausführungsformen, a mit Federrückführung in die offene Stellung und b mit Federrückführung in die geschlossene Lage. Die Vorsteuerung erfolgt durch ein 3/2-Ventil, jedoch in beiden Fällen durch 3/2-Ventile mit Federrückführung in die offene Lage (Ausführung 3/2 C nach Abb. 172).

Abb. 206 zeigt zwei verschiedene 3/2-Ventile, und zwar in Ausführung C mit Federrückführung in eine Null-Lage, in der der Anschluß Z mit dem Tank verbunden ist, und in Ausführung D mit Federrückführung in die Null-Lage, in der der Anschluß Z mit der Pumpe verbunden ist. Die Vorsteuerung erfolgt in beiden Fällen durch ein 3/2-Ventil, Ausführung C, nach Abb. 172c. Auch in diesen Ventilen kann eine Vorsteuerung durch getrennten Steuerölkreislauf wie in Abb. 205 vorgesehen werden.

Abb. 207 zeigt ein 3/3-Ventil mit Federrückführung in die Mittellage und Vorsteuerung durch zwei gleiche 3/2-Ventile.

Abb. 208 zeigt das gleiche Ventil, jedoch mit freiem Durchfluß von der Pumpe zum Abfluß in der Mittellage und getrenntem Anschluß für Steueröl.

Abb. 205 bis 210. Schaltsymbole für vorgesteuerte Ventile

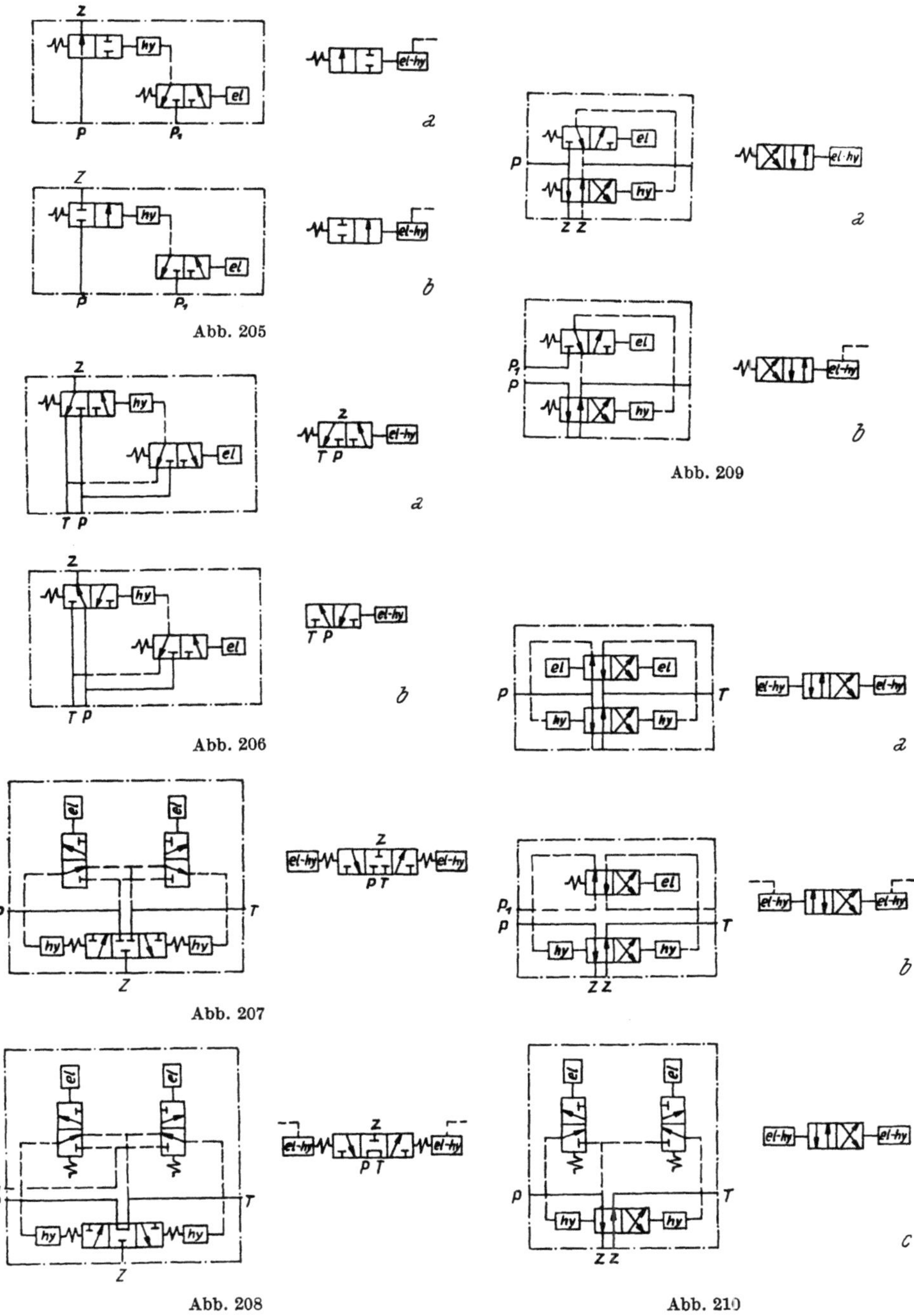

Abb. 205

Abb. 206

Abb. 207

Abb. 208

Abb. 209

Abb. 210

Die meisten Variationsmöglichkeiten sowohl in bezug auf die Kanalführung innerhalb des Hauptsteuerschiebers als auch in bezug auf die Art der Vorsteuerung ergeben sich bei den vorgesteuerten Vierwegeventilen. Das hydraulisch betätigte Hauptsteuerventil kann hierbei mit allen Kanalführungen, die bereits in den Abb. 174 und 175 für direkt gesteuerte Ventile besprochen wurden, ausgeführt werden. Die Vorsteuerung erfolgt meist durch ein kleines Vierwegeventil oder zwei kleine Dreiwegeventile. Für die Vorsteuerventile wird entweder das gleiche Drucköl benützt wie im Hauptsteuerventil oder es wird eine für

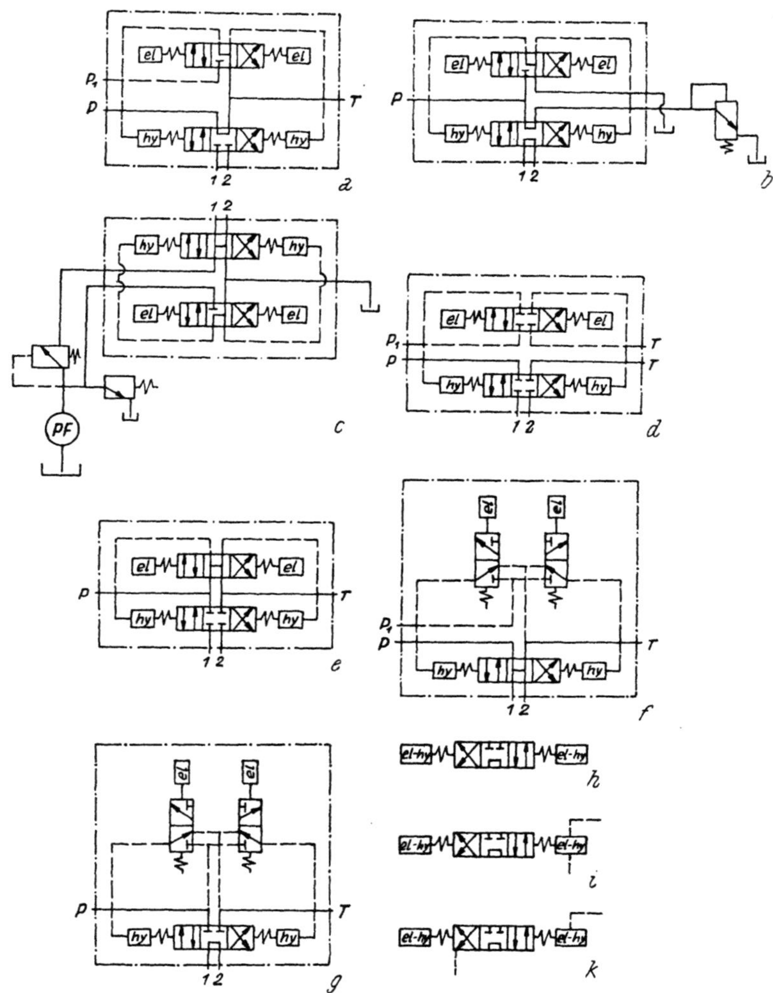

Abb. 211 a bis k. Schaltsymbole für verschiedene vorgesteuerte 4/3-Ventile. a) bis g) siehe Text; h) kein getrennter Steuerölanschluß, kein getrennter Leckölabfluß, i) getrennter Steuerölanschluß, getrennter Steuerölabfluß, k) getrennter Steuerölanschluß, kein getrennter Steuerölabfluß, getrennter Leckölabfluß im Hauptschieber

das Vorsteuerventil getrennte Druckölquelle verwendet. Einige Variationsmöglichkeiten in der Kanalführung vorgesteuerter Vierwegeventile werden an Hand der Abb. 211 a bis k auf S. 195 ausführlicher betrachtet.

In Abb. 209 a und b sind zwei ganz ähnliche 4/2-Wegeventile mit Federrückführung in eine Endlage und Vorsteuerung durch ein 3/2-Ventil, ebenfalls mit Federrückführung in eine Endlage, dargestellt. Die beiden Ausführungen a und b unterscheiden sich dadurch, daß in der oberen Ausführung im Vorsteuerschieber und Hauptsteuerschieber das gleiche Drucköl verwendet wird. Das Ventil hat also nur einen Drucköanschluß, einen Anschluß für den Ablauf und zwei Anschlüsse zum Verbraucher, während das untere Ventil außerdem einen getrennten Anschluß für eine Steuerölleitung hat, wobei das Steueröl entweder einer eigenen Steuerölpumpe, einem Akkumulator oder dem Hauptölkreislauf über ein Reduzierventil entnommen werden kann. Der Druck des Steueröls liegt meist zwischen 20 und 40 atü. Prinzipiell könnte ein solcher Steuerschieber auch noch einen getrennten Abfluß für das Steueröl sowie einen Abfluß für Lecköl haben.

Abb. 210 zeigt drei verschiedene Ausführungsformen von 4/2-Ventilen, die entweder ebenfalls durch ein 4/2-Ventil (Abb. 210a und b) oder durch zwei gleichartige 3/2-Ventile (Abb. 210c) vorgesteuert werden.

In vielen Fällen kann prinzipiell sowohl ein Ventil mit Vorsteuerung durch einen getrennten Steuerölkreislauf als auch ein solches mit einer Vorsteuerung durch das Drucköl der Hauptpumpe verwendet werden. Oft wird also z. B. nur deshalb ein getrennter Steuerölkreislauf vorgesehen, weil die Steuerölpumpe nur geringeren Druck und kleinere Liefermengen hat und somit ständig gegen den an einem Überdruckventil eingestellten Druck fördern kann, ohne eine starke Erwärmung des Öles zu verursachen, oder weil durch die Verwendung des Steueröls von einem eigenen Speicher mit Niederdrucksteueröl die ganze Anlage einfacher gestaltet werden kann. In anderen Fällen ist dagegen jedoch oft die Verwendung eines Steuerventils ohne Steuerölanschluß überhaupt nicht möglich.

In Abb. 211a, b, c, d, und e sind z. B. die fünf folgenden 4/3-Ventile, alle mit Vorsteuerung, durch 4/3-Ventile einander gegenübergestellt.

a) Mit getrenntem Steuerölanschluß und mit freiem Abfluß von der Pumpe zum Ablauf in der Mittellage; Abfluß des Steueröls und des Hauptölstromes innerhalb des Ventils verbunden.

b) Ohne getrennten Steuerölanschluß, Abfluß von der Pumpe zum Ablauf in der Mittellage; Steuerdruck durch nachgeschaltetes Vorspannventil.

c) Mit getrenntem Steuerölanschluß, Steuerdruck durch vorgeschaltetes Vorspannventil.

d) Mit getrenntem Steuerölanschluß, jedoch ohne freien Durchfluß von der Pumpe zum Ablaß; Abfluß des Steueröls getrennt vom Hauptölkreislauf.

e) Ohne getrennten Steuerölanschluß und mit freiem Durchfluß von der Hauptpumpe zum Ablaß, jedoch nicht durch das Hauptsteuerventil, sondern durch das Vorsteuerventil.

Für die Verwendungsmöglichkeiten dieser fünf verschiedenen 4/3-Ventile ergeben sich folgende Richtlinien:

Ein Steuerventil nach Ausführung b oder c würde ohne das in der Abbildung ebenfalls eingezeichnete Vorspannventil überhaupt nicht funktionsgemäß arbeiten. Wenn das Drucköl ohne Gegendruck von der Pumpe zum Ablaß durch das Hauptsteuerventil abfließt, wäre nach der Umsteuerung des Vorsteuerventils von der Mittellage in die Endlage überhaupt kein Betriebsdruck vorhanden, der auf die Kolben des Hauptsteuerventils wirken könnte. Nur durch die Verwendung des in Abb. 211b oder c eingezeichneten Vorspannventils kann erreicht werden, daß ein Druckgefälle für die hydraulische Betätigung des Hauptsteuerventils überhaupt vorhanden ist. Das Vorspannventil muß auf den erforderlichen Steuerdruck eingestellt werden. Ein Ventil nach Ausführung b oder c kann somit überhaupt nur verwendet werden, wenn gleichzeitig ein Vorspannventil verwendet wird. Meist greift man jedoch in diesem Bedarfsfall zur Lösung a mit getrennter Steuerölpumpe, weil die Pumpe oft sogar billiger als das Vorspannventil ist. Ein Steuerschieber nach Ausführung d ohne freien

Durchfluß für den Hauptölstrom von der Pumpe zum Abfluß könnte dagegen ohne weiteres auch mit gemeinsamem Anschluß für Drucköl und Steueröl ausgeführt werden. Es stünde immer der normale Betriebsdruck für die Vorsteuerung zur Verfügung. Soweit also nicht andere Gründe — wie z. B. zu hohe Betriebsdrücke, bei denen die Magnete des Vorsteuerventils nicht mehr mit Sicherheit durchziehen — gegen die Verwendung des Hauptölkreislaufes zur Vorsteuerung sprechen, kann ein solches Ventil nach Ausführung d auch ohne getrennten Anschluß für Steueröl verwendet werden. Das Steuerschema e wurde nur zur Erleichterung des Verständnisses der Zusammenhänge hier mit angeführt. Im allgemeinen wird man kein Vorsteuerventil verwenden, in dem so große Kanalquerschnitte vorgesehen werden, daß der gesamte Hauptölstrom durch den Kurzschlußkanal des Vorsteuerventils strömen kann. Funktionsmäßig wäre die Ausführung e jedoch ohne weiteres möglich.

η) Schaltgeschwindigkeiten und zulässige Schaltzahlen

Bei der Betätigung eines Steuerventils wird in allen Leitungen, in denen vor der Umstellung des Ventils ein Ölstrom vorhanden war, durch die plötzliche Verzögerung der Strömungsgeschwindigkeit ein Druckstoß erzeugt. Die durch die plötzliche Verzögerung der Flüssigkeitssäule erzeugten Druckstöße und Schwingungserscheinungen sind um so stärker, je rascher das Ventil schließt, und es sind deshalb bei rascher schließenden Ventilen besondere Vorkehrungen zu treffen, um diese Druckstöße in zulässigen Grenzen zu halten. Zunächst werden im allgemeinen Steuerkolben mit konischen Übergängen oder mit Kerben versehen, um ein plötzliches Abschließen der Rohrleitungen zu vermeiden. Bei Vorsteuerventilen werden außerdem in die Verbindungsleitung zwischen den Vorsteuerschiebern und den Steuerkolben des hydraulisch betätigten Hauptsteuerventils Drosselelemente eingebaut (Abb. 169), um die Zeit, die zwischen Beginn und Beendigung des Schließvorganges verstreicht, auf beliebig große Werte einstellen zu können. Die Steuerungszeiten der Wegeventile müssen auch auf die Reaktionsgeschwindigkeiten des Sicherheitsventils abgestimmt sein, sonst treten Schwingungserscheinungen in den Druckventilen und in allen Rohrleitungen auf, die unerwünschte Geräusche erzeugen und alle Bauelemente der hydraulischen Anlage weit über die bei stationärer Beanspruchung auftretenden Kräfte hinaus beanspruchen. Es können deshalb z. B. nicht ohne weiteres Ventile für hydraulische Fernbetätigung auch durch Luftdruck und Vorsteuerventile für Luft betätigt werden, weil die Reaktionsgeschwindigkeit bei Vorsteuerung durch Luft wesentlich größer ist als bei Öldruck. Abgesehen von allen Änderungen, die bei der Umstellung auf Vorsteuerung durch Luft zur Vermeidung des Eindringens von Luft in das Hydrauliköl vorgenommen werden müßten, wären an den Impulszylindern der hydraulischen Steuerschieber entsprechende Verzögerungseinrichtungen vorzusehen, die den Betriebsverhältnissen bei Vorsteuerung durch Luft entsprechen.

Umgekehrt wird aber von den Magnetventilen auch oft eine möglichst kurze Reaktionszeit bzw. eine möglichst hohe Schalthäufigkeit verlangt. Die gesamte Reaktionszeit ist dabei diejenige Zeitspanne, die zwischen dem Augenblick, in dem der elektrische Schalter betätigt wird, und dem Augenblick, in dem das Wegeventil seine neue Endlage erreicht hat, vergeht.

In manchen Fällen kommt es nur auf diese gesamte Zeitspanne an, in anderen Fällen wieder kann die Zeitspanne, die zwischen der Betätigung des Schalters vergeht und zwischen dem Augenblick, in dem das Hauptsteuerventil sich zu bewegen beginnt, beliebig groß sein und es kommt nur auf ein rasches Abschließen des Steuerschiebers an.

Die zulässige Schalthäufigkeit liegt mit Rücksicht auf die Erwärmung des Magneten je nach der Stärke des Magneten im Verhältnis zu seiner Beanspruchung meist zwischen 500 und 4000 Schaltungen pro Stunde. Mit kleineren Ventilen werden meist kürzere Schaltzeiten erreicht als mit großen und bei hohen Betriebsdrücken sind ebenfalls besonders lange Schaltzeiten zu wählen, um unzulässig hohe Druckstöße zu vermeiden. Als Durchschnittswerte für die üblichen Schaltzeiten von Magnetventilen können folgende Richtwerte gelten:

$$\begin{array}{rlll} \text{Nennweite:} & 6 \text{ bis } 10 \ldots \ldots & 0{,}1 \text{ bis } 0{,}3 & \text{Sek.} \\ \text{,,} & 10 \text{ ,, } 20 \ldots \ldots & 0{,}2 \text{ ,, } 0{,}45 & \text{,,} \\ \text{,,} & 25 \text{ ,, } 30 \ldots \ldots & 0{,}5 \text{ ,, } 1 & \text{,,} \end{array}$$

Diese Richtwerte gelten für Zweipositions-Vierwegeventile mit Federrückführung in eine Endlage. Für Ventile mit zwei Magneten können um 30% kürzere Schaltzeiten zugelassen werden. Unter der Schaltzeit ist dabei die Zeitspanne von der Erregung des Magneten bis Hubende des Ventilkolbens zu verstehen.

Die kürzesten Reaktionszeiten, die zwischen dem Augenblick, in dem ein Druckknopf betätigt wird, und dem Beginn der Kolbenbewegung vergeht, die heute mit Wegeventilen überhaupt erreicht werden, liegen etwa bei 0,01 und 0,03 Sek. und die höchsten Schalthäufigkeiten etwa bei 200 Schaltungen/Min. In solchen hydraulischen Antrieben mit Steuerventilen mit besonders kurzen Reaktionszeiten müssen aber selbstverständlich auch entsprechende Maßnahmen getroffen werden, um das Auftreten von Flüssigkeitsstößen zu vermeiden. Entweder es dürfen nur ganz kurze Rohrleitungen zwischen Speicher und Ventil verwendet werden oder es sind Sicherheitsventile mit entsprechend hoher Ansprechgeschwindigkeit in unmittelbarer Nähe des Steuerventils vorzusehen. Auch die wesentlich höhere Elastizität von Schläuchen gegenüber Rohrleitungen aus Metall kann dazu verwendet werden, um bei hohen Schließgeschwindigkeiten das Auftreten von Flüssigkeitsstößen zu vermeiden.

ϑ) Anpassung eines Ventils an verschiedenartige Aufgaben durch Baukastensystem für verschiedene Betätigungsarten

Die Abb. 212 und 213 zeigen eine Zusammenstellung verschiedener Mehrwegelängsschieber, die von einer Erzeugerfirma für Betriebsdrücke bis 200 atü für folgende Betätigungsarten hergestellt werden:

mechanisch (m),
elektromagnetisch (el) und
hydraulisch (hy).

Die meisten dieser Ventile werden außerdem mit Rohranschlüssen an dem Ventilkörper als Einzelventile für Fördermengen bis zu 90 l/Min. und als Blockventile für Liefermengen bis zu 120 l/Min. ausgeführt. Aus der Zusammenstellung der einzelnen Ventiltypen ist auch ersichtlich, welche Typen als Einzelventile, welche als Blockventile und welche Typen für die verschiedenen Betätigungsarten gebaut werden.

Abb. 212 soll zeigen, wie durch Anbau verschiedener Deckel und Hilfselemente an ein und demselben Ventilkörper sowie durch Verwendung verschiedener Kolben in einem Körper die Ventiltypen mit den Funktionen nach Abb. 213 zusammengesetzt werden können, wobei in all den vielen Ventiltypen nach Abb. 213 nur zwei verschiedene Ventilblöcke für eine Größe der Schieberserien erforderlich sind.

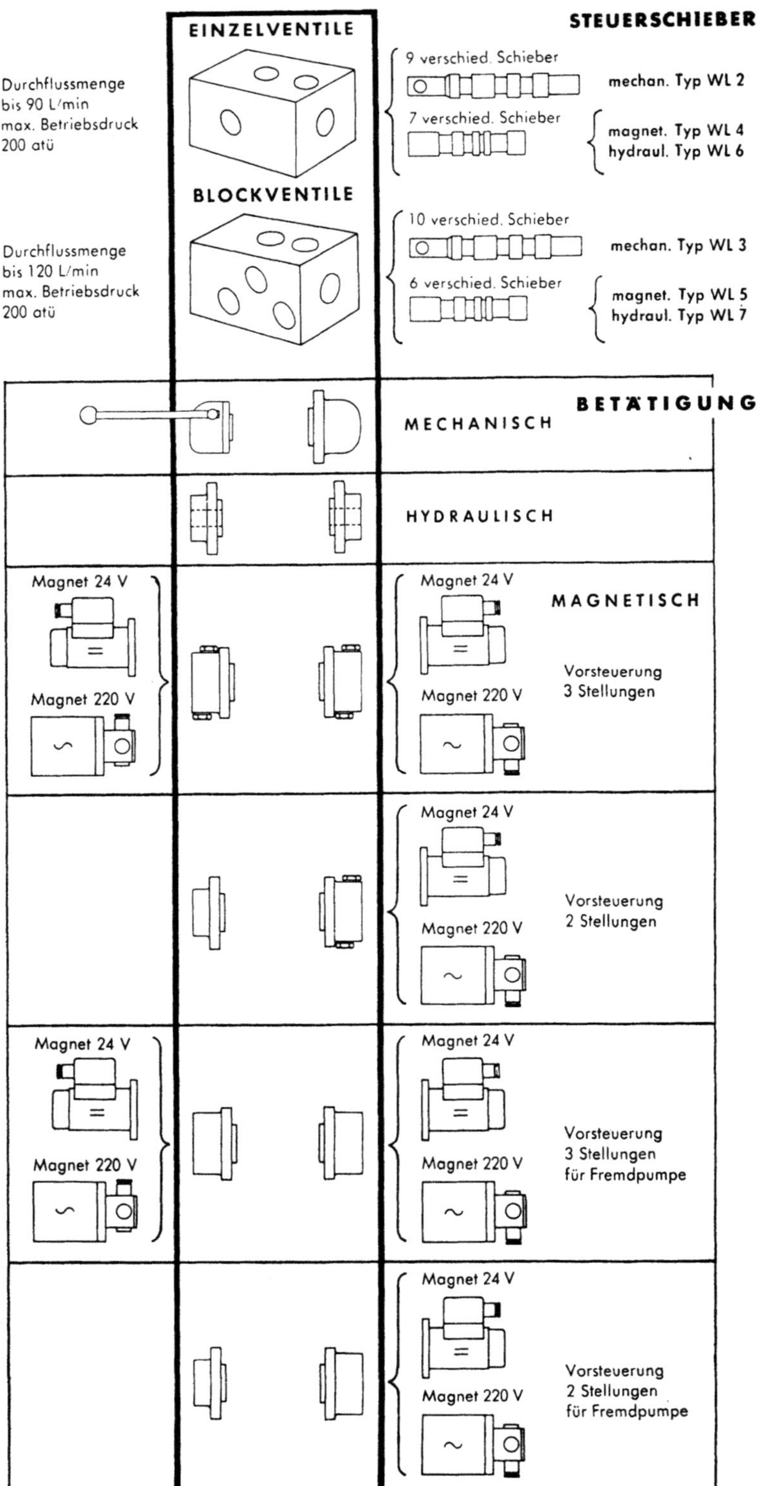

Abb. 212. Variationsmöglichkeiten für die Zusammenstellung von Mehrwegeventilen aus verschiedenen Bausteinen (Ate)

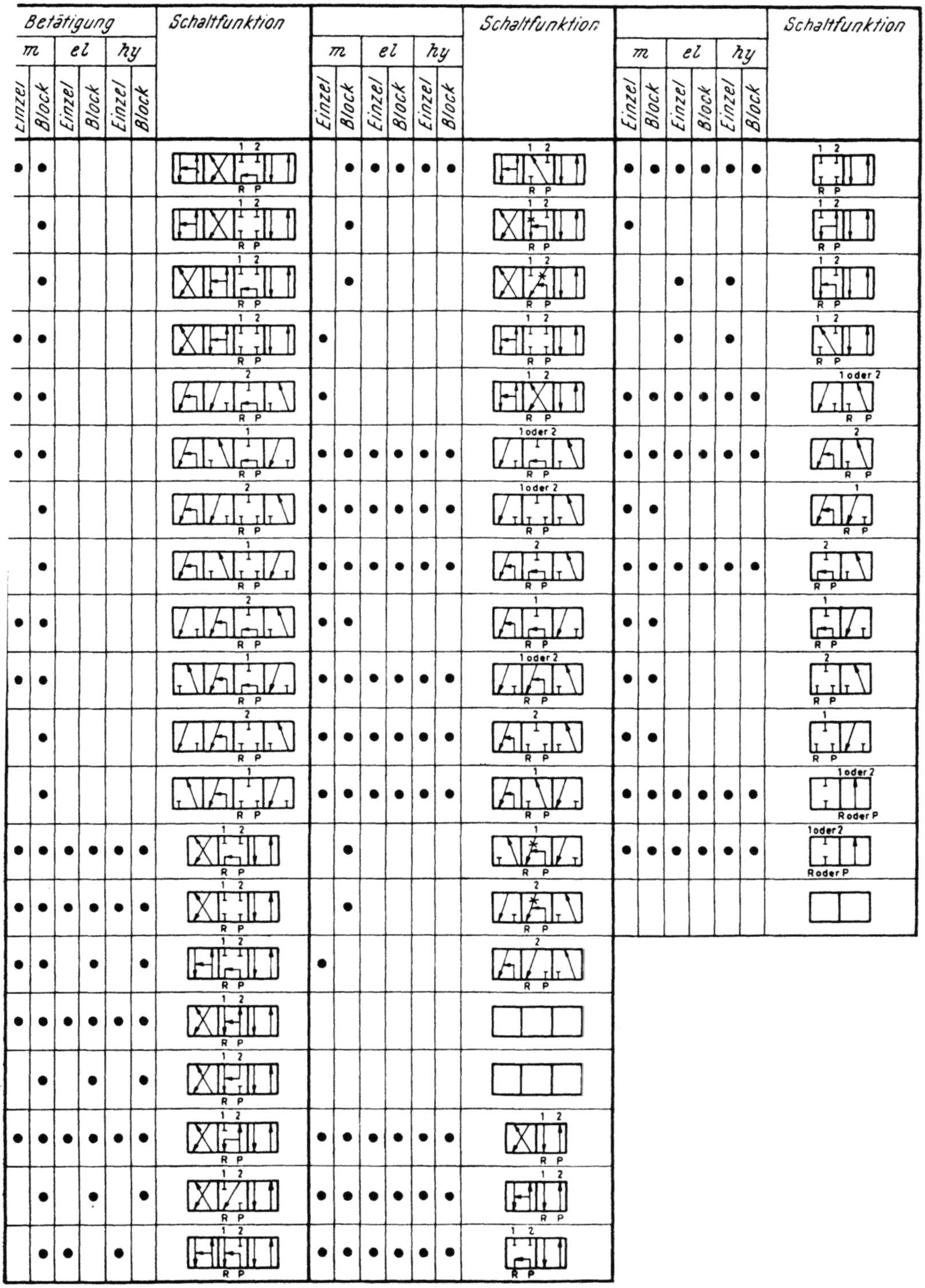

Abb. 213. Normbautypen von Wegeventilen für verschiedene Schaltfunktionen und Betätigungsarten (Ate)

ι) Die Strömungswiderstände in Wegeventilen

Meist wird für Steuerventile eine bestimmte zulässige Stromstärke angegeben, bei der der Strömungswiderstand einen vorgeschriebenen, zulässigen Grenzwert überschreitet. Richtiger wäre es, für jedes Steuerventil die Abhängigkeit des Durchflußwiderstandes in atü von der Stromstärke in l/Min. für jeden einzelnen Kanal des Ventils anzugeben. Denn je nach den Betriebsbedingungen kann einmal ein hoher und ein anderes Mal nur ein niederer Druckabfall im Steuerventil zugelassen werden und es kann dann nur an Hand der bekannten Zusammenhänge zwischen Stromstärke und Druckabfall in jedem einzelnen Kanal des Ventils für einen bestimmten Anwendungsfall entschieden werden, ob das Ventil geeignet ist oder nicht.

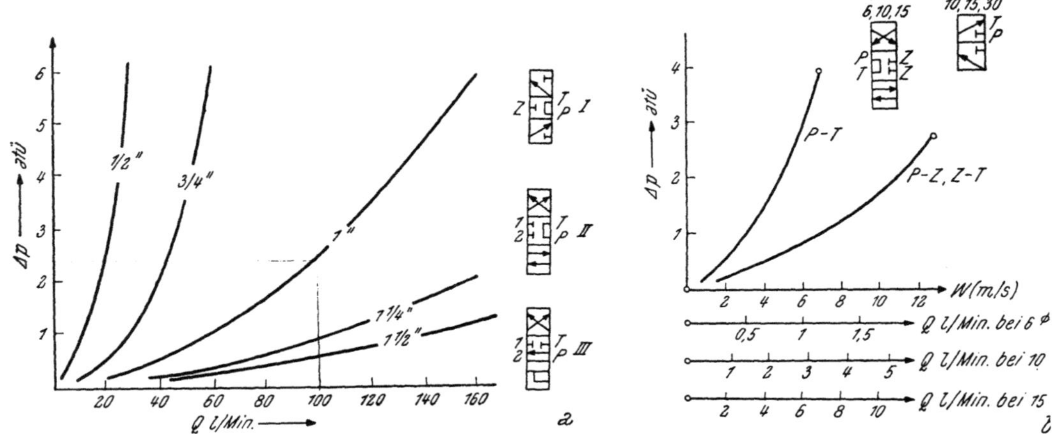

Abb. 214 a und b. Zunahme des Druckverlustes in Wegeventilen mit der Stromstärke bzw. Strömungsgeschwindigkeit

Für Drei- und Vierwegelängsschieber mit den meist verwendeten Kanalführungen und etwa zwei Umlenkungen im Ventil in jedem einzelnen Kanal ergeben sich aber oft für alle Kanäle des Ventils und auch für Drei- und Vierwegeventile der gleichen Nennweite nahezu die gleichen Zusammenhänge zwischen Stromstärke und Druckabfall. Abb. 214a zeigt z. B. den Zusammenhang zwischen Stromstärke und Druckabfall für Ventile einer bestimmten Konstruktion für R $^1/_2$ Zoll, R $^3/_4$ Zoll, R 1 Zoll, R $1^1/_4$ Zoll und R $1^1/_2$ Zoll Rohranschluß, wobei diese Zusammenhänge mit Abweichungen von höchstens 10% für alle Kanäle in den drei in den Schaltsymbolen I, II, III dargestellten Schiebern gelten. Es treten bei diesen Ventilen sowohl in dem Kanal von der Pumpe zum Tank als auch in dem Kanal von der Pumpe zum Anschluß 1, 2 sowie in dem Kanal vom Anschluß 1, 2 zum Tank ungefähr die gleichen Druckverluste bei der gleichen Stromstärke auf.

Abb. 214b zeigt den Zusammenhang zwischen Strömungsgeschwindigkeit und Druckabfall im Ventil für eine Baureihe von Ventilen einer anderen Konstruktion für 6, 10 und 15 mm Rohranschluß mit freiem Durchfluß in der Mittellage von der Pumpe zum Tank. Bei dieser Konstruktion mit durchbohrtem Kolben ist der Strömungswiderstand in der Mittellage für den freien Abfluß von der Pumpe zum Tank durch den durchbohrten Kolben wesentlich größer als der Widerstand für den Strom von der Pumpe zum Zylinder und vom Zylinder zum Tank.

Da der Druckabfall bei diesen Ventiltypen bei gleicher Strömungsgeschwindigkeit bei verschieden großen Ventilen immer gleich groß ist, kann der Zusammenhang zwischen Stromstärke und Druckabfall für verschieden große Ventile
hier durch eine einzige Kurve dargestellt werden.

Abb. 215 und 216 zeigen schließlich an dem Beispiel eines kombinierten Längs-
und Drehschiebers, daß sich für Ventile mit ganz verschiedenartiger Gestaltung
der Kanäle für die einzelnen Stromwege durch das Ventil, selbstverständlich
auch für diese einzelnen Kanäle, ganz verschiedenartige Zusammenhänge zwischen
Stromstärke und Druckabfall ergeben.

Aus den hier herausgegriffenen Beispielen zeigt sich also, daß, wie ja nicht
anders zu erwarten, der Zusammenhang zwischen Stromstärke und Strömungs-

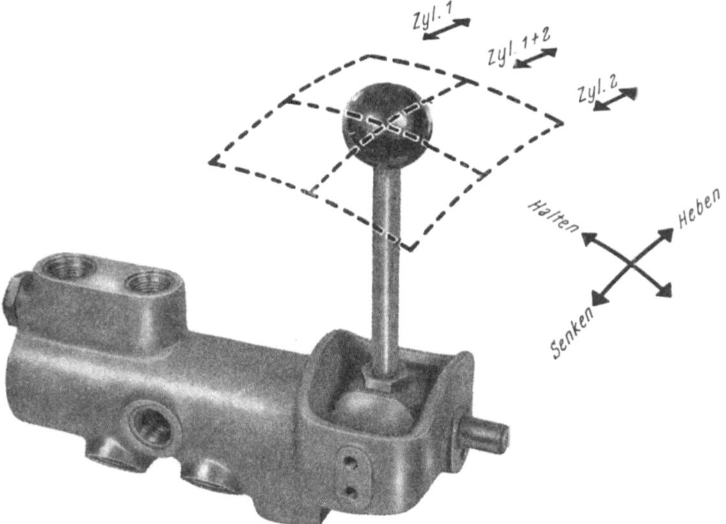

Abb. 215 a. Kombinierter Längsdrehschieber. Darstellung des Zusammenhanges zwischen den Bewegungen
der Zylinder *1* und *2* und den Bewegungen des Steuerhebels am Ventil (Ate)

widerstand bei Ventilen verschiedener Bauart auch ganz verschieden ist. Bei
manchen Bauarten ist der Widerstand in allen Kanälen eines Ventils nahezu
gleich groß, bei anderen wieder gilt in jedem Kanal ein ganz anderer Zusammenhang.

Bei manchen Baureihen ist der Strömungsvorgang in Ventilen verschiedener
Größe ähnlich, es kann dann die Zunahme des Widerstandes mit der Stromstärke
für alle Ventilgrößen durch eine einzige Kurve dargestellt werden, wenn statt
des Zusammenhanges zwischen Stromstärke und Druckabfall der Zusammenhang
zwischen Strömungsgeschwindigkeit und Druckabfall dargestellt wird.

Abb. 217 zeigt das Ergebnis von Versuchen zur Bestimmung des Einflusses
der Abmessungen der Ringkanäle in Längsschiebern auf den Druckverlust im
Schieber und gibt damit gewisse Anhaltspunkte für die mit Rücksicht auf die
Strömungsvorgänge im Ventil zweckmäßige Gestaltung eines Längsschiebers.

ϰ) Die Bedeutung der Überdeckung für die Funktion der Mehrwegeschieber

Unter Überdeckung versteht man die Länge des zylindrischen Dichtungsspaltes zwischen zwei Räumen mit verschiedenen Drücken im Schiebergehäuse.

Die Überdeckung in der Ruhelage wird meist mit 0,2 bis 0,25 d gewählt. Durch längere Dichtungsflächen könnte wohl die Leckölmenge, die der Länge der zylindrischen Dichtungsfläche verkehrt proportional ist, verkleinert werden, es bestünde dann aber die Gefahr, daß der Schieber klemmt. Außerdem sind meist möglichst kurze Schaltwege erwünscht, die dann auch eine möglichst kleine Überdeckung in der Ruhelage verlangen. Bei den meist üblichen Spaltbreiten des Dichtungsringes von 0,002 bis 0,004 mm nimmt man deshalb die bei einer Überdeckung von 0,2 bis 0,25 d auftretenden Leckölmengen in Kauf.

Während des Schaltvorganges verändert sich die Länge der Überdeckung in jedem Ringquerschnitt und nach einem bestimmten von der Bauart des Schiebers abhängigen Kolbenweg wird die Länge des Dichtungsspaltes gleich Null und der Schieber öffnet einen Querschnitt.

Ein „Schieber mit positiver Überdeckung", Abb. 218, verschließt während der Schaltbewegung zuerst die Verbindung von der Pumpe zum Abfluß und öffnet dann erst den Querschnitt von der Pumpe zum Verbraucher.

Ein „Schieber mit negativer Überdeckung" (Abb. 219) öffnet zuerst die Verbindung mit der Pumpe zum Verbraucher und schließt dann erst die Verbindung von der Pumpe zum Tank. Während der Schaltbewegung stehen also kurzzeitig z. B. alle drei Anschlüsse eines 3/3-Ventils oder alle vier Anschlüsse eines 4/3-Ventils — wenn auch nur mit stark gedrosseltem Querschnitt — miteinander in Verbindung.

Um ein Absinken der Last oder eine gegenseitige Beeinflussung der Zylinder zu vermeiden, kann zwischen den Verbraucher und das Steuerventil ein gesteuertes Rückschlagventil eingebaut werden oder es kann ein Steuerschieber mit negativer Überdeckung nach Abb. 220 verwendet werden, in dem bereits ein Rückschlagventil vorgesehen ist, wobei der Rückstrom vom Verbraucher dann über einen zusätzlichen Steuerkanal geleitet wird.

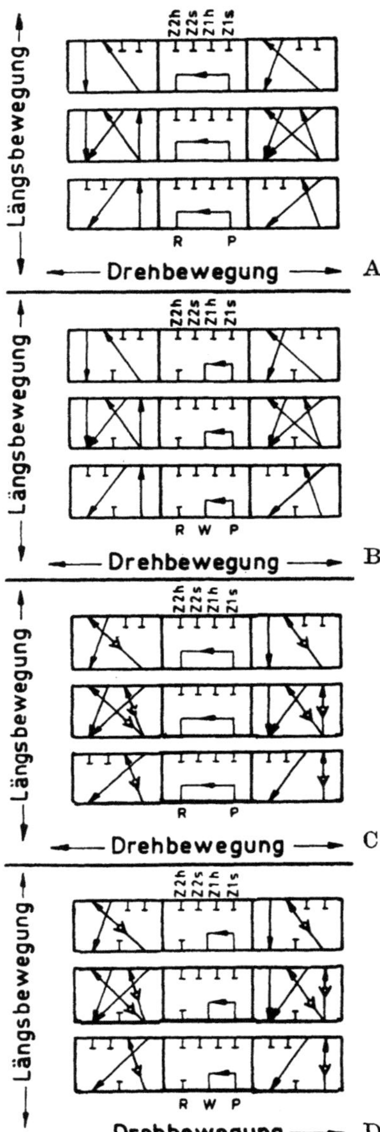

Abb. 215 b. Kombinierter Längsdrehschieber. Verschiedene erreichbare Kanalführungen in den neun verschiedenen Stellungen des Betätigungshebels nach Abb. 215 a (Ate)

Um zu vermeiden, daß bei kleiner Last und bei hohem Umlaufdruck durch Lecköl, das in den Steuerquerschnitt vor dem Rückschlagventil eintritt, eine unbeabsichtigte Bewegung der Last eintritt, kann der Raum vor dem Rückschlagventil durch einen Leckölausschluß drucklos gehalten werden.

Ist in 6/3-Ventilen mit negativer Überdeckung, die aus einem 4/3- und einem parallelgeschalteten Zweiwegeventil bestehen, kein solches Rückschlagventil

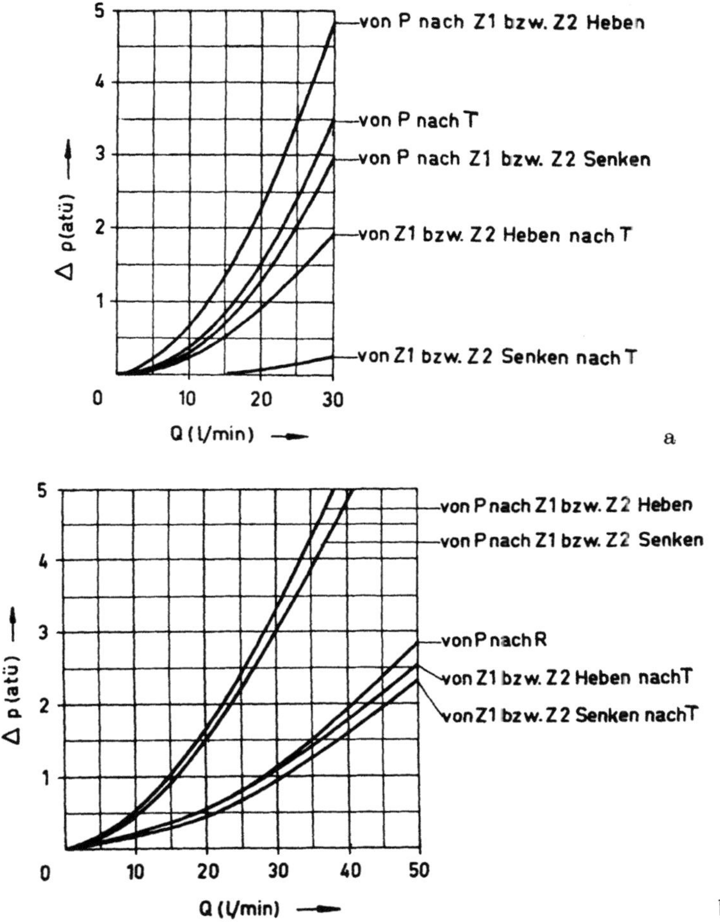

Abb. 216. Abhängigkeit des Durchflußwiderstandes von der Stromstärke eines Längsdrehschiebers nach Abb. 215. a) Schieber für maximal 30 l/Min., b) Schieber für maximal 50 l/Min. (Ate)

vorgesehen, so kann das Rücksinken der Last auch durch ein in den Zulauf des Schiebers eingebautes Rückschlagventil verhindert werden.

Schieber mit negativer Überdeckung werden meist verwendet, wenn beim Schaltvorgang keine oder nur möglichst geringe Druckstöße auftreten sol-

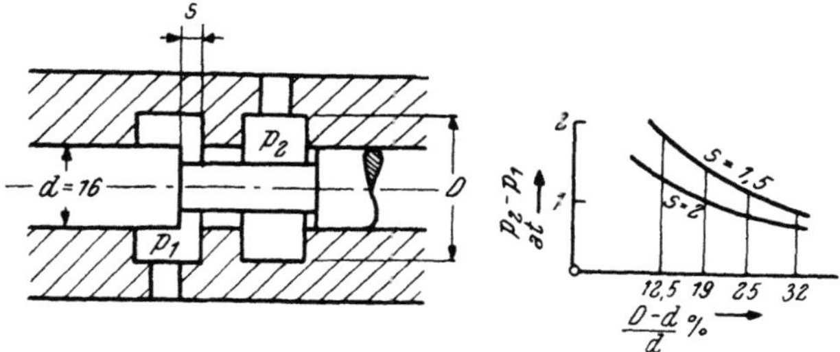

Abb. 217. Einfluß der Gehäuseabmessungen auf den Druckverlust in Steuerschiebern

len. Sie haben dagegen den Nachteil, daß besondere Maßnahmen, wie z. B. die oben erwähnten Rückschlagventile zur Verhinderung eines Absinkens der Last oder anderer Rückwirkungen eines Verbrauchers auf einen anderen, erforderlich werden.

Die normalerweise verwendeten Schieber mit positiver Überdeckung verursachen zwar besonders bei rascher Schaltbewegung starke Druckstöße, ein

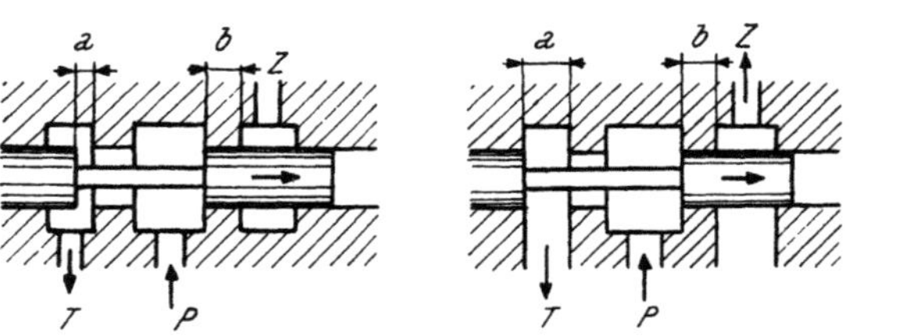

Abb. 218. Dreiwegeventil mit positiver Überdeckung

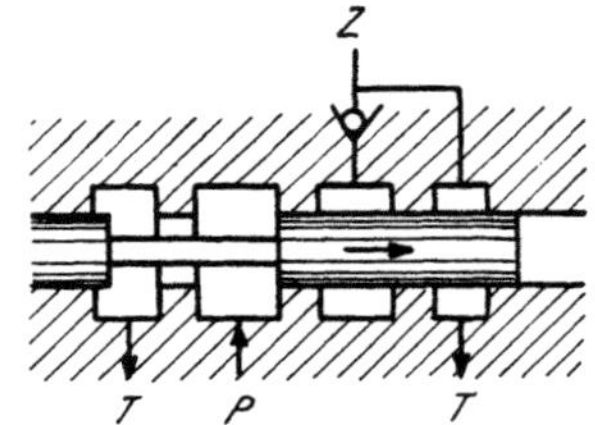

Abb. 219. Dreiwegeventil mit negativer Überdeckung

Abb. 220. Dreiwegeventil mit negativer Überdeckung und Rückschlagventil

unerwünschtes Absinken der Last während des Schaltens ist jedoch bei positiver Überdeckung nicht möglich.

Im allgemeinen werden die Steuerquerschnitte der Mehrwegeventile so ausgelegt, daß die Öffnung eines geometrischen Querschnittes erst nach einer gewissen Kolbenbewegung des Steuerkolbens einsetzt. Erst wenn der Kolben z. B. in Abb. 221a den Weg von 3 mm zurückgelegt hat, beginnt sich der vor dem Einsetzen der Kolbenbewegung verschlossene Querschnitt $1-T$ zu öffnen und erst nach einem Hub von 4 mm beginnt der Querschnitt $P-2$ zu öffnen. Umgekehrt ist bei der Schließbewegung auch der Schließvorgang bereits beendet, wenn der Kolben noch 3 bzw. 4 mm von seinem anderen Hubende entfernt ist.

Ein Schieber mit negativer Überdeckung nach Abb. 221b öffnet den zu öffnenden Querschnitt bereits während der Kolbenbewegung, bevor der zu schließende Querschnitt ganz geschlossen ist. Die in Abb. 221b gezeichneten Linien geben den geometrischen Querschnitt der einzelnen Kanalverbindungen in verschiedenen Kolbenstellungen eines Ventils mit negativer Überdeckung an. Bedeutet z. B. $P-T$ den Querschnitt von der Pumpe zum Tank, $P-2$ den Querschnitt von der Pumpe zu einer Zylinderseite und $1-T$ den Querschnitt zwischen der anderen Zylinderseite zum Tank während der

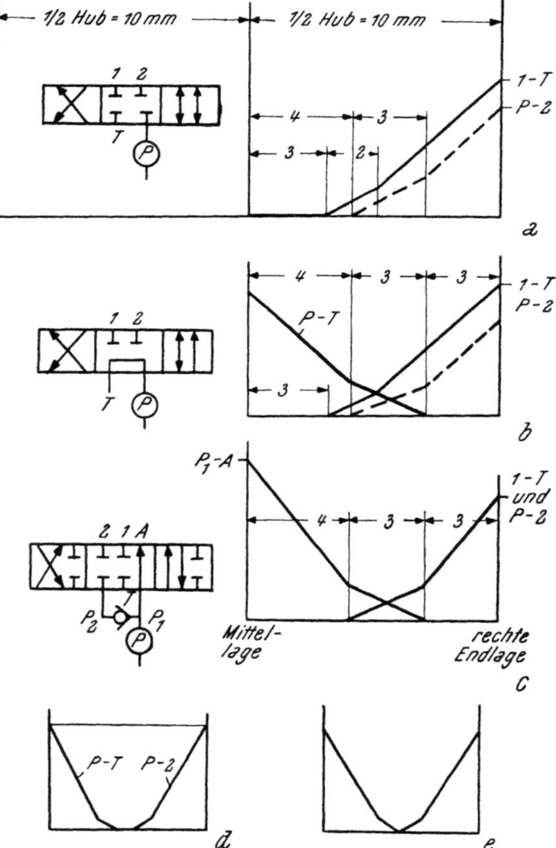

Abb. 221. Ventileröffnungskurven von Dreipositionsventilen. b), c) Negative Überdeckung, d) positive Überdeckung

Verschiebung des Kolbens eines solchen Ventils, so bleibt der geometrische freie Querschnitt für die Abströmung des Öls von der Pumpe $(P—T) + (P—2)$ während der gesamten Hubbewegung des Steuerkolbens geöffnet, wenn auch etwa in der Hubmitte des Kolbens eine starke Drosselung eintritt.

Der tatsächlich freie Querschnitt ist aber mit dem geometrischen Querschnitt nicht identisch. Vor Beginn der Bewegung tritt infolge der Leckölverluste durch den Ringspalt zwischen Kolben und Zylinder eine gewisse Leckölmenge hindurch, die um so größer ist, je kleiner die Überdeckung ist. Umgekehrt tritt infolge der Kontraktion während der Kolbenbewegung in den geöffneten Querschnitten eine Verkleinerung des praktisch wirkenden Querschnittes gegenüber dem geometrischen Querschnitt ein (Abb. 222).

Bedeuten x und y die tatsächlich freien Querschnitte $P—A$ und $P—1$ unter Berücksichtigung der Kontraktion für die Strömung von der Pumpe zum Tank bzw. zu einer Zylinderseite, so erreicht der freie Abströmquerschnitt für den Ölstrom von der Pumpe $x + y$ etwa in der Mittellage zwischen zwei Hauptstellungen des Schiebers ein Minimum und es kommt dadurch zur Entstehung von Druckstößen.

Um diese Querschnittsverminderung während der Kolbenbewegung zu vermeiden, werden Steuerschieber mit besonders starker negativer Überdeckung (Abb. 222) verwendet. Die Überdeckung kann dabei zum Teil auch durch Kerben im Dichtungskolben erreicht werden. Es ergibt sich dann wie in Abb. 221 a, b, c ein Knick in der Eröffnungskurve. Bei starker negativer Überdeckung des Steuerschiebers kann erreicht werden, daß die

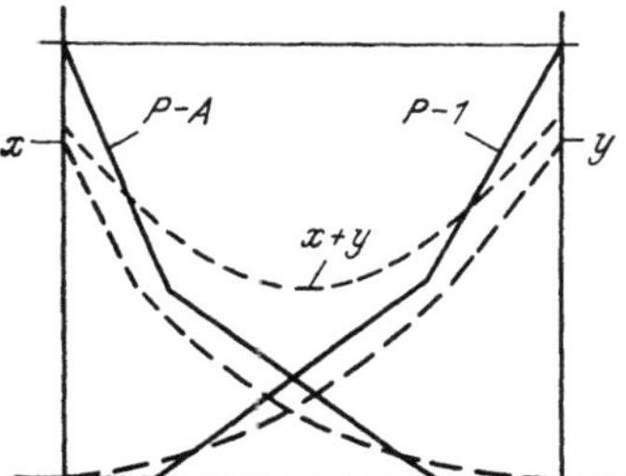

Abb. 222. Freier Strömungsquerschnitt unter Berücksichtigung von Kontraktion und Lecköl in Steuerschiebern mit negativer Überdeckung

Summe aus den tatsächlich freien Querschnitten $x + y$ während der ganzen Hubbewegung des Steuerkolbens ganz konstant bleibt. Es tritt somit während der Steuerbewegung kaum eine Einschränkung des Abflußquerschnittes ein und somit kommt es auch nicht zur Entstehung von Druckstößen. Allerdings müssen dann bei solchen Schiebern mit starker Überdeckung infolge der geringen Länge der Dichtungsspalte hohe Leckölverluste in Kauf genommen werden.

Außerdem können bei Schiebern mit negativer Überdeckung in der Mittellage während einer Hubbewegung des Steuerkolbens auch Druckimpulse durch den Schieber hindurchtreten, die oft unerwünschte Reaktionen an den Zylindern verursachen, mit denen sie in Verbindung stehen.

Da kurzzeitig die drei Anschlüsse des Ventils zur Pumpe, zum Verbraucher und zum Tank miteinander verbunden werden, könnte z. B. ein unerwünschtes Absinken einer Last während des Schaltvorganges eintreten und es ist deshalb entweder ein Ventil mit eingebautem Rückschlagventil zwischen Verbraucher und Ventil zu verwenden oder es sind an geeigneter Stelle gesonderte Rückschlagventile einzubauen wie im Schaltsymbol nach Abb. 221 c.

λ) Regelung der Stromstärke durch Schieber für Feinsteuerung

Die Bewegungsgeschwindigkeit eines Kolbens kann bei Verwendung von Wegeventilen für Handsteuerung oder mechanische Betätigung durch die Veränderung der Lage des Steuerkolbens im Wegeventil beeinflußt werden. Eine feinfühlige Regelung des Drosselquerschnittes ist dabei nur mit Ventilen möglich, deren Kolben an den Enden der Steuerflächen entweder einen konischen Abschnitt oder Axialkerben hat. Je nach der Bauart des Steuerventils kann durch die Veränderung der Lage des Steuerkolbens im Ventilkörper entweder die zum

Zylinder zufließende Ölmenge durch die Drosselung des Zuflußquerschnittes im Steuerventil verändert werden oder es kann die von der anderen Seite des Arbeitskolbens zurückfließende Ölmenge durch Drosselung des zurückfließenden Öls gedrosselt werden.

In Vierwegeventilen, in denen der Querschnitt von der Pumpe zu der einen Zylinderseite, $P—2$, gleichzeitig mit dem Querschnitt von der anderen Zylinderseite zum Tank, $1—T$, geöffnet wird, wird sowohl der Zufluß als auch der Abfluß gedrosselt (z. B. Abb. 221 c). In Schiebern, in denen der Querschnitt $1—T$ früher öffnet als der Querschnitt $P—2$, wird in erster Linie der Zufluß gedrosselt, in Schiebern, in denen der Querschnitt $P—2$ früher öffnet als der Querschnitt $1—T$, wird vornehmlich der Abfluß gedrosselt. Die Stromstärke durch die Drosselstelle und damit die Bewegungsgeschwindigkeit des Arbeitskolbens ist jedenfalls dem Druckgefälle zwischen dem Druck vor und dem Druck hinter der Drosselstelle proportional. Sowohl bei Zuflußdrosselung als auch bei Abflußdrosselung verhalten sich deshalb Schieber mit positiver Überdeckung anders als solche mit negativer Überdeckung:

Bei der Stromregelung durch Zuflußdrosselung mit Schiebern positiver Überdeckung wird zuerst ein Schaltweg durchfahren, bei dem der Querschnitt $P—T$ verkleinert wird, der Querschnitt $P—2$ jedoch geschlossen bleibt. Erst nach Schließen des Rücklaufquerschnittes $P—T$ wird der Querschnitt $P—2$ geöffnet. Vor dem Drosselquerschnitt des Schiebers herrscht deshalb im Augenblick der allmählichen Öffnung des Querschnittes $P—2$ immer der durch das Überdruckventil bestimmte Netzdruck, P Maximum. Hinter der Drosselstelle herrscht ein durch die Belastung des Kolbens bestimmter Druck. Der Strom durch die Drossel ist deshalb um so stärker, je geringer die Belastung des Kolbens ist, und um so schwächer, je stärker der Kolben belastet ist. Die Regelung der Kolbengeschwindigkeit erfolgt deshalb um so feinfühliger, je stärker der Kolben belastet ist.

Bei der Stromregelung durch Zuflußdrosselung mit Schiebern mit negativer Überdeckung dagegen ist die Regelung um so feinfühliger, je geringer der Lastdruck ist: Unmittelbar nach der Öffnung des Querschnittes zwischen $P—2$ ist der Querschnitt $P—T$ noch geöffnet. Bei weiterer Vergrößerung des Querschnittes $P—2$ wird der Querschnitt $P—T$ allmählich geschlossen. Erst wenn der durch die Verkleinerung des Querschnittes $P—T$ allmählich ansteigende Druck den durch die Last erzeugten Druck übersteigt, beginnt sich der von der Pumpe kommende Ölstrom in zwei Teilströme, $P—T$ und $P—2$, aufzuteilen. Mit fortschreitender Bewegung des Steuerkolbens wird dann ein immer größerer Teil des gesamten Förderstromes der Pumpe zum Verbraucher geleitet. Das Druckbegrenzungsventil bleibt jedoch geschlossen, bis der Verbraucher an seiner weiteren Bewegung durch mechanischen Anschlag gehindert wird.

Bei einer bestimmten Stellung des Ventilsteuerkolbens ist der Teilstrom $P—T$ der Druckdifferenz zwischen dem Druck vor und hinter der Drosselstelle proportional. Diese Druckdifferenz entspricht aber etwa dem durch den Lastdruck bestimmten Druck in der Kammer zwischen den Querschnitten $P—2$ und $P—T$ im Steuerschieber, denn der Querschnitt $P—2$ ist im Bereich der Fühlersteuerung meist schon größer als der Querschnitt $P—T$. Mit steigendem Lastdruck wird jedoch auf alle Fälle der Weg des Steuerkolbens vom Punkt, in dem der Strom zum Verbraucher überhaupt erst beginnt, bis zum vollständig geöffneten Querschnitt $P—2$ immer kleiner. Es ist deshalb auch bei starker Belastung des Verbrauchers keine so feinfühlige Regelung mehr möglich wie bei geringen Lastdrücken, bei denen die Bewegung des Verbrauchers schon unmittelbar nach Eröffnung des Querschnittes $P—1$ einsetzt.

Um eine von der Belastung des Verbrauchers unabhängige Regelung der Stromstärke in Abhängigkeit von der Lage eines Steuerhebels zu erreichen, werden auch Mehrwegeventile mit Stromreglern in einem Ventilkörper gemeinsam zusammengebaut. Solche Wegeventile mit eingebauten Stromreglern ermöglichen dann eine Regelung der Stromstärke unmittelbar im Wegeventil, die von der Belastung des Verbrauchers vollkommen unabhängig ist. Es entspricht dabei einer bestimmten Hebelstellung immer eine bestimmte, von der Belastung vollkommen unabhängige Bewegungsgeschwindigkeit des Verbrauchers.

μ) Statische und dynamische Kräfte auf den Steuerkolben

Auf den Steuerkolben in Wegeventilen wirken bei unsymmetrischer Belastung der gesamten Oberfläche des Kolbens sowohl in axialer als auch in radialer Richtung statische Druckkräfte, die dem Öldruck proportional sind. Bei der Strömung durch die einzelnen Kanäle treten außerdem noch Impulskräfte auf, die durch die Strömung des Öls im Schieber entstehen. Alle diese Kräfte können bei hohen Drücken und großen Schiebern so groß werden, daß eine Betätigung des Schiebers von Hand überhaupt nicht mehr oder nur sehr schwer möglich ist. Noch wichtiger als bei hand- oder mechanisch betätigten Schiebern ist die Einhaltung kleiner Stellkräfte jedoch bei magnetbetätigten Schiebern ohne Vorsteuerung.

Statische Druckbelastung in axialer und radialer Richtung. Im allgemeinen wird durch eine symmetrische Gestaltung des Kolbens sowohl in radialer als auch in axialer Richtung ein Druckausgleich erzielt. Bei Drehschiebern müssen die einzelnen Druckölzu- und -ableitungen derart symmetrisch angeordnet werden, daß der Kolben nicht an eine Seite der zylindrischen Führung gepreßt wird. Erforderlichenfalls sind geeignete symmetrisch angeordnete Ausgleichsflächen vorzusehen, auf die jeweils der gleiche Flüssigkeitsdruck wirkt.

Bei Längsschiebern muß für den Druckausgleich gesorgt werden, der infolge der oft verschieden großen Druckangriffsflächen an den Stirnseiten der Steuerkolben entsteht. Bei kleineren Drücken kann die Kolbenstange nur an einer Seite zum Betätigungshebel herausgeführt werden. Innerhalb des Schiebers wirkt dann eine der Querschnittsfläche der Kolbenstange entsprechende Axialkraft. Bei größeren Schiebern und höheren Drücken ist entweder an einer durchgehenden Kolbenstange durch einen Leckölanschluß ein Druckausgleich zu schaffen (Abb. 188) oder aber die Betätigung des Steuerkolbens erfolgt derart durch einen Stößel zwischen Handhebel und Steuerkolben, daß die beiden Stirnseiten des Steuerkolbens innerhalb des Schiebergehäuses durch den gleichen Öldruck beaufschlagt werden können.

Eine ungleiche Druckverteilung, die infolge von Bearbeitungsfehlern oder durch thermische Spannungen zustande kommt, wird durch Ringnuten in den Steuerschiebern ausgeglichen, die für eine gleichmäßige Druckverteilung auf dem Umfang des Schiebermantels sorgen. Durch diese kreisförmigen Rillen an der Kolbenoberfläche kann dann ein Druckausgleich und damit eine Verringerung der Anpreßkräfte zwischen Kolben und Zylinderwand erreicht werden. Die Rillen an den Steuerkolben im Wegeventil dienen also in der Hydraulik weniger einer Erhöhung der Dichtheit durch Labyrinthwirkung in den Schiebern, sondern vornehmlich dem Druckausgleich über dem gesamten Umfang des Steuerkolbens. Die Kanäle aller Ventiltypen sollen nach Möglichkeit so ausgebildet werden, daß überhaupt keine Querkräfte auftreten. Hierauf ist insbesondere bei Drehschiebern und Ventilen zu achten, in denen gleichzeitig Längs- und Drehbewegungen der Steuerkolben auftreten. Infolge von unver-

meidlichen Abweichungen von der kreiszylindrischen Form und infolge von
eindringenden Verunreinigungen an verschiedenen Zylinderseiten usw. ist aber
insbesondere bei Drehschiebern niemals ein vollkommener Druckausgleich
möglich. Drehschieber werden deshalb auch meist für niedrigere Drücke verwendet und erreichen auch nach längeren Betriebszeiten nicht die gleiche
Dichtheit wie Ventile mit axialverschiebbaren Steuerkolben.

Impulskräfte durch die Flüssigkeitsströmung. Strömt aus einem Gefäß ein
Flüssigkeitsstrahl aus, so wirkt auf dieses Gefäß ein Rückstoß von der Größe

$$A = \frac{\gamma \cdot Q \cdot w}{60\,g}.$$

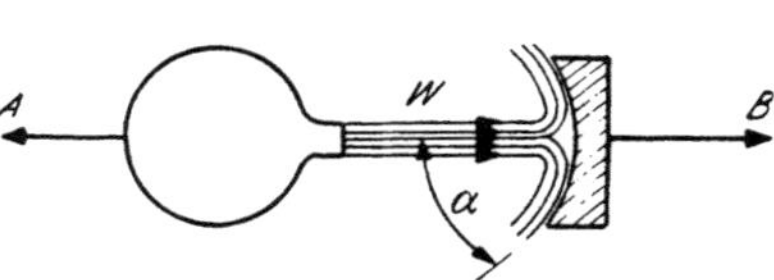

Abb. 223. Rückstoß A und Strahlimpuls

Wirkt der aus dem Gefäß austretende Flüssigkeitsstrahl auf eine Turbinenschaufel oder
einen ähnlichen Körper, so wirkt auf diesen
eine Kraft von der Größe (Abb. 223)

$$B = \frac{\gamma \cdot Q \cdot w\,(1 + \cos \cdot \alpha)}{60\,g}.$$

Strömt in ähnlicher Weise aus einem Ringraum eines Steuerschiebers ein Öl-
strahl aus (Abb. 224), wobei der Zuflußquerschnitt E wesentlich größer ist als
der Abflußquerschnitt A, so wirkt ein Rückstoß

$$A = -\frac{\gamma \cdot Q \cdot w}{60\,g}$$

auf den Steuerkolben.

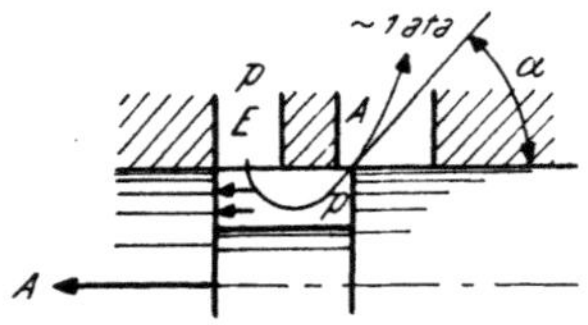

Abb. 224. Rückstoßwirkung auf den Steuerkolben

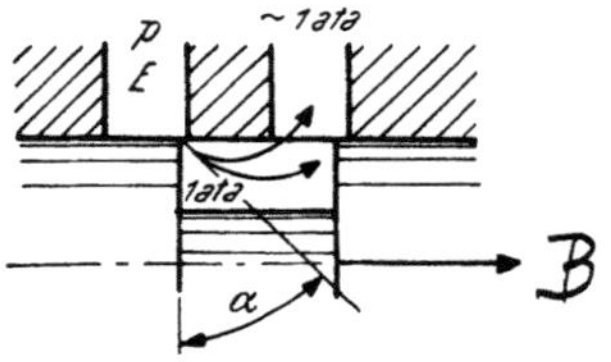

Abb. 225. Wirkung des Strahlimpulses auf den Steuerkolben

Strömt dagegen aus einem engen Spalt ein Strahl gegen einen Ringquerschnitt des Steuerschiebers (Abb. 225), wobei E wesentlich kleiner ist als A,
so wirkt eine Impulskraft

$$B = -\frac{\gamma \cdot Q \cdot w}{60\,g}$$

in entgegengesetzter Richtung auf den Kolben.

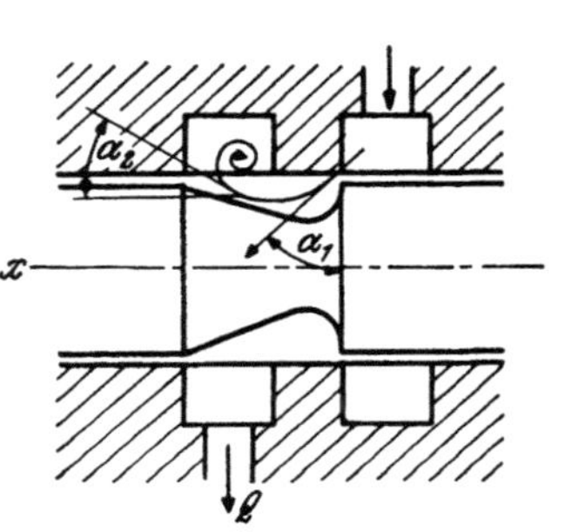

Abb. 226. Ausgleich der auf den
Steuerkolben wirkenden Axialkräfte
durch Rückstoß und Strahlimpuls

Nur wenn die beiden Querschnitte A und E
etwa gleich groß sind — was im geöffneten Zustand
des Schiebers ja oft der Fall ist —, kann durch
die zweckmäßige Gestaltung des Kolbens und der
Steuerkanäle nach Abb. 226 erreicht werden, daß
die durch die Rückstoßkräfte auf den Kolben
ausgeübte Kraft und die Impulskraft etwa gleich
groß werden, und daß somit keine Axialkräfte
infolge der Strömung durch den Schieber entstehen. Es können auch in einem Vierwegeventil
die Kanäle so angeordnet werden, daß die beiden
gleich großen Axialschübe auf zwei verschiedene
Ringflächen im Schieber in entgegengesetzter Richtung wirken und sich dadurch gegenseitig aufheben.

v) Lecköl verluste in Wegeventilen

Bai laminarer Strömung durch einen zylindrischen Ringspalt ergäbe sich nach Abschn. III, 2, e, S. 45, die Leckölmenge q aus der Beziehung (34)

$$q = \frac{D\pi \, \Delta D^3 \, \Delta p}{96 \, \eta \, l} \cdot \frac{1}{60} \ (\text{cm}^3/\text{Min.}). \tag{77}$$

Darin bedeutet:

D (cm) den Kolbendurchmesser,
ΔD (cm) die doppelte Spaltbreite,
Δp (kg/cm²) den Unterschied zwischen dem Druck vor und hinter der Dichtung,
η (kgs/cm²) die Zähigkeit des Öls,
l (cm) die Spaltlänge.

Die Leckölmenge wäre demzufolge linear proportional dem Druckgefälle zwischen dem Druck vor und hinter den Ringspalt und verkehrt proportional der Zähigkeit des Öls.

Die tatsächlich austretenden Leckölmengen folgen jedoch nicht genau diesen Beziehungen. Sie hängen weitgehendst von der Bauart des Ventils, also von der Gestaltung des Spaltquerschnittes ab, etwa davon, ob in dem Ring Kerben vorgesehen sind oder nicht, ob das Ventil stärkere oder schwächere Überdeckung hat usw.

Die Kurve a in Abb. 227 zeigt z. B. die bei verschiedenen Betriebsdrücken gemessenen Leckölmengen an einem Dreiwegeventil, das in der Mittellage

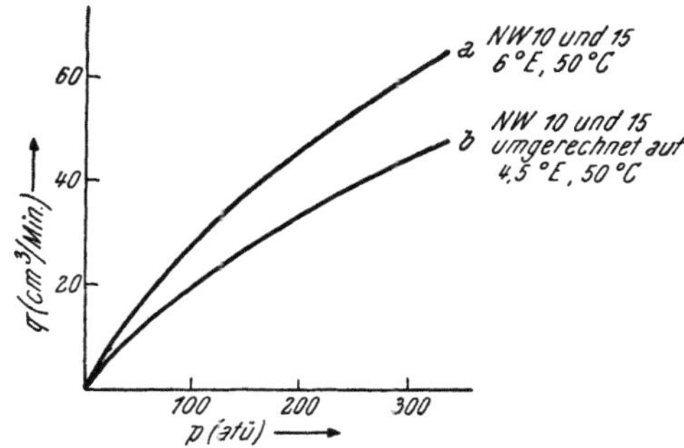

Abb. 227. Zunahme der Leckölmenge mit dem Druckgefälle bei einem 3/3-Ventil

einen Zylinder in der ausgefahrenen Stellung unter Belastung festhalten soll, bei einer Öltemperatur von 40° C und einer Zähigkeit des Öls von 6° E. Die Tatsache, daß bei den zwei sonst gleichartigen Ventilen mit 10 und 15 mm Nennweite die gleichen Leckölverluste auftreten, läßt sich nur dadurch erklären, daß der Spalt bei größerer Nennweite etwas enger war als bei der kleineren Nennweite und dadurch zufällig bei den beiden Ventilen mit verschiedenen Nennweiten die gleichen Leckverluste auftreten. Unter der Voraussetzung, daß die Leckölmengen der Zähigkeit verkehrt proportional sind, ergäbe sich aus der Beziehung (77) die Kurve b für eine Öltemperatur von 50° C und eine Zähigkeit von 4,5° E. Für höhere Öltemperaturen könnte die Zunahme der Leckölmenge in der gleichen Weise abgeschätzt werden. Es ist jedoch anzunehmen, daß die Leckölmengen zumindest bei dem hier betrachteten Schieber nicht so stark von der Ölzähigkeit abhängen wird, wie es auf Grund der Beziehung (77) für laminare Strömung ohne Berücksichtigung der Beschleunigungskräfte in der Strömung zu erwarten wäre. Aus der Abhängigkeit der Leckölmenge von dem Druckgefälle geht bereits hervor, daß die Beschleunigungskräfte für die Strömung durch den Spalt einen beachtlichen Teil des Druckgefälles verzehren.

Tab. 6 gibt die gemessenen Leckölmengen q_x bei 100, 200 und 300 atü an (Spalte 1) sowie die Leckölmengen bei 200 und 300 atü, die sich für diese Drücke aus der Messung bei 100 atü ergeben würden, wenn die Leckölmengen nach Beziehung (77) dem Druckgefälle direkt proportional wären (Spalte 2) und wenn die Leckölmengen der Wurzel aus dem Druckgefälle proportional wären (Spalte 3).

Tabelle 6

p	1	2	3
	q_x gemessen	$q_x = q_{100}\,\dfrac{p}{100}$	$q_x = q_{100}\sqrt{\dfrac{p}{100}}$
100	28	—	—
200	45	56	40
300	60	84	49

Die gemessenen Werte liegen für das untersuchte Ventil näher bei den Werten, bei denen nur die Beschleunigungskräfte die Größe der Leckölmengen bestimmen.

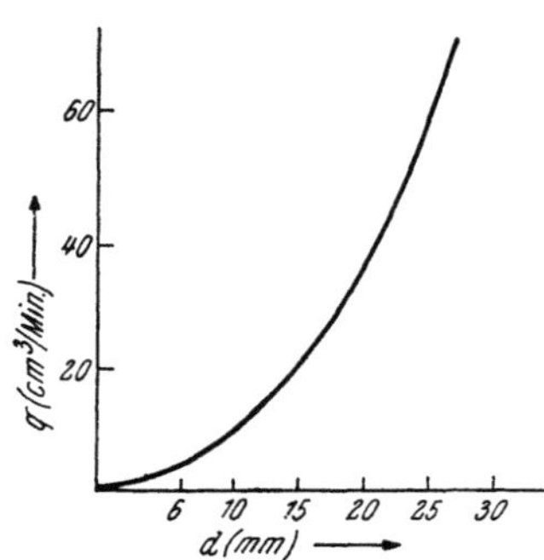

Abb. 228. Zunahme der Leckölmenge mit dem Nenndurchmesser

Die Strömung kann dabei trotzdem laminar verlaufen, wobei die einzelnen Flüssigkeitsteilchen den gleichen Abstand von der Wandung während der ganzen Strömung durch den Spalt beibehalten, aber es ist trotz dieser charakteristisch laminaren Strömung das Druckgefälle, das zur Beschleunigung der Ölteilchen bei der Strömung durch den Ringspalt erforderlich ist, größer als das Druckgefälle zur Überwindung der Reibungskräfte bei der Strömung mit konstanter Geschwindigkeit durch den Spalt. Die Leckölmengen wären bei konstanter Spaltbreite nach Beziehung (77) weiters dem Nenndurchmesser der Schieber linear proportional. Tatsächlich nimmt die praktisch realisierbare Spaltbreite, die durch die Bearbeitungsmöglichkeiten begrenzt wird, mit zunehmendem Durchmesser zu. Die Leckölmengen nehmen deshalb mit zunehmenden Nenndurchmessern stärker als linear zu (Abb. 228).

Bei Ventilen mit normaler Überdeckung und normaler Passung zwischen Kolben und Zylinderwandung soll der folgende Richtwert für die zulässige Leckölmenge q für einen Kanal bei einem Druckgefälle von 100 atü und einer Temperatur von 50° C sowie einer Ölzähigkeit von 4,5° E nicht überschritten werden:

$$q = 0{,}001\,Q,$$

wenn Q die Stromstärke in den Rohrleitungen bei einer Strömungsgeschwindigkeit von 2 m/Sek. ist. Wird Q in l/Min. angegeben, so ist der Zahlenwert für q mit dem für Q identisch, wenn q in cm³/Min. angegeben wird.

Die in Abb. 227 und 228 für ein bestimmtes Ventil angegebenen Werte für auftretende Leckverluste können selbstverständlich nur Anhaltspunkte für die möglichen Zusammenhänge zwischen Leckölmenge, Druckgefälle und Nenndurchmesser geben. Die tatsächlich auftretenden Leckölverluste sowie der Einfluß von Druck, Zähigkeit und Nenndurchmesser auf die Leckverluste hängen immer weitgehend von der Bauart des Ventils ab.

Wohl treten auch bei der Strömung durch den Ringspalt von Ventilen die gleichen elektrischen Erscheinungen auf, die bei Drosselventilen näher untersucht wurden und dort mit zunehmender Zeit bei der Strömung durch eine Drossel eine allmähliche Verkleinerung der Durchflußmenge durch das Drosselelement zeigten; andererseits können aber auch bei Abweichungen von den Toleranzen der Kolben und Zylinderpassungen sowie bei plötzlich auftretenden Temperaturunterschieden zwischen Zylinder und Kolben Leckölverluste auftreten, die ein Vielfaches von den normalerweise auftretenden Werten betragen. Es ist deshalb bei der Projektierung hydraulischer Antriebe vorsichtshalber mit Abweichungen von den Erfahrungswerten für die auftretenden Leckverluste zu rechnen, die mehrere 100% betragen können.

Von allen Wegeventilen wird wohl verlangt, daß sie möglichst dicht sein sollen, andererseits aber sollen die Steuerkolben auch leicht beweglich sein. Die Steuerkolben müssen deshalb mit genau vorgeschriebenen Passungen in den Führungsbüchsen laufen. Durch geeignete Filter muß das Eindringen von Verunreinigungen zwischen die Dichtungsflächen der Schieber vermieden werden, damit im Betrieb keine Zunahme der Lecköhmenge eintritt.

Absolut dicht kann aber kein Steuerschieber sein. Wird absolute Dichtheit für bestimmte Steueraufgaben verlangt, so sind Ventile mit Kegel- oder Kugelsitzen oder Schieber in Verbindung mit gesteuerten Rückschlagventilen zu verwenden. Durch Verwendung dickflüssiger Öle können die Leckverluste wesentlich verringert werden, allerdings werden dann auch die für die Verschiebung der Kolben erforderlichen Kräfte vergrößert.

ξ) Ventilkombinationen

In den hydraulischen Antrieben der Werkzeugmaschinen, Pressen und Turbinensteuerungen wurden früher die Steuerelemente meist für den jeweils

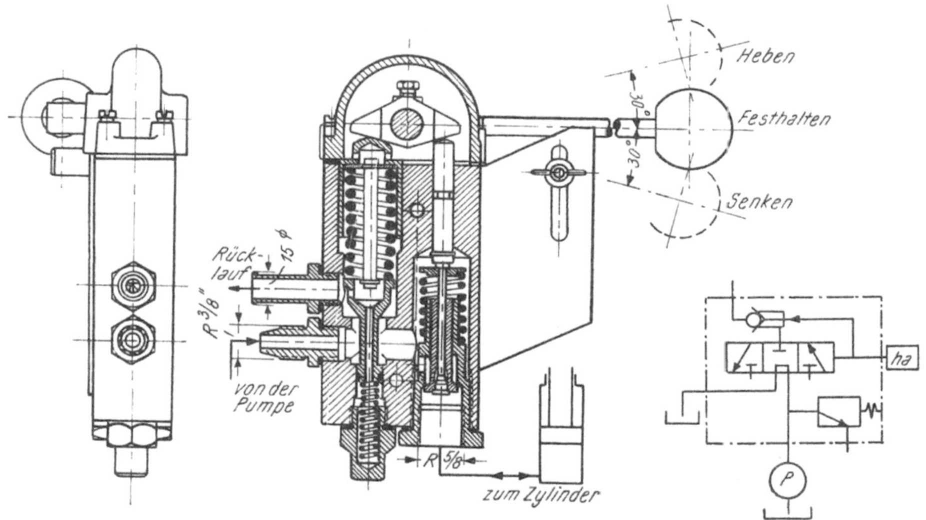

Abb. 229. Dreipositions-Dreiwegeventil mit eingebautem Überdruck-
ventil und Stichkegel im Rückschlagventil

Abb. 230. Schaltsymbol für eine
Ventilkombination nach Abb. 229

verlangten Anwendungsfall möglichst zweckentsprechend konstruiert und in kleinen Serien hergestellt. Dies ermöglichte wohl eine zweckmäßige Gestaltung für einen bestimmten Anwendungsfall. Infolge der kleinen Serien, in denen diese Geräte hergestellt wurden, war der Preis dieser Steuergeräte und damit auch der Preis des ganzen hydraulischen Antriebes jedoch relativ hoch.

Die Entwicklung der hydraulischen Normbauteile für den Flugzeug- und Fahrzeugbau sowie die Einführung der Hydraulik auf allen Gebieten des Maschinenbaues brachte dann die rasche Weiterentwicklung der hydraulischen Normbauteile, die in großen Stückzahlen hergestellt wurden und dadurch auch eine wesentliche Senkung des Preises der ganzen hydraulischen Anlage ermöglichten.

Die zunehmende Anwendung der Hydraulik auf allen Gebieten des Maschinenbaues machte die stetige Entwicklung von neuen Typen von Normbauteilen erforderlich und es ergab sich bei Bedarf an großen Stückzahlen von bestimmten Ventilkombinationen nun umgekehrt wieder die Möglichkeit, die hydraulische Anlage dadurch billiger und trotzdem absolut gleichwertig zu gestalten, daß mehrere Ventile, wie etwa ein Sicherheitsventil, ein gesteuertes Rückschlagventil und ein Dreipositions - Dreiwegeventil, in einem Ventilgehäuse möglichst rationell mit geringem Materialaufwand zusammengebaut wurden (Abbildungen 229, 230, 231 und 232). Wird eine solche

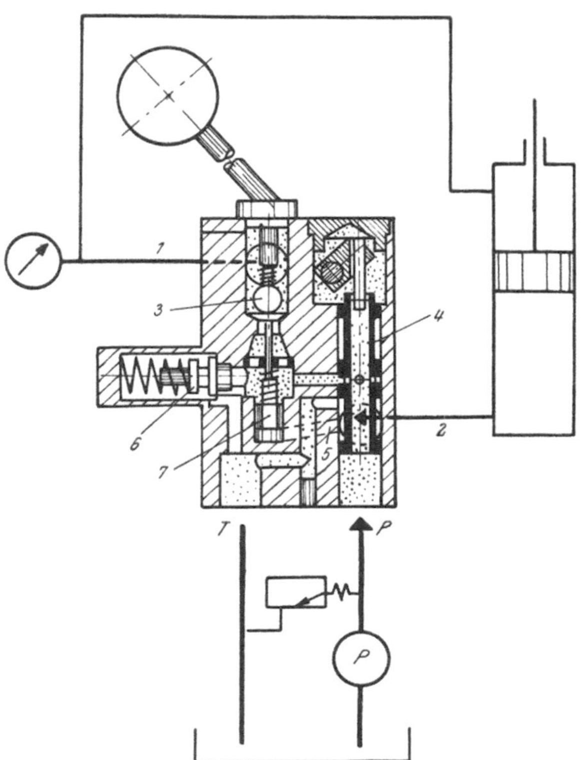

Abb. 231. Ventilkombination, bestehend aus einem 4/3-Ventil, einem Überdruck- und einem gesteuerten Rückschlagventil

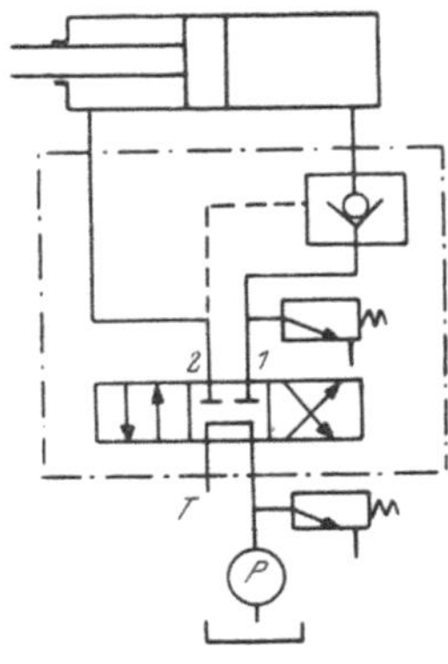

Abb. 232. Schaltsymbol einer Ventil-kombination, bestehend aus einem 4/3-Ventil, einem Überdruck- und einem gesteuerten Rückschlagventil nach Abb. 231

Ventilkombination ebenfalls in sehr großen Serien hergestellt, so ergibt sich die Möglichkeit zur Gestaltung eines in bezug auf den Raumbedarf, das Gewicht der Anlage und auch in bezug auf den Preis besonders leistungsfähigen hydraulischen Antriebes.

Es werden deshalb heute auch schon Ventilkombinationen hergestellt, in denen zwei, drei, vier oder mehr Kolben von Wegeventilen und meist auch ein Überströmventil in einem Ventilkörper arbeiten. Gegenüber einem aus einzelnen Blockventilen zusammengesetzten Ventilblock gleicher Funktion können durch die Verwendung eines einzigen Blockes Bearbeitungszeiten erspart werden und es sind auch keine Dichtungselemente zwischen den einzelnen Ventilen erforderlich. Außerdem können im Betrieb keine Leckölverluste auftreten und es können auch keine Funktionsstörungen durch Verspannen der Ventilkörper durch ungleiches Anziehen des Zugankers eintreten.

Die Herstellung solcher Mehrwegeventile mit mehreren Kolben in einem Gehäuse lohnt sich aber nur für größere Stückzahlen, da auch die Herstellung des Gehäuses oft auf besondere gußtechnische Schwierigkeiten stößt.

Abgesehen von der gedrungenen Bauweise werden bei Verwendung von Ventilblöcken oft auch viele Rohrleitungen erspart, der Aufbau der Anlage wird übersichtlicher und die Montage beim Auswechseln beschädigter Ventile wird vereinfacht.

Im folgenden sollen sowohl Wegeventile mit mehreren Ventilen in einem Block, Kombinationen aus Steuer- und Rückschlagsventilen als auch der Aufbau von Kombinationen, in denen mehrere Überdruck-, Umsteuer- und Wegeventile in Blockbauweise zu einem Aggregat vereinigt wurden, der Reihe nach besprochen werden.

Bei einer Ventilkombination, bei der ein Dreipositions-Dreiwegeventil zur Steuerung eines einfach wirkenden Zylinders und ein Dreipositions-Vierwegeventil zur Steuerung eines doppelt wirkenden Zylinders in einem Gehäuse zusammengebaut wird, erfolgt die Steuerung jedes der beiden Zylinder durch einen eigenen Steuerhebel, genau so wie bei einer Ventilkombination aus zwei Blockventilen. Die Steuerung des einfach wirkenden Zylinders erfolgt bei dieser Ventilkombination oft durch ein Kugelventil, die des doppelt wirkenden Zylinders durch ein Vierwege-Längsventil. Das Kugelventil ermöglicht ein absolut exaktes Festhalten des einfach wirkenden Zylinders in jeder beliebigen Stellung. Bei den Vierwege-Längsventilen dagegen treten immer die unvermeidlichen Leckölverluste wie bei allen Längsschiebern auf. Die diesen Leckölverlusten entsprechenden Kolbenbewegungen können deshalb beim doppelt wirkenden Zylinder bei Verwendung eines solchen Ventils nicht verhindert werden.

Eine Ventilkombination, die aus zwei gleichartigen Dreipositions-Vierwegeventilen besteht, die in einem Ventilgehäuse zusammengebaut werden, ermöglicht freien Durchfluß von der Pumpe zum Abfluß in der Mittellage der beiden Hebel, während die Verbindungsleitungen zu den Zylindern in dieser Mittellage gesperrt sind. Die Ventile können mit Rasten in jeder Stellung oder mit Federrückführung in die Mittellage arbeiten.

Abb. 229 zeigt eine Ventilkombination, die aus folgenden einzelnen Elementen besteht:

1. Ein Dreipositions-Dreiwegeventil mit Federrückführung in die Mittellage mit freiem Durchfluß von der Pumpe zum Tank.

2. Ein mechanisch gesteuertes Rückschlagventil mit Stichkegel.

3. Ein Überdruckventil.

Das Schaltsymbol für diese Ventilkombination zeigt Abb. 230.

Das Stichkegel-Rückschlagventil ermöglicht sowohl ein absolut sicheres Festhalten der Last in jeder beliebigen Kolbenstellung als auch ein Öffnen des kleinen Stichkegels mit geringen Kräften am Handhebel.

Abb. 231 zeigt eine Ventilkombination, in der in einem Gehäuse ein Vierwege-Steuerschieber zur Steuerung eines doppelt wirkenden Zylinders, ein hydraulisch gesteuertes Rückschlagventil *3, 7*, durch das ein Festhalten des Zylinders trotz Leckölverlusten im Schieber in jeder beliebigen Stellung des Kolbens möglich ist, und ein Überdruckventil *6* zusammengebaut sind. Das Schaltsymbol nach Abb. 232 zeigt die prinzipielle Funktion dieser Ventilkombination nach Abb. 231, gibt jedoch keine erschöpfende Auskunft über die Art der Kanalführung innerhalb des Ventils sowie über die Art der Konstruktion des gesteuerten Rückschlagventils.

Außer den Anschlüssen zum Zylinder, zur Pumpe und zum Tank ist an der Ventilkombination auch noch ein Anschluß für ein Manometer vorgesehen, das den Druck auf der einen Zylinderseite anzeigt. Der Steuerhebel der Ventilkombination hat drei Stellungen, in denen der Vierwegeschieber und das gesteuerte Rückschlagventil in die folgenden Stellungen gebracht werden:

Stellung 1: Ausfahren des Zylinders. Das Drucköl gelangt von der Pumpe über das Ventil *4* und das geöffnete Rückschlagventil *3* in die Leitung *1* zum Zylinder. Das Manometer zeigt den Druck im Zylinder an.

Stellung 2: Festhalten. Die Pumpe kann durch den Steuerschieber drucklos vom Pumpenanschluß *P* zum Tank zurückfördern. Die Leitung *1* vom Zylinder zum Steuerventil wird durch das Rückschlagventil *3* verschlossen. Das Manometer zeigt den Druck im Zylinder an.

Stellung 3: Einfahren. Das Drucköl gelangt von der Pumpe über die Leitung *2* in den Zylinder und gleichzeitig über eine Bohrung *5* im Ventilblock auf die Unterseite des Entsperrungskolbens *7* des gesteuerten Rückschlagventils. Dadurch öffnet das Rückschlagventil und das Öl kann aus der Zylinderleitung *1* zum Tank zurückfließen. Das Manometer zeigt den Staudruck an, den die Rückleitung vom Ventil zum Tank dem abfließenden Öl entgegensetzt.

Abb. 215a zeigt ein kombiniertes Längs- und Drehventil, das die Steuerung von zwei Arbeitszylindern durch einen einzigen Hebel ermöglicht. Das Ventil wird in vier Ausführungsformen A, B, C und D gebaut, durch die die in Abb. 215b gezeigten Kanalführungen je nach der Stellung des Hebels hergestellt werden können. Es ermöglicht durch einen einzigen Steuerhebel entweder die Steuerung des Zylinders *1*, des Zylinders *2* oder beider Zylinder zusammen. Bei der gleichzeitigen Betätigung beider Zylinder arbeitet immer der schwächer belastete Zylinder zuerst. Eine Beeinflussung der Bewegungsgeschwindigkeit eines Zylinders gegenüber dem anderen durch Drosseln ist nicht möglich, da eine solche Drossel ja im Inneren des Schiebers eingebaut werden müßte, wenn die Drossel nur bei gleichzeitiger Betätigung beider Zylinder wirken soll. Alle Ventile der Typen A, B, C und D werden außerdem in zwei Größen für Förderströme von 25 l/Min. und 50 l/Min. gebaut.

Der Schieber hat negative Schaltüberdeckung.

Die Abhängigkeit der Durchflußwiderstände vom Ölstrom durch die verschiedenen Kanäle des Ventils zeigt Abb. 216a und b für die beiden Ventile von verschiedener Größe. Während also bei einfachen Mehrwegeventilen mit etwa gleichartiger Kanalführung oft für alle Verbindungsleitungen innerhalb des Ventils etwa der gleiche Zusammenhang zwischen Stromstärke und Druckabfall gilt, ergibt sich für kompliziertere Ventilkombinationen, wie etwa den kombinierten Dreh- und Längsventilen nach Abb. 215a, b, für jeden der verschiedenen Kanäle in diesem Schieber ein ganz anderes Gesetz für den Zusammenhang zwischen Stromstärke und Druckabfall.

Eine besondere Art der Ventilkombination stellen die aus Blockventilen zusammengestellten Aggregate dar. Blockventile sind Ventile, bei denen die Verbindungen zwischen den einzelnen Anschlüssen der Ventile nicht durch Rohrleitungen hergestellt werden, sondern nur durch Aneinanderflanschen der einzelnen Ventilkörper. Die plangeschliffenen Seitenflächen der Blockventile werden dabei z. B. unter Verwendung von O-Ringen als Dichtungselement aneinandergebaut. Die einzelnen zu einem Block zusammengebauten Ventile werden durch Zuganker zusammengehalten.

Zu jedem Ventilblock gehört meist ein Enddeckel, der die durch den Block durchgehenden Druck- und Rücklaufkanäle abschließt, und ein Umlaufdeckel, an dem der Zulauf von der Pumpe und der Rücklauf zum Tank angeschlossen werden. In den Umlaufdeckel kann ein direktgesteuertes oder vorgesteuertes Überdruckventil eingebaut sein oder ein Umlaufventil, das bei Verstellung der Wegeventile hydraulisch betätigt wird. Das Umlaufventil ermöglicht bei Stellung der Wegeventile auf freien Durchfluß dann einen unmittelbaren freien Durchfluß durch das Umlaufventil im Deckel. Das Öl strömt also nicht durch den ganzen Block und hat somit nur geringe Strömungswiderstände zu überwinden. Es können aber auch sowohl Umlaufventil als auch Überdruckventil im Umlaufdeckel vorgesehen sein.

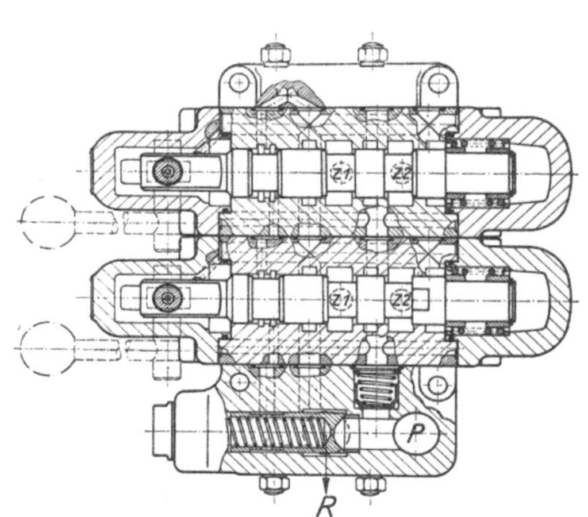

Abb. 233. Ventilblock aus zwei 4/3-Ventilen und einem Umlaufventil (Ate)

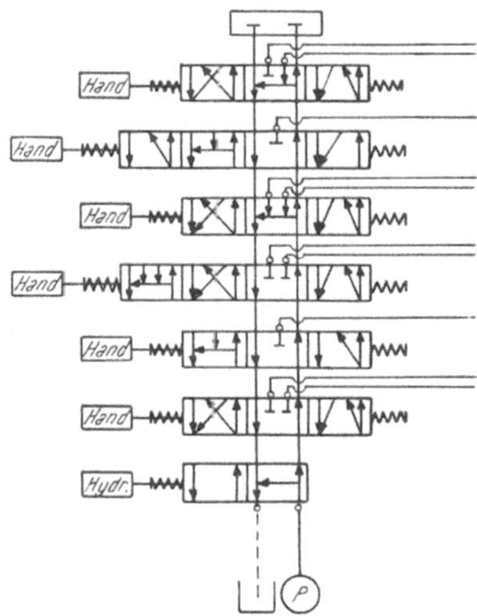

Abb. 234. Ventilkombination mit offenem Umlauf (Ate)

Abb. 233 zeigt eine Kombination von zwei Vierwegeventilen und einem Umlaufventil.

Das Umlaufventil arbeitet als vorgesteuertes Überdruckventil und sitzt in der Umlaufplatte direkt am Pumpenanschluß P des Blockes. Eine Feder drückt mit geringer Kraft auf den Teller des Umlaufventils und ermöglicht einen freien Rücklauf mit ganz geringem Druckverlust,

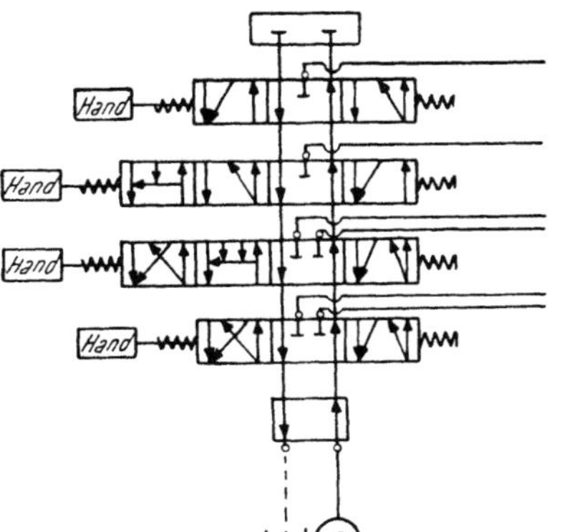

Abb. 235. Ventilkombination ohne Umlauf (Ate)

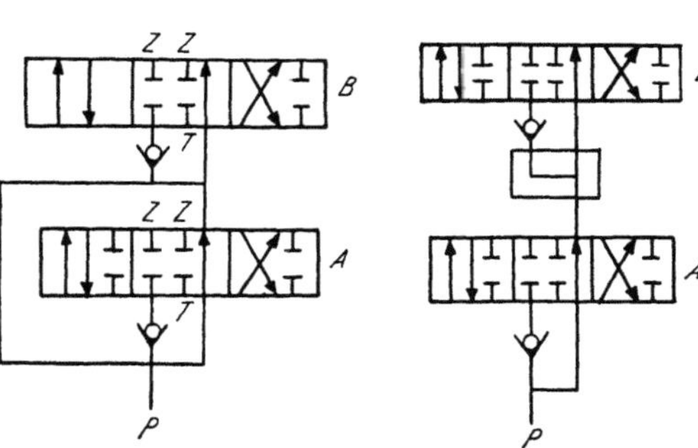

Abb. 236. Parallelgeschaltete 6/3-Ventile

Abb. 237. Hintereinandergeschaltete 6/3-Ventile

da das Öl nicht durch den ganzen Block laufen muß, sondern direkt durch den großen Querschnitt des Umlaufventils abströmt. Nach Betätigung eines der beiden 4/3-Ventile wird der Abfluß aus der Federkammer des Umlaufventils verriegelt, die Feder schließt das Umlaufventil und die Pumpe fördert mit vollem Druck.

Abb. 234 zeigt den Schaltplan einer Kombination von mehreren Wegeventilen in Blockbauart mit einem Umlaufventil. Wenn alle Schieber in der gezeichneten

Stellung stehen, in die sie durch Federkraft rückgeführt werden, hat das Öl freien Umlauf durch den Umlaufdeckel.

Die Kombination nach Abb. 235 verwendet dagegen einen Deckel ohne Rücklaufmöglichkeit von der Pumpe zum Tank.

Im allgemeinen werden Blockventile für Parallelschaltung gebaut (Abb. 236).

Die Rückschlagventile verhindern bei gleichzeitiger Betätigung von mehreren Schiebern das Absinken einer Last durch Rückströmen des Öls von einem stärker belasteten Zylinder zu einem schwächer belasteten.

Soll jedoch bei Verwendung der gleichen Ventile verhindert werden, daß der an B angeschlossene Zylinder überhaupt betätigt werden kann, wenn A in einer Endlage steht, so kann dies durch hintereinandergeschaltete Ventile und Einbau einer Zwischenplatte erreicht werden (Abb. 237).

Die Ventilkombination nach Abb. 238 und 239 besteht aus einem Dreiwege-Steuerventil und einem Umschaltventil mit zwei eingebauten Überdruckventilen. Sie dient zur Steuerung einfach wirkender Hubzylinder, welche von einer zweistufigen Pumpe (Hoch- und Niederdruckpumpe) gespeist werden und übernimmt folgende Aufgaben:

Abb. 238. Ventilkombination, bestehend aus einem Umschaltventil von Niederdruck auf Hochdruck und einem Dreiwegeventil (Hawe)

a) Steuerung der Zylinderbewegung.

b) Vereinigung der beiden Pumpenförderungsströme bis zu dem im Niederdruckteil eingestellten Enddruck.

c) Vollautomatisches Umschalten der Niederdruckstufe auf drucklosen Umlauf bei Überschreiten des eingestellten Niederdruckes.

d) Absicherung beider Druckstufen durch eingebaute Sicherheitsventile.

Das Gerät wird in folgenden Ausführungen gebaut:

Tabelle 7

Max. Betriebsdruck atü		Max. Durchflußmenge l/Min.		Rohranschlüsse				Gewicht in kg
Hochdruckstufe	Niederdruckstufe	Hochdruckstufe	Niederdruckstufe	Hochdruck	Niederdruck	Zylinder	Tank	
				Zoll				
500	60	6	30	R $^1/_2$	R $^1/_2$	R $^1/_2$	R $^1/_2$	4,2
500	60	6	40	R $^1/_4$	R $^1/_2$	R $^3/_4$	R $^3/_4$	4,2
500	60	6	40	R $^1/_4$	R $^3/_4$	R $^3/_4$	R $^3/_4$	4,2
500	60	15	100	R $^1/_4$	R 1	R 1	R 1	7,6
500	30	20	170	R $^1/_2$	R $1^1/_2$	R $1^1/_4$	R $1^1/_2$	15,5

Den Schnitt durch das Umschaltventil mit den beiden eingebauten Überdruckventilen allein zeigt Abb. 240. Abb. 241 zeigt das Schaltsymbol dieses Umschaltventils mit den beiden Sicherheitsventilen. Die Ventilkombination nach Abb. 240 und 241 wird auch allein zur Steuerung des Drucköldstromes von einer zweistufigen Pumpe zu einem Verbraucher als Umschaltventil verwendet.

Das Niederdruckrückschlagventil 1 sichert den Niederdrucköldstrom vor dem Hochdruck ab, sobald in der Zylinderleitung Hochdruck auftritt. Nach Überschreiten eines an der Feder des Kolbens 4 einstellbaren Höchstdruckes im Raum E wird die Verbindung vom Niederdruckanschluß zum Tank geöffnet

und es schließt das Rückschlagventil *1*. Es liefert dann nur noch die Hochdruckpumpe über den Hochdruckanschluß *und* das Rückschlagventil *2* Drucköl in

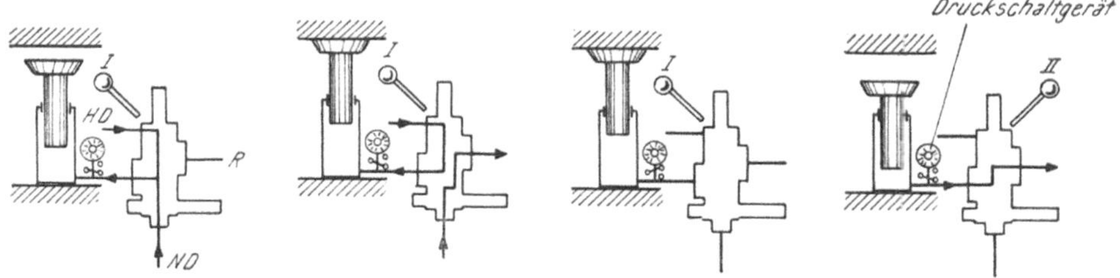

Abb. 239. Funktion des kombinierten Dreiwege- und Schaltventils nach Abb. 238 (Hawe)

den Zylinder, während der Kolben *4* der Niederdruckpumpe freien Abfluß in
den Rücklauf gewährt.

Das Hochdruckrückschlagventil *2* dient zur Aufrechterhaltung des Druckes
in der Zylinderleitung. Es ist erforderlich, weil in der Nähe des „Einstellpunktes"

unter Umständen das sogenannte
„Schwimmen" des Überdruckventils *3*
eine unerwünschte Absenkbewegung
des Zylinders verursachen würde.

Das Rückschlagventil *5* wirkt zusammen mit dem Kolben *4* als vorgesteuertes Niederdruck-Sicherheitsventil. Bei Überlastung der Niederdruckpumpe durch einen unzulässig
hohen Druck wirkt der Öldruck über
das Rückschlagventil *5* auf den Kolben *4* und verschiebt diesen nach
rechts. Die Niederdruckpumpe erhält
dadurch freien Abfluß zum Rücklauf.
Das Niederdruck-Sicherheitsventil tritt
nur in Funktion, wenn die Hochdruck-
stufe nicht fördert.

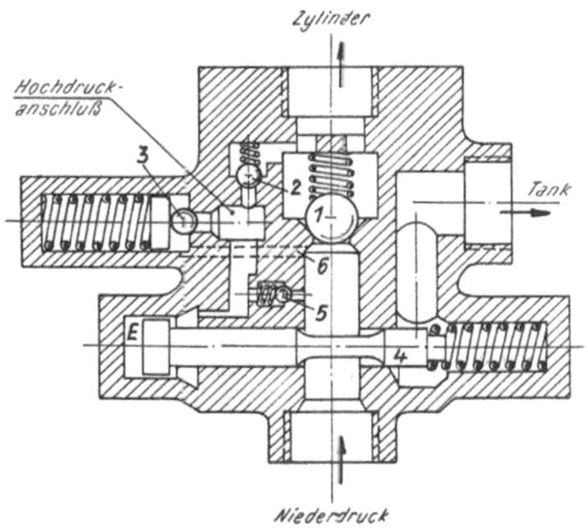

Abb. 240. Umschaltventil von Nieder- auf Hochdruck
(Hawe)

Das Schaltsymbol des Ventils nach Abb. 240 zeigt Abb. 241, aus dem die
gleiche Funktion des Ventils zu erkennen ist: Während der gemeinsamen Förderung
der Niederdruckpumpe und der Hochdruckpumpe wirkt der Öldruck
auf die beiden Überdruckventile *3* und *4—5*. Bei Überschreiten
des zulässigen Grenzdruckes für die Niederdruckstufe schließt das
Rückschlagventil *1* und das Überdruckventil *4—5* gibt der Niederdruckpumpe freien Abfluß zum Rücklauf. Bei Überschreiten des
zulässigen Grenzdruckes für die Hochdruckpumpe öffnet das
Überdruckventil *3* und gibt den Rücklauf des Drucköls von der
Hochdruckpumpe über den Kanal *6* und durch das Überdruckventil *4—5* in den Tank frei.

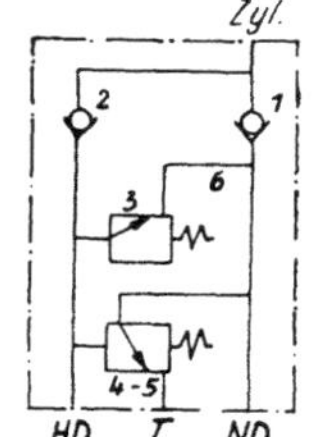

Abb. 241. Schalt-
symbol für das
Ventil nach
Abb. 240

Wird nun an das Umschaltventil nach Abb. 240 und 241
noch ein Dreiwegeventil für elektrische, mechanische oder Handbetätigung angebaut, so ergibt sich die Ventilkombination
zwischen einem Dreiwegeventil, einem Umschaltventil und zwei
Überdruckventilen, die in Abb. 238 und 239 für ein Handventil dargestellt
ist. Das Schaltsymbol für diese Ventilkombination zeigt Abb. 242.

Die Ziffern *1, 2, 3, 4, 5* und *6* bezeichnen in der Schnittzeichnung Abb. 240 und im Schaltsymbol Abb. 241 und 242 die gleichen Bauteile.

Zur Steuerung einfach wirkender Zylinder kann eine aus folgenden Elementen bestehende ganz einfache Ventilkombination verwendet werden:

1. Ein Kugelventil, das durch Federkraft und den Druck auf die Kugel vor dem Ventil geschlossen und durch Einwirkung eines Elektromagneten geöffnet wird, der über ein Hebelgestänge auf einen Stößel wirkt, durch den die Kugel aufgehoben wird.

2. Ein Maximaldruckventil, das entweder fix auf einen bestimmten Höchstdruck eingestellt werden kann oder aber auch mit einem Handrad versehen werden kann, um jeden beliebigen Druck einstellen zu können.

Das Ventil ist im stromlosen Zustand geschlossen und öffnet unter Strom. Bei Stromausfall ist eine Handnotbetätigung des Ventils durch Drücken eines herausstehenden Gewindestiftes möglich. Die Senkgeschwindigkeit des Zylinders kann durch Verkleinern des Magnethubes auf den gewünschten Wert eingestellt werden.

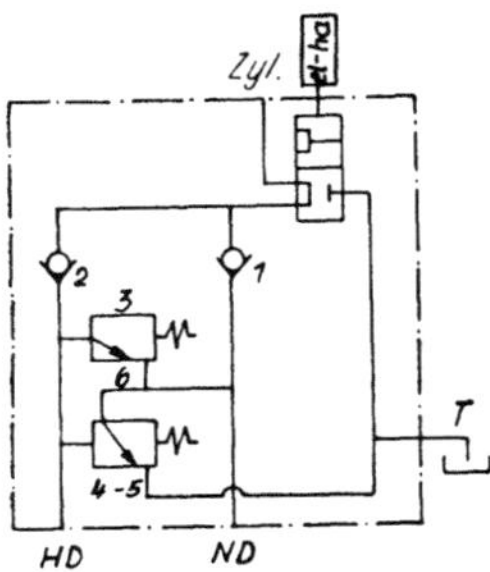

Abb. 242. Schaltsymbol für das Ventil nach Abb. 239

Abb. 243. Steuerblöcke

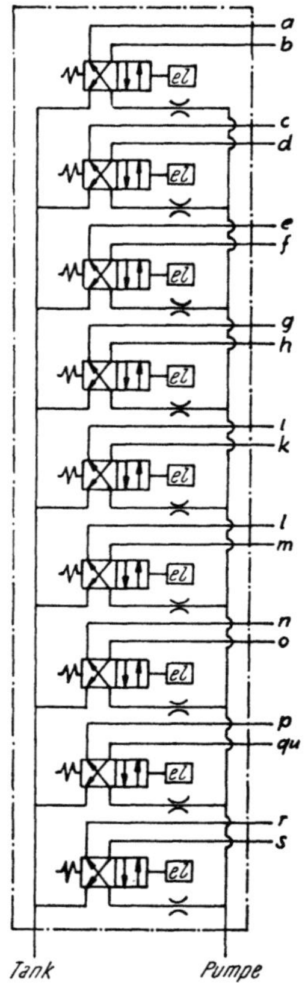

Abb. 244. Schaltplan zu Abb. 243

Durch die Hubbegrenzung des Ventilstößels bzw. des Magnetkernes wird praktisch die Funktion eines Drosselventils in der Abflußleitung vom Zylinder zum Tank ersetzt. Es besteht dann eine solche Ventilkombination funktionsmäßig aus einem magnetbetätigten Absperrventil, einem Überdruck- und einem Drosselventil.

Abb. 243 zeigt einen Ventilblock, der aus neun gleichen 4/2-Ventilen besteht.

Den Schaltplan dieses Blockes zeigt Abb. 244.

Abb. 245 und 246 zeigen Ansicht und Schaltplan eines Ventilblockes, in dem nahezu die gesamte Steuerung eines Löffelbaggers in einem Block zusammengebaut wird. Der Block besteht aus vier 6/3-Ventilen, vier Überdruckventilen, acht gesteuerten Rückschlagventilen und einem 6/2-Ventil. Der ganze Block hat nur je zwei Anschlüsse zu jedem Verbraucher und je einen Anschluß zur Druckö(pumpe, zur Steuerölpumpe und zum Rücklauffilter. Alle anderen Verbindungen werden nur durch Kanäle innerhalb des Blockes hergestellt.

Abb. 247 zeigt einen Ventilblock, der aus einem vorgesteuerten Vierwegeventil, einem vorgesteuerten Dreiwegeventil, zwei Rückschlagventilen und einer Drossel besteht. Der Ventilblock dient zur Lösung einer bestimmten charakteristischen Aufgabe, die insbesondere im Werkzeugmaschinenbau sehr häufig vorkommt: Eilgangbewegung in einer Richtung (*a*), Übergang auf langsamen Arbeitsgang (*b*) durch Umstellung des vorgesteuerten Dreiwegeventils und Rückzug ebenfalls im Eilgang (*c*). Die Wahl der Bewegungsrichtung erfolgt durch die Magnete *1* und *2*, die Wahl zwischen Arbeitsgang und Eilgang durch die Magnete *3* und *4*. Die sieben Ventile, die zur Lösung der gestellten Aufgabe erforderlich sind, können in einem Gehäuse eingebaut sein oder aber es können auch sieben Normventile in Blockbauweise zu einem aus diesen sieben

Abb. 245.   Ansicht des Ventilblockes mit dem Schaltplan nach Abb. 246

Ventilen bestehenden Block zusammengebaut werden. Für die Verbindung dieser sieben Ventile untereinander sowie mit Pumpe und Arbeitszylinder sind dann insgesamt nur vier Rohrverbindungen erforderlich, und zwar die Anschlüsse vom

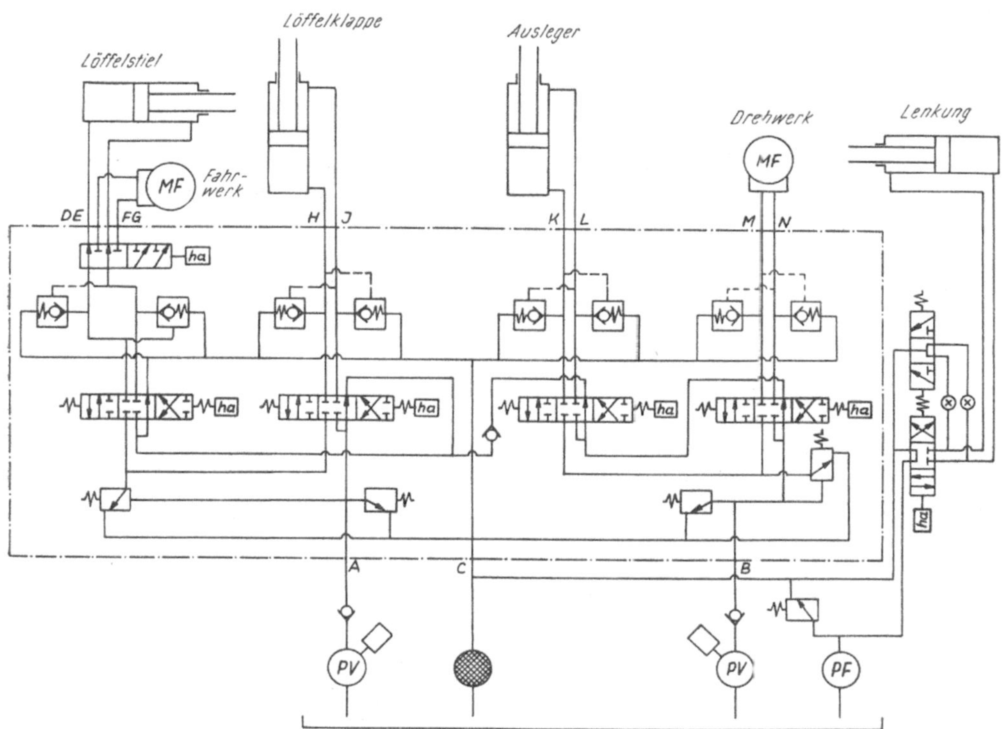

Abb. 246.   Schaltplan des Ventilblockes nach Abb. 245

Ventilblock zum Zylinder, vom Ventilblock zur Pumpe und zum Tank. Die meist erforderlichen Leckölleitungen der einzelnen Magnetkammern wurden der Einfachheit halber in den Schaltplan hier nicht eingezeichnet.

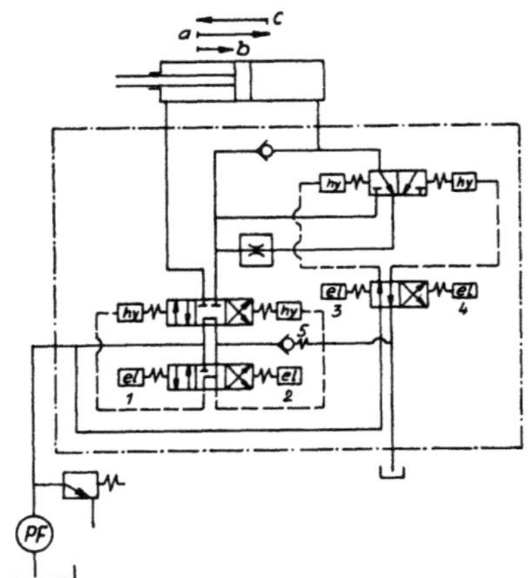

Abb. 247. Ventilblock zur Erzeugung von Eilgang- und Arbeitsbewegung (aus PIPPENGER)

Einen Ventilblock zur Lösung der gleichen Aufgabe zeigt Abb. 248. Auch hier erfolgt die Wahl der Bewegungsrichtung durch das vorgesteuerte 4/3-Ventil, der Übergang vom Eilgang auf den Arbeitsgang durch das Dreiwegeventil, das auf ein gesteuertes Rückschlagventil wirkt. Wenn das 4/3-Vorsteuerventil in Mittellage steht, steht auch das 4/3-Hauptsteuerventil in Mittellage und gibt den Abfluß aus der Federkammer des vorgesteuerten Überdruckventils frei und die Pumpe fördert im drucklosen Umlauf durch das geöffnete Überdruckventil.

Das 4/3-Vorsteuerventil ist hier im Gegensatz zu der Lösung nach Abb. 247 in der Mittellage geschlossen. Das Rücköl aus der Federkammer des Überdruckventils verbindet sich mit dem durch die Drossel ausfließenden Steueröl zu einem gemeinsamen Strom in den Tank. Sind die Magnete 1 und 2 des 4/3-Vorsteuerventils stromlos, so fließt das Öl aus der Federkammer des Überdruckventils zusammen mit dem Steueröl zum Tank. Der Teller des Überdruckventils ist nur durch die schwache Federspannung belastet. Der Zylinder ist verriegelt und der Netzdruck ist so geregelt, daß keine Gefahr besteht, daß auch bei unbelasteten Zylindern durch eindringendes Lecköl, das durch den undichten 4/3-Hauptsteuerschieber in die Zylinderleitungen eindringen könnte, eine unbeabsichtigte Kolbenbewegung entsteht.

Abb. 249 zeigt schließlich einen Ventilblock für die wahlweise Einstellung von drei verschiedenen Vorschubgeschwindigkeiten: Eilgang, Arbeitsgang mit mittlerer Geschwindigkeit und Kriechgang mit ganz geringer Geschwindigkeit. Die drei Geschwindigkeiten können dadurch gewählt werden, daß einmal der Rückfluß durch das geöffnete Rückschlagventil D ganz frei erfolgt, einmal durch die große Drossel A und das geöffnete gesteuerte Rückschlagventil C und schließlich im

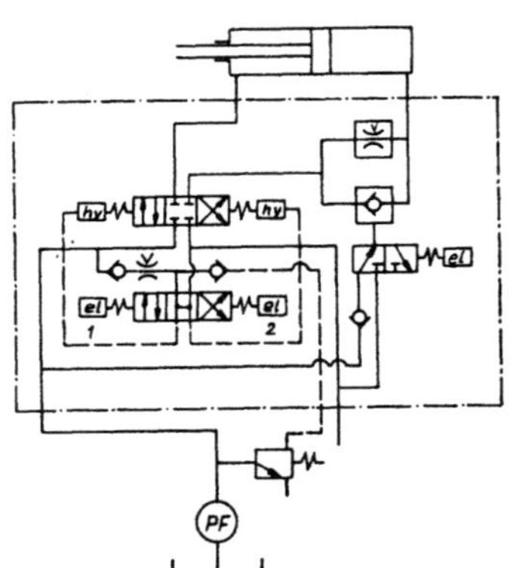

Abb. 248. Ventilblock zur Erzeugung von Eilgang- und Arbeitsbewegung (aus PIPPENGER)

Kriechgang durch die hintereinandergeschalteten Drosseln A und B, wobei B noch einen wesentlich engeren Querschnitt hat als A.

Die gleichen Ventilblöcke, wie sie hier für Steuerung durch vorgesteuerte Ventile mit Magnetbetätigung gezeigt wurden, können auch durch Vorsteuerventile mit Nockenbetätigung arbeiten. Durch solche nockenbetätigte Umschaltventile für die Schaltung von Eilgang auf Arbeitsgang kann eine noch genauere Einhaltung der Schaltgeschwindigkeit erreicht werden als mit Elektroventilen, da die Betätigung durch Nocken unmittelbar sofort ohne Verzögerung erfolgt, während die elektrohydraulische Vorsteuerung eines Impulses eine von der Ölzähigkeit, Temperatur, Verunreinigung usw. abhängige Zeitdauer in Anspruch

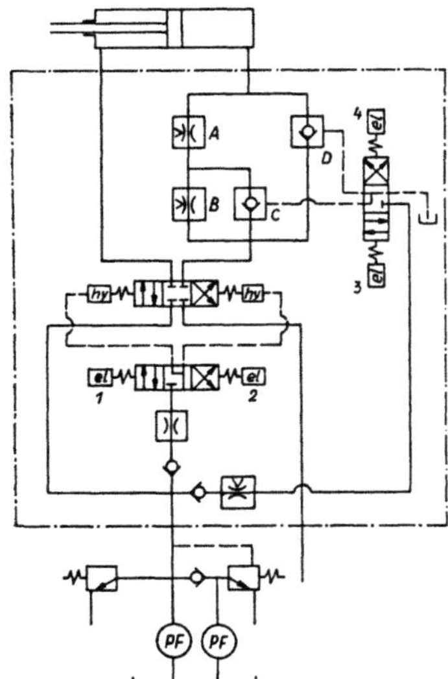

Abb. 249. Ventilblock zur wahlweisen
Einstellung von Eilgang, Arbeitsgang
und Kriechgang (aus PIPPENGER)

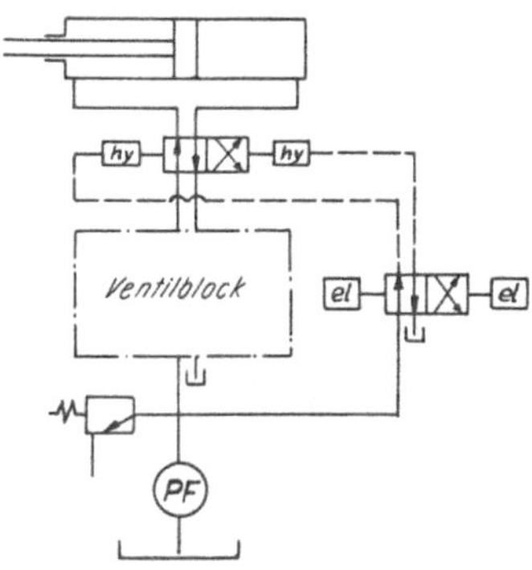

Abb. 250. Vierwegeventil zur Änderung der Bewegungsrichtung hinter
einem Ventilblock zur Veränderung
der Geschwindigkeit (aus PIPPENGER)

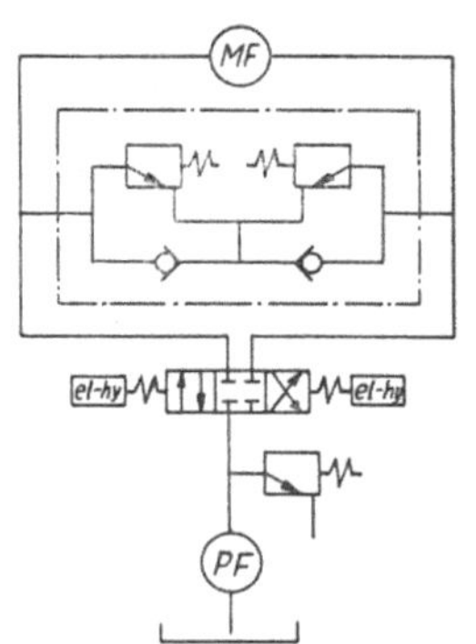

Abb. 251. Ventilblock zur Steuerung
von Ölmotoren

nimmt. Insbesondere bei Inbetriebnahme bei kaltem
Öl macht sich diese Schaltverzögerung bei elektro-
hydraulischen Steuerungen unangenehm bemerkbar. Dagegen hat die elektrische Steuerung den
großen Vorteil, daß die Fühler für die Auslösung
einer Steuerung vollkommen unabhängig von dem
Hauptsteuerventil verlegt werden können.

Eine Steuerung für die wahlweise Einschaltung
verschiedener Geschwindigkeiten bei verschiedenen
Bewegungsrichtungen kann durch die Schaltung
nach Abb. 250 erreicht werden, in der die Ventilblöcke nach Abb. 248 bis 249 zur Umschaltung
auf verschiedene Geschwindigkeiten Verwendung
finden können.

Abb. 251 zeigt einen Ventilblock, der aus zwei
Überdruck- und zwei Rückschlagventilen besteht,

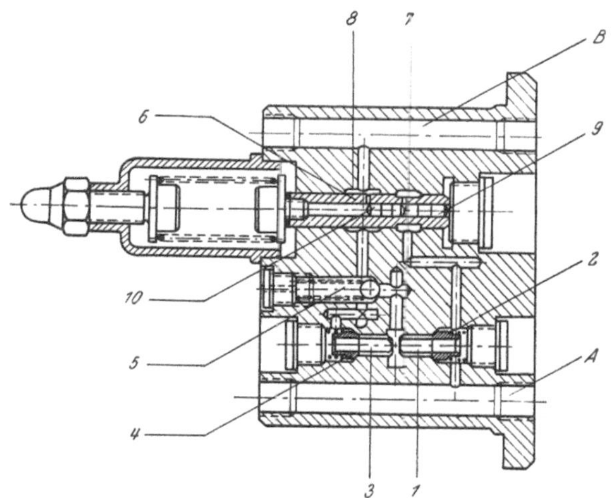

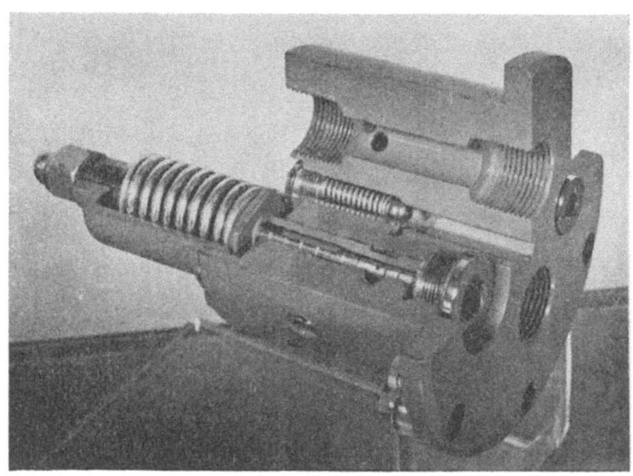

Abb. 252. Einheitsventilblock (Güldner)

die meist in einem Gehäusekörper eingebaut werden. Das Ventil wird in die Zuleitung von Ölmotoren eingebaut und dient zur Vernichtung der Bewegungsenergie während der Verzögerung von Ölmotoren oder auch von raschbewegten Zylindern. Nach der Schaltung des 4/3-Wegeventils auf Mittellage öffnet das Überdruckventil und das durch die Verzögerung der bewegten Masse komprimierte Öl fließt über das Überdruckventil und das nachgeschaltete Rückschlagventil auf die andere Seite des Ölmotors. Die Bewegungsenergie wird dabei vernichtet. Das Öl kann auch in den Tank zurückfließen und von dort wieder über ein Nachsaugeventil vom Ölmotor angesaugt werden.

Nicht nur Steuerventile, sondern auch mehrere Druckventile werden, wie Abb. 251 zeigte, oft in einem gemeinsamen Block eingebaut, um die Kosten eines Aggregates von mehreren Druckventilen zu senken, Rohranschlüsse einzusparen und damit auch einen übersichtlicheren Aufbau eines hydraulischen Systems zu erreichen und gleichzeitig Störungen zu vermeiden, die durch Leckölverluste an Rohrverbindungen immer möglich sind.

Als weiteres Beispiel für einen solchen Ventilblock mit mehreren Druckventilen zeigt Abb. 252 einen Block mit einem in zwei Richtungen wirkenden Überdruckventil, einem Spülventil und einem doppeltgesteuerten Rückschlagventil, das hier als Umsteuerventil arbeitet.

Das Schaltsymbol dieses Blockes, der sich aus diesen verschiebenden Ventilen zusammensetzt, zeigen Abbildungen 253 und 254.

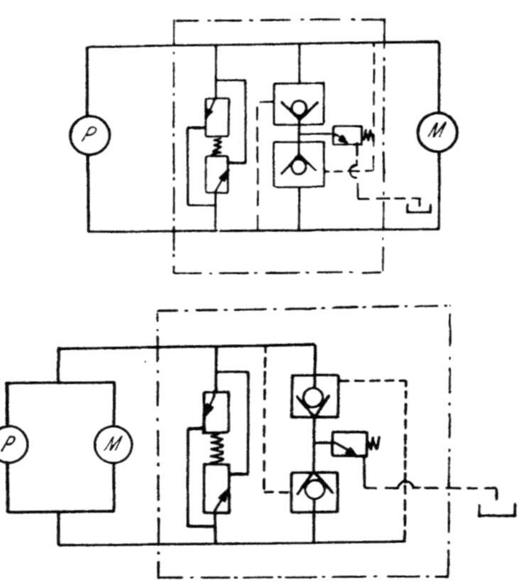

Abb. 253 und 254. Schaltplan des Einheitsventilblockes nach Abb. 252. Abb. 253 für durchlaufende Leitung, Abb. 254 für Blindanschluß

Der Ventilblock kann mit insgesamt vier Anschlüssen oder auch nur mit zwei Anschlüssen versehen sein, je nachdem, ob die Leitung von der Pumpe zum Motor oder vom Motor zur Pumpe durch das Ventil durchgeführt wird (Abb. 253) oder ob das Ventil nur mit je einem Anschluß an die Verbindungsleitung zwischen Pumpe und Motor angeschlossen wird (Abb. 254).

Falls die Leitung A in Abb. 252 als Druckleitung verwendet wird, arbeiten die einzelnen Ventile des Blockes wie folgt:

Der im Kegel *2* geführte Kolben *1* des Umsteuerventils drückt gegen den Kolben *3*, der den Kegel *4* von seinem Sitz abhebt.

Etwa 7% des vom Ölmotor in die Leitung B zurückfließenden Öls fließen durch die Nuten im Kolben *3* und über das Spülventil *5* in den Öltank zurück.

Da die Leckölmenge des geschlossenen Kreislaufes etwa 2 bis 5% beträgt, fördert die Speisepumpe etwa 10% der im geschlossenen Kreislauf umgewälzten Ölmenge gegen einen Druck von 5 bis 10 atü.

Das in beiden Richtungen wirkende Überdruckventil des Blockes arbeitet, wenn A Druckleitung ist, wie folgt:

Durch die Öffnung im Kolben beim Raum *7* wirkt das Drucköl auf Kolben *10* und bewegt dadurch den Kolben des Überdruckventils soweit gegen die Druckfeder, daß Raum *7* und *8* miteinander verbunden werden. Raum *8* liegt an der

Niederdruckseite *B* der Pumpe und das Drucköl wird somit beim Abspritzen von *7* nach *8* entspannt.

Falls die Leitung *B* Druckleitung und die Leitung *A* Saugleitung ist, arbeitet das Blockventil folgendermaßen:

Kolben *3* drückt gegen *1*, der Kegel *2* wird von seinem Sitz abgehoben. Das Spülöl strömt jetzt von *A* durch die Nuten im Kolben *1* über das Spülventil *5* in den Tank zurück.

Das Drucköl im Raum *8* wirkt durch die entsprechende Öffnung in der Führung *6* nun ausschließlich auf den Kolben des Überdruckventils selbst. Kolben *9* und *10* bleiben in ihrer Lage und das Überdruckventil öffnet durch Verbindung des Druckraumes *8* mit dem Raum *7*. Da nun der Raum *7* an der Niederdruckleitung angeschlossen ist, spritzt das Drucköl nun vom Raum *8* in den Raum *7* und anschließend in die Leitung *A* ab.

8. Filter

Früher wurden oft auch einfache hydraulische Antriebe gebaut, in denen überhaupt kein Filter vorgesehen war. Wenn alle Elemente vor der ersten Inbetriebnahme von Schmutz gereinigt werden und die Anlage vor der endgültigen Füllung mit Öl nochmals durchgespült wird, bevor sie in Betrieb genommen wird, und wenn auch beim Einfüllen des Öls sorgfältig darauf geachtet wird, daß keine Verunreinigungen mit dem Öl in den Kreislauf gelangen, so arbeiten solche Antriebe ohne Filter oft jahrelang störungsfrei, vorausgesetzt, daß auch durch die Dichtungselemente an Steuerschiebern und Arbeitszylindern keine Verunreinigungen in das Öl gelangen können. Trotzdem ist eine gewisse Verunreinigung des Öls durch Abrieb der gegeneinander bewegten Teile oder oft auch durch Oxydationserscheinungen infolge von Kondenswasserbildung innerhalb des Systems unvermeidlich.

Der Einbau eines Filters lohnt sich deshalb in einem hydraulischen Antrieb immer auch bei den einfachsten Antrieben und ermöglicht eine längere Lebensdauer aller Bauteile sowie eine längere durchgehende Betriebszeit ohne Ölwechsel.

Nach der Bauart des Filterelements unterscheidet man:

Spaltfilter,
Siebfilter,
keramische Filter,
Filter aus Sintermetall,
Papierfilter und
Magnetfilter.

Filter aus Filz und Textilgeweben finden in der Ölhydraulik kaum Verwendung.

Die Auswahl des Filters erfolgt in erster Linie mit Rücksicht auf die kleinsten Abmessungen der Verunreinigungen, die durch den Filter ausgeschieden werden sollen. Die Spaltbreite im Spaltfilter liegt meist zwischen 0,08 und 0,012 mm. Siebfilter ermöglichen auch die Ausscheidung noch kleinerer Teile. Die kleinsten Maschenweiten liegen bei 0,04 mm. Sintermetalleinsätze stehen mit Porenweiten von 0,012 bis 0,005 mm zur Verfügung. Papierfilter schließlich ermöglichen sogar die Ausscheidung von Schmutzteilchen mit Abmessungen bis zu 0,001 mm.

Je nach der Lage des Filters unterscheidet man Saugfilter, Rücklauffilter, Niederdruckfilter und Hochdruckfilter. Unter einem Niederdruckfilter versteht man dabei einen Filter, der z. B. zwischen Speisepumpe und regelbarer Hochdruckpumpe eingebaut wird und somit einem Überdruck von 5 bis 10 atü standhalten muß. Unter Hochdruckfilter dagegen versteht man solche, die hinter einer Hochdruckpumpe in die Druckleitung eingebaut werden. Hochdruckfilter werden im allgemeinen des hohen Preises wegen nicht verwendet und sind auch nur dort erforderlich, wo eine besonders feine und sichere Filtrierung unmittelbar vor empfindlichen Regel- und Steuergeräten erforderlich ist, wie z. B. vor manchen Elementen der Flugzeughydraulik. In hydraulischen Antrieben in der Industrie werden meist nur Saug-, Niederdruck- oder Rücklauffilter verwendet.

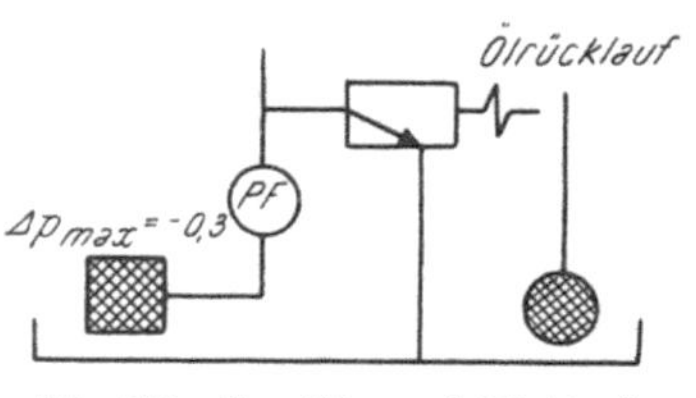

Abb. 255. Saugfilter und Rücklauf-filter

Es können aber auch in einem hydraulischen Antrieb sowohl Saugfilter als auch Rücklauffilter vorgesehen werden. So verwendet man z. B. oft ein ganz grobes Saugfilter, das praktisch überhaupt keinen Druckabfall verursachen kann, um zu vermeiden, daß grobe Verunreinigungen in die Pumpe eindringen, und ein relativ feinmaschiges Rücklauffilter zur eigentlichen Reinigung des Öls (Abb. 255).

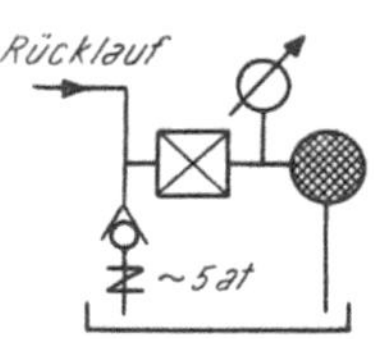

Abb. 256. Zeitweises oder unterbrochenes Zuschalten eines Nebenstromfilters im Rücklauf

Filter können sowohl im Haupt- als auch im Nebenstromkreis angeordnet werden. Filter mit besonders kleiner Maschenweite oder Porenweite werden meist im Nebenstrom angeordnet, weil sie sonst eine zu große Oberfläche haben müßten und damit einen zu großen Raumbedarf hätten, wenn der Druckverlust im Filter innerhalb vorgeschriebener Grenzen gehalten werden soll, und wenn gleichzeitig der gesamte Ölstrom durch einen solchen feinmaschigen Filter durchtreten müßte.

Saugfilter bieten wohl einen sicheren Schutz gegen das Eindringen von Schmutz in die Pumpe. Es besteht jedoch immer die Gefahr, daß bei mangelhafter Wartung der Filter mit Schmutz verlegt wird und daß durch den Druckabfall im Filter dann in der Saugleitung ein Unterdruck entsteht, der zu Kavitationserscheinungen in der Pumpe führt. Ob ein Saugfilter überhaupt verwendet werden kann und welche Abmessungen oder Maschenweiten zulässig sind, hängt somit in erster Linie von der Bauart der Pumpe ab. Saugfilter aus Sieben mit groben Maschenweiten werden aber auch vor Pumpen eingebaut, die gegen Kavitationserscheinungen sehr empfindlich sind. Bei feinmaschigen Sieben ist die Oberfläche so groß zu wählen, daß auch nach längeren Betriebszeiten kein zu starker Druckabfall eintritt, der zu Kavitationserscheinungen führen könnte.

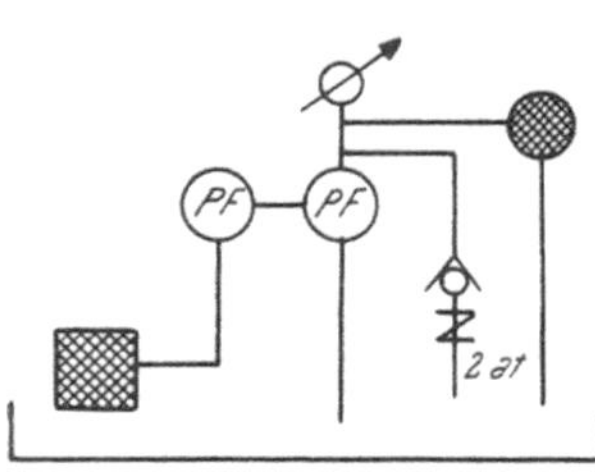

Abb. 257. Weitmaschiges Sieb als Saugfilter, Hilfspumpe für Nebenstrom durch Filter (z. B. Papierfilter 0,02 bis 0,001 mm)

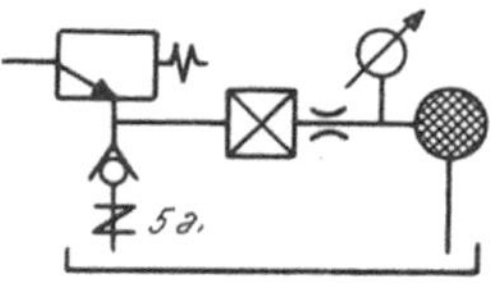

Abb. 258. Nebenstromfilter hinter dem Sicherheitsventil

Der Druckabfall eines Saugfilters soll unter Berücksichtigung der möglichen Verschmutzung und der Ölzähigkeit im kalten Zustand kleiner als 0,4 atü bleiben. Die Überwachung der Einhaltung dieses zulässigen Druckabfalles kann durch ein Kontaktmanometer oder durch einen Druckschalter erfolgen, der beim Auftreten höherer Unterdrücke ein optisches oder akustisches Signal gibt.

Rücklauffilter bieten zwar keine Sicherheit gegen das Eindringen von Verunreinigungen in die Pumpe, sie können dagegen so bemessen werden, daß der Druckabfall im Filter je nach den Betriebsverhältnissen auch einige Atmosphären betragen kann, und können deshalb mit einer wesentlich kleineren Oberfläche dimensioniert werden als Saugfilter. Wegen der geringen Empfindlichkeit gegenüber dem Auftreten von Druckverlusten können Rücklauffilter auch mit kleineren Maschenweiten bzw. Poren gewählt werden.

Als Nebenstromfilter werden etwa nach dem Schaltplan von Abb. 256 bis 258 gerne Filter mit Papiereinsätzen neben einem Rücklauffilter oder neben einem Saugfilter eingesetzt. Es genügt dann oft ein Saugfilter mit relativ groben Maschen, weil kleinere Verunreinigungen doch durch den Nebenstromfilter, wenn auch nicht beim ersten Durchgang durch die Pumpe und durch das ganze System, so doch nach einigen wenigen Umwälzungen im System ausgeschieden werden. Wird der Druckabfall des Rückstromfilters oder besser eines vorgespannten Rückschlagventils im Rücklauf so gewählt, daß etwa ein Zehntel des Ölstromes durch den Mikrofilter strömt, so wird die Ausscheidung der kleinsten Verunreinigungen nach wenigen Umläufen erfolgen und es wird trotz

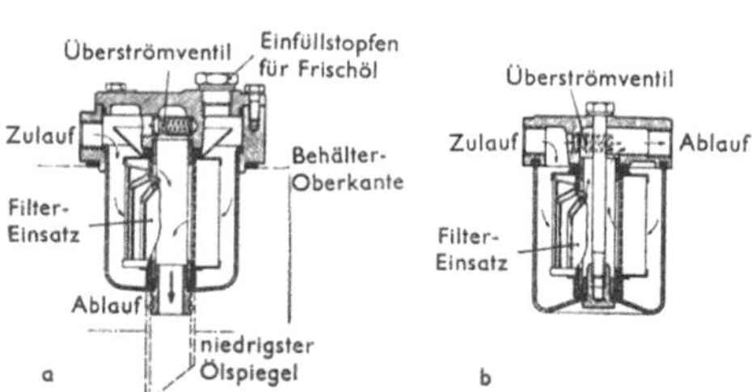

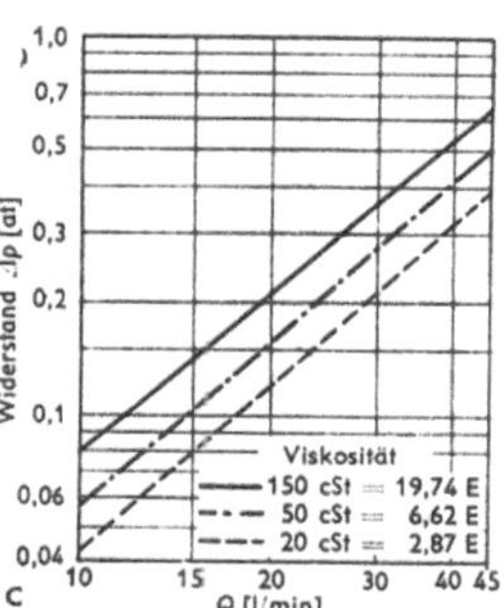

Abb. 259. Siebfilter mit Sternquerschnitt. a) Aufbau auf Behälter, b) Einbau in Rohrleitung, c) Zusammenhang zwischen Stromstärke und Druckabfall in einem Filter mit Siebeinsatz mit Sternquerschnitt (aus DIETER)

geringem Druckabfall eine sehr gute Ausscheidung sogar der kleinsten Verunreinigungen aus dem Öl ermöglicht.

Sowohl die Wahl der zweckmäßigsten Bauart des eigentlichen Filterkörpers als auch die Wahl der Abmessungen der Porenweite, Maschenweite und der Filteroberfläche soll sich deshalb bei allen Filtern etwa nach folgenden Einflußgrößen richten:

1. Stromstärke im Filter.

2. Anfallende Menge an Verunreinigungen. Bei laufendem großem Anfall von Verunreinigungen muß die Filteroberfläche möglichst groß gewählt werden, um lange Betriebszeiten ohne Wartung zu ermöglichen.

3. Zulässiger Druckabfall im Filter.

4. Eigenschaften der Hydraulikflüssigkeit und Betriebstemperatur. Insbesondere bei Saugfiltern ist Rücksicht auf die Zähigkeit bei niedrigster Temperatur zu nehmen.

5. Wartungsmöglichkeiten.

Die Zunahme des Druckabfalles mit der Stromstärke durch den Filter erfolgt nach ähnlichen Gesetzen wie bei der Strömung durch Rohrleitungen und andere Drosselelemente. Sowohl die Beschleunigungskräfte als auch die Reibungskräfte verursachen etwa in gleichem Maße die Entstehung eines Druckverlustes im Filter. Die Zunahme des Druckabfalles mit der Stromstärke erfolgt deshalb nicht mit der ersten und auch nicht mit der zweiten Potenz der Stromstärke bzw. der Strömungsgeschwindigkeit durch die einzelnen Kanäle, sondern liegt etwa zwischen diesen beiden Grenzwerten (Abb. 259 c).

Die folgende Zusammenstellung gibt einige Anhaltspunkte über die konstruktive Ausführungsform der gebräuchlichsten oben erwähnten Filterbauarten.

Spaltfilter (Abb. 260 und 261). Der Spaltfilter besteht aus Stahllamellen L mit dazwischenliegenden Distanzstücken Z. Das Lamellenpaket ist an einer drehbaren Spindel befestigt. Die Hydraulikflüssigkeit dringt von außen nach innen durch die Spalte zwischen den Stahllamellen und lagert alle Verunreinigungen außerhalb des Lamellenpaketes ab.

Ein feststehender „Spalträumer" S greift zwischen die einzelnen Lamellen. Durch Verdrehen des Handrades R mit

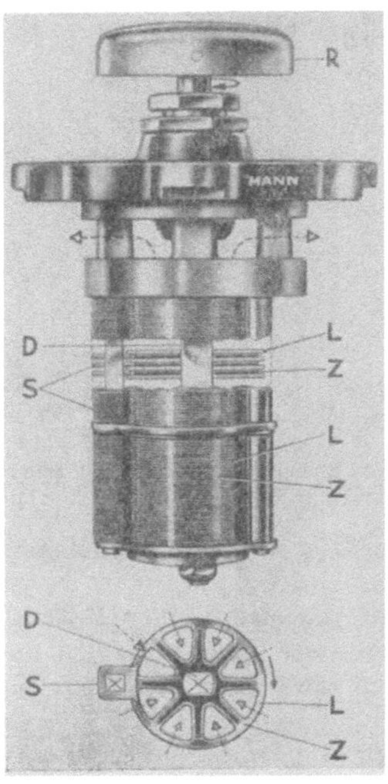

Abb. 260. Spaltfiltereinsatz (Mann & Hummel)

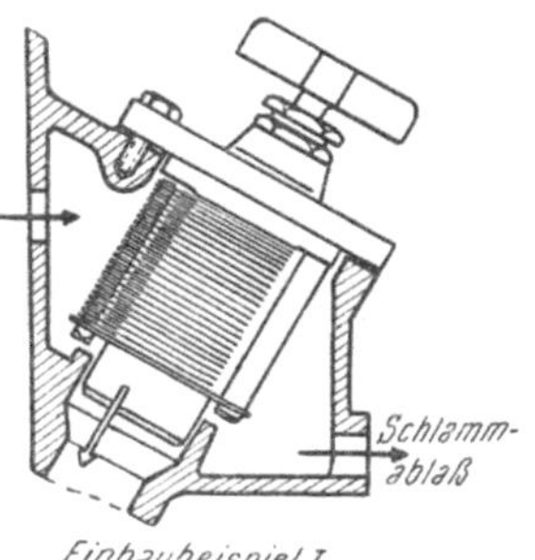

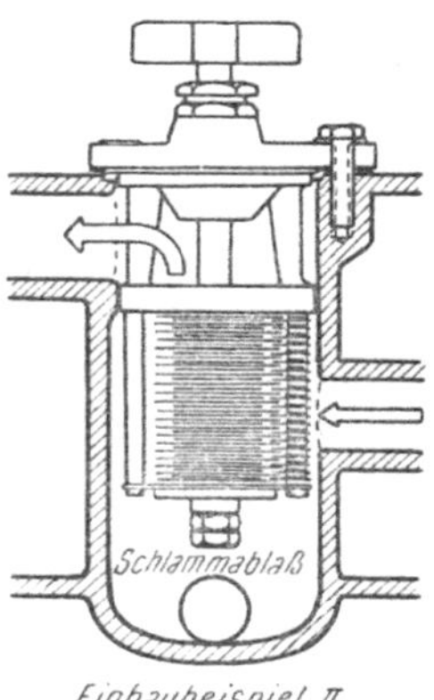

Abb. 261. Spaltfilter-Einbaubeispiele

der Spindel D mit den daran befestigten Lamellen kann der Schmutz abgestreift werden. Die Spindel kann nicht nur von Hand aus, sondern auch durch entsprechende Fernbetätigung über Gestänge oder Kupplungen betätigt werden.

Der Einbau von Spaltfiltern kann nach Abb. 261, I so erfolgen, daß das gereinigte Öl nach unten abfließt oder nach Abb. 261, I nach oben abfließt. Der Abfluß des Frischöls nach oben hat den Vorteil, daß beim Reinigen kein Schmutz in den Frischölabfluß gelangen kann.

Wird eine Wartung des Filters ohne Unterbrechung des Betriebes verlangt, so stehen Doppelfilter zur Verfügung, von denen jeweils einer abgeschaltet werden kann, während der andere gereinigt wird. Im Dauerbetrieb sind dagegen beide Filter parallel geschaltet und in Betrieb.

Siebfilter. Die Reinigung von Siebfiltern erfolgt durch Abbürsten und durch Reinigung mit geeigneten Lösungsmitteln. Um die dadurch erforderlichen längeren Betriebspausen zu vermeiden, werden ebenfalls oft abschaltbare Doppelfilter verwendet. Einfache Saugfilter bestehen meist aus einem Zylindermantel aus feinmaschigem Sieb. Für Siebfilter mit großen Oberflächen wählt man besser solche, die aus mehreren kegelförmigen Sieben bestehen, die ähnlich wie Tellerfedern aufeinander liegen. Der Raumbedarf eines Filters mit solchen Tellersieben wird dadurch wesentlich kleiner und die Siebfläche erhält eine größere Steifigkeit.

Das feinste verfügbare Metallsieb besteht aus Drähten von 0,034 mm Durchmesser und hat 16000 Maschen pro Quadratzentimeter. Die lichte Weite zwischen zwei Drähten dieses feinen Siebes beträgt 0,04 mm. Die durch den Drahtquerschnitt verschlossene Fläche eines solchen feinmaschigen Siebes ist also wesentlich größer als die zwischen den Drähten freibleibende Querschnittsfläche.

Sintermetallfilter. Filtereinsätze aus Sintermetall werden meist mit drei verschiedenen Porenweiten, und zwar mit 0,025 bis 0,04 mm Porenweite, mit 0,012 bis 0,02 mm Porenweite und mit 0,005 bis 0,01 mm Porenweite geliefert. Sie ermöglichen also eine Ausscheidung noch feinerer Verunreinigungen als Siebfilter. Die meisten Sintermetalleinsätze haben einen homogenen Filterkörper, in dem die Poren an allen Stellen des Metallkörpers gleich groß sind. Es gibt aber auch Sintermetalleinsätze, die an der Oberfläche grobe Poren und gegen den Kern zu immer feinere Poren haben. Grobe Verunreinigungen werden dann bei solchen Filtern an der Oberfläche festgehalten und die kleinsten Verunreinigungen erst im Inneren des Filterkörpers. Infolge der räumlichen Verteilung der Verunreinigungen im ganzen Filterkörper wird dann der Druckabfall wesentlich geringer als bei Filtern gleicher Leistung mit reiner Oberflächenwirkung und gleichem Raumbedarf.

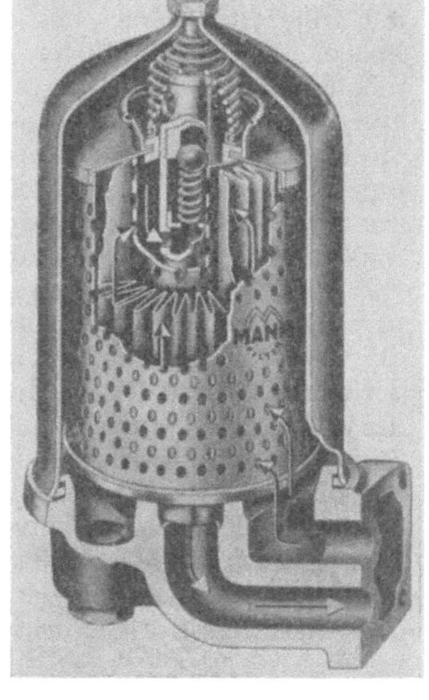

Abb. 262. Schnittbild eines Feinfilters mit auswechselbarer Filterpatrone (Mann & Hummel)

Mikrofilter. Als Mikrofilter werden meist Filter mit austauschbaren Papierpatronen verwendet, bei denen diese Patronen sternförmig gefaltet sind, um eine möglichst große Oberfläche zu erhalten (Abb. 262). Ein eingebautes Überdruckventil im Filter verhindert das Auftreten eines zu hohen Druckabfalles, wenn die Poren der Patrone mit Schmutz verlegt sind.

Mikrofilter werden niemals allein verwendet, sondern immer nur entweder im Nebenstrom neben Saug- oder Rücklauffiltern anderer Bauart oder hinter anderen Filtern mit größeren Maschen- und Porenweiten. Es gibt auch Filterkombinationen, in denen grobe Filter und Mikrofilter in entsprechender Anordnung in einem Gehäuse zusammengebaut sind.

Magnete und Magnetfilter. Kleine permanente Magnete, ähnlich wie sie in Ölwannen von Kraftfahrzeugen eingebaut werden, haben sich in der Ölhydraulik nicht bewährt. Solche kleine Magnetkörper sammeln wohl eine Traube von Eisenteilchen, die durch Abrieb entstanden sind. Es besteht jedoch die Gefahr, daß sich eine solche Traube bei Vibrationen wieder löst. Die Eisenteilchen, die einmal durch einen Magneten festgehalten wurden, sind jedoch dann magnetisch und setzen sich gerade dort in den Steuerschiebern und an den Dichtungsflächen fest, wo sie den größten Schaden anrichten. Diese Magnetpfropfen sind aber auch nicht als „Magnetfilter" anzusprechen. Unter Magnetfiltern versteht man vielmehr Magnetspaltfilter, bei denen meist zwei Weicheisenkörper mit

Spalten, die etwa die Form einer Lagerschale haben, um einen permanenten Magnet gelegt werden und dadurch als Magnete wirken. Die durch die Spalte fließenden Eisenteilchen werden so kräftig festgehalten, daß sie sich auch bei Erschütterungen nicht vom Körper des Spaltmagneten lösen. Zur Wartung werden die Weicheisenteile vom Magneten abgenommen, wobei sich die Stahlspäne dann vom Weicheisenteil ohne Schwierigkeiten lösen. Die Weicheisenteile werden dann noch in Petroleum ausgewaschen und dann erst wieder auf den permanenten Magneten des Filters aufgesetzt.

Die Ausscheidung von Verunreinigungen wird auch dadurch erreicht, daß der Ölbehälter derart gestaltet wird, daß Fremdkörper möglichst lange Zeit haben, um sich am Boden des Behälters abzusetzen: Die Rücklaufleitung soll möglichst weit vom Saugstutzen entfernt in den Behälter münden. Durch geeignete Rippen kann verhindert werden, daß das Öl unmittelbar vom Rücklauf direkt zum Saugstutzen fließt usw. Bei dieser Art der Ausscheidung von Verunreinigungen hat der Rücklauffilter den Nachteil, daß alle Verunreinigungen im Filter aufgefangen werden und sich deshalb nicht am Boden des Behälters festsetzen können. Rücklauffilter müssen deshalb öfter gereinigt werden als Saugfilter. Allerdings bedeutet ein verlegter Rücklauffilter auch keine unmittelbare Gefahr für die Anlage, dagegen besteht bei einem verlegten Saugfilter die Gefahr, daß in der Saugleitung ein zu starker Unterdruck entsteht. Sinkt der Unterdruck in der Saugleitung etwa unter 0,3 ata, so kann es zur Verdampfung des Öls in der Saugleitung und insbesondere an Stellen von besonders hohen Strömungsgeschwindigkeiten in der Pumpe kommen, wobei dann — meist unter starker Geräuschentwicklung — Kavitationsschäden entstehen. Es soll deshalb durch ein Manometer hinter dem Saugfilter, möglichst unmittelbar vor der Pumpe, der Saugdruck ständig überwacht werden. Bei steigendem Vakuum muß der Filter sofort gereinigt werden, um eine Beschädigung der Pumpe und die unerwünschte Geräuschbildung durch Kavitationserscheinungen zu vermeiden.

In kleinen Anlagen werden meist nur Saugfilter oder Saugfilter und gleichzeitig Mikrofilter im Nebenstrom verwendet.

Als Mikrofilter im Nebenstrom wird meist ein Filter mit Papier- oder Zelluloseeinsätzen mit einer Porenweite von 0,0005 bis 0,002 mm verwendet. Im Hauptstrom würde ein solcher Filter entweder einen großen Druckabfall verursachen oder es müßten sehr, sehr große Filter verwendet werden. Zur Ausscheidung der kleinsten Verunreinigungen genügt es jedoch vollständig, wenn das Öl etwa jedes zehnte, zwanzigste oder auch nur fünfzigste Mal bei seinem Kreislauf durch den Filter läuft, wobei dann diese kleinsten Verunreinigungen im Filter zurückgehalten werden.

Sowohl als Saug- als auch als Rücklauffilter werden meist Siebe, Spaltfilter oder keramische Filter bzw. Sintermetallfilter verwendet.

Je nach den Betriebsverhältnissen und den Abmessungen des Filters ist eine Reinigung in ganz verschiedenen Zeitabständen erforderlich. Es ist jedoch zweckmäßig, den Verschmutzungsgrad des Filters durch ein Manometer mit rotem Strich bei 0,3 ata Unterdruck oder noch besser durch ein Kontaktmanometer oder durch einen Druckschalter, der eine Signallampe betätigt, zu messen, damit eine rechtzeitige Reinigung gewährleistet ist.

Nach jeder ersten Inbetriebnahme einer Anlage soll der Filter außerdem etwa nach 15 Betriebsstunden zum erstenmal, nach 100 Betriebsstunden zum zweitenmal und nach 500 Betriebsstunden zum drittenmal gereinigt werden.

9. Speicher

a) Aufgaben des Speichers

Sowie in der Mechanik durch ein Schwungrad Bewegungsenergie gespeichert werden kann, besteht in der Hydraulik die Möglichkeit zur Speicherung von Drucköenergie in einem Flüssigkeitsakkumulator. Speicher erfüllen somit in der Hydraulik ganz ähnliche Aufgaben wie das Schwungrad in der Mechanik. Sie ermöglichen sowohl eine Drucköaufnahme als auch eine Drucköabgabe innerhalb ganz kurzer Zeitspannen, können aber auch innerhalb langer Zeitspannen kleinste Energiemengen aufnehmen und dann wieder innerhalb kurzer Zeitspannen abgeben. Sie dienen in hydraulischen Anlagen z. B. für die Lösung folgender Aufgaben:

Zur Deckung eines kurzzeitigen Bedarfes an großen Förderströmen,
als Stoß- oder Schwingungsdämpfer zur Aufnahme von Druckspitzen oder von periodischen Schwingungen,
zum Betrieb von hydraulischen Nebenkreisen,
zum Konstanthalten des Druckes in einem System durch Nachlieferung der Leckölmenge,
zur Entlastung der Pumpen beim Anlauf eines Systems mit großen Massen, wie z. B. zum Anlassen von Dieselmotoren,
als Stromquelle beim Aussetzen der Stromlieferung aus der Pumpe usw.

In vielen Fällen wird ein Speicher gleichzeitig zur Lösung mehrerer der oben zusammengestellten Aufgaben verwendet. Oft ist es aber auch nur eine dieser Aufgaben, die durch den Einsatz eines Speichers besonders zweckmäßig gelöst werden kann. Einige Beispiele für die Lösung von bestimmten Aufgaben durch Speicher mögen zunächst das Verständnis für diese oben erwähnten charakteristischen Einsatzmöglichkeiten von Speichern erleichtern.

α) Speicher für Anlagen mit stark wechselndem Druckölbedarf

Akkumulatoren werden in Anlagen mit stark wechselndem Druckölbedarf verwendet, um mit möglichst kleinen Ölpumpen und damit auch kleinen Antriebsmotoren für die Pumpe das Auslangen zu finden. Es ergibt sich dadurch oft die Möglichkeit, sowohl die Anschaffungskosten der Maschine als auch die Betriebskosten zu senken. Oft ergibt sich auch durch die Verwendung eines Speichers die Möglichkeit, mit einer hydraulischen Anlage mehrere Maschinen zu versorgen, während ohne Einsatz eines Speichers für je eine Maschine eine Pumpenanlage erforderlich wäre. So können z. B. mehrere Kunststoffpressen, bei denen während der einzelnen Arbeitstakte aus anderen betriebstechnischen Gründen auf alle Fälle längere Stillstandzeiten verstreichen müssen, bei Einsatz von Akkumulatoren durch eine einzige Pumpenanlage mit Drucköl versorgt werden. Bei entsprechender Bemessung des Speichers können im Bedarfsfall sogar auch zwei oder mehrere Pressen gleichzeitig betätigt werden, so daß eine raschere Abwicklung verschiedener Arbeitsgänge ermöglicht wird als bei Versorgung jeder Presse durch eine eigene Pumpe. In vielen Fällen, wie z. B. gerade auch im Betrieb von Kunststoffpressen, wird außerdem durch den gleichzeitig absolut stoß- und schwingungsfreien Druckanstieg bei der Druckölversorgung durch einen Akkumulator auch eine Verbesserung der Funktion der ganzen Maschine möglich. Auch in bezug auf die Ölerwärmung ergibt sich oft eine günstige Lösung durch die Druckölversorgung mit kleinen Pumpen, die in Verbindung mit einem Speicher arbeiten. Große Pumpen verursachen oft auch in derjenigen Zeit, in der sie im Leerlauf arbeiten, eine beträchtliche Ölerwärmung.

Durch die Verwendung eines Speichers kann somit auch manchmal ein Ölkühler erspart werden. Es gibt somit die verschiedensten Möglichkeiten, durch die sowohl die Anschaffungskosten einer Maschine als auch die Betriebskosten durch die Verwendung von Speichern gesenkt werden können.

β) Speicher zur Erzeugung von Eilgangsbewegungen

Werden in einem hydraulischen Antrieb Anstellbewegungen oder Rückzugbewegungen mit relativ kleinen Kräften, aber dafür mit hohen Kolbengeschwindigkeiten verlangt, so wird man meist keine Pumpe mit einer der verlangten Kolbengeschwindigkeit entsprechend hohen Stromstärke verwenden. Die Eilbewegung wird im allgemeinen entweder durch ein Eilgangventil oder besondere Eilgangschaltungen gelöst oder aber es wird ein Speicher verwendet, um den während der Stromspitze auftretenden Druckölbedarf zu decken. Abb. 263 zeigt z. B. den Schaltplan einer Materialprüf-

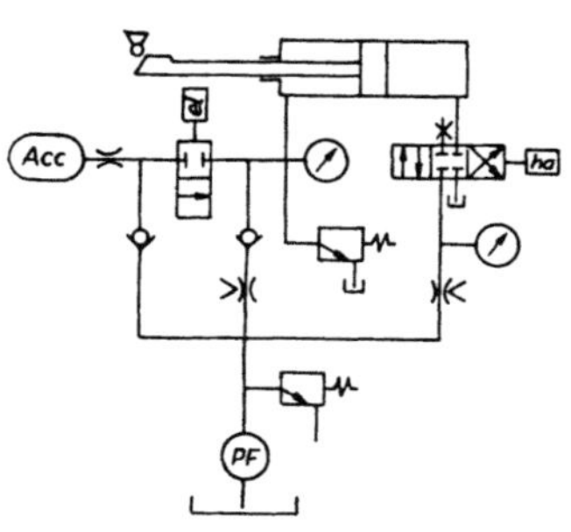

Abb. 263. Schaltplan einer Materialprüfmaschine

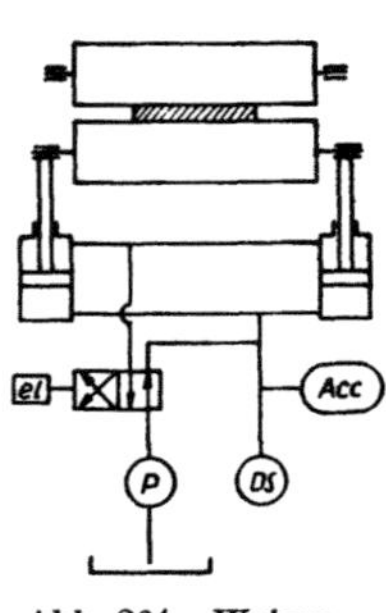

Abb. 264. Walzenanpressung durch Speicher und Handpumpe

maschine, in der Prüfstücke auf ihre elastischen Eigenschaften und auf Zerreißfestigkeit unter bestimmten Bedingungen geprüft werden können. Das Prüf-

Abb. 265. Blechschere mit hydraulischem Speicher als Rückholfeder (Pearson, Newcastle upon Tyne, England)

stück soll zuerst durch eine plötzlich angreifende Zugspannung belastet werden und anschließend ohne Unterbrechung der Beanspruchung durch eine ruhige Belastung weiter gedehnt werden. Diese Arbeitsbewegungen führt ein doppelt wirkender Zylinder aus, der durch das handbetätigte 4/3-Ventil gesteuert wird. Die Stoßbelastung durch eine hohe Kolbengeschwindigkeit erfolgt durch das rasche Einfahren des Zylinders unter Einwirkung des Drucköls aus dem Speicher. Nach Durchlaufen eines bestimmten Kolbenhubes wirkt ein wegabhängiger Schalter auf das magnetbetätigte Absperrventil, worauf die Beanspruchung des Prüfkörpers nur noch durch den von der Pumpe gelieferten Ölstrom erfolgt. Die einzelnen Bewegungsgeschwindigkeiten können außerdem durch Drosseln auf bestimmte Werte eingeregelt werden.

γ) Verwendung von Speichern als hydropneumatische Federn

Soll z. B. in einem Zylinder, der zum Einspannen eines Arbeitsstückes verwendet wird, trotz der unvermeidlichen Lecköolverluste ein konstanter hoher Druck aufrechterhalten werden, so wäre es erforderlich, eine Ölpumpe ständig unter Druck laufen zu lassen, trotzdem der Druckölbedarf nur den relativ geringen Leckölmengen in den Steuerschiebern und Kolben entspricht. Für die Lösung solcher Aufgaben ist deshalb ein Speicher vorzuziehen, nur bei sehr großen Anlagen wird der Leckölbedarf durch eine kleine Leckölpumpe gedeckt. Wird ein Speicher als Gasfeder für das Anpressen von Walzen verwendet, so genügt oft nur eine handbetätigte Kolbenpumpe in Verbindung mit einem Speicher, um das im Zylinder auftretende Lecköl zu ersetzen (Abb. 264). Die für die Anpressung der Walzen verwendeten Kolben machen nur ganz geringe Hubbewegungen und es genügt deshalb auch ein Speicher mit ganz kleinen Gaspolstern.

In anderen Fällen wieder dient der Speicher als Rückführungsfeder für Kolben mit großen Hüben. Abb. 265 zeigt z. B. eine Blechschere, bei der die Rückführung des Messers durch einen Arbeitszylinder erfolgt, der durch einen Speicher mit Drucköl versorgt wird. Das Lecköl im Kolben kann durch eine kleine Handpumpe, die rechts unten an der.

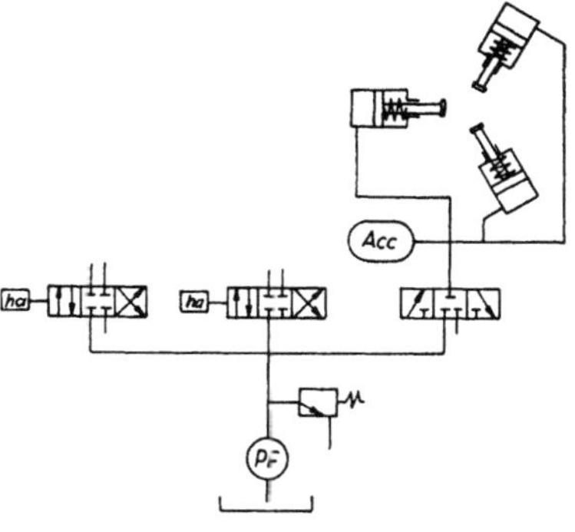

Abb. 266. Hydraulische Ausrüstung eines fahrbaren Bohrturmes

Maschine sichtbar ist, ersetzt werden. Die Verwendung der Gasfeder ergibt in bezug auf die Betriebssicherheit sowie mit Rücksicht auf die Unfallsgefahr wesentliche Vorteile gegenüber einem rein hydraulischen Rückzug, da das Messer auf alle Fälle bei Ausfall der Bedienung des Steuerhebels für Fußbetätigung in seine obere Lage zurückgeführt wird. Zur Steuerung der Rückzugbewegung des Messers sind keinerlei Ventile erforderlich und es treten somit bei guter Dichtung des Kolbens auch kaum Leckverluste auf.

δ) Aufrechterhaltung eines konstanten Druckes in einem Netz

Oft soll nur in einem Teil des Netzes trotz gewisser Leckölverluste ein konstanter Druck aufrechterhalten werden, während gleichzeitig in anderen Teilen des Netzes durch die Betätigung von Arbeitszylindern Druckschwankungen entstehen. Soll die Aufrechterhaltung eines Druckes in einem Teilkreis ebenfalls durch einen Speicher erfolgen, so muß dieser Zweig des Netzes durch einen eigenen Steuerschieber von dem übrigen Netz getrennt werden. Abb. 266 zeigt z. B. den Schaltplan für die hydraulische Ausrüstung eines auf einem Lastwagenfahrgestell aufgebauten Bohrturmes nach Abb. 267, die Ölpumpe wird durch den Dieselmotor des Fahrzeuges angetrieben. Das Festhalten der Bohrstange erfolgt durch drei einfach wirkende Haltezylinder, die eine Art Spannfutter bilden. Der Speicher ermöglicht es, den Druck in diesen Haltezylindern auch während der Betätigung der beiden anderen Steuerventile aufrechtzuerhalten. Die Spannzylinder stehen dabei sogar auch dann unter vollem Druck, wenn der Antriebsdieselmotor oder die Ölpumpe ausfällt.

ε) Ausgleich der durch Temperaturschwankungen verursachten Druckunterschiede

Der Wärmeausdehnungskoeffizient des Öls ist größer als der von Eisen und Stahl. In einem geschlossenen, vollständig mit Öl gefüllten Behälter steigt deshalb der Druck bei einer Temperaturzunahme von etwa 10° C um 100 atü. Eine Temperatursteigerung durch Einwirkung von Sonnenstrahlen auf ein geschlossenes, aus Rohrleitungen, Zylindern und Steuerventilen bestehendes System wird deshalb bei absolut dichten Abschluß-organen schon zu gefähr-lichen Drucksteigerungen führen. Als Sicherheit ge-genüber diesen durch Tem-peratursteigerungen ver-ursachten Druckanstiegen werden oft Abspritzventile verwendet. Diese haben je-doch den Nachteil, daß der Druck bei einer auf die Erwärmung folgenden Ab-kühlung wieder in dem

Abb. 267. Fahrbarer Bohrturm (Boyles Bros. Ltd., Newcastle upon Tyne, England)

gleichen Maße sinkt, in dem er bei der Erwärmung gestiegen wäre. Auf alle Fälle tritt aber bei der Verwendung von Abspritzventilen Drucköl aus dem System aus, was oft auch aus anderen Gründen unerwünscht ist. Bei dem für den Rohöl-transport von Le Havre nach Paris verwendeten Rohrleitun-gen hatte man z. B. auch zunächst Abspritzventile ver-wendet, um die infolge der Temperatursteigerung auftre-tenden Druckanstiege zu ver-meiden. Dabei stellten sich bei Einwirkung starker Sonnen-bestrahlung so starke Öl-verluste ein, daß diese bald zu Meinungsverschiedenheiten zwischen Lieferanten und Ab-nehmern bezüglich der tat-sächlich gelieferten Ölmengen führten. Die Abspritzventile

Abb. 268. Speicher zur Aufnahme der Vergrößerung des Volumens des Öls bei Temperatursteigerung in Rohrleitungen (Olaer France, Bois de Colombes, Frankreich)

wurden deshalb durch Speicher für die Aufnahme der durch die Wärme-ausdehnung verursachten Volumenvergrößerung des Rohöls ersetzt (Abb. 268).

ζ) Aufnahme von Druckstößen und Schwingungen

Druckstöße und Schwingungen in hydraulischen Systemen entstehen durch die Druckimpulse der Kolbenpumpen, durch die plötzliche Verzögerung der Masse des strömenden Öls sowie durch die plötzliche Verzögerung von Massen, die ihre Verzögerungskräfte auf die Flüssigkeitssäule in den Rohrleitungen übertragen.

Die einzelnen Pulsationen der Ölpumpe sind für viele Arbeitsprozesse nicht erwünscht, weil die auf ein Werkzeug übertragenen Schwingungen die Ober-flächengüte der hergestellten Arbeitsstücke beeinträchtigen oder aber, weil durch die Vibrationen Rohrverbindungen gelöst werden können. Durch die

Verwendung eines Speichers zur Glättung dieser Stromimpulse können diese unerwünschten Erscheinungen meist beseitigt werden. Die beim plötzlichen Schließen einer Rohrleitung nur durch die Verzögerung der Flüssigkeitssäule verursachten Druckstöße sind meist auch nicht so groß, daß sie unmittelbar einen Bruch einer Rohrleitung verursachen können, dagegen erzeugen sie infolge der elastischen Eigenschaften in der Ölsäule Schwingungen, die unerwünschte Geräusche verursachen und ebenfalls zum Lösen von Rohrverbindungen führen können. Es wird deshalb auch oft zur Beseitigung der Druckstöße, die infolge der Verzögerung der Ölsäule entstehen, ein Speicher eingebaut.

Die von außen auf die Ölsäule einwirkenden Massenkräfte können sowohl von

Abb. 269. Gabelstapler mit Speicher zur Aufnahme der Druckstöße, die durch plötzliche Verzögerung der Last entstehen (Fawcett Preston and Co. Ltd., Bromborough, Cheshire, England)

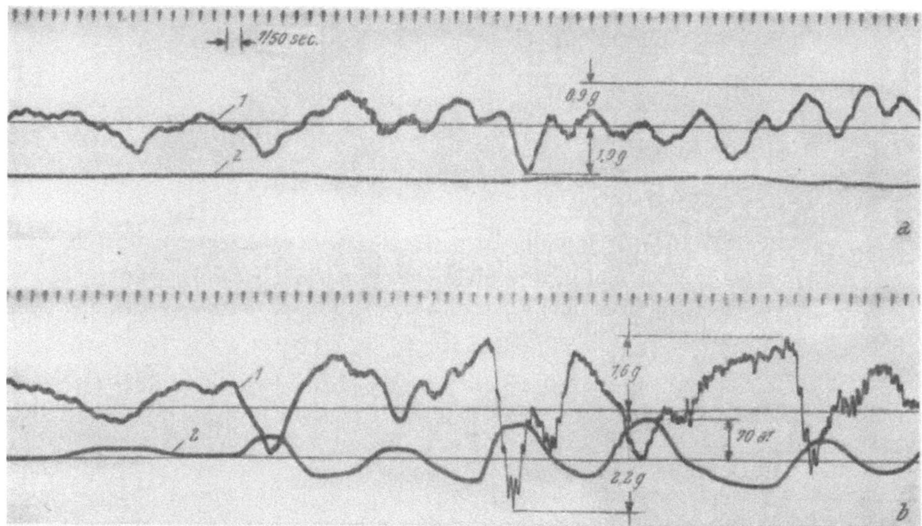

Abb. 270. Zeitlicher Druckverlauf in der Druckleitung des hydraulischen Systems eines Gabelstaplers bei rascher Beschleunigung der Lasten, 1 ohne Speicher, 2 mit Speicher (Fawcett Preston)

der Abtriebsseite her, also von den Arbeitszylindern als auch von der Antriebsseite her, also vom Antriebsmotor der Pumpe oder von der Pumpe selbst herrühren. Wird z. B. während des Umsteuervorganges der frei abströmende Querschnitt für den Abfluß des Öls von der Pumpe kurzzeitig verkleinert, so steigt der Druck sowohl infolge der Verzögerung der Flüssigkeitssäule, aber auch in erster Linie infolge der zwangsweisen Verzögerung der Drehbewegung von Pumpe und Antriebsmotor. Es entsteht dadurch eine starke Druckspitze, die oft nur durch einen Speicher oder zumindest durch eine elastische Schlauchleitung aufgenommen werden kann, da für die Öffnung des Sicherheitsventils meist eine längere Zeitspanne erforderlich ist als für die Beschleunigung eines Ölstromes durch die großen Eintrittsquerschnitte eines Speichers. Auch der Einbau von Sicherheitsventilen in der unmittelbaren Nähe der Entstehungsstelle der Druckstöße genügt meist nicht, um diese kurzzeitig auftretenden Druckspitzen zu beseitigen.

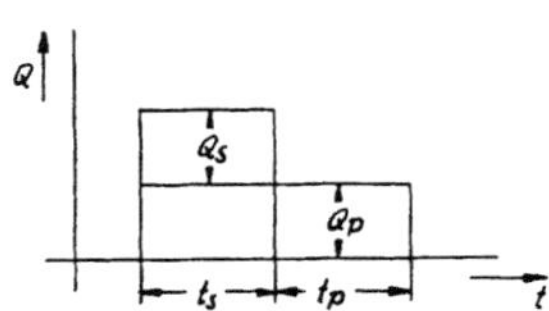

Abb. 271. Während der Zeit t_s vom Speicher aufgenommener Ölstrom Q_s und während der Zeit t_p von der Pumpe gelieferter Ölstrom Q_p für einen Strombedarf von $Q_s + Q_p$ während der Zeit t_s

Abb. 269 zeigt einen Gabelstapler, bei dem zunächst durch die Einwirkung der von der Last auf die Ölsäule ausgeübten Beschleunigungs- und Verzögerungskräfte unerwünschte Druckschwankungen im Öl auftraten (Abb. 270, 1). Durch den Einbau eines Speichers konnten diese Druckschwankungen so gut wie vollkommen beseitigt werden (Abb. 270, 2).

b) Auswahl von Speichertype und -größe

α) Richtlinien für die Wahl der Speicherabmessungen

Dient ein Speicher zur Deckung eines kurzzeitigen Druckölbedarfes, so wird seine Auswahl meist gemeinsam mit der Auswahl der Pumpenleistung festzulegen sein. Es muß die innerhalb eines Arbeitsspieles innerhalb der Zeit T insgesamt benötigte Ölmenge

$$\int_0^T Q \, dt$$

oder

$$\sum_0^T Q_n \, \Delta t_n$$

auf alle Fälle von der Pumpe aufgebracht werden.

Soll während eines Arbeitsspieles eine einzige Stromspitze nach Abb. 271 gedeckt werden, so muß

$$Q_s \cdot t_s = Q_p \cdot t_p$$

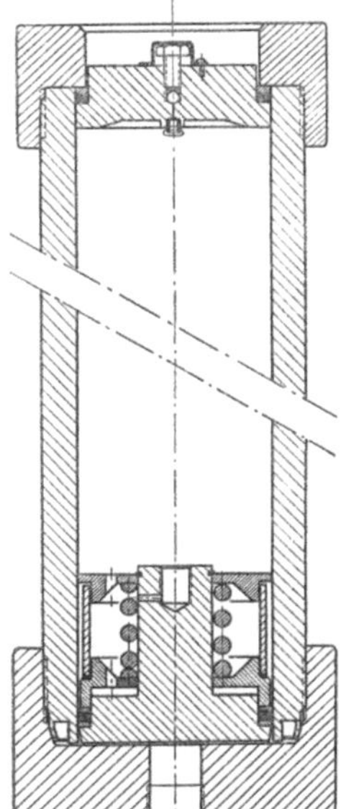

Abb. 272. Speicher mit Kolbendichtung zwischen Öl und Gaspolster (ETNA, Argenteuil, Frankreich)

sein, wenn Q_s die vom Speicher in das Netz gelieferte Stromstärke während der Zeit t_s und Q_p die von der Pumpe in den Speicher gelieferte Stromstärke während der Zeit t_p bedeuten.

Die gleiche Beziehung gilt prinzipiell analog für die Bemessung der Speichergröße, wenn es sich um einen Speicher zur Aufnahme einer kurzzeitigen Druckspitze handelt. Die Zeit, während der eine Druckspitze auftritt, beträgt dann oft nur einen Bruchteil einer Sekunde und es genügt deshalb meist für die Aufnahme von Druckspitzen ein sehr kleines Speichervolumen. Oft genügt die

Einschaltung einer als Speicher dienenden Schlauchleitung an Stelle einer Rohrleitung, um eine Druckspitze von 500 atü, die innerhalb einer Zehntelsekunde auftritt, auf eine solche von 250 atü zu reduzieren, die innerhalb von zwei Zehntelsekunden auftritt, aber für die Anlage keine Gefahr mehr bedeutet.

Auch wenn ein Speicher dazu verwendet werden soll, um die austretenden Leckölmengen zu ersetzen, genügt oft eine Schlauchleitung als Speicher, wenn die Zeit, innerhalb welcher der Netzdruck aufrechterhalten werden soll, nur relativ kurz ist. Sind Speichervermögen der Schläuche und Leckölmengen der einzelnen Steuerorgane wenigstens näherungsweise bekannt, so kann die Zeit, innerhalb derer ein bestimmter Druck durch einen Schlauch aufrechterhalten werden kann, meist ermittelt werden (Abb. 106, 227, 228).

β) Verschiedene Speichersysteme und ihre charakteristischen Eigenschaften

Gewichtsakkumulatoren werden in der Ölhydraulik, trotzdem sie die einzige Speichertype sind, die die Abgabe von Flüssigkeit bei konstantem Druck ermöglicht, nicht mehr verwendet. Bei den heute meist verwendeten hohen Betriebsdrücken werden die Abmessungen der Gewichte so groß, daß der Raumbedarf eines Gewichtspeichers kaum mehr in Kauf genommen werden kann.

Soweit man nicht mit der Speicherfähigkeit von billigen Schlauchleitungen durchkommt, wählt man deshalb in der Ölhydraulik meist Akkumulatoren mit einem als Federelement dienenden Luft- oder Stickstoffpolster. Solche Akkumulatoren wurden früher prinzipiell auch schon bei Druckwasseranlagen verwendet. Bei diesen Druckwasserakkumulatoren kam der Luftpolster mit der Druckflüssigkeit in unmittelbare Berührung. Die während des Betriebes im Druckwasser absorbierten Luftmengen, die aus diesem Luftpolster allmählich entnommen wurden, konnten durch einen Kompressor wieder ersetzt werden. Es wurden meist mehrere Druckluftflaschen verwendet, um durch einen möglichst großen Luftpolster geringe Druckschwankungen zwischen dem maximalen und minimalen Betriebsdruck zu ermöglichen.

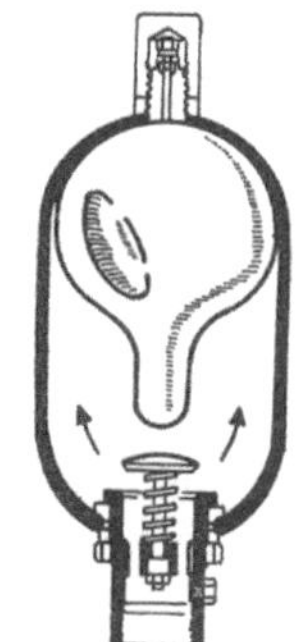

Abb. 273.
Speicher mit
Kunststoffblase
zwischen Öl und
Gaspolster
(Bosch)

Bei Druckspeichern für die Ölhydraulik kann der Luftpolster bei niedrigen Betriebsdrücken und relativ langsamem Lade- bzw. Entladevorgang auch mit dem Öl in unmittelbare Berührung kommen; bei hohen Betriebsdrücken und raschem Entladevorgang soll der Luftpolster durch einen gut abdichtenden Kolben oder durch eine Bunablase von dem Drucköl getrennt werden. Im ersten Falle besteht der Akkumulator dann aus einem Zylinder mit einem in diesem frei beweglichen Kolben ohne Kolbenstange (Abb. 272). Im zweiten Falle besteht der Speicher aus einer Stahlflasche, in der eine Gummiblase liegt (Abb. 273).

Auch wenn die Betriebsverhältnisse die Verwendung eines Speichers mit unmittelbarer Berührung zwischen der Oberfläche des Öls und dem Gas zulassen, wird aus folgenden Gründen meist ein Speicher vorgezogen, bei dem das Gas mit dem Öl nicht in Berührung kommen kann.

Tritt in Speichern ohne gasdichte Trennung zwischen Öl und Gas eine plötzliche Entspannung auf, so kann es zur plötzlichen Ausscheidung der im Öl gelösten Gase kommen, da beim Sättigungszustand mit hohem Druck wesentlich mehr Gas im Öl gelöst ist als im Sättigungszustand bei niedrigem Druck. Bei Verwirbelung der Öloberfläche kann es zur Vernebelung kommen und bei einer neuerlichen adiabatischen Kompression des Luftpolsters könnte dann eine

Explosion eintreten. Treten keine plötzlichen Spannungswechsel ein, so daß eine Verwirbelung der Oberfläche nicht möglich ist, so besteht diese Explosionsgefahr selbst bei starken Druckschwankungen nicht, soweit diese innerhalb längerer Zeitspannen eintreten.

Sicherheitshalber werden jedoch im allgemeinen aus der immerhin bestehenden Möglichkeit einer Explosionsgefahr bei plötzlichen Druckschwankungen Druckspeicher immer mit Gummi- oder Kunststoffmembrane oder Kolbendichtung verwendet.

Bei Speichern mit unmittelbarer Berührung zwischen Gas und Öl besteht außerdem die Möglichkeit, daß das bei hohem Druck gelöste Gas mit dem Öl mitgenommen und im Öltank wieder ausgeschieden wird, während umgekehrt auch im Öl bei hohem Druck gelöster Sauerstoff allmählich im Speicher zur Ausscheidung kommen könnte. Vor allem aber kann durch die Mitnahme der bei hohem Druck im Speicher gelösten Gase das Speichervolumen immer kleiner werden, die Gasfüllung der Speicher müßte dann häufig ersetzt werden.

Speicher mit Kolben- oder Bunablasendichtung können in jeder Lage eingebaut werden. Speicher mit unmittelbarer Berührung zwischen Öl und Gas dagegen nur in einer bestimmten Lage, bei der der Ölanschluß unten liegen muß.

Der Kolbenspeicher verwendet meist Kolben mit einer oder zwei O-Ringdichtungen, wobei im letzteren Falle einer dieser beiden O-Ringe als eine Art Abstreifring arbeitet und gleichzeitig eine Führung des Kolbens ermöglicht, durch die eine metallische Berührung zwischen Kolben und Zylindermantel vermieden wird. Die Zylinderwand ist gehont und verchromt, die Zylinderdeckel sind meist durch feststehende O-Ringe gegen das Rohr abgedichtet. In einem Zylinderdeckel ist der Gasanschluß mit den Verbindungen für die Fülleinrichtung vorgesehen und in dem anderen das Ölventil. Kolbenspeicher werden heute für Drücke bis 200 und 300 atü und darüber verwendet. Infolge der Kolbenmasse sowie der Reibung des Kolbens an der zylindrischen Wand sind Kolbenspeicher als Dämpfungsorgane bei Schwingungserscheinungen sowie zur Vermeidung von ganz kurzzeitigen Druckstößen weniger geeignet als Akkumulatoren mit Bunablasen.

Die Speicher mit Bunablasen bestehen aus nahtlos gewalzten Stahlflaschen mit halbkugelförmigen Enden. Am oberen Ende befindet sich das Hochdruckgasventil, das in die Bunablase einvulkanisiert ist und mit der Stahlflasche gas- und öldicht verschraubt ist. Am unteren Ende befindet sich das Ölventil, ein durch Federkraft normalerweise geöffnetes Kegelventil aus Stahl, das die Druckölabgabe aus dem Speicher unterbricht, sobald die Blase auf die Oberseite des Kegels drückt. Der Speicher kann somit niemals ganz entleert werden und Beschädigungen der Blase werden dadurch vermieden.

Die Bunablase verträgt Temperaturen zwischen $-15°\,C$ und $+65°\,C$.

Sowohl bei Speichern mit Bunablasen als auch bei solchen mit Kolbendichtung soll den Betriebsanweisungen zufolge mindestens alle ein bis zwei Monate der Fülldruck geprüft werden und nötigenfalls die erforderliche Gasmenge nachgefüllt werden.

γ) Berechnung des erforderlichen Speicherinhaltes

Der erforderliche Gesamtinhalt eines Druckspeichers V_s ergibt sich sowohl für Akkumulatoren mit Bunablasen als auch für solche mit Kolbendichtung aus der aufzunehmenden Ölmenge Q und den zulässigen Druckschwankungen im Netz. Die aufzunehmende Ölmenge ist identisch mit dem Unterschied zwischen dem Volumen der Luft oder des Gases im Speicher bei vollständig entspanntem und bei vollständig zusammengedrücktem Zustand. Gemäß Abb. 274 ist

$$Q = \Delta V = V_{max} - V_{min}.$$

Für das Luftvolumen V im Speicher gilt unter der Voraussetzung, daß der Vorgang des Zusammendrückens und Entspannens im Speicher isotherm vor sich geht, folgender Zusammenhang:

$$p \cdot V = \text{const.} = p_{min} V_{max} = p_{max} V_{min},$$

$$\frac{V_{max}}{V_{min}} = \frac{p_{max}}{p_{min}},$$

$$\frac{V_{max} - V_{min}}{V_{min}} = \frac{p_{max} - p_{min}}{p_{min}},$$

$$\Delta V \cdot p_{min} = V_{min} \Delta p,$$

$$\Delta V \cdot p_{max} = V_{max} \Delta p,$$

$$V_{max} = \frac{\Delta V \, p_{max}}{\Delta p}.$$

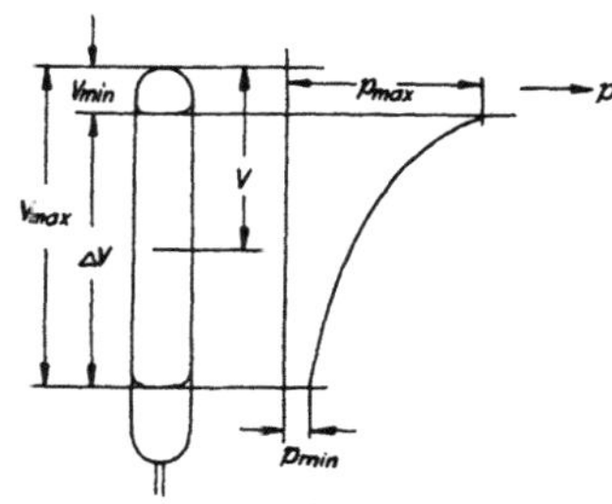

Abb. 274. Veränderung des Speicherdruckes mit dem Ladezustand eines Speichers

Soll ein Reservevolumen von etwa 10% vorgesehen werden, so ergibt sich der Gesamtinhalt des Speichers V_s zu

$$V_s = 1{,}1 \, V_{max} = 1{,}1 \frac{\Delta V \, p_{max}}{\Delta p}. \tag{78}$$

Aus der Kurvenschar in Abb. 275 kann für isotherme und aus Abb. 276 für adiabatische Zustandsänderung des Gases entsprechend diejenige verfügbare

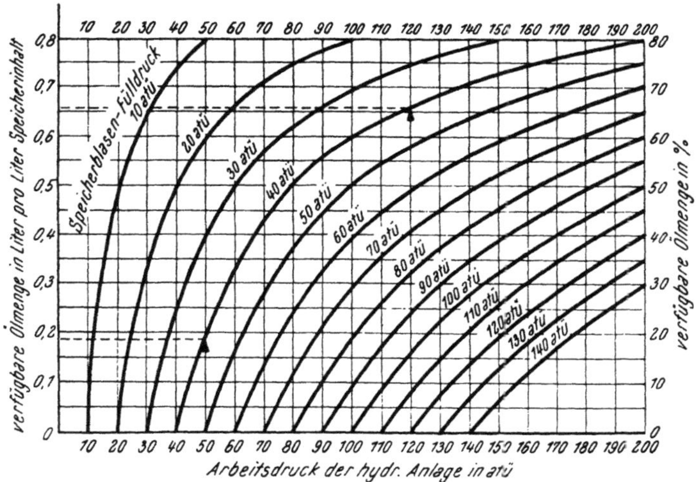

Abb. 275. Zusammenhang zwischen „verfügbarer Ölmenge" in 1 l Speicherinhalt und Speicherdruck bei isothermer Zustandsänderung im Speicher

Ölmenge in Litern pro Liter Speichervolumen entnommen werden, die bei vorgeschriebener oberer und unterer Druckgrenze und bei verschiedenen Fülldrücken aus einem Speicher von 1 l Inhalt entnommen werden kann. Daraus ergibt sich auch für jede beliebige Speichergröße die verfügbare Ölmenge für gegebene Speicherfülldrücke im entladenen Zustand bei der unteren Grenze des Netzdruckes und gegebene obere Druckgrenzen in vollgeladenem Zustand. Der Fülldruck des Speichers wird immer etwas niedriger gewählt als die zulässige untere Druckgrenze des Netzes, damit es zu keiner vollständigen Entladung des Speichers kommt und eine gewisse Reserve gewährleistet ist.

Beispiel:

Obere Druckgrenze .... 120 atü
Untere Druckgrenze .... 50 atü
Öldruck .... 40 atü
Drucköl bedarf.............. 3,5 l

Es ergibt sich für eine rasche Drucköl entnahme bei adiabatischer Entspannung des Gases im Speicher aus Abb. 276 gemäß der punktiert eingezeich-

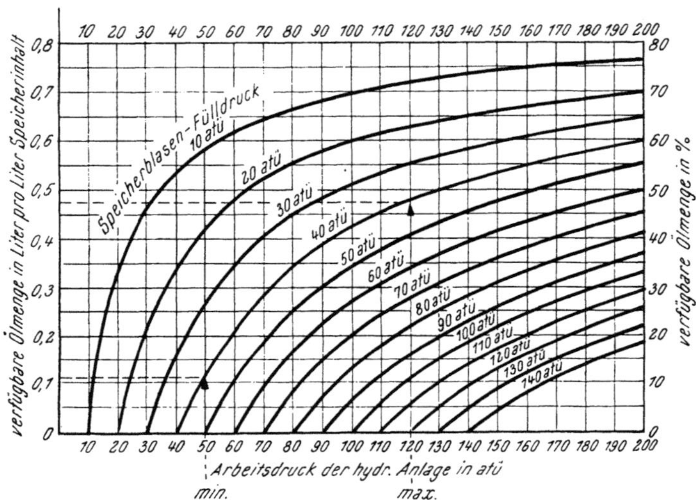

Abb. 276. Zusammenhang zwischen „verfügbarer Ölmenge" in 1 l Speicherinhalt und Speicherdruck bei adiabatischer Zustandsänderung im Speicher

neten Linie eine verfügbare Ölmenge von 0,47 — 0,12 = 0,35 l/l, für die Lieferung einer Ölmenge von 3,5 l ist also ein Speicher von 10 l erforderlich. Bei langsamer Entladung — wie sie etwa bei der Ergänzung von Lecköl vorliegt — und isothermer Zustandsänderung ergäbe sich dagegen eine verfügbare Ölmenge von 0,66 — 0,18 = 0,48 l/l. Es wäre somit nur ein Speicher von 3,5/0,48 = 7,3 l erforderlich.

δ) Richtlinien für die Füllung und Inbetriebnahme von Speichern

Die Füllung der Speicher mit Luft oder Stickstoff auf den etwas unter dem kleinsten zulässigen Netzdruck liegenden Speicherfülldruck erfolgt durch besondere Fülleinrichtungen, die von den Lieferanten der Speicher sowohl für Kolbenakkumulatoren als auch für Speicher mit Bunablasen mitgeliefert werden. Abb. 277 zeigt eine solche Füllvorrichtung für Akkumulatoren mit Bunablasen. Das rechte Ende des Schlauches dieser Vorrichtung wird an der Gasflasche angeschlossen, das linke an dem Hochdruckgasventil des Speichers. Vor dem Füllen soll aber in den Speicher ein Ölpolster eingefüllt werden, um Betätigungen der Blase während des Füllvorganges zu vermeiden. Hierzu ist das in der Gasblase etwa unter einem Druck von 10 atü stehende Gas zuerst auszulassen, indem man auf das Rückschlagventil im Gasanschluß des Speichers drückt. Dadurch öffnet sich dann das Ventil im Ölanschluß des Speichers und es kann eine kleine Ölmenge — etwa ein Zehntel des gesamten Inhaltes — in den Speicher eingefüllt werden. Nach diesem Einfüllen des Ölpolsters wird erst der Schlauch der Füllvorrichtung an einer Gasflasche und der sogenannte Meßkopf der Fülleinrichtung an dem Gasventil des Speichers angeschlossen. In dem Meßkopf ist eine Spindel vorgesehen, durch die das Rückschlagventil im Speicher aufgedrückt werden kann. Diese Spindel ist vor dem Anschließen an den Speicher ganz herauszudrehen. Nach der Herstellung der gasdichten Verbindung im Meßkopf und Füllventil wird durch Drehen der Spindel das Rückschlagventil im Speicher geöffnet. Das Manometer zeigt dann den jeweiligen Druck in der Blase an. Anschließend kann durch Öffnen des Ventils an der Gasflasche der Speicher langsam gefüllt werden.

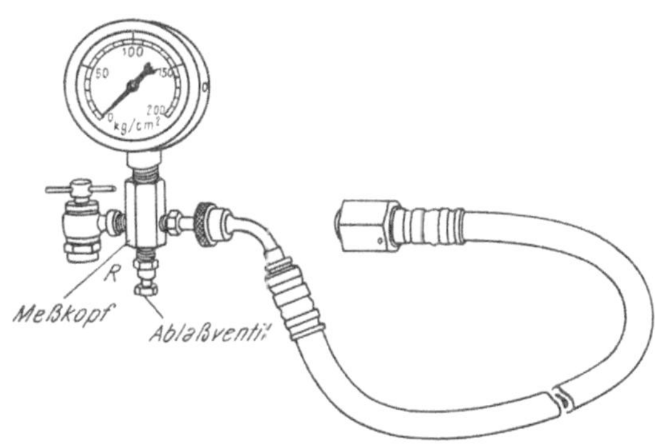

Abb. 277. Fülleinrichtung für Speicher

Nach dem Abschrauben der Fülleinrichtung und dem Verschließen des Speicherventils durch eine Ventilkappe soll die Dichtung des Ventils durch Abpinseln mit Seifenwasser geprüft werden.

10. Ölbehälter

Die richtige Gestaltung des Ölbehälters ist oft von ebenso großer Bedeutung für die einwandfreie Funktion eines hydraulischen Antriebes wie die richtige Auswahl der Pumpen und Steuerorgane, denn der Ölbehälter dient nicht nur als Vorratsbehälter für die in dem System benötigte Ölmenge, sondern erfüllt auch noch eine ganze Reihe anderer wichtiger Aufgaben. Da er eine günstige Möglichkeit zur Unterbringung größerer Wärmeaustauschflächen bietet, dient er in erster Linie als Ölkühler, als Austauschbehälter zwischen warmem zurückfließenden und kälterem im Behälter befindlichen Öl, als Absatzbehälter für Verunreinigungen und oft auch als starrer Rahmen für die Montage des Pumpenantriebes zum Einbau von Druckventilen, Filtern, Schmutzfängern oder eines eigenen Ölkühlers mit Luft- oder Wasserkühlung.

Bei der Gestaltung eines Ölbehälters sind demzufolge folgende Punkte zu beachten:

1. Die Größe des Ölbehälters richtet sich nach dem Ölbedarf zum Füllen aller Antriebselemente und Rohrleitungen sowie nach der verlangten Kühlwirkung.

2. Öffnungen für die Reinigung des Behälters müssen so angebracht werden, daß alle Stellen des Behälters möglichst gut zugänglich sind.

3. Richtige Gestaltung der Umlenkfläche ermöglicht die Ablagerung von Verunreinigungen an einer bestimmten Stelle des Behälters und verbessert den Wärmeübergang des ganzen Behälters.

4. Zweckmäßige Gestaltung und Lage der Ölrücklaufleitung und der Leitungen für die Pumpe.

5. Richtige Gestaltung des Ölniveauanzeigers sowie Wahl geeigneter Signaleinrichtungen bei Ölmangel oder Filterverschmutzung.

6. Entlüftungsstutzen.

7. Richtige Lage des Einfüllrohres und Einfüllsiebes.

8. Verwendung von ölbeständigem Material für alle Bauteile.

9. Vermeidung geräuschverstärkender Resonanzerscheinungen.

10. Magnetpfropfen sind nur zu verwenden, wenn eine laufende Wartung des Behälters möglich ist.

Auf diese einzelnen Punkte, die bei der Konstruktion eines Ölbehälters somit zu berücksichtigen sind, soll im folgenden der Reihe nach eingegangen werden.

a) Das erforderliche Fassungsvermögen des Ölbehälters

Die Größe des Behälters richtet sich in erster Linie nach dem Umfang des hydraulischen Systems, das seinen Druckölbedarf aus dem Behälter deckt. Der Behälter soll bei stationären Anlagen wenigstens dreimal, bei ortsbeweglichen mindestens eineinhalbmal so groß sein als das Fassungsvermögen des gesamten hydraulischen Systems mit allen angeschlossenen Verbrauchern einschließlich der Rohrleitungen. Der Tank muß aber nicht nur groß genug sein, um den Bedarf an Öl zum Füllen aller Antriebselemente und Rohrleitungen zu decken, sondern er muß auch so groß sein, daß er in der Lage ist, das gesamte in all diesen Elementen enthaltene Öl wieder aufzunehmen, ohne zu überfließen, wenn im System die mit Rücksicht auf die Ölerwärmung und auf andere Gesichtspunkte erforderliche Ölmenge enthalten ist.

Mit Rücksicht auf die erzielbare Kühlwirkung und auf die Möglichkeit, den Behälter gleichzeitig als Absatzbehälter für Verunreinigungen zu verwenden, soll der Tank im allgemeinen so groß gewählt werden, als es die räumlichen Verhältnisse überhaupt zulassen. Für die Abmessungen des kleinsten zulässigen Volumens, das zur Einhaltung einer bestimmten zulässigen Öltemperatur von etwa 60° C unbedingt erforderlich ist, gibt es wohl gewisse Faustregeln, wie z. B., daß die Ölmenge ein- bis dreimal so groß sein soll als die Fördermenge der Pumpe in l/Min. Diese Richtlinien sind allerdings im allgemeinen mehr oder weniger wertlos, denn es gibt Anlagen, die nur kurzzeitig laufen, bei denen alle Rohre und Behälter in einem kühlen Luftstrom liegen oder in denen Maschinenrahmen mit einem besonders großen Wärmespeichervermögen und einer großen Kühlfläche als Ölbehälter verwendet werden. Es genügt dann unter Umständen ein Zehntel der oben angegebenen Ölmenge oder noch weniger, um die zulässigen Öltemperaturen einhalten zu können. Umgekehrt gibt es Anlagen, die in warmen Räumen arbeiten und ununterbrochen laufen und bei denen alle für den Wärmeaustausch in Frage kommenden Teile in einem abgeschlossenen Raum liegen, in dem keinerlei Luftbewegung möglich ist und somit die eingeschlossene Luft noch erwärmt wird. Es genügt dann oft auch die zehnfache von der durch die obige Faustregel angegebene Ölmenge nicht, um eine ausreichende Kühlung des Öls zu erreichen.

Die weit über dem Mittelwert der Öltemperatur liegenden Temperaturspitzen treten meist in den Drossel- und Überdruckventilen in den Pumpen und Motoren und überhaupt an den verschiedensten Drosselstellen auf. Lange Rohrleitungen zwischen diesen Elementen und dem Ölbehälter wirken dabei als Zwischenkühler und verringern die Wärmemenge, die durch diese Drosselelemente dem Öl im Behälter zugeführt werden. Kurze Rohrverbindungen dagegen bewirken eine Vergrößerung der Wärmeentwicklung im Ölbehälter.

Eine richtige, den jeweils gegebenen Betriebsverhältnissen entsprechende Wahl der erforderlichen Größe des Ölbehälters und der erforderlichen Ölmenge unter Berücksichtigung der Kühlwirkung des Behälters ist daher nur durch die Berechnung der Ölerwärmung einerseits und der Abkühlung der ganzen Anlage andererseits nach den in Abschn. III, 3, S. 53 bis 61, gegebenen Richtlinien möglich. Die Gestaltung des Ölbehälters und die Wahl der Ölmenge muß dabei so erfolgen, daß die Öltemperatur im stationären Zustand von 70° C bei höchstmöglicher Umgebungstemperatur im Sommer und unter den ungünstigsten im Betrieb auftretenden Kühlungsverhältnissen auf keinen Fall überschritten werden kann.

Bei fahrbaren Anlagen wird oft auch zeitweise eine etwas höhere Öltemperatur zugelassen und es werden deshalb auch mit Rücksicht auf die Öltemperatur in fahrbaren Anlagen etwa halb so große Ölbehälter gewählt wie bei sonst gleichartigen Antrieben in stationären Anlagen.

b) Richtige Gestaltung der Öffnungen für die Reinigung des Behälters und richtige Lage der Rohranschlüsse

Öffnungen zur Reinigung des Behälters können seitlich oder an der Oberseite des Behälters vorgesehen werden. Am besten zugänglich werden alle Teile des Behälters, wenn der gesamte Deckel zur Reinigung des Behälters abgenommen werden kann (Abb. 278 und 279). Es sollen dabei nach Möglichkeit alle Leitungen aus

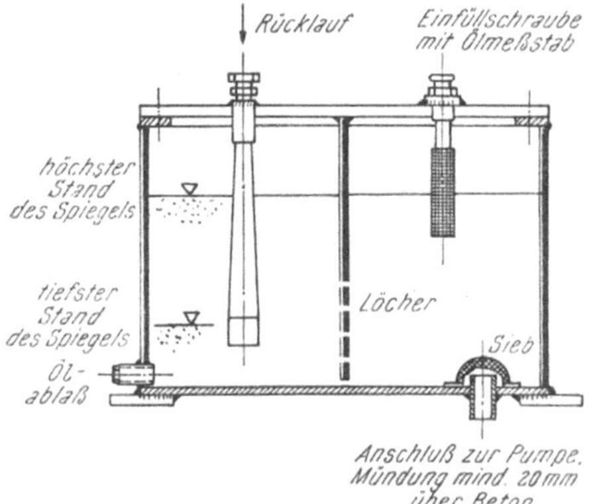

Abb. 278. Ölbehälter für nicht selbstsaugende Pumpen

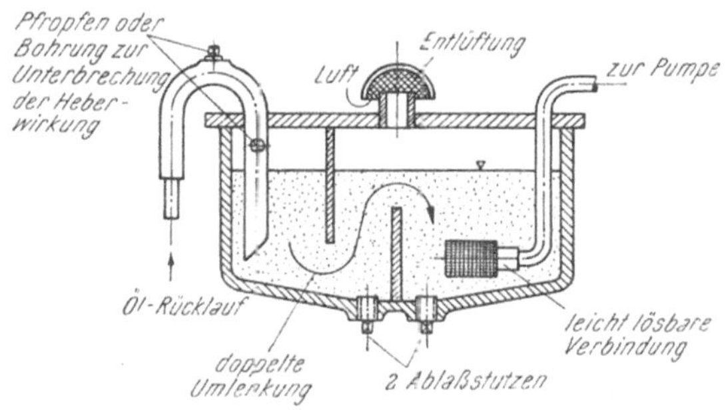

Abb. 279. Ölbehälter für selbstsaugende Pumpen

dem Behälter so herausgeführt werden, daß der Behälter nicht entleert werden muß, wenn eine Leitungsverbindung gelöst werden soll. Nur bei Pumpen, die nicht selbstsaugend sind, muß die Leitung zur Pumpe wie in Abb. 278 unten oder seitlich angeschlossen werden. Bei selbstsaugenden Pumpen kann auch diese Leitung nach oben aus dem Tank herausgeführt werden (Abb. 279), soweit nicht überhaupt die Pumpe im Behälter unter dem Ölspiegel eingebaut wird. Auch die Rücklaufleitung soll durch den Deckel aus dem Tank herausgeführt werden, und zwar auch dann, wenn der Rücklauf von dem Behälter direkt zu einer unterhalb des Tanks liegenden Rohrleitung führt. Um die Heberwirkung in einer solchen Leitung auszuschalten, soll allerdings dann an der höchsten Stelle der Krümmung ein Pfropfen oder eine kleine Bohrung in der Leitung zwischen Ölspiegel und höchstem Punkt in der Rohrleitung vorgesehen werden (Abb. 279).

Der Behälter muß in jeder Beziehung so gestaltet werden, daß das Eindringen irgendwelcher Fremdkörper mit Sicherheit vermieden wird. Alle Bedienungsöffnungen in den Seitenöffnungen und im Deckel müssen durch geeignete Dichtungen luftdicht verschlossen werden, so daß kein Schmutz, keine Kühlflüssigkeit oder verunreinigtes Öl in den Tank eindringen kann.

c) Umlenkflächen

Eine oder mehrere Umlenkflächen in den Behältern (Abb. 279) haben die Aufgabe, das Absetzen von Verunreinigungen im Behälter zu begünstigen, die Ablagerungsstelle der Verunreinigungen an einen bestimmten Ort des Behälters zu verlegen, in dem dann auch die Ölablaßpfropfen angebracht werden können, die Ausscheidung von Luftblasen im Behälter zu begünstigen, die Strömung des Öls so zu beeinflussen, daß das heiße Öl nach Möglichkeit an die Wandungsnähe herangeführt wird, und die Ölbewegungsgeschwindigkeit zu erhöhen, um einen besseren Wärmeübergangskoeffizienten zu erreichen. Eine perforierte Trennwand nach Abb. 278 dient wieder mehr der Beruhigung der Ölbewegung z. B. in Behältern für ortsbewegliche Maschinen, in denen das Schaukeln des Öls während der Fahrt und damit die Gefahr des Verspritzens von Öl aus dem Behälter heraus vermieden werden soll. Abb. 279 zeigt eine Anordnung mit zwei Ablenkflächen. Wenn die linke Trennwand in dieser Anordnung in der Mitte tiefer gegen den Boden herunterreicht und die rechte in der Mitte höher ist als an den Seitenwänden, so wird das heiße Öl an die Wandung geführt und außerdem eine höhere Ölgeschwindigkeit an der Wandung erzeugt. Dies erhöht das Temperaturgefälle zwischen Öl und Wandung und begünstigt den Wärmeübergang. Ein geneigter Boden oder ein zylindrischer Behälter, bei dem die Ablaßstutzen am tiefsten Punkt der Wanne sitzen, begünstigt die Ansammlung der Verunreinigung unmittelbar oberhalb der Ablaßstutzen und es gelangt dann nur wirklich reines Öl von der zweiten Trennwandung zur Pumpe.

d) Richtige Gestaltung und Lage der Ölrücklaufleitung

Richtwerte für die zulässige Strömungsgeschwindigkeit in den Ölrücklaufleitungen können nur für die jeweils vorliegenden Betriebsverhältnisse angegeben werden. Das Öl soll einerseits mit einer nicht zu geringen Geschwindigkeit in den Behälter zurückfließen, um eine gute Vermischung des warmen rückströmenden Öls mit dem etwas kälteren im Behälter befindlichen Öl zu gewährleisten. Es soll aber auf alle Fälle auch nicht zu schnell in den Behälter einfließen, um eine Schaumbildung und eine überflüssig große Turbulenzbildung im Behälter mit Sicherheit zu vermeiden. Es könnten sonst auch auf dem Boden liegende Schmutzteilchen wieder aufgewirbelt werden. Die Rücklaufleitung soll deshalb, falls diese Gefahr besteht, in entsprechender Entfernung vom Boden des Tanks in den Behälter münden. Besteht die Gefahr des Aufwirbelns von Schmutzteilchen dagegen nicht, so soll die Rücklaufleitung möglichst nahe an den Behälterboden geführt werden, damit auch bei einer Ölspiegelsenkung das Rücklauföl unter den Ölspiegel in den Behälter eintritt, um ein freies Herausprudeln und die damit verbundene Schaumbildung zu vermeiden. Wenn die Strömungsgeschwindigkeit in der Rücklaufleitung größer ist als 1,5 bis 2 m/Sek., so empfiehlt es sich, den Durchmesser der Rohrleitung entweder konisch zu erweitern (Abb. 278) oder vor dem Eintreffen in den Behälter bereits aufzuweiten (Abb. 279). Durch einen schrägen Anschnitt der Rücklaufleitung kann die Ausströmrichtung beeinflußt und die Strömungsgeschwindigkeit unmittelbar hinter der Mündung noch etwa herabgesetzt werden. Die Mündungen der Rücklauf- und Saugleitung sind im Tank so zu verlegen, daß das Öl einen möglichst großen Weg in dem Tank zurücklegen muß, weil diese gegenseitige Lage der beiden Mündungen das Mitschleppen von Verunreinigungen von der Rücklaufleitung in die Saugleitung verhindert und die Kühlwirkung begünstigt.

e) Ölniveauanzeiger und Signalgeräte

Abb. 280 zeigt eine zweckmäßige Gestaltung eines Anzeigegerätes mit Marken für die maximale und minimale Niveauhöhe des Ölspiegels im Behälter. Als durchsichtiges Material für dieses Anzeigegerät ist nach Möglichkeit ein unzerbrechliches Plastikmaterial zu verwenden. Durch Schwimmer und elektrische Kontakte können außerdem optische oder akustische Signale bei Ölmangel betätigt werden. Aber nicht nur zur Anzeige des Ölstandes, sondern auch bei

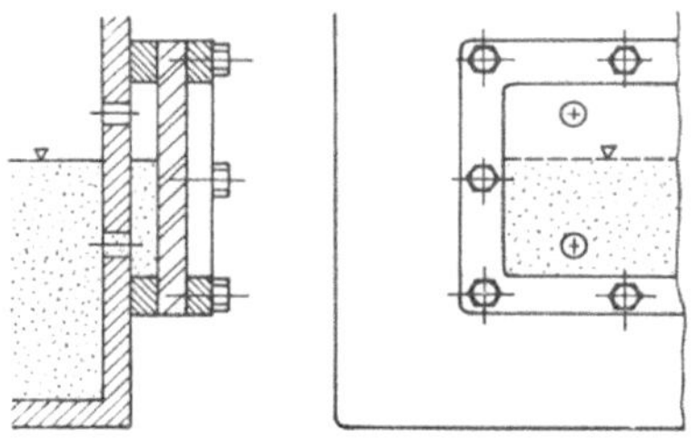

Abb. 280. Ölstandanzeiger

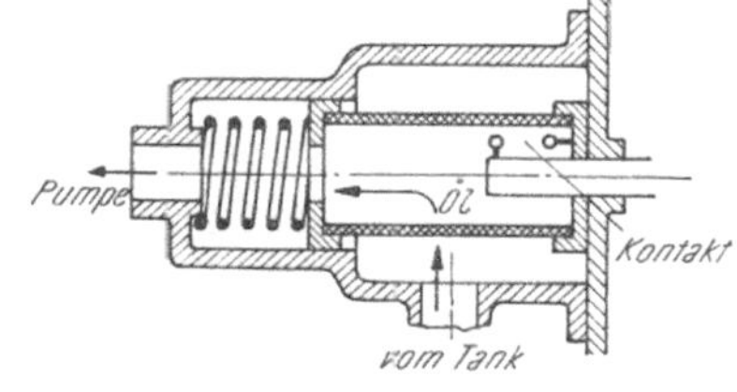

Abb. 281. Filter mit Signallampe

erforderlicher Wartung eines verschmutzten Filters können Signaleinrichtungen betätigt werden. Abb. 281 zeigt z. B. ein Anzeigegerät, das bei Überschreiten eines zulässigen Druckabfalles im Filter ein Lichtsignal betätigt. Bei einem bestimmten Grad der Verunreinigung des Filters wird der Druckabfall im Sieb so groß, daß das ganze Sieb nach links gedrückt wird und dadurch ein Kontakt betätigt wird, der das Lichtsignal auslöst.

f) Entlüftungsstutzen

Der Entlüftungsstutzen hat die Aufgabe, den Druck im Behälter unabhängig von der aus dem Behälter entnommenen Ölmenge immer konstant zu halten und außerdem den Wasserdampf, der durch Kondensatbildung immer im Behälter entsteht, Gelegenheit zum Austritt aus dem Behälter zu geben. Als Entlüftungsstutzen werden meist ähnliche Geräte verwendet, wie sie im Automobilbau üblich sind (Abb. 282 a). Sie bestehen aus einer Kappe mit eingebautem Drahtgeflecht als Schmutzfänger.

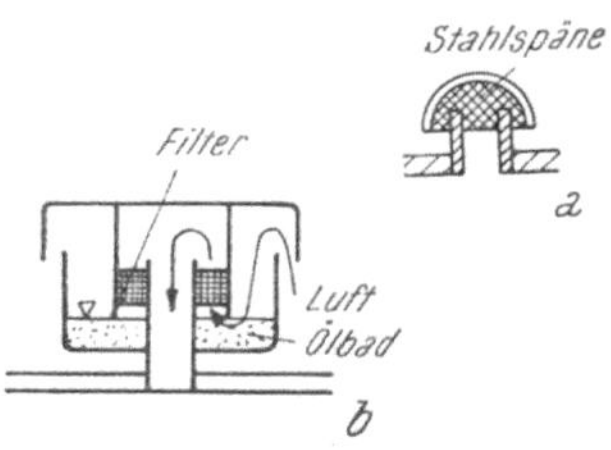

Abb. 282. Entlüftungsanschlüsse für Öltank mit Naßfilter.
a) Trockenfilter, b) Naßfilter

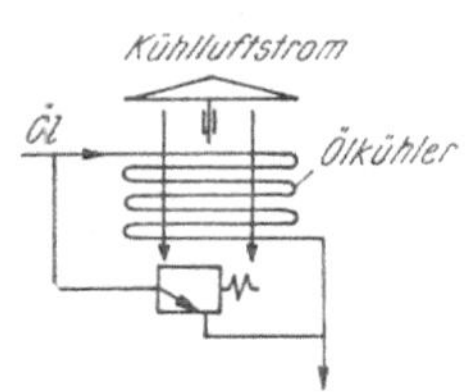

Abb. 283. Luftkühler mit parallelgeschaltetem Überdruckventil

Für große Anlagen oder bei atmosphärischen Verhältnissen mit besonders feuchter und verunreinigter Umgebungsluft werden auch Entlüftungsstutzen mit Naßfilter verwendet (Abb. 282 b). In besonders großen Anlagen werden manchmal sogar eigene Lüfter zur Entlüftung des Raumes oberhalb des Ölspiegels verwendet, um den Druck oberhalb des Spiegels immer über dem Luftdruck der Umgebung zu halten und dadurch eine besonders gute Entlüftung zu ermöglichen.

g) Richtige Lage des Öleinfüllrohres und Einfüllsiebes

Das Einfüllrohr soll gut zugänglich sein, damit das Einfüllen ohne Schwierigkeit möglich ist. Ein Sieb im Einfüllstutzen ist unbedingt vorzusehen, um das Eindringen von Fremdkörpern während des Einfüllvorganges oder aber das Entfernen von Fremdkörpern, die im eingefüllten Öl vielleicht doch enthalten sind, mit Sicherheit zu vermeiden.

h) Verwendung von ölbeständigem Material

Dichtungen an den Deckeln und an den lösbaren Verbindungen sollen aus einem Material hergestellt sein, das durch die verwendeten Hydraulikflüssigkeiten nicht angegriffen wird. Zink, Ölanstrich und bestimmte Legierungen sowie Gummi werden z. B. von vielen nicht brennbaren Hydraulikflüssigkeiten angegriffen, worauf besonders bei der Konstruktion des Ölbehälters ebenso wie bei der Verwendung von Schläuchen und Rohrverbindungen Rücksicht zu nehmen ist.

i) Hilfsmittel zur Geräuschdämpfung

Die Geräuschentwicklung ist oft ein wesentlicher Nachteil hydraulischer Antriebe und es fehlt deshalb nicht an Versuchen, die Geräusche der Pumpe durch richtige Gestaltung der Ölbehälter zu bekämpfen. Im allgemeinen empfiehlt es sich wohl, die Geräuschentwicklung an ihrem Entstehungsort, also durch die richtige Wahl der Pumpe und die zweckmäßige Wahl der Abmessung der Rohrleitungen, zu bekämpfen und nicht durch schalldämpfende Wandungen der Behälter usw. Trotzdem kann aber z. B. durch Verwendung eines starkwandigen Gußbehälters bereits oft eine wesentliche Geräuschdämpfung gegenüber einer dünnwandigen Schweißkonstruktion erreicht werden.

k) Magnetpfropfen

Ebenso wie bei Magnetfiltern besteht auch bei Magnetpfropfen, die, ähnlich wie im Ölsumpf von Verbrennungsmotoren, in den Ölbehälter eingesetzt werden können, die Gefahr, daß bei mangelhafter Wartung durch Erschütterungen die an dem Pfropfen gesammelten Trauben von Eisenspänen gelöst werden. Die Späne sind dann jedoch magnetisch und setzen sich in den Schiebern gerade dort fest, wo sie den meisten Schaden anrichten. Magnetpfropfen sollen deshalb nur verwendet werden, wenn die Gewähr gegeben ist, daß die Trauben aus Eisenspänen von Zeit zu Zeit aus der Anlage entfernt werden. Nur dann erfüllen die Magnetpfropfen ihre Aufgabe. Sie bewähren sich unter dieser Voraussetzung besonders dann, wenn die Anlagen in Betrieben laufen, in denen die Luft durch Eisenstaub verunreinigt ist und Gefahr besteht, daß diese Teilchen auf irgendeinem Wege in das hydraulische System eindringen könnten. Sicherer, wenn auch wesentlich teurer, erfolgt jedoch die Beseitigung feiner Eisenspäne aus dem hydraulischen System durch die Verwendung von kombinierten Magnet- und Spaltfiltern.

l) Ölkühler und Ölheizung

Für die einwandfreie Funktion eines hydraulischen Antriebes ist die Einhaltung einer bestimmten Öltemperatur unerläßlich. Zu niedrige Temperaturen und zu große Zähigkeit in dem Öl können dazu führen, daß Magnetschieber nicht geschaltet werden können, daß beim Anlaufen unzulässig hohe Druckstöße entstehen, daß Überdruckventile nicht rechtzeitig anspringen, daß an den Arbeitszylindern und -motoren nicht genügend Kraft zur Verfügung steht oder daß die Antriebsmaschinen überhaupt nicht ausreichen, um die Pumpen anzutreiben. Noch gefährlicher für die Lebensdauer aller Bauteile sind hohe Öltemperaturen. Insbesondere in Pumpen nimmt die Wahrscheinlichkeit für das Auftreten von Kavitationserscheinungen mit zunehmender Temperatur ebenfalls rasch zu. Infolge zu geringer Ölzähigkeit erreichen auch die Leckölverluste oft Werte, die für die Erfüllung vieler Aufgaben nicht mehr tragbar sind. Es ist deshalb oft erforderlich, daß das Öl vor der ersten Inbetriebnahme durch eine Heizung aufgeheizt wird und umgekehrt ist ein besonderer Ölkühler erforderlich, wenn die mit Rücksicht auf die Einbauverhältnisse zulässige Größe des Ölbehälters nicht ausreicht, um die Öltemperatur in den für die Betriebssicherheit der Anlage zulässigen Grenzen zu halten. Als Medium für die Wärmeabfuhr kann Wasser oder Luft verwendet werden. Die Stärke des Kühlmittelstromes kann dabei in Abhängigkeit von der Öltemperatur durch Thermostaten geregelt werden, die entweder eine Zweipunktregelung oder eine stufenlose Regelung des Kühlmittelstromes auslösen. Die Lage des Thermostaten ist dabei so zu wählen, daß die Regelung in Abhängigkeit von einer Temperatur erfolgt, die für die Funktion des Systems maßgebend ist. Außerdem soll der Thermostat an einer Stelle mit nicht zu geringer Ölströmungsgeschwindigkeit sitzen, damit er möglichst trägheitsfrei anspricht. Die Wärmetauscher sind meist entweder an den Ölbehältern angebaut oder in seiner Nähe untergebracht. Kühlwasserleitungen sind zu isolieren oder in entsprechender Entfernung vom Öltank zu führen, damit durch das kalte Wasser nicht die Kondenswasserbildung innerhalb des Öltanks begünstigt wird. Wärmetauscher verursachen Leitungsverluste, die durch den Druckabfall im Kühler verursacht werden. Wenn die Funktion eines Antriebes durch diese Druckverluste beeinflußt wird, kann zur Überwindung dieser Reibungsverluste eine eigene Niederdruckpumpe eingesetzt werden, die dann meist auch die Druckverluste der Filter deckt. Bei besonders großem Druckgefälle im Kühler ist ein eigenes Niederdruckentlastungsventil vorzusehen. Abb. 283 zeigt die Anordnung eines zu einem Luftkühler parallel geschalteten Überdruckventils.

m) Pumpenantrieb und „Hydraulikaggregate"

Bei den meisten hydraulischen Antrieben wird die Pumpe unmittelbar im Ölbehälter unter dem Ölspiegel eingebaut, so daß ein Saugrohr überhaupt entfällt. Bei ortsfesten Anlagen erfolgt dann der Pumpenantrieb meist durch einen Elektromotor bei ortsbeweglichen Anlagen durch Zahnräder, Kegelräder oder Keilriemenantrieb. Beim Entwurf dieses Pumpenantriebes ist auf die Einbauvorschriften der Pumpenlieferanten genau zu achten. Viele Pumpen sind gegen auftretende Querkräfte sehr empfindlich. Die Antriebswelle der Pumpe darf dann durch die Antriebselemente, bei denen irgendwelche Querkräfte auftreten, nur in einer ganz bestimmten Richtung belastet werden. Die gegenseitige Lage von Zahnrädern sowie die Richtung, in der ein Keilriemenzug wirkt, ist dann nach den Vorschriften der Pumpenlieferanten auszulegen. Manche Pumpen dürfen überhaupt nicht durch Antriebselemente angetrieben werden, bei denen irgendwelche Querkräfte auf die Pumpenwelle ausgeübt werden können. Solche Pumpen können dann nur unmittelbar mit der Welle des Antriebsmotors, und zwar meist durch entsprechend elastische Kupplungen, gekoppelt werden.

Da auch Ölbehälter für Hydraulikaggregate, ebenso wie die Pumpen-Druck- und Steuerventile, als Normbauteile in allen Größen und Abmessungen auf dem Markte vorhanden sind, empfiehlt es sich, in hydraulischen Antrieben, die nur als Einzelstück oder in kleinen Serien hergestellt werden sollen, von diesen Normbehältern Gebrauch zu machen. Die serienmäßig hergestellten Behälter sind meist aus Grauguß und ermöglichen dadurch eine robustere Ausführung und eine gewisse Schalldämpfung. Sie sind deshalb auch oft einer Schweißkonstruktion für kleine Serien vorzuziehen, und zwar sogar dann, wenn der Preis des serienmäßig hergestellten Gußbehälters etwas höher liegt als der eines geschweißten Behälters.

Die Größe des Antriebsmotors für Hydraulikaggregate mit eigenem Antriebsmotor ergibt sich aus der Fördermenge der Pumpe und dem Betriebsdruck. Da die gleichen Pumpen oft einmal für hohe Drücke und in anderen Anwendungsfällen wieder für wesentlich niedrigere Drücke verwendet werden, müssen für ein und dieselbe Pumpe oft verschiedene Antriebsmotoren eingesetzt werden, bzw. es kann oft auch umgekehrt für verschiedene Pumpengrößen der gleiche Antriebsmotor verwendet werden. Meist können die Type des erforderlichen Antriebsmotors sowie die Type eines geeigneten Normbehälters für eine bestimmte Pumpentype und für einen gegebenen Betriebsdruck geeigneten Tabellen der Pumpenlieferanten entnommen werden. Die Normbehälter werden dann meist auch mit den erforderlichen Hilfsgeräten zusammen geliefert, so z. B. mit geeigneten Saug- oder Rücklauffiltern, Entlüftungsanschlüssen, Manometern, Anschlüssen für die Öldruckleitung und Rücklaufleitung, Ölstandsanzeiger, Ölablaßstutzen usw.

Bei Verwendung von Pumpenaggregaten, die aus Hoch- und Niederdruckpumpen bestehen, werden meist auch die Umsteuer-Entlastungs- und Überdruckventile in dem betreffenden Hydraulikaggregat im Behälter eingebaut.

Bei vielen Anlagen wird auch das Aggregat zur Druckölerzeugung mit allen erforderlichen Druck- und Umsteuerventilen durch lösbare Schlauchkupplungen mit den Arbeitsmaschinen verbunden und es kann dann ein Hydraulikaggregat wahlweise für die Versorgung verschiedener Antriebsvorrichtungen Verwendung finden, wobei dann das Aggregat für Druckölerzeugung jeweils nur an dasjenige hydraulische System angeschlossen wird, das gerade betrieben werden soll.

n) Hochbehälter

Behälter für große Pressen werden oft über den Pressen montiert, um das Vorfüllen zu erleichtern. Wenn die meisten Ventile in Fußbodenhöhe montiert sind, ist es zweckmäßig, alle Ablaufleitungen in einen kleineren Auffangbehälter zu führen, der am Fußboden steht. Ein Schwimmerschalter und eine kleine Pumpe können dann dafür sorgen, daß das Öl von dem kleinen Behälter zu dem Hochbehälter des Systems gefördert wird, sobald der Auffangbehälter gefüllt ist. Durch die Verwendung von vertikalen Ablaufleitungen des Lecköls von verschiedenen Ventilen zum Auffangbehälter können oft viele Instandhaltungskosten erspart werden und die Lebensdauer der Anlage verlängert werden.

Während des Auffüllens bildet sich ein Wirbel beim Einfüllen des Öls. Der unvermeidliche Flüssigkeitswirbel soll aber soweit als möglich von der Saugleitung der Pumpe entfernt sein, um Kavitationserscheinungen zu vermeiden, und Hochbehälter müssen auch deshalb mit Umlenkblechen ausgeführt werden. Rohrleitungen, die zu einem Hochbehälter führen, sollen Absperrventile haben, damit im Falle von Reparaturen an Teilen, die unter dem Ölspiegel liegen, der Tank nicht entleert werden muß. Niederdruckschieber oder Durchgangsventile in Rücklaufleitungen können ernste Störungen verursachen, wenn der Monteur sie zu öffnen vergißt, während sich Rückschlagventile automatisch öffnen und sonst die gleiche Wirkung haben. Es sollten deshalb nur Rückschlagventile und keine Absperrventile in die Rücklaufleitungen eingebaut werden.

11. Manometer und Druckmessung

Auf dem europäischen Kontinent ist die übliche Maßeinheit zur Messung des Luftdruckes die technische Atmosphäre (at). Das ist der Druck von 1 kp (oder einer 10 m hohen Wassersäule, 10 m WS) auf 1 cm². Kleine Differenz-

drücke werden in Torr (früher mm Hg) gemessen. Es ist 1 at = 10 m WS =
= 10000 mm WS = 735,5 Torr (bei 0° C).

Meist wird durch Manometer nur der Überdruck $p_ü$ gegenüber der Atmosphäre in atü gemessen. Der Absolutdruck (p_a in ata) ergibt sich dann als Summe aus dem Atmosphärendruck (entsprechend dem Barometerstand) und dem gemessenen Überdruck. Näherungsweise ist in geringen Höhen über dem Meeresspiegel der Absolutdruck

$$p_a = p_ü + 1 \ [\text{ata}].$$

Die technische Atmosphäre ist mit der physikalischen Atmosphäre von 760 Torr bei 0° C nicht identisch. Die physikalische Atmosphäre ist der mittlere Luftdruck am Meeresspiegel, der etwas größer ist als die technische Atmosphäre,

$$1 \text{ atm} = 1,0332 \text{ kp/cm}^2 = 760 \text{ Torr.}$$

In England und den USA ist die Einheit zur Messung des Luftdruckes 1 pound per square inch, was in England mit lb/sq inch und in USA mit psi abgekürzt wird. Es ist 1 lb/sq inch = 1 psi = 0,0703 kp/cm², 1 kp/cm² = 14,2 lb/sq inch = = 14,2 psi.

a) Manometer

Abmessungen, Druckbereiche, Anschlußgewinde, Lage des Gewindeanschlusses, Befestigungsarten und Güteklassen der Manometer sind genormt. Je nach der Art des verwendeten Meßgliedes unterscheidet man Rohrfedermanometer, Plattenfedermanometer und Kapselfedermanometer.

Rohrfedermanometer verwenden als Meßglied ein zu einem Kreisbogen von 180 bis 300° gebogenes Rohr. Dieses sogenannte BOURDON-Rohr kann bis zu Drücken von etwa 100 bis 150 atü aus Messing oder Bronze sein und wird für höhere Drücke bis zu 4000 atü aus Stahl hergestellt.

Plattenfedermanometer haben als Meßglied eine meist wellenförmig gekrümmte Platte. Auf diese Platte wirkt von einer Seite die Atmosphäre und von der anderen Seite der zu messende Druck. Plattenfedermanometer werden für Druckbereiche von 0,016 bis 25 atü gebaut.

Kapselfedermanometer verwenden als Meßglied eine linsenförmige Kapsel, die aus zwei gegenüberliegenden Wellplatten besteht. Sie werden für Druckbereiche zwischen 0,001 und 0,4 atü gebaut.

Manometer, die starken Erschütterungen ausgesetzt sind, werden mit Turbinenwerken ausgerüstet. Das sind robuste Zeigerwerke mit besonders breiten Zähnen.

Einen Schutz gegen Druckstöße oder Druckschwingungen bietet eine Wurmschraube mit einer feinen axialen Bohrung, die in den Gewindeanschlußstutzen zentrisch eingeschraubt wird, so daß die Druckstöße nur stark gedämpft in das Meßglied des Manometers gelangen können. Es kann auch eine verstellbare Drossel in die Rohrleitung zum Manometer geschaltet werden, deren Querschnitt dann so lange verkleinert werden kann, bis die Anzeige des Zeigers schwingungs-

Tabelle 8. *Genormte Manometerdurchmesser und*
Gewindeanschlüsse

Durchmesser	Gewinde	
32	M 8 × 0,75	R $^1/_8$ Zoll
40, 50, 63	M 12 × 1,5	R $^1/_4$,,
80, 100, 160, 200[1],	M 20 × 1,5	R $^1/_2$,,
250, 400, 630, 1000		

[1] Nur für Tafeleinbaugeräte.

frei erfolgt. Die Druckschwingungen werden um so besser vom Instrument ferngehalten, je größer das Volumen der Leitung zwischen Manometer und Drossel ist.

Nach DIN 1600 sind die in Tab. 9 angegebenen 12 Durchmesser verfügbar.

Ein Normblatt aus dem Jahre 1941 schreibt metrische Gewinde vor, während in einer früheren Norm Zollgewinde festgelegt waren. In der Praxis werden heute fast ausschließlich die Gewinde R $^1/_4$ Zoll und R $^1/_2$ Zoll verwendet. Ausnahmsweise werden aber auch kleine Manometer bis zu 63 mm Durchmesser mit R $^1/_8$-Zoll-Gewinden versehen. Bei besonders hohen Drücken und großen Durchmessern kommen auch Gewinde mit R 1 Zoll in Betracht.

Als Anzeigebereich für Manometer sind die Bereiche von 0 bis zu den Drücken 0,5; 1; 1,6; 2,5; 4; 6; 10; 16; 25; 40; 63; 100; 160; 250; 400; 630; 1000; 1600; 2500; 4000 kp/cm² genormt. Der Anzeigebereich eines Manometers soll bei stoß- und schwingungsfreier Belastung mindestens 50% höher liegen als der maximale Betriebsdruck. Bei möglichen Druckstößen und Schwingungen soll der Anzeigebereich mindestens doppelt so hoch sein wie der maximale Betriebsdruck, um eine Überlastung des Meßgerätes zu verhindern.

Je nach den Fehlergrenzen, die bei den einzelnen Geräten zulässig sind, unterscheidet man drei Güteklassen von Manometern. Dabei ist zwischen Verkehrsfehlergrenzen — das sind die höchstzulässigen Fehlergrenzen in Prozent vom Skalenwert — und zwischen Beglaubigungsfehlergrenzen zu unterscheiden (Tab. 9). Letztere sind die höchstzulässigen Abweichungen in Prozent vom Skalenwert bei der Eichung.

Tabelle 9. *Fehlergrenzen für Manometer*

Güteklasse	Verkehrsfehlergrenzen	Beglaubigungsfehlergrenzen	Anwendungsgebiet
0,6	± 0,6	± 0,4	Feinmeßmanometer und Prüfmanometer
1,0	± 1,0	± 0,8	Betriebsmanometer für hohe Anforderungen
2,0	± 2,0	± 1.6	Betriebsmanometer für geringe Anforderungen

Betriebsmanometer für hohe Anforderungen sind z. B. Manometer zur Druckmessung bei der entgeltlichen Abgabe von unter Druck stehenden Gasen, Betriebsmanometer für geringe Anforderungen sind z. B. Manometer zur Messung des Öldruckes in Behältern, Rohrleitungen, Bremsanlagen usw.

Bei der Bestellung eines handelsüblichen Manometers sind folgende Angaben erforderlich:

Anzeigebereich,

Bauart (Rohrfeder-, Kapselfeder- oder Plattenfedermanometer),

Gehäusedurchmesser,

Ausführung (lackiert, poliert, verchromt, vernickelt usw.),

Gewindeart und Lage des Gewindeanschlusses (zentrisch, exzentrisch, vorn, hinten, unten, oben, links oder rechts),

Zeigerdrehpunkt (zentrisch oder exzentrisch),

Genauigkeit (Betriebsmanometer für hohe oder für geringe Ansprüche, Feinmeßmanometer),

maximaler Betriebsdruck,

Betriebsverhältnisse (Druckstöße, Druckschwingungen, Erschütterungen),

Beschriftung (Maßeinheit kp/cm², atü, psi usw., roter Strich bei bestimmten Stellen der Skala),

Abnahmebedingungen oder Sonderausführungen (z. B. Stellzeiger).

Kontaktmanometer schließen oder öffnen bei Erreichen eines bestimmten, einstellbaren oberen oder unteren Grenzdruckes einen elektrischen Kontakt. Die größte zulässige Schaltleistung beträgt bei Berührungskontakten 10 W und bei Springkontakten 30 W.

Die Höhe des zulässigen Verkehrsfehlers liegt bei Kontaktmanometern um $\pm$ 1,6% höher als bei Manometern der gleichen Güteklasse ohne Kontakt. Wird darauf Wert gelegt, daß der Druck zwischen den Schaltgrenzen oder unmittelbar während des Schaltvorganges genau abgelesen werden kann, so empfiehlt sich die gleichzeitige Verwendung eines Druckschalters und eines genauen Manometers an Stelle eines Kontaktmanometers.

Oft liegen Betriebsverhältnisse vor, bei denen Vibrationen, Erschütterungen und Stöße, die von außen auf ein Manometer einwirken, unvermeidlich sind und bei denen außerdem Stöße und Schwingungen im hydraulischen System auftreten. Alle beweglichen Teile des Meßwerkes im Manometer werden dann ununterbrochen schwingende Bewegungen ausführen. Der Zeiger des Manometers pendelt dann ebenfalls so stark und so rasch hin und her, daß eine Ablesung des Meßwertes nicht mehr möglich ist. Alle anderen beweglichen Teile des Meßwerkes werden infolge der mechanischen Beanspruchungen, denen normale Meßwerke nicht gewachsen sind, einem raschen Verschleiß ausgesetzt. Diese Schwingungen aller beweglichen Teile des Meßwerkes können durch eine Füllung des Gehäuses des Manometers mit Glyzerin soweit gedämpft werden, daß eine genaue Ablesung des Meßwertes ohne weiteres möglich wird und daß gleichzeitig die auftretenden Schwingungen überhaupt fast vollständig vermieden werden. Alle beweglichen Teile, einschließlich des Zeigers, liegen dabei in Glyzerin oder aber auch in einer anderen glasklaren Flüssigkeit. Das Gehäuse des Manometers muß zu diesem Zweck durch geeignete Dichtungselemente absolut wasserdicht ausgeführt werden. Die Bremsflüssigkeit wirkt dabei außerdem als geeignetes Schmiermittel für die bewegten Teile des Meßwerkes.

Mit Glyzerin gefüllte Manometer für Betriebsverhältnisse mit starken Druckschwingungen erreichen eine höhere Verschleißfestigkeit als Rohrfedermanometer in stoßsicherer Ausführung mit Turbinenwerken. Meist werden in Manometern mit Flüssigkeitsfüllung außerdem elastische Dämpfer in Form von Ringscheiben eingebaut, durch deren hohen Widerstand in der Flüssigkeit eine starke Dämpfung erreicht wird. Als Manometerabsperrventil sollen Dreiwegeventile mit Federrückführung in die Stellung, in der das Manometer drucklos ist, verwendet werden.

b) Druckschalter

Druckschalter zur Umwandlung von hydraulischen in elektrische Impulse werden als Normbauteile mit Anschlüssen an den Seitenflächen oder zum Aufflanschen auf eine Platte in verschiedenen Ausführungsformen und für verschiedene Druckbereiche, etwa für Niederdruck von 5 bis 100 atü, für Mitteldruck von 100 bis 200 atü und für Hochdruck von 200 bis 300 atü, gebaut. Innerhalb dieser durch die Federstärken bestimmten Druckbereiche kann der Druckschalter dann auf den vorgeschriebenen Ein- bzw. Ausschaltdruck eingeregelt werden.

Je nach dem Verwendungszweck werden Druckschalter mit einem Steuerkolben und einem Schnappschalter oder mit zwei Steuerkolben und je einem dazugehörigen Schnappschalter gebaut.

Abb. 284a zeigt die Funktion eines Druckschalters mit zwei Steuerkolben, die auf je einen Mikroschalter wirken. Je nach dem Meßdruck, der auf die beiden Kolben wirkt, werden die in Abb. 284b dargestellten Verbindungen zwischen den sechs Anschlußklemmen des Schalters hergestellt.

Abb. 285 a zeigt das Schema eines ähnlichen Druckschalters mit acht Kontakten, bei dem ebenfalls der Netzdruck auf beide Steuerkolben gleichzeitig wirkt, während in Abb. 285 b ein ähnlicher Schalter dargestellt ist, bei dem die beiden Steuerkolben ihre Impulse von zwei verschiedenen Drucköfquellen aus erhalten.

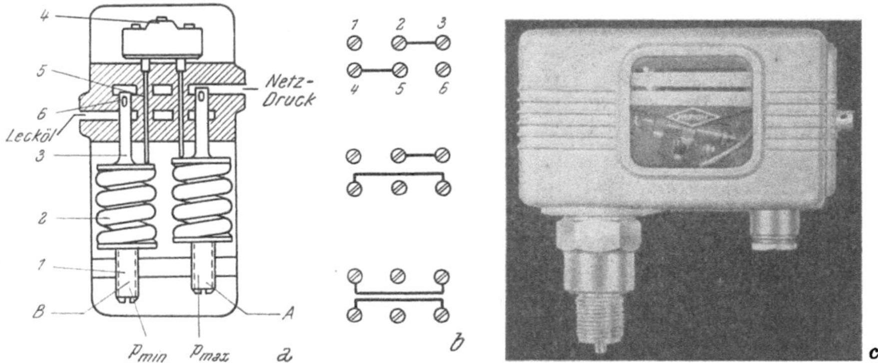

Abb. 284. Druckschalter mit einstellbarem Schaltdruck und einstellbarer Schaltdruckdifferenz. a) Funktionsschema (A Einstellung von p_{max}, B Einstellung von p_{min}, 1 Stellschraube, 2 Feder, 3 Kolben, 4 Mikroschalter, 5 Stößel, 6 Anschlag), b) Kontakte-Anordnung, c) Ausführungsbeispiel eines Druckschalters mit einstellbarer Schaltdruckdifferenz und einstellbarem Schaltdruck (Herion)

Auch bei diesen beiden Schaltern können die Schaltdrücke der beiden Schaltelemente unabhängig voneinander eingestellt werden. Die zulässigen Stromstärken für solche Druckschalter liegen etwa für einen Ausschaltvorgang bei 0,5 A bei 220 V Gleichstrom oder bei 1 A bei 280 V Wechselstrom und bei 5 A

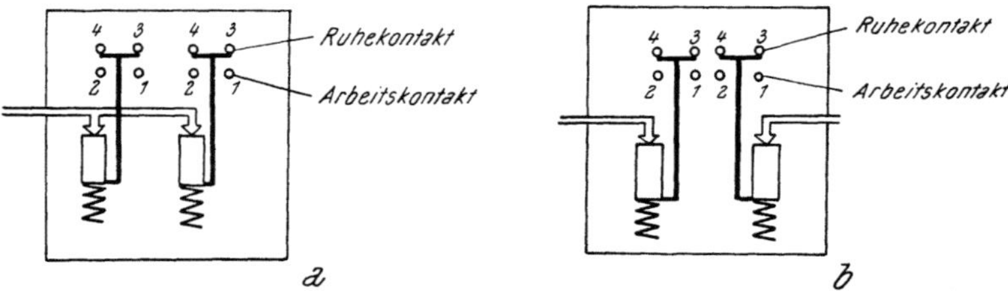

Abb. 285. Funktionsschema eines Druckschalters a) mit Anschluß beider Steuerkolben an den gleichen Druck, b) mit Anschluß jedes der beiden Steuerkolben an verschiedene Drucköfquellen

Dauerstrom für 380 V Wechselstrom. Die zulässige Schalthäufigkeit liegt bei zwei Schaltungen pro Sekunde (7200 Schaltungen pro Stunde).

Abb. 284 c zeigt die Ansicht eines Druckschalters mit einstellbarem Schaltdruck und einstellbarer Schaltdruckdifferenz.

V. Häufig verwendete Schaltgruppen in hydraulischen Anlagen

Die einzelnen Normbauteile, wie Pumpen, Wegeventile, Druckventile usw., werden in den verschiedensten Maschinen zur Lösung der mannigfaltigsten Aufgaben herangezogen. Es ergeben sich dabei immer bestimmte charakteristische Bewegungsaufgaben, die dann auch in den verschiedensten Maschinen durch die gleiche Kombination von Normbauteilen gelöst werden können.

Vor der Behandlung kompletter Schaltpläne für die Kombination von Normteilen für die Lösung einer Bewegungsaufgabe in einer bestimmten Maschine

sollen hier einzelne Schaltgruppen zur Lösung solcher allgemeiner Bewegungsaufgaben zusammengestellt werden, die dann bei der Lösung bestimmter Bewegungsaufgaben entweder unmittelbar verwendet werden können oder aber
auch als Schaltgruppen in größere Schaltpläne eingegliedert werden können.

Es sollen dabei im einzelnen der Reihe nach Schaltgruppen zur Lösung
folgender charakteristischer Bewegungsaufgaben gezeigt werden:

1. Einfachste Schaltungen zur Kraftübertragung

Bei fast allen hydraulischen Antrieben wird die Möglichkeit der Umwandlung
von Drehbewegungen eines Elektro- oder Verbrennungsmotors in hin- und
hergehende Bewegungen mit den einfachsten konstruktiven Mitteln ausgenutzt.
Es ist aber auch möglich, eine hin- und her-
gehende Bewegung oder eine Drehbewegung von
einer bestimmten Stelle einer Maschine an eine
andere zu übertragen.

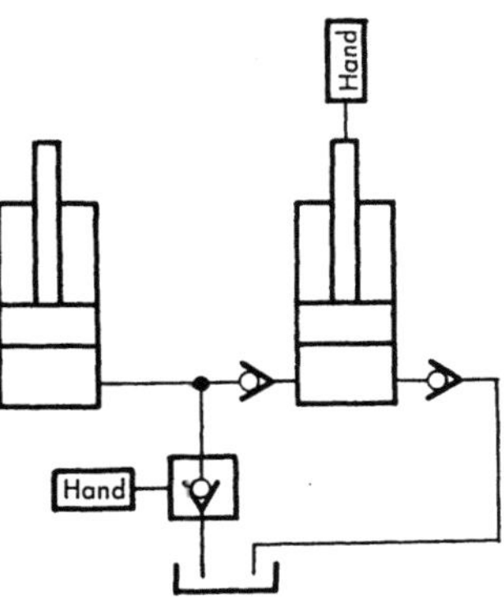

Für die Übertragung geradliniger Bewegungen über große Entfernungen besonders an schwer
zugängliche Stellen werden oft
zwei Zylinder verwendet, von
denen der eine dazu dient, um
unter der Einwirkung der auf den
Kolben wirkenden Kraft einen
Öldruck zu erzeugen und das
Drucköl durch die Verbindungsleitung zwischen den beiden
Zylindern in den zweiten Arbeits-

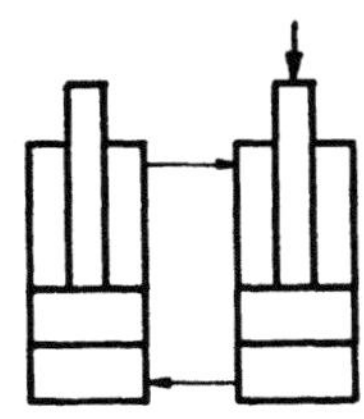

Abb. 286. Fernbetä-
tigung eines Zylin-
ders durch einen
anderen Zylinder

Abb. 287. Betätigung eines Zylinders
durch Handpumpe

zylinder zu drücken. Ein einfaches Beispiel für diesen Anwendungsfall ist etwa
die Öldruckbremse im Kraftfahrzeug, die aus einem Hauptbremszylinder, der als
Kolbenpumpe wirkt, und den vier oder acht Radbremszylindern besteht, durch
die die Bremsbacken an die Bremstrommeln gedrückt werden.

Abb. 286 stellt somit den einfachsten hydraulischen Antrieb dar, den man
sich überhaupt vorstellen kann.

Ebenso wie die Öldruckbremsen für Kraftfahrzeuge stehen auch für den
industriellen Bedarf hydraulische Geräte zur Kraftübertragung von einer Stelle
an eine andere, schwer zugängliche Stelle, als Normbauteile zur Verfügung, die
in Serien gefertigt werden. Diese Art der Kraftübertragung von einer Längsbewegung auf eine andere wird etwa auch für die Verriegelung an hydraulischen
Pressen gern eingesetzt, um den gesamten Antrieb einheitlich gestalten zu können.
Im allgemeinen Maschinenbau wird der hydraulischen Lösung oft eine mechanische
durch biegsame Wellen, Bowdenzüge, Teleflexgeräte, elektromagnetische Ver-
riegelungen oder durch Stahlseile, die in einem Schutzschlauch auf Längskugel-
lager geführt werden, vorgezogen.

Neben der hydraulischen Fernbetätigung eines Zylinders durch einen anderen
wäre noch der Arbeitszylinder zu erwähnen, der durch Handpumpen gehoben
und durch Öffnen eines handgesteuerten Rückschlagventils wieder gesenkt
werden kann (Abb. 287).

Die Fernübertragung langsamer Drehbewegungen von einer Pumpe mit
rotierendem Antrieb zu einem Ölmotor steht heute wohl erst am Anfang ihrer
Entwicklung (Abb. 288). Zweifellos ist aber der Ölmotor ein lange gesuchtes
Maschinenelement für die Erzeugung relativ langsamer Drehbewegungen mit

hohem Drehmoment, das durch kein anderes Gerät übertroffen werden kann. Aber auch für hohe Drehzahlen ist der Ölmotor in bezug auf sein Leistungsgewicht allen anderen Elementen und besonders den Elektromotoren gegenüber überlegen. Es gibt heute Ölmotoren, die nur ein Zehntel der Maße gleich starker Elektromotoren haben, also auch einen Wechsel der Bewegungsrichtung in wesentlich kürzerer Zeit ermöglichen als diese. Wie im Pumpenbau eine

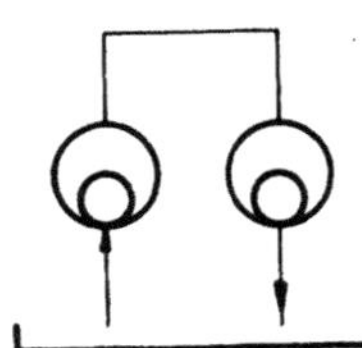

Abb. 288. Übertragung einer Drehbewegung durch Zellenpumpe und Ölmotor

Kolbenpumpe — ganz unabhängig, um welches Fabrikat es sich handelt — bei gleich großer Antriebsleistung und gleichem Verhältnis des Förderstromes zum Betriebsdruck immer schwerer und teurer ist als eine Zahnradpumpe, so ist auch das Leistungsgewicht der Zahnradmotoren kleiner als das der Kolbenmotoren. Das Leistungsgewicht der verschiedenen Ölmotoren bewegt sich dabei zwischen 0,17 und 3,2 kp/PS.

Von namhaften Erzeugerfirmen von Ölmotoren wird an der weiteren Entwicklung intensiv gearbeitet, so daß zweifellos in den nächsten Jahren die Anwendungsgebiete des Ölmotors in allen Bereichen der Technik stark zunehmen werden. Die verschiedenen charakteristischen Vorteile des Ölmotors, besonders die Möglichkeit der stufenlosen Geschwindigkeitsregelung bei der Übertragung

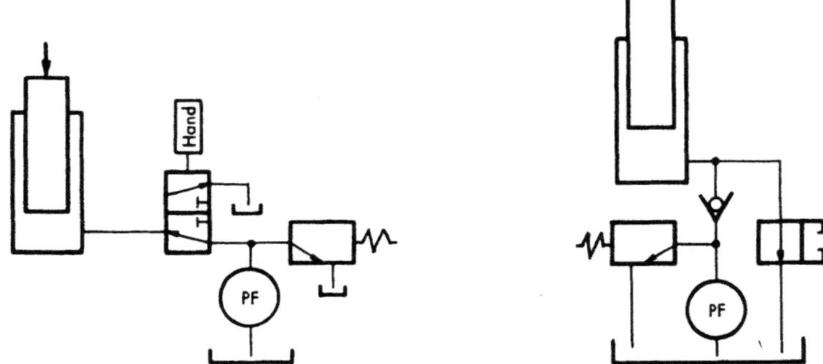

Abb. 289. Plungerzylinder. Steuerung durch 3/2-Ventil   Abb. 290. Plungerzylinder. Steuerung durch 2/2-Ventil

von einer Drehbewegung in eine andere, die stoßfreie Bewegungsumkehr sowie die geringen Abmessungen und Gewichte werden wesentliche Neuerungen auf allen Gebieten des Maschinenbaues mit sich bringen.

Vorläufig hat jedoch zweifellos noch der hydraulische Antrieb, der aus einer Ölpumpe mit rotierendem Antrieb und Arbeitszylindern für translatorische Bewegungen besteht, die größte wirtschaftliche Bedeutung.

Bereits bei einem Antrieb mit einem einzigen Arbeitszylinder ergeben sich je nach den Anforderungen die verschiedensten Variationsmöglichkeiten für seine Steuerung. In den hydraulischen Grundschaltplänen, die hier angegeben werden, sind allein etwa 40 Varianten enthalten.

Einfach wirkende Zylinder, die durch äußere Kräfte in eine Endlage zurückgeführt werden, können durch 3/2-, 2/2- oder durch 3/3-Wegeventile gesteuert werden. Sowohl die Steuerung durch ein 3/2-Wegeventil nach Abb. 289 als auch die Steuerung durch ein 2/2-Wegeventil nach Abb. 290 ermöglicht — je nach der Stellung des Steuerschiebers — nur das Ein- und Ausfahren mit anschließendem Festhalten des Kolbens in der ausgefahrenen Endlage.

Soll der Zylinder in jeder beliebigen Zwischenlage festgehalten werden können, so ist ein 3/3-Wegeventil mit Federrasten in jeder der drei Stellungen oder mit Federrückführung in die Mittellage und freiem Öldurchfluß in dieser von der Pumpe zum Abfluß erforderlich.

Die Steuerung eines doppeltwirkenden Zylinders erfolgt meist durch 4/3- oder 4/2-Wegeventile, je nachdem, ob ein Festhalten des Zylinders in jeder beliebigen Lage oder nur in den Endlagen gewünscht wird (Abb. 291).

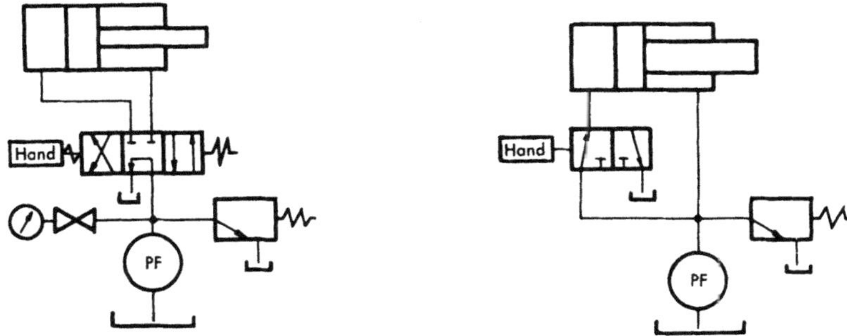

Abb. 291. Doppeltwirkender Zylinder. Steuerung durch 4/3-Ventil mit freiem Ölrücklauf von Pumpe zum Tank in Mittellage

Abb. 292. Doppeltwirkender Differentialzylinder. Steuerung durch 3/2-Ventil

Gewisse Leckverluste sind allerdings bei Längs- und Drehschiebern unvermeidlich. Wenn deshalb das Festhalten in einer beliebigen Stellung innerhalb längerer Zeitspannen verlangt wird oder wenn auch die geringste Abweichung

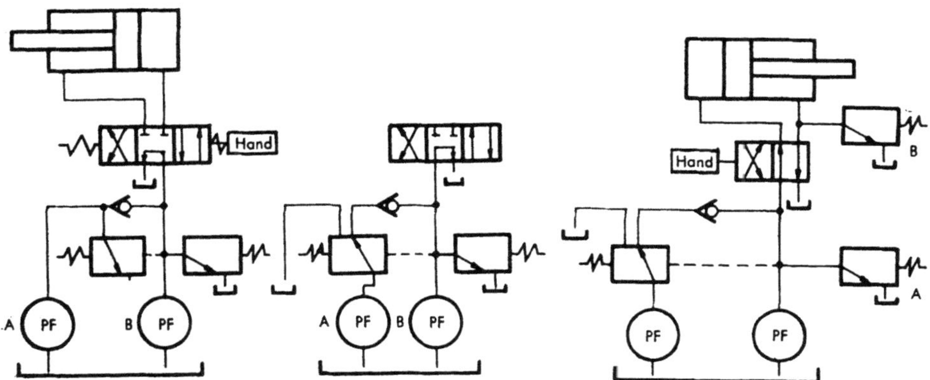

Abb. 293. Eilgang mit Niederdruckpumpe B mit großem Förderstrom. Druckgang mit Hochdruckpumpe A mit kleiner Fördermenge

Abb. 294. Entlastung der Hochdruckpumpe bei Stillstand mit eingefahrenem Kolben durch Niederdruck-Sicherheitsventil B

von einer vorgeschriebenen Kolbenlage verhindert werden soll, sind andere Maßnahmen zu ergreifen, wie z. B. das Einschalten von doppeltgesteuerten Rückschlagventilen. Außerdem sind noch die temperatur- und druckbedingten Kolbenbewegungen und Volumenänderungen des Öls zu berücksichtigen.

Mit einer Pumpe mit konstantem Förderstrom und mit normalen Vierwegeschiebern kann nur bei Verwendung einer durchgehenden Kolbenstange die gleiche Bewegungsgeschwindigkeit in beiden Bewegungsrichtungen erreicht werden. Wird dagegen bei einem Zylinder mit einseitig herausgeführter Kolbenstange die gleiche Bewegungsgeschwindigkeit in beiden Richtungen verlangt, so kann dies nach Abb. 292 dadurch erreicht werden, daß ein Differentialkolben verwendet wird, dessen Ringfläche zwischen Kolbenstange und Kolben ebenso groß ist wie die Fläche der Kolbenstange selbst. Das Verhältnis der Kolbenfläche zum Querschnitt der Kolbenstange müßte also 2 : 1 sein, dann kann durch die hier gezeigte Steuerung mit einem 3/2-Wegeventil erreicht werden, daß der Pumpendruck einmal auf die Querschnittsfläche der Kolbenstange allein (gezeichnete Stellung) und einmal nur auf die Ringfläche zwischen Kolben und Stange wirkt. Werden diese beiden Flächen gleich groß gewählt, so bewegt sich der Kolben in beiden Richtungen gleich schnell, und es werden auch in beiden Richtungen die gleichen Kräfte ausgeübt, solange die Kolbenreibung vernachlässigt wird.

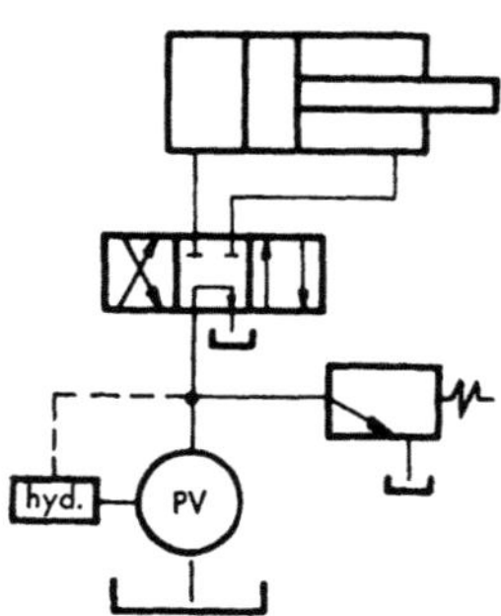

Abb. 295. Selbstregelnde Pumpe mit stufenloser Regelung. Mit zunehmender Belastung des Zylinders nimmt der Druck zu und der Förderstrom ab

Ein hydraulischer Antrieb nach dem gleichen Schaltschema ergibt bei Zylindern mit sehr dünner Kolbenstange umgekehrt auch eine sehr hohe Eilganggeschwindigkeit für das Ausfahren mit kleiner Kraft. Abb. 297 zeigt diese Schaltung, wobei allerdings hier ein 3/3-Wegeventil vorgesehen wurde, das außerdem ein Festhalten des Zylinders in jeder beliebigen Lage ermöglicht.

Um einerseits eine hohe Bewegungsgeschwindigkeit der Kolben während der Anstellbewegungen und andererseits hohe Preßkräfte während der eigentlichen Arbeitsbewegungen zu ermöglichen, die dann meist auch ohne weiteres ganz langsam ablaufen können, verwendet man im allgemeinen ein Pumpenaggregat, das aus einer Eilgangpumpe mit großem Lieferstrom für Drücke zwischen 20 und 80 at und einer Hochdruckpumpe mit sehr kleinem Lieferstrom für Drücke von 300 at besteht (Abb. 293). Oft wird eine vollentlastete Zahnradpumpe als Eilgangpumpe, die noch Drücke bis zu 170 at ausüben kann, und eine kleine Kolbenpumpe als Hochdruckpumpe für Drücke von 300 at zu einem solchen Aggregat zusammengebaut (Abb. 294). Dies ist meist wesentlich billiger als etwa eine Regelpumpe, die ihren Lieferstrom stufenlos dem Öldruck im Zylinder anpassen kann (Abb. 295).

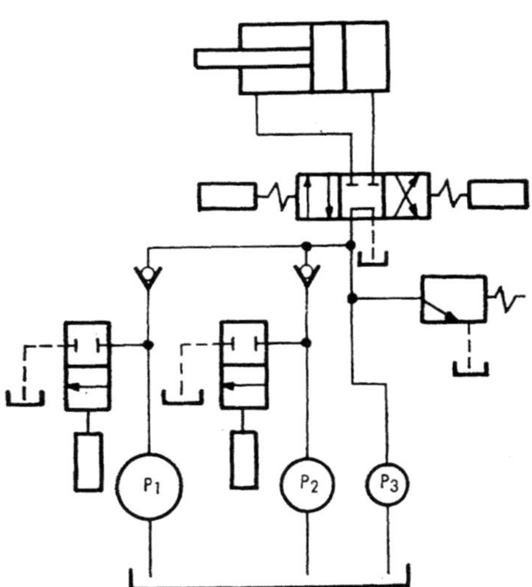

Abb. 296. Geschwindigkeitsregelung mit sieben Stufen durch drei parallelgeschaltete Pumpen

Es können auch mehr als zwei Pumpen zu einem solchen Aggregat zusammengebaut werden. Dadurch wird es möglich, in mehreren Geschwindigkeitsstufen zu arbeiten. Werden z. B. nach Abb. 296 drei Zahnradpumpen, deren Lieferströme sich wie 1 : 2 : 4 verhalten, zu einem Aggregat zusammengebaut, so ergeben sich sieben verschiedene Geschwindigkeiten, wobei der Geschwindigkeitsunterschied zwischen den einzelnen Stufen immer gleich groß ist. In bezug auf den Wirkungsgrad und die Ölerwärmung ist eine solche stufenweise Geschwindigkeitsregelung jeder Regelung durch Stromregler und Drosselventile weit überlegen, weil keinerlei Energieverluste durch Drosselung auftreten. In großen

Anlagen kann dadurch ein etwa bei der Regelung durch Drosselorgane erforderlicher Ölkühler eingespart werden.

Der maximale Förderstrom der serienmäßig hergestellten vollentlasteten Zahnradpumpen liegt bei etwa 200 l/Min. Durch ein aus zwei Zahnradpumpen bestehendes Pumpenaggregat kann also ein Förderstrom von 400 l/Min. und durch ein aus drei Zahnradpumpen bestehendes Aggregat ein Lieferstrom von 600 l/Min. erreicht werden. Für größere Lieferströme bis zu 1200 l/Min. und für Betriebsdrücke von 150 atü müßte man allerdings vorläufig auf alle Fälle auf stufenlos regelbare Kolbenpumpen zurückgreifen.

2. Eilgangschaltungen

Soll ein Eilgang nur in einer Bewegungsrichtung möglich sein, so ergibt sich bei der Verwendung eines Vierwegeschiebers die einfachste Möglichkeit

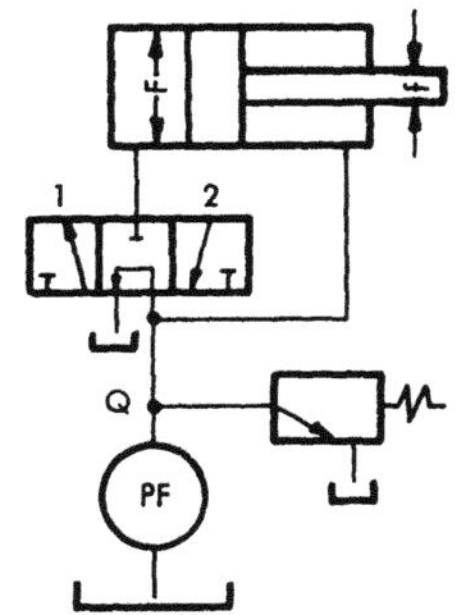

Abb. 297. Stellung 1: Ausfahren im Eilgang $V_1 = Q/f$; Stellung 2: Einfahren mit $V_2 = Q/F - f$

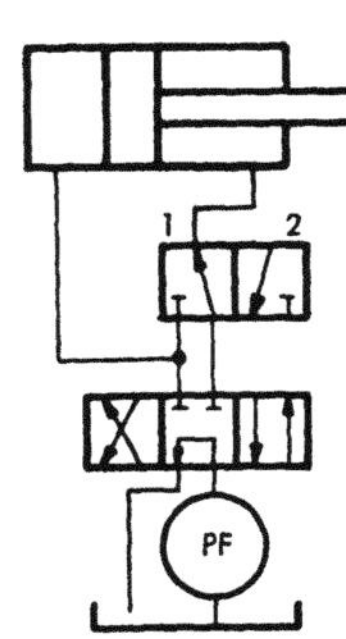

Abb. 298. Durch 3/2-Ventil kann in jeder Stellung des Hubes von Eilgang auf Druckgang umgeschaltet werden

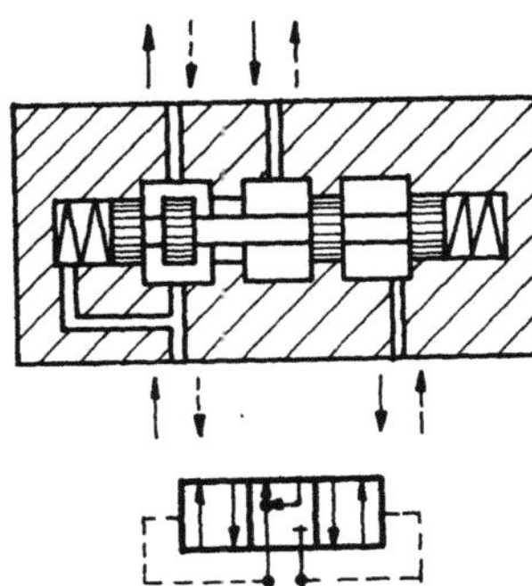

Abb. 299. Eilgangventil schaltet bei steigender Kolbenkraft von Eil- auf Druckgang

dadurch, daß das Verhältnis der Ringflächen zwischen Kolben und Kolbenstange der gewünschten Eilganggeschwindigkeit entsprechend gewählt wird. Höhere Eilganggeschwindigkeiten erreicht man, wenn der Netzdruck überhaupt nur auf die Fläche der Kolbenstange wirkt (Abb. 298).

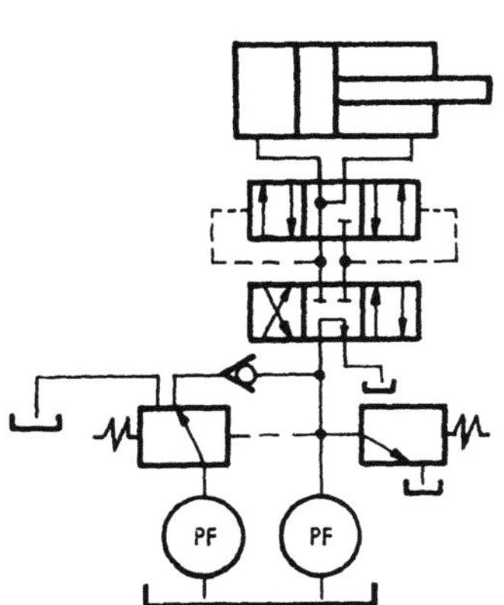

Abb. 300. Doppeleilgang durch Kombination von Eilgangventil und Eilgangpumpe

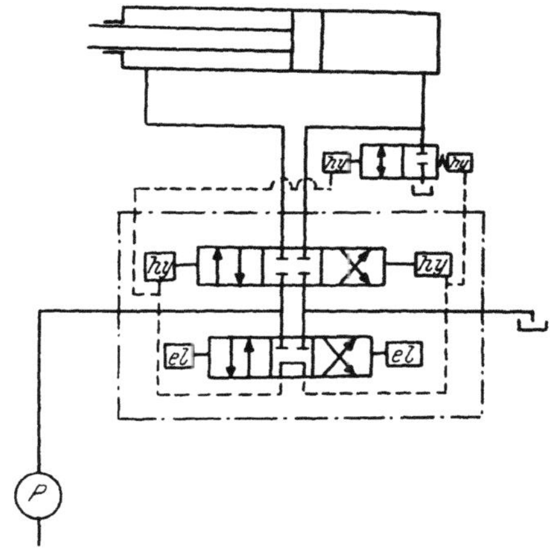

Abb. 301. Eilgangschaltung für Zylinder mit starker Kolbenstange

Soll die Eilganggeschwindigkeit, die sich dadurch ergibt, daß der Netzdruck nur auf die Kolbenstange wirkt, an jeder beliebigen Stelle des Hubes eingeschaltet werden können, so kann eine Schaltung nach Abb. 298 ausgeführt werden.

Auch die sogenannten Eilgangventile (Abb. 299) besorgen eine derartige Umschaltung von der Eilgangbewegung auf die langsame Vorschubbewegung. Sie schalten jedoch nicht in Abhängigkeit von der Lage des Kolbens, sondern ähnlich wie bei den Pumpen mit regelbarem Förderstrom, die auf konstante Leistungsaufnahme geregelt werden, in Abhängigkeit vom Netzdruck selbst.

Das Eilgangventil wird zwischen Arbeitszylinder und Vierwege-Steuerschieber gemäß Abb. 300 eingeschaltet.

Abb. 300 zeigt gleichzeitig eine Anordnung, bei der die Möglichkeit einer Eilgangschaltung durch Kombination einer Eilgangpumpe und einer Hochdruckpumpe mit einem Eilgangventil erreicht wird. Dadurch ergeben sich zwei verschiedene Eilganggeschwindigkeiten.

Abb. 301 zeigt eine Eilgangschaltung, die vornehmlich für Zylinder mit starker Kolbenstange verwendet wird. Das 4/3-Vorsteuerventil dient sowohl zur Vorsteuerung des 4/3-Hauptsteuerventils als auch zur Vorsteuerung des 2/2-Ventils, an dessen Stelle auch ein gesteuertes Rückschlagventil mit großem Querschnitt verwendet werden kann. Zylinder mit großem

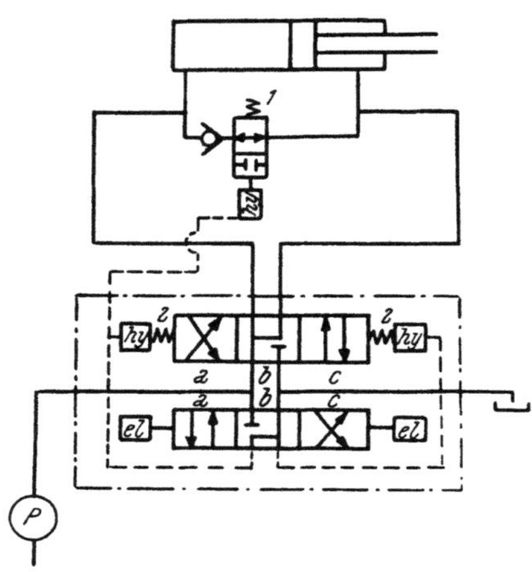

Abb. 302. Eilgangschaltung, die die Verwendung kleiner Hauptsteuerventile ermöglicht

Unterschied zwischen den Druckangriffsflächen auf beiden Kolbenseiten können bei Verwendung dieser Schaltung trotz Verwendung relativ kleiner Hauptsteuerventile rasch eingefahren werden.

Abb. 302 zeigt eine ähnliche Eilgangschaltung, bei der das 4/3-Vorsteuerventil ebenfalls auf ein 4/3-Hauptsteuerventil und ein 2/2-Ventil wirkt. Das 2/2-Ventil ist hier jedoch ein Ventil mit Federrückführung in die geöffnete Endlage, dessen Feder *1* schwächer ist als die Federn *2* des Hauptsteuerventils. Diese Schaltung ermöglicht folgende Arbeitsbewegungen:

1. Stellung a des Hauptsteuerventils: 2/2-Ventil geschlossen, Einfahren.

2. Stellung b des Hauptsteuerventils: 2/2-Ventil offen, Eilgang ausfahren, Druck wirkt auf beide Kolbenseiten.

3. Stellung c des Hauptsteuerventils: Preßdruck auf die volle Kolbenfläche.

3. Schaltungen für Speicher

Drucköl speicher werden nach S. 229 in erster Linie zur Lösung folgender Aufgaben verwendet:

a) Deckung eines kurzzeitigen Bedarfes großer Druckölmengen; b) Schwingungsdämpfung; c) Aufrechterhaltung des Netzdruckes bei Leerlauf der Pumpe.

Bei großen Anlagen wird oft eine eigene kleine Ölpumpe, deren Förderstrom dem Leckölstrom entspricht, vorgesehen, um die Leckverluste im Netz zu ersetzen.

Bei kleinen Anlagen wird das durch die Leckstellen austretende Drucköl meist aus einem Speicher ersetzt. Das erforderliche Speichervolumen kann dabei aus folgenden Angaben berechnet werden:

α) Lecköl menge der Steuerorgane;

β) Zeitspanne, innerhalb derer der Netzdruck durch den Speicher annähernd konstant gehalten werden soll;

γ) zulässige Schwankung zwischen dem Druck im Augenblick, in dem die Pumpe auf Leerlauf geschaltet wird, und in dem Augenblick, in dem die Pumpe wieder in das Netz zu fördern beginnt (zulässige Druckschwankung innerhalb der Zeitspanne, in der das Lecköl aus dem Speicher ersetzt werden soll).

Die Funktionen eines Speichers, der zur kurzzeitigen Lieferung starker Drucköl ströme dient, und eines Speichers, der zur Schwingungsdämpfung oder zur Nachlieferung des an den Leckstellen austretenden Öls verwendet wird, sind jedoch grundverschieden.

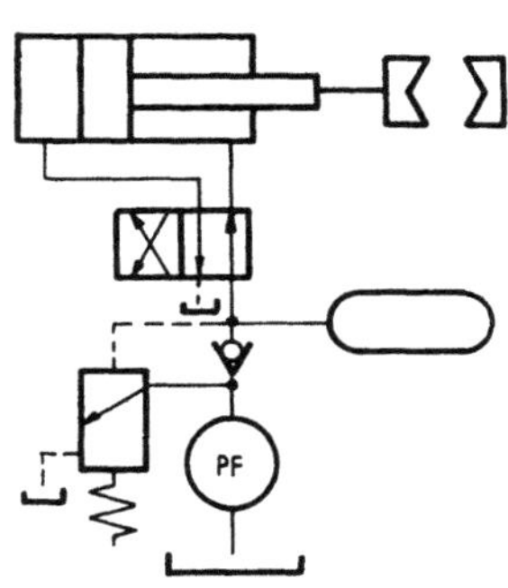

Abb. 303. Spannvorrichtung mit Speicher. Während der Spannzeit läuft die Pumpe im Leerlauf, das Öl strömt über das Entlastungsventil

In den Speichern, deren wesentliche Aufgabe darin besteht, Energie zu speichern, wird während der Zeiten, in denen kein Drucköl benötigt wird, von der Pumpe mit geringem Förderstrom solange Drucköl gefördert, bis ein bestimmter, durch einen Druckschalter oder durch ein Abschaltventil einstellbarer Grenzdruck p_{max} erreicht wird. Der Speicher ist dann gefüllt.

Bei Bedarf eines größeren Förderstromes, der ein Vielfaches des von der Pumpe gelieferten Stromes betragen

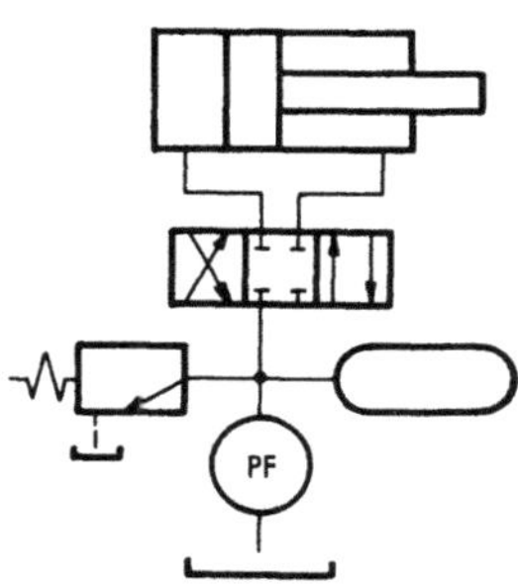

Abb. 304. Abbau von Druckspitzen durch Speicher. Beim Umstellen eines Wegeventils entstehen Druckspitzen, weil das Überdruckventil nicht rasch genug öffnet, die hier vom Speicher aufgenommen werden

kann, wird nach Umstellen eines Steuerventils Drucköl solange aus dem Speicher entnommen, bis ein unterer Grenzdruck p_{min} erreicht wird, der ebenfalls an einem Druckschalter oder Abschaltventil eingestellt werden kann. Erst nach Unterschreiten dieses unteren Grenzdruckes beginnt die Pumpe wieder zu fördern. Der Druck im Speicher schwankt also bei normalem Betrieb immer nur zwischen p_{max} und p_{min}.

Das für die Lieferung einer Ölmenge ΔV erforderliche Volumen eines Speichers kann aus der zulässigen Druckschwankung Δp innerhalb der Zeit, in der aus dem Speicher Drucköl entnommen wird, und dem maximalen Betriebsdruck p_{max} nach Abschn. IV, 9, γ, S. 237, berechnet werden.

Das Volumen eines Speichers, der zur Dämpfung von Schwingungen oder zur Deckung von Lecköl strömen verwendet wird, kann nach ähnlichen Gesichtspunkten berechnet werden. Der Druck schwankt aber dann nicht nur zwischen dem maximalen und minimalen Wert, sondern der Speicher wird zwischen den einzelnen Arbeitsspielen auch einmal vollkommen entleert. Vor Beginn einer Bewegung oder während des Bewegungsvorganges eines Kolbens muß also zunächst der vollkommen entleerte Speicher auf seinen minimalen Betriebsdruck aufgeladen werden. Dies bedingt eine Verzögerung der Bewegung und einen Energieverlust. Ein solcher Speicher muß daher so klein als möglich bemessen werden (Abb. 303 und 304).

Sind die Zeiten, innerhalb derer das Lecköl ersetzt werden soll, relativ kurz und die auftretenden Lecköl ströme klein, so genügt oft die Verwendung eines Schlauches zwischen den Zylindern und dem vor der Pumpe liegenden Rückschlagventil, um einen annähernd konstanten Netzdruck aufrecht erhalten zu können. Bei Abnahme des Netzdruckes zieht sich der Schlauch so stark zusammen, daß der Leckölstrom durch diese Verkleinerung des Volumens ausgeglichen werden kann.

Das Speichervermögen von Schläuchen ist in Abb. 106 für verschiedene Schlauchweiten zusammengestellt. Aus den Angaben über die maximal auftretenden Leckölströme der Steuerorgane und Zylinder und den Zeiten, innerhalb welcher der Netzdruck p um einen zulässigen Betrag Δp abnehmen darf, kann dann die erforderliche Schlauchlänge aus den Kurven ermittelt werden.

Selbstverständlich wäre es prinzipiell möglich, z. B. einen Speicher zur Aufnahme von Druckstößen, die durch Steuerventile hervorgerufen werden, nach Abb. 304 auch mit Druckschaltern zu versehen, um die Energieverluste infolge einer vollständigen Entleerung des Speichers zu vermeiden. Doch wäre der Preis für Druckschalter und Magnetventile höher als der für den Speicher

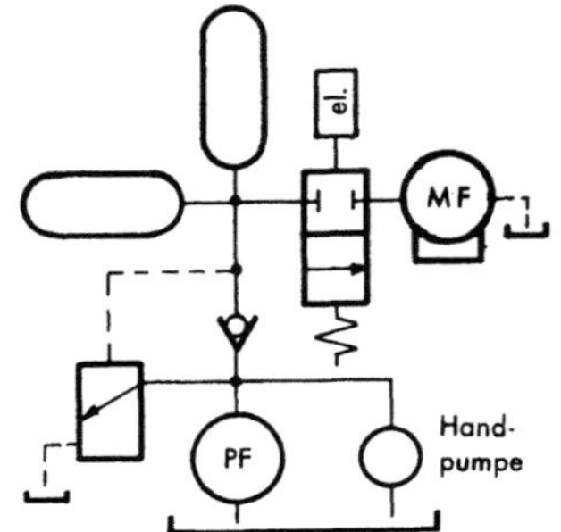

Abb. 305. Anlassen eines Schiffsdieselmotors durch einen Ölmotor. Entnahme der Druckenergie aus Speichern

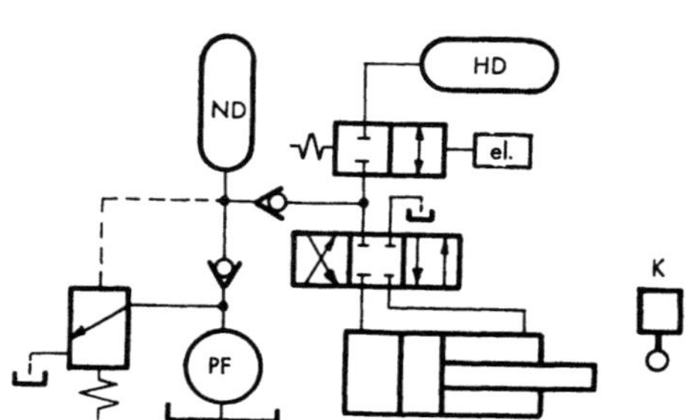

Abb. 306. Eilgang mit großem Niederdruckspeicher ND und Spannen mit kleinem Hochdruckspeicher HD. Betätigung des Zweiwegeventils durch Druckschalter oder wegabhängig

selbst und natürlich noch wesentlich höher als der Preis für eine relativ kurze Schlauchleitung. Meist wird daher für Speicher, die nur als Stoßdämpfer oder zur Leckölkompensation dienen, auf die Verwendung von Druckschaltern und Magnetventilen oder von Abschaltventilen verzichtet.

Ein einfaches Beispiel für die Verwendung eines Speichers, der zur Speicherung der Energie verwendet wird, zeigt Abb. 186. Nach Umstellen des 6/3-Wegeventils in eine Endlage wird zunächst Drucköl aus dem Speicher zum Zylinder geführt. Anschließend wird, falls das Speichervolumen nicht für die Füllung des ganzen Zylinders ausreicht, auch noch von der Pumpe Drucköl in den Zylinder gefördert. Nach der Beendigung des Hubes wird schließlich der Speicher wieder aufgeladen und nach Erreichen der oberen Druckgrenze im Speicher wird durch einen Druckschalter der 6/3-Schieber auf Mittelstellung mit freiem Durchfluß von der Pumpe zum Ablauf zurückgestellt.

Die Abb. 305 bis 306 zeigen schließlich einige weitere Anwendungsbeispiele für den Einsatz von Speichern zur Erzeugung hoher Förderströme durch relativ kleine Pumpen mit entsprechend niedrigen Antriebsleistungen.

4. Programm- und Folgeschaltungen

Sollen mehrere Arbeitszylinder ein vorgeschriebenes Arbeitsspiel in einer bestimmten Reihenfolge abwickeln, so kann der automatische Ablauf dieses Spieles entweder durch ein Programmschaltwerk oder durch eine Folgesteuerung erreicht werden. Natürlich kann die Steuerung rein hydraulisch oder elektrohydraulisch erfolgen.

Das Programmschaltwerk ist im ersten Fall meist eine Nockenwelle, die unmittelbar auf Rollen und Rollenhebelventile wirkt, im zweiten Fall dagegen ein elektrisches Schaltwerk, bei dem durch Nocken elektrische Impulse gegeben werden, die auf Magnetventile wirken. Die Nocken können dabei aus mehreren aufeinander liegenden Lamellen einer Grundnockenform bestehen. Durch Verdrehen dieser Lamellen des Schaltwerkes kann dann eine Nockenform von beliebiger Gestalt zusammengestellt werden. Auch läßt sich durch Auswechseln bestimmter Nockenwellen wahlweise ein anderes Schaltprogramm verwirklichen.

Bei der Folgesteuerung wird der jeweils folgende Arbeitsgang durch die Beendigung des vorhergehenden

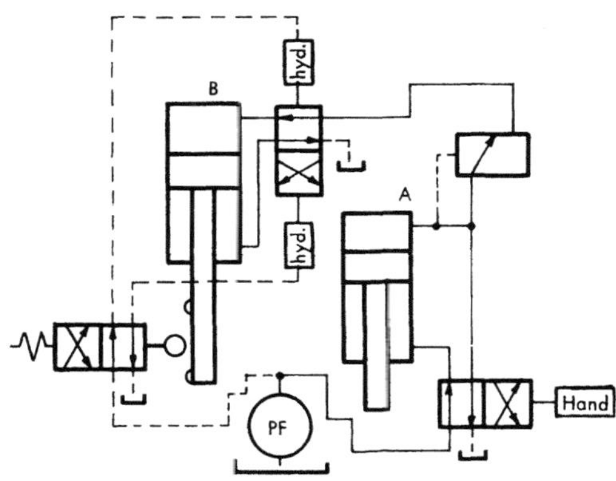

Abb. 307. Spannen mit Zylinder *A*, während Zylinder *B* ständig hin- und herläuft, solange der handbetätigte Schieber die Verbindung zwischen Pumpe und Vorspannventil freigibt

Taktes ausgelöst. Dies kann entweder lageabhängig durch Vorsteuerventile (Abb. 307), durch elektrische Kontakte (Abb. 308) oder aber druckabhängig nach Erreichen eines bestimmten Druckes im Zylinder oder in den Rohrleitungen erfolgen (Abb. 309).

Es kann auch bei der Bewegung eines Zylinders eine Bewegungsumkehr in Abhängigkeit von der Lage und eine andere in Abhängigkeit vom Druck ausgelöst werden. In einem Antrieb mit mehreren Zylindern lassen sich selbstverständlich in beliebiger Kombination rein hydraulische und elektrohydraulische Steuerungen sowie Programm- und Folgesteuerungen miteinander verknüpfen.

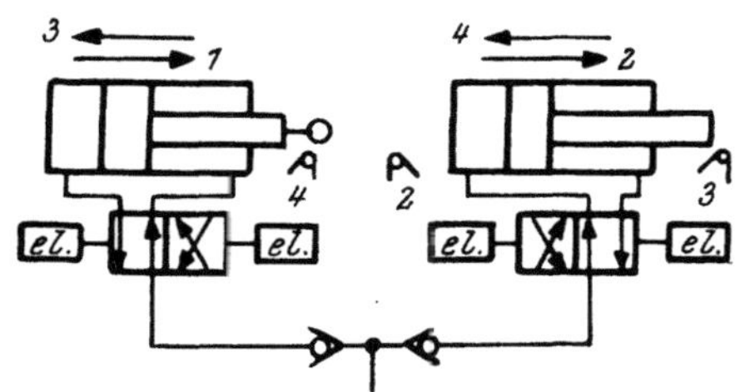

Abb. 308. Folgesteuerung durch Nocken oder Magnetventile

Eine druckabhängige Folgesteuerung kann auch durch Folgeventile (auch Vorspann- oder Nachschaltventile genannt) erreicht werden (Abb. 310 und 311), besonders einfach aber durch entsprechende Wahl bestimmter Zylinderdurchmesser oder durch verschiedene Belastung der einzelnen Zylinder.

So wird bei gleich großen Zylindern und verschiedener Last immer der weniger belastete zuerst ausfahren und dann erst der stärker belastete, und bei gleich belasteten Zylindern mit verschiedenen Durchmessern wird immer der Kolben des Zylinders mit größerem Durchmesser zuerst ausfahren und dann erst der Kolben des Zylinders mit kleinerem Durchmesser.

In elektrohydraulischen Steuerungen werden oft auch Zeitrelais mit elektrischer Verzögerungseinrichtung, mit Uhrwerken oder mit Elektromotoren verwendet, wenn zwischen der Beendigung eines Taktes und dem Beginn des folgenden eine bestimmte Zeitspanne verstreichen soll.

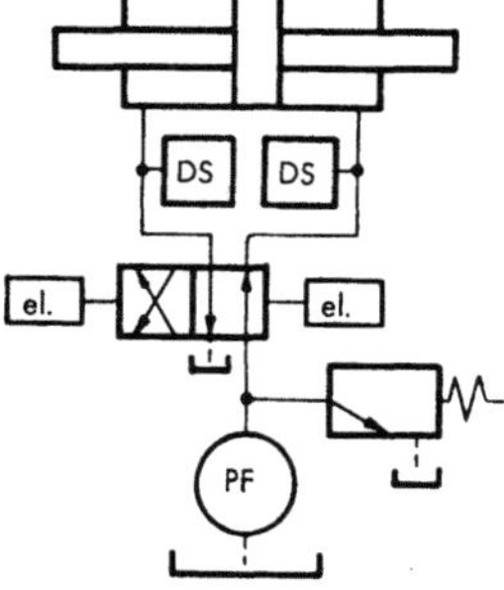

Abb. 309. Nach Überschreiten eines an den Druckschaltern eingestellten Enddruckes wechselt der Kolben seine Bewegungsrichtung

Die Folgesteuerung verlangt im allgemeinen kompliziertere Steuerorgane als die Programmsteuerung und ist bei Antrieben mit vielen Zylindern oft nur mit großen Schwierigkeiten realisierbar.

Bei der Programmsteuerung können dagegen beliebig viele Takte ohne Schwierigkeit in bestimmter Reihenfolge abgewickelt werden. Die einzelnen Takte können sich sogar in beliebiger Art und Weise überschneiden. Z. B. kann also unmittelbar nach Bewegungsbeginn eines Zylinders bereits ein zweiter Zylinder ausfahren oder der Rückzug mehrerer Zylinder, die zu verschiedenen Zeiten ausgefahren sind, gleichzeitig erfolgen.

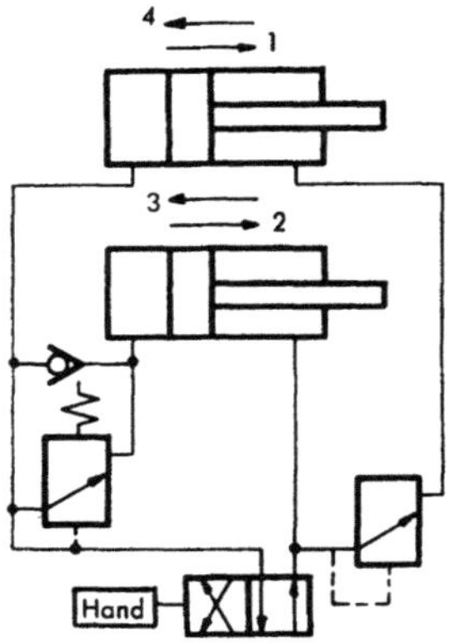

Die Folgesteuerung bietet dagegen in vielen Fällen die Möglichkeit, den Arbeitsgang automatisch zu unterbrechen, wenn bei einem beliebigen Takt eine Fehlproduktion einsetzt oder eine Betriebsstörung auftritt. Es gibt jedoch auch viele Arbeitsprozesse, bei denen auch durch eine

Abb. 310. Folgesteuerung durch druckabhängige Folgeventile

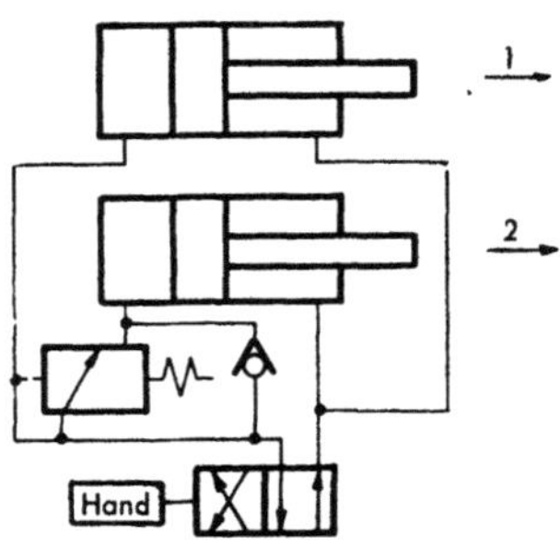

Abb. 311. Es fährt zuerst Zylinder *1*, dann Zylinder *2* aus. Einfahren entsprechend der Belastungsverteilung auf Zylinder *1* und *2*

Folgesteuerung dieses automatische Stillsetzen der Anlage nicht erreicht werden kann. Wird z. B. ein Spritzgußteil nicht einwandfrei ausgespritzt, sondern in irgendeiner Form nach dem Spritzvorgang zerquetscht, so läuft die Maschine mit dem vorgeschriebenen Arbeitsspiel auch dann weiter, wenn die Teile mit vollkommen unbrauchbaren Formen ausgeworfen werden. Die Folgesteuerung bietet in solchen Fällen keinerlei Vorteile mehr gegenüber der meist einfacheren Programmsteuerung.

5. Sperrkreisschaltungen

Infolge der Lecköverluste der Steuerschieber und infolge der elastischen Eigenschaften des Öls ist es im allgemeinen nicht möglich, einen Arbeitszylinder in einer bestimmten Lage zwischen den beiden Endstellungen durch hydraulische Elemente allein so genau festzuhalten, daß der Kolben keine auch noch so geringe Bewegung ausführt.

In vielen Fällen, in denen das Festhalten des Kolbens in einer bestimmten Stellung verlangt wird, ist es jedoch belanglos, ob der Kolben Bewegungen von einigen Zehntel Millimetern oder sogar von einigen Millimetern innerhalb einer bestimmten Zeitspanne ausführt. In manchen Fällen — etwa beim Einspannen eines Arbeitsstückes — wird sogar verlangt, daß der Kolben mit unveränderlicher Kraft gegen die Last auch dann drückt, wenn diese geringfügige Bewegungen ausführt.

Je nach den Betriebsverhältnissen und je nach den Anforderungen an die Genauigkeit, mit der der Zylinder in einer vorgeschriebenen Lage festgehalten werden soll, sind deshalb besondere Normbauteile für seine Steuerung erforderlich. Die häufigsten Bauteile, die für solche Sperrkreise in Betracht kommen, sind etwa die folgenden:

a) Steuerschieber mit Mittellage, in der die beiden Anschlüsse zum Zylinder verriegelt werden;

b) gesteuerte Rückschlagventile, und zwar für einfach wirkende Zylinder einfache Rückschlagventile und für doppelt wirkende Zylinder entweder zwei einfache Rückschlagventile oder ein Doppelrückschlagventil (Abb. 312 und 315);

c) Überdruckventile, die zwischen Zylinder und Steuerschieber mit Mittellage eingebaut werden können, falls ein Überlastungsschutz bei Wärmedehnungen des Öls oder bei Einwirkung großer äußerer Kräfte verlangt wird;

d) Speicher oder elastische Rohrleitungen zwischen Zylinder und Ab-

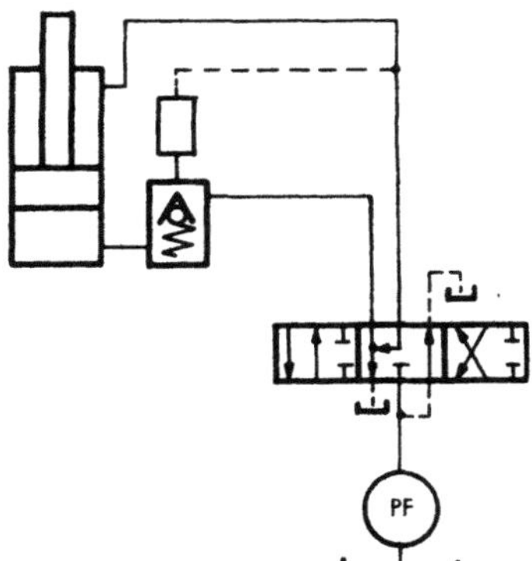

Abb. 312. Festhalten des Kolbens in jeder Lage durch gesteuertes Rückschlagventil

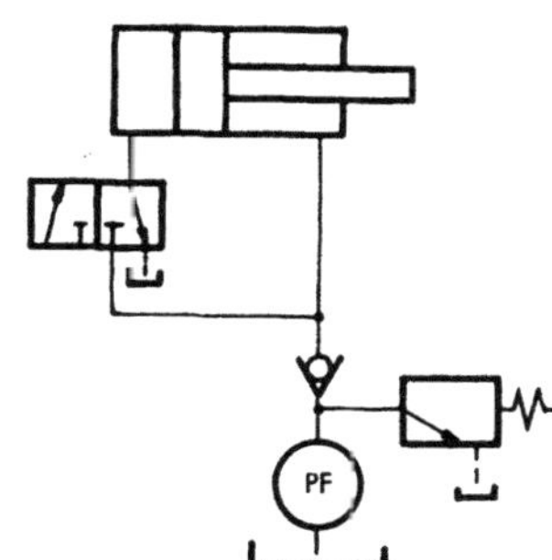

Abb. 313. Festhalten eines Kolbens durch ein Rückschlagventil ohne Steuerölanschluß

sperrorgan, wenn z. B. bei Abkühlung des Öls oder bei Nachgeben der Last ein Aufrechterhalten des Anpreßdruckes verlangt wird, der Kolben also ähnlich wie bei Druckluftzylindern der Last folgen soll;

e) normale Rückschlagventile.

Eine Steuerung, die das Festhalten eines Kolbens in einer Richtung durch ein einfaches Rückschlagventil ermöglicht, zeigt Abb. 313. In der gezeichneten Stellung kann sich der Kolben

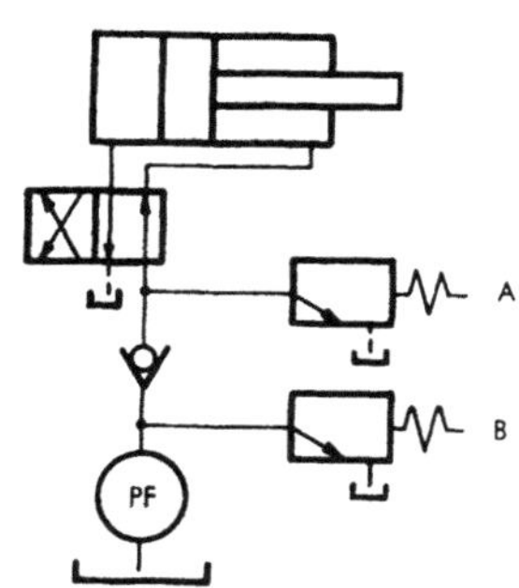

Abb. 314. Ventil *A* schützt Rohrleitung gegen Überlastung, Ventil *B* ist auf den niedrigeren zulässigen Pumpendruck eingestellt

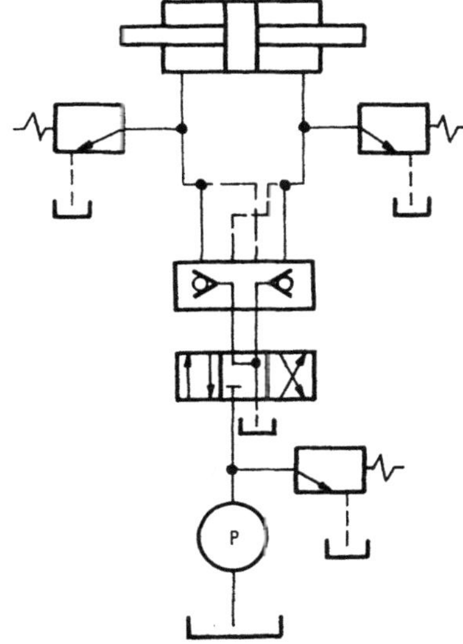

Abb. 315. Festhalten des Kolbens durch gesteuertes Doppelrückschlagventil. Sicherung gegen Rohrbruch durch zwei Überdruckventile

bei Einwirkung einer Kraft in Richtung des ausfahrenden Kolbens nicht bewegen. Eine Kraft von rechts nach links dagegen verschiebt den Kolben bei der gezeichneten Stellung des Dreiwegeventils nach links. Wird das Dreiwegeventil in die nicht eingezeichnete Stellung gebracht, so wirkt der Pumpendruck nur auf die Fläche der Kolbenstange, und der Kolben fährt aus.

Eine ähnliche Schaltung zeigt Abb. 314, in der ebenfalls das Zurückdrehen der Pumpe durch die Einwirkung einer großen Last vermieden wird. Hier wird ein doppeltwirkender Zylinder durch ein normales 2/4-Wegeventil gesteuert. Das Sicherheitsventil A dient dazu, bei Einwirkung großer Kräfte die Rohrleitung zwischen Zylinder und Rückschlagventil gegen Bruch zu sichern. Allerdings wird durch diese Schaltung andererseits in Kauf genommen, daß bei Einwirkung so großer Lasten, die den Bruch der Rohrleitungen herbeiführen können, nach dem Ansprechen des Sicherheitsventils A eine Bewegung des

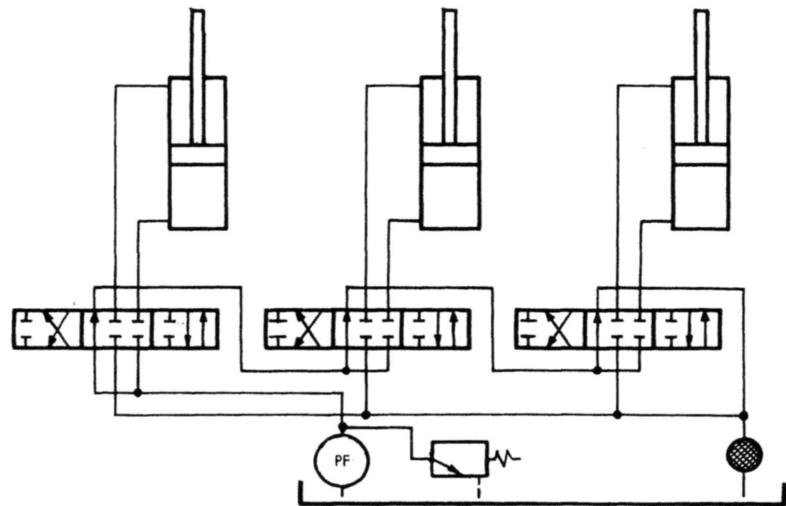

Abb. 316. Steuerung von drei Zylindern mit automatischer Verriegelung. Die in Stromrichtung folgenden Zylinder bleiben stehen, wenn ein davor liegender betätigt wird

Kolbens nicht mehr verhindert werden kann. Geringe Kolbenbewegungen infolge der Leckverluste der Drei- bzw. Vierwegeschieber sind bei diesen Schaltungen natürlich nicht zu vermeiden.

In denjenigen Fällen, in denen eine absolut sichere Verriegelung des Kolbens in einer ganz bestimmten Lage verlangt wird und auch Bewegungen von einigen Zehntel Millimeter nicht zulässig sind, muß die Verriegelung mechanisch erfolgen. Die Betätigung der mechanischen Verriegelung kann allerdings durch einen Öldruckzylinder erfolgen.

In vielen Fällen wird aber gerade die Möglichkeit des Überlastungsschutzes (Abb. 314 und 315) zugunsten der hydraulischen Verriegelung sprechen, weil ein Festhalten in einer Lage, in der der Kolben, ohne die Funktion der Anlage zu beeinflussen, auch geringste Bewegungen ausführen kann, ohne weiteres in Kauf zu nehmen ist.

Deshalb muß prinzipiell immer, falls die Verriegelung eines Zylinders in einer bestimmten Lage verlangt wird, angegeben werden, welche Strecke sich der Kolben innerhalb einer bestimmten Zeitspanne bewegen darf. Aus den Leckölströmen, den Abmessungen des Zylinders und den auftretenden Kräften können die auftretenden Bewegungen während der Festhaltezeit berechnet werden.

6. Schaltungen zur Steuerung mehrerer Arbeitszylinder

Bei Steuerungen mit automatischem Arbeitsablauf verlangt man meist immer die gleiche Reihenfolge der einzelnen Bewegungen eines bestimmten Arbeitsspieles, die durch Programm- und Folgesteuerungen erreicht werden kann.

An hydraulische Antriebe mit Hand- oder Fußsteuerventilen werden aber meist noch verschiedene andere Anforderungen gestellt, wie z. B.:

a) alle Zylinder sollen gleichzeitig und unabhängig voneinander in jeder beliebigen Reihenfolge betätigt werden können;

b) die Bewegungsgeschwindigkeit soll für jeden Zylinder an ganz bestimmte, vorgeschriebene Werte gebunden oder unabhängig davon, ob gleichzeitig ein anderer Zylinder betätigt wird oder nicht, immer die gleiche sein usw.;

c) bei Betätigung eines Zylinders sollen aus Sicherheitsgründen alle anderen Zylinder verriegelt sein, es soll also durch geeignete Steuerelemente auf alle Fälle ver-

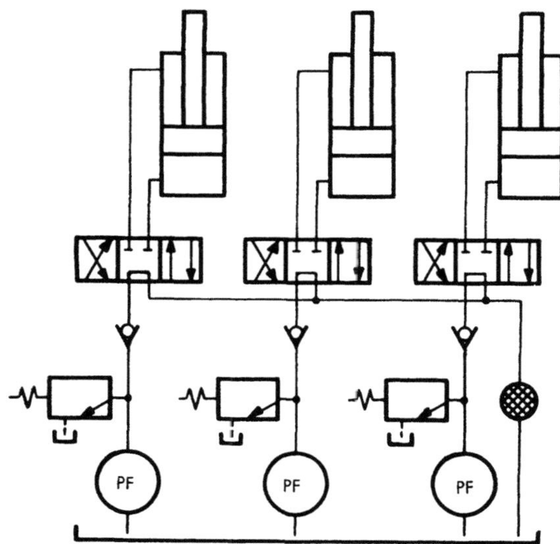

Abb. 317. Je eine Pumpe pro Zylinder. Gleichzeitige Steuerung aller Zylinder möglich. Kolbengeschwindigkeit unabhängig von der Anzahl der betätigten Zylinder

hindert werden, daß zwei Zylinder gleichzeitig betätigt werden können (Abb. 316);

d) es soll die Möglichkeit bestehen, wahlweise entweder nur einen einzelnen oder auch mehrere Zylinder gleichzeitig zu betätigen, wobei wieder entweder

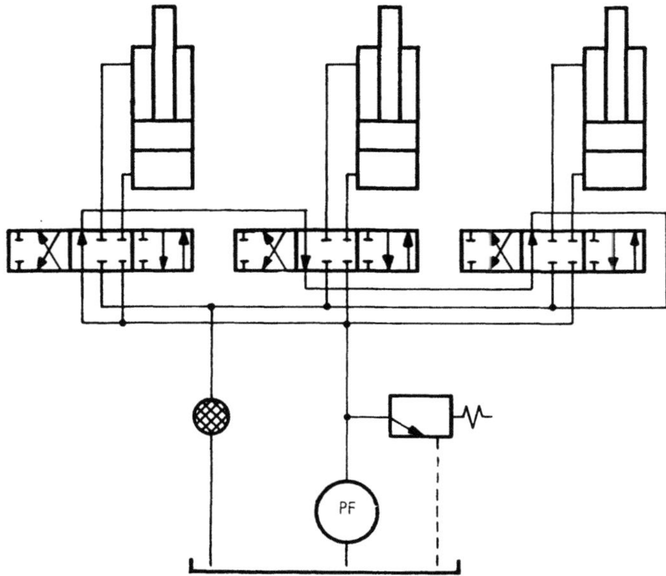

Abb. 318. Gleichzeitige Steuerung von zwei oder drei Zylindern möglich, doch wird die Hubzeit doppelt oder dreimal so lang, wenn mehrere Zylinder gleichzeitig arbeiten

die Bewegungsgeschwindigkeit bei Betätigung mehrerer Zylinder ebenso groß wie bei Betätigung eines einzelnen Zylinders (Abb. 317) oder geringer sein soll (Abb. 318 und 319);

e) einige Zylinder sollen gegeneinander verriegelt sein, also nicht gleichzeitig bewegt werden können, andere Zylinder sollen wieder gleichzeitig betätigt werden können;

f) eine Beeinflussung der Bewegung eines Zylinders durch die Betätigung anderer Zylinder muß unbedingt verhindert oder sie kann in bestimmten Fällen auch zugelassen oder nur durch die Belastung der einzelnen Zylinder oder durch deren Abmessungen ausgeschlossen werden (Abb. 319 und 320);

g) einige Zylinder sollen nur in ihrer Bewegungsrichtung gesteuert werden können, andere wieder sollen durch Ventile gesteuert werden, bei denen jeder Hebelstellung eine bestimmte Bewegungsgeschwindigkeit entspricht.

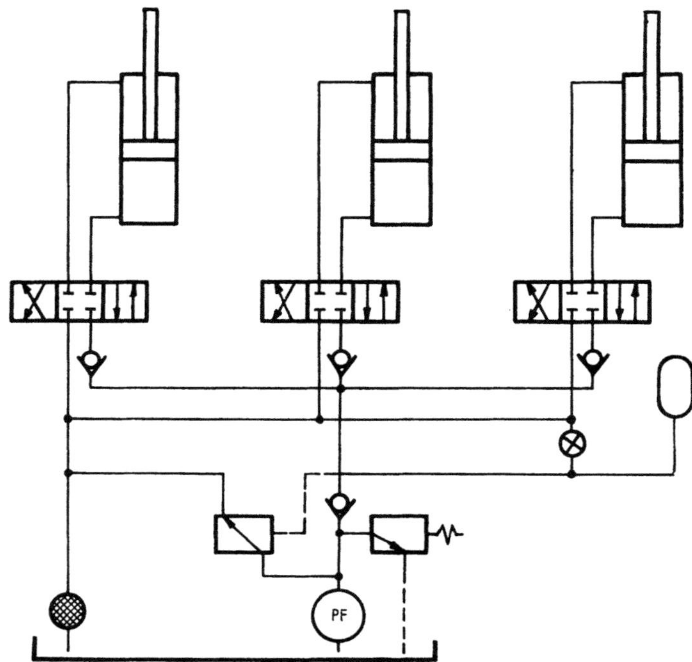

Abb. 319. Speicher ermöglicht hohe Arbeitsgeschwindigkeit trotz kleiner Pumpe. Bei kleinen Anlagen können Speicher und Abschaltventil wegfallen, wenn Ölerwärmung in zulässigen Grenzen bleibt

Außer den hier zusammengestellten Forderungen gibt es noch eine Reihe weiterer, die an solche Steuerungen mehrerer Zylinder gestellt werden können. Meist ergibt sich dann zur Lösung jeder dieser Aufgaben eine ganze Reihe von verschiedenen Kombinationsmöglichkeiten von Steuergeräten, und zwar je nachdem, ob außerdem ein Festhalten der Zylinder in jeder beliebigen Lage mit einer bestimmten Genauigkeit verlangt wird, ob etwa besondere Wünsche in bezug auf die Geschwindigkeitsregelung bestehen, ob mit Rücksicht auf die Pumpenleistung eine bestimmte Gleichförmigkeit der Bewegung oder wegen der elastischen Eigenschaften des Öls auch der Einbau von Speichern verlangt werden usw.

Auch der Betriebsdruck, der für den betreffenden Antrieb gewählt wird, ist für die Auswahl der Steuerelemente oft ausschlaggebend. Die Schaltung nach Abb. 320 erscheint z. B. bestechend einfach und versagt doch in vielen Fällen. Bei den meisten 4/3-Wegeventilen mit freiem Öldurchfluß von der Pumpe zum Ablauf in der Mittelstellung strömt nämlich das Öl durch den Schieber in der

Mittellage durch den durchbohrten Kolben. Bei Steigerung des Druckes des im Kolben eingeschlossenen Öls neigt dieser zum Klemmen, so daß der Schieber nur sehr schwer betätigt werden kann. Besonders bei Verwendung von Magnetventilen besteht die Gefahr, daß die Betätigung überhaupt nicht mehr möglich ist.

Der Antrieb nach Abb. 320 darf also, falls die Gefahr des Aufweitens des Kolbens besteht, für hohe Betriebsdrücke nur dann eingesetzt werden, wenn jeder der 4/3-Wegeschieber immer nur dann betätigt wird, wenn durch den durchbohrten Kolben in der Mittellage ein druckloser Ölstrom fließt. Bei Betriebsdrücken unter 50 oder 80 atü ist dagegen immer auch eine gleichzeitige Betätigung von drei oder zwei Zylindern möglich.

Auch wenn z. B. die Belastung der beiden rechten Zylinder so klein ist, daß in dem hohlen Kolben des ersten Schiebers niemals höhere Drücke als die oben angegebenen Grenzwerte auftreten können, kann die Schaltung ohne Bedenken zur Steuerung von drei Zylindern herangezogen werden, auch wenn die Betriebsdrücke zwischen 200 und 300 atü liegen.

Vor allem ist bei der Schaltung von Abb. 320 immer zu bedenken, daß bei gleichzeitiger Betätigung mehrerer Zylinder eine gegenseitige Beeinflussung der Geschwindigkeiten in den einzelnen Zylindern eintritt. Ist also z. B. der linke und mittlere Zylinder in der eingefahrenen und die Steuerschieber in der dem Ausfahren entsprechenden Stellung, so werden der linke Zylinder und der

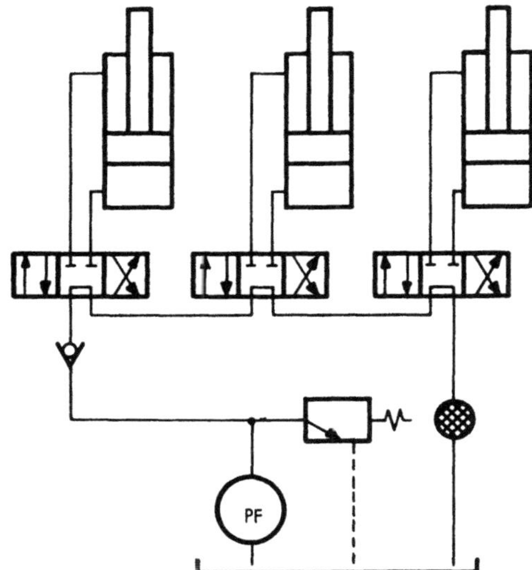

Abb. 320. Bei gleichzeitiger Betätigung mehrerer Zylinder beeinflussen sich die Geschwindigkeiten und Drücke in den einzelnen Zylindern gegenseitig

rechte Zylinder zugleich ausfahren. Wenn der mittlere Zylinder einen Teil des Kolbenhubes durchlaufen hat, bleiben beide Zylinder stehen, weil der linke Kolben am Zylinderende anstößt.

Abb. 319 zeigt eine Steuerung für drei Arbeitszylinder, die durch eine einzige Pumpe mit Drucköl versorgt werden, die unabhängig von den gewählten Betriebsdrücken jederzeit verwendet werden kann. Die gegenseitige Beeinflussung eines Zylinders durch einen anderen bei gleichzeitiger Betätigung mehrerer Ventile wird durch die Rückschlagventile vermieden.

7. Schaltungen für Stromregler

Bei der Beschreibung der Abb. 156 wurden die charakteristischen Unterschiede zwischen Zufluß und Abfluß sowie Hauptstrom und Bypassreglern besprochen.

Abb. 321 zeigt einen Antrieb mit Regelung der Kolbengeschwindigkeit über einen Teil des Hubes durch einen Stromregler im Abfluß.

Unabhängig davon, ob ein Zufluß-, Abfluß-, Haupt- oder Nebenstromregler verwendet wird, ergibt sich eine Regelung der Kolbengeschwindigkeit in einer Bewegungsrichtung beim Einbau des Reglers zwischen Vierwegeventil und Zylinder (Abb. 321, 323) und in beiden Richtungen beim Einbau zwischen Pumpe und Wegeventil (Abb. 322).

8. Schaltungen für die Verwendung verschiedener Arbeitsdrücke

Werden verschiedene Öldrücke in einem System benötigt, so kann der niedrigere Druck durch Reduktion des Höchstdruckes mit Hilfe eines Reduzierventils erzeugt werden. In vielen Fällen ist es aber zweckmäßiger, eine eigene Ölpumpe vorzusehen, die dann oft auch gleichzeitig zur Ergänzung von Leckölströmen herangezogen werden kann. Die Hauptpumpe kann im Leerlauf arbeiten, solange kein Druck benötigt wird, während die kleine Leck- und Steuerölpumpe erforderlichenfalls nur einen ganz geringen Ölstrom über ein Sicherheitsventil abgibt.

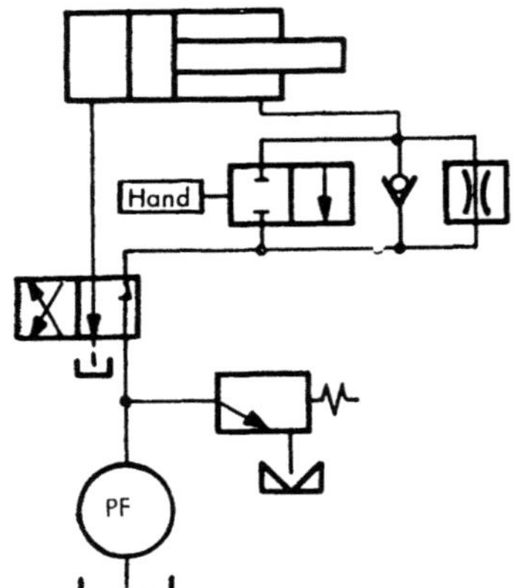

Abb. 321. Regelung der Vorschubgeschwindigkeit über einen Teil des Hubes bei offenem 2/2-Ventil, volle Vorschubgeschwindigkeit

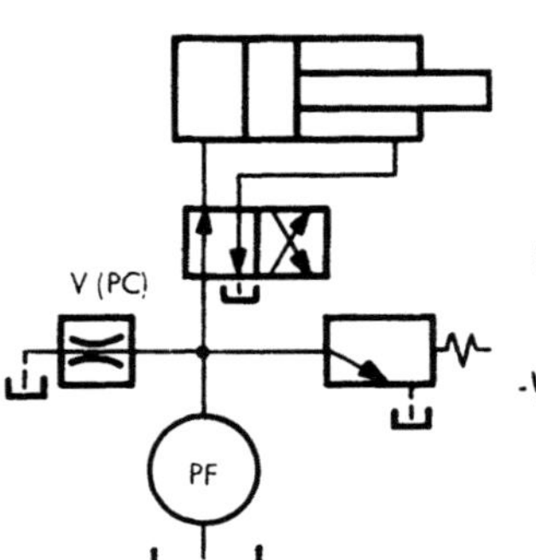

Abb. 322. Bypass-Stromregelung für Regelung der Geschwindigkeit in beiden Bewegungsrichtungen

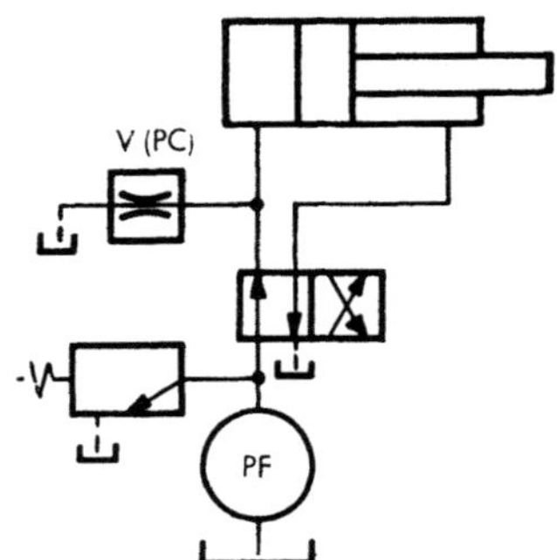

Abb. 323. Bypass-Stromregelung für Regelung der Geschwindigkeit nur beim Ausfahren

Die Verwendung eines Steuerdruckes, der durch Reduzierventile oder Vorspannventile erzeugt wird, beeinflußt die Einsatzmöglichkeit von vorgesteuerten Mehrwegeschiebern. So kann etwa ein Steuerschieber nach Abb. 211 b oder c überhaupt nur dann vorgesehen werden, wenn vor oder hinter den Schieber noch ein Vorspannventil geschaltet wird, das einen gewissen Betriebsdruck für die Vorsteuerung erzeugt. Ein Reduzierventil allein würde keine Gewähr dafür bieten, daß überhaupt ein Betriebsdruck vorhanden ist, denn die Strömungswiderstände in der Abflußleitung des Steuerschiebers würden auf keinen Fall ausreichen, um einen Druckabfall zu erzeugen, der als Steuerdruck genügt.

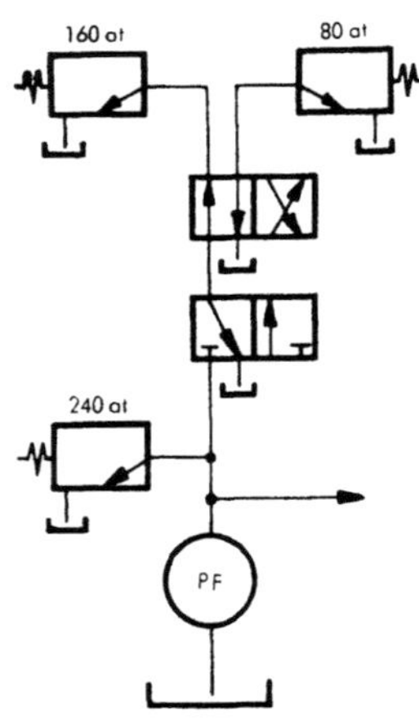

Abb. 324. Wahl des Betriebsdruckes durch Umstellung des 4/2- und 3/2-Ventils

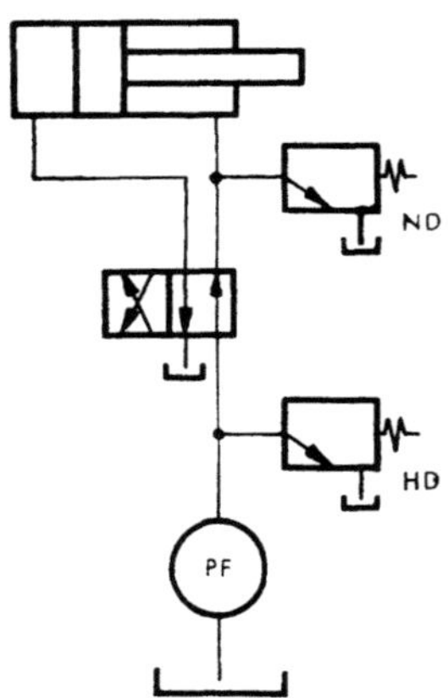

Abb. 325. Bei eingefahrenem Kolben ist die Pumpe nur mit Niederdruck (ND) belastet, im ausgefahrenen dagegen mit Hochdruck (HD)

Bei Verwendung einer unabhängigen Steuerölquelle kann jedoch durch den gleichen vorgesteuerten Schieber immer eine einwandfreie Funktion des Schiebers ohne ein zusätzliches Vorspannventil erreicht werden. Da der Preis einer kleinen

Steuerölpumpe etwa dem eines Reduzier- oder Vorspannventils allein entspricht, ist sogar die Lösung mit eigener Steuerölpumpe oft die billigere.

Verschiedene Drücke werden jedoch in einem System nicht nur als Steuerdruck und als Arbeitsdruck benötigt, sondern es sind auch oft verschiedene Arbeitsdrücke erforderlich. Nach Abb. 324 kann durch Kombination von verschiedenen Mehrwegeventilen je nach der Stellung der einzelnen Ventile z. B. zwischen drei Betriebsdrücken im Netz gewählt werden.

Die Schaltung nach Abb. 325 kann verwendet werden, wenn die Pumpe im eingefahrenen Zustand des Kolbens durch ein Niederdrucksicherheitsventil entlastet werden soll, während im ausgefahrenen Zustand ein hoher Preßdruck während kurzer Zeitspannen verlangt wird, innerhalb derer die Erwärmung durch die Drosselung in einem Sicherheitsventil mit hohem Druckgefälle zugelassen werden kann.

Die Schaltung nach Abb. 326 ermöglicht die automatische Einstellung verschiedener Preßdrücke in zwei Zylindern, die durch ein Steuerventil gesteuert werden.

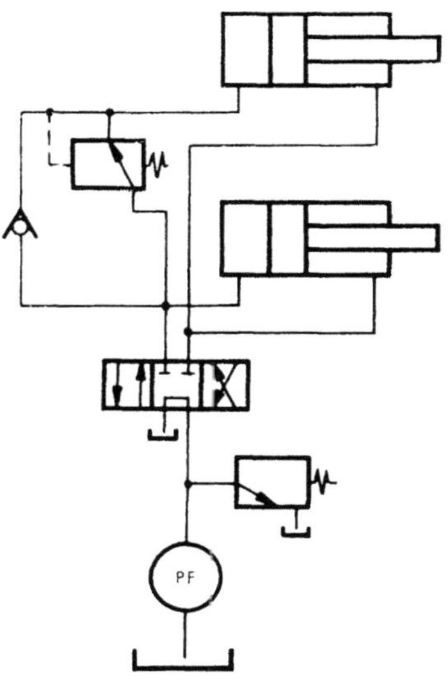

Abb. 326. Verringerter Arbeitsdruck durch Reduzierventil

Besonders häufig werden verschiedene Arbeitsdrücke im Pressenbau benötigt. Dort liegt meist die Aufgabe vor, einen Kolben im Eilgang über große Hübe vorzuschieben, wobei dieser kaum einen Widerstand zu überwinden hat, und über kleine Hübe mit hohem Druck

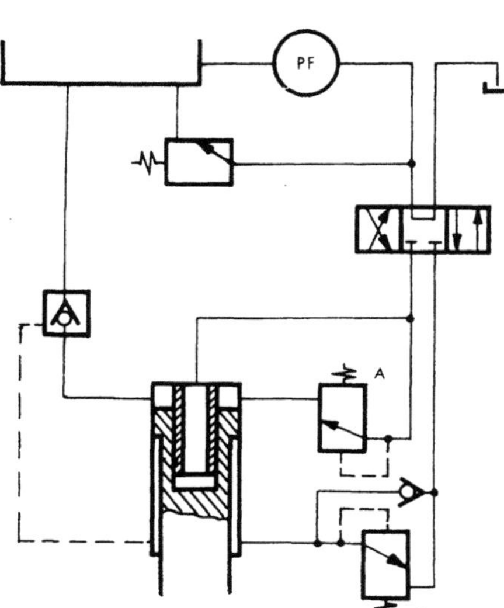

Abb. 327. Beschleunigung der Senkbewegung durch Förderung von Öl in den kleinen Hilfszylinder. Bei steigendem Gegendruck öffnet Vorspannventil A und leitet dadurch den Preßvorgang im großen Zylinder ein. Vorspannventil B verhindert zu rasches Sinken

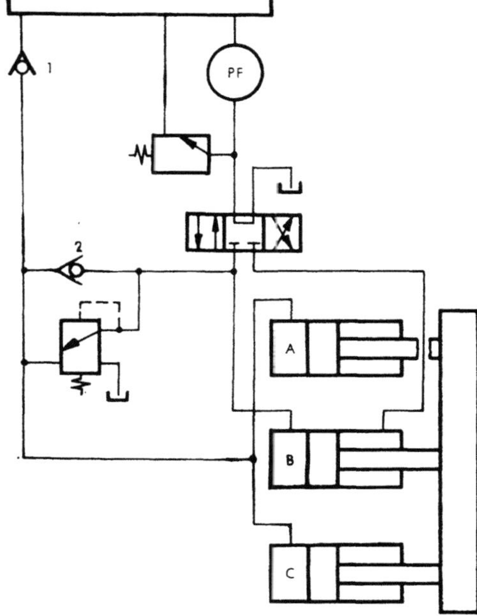

Abb. 328. Drei-Zylinder-Presse. Vorschubzylinder B, Preßzylinder A und C. Ausfahren: Pumpe fördert nur in B. A und C saugen über Rückschlagventil 1 nach. Pressen: Pumpe fördert in A, B und C. Einfahren: Pumpe fördert in B. A und C drücken Öl über Rückschlagventil 2

zu pressen. Die Abb. 327 bis 330 zeigen Steuerungen, bei denen die Eilgangbewegung überhaupt nur durch das Eigengewicht des Kolbens erfolgen kann. Aber auch andere Aufgaben im Pressenbau verlangen mehrere Arbeitsdrücke.

Abb. 331 zeigt die Schaltung eines Vorspannventils als „Kompensationsventil", das ein plötzliches Absinken des Kolbens infolge seines Eigen-

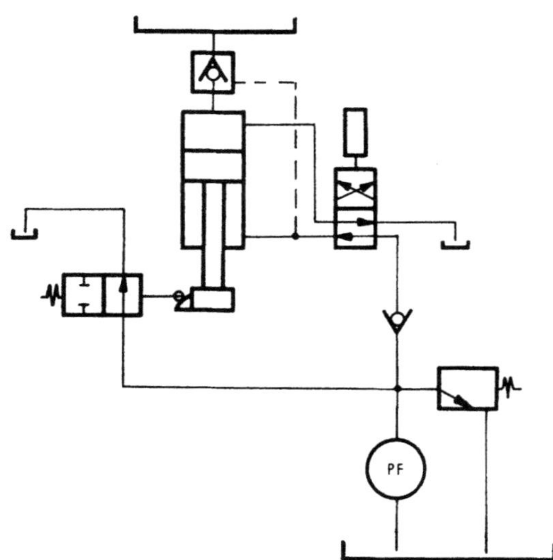

Abb. 329. Senken durch Eigengewicht, Leerlauf der Pumpe in der oberen Totlage durch Zweiwege-Nockenventil

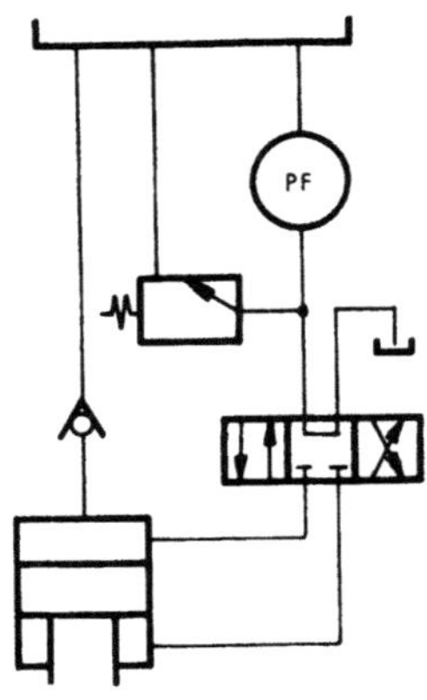

Abb. 330. Tiefgang durch Eigengewicht und Pumpe. Heben durch Pumpe

gewichtes vermeidet. Der Kolben bewegt sich nur dann nach unten, wenn durch die entsprechende Stelle des 4/2-Wegeventils auf seiner Oberseite Drucköl geführt wird.

In Abb. 332 ist die Schaltung eines Druckübersetzers zur Erzeugung von Preßdrücken, die auch ein Vielfaches des Pumpendruckes betragen können,

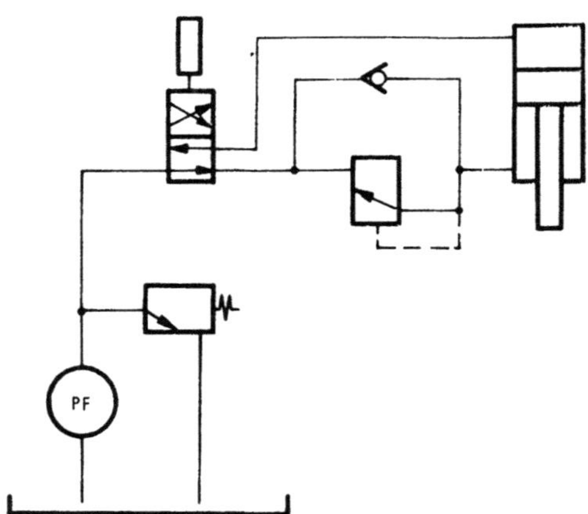

Abb. 331. Ausgleichsventil verhindert Absinken des Kolbens und Beschleunigung beim plötzlichen Abnehmen der Last

angegeben. Um fertigungstechnische Schwierigkeiten im Pumpenbau zu vermeiden und mit Rücksicht auf die Lebensdauer der Pumpe ist die Erzeugung eines besonders hohen Druckes durch solche Druckübersetzer meist zweckmäßiger als durch Pumpen. Erst nach Überschreiten eines bestimmten Preßdruckes öffnet das Vorspannventil und öffnet dadurch die Zufuhr zum Druckübersetzer, und der Preßvorgang mit dem dem Übersetzungsverhältnis entsprechenden Druck wird eingeleitet. Eine Reduktion des Preßdruckes ist durch das Reduzierventil möglich.

9. Gleichlaufschaltungen

Schon die Tatsache, daß bisher mit sehr vielen voneinander grundverschiedenen, teils einfachen und teils recht komplizierten Hilfsmitteln in der Hydraulik versucht wurde, einen Gleichlauf mehrerer Zylinder zu erreichen, beweist die

Schwierigkeit dieser Aufgabe. Die Synchronisierung mehrerer Arbeitszylinder muß bei jedem Bedarfsfall je nach den Betriebsverhältnissen und je nach den Ansprüchen, die in bezug auf die Gleichlaufgenauigkeit gestellt werden, durch andere Elemente gelöst werden. Deshalb ist in jedem Fall zunächst gewissenhaft zu prüfen, ob ein Synchronlauf zur Lösung einer bestimmten Antriebsaufgabe unbedingt erforderlich ist, ob er etwa durch nichthydraulische Maschinenelemente besser erreicht werden kann als durch zwei synchron laufende Arbeitszylinder oder ob vielleicht zwei oder mehrere kleine Zylinder durch einen großen Zylinder ersetzt werden können.

Während also bei den meisten anderen Antriebsaufgaben durch hydraulische Elemente immer die erste Frage heißen sollte: „Welche Hebel, Zahnräder, Schaltgetriebe, Ketten, Schnecken usw., die bisher üblich waren, können bei Einführung der Hydraulik durch einen Zylinder oder durch ein hydraulisches Steuerorgan ersetzt werden?", sollte es bei allen hydraulischen Antrieben, in denen synchron laufende Zylinder verlangt werden, ausnahmsweise umgekehrt heißen: „Kann die unangenehme Aufgabe des Gleichlaufes nicht doch durch mechanische Elemente gelöst werden?" Dabei ist die mechanische Kopplung von Kolbenstangen oder Zylindermänteln bereits als eine

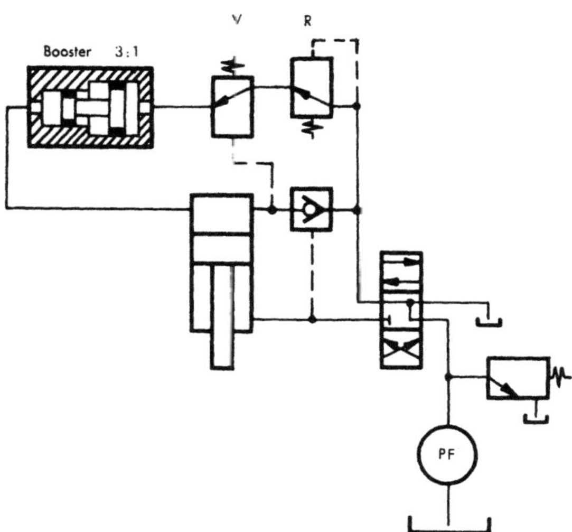

Abb. 332. Presse mit Druckverstärker. Aus- und Einfahren mit Niederdruck. Preßgang nach Überschreiten eines einstellbaren Druckes am Vorspannventil *V*. Höhe des Preßdruckes einstellbar am Reduzierventil *R*

solche Lösung zu betrachten, erforderlichenfalls kann die Stangenverbindung durch eine geeignete Führung durch Schienen, Gleitbolzen usw. ergänzt werden.

Nur wenn auf alle Fälle synchron laufende Zylinder erforderlich sind, wird man aus den vielen Möglichkeiten zur Erzeugung eines Gleichlaufes die den gestellten Aufgaben am besten entsprechende auswählen müssen.

Bevor man aber die einzelnen Möglichkeiten zur Erzeugung eines Gleichlaufes unter Berücksichtigung ihrer technischen Eigenschaften und des erforderlichen Kostenaufwandes einander gegenüberstellt, wird man prüfen, ob zur Erzeugung des Gleichlaufes überhaupt besondere Vorrichtungen erforderlich sind:

Wirkt z. B. auf alle Zylinder einer Hebevorrichtung die gleiche Last und ist die Kolbenreibung in allen Zylindern gleich groß, so ist in einem solchen Falle keine besondere Gleichlaufvorrichtung erforderlich. Es müssen nur die Zylinder selbst und die Führungen in ihnen so gestaltet werden, daß sie die Drehmomente, die durch die relativ kleinen, vielleicht doch auftretenden Ungleichförmigkeiten, die im Bewegungsvorgang entstehen, aufnehmen können, so daß letzten Endes ein mechanisch erzwungener Gleichlauf eintritt.

Solche Ungleichförmigkeiten sind in den einzelnen Zylindern z. B. dadurch möglich, daß ein Zylinder stärker als ein anderer erwärmt wird, dadurch die Ölzähigkeit in den einzelnen Zylindern verschieden ist und auch die Leckverluste verschiedene Werte annehmen können. Werden aber etwa in dem obigen Beispiel die Zylinder so gestaltet, daß der Hub nicht voll ausgenützt wird, daß also immer noch ein entsprechender Abstand zwischen Kolbenstangenführung und Kolbenführung erhalten wird, so wird die mechanisch erzwungene Führung immer ausreichen, um ein synchrones Ausfahren aller Zylinder zu erzwingen. Kann ein mechanisch erzwungener Gleichlauf durch die richtige Gestaltung der Maschine selbst, für die der hydraulische Antrieb bestimmt ist, oder durch die zweckmäßige Gestaltung der Arbeitszylinder auf keinen Fall erreicht werden, so ist im engen Kontakt zwischen dem Konstrukteur der betreffenden Maschine und dem Konstrukteur des hydraulischen Antriebes genau festzulegen, welche besonderen Eigenschaften verlangt werden, um die Kosten der für die Erzeugung eines Gleichlaufes erforderlichen Elemente so niedrig wie möglich halten zu können.

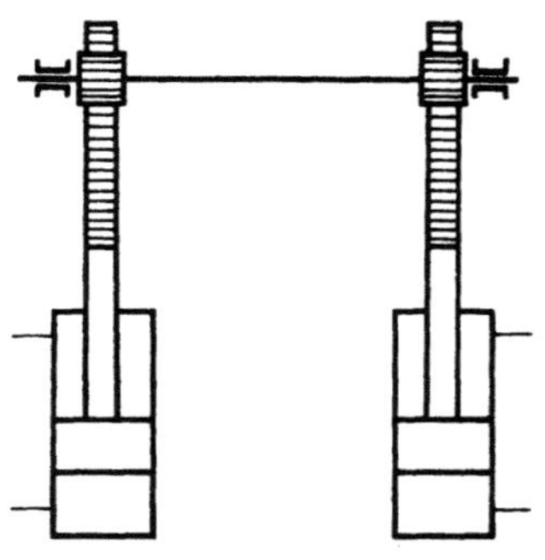
Abb. 333. Mechanische Kopplung durch Zahnstange und Zahnräder

Es ist zunächst zu klären, ob sowohl eine konstante Kolbengeschwindigkeit als auch ein Gleichlauf verlangt werden oder ob nur ein Synchronlauf nötig ist, wobei sich die Bewegungsgeschwindigkeit während des Hubes innerhalb weiterer oder engerer Grenzen verändern darf. Des weiteren ist zu klären, ob es auf eine ganz bestimmte Gleichlaufgenauigkeit während des ganzen Hubes ankommt oder ob während der Hubbewegung eine relativ geringe Gleichlaufgenauigkeit in Kauf genommen werden kann, dafür aber nach Beendigung des Hubes der Gleichlauffehler wieder vollkommen ausgeglichen werden muß.

So ist bei einem Hubbalkenofen z. B. ein Unterschied in der Bewegungsgeschwindigkeit von zwei parallel laufenden Zylindern von etwa 5% ohne weiteres zulässig. Dagegen wird man nicht darauf verzichten, daß auch der während der Bewegung zurückbleibende Zylinder seinen Hub vollständig beendet und den Gleichlauffehler am Ende des Hubes ausgleicht, damit sich die durch den ungleichen Lauf entstehenden Fehler nicht addieren können. Das Fördergut, das während der Bewegung innerhalb der zulässigen Grenzen etwas schräg gestellt wird, kommt dadurch nach Beendigung jedes Hubes wieder in die richtige parallele Lage zur Achse des Ofens.

Um die Auswahl der für eine bestimmte Gleichlaufsteuerung geeigneten Elemente zu erleichtern, sollen nun im folgenden die Vor- und Nachteile, die charakteristischen Eigenschaften sowie die erzielbaren Gleichlaufgenauigkeiten der einzelnen Gleichlaufsteuerungen etwas ausführlich besprochen werden.

a) Mechanische Kopplung

Die Kolbenstangen feststehender oder die Zylindermäntel bewegter Zylinder sind starr miteinander verbunden. Diese starre Verbindung kann durch eine Welle mit Zahnrädern und Zahnstangen (Abb. 333), durch einen Rahmen oder durch Hebel, Gelenke, Ketten usw. erfolgen. Die Gleichlaufgenauigkeit hängt von der elastischen Verformung der starren Verbindungsteile ab. Die erforderliche Stärke dieser Verbindungsteile ergibt sich aus den Anforderungen, die an den Gleichlauf gestellt werden.

Bei einer auf Verdrehung beanspruchten Welle ist der Verdrehungswinkel, der durch den zulässigen Gleichlauffehler bestimmt wird, und das Drehmoment auf die Welle von Bedeutung. Das Drehmoment wird durch den größten Unterschied zwischen den auf die beiden Kolben wirkenden Kräfte bestimmt. Nur dann, wenn ein Kolben belastet wird und der andere überhaupt nicht, ist für die Berechnung der auf Verdrehung beanspruchten Welle das volle Drehmoment zugrunde zu legen.

Bei einem starren Rahmen nach Abb. 334 hängt die erreichbare Gleichlaufgenauigkeit von dem Verhältnis des Abstandes a zwischen den Zylindern zur Länge der Führung b ab. Bei Zylindern mit durchgehender Kolbenstange wird der beste Gleichlauf erreicht. In manchen Fällen mit nahezu gleicher Belastung aller Zylinder genügt auch die billigere Ausführung nach Abb. 334 a.

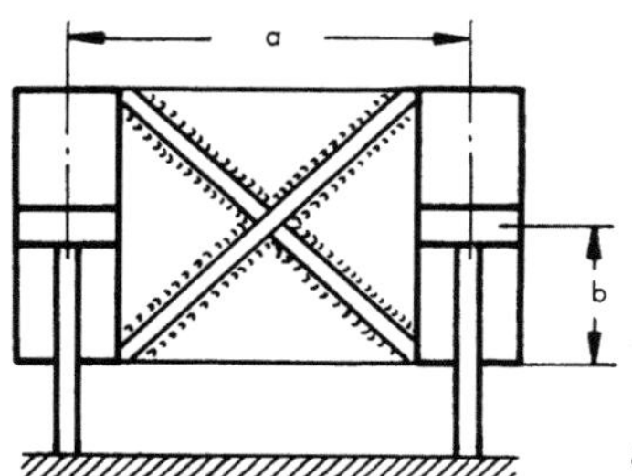
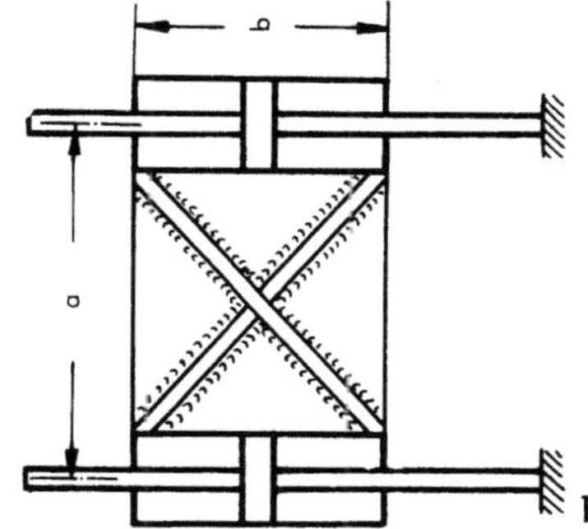

Abb. 334. Mechanische Kopplung durch starren Rahmen. a) Zylinder mit einseitig herausgeführter Kolbenstange, b) Zylinder mit durchgehender Kolbenstange

Selbstverständlich hängt die Güte der Führung nicht nur von den Maßen a und b, sondern auch von der Ausführung der Führung der Kolbenstange im Zylinder ab. Normale Arbeitszylinder haben meist sowohl zwischen Kolben und Zylinder als auch zwischen Kolbenstange und deren Führung nur Dichtelemente, aber keine eigentlichen Laufbüchsen. Sollen zur Erzeugung eines erzwungenen Gleichlaufes von den Arbeitszylindern gewisse Querkräfte aufgenommen werden, so sind besondere Arbeitszylinder mit geeigneten Führungen zu verwenden.

b) Mechanische Rückkopplung

Beim Voreilen eines Zylinders wird durch Verstellen eines Regelventils dem zurückgebliebenen Zylinder mehr Öl zugeführt als dem vorgeeilten. Abb. 335 zeigt als Ausführungsbeispiel einer mechanischen Rückkopplung einen Steuerschieber für die Aufteilung des auf den Schieber zufließenden Ölstromes in zwei gleich große abfließende Ströme. Die Verstellung des Schiebers erfolgt durch einen Hebel, der an einem Muttergewinde befestigt ist. In dieses Muttergewinde, das mit einem Zahnrad starr verbunden ist, greift ein Schraubenbolzen ein, der ebenfalls mit einem Zahnrad starr verbunden ist. Die beiden Zahnräder greifen in je eine Zahnstange ein, die an den Kolbenstangen der beiden

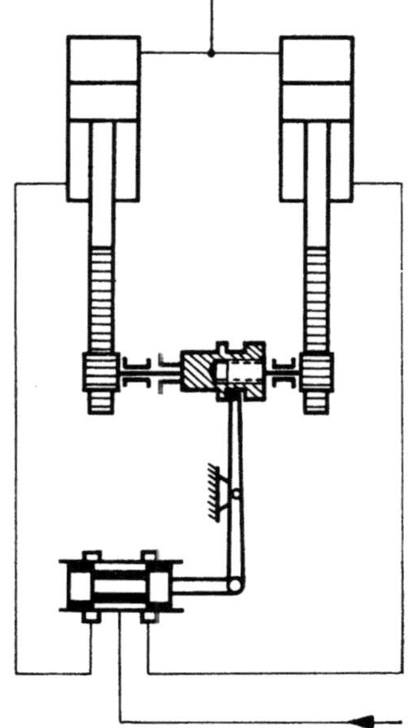

Abb. 335. Mechanische Rückkopplung

Kolben befestigt sind. Sobald ein Kolben voreilt, wird der Steuerschieber derart verstellt, daß ein größerer Ölstrom in den zurückgebliebenen Zylinder geführt wird.

Durch die Gleichlaufsteuerung mit mechanischer Rückkopplung wird also auch ein Gleichlauffehler ausgeglichen, der infolge der Zusammendrückbarkeit des Öls, der elastischen Dehnungen der Zylinder und Rohrleitungen und der Druckverluste bei anderen Gleichlaufsteuerungen meist entstehen würde.

Die Ansprechgeschwindigkeit hängt ganz von der Genauigkeit der Fertigung der einzelnen Reglerteile und von den auftretenden Massenkräften ab. Etwaige Schwingungen können gegebenenfalls durch entsprechende Dämpfungsvorrichtungen vermieden werden.

Die mechanische Rückkopplung ermöglicht somit einen relativ genauen Gleichlauf, soweit die einzelnen Steuerelemente technisch einwandfrei arbeiten.

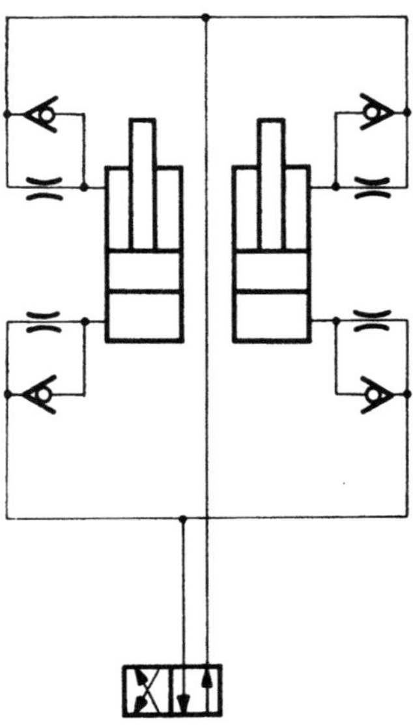

Abb. 336. Ablaufdrosseln bei ungleicher, aber unveränderlicher Belastung der Kolben

Der Preis einer solchen Gleichlaufsteuerung ist allerdings in den meisten Fällen relativ hoch. Vor allem stehen aber keine geeigneten Normbauteile für die Gestaltung eines solchen Gleichlaufes zur Verfügung, so daß diese Steuerung meist nur bei Maschinen, die serienmäßig hergestellt werden, in Frage kommt, wobei sich dann die Entwicklung des erforderlichen Steuerventils sowie aller Gestängeteile für den betreffenden Anwendungsfall auch lohnt.

c) Drosselventile

In vielen Fällen, in denen die Belastung der einzelnen Zylinder nicht sehr stark wechselt und besonders nicht plötzlich verändert wird, wie etwa bei Bohr- oder Preßvorrichtungen, kann auch durch einfache Drosseln ein Gleichlauf erreicht werden, an dessen Genauigkeit aber auf keinen Fall allzu hohe Ansprüche gestellt werden dürfen (Abb. 336).

Welche Gleichlaufgenauigkeit mit einfachen Drosseln erreicht werden kann, hängt dabei nicht nur von der Größe der Belastungsschwankungen in den Zylindern, sondern auch von den charakteristischen Eigenschaften der verwendeten Drosseln und vor allem vom Verhältnis des Druckgefälles in der Drossel Δp_b zu dem für die eigentliche Arbeitsleistung verwendeten Druckgefälle Δp_a zwischen Drossel und Kolben ab. Ist Δp_b ein Vielfaches des Arbeitsdruckgefälles Δp_a, so kann eine von der Belastung nahezu unabhängige Vorschubgeschwindigkeit jedes Zylinders und damit ein relativ guter Gleichlauf erreicht werden.

Der Wirkungsgrad eines solchen Antriebes wird aber, und zwar sowohl in bezug auf den Energieverbrauch und die Ölerwärmung als auch in bezug auf die Anschaffungskosten, sehr schlecht, weil die Zylinder dem niedrigen Betriebsdruck entsprechend wesentlich größer sein müssen als bei einer anderen Gleichlaufsteuerung ohne Drosseln. Deshalb wird man nur bei kleinen Kräften durch einfache Drosseln einen Gleichlauf erzeugen, wobei das für die Drossel erforderliche Druckgefälle durch die verlangte Gleichlaufgenauigkeit und Genauigkeit in der Einhaltung der Bewegungsgeschwindigkeit festgelegt wird.

Bei Vorschubeinheiten für Werkzeugmaschinen wird z. B. trotz hoher Anforderungen an die Einhaltung der Bewegungsgeschwindigkeit nur eine Drossel als Regler auf konstante Geschwindigkeit verwendet, wobei dank der relativ kleinen Kräfte eine konstante Geschwindigkeit mit Abweichungen von $\pm\,3\%$ bei plötzlicher Belastung des Kolbens und $\pm\,5\%$ bei plötzlicher Entlastung eingehalten wird.

d) Je eine Pumpe oder je ein Pumpenzylinder für jeden Arbeitszylinder

Der Lieferstrom jeder dieser Pumpen, die mit gleicher Drehzahl angetrieben werden, muß möglichst gleich groß und möglichst unabhängig vom auftretenden Gegendruck sein. Damit der Schaltvorgang gleichzeitig erfolgt, sollen die Kolben der Steuerschieber für die einzelnen Zylinder mechanisch miteinander verbunden sein (Abb. 337).

Verwendet man für jeden Zylinder eine eigene Drucköluupe oder eine Mehrkolbenpumpe, wobei die synchron laufenden Zylinder durch gleich viele Pumpenzylinder gespeist werden, so ergibt sich eine Gleichlaufsteuerung, die in bezug auf den Wirkungsgrad und damit auch auf die Ölerwärmung, meist aber auch in bezug auf den Anschaffungspreis den meisten anderen Gleichlaufsteuerungen überlegen ist.

So ist z. B., obwohl es vielleicht auf den ersten Blick unglaubwürdig erscheint, die einfache Gleichlaufsteuerung durch hintereinandergeschaltete Zylinder (Abb. 349 und 350) bei etwas größeren Kräften bereits wesentlich teurer als eine Gleichlaufschaltung mit zwei Pumpen nach Abb. 337, denn durch das Hintereinanderschalten von zwei Zylindern steht für jeden nur der halbe Pumpendruck des Arbeitsdruckgefälles zur Verfügung. Bei gleich großen Kräften muß also die Kolbenfläche doppelt so groß werden als etwa bei einer Gleichlaufsteuerung durch zwei synchron laufende Pumpen. Der Mehrpreis für die beiden Zylinder mit doppelt großer Kolbenfläche ist aber meist wesentlich größer als der Preis für eine zweite Pumpe.

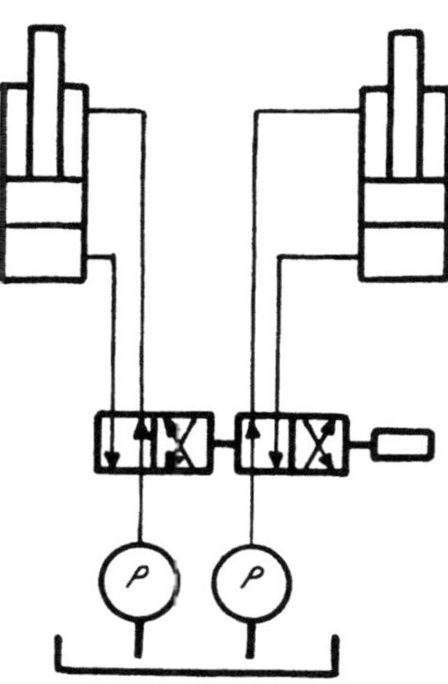

Abb. 337. Gleichlauf in beiden Richtungen durch je eine Pumpe für jeden Zylinder

Beim Einsatz von Kolbenpumpen mit mehreren getrennt arbeitenden Zylindern ist sogar in vielen Fällen überhaupt kein Mehrpreis aufzubringen. Dafür müssen aber stärkere Förderstromschwankungen in den Zuleitungen zu den einzelnen Zylindern in Kauf genommen werden, die durch die einzelnen Kolbenstöße bedingt sind.

Mit vollentlasteten Zahnrad-Hochdruckpumpen für Drücke bis zu 180 atü werden heute bereits Fördercharakteristiken erreicht, bei denen die Lieferströme bei Leerlauf nur um etwa 5% größer sind als bei Vollast. Das sind also zumindest gleichwertige, wenn nicht sogar bessere Fördercharakteristiken als die von Vielkolbenpumpen. Auch der Preis der vollentlasteten Zahnrad-Hochdruckpumpen ist wesentlich geringer als der der Kolbenpumpe. In bezug auf die Lebensdauer bei besonders robuster Beanspruchung, wie Erschütterungen und Druckstöße bei plötzlichen Belastungen usw., sind allerdings die Mehrzylinder-Kolbenpumpen überlegen.

Sicherheitshalber wird man für die Berechnung der Abweichung der Bewegung jedes einzelnen Zylinders vom vollkommenen Gleichlauf sowohl beim Einsatz von mehreren vollentlasteten Zahnradpumpen als auch bei Kolbenpumpen mit mehreren Zylindern mit voneinander getrennten Förderströmen mit einer Lieferstromzunahme von 10% bei plötzlicher Entlastung von Vollast auf Leerlauf rechnen. In diesen 10% ist dann auch bereits berücksichtigt, daß die Lieferströme neuer Pumpen desselben Typs nicht immer genau gleich groß sind. Der Unterschied in den Lieferströmen zweier Pumpen der gleichen Type kann bis zu 4% betragen.

Um einen gleichzeitigen Beginn der Bewegung in allen synchron laufenden Zylindern zu erreichen, müssen die beiden Steuerventile, die die Druckölzufuhr zu den einzelnen Zylindern regeln, gleichzeitig geschaltet werden. Bei Hand-, Nocken- oder Fußventilen kann dies auf alle Fälle durch eine starre Verbindung der Kolben der Steuerschieber erreicht werden. Aber auch bei Elektroschiebern kann diese starre Verbindung unter Umständen erforderlich sein, wenn die einzelnen Schieber nicht genau gleiche Ansprechgeschwindigkeiten haben. Infolge von Unterschieden in den Spielen zwischen Steuerkolben und Führung oder infolge ungleicher Öltemperaturen in beiden Schiebern ist dies sogar häufig der Fall. Durch die Druckölversorgung jedes einzelnen Zylinders mit Hilfe einer eigenen Pumpe kann somit nur eine relativ geringe Gleichlaufgenauigkeit erreicht werden.

Zu den Gleichlauffehlern im Rahmen der oben angegebenen Grenzen, die durch die verschiedenen Lieferströme der Pumpen gegeben sind, kommen noch alle anderen durch Leckverluste, durch die elastische Eigenschaft des Öls sowie durch die elastischen Eigenschaften der Zylinder, Rohr- oder Schlauchleitungen bedingten hinzu.

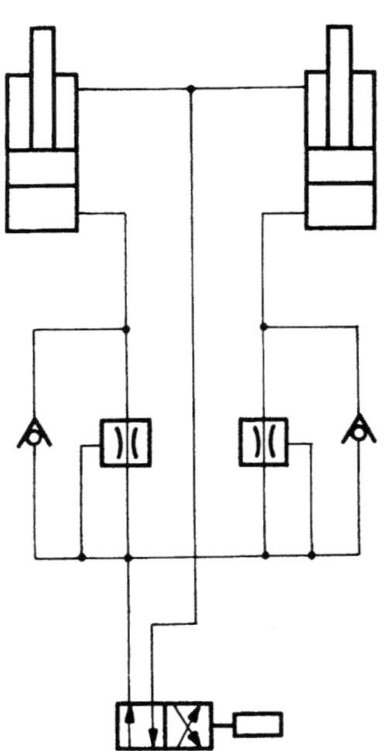

Abb. 338. Gleichlauf mit konstanter Kolbengeschwindigkeit nur in einer Richtung, je ein Stromregler für einen Zylinder

e) Stromregler

Durch das Einschalten von Stromreglern ergeben sich die verschiedensten Möglichkeiten für eine Gleichlaufsteuerung, bei der gleichzeitig eine von der Belastung unabhängige Bewegungsgeschwindigkeit der Kolben erreicht wird. Abb. 338 zeigt z. B. eine Steuerung, mit der der Gleichlauf von zwei Zylindern

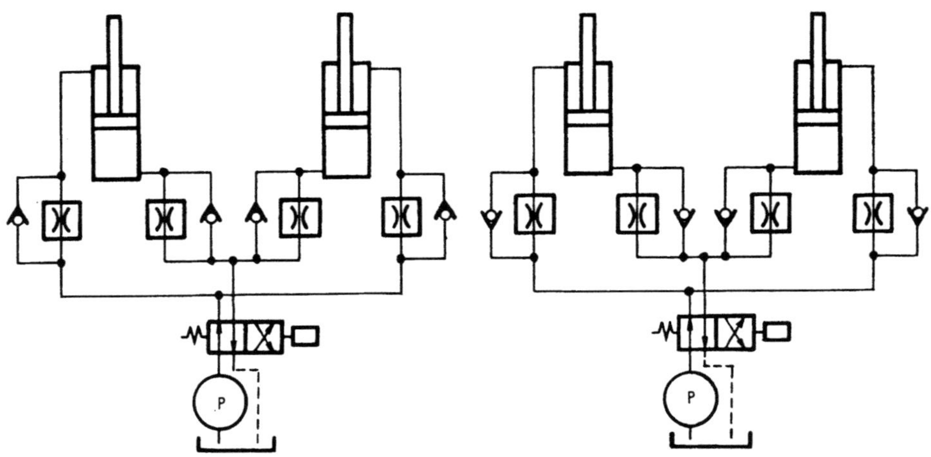

Abb. 339. Gleichlauf in beiden Richtungen durch je zwei Hauptstromregler im Zulauf

Abb. 340. Gleichlauf in beiden Richtungen durch je zwei Hauptstromregler für jeden Zylinder im Rücklauf

in einer Richtung durch zwei Stromregler im Zufluß erreicht wird, die zwischen den Zylindern und dem für die beiden Zylinder gemeinsam verwendeten Steuerventil liegen. Wird ein Gleichlauf in beiden Bewegungsrichtungen verlangt, so kann eine Steuerung nach Abb. 339 bis 341 gewählt werden.

Auch mit einer Gleichlaufschaltung nach Abb. 342 kann ein Gleichlauf in beiden Bewegungsrichtungen erreicht werden. Es sind allerdings hier zwei Steuerschieber — je einer für jeden Arbeitszylinder — erforderlich, wobei die Schaltung

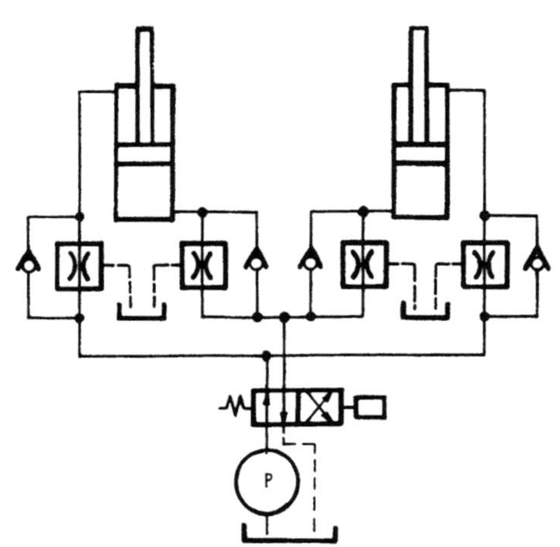

Abb. 341. Gleichlauf in beiden Richtungen durch je zwei Bypass-Stromregler im Zulauf

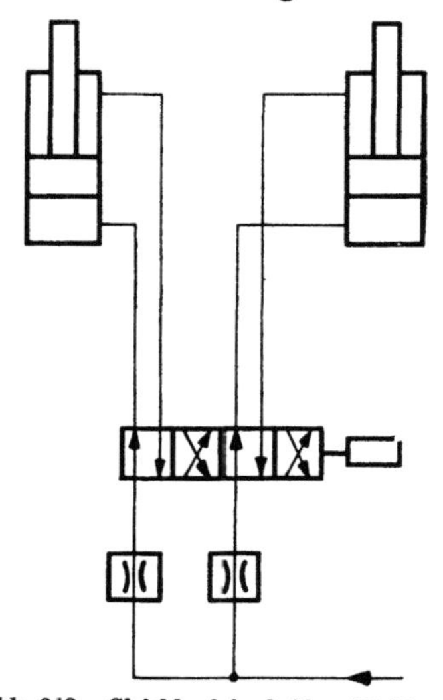

Abb. 342. Gleichlauf in beiden Richtungen durch je einen Stromregler je Zylinder vor den mechanisch gekoppelten zwei Steuerventilen

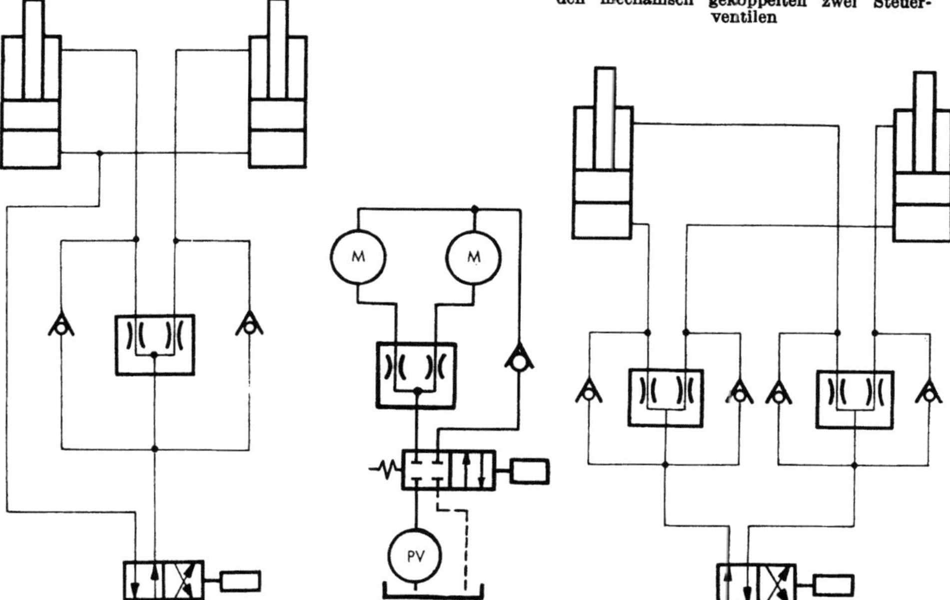

Abb. 343. Gleichlauf in einer Richtung durch einen Stromteiler

Abb. 344. Gleichlauf von zwei Motoren durch Stromteiler

Abb. 345. Gleichlauf in beiden Richtungen durch zwei Stromteiler

dieser Schieber gleichzeitig erfolgen muß. Die Steuerung entspricht der Verwendung von je einer Ölpumpe für jeden Zylinder.

Wirken während der Bewegung auch negative Kräfte auf den Kolben, so dürfen — unabhängig davon, ob der Gleichlauf nur in einer Richtung oder in beiden

Richtungen erfolgen soll — ebenso wie bei der einfachen Regelung durch Drosseln nur Regler im Ablauf der Kolben und keine Zulaufregler eingesetzt werden.

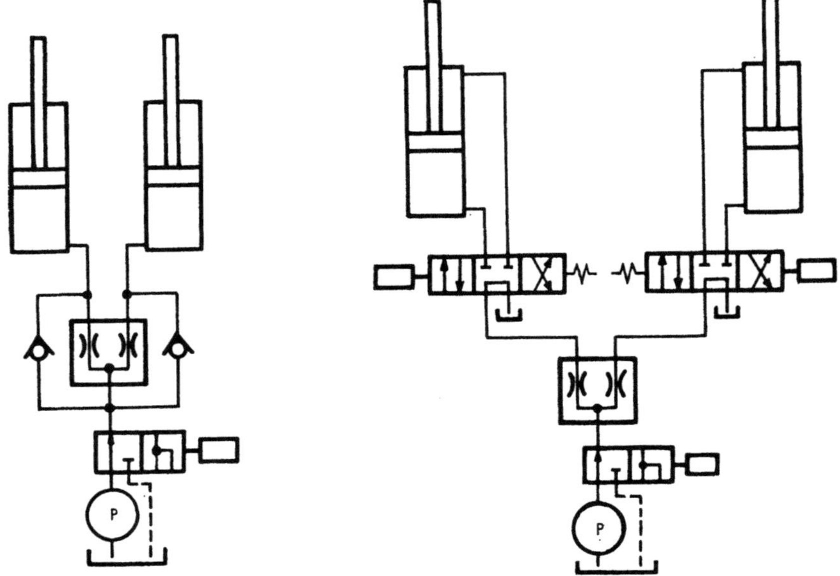

Abb. 346. Stromteiler und Steuerventil. Ausfahren synchron, Einfahren ohne Synchronisierung

Abb. 347. Wahlweise: Gleichlauf in beiden Richtungen oder Ausfahren von nur einem Zylinder

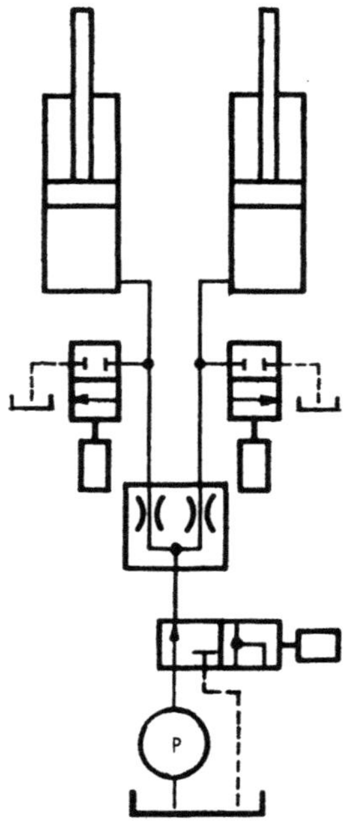

Abb. 348. Stromteiler im Zulauf ermöglicht: a) Ausfahren im Gleichlauf, b) einzeln Ausfahren, c) einzeln Einfahren, d) Einfahren gemeinsam, jedoch nicht synchronisiert

Alle Gleichlauffehler, die durch die elastischen Eigenschaften des Öls, der Zylinder, der Rohrleitungen und Schläuche sowie durch Undichtheiten auftreten, können — besonders dann, wenn gewisse Lufteinschlüsse im Öl vorhanden sind — bei Gleichlaufsteuerungen durch Stromregler auf keinen Fall ganz ausgeschaltet werden. Je dichter der Regler jedoch am Zylinder sitzt, desto geringer werden diese Fehler.

Bei Antrieben mit plötzlichen Belastungsschwankungen von Vollast auf den ganz entlasteten Zustand ist mit Abflußreglern ein besserer Gleichlauf zu erzielen als mit Zuflußreglern, weil das Ölvolumen, das durch die Belastungsschwankung beeinflußt wird, geringeren Druckschwankungen ausgesetzt wird.

f) Stromteiler

Auch durch Stromteiler kann ein Gleichlauf nur in einer Bewegungsrichtung oder auch in beiden Bewegungsrichtungen erreicht werden (Abb. 343 bis 348). Der Stromteiler sorgt wohl für den Gleichlauf, dagegen hängt die Bewegungsgeschwindigkeit der beiden synchron laufenden Kolben unter Umständen weitgehend von der Belastung ab und kann auch während der Bewegung wechseln.

Wird einmal verlangt, daß mehrere Zylinder einer Anlage synchron laufen sollen, und ein anderes Mal, daß nur ein Zylinder des gleichen Antriebes betätigt werden soll, so kann diese Aufgabe nach Abb. 347 und 348 gelöst werden. Der Stromteiler sorgt auf alle Fälle für eine Aufteilung des zufließenden Ölstromes in zwei gleich große Teile.

Ist eines der beiden Zweiwegeventile in Abb. 348 geöffnet, so fließt einer dieser beiden Ölströme durch den offenen Schieber in den Tank zurück und der andere dem einen Zylinder zu. In gleicher Weise kann der eine Teilstrom bei dem Antrieb nach Abb. 347 zum Tank zurückgeführt werden. Einer der beiden Zylinder wird dann in der einen oder anderen Bewegungsrichtung verschoben, während der andere in jeder beliebigen Lage festgehalten wird.

Auf den Einfluß der Zusammendrückbarkeit des Öls, der elastischen Verformung von Zylindern, Rohrleitungen und Schläuchen sowie der Leckverluste ist hier in gleicher Weise Rücksicht zu nehmen wie bei Gleichlaufsteuerungen durch Stromregler. Die Teilgenauigkeit der Stromteiler liegt bei etwa 2 bis 4%, die Gleichlaufgenauigkeit dagegen den oben erwähnten Einflüssen entsprechend niedriger.

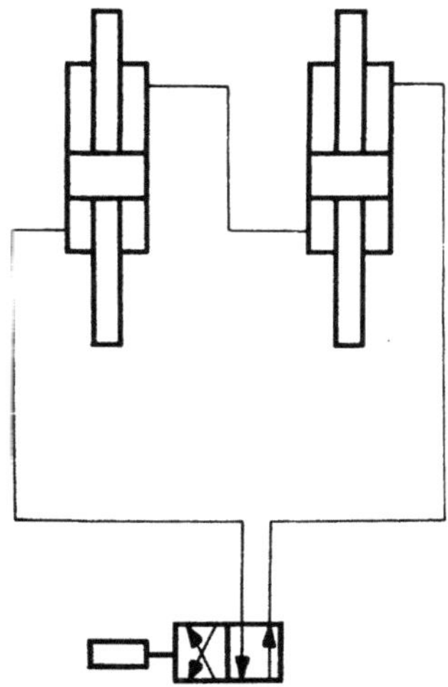

Abb. 349. Gleichlauf durch Serienschaltung für Zylinder mit durchgehender Kolbenstange

g) Hintereinanderschalten mehrerer Arbeitszylinder

Auf den ersten Blick erscheint es wohl bestechend einfach, den Gleichlauf zweier oder mehrerer Zylinder dadurch zu erzwingen, daß die Abflußleitung des einen Zylinders als Zuflußleitung des folgenden verwendet wird, wie dies in Abb. 349 und 350 gezeigt wird. Leider erweist sich diese einfache Steuerung jedoch nur in ganz bestimmten Fällen als zweckmäßig. Sie erreicht auch nur eine relativ geringere Gleichlaufgenauigkeit, soweit nicht besondere Maßnahmen ergriffen werden, um die Fehlerquellen für die Abweichungen vom Synchronlauf zu beseitigen.

Zunächst müssen entweder Zylinder mit durchgehender Kolbenstange eingesetzt werden, oder es muß z. B. bei einer Gleichlaufsteuerung für zwei Zylinder der Durchmesser des einen Zylinders größer sein als der des anderen, wobei die Kolbenfläche des kleinen Zylinders mit dem Durch-

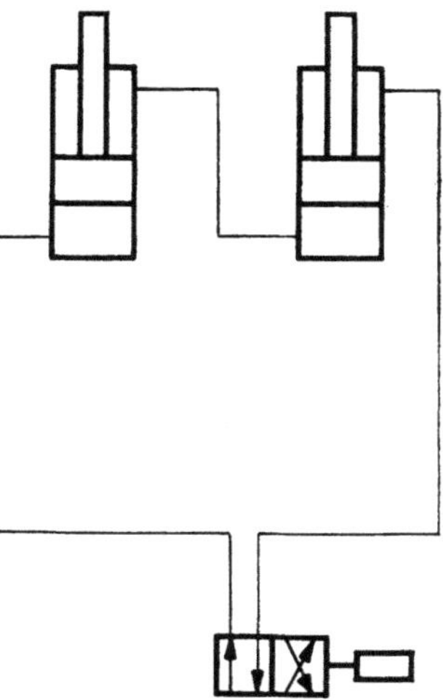

Abb. 350. Gleichlauf durch Serienschaltung für Zylinder mit verschieden großen Durchmessern

messer D_1 genau so groß sein muß wie die Ringfläche des großen Zylinders mit dem Durchmesser D_2, wenn die Kolbenstange den Durchmesser d hat, also

$$\frac{D_1{}^2\,\pi}{4} = \frac{(D_2{}^2 - d^2)\,\pi}{4}.$$

Soweit also konstruktive Gründe die Verwendung durchgehender Kolbenstangen nicht zulassen, können keine Normzylinder mehr eingesetzt werden, sondern nur solche, deren Durchmesser diesen Richtlinien entsprechend genau aufeinander abgestimmt sind.

Aber auch bei durchgehenden Kolbenstangen ergibt sich bei geringen Abweichungen der Zylinderdurchmesser ΔD von ihrem Sollwert D ein Gleichlauffehler von der Größenordnung $2\,\Delta D/D$. Zu diesem Fehler addieren sich alle unvermeidlichen Fehler durch Kompressibilität des Öls, Elastizität der Zylinder und Rohrleitungen sowie durch Undichtheiten. Sind diese in den einzelnen Zylindern aber nicht genau gleich groß, so kann einer der beiden Zylinder gar nicht mehr einen ganzen Hub durchlaufen, und es vergrößert oder verkleinert sich dann das zwischen den einzelnen Kolben eingeschlossene Ölvolumen.

Um diese Fehlerquelle zu beseitigen, werden die verschiedensten Hilfsmittel angewendet, wie z. B. Ausgleichsventile nach Abb. 351 oder Ausgleichsteuerschieber nach Abb. 352, die folgendermaßen arbeiten:

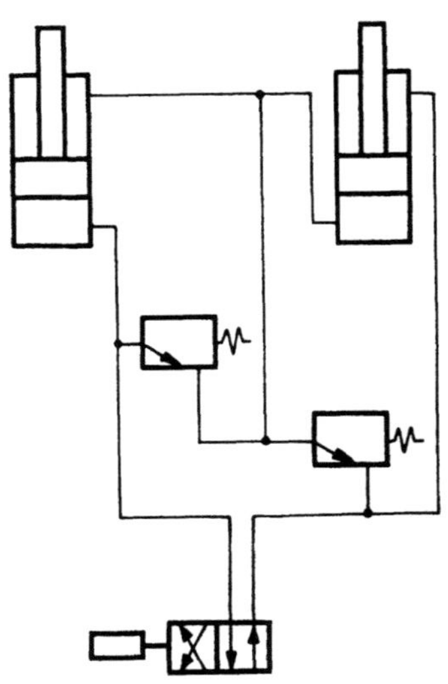

Abb. 351. Ausgleich des Lecköls durch Überdruckventile

α) *Stellung I des 4/3-Wegeventils.* Die beiden Kolben bewegen sich auf die Anschläge *1* und *2* zu. Je nach dem Belastungsverhältnis und der Güte der Dichtungselemente an Kolben und Kolbenstangen wird entweder zuerst der Zylinder A den Kontakt *1* oder der Zylinder B den Kontakt *2* erreichen. In beiden Fällen wird jedoch bei Betätigung eines der beiden Kontakte *1* oder *2* das 4/2-Wegeventil (Ausgleichschieber für das Lecköl) betätigt.

Ist der Zylinder A vorausgeeilt, so gibt nun der 4/2-Schieber den Zufluß des Drucköls direkt zum Zylinder B frei, so daß die Leckölmenge, die aus dem in der Abbildung schraffiert gezeichneten Volumen während der Bewegung verdrängt wurde, wieder ersetzt werden kann.

Ist dagegen B vorausgeeilt, so gibt der 4/2-Schieber nach Betätigung des Magneten den Abfluß des Drucköls aus dem Raum unter dem Kolben A frei. Somit kann umgekehrt das Lecköl, das infolge der gegebenen Belastungsverhältnisse oder infolge ungleichwertiger Dichtelemente in das schraffiert gezeichnete Volumen eingedrungen ist, nach Beendigung der Hubbewegung wieder direkt in den Abfluß zurückströmen.

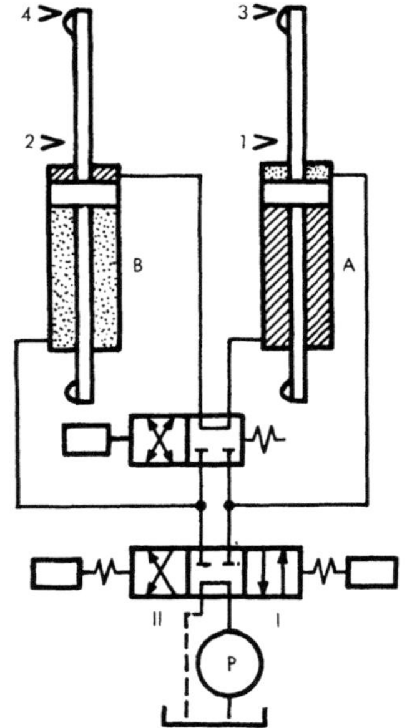

Abb. 352. Hintereinandergeschaltete Zylinder mit Ausgleichsmagnetschieber

β) *Stellung II des 4/3-Wegeventils.* Die Kolben bewegen sich in Richtung auf die Anschläge *3* und *4* zu. Ist A vorausgeeilt, so gibt der 4/2-Schieber nach Betätigung des Kontaktes *3* dem Kolben B die Möglichkeit, bis in die Endlage auszufahren, weil der Raum oberhalb B mit dem Abfluß verbunden wird.

Ist B vorausgeeilt, so gibt der 4/2-Schieber nach Betätigung des Kontaktes *4* eine Verbindung von der Pumpe zum Raum unter dem Kolben A frei, und dieser kann nachgezogen werden.

In allen Fällen, in denen jedoch zur Entwicklung eines exakten Gleichlaufes derartige zusätzliche Hilfsmittel erforderlich werden, wird die Steuerung durch Hintereinanderschalten der Zylinder entsprechend komplizierter und teurer. Dann ist meist eine der vielen anderen Lösungen sowohl in bezug auf die erzielbare Gleichlaufgenauigkeit als auch in bezug auf den Preis dieser Steuerung überlegen.

Im allgemeinen wird deshalb der Gleichlauf durch Hintereinanderschalten mehrerer Zylinder nach Abb. 349 und 350 nur für kleine Anlagen mit geringen Kräften und relativ geringen Anforderungen an die Gleichlaufgenauigkeit eingesetzt. Bei großen Kräften ist vor allem zu berücksichtigen, daß das in jedem Zylinder für die Ausübung der Kräfte auf die Kolbenstange verfügbare Druckgefälle immer nur einem Bruchteil des wirksamen Pumpendruckes entspricht. Werden also etwa vier Zylinder hintereinandergeschaltet und eine Pumpe für 200 atü verwendet, so steht an jedem Kolben nur ein wirksames Druckgefälle von 50 atü zur Verfügung.

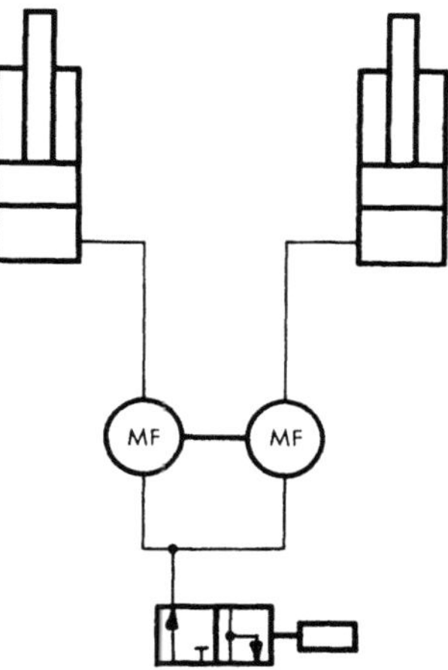

Bei einer Gleichlaufsteuerung für vier Zylinder muß deshalb der Kolbendurchmesser gerade doppelt so groß werden als etwa bei einer Gleichlaufsteuerung, bei der jeder Zylinder durch eine Pumpe mit Drucköl versorgt wird. Infolgedessen werden die Zylinder auch wesentlich teurer. Sind außerdem noch besondere Elemente erforderlich, um die ungleichen Lecköleströme in den einzelnen Zylindern auszugleichen, so kommt diese Art der Steuerung kaum noch in Betracht.

h) Mechanisch gekoppelte Ölmotoren

Abb. 353. Zwei mechanisch gekoppelte Ölmotoren als Stromregler

Es ist anzunehmen, daß mit dem Fortschreiten der technischen Entwicklung der Ölmotoren immer häufiger von der Möglichkeit Gebrauch gemacht wird, den Gleichlauf mehrerer Zylinder dadurch zu erreichen, daß in ihre Zufluß- oder Abflußleitungen Ölmotoren eingebaut werden, deren Wellen starr miteinander gekoppelt werden. Die Motoren in den Leitungen der weniger belasteten Zylinder werden dabei zum Antrieb derjenigen Motoren verwendet, die in den Leitungen der stärker belasteten Zylinder liegen, wobei dann eben der eine Ölmotor als Pumpe und der andere als Motor im engeren Sinn arbeitet.

Diese Gleichlaufsteuerung hat gegenüber einer ähnlichen Schaltung mit Stromreglern und Stromteilern den wesentlichen Vorteil, daß keine Energieverluste durch Drosselung entstehen. Der Druckölantrieb erreicht dadurch wesentlich höhere Wirkungsgrade, vor allem aber tritt keine übermäßige Ölerwärmung ein, die oft sogar die Einschaltung eigener Ölkühler erforderlich machen würde.

Abb. 353 zeigt die einfachste Steuerung einer Hebebühne mit zwei synchron laufenden Kolben, die durch die Gewichtsbelastung in die untere Totlage zurückgeführt werden. Heben und Senken erfolgt im Synchronlauf. Soll auch ein Zylinder allein gesenkt werden können, so kann zwischen einem Ölmotor und dem entsprechenden Zylinder noch ein Zweiwegeventil geschaltet werden, durch das der betreffende Teilstrom in den Tank geleitet werden kann.

i) Meßzylinder

Ein Gleichlauf mehrerer Zylinder kann auch dadurch erreicht werden, daß die Pumpe zunächst nicht unmittelbar in die einzelnen Arbeitszylinder fördert, sondern in eine Anordnung von „Meßzylindern". Das Drucköl wird dann jeweils aus einem Meßzylinder in einen bestimmten Arbeitszylinder gefördert. Der Ausgleich der Lecköltströme kann durch die gleichen Mittel wie bei der Gleichlaufsteuerung durch hintereinandergeschaltete Zylinder erfolgen.

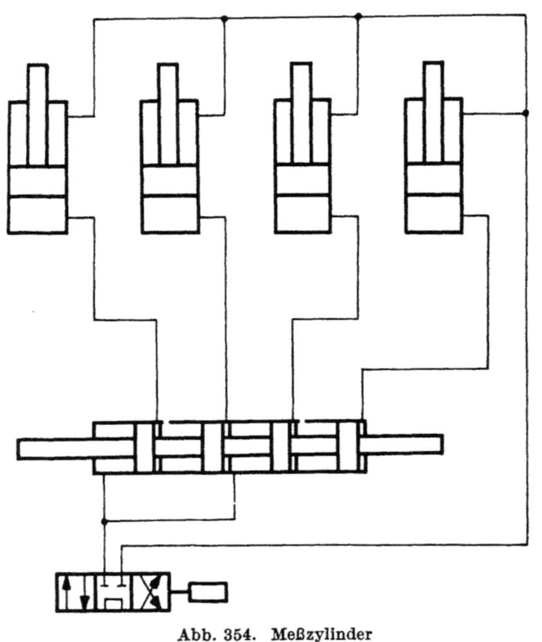

Abb. 354. Meßzylinder

Abb. 354 zeigt als Ausführungsbeispiel für eine Gleichlaufsteuerung durch Meßzylinder eine Hubvorrichtung mit vier Zylindern. Lecköl, das zwischen den Kolben eines Meßzylinders und dem Kolben eines Arbeitszylinders eingedrungen ist, kann durch ein Überdruckventil, das zwischen Meßzylinder und Arbeitszylinder eingebaut wird, nach Beendigung der Hubbewegung austreten und in den Öltank zurückfließen.

In Abb. 354 wird ein Meßzylinder, bei dem die Pumpe jeweils in einen Tandemzylinder fördert, in dem der Druck nur auf einen Kolben des Zylinders wirkt, verwendet. Die Rückseite des zweiten Kolbens ist mit der Umgebung verbunden. Der Druck im Arbeitszylinder ist somit nur halb so groß wie der Pumpendruck. Selbstverständlich können auch Meßzylinder verwendet werden, in denen jedem Arbeitskolben ein einziger Meßzylinder zugeordnet ist, der unmittelbar von der Pumpe gespeist wird. Der Druck im Arbeitszylinder ist dann identisch mit dem Pumpendruck.

Es kann aber auch ein Meßzylinder als Druckübersetzer verwendet werden. In Abb. 355 wird z. B. eine Anordnung von Meßzylindern gezeigt, bei der die Pumpe in einen Zylinder mit großem Kolben fördert. Mit diesem sind die Kolbenstangen von vier kleinen Meßzylindern verbunden. Die Summe der Querschnittsflächen der Meßzylinder ist kleiner als die Kolbenfläche desjenigen Zylinders, in den die Pumpe fördert. Dadurch ergibt sich neben der Gleichlaufsteuerung auch die Möglichkeit der Übersetzung von niedrigem auf hohen Druck für den Arbeitsgang im Gleichlauf.

Nach diesem Schaltplan ist der Antrieb einer Spindelbohrmaschine (nach Abb. 396) ausgeführt, der folgende Bewegungsvorgänge ermöglicht:

Schieber	Heben	Senken	
		Eilgang	Arbeitsgang
4/3	II	I	I
4/2	b	a	b

Die Senkgeschwindigkeit im Arbeitsgang kann am Stromregler eingestellt werden. Gleichlauf wird somit nur während des langsamen Arbeitsganges erreicht und ist während der Eilgang- und Rückzugbewegung nicht erforderlich, weil durch die Führung der Zylinder ein mechanisch erzwungener Gleichlauf in

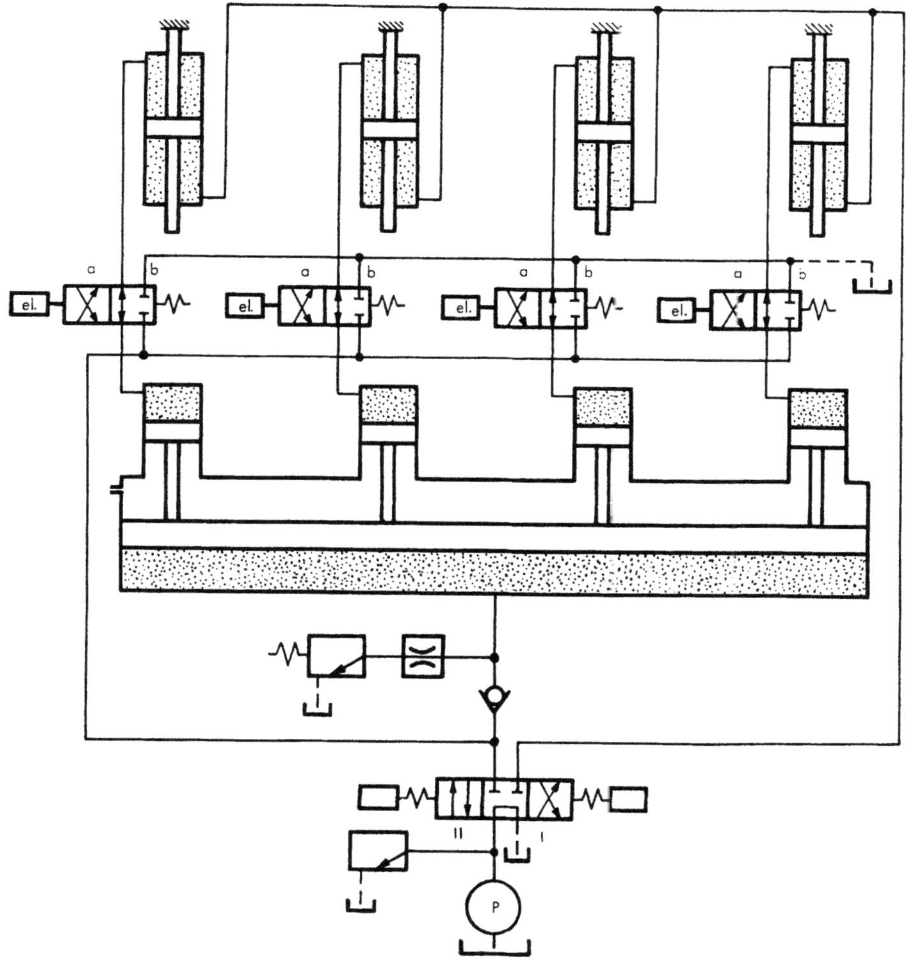

Abb. 355. Meßzylinder im Rücklauf

ausreichendem Maße gewährleistet wird. Die Möglichkeit einer Übersetzung auf höhere Drücke wird bei diesem hydraulischen Antrieb allerdings nicht ausgenützt.

k) Gleichlaufsteuerungen durch elektrische Kontakte

Abb. 356 zeigt den hydraulischen Schaltplan für die Betätigung eines Schleusentores, bei der ein Synchronlauf zwischen den beiden Teleskopzylindern trotz verschiedener Belastung verlangt wird, wobei ein Zylinder dem anderen um höchstens 3 cm voreilen bzw. nachlaufen darf.

Durch die beiden mechanisch miteinander gekoppelten Ölmotoren wäre aber nur ein Gleichlauf von etwa 5% Genauigkeit zu erreichen, weil die Leckverluste der beiden Ölmotoren nicht genau gleich groß sind, wenn die Belastung der beiden Zylinder ungleich ist. Das heißt der stärker belastete Zylinder würde nach Durchlaufen des ganzen Hubes von 4 m dem schwächer belasteten Zylinder um 20 cm nacheilen.

Um diese unvermeidlichen Gleichlauffehler während des Hubes auszugleichen, ist ein 4/3-Ausgleichsschieber vorgesehen, der durch elektrische Kontakte betätigt wird. Die zulässige Voreilung eines Zylinders von 3 cm wird infolge der in den Ölmotoren auftretenden ungleich großen Leckverluste von 5% bei einem Kolbenweg von etwa 60 cm erreicht, es sind deshalb bei einem Hub von 4 m fünf oder sechs Ausgleichskontakte vorzusehen, die dann wie folgt arbeiten:

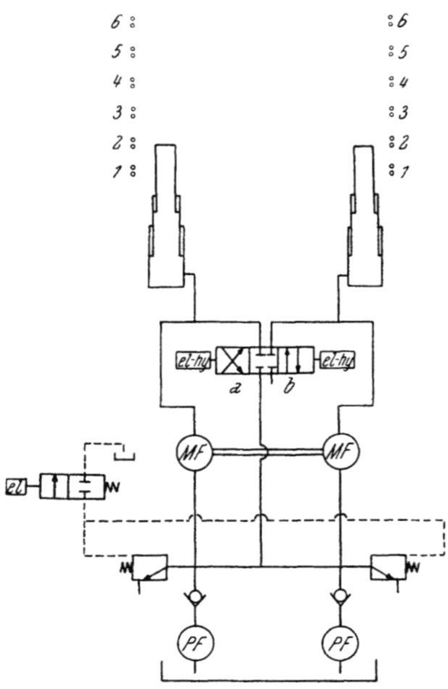

Wenn der linke Zylinder voreilt, wird das 4/3-Ventil in die Stellung a gebracht, dadurch wird der linke Zylinder zurückgeführt und der rechte Zylinder ausgefahren. Wenn der rechte Zylinder infolge der Belastungsverhältnisse voreilt, wird das 4/3-Ventil in die Stellung b gebracht, dadurch wird der rechte Zylinder kurzzeitig wieder zurückgezogen und es fährt der linke Zylinder aus. Unmittelbar nach Überschreiten eines Doppelkontaktes sind dann die beiden Teleskopzylinder immer genau gleich weit ausgefahren.

In der untersten Stellung des Schleusentores ist der elektrische Antriebsmotor der Pumpe ausgeschaltet und der Magnet des Zweiwegeschiebers für die Entlastung der Federkammern der Druckventile ist stromlos.

Während der Aufwärtsbewegung ist der Magnet des Zweiwegeventils unter Strom und das Zweiwegeventil ist verschlossen, das Drucköl kann aus der Federkammer des Druckventils nicht abfließen und der im Druckventil eingestellte Öldruck herrscht im Netz.

Abb. 356. **Hydraulische Betätigung eines Schleusentores**

In der obersten Stellung der Schleuse ist der Magnet des Zweiwegeventils wieder stromlos, die Zylinder werden durch die Rückschlagventile bzw. die Überdruckventile in ihrer ausgefahrenen Stellung gehalten. Bei Absinken durch Lecköl in den Zylindern oder Steuerventilen wird durch einen elektrischen Kontakt die Pumpe wieder in Gang gesetzt und das Zweiwege-Magnetventil unter Strom gesetzt. Dadurch werden die Kolben wieder in ihre oberste Stellung ausgefahren. Bei Abwärtsbewegung der Schleusen durch ihr Eigengewicht ist das Zweiwegeventil ebenfalls stromlos und das Öl fließt über die entlasteten Überdruckventile in den Tank zurück.

10. Fernsteuerung von Wegeventilen

Abb. 357 zeigt die Fernsteuerung eines 4/3-Ventils durch ein 4/3-Vorsteuerventil für Handbetätigung. Der Vorsteuerdruck wird aus dem Hauptstromkreis durch ein Vorspannventil erzeugt, das zwischen Pumpe und Steuerventil liegt.

Abb. 358 zeigt eine Fernsteuerung eines 4/3-Ventils durch ein 4/3-Vorsteuerventil für elektrische Betätigung. Der Vorsteuerdruck wird durch eine Steuerölpumpe erzeugt. Außerdem liegt zwischen Vor- und Hauptsteuerventil ein

3/2-Ventil für Nockenbetätigung. Es ermöglicht eine Sicherheitsschaltung, wie sie bei Türen oder Pressen verwendet wird, die Verschiebung des Hauptsteuer-

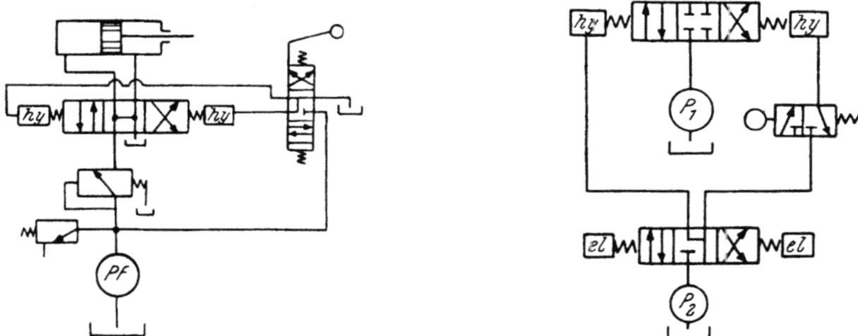

Abb. 357. Vorsteuerung durch handbetätigtes 4/3-Ventil. Steuerdruck durch vorgeschaltetes Vorspannventil

Abb. 358. Sicherheitsschaltung für Türen oder Pressen

kolbens von links nach rechts ist hierbei jederzeit möglich, die Verschiebung von rechts nach links jedoch nur, wenn das Rollenventil die Verbindung zwischen dem Vorsteuerventil und dem Betätigungskolben im Hauptsteuerventil freigibt.

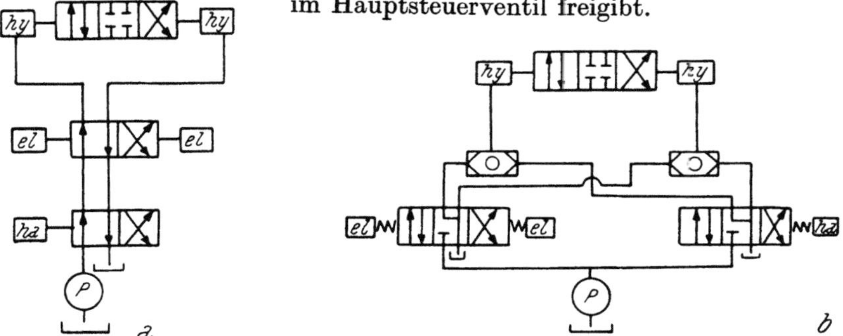

Abb. 359. Wahlweise Betätigung eines hydraulisch gesteuerten 4/3-Ventils durch 4/3-Hand- oder Magnetventile. a) Wahlweise Vorsteuerung durch ein 4/2-Vorsteuerventil mit Hand- oder Magnetbetätigung. b) Wahlweise Vorsteuerung durch 4/3-Ventile in Verbindung mit Doppelrückschlagventilen. Jeder Betätigungsrichtung des Vorsteuerventils entspricht eine bestimmte Bewegungsrichtung des Hauptventils

Abb. 359a und b zeigen Schaltungen für die Fernbetätigung von Steuerventilen von zwei verschiedenen Stellen aus.

In der Schaltung nach Abb. 359a wird ein hydraulisch betätigtes 4/3-Ventil wahlweise durch ein Vorsteuerventil für Magnet- oder Handbetätigung vorgesteuert. Einer bestimmten Betätigungsrichtung des Handhebels entspricht allerdings je nach der Stellung des Magnetventils jeweils eine andere Bewegungsrichtung des Hauptsteuerkolbens.

Abb. 359b zeigt dagegen eine Anordnung zur wahlweisen Betätigung eines hydraulisch gesteuerten Hauptsteuerventils durch ein Vorsteuerventil für elektrische oder Handbetätigung, bei der einer bestimmten Bewegungsrichtung des Vorsteuerkolbens auch eine bestimmte Bewegungsrichtung des Hauptsteuerkolbens entspricht.

VI. Auswahl einer geeigneten Hydraulikflüssigkeit

Die charakteristischen Eigenschaften der verwendeten Druckflüssigkeit können die Funktion eines hydraulischen Antriebes ganz wesentlich beeinflussen und die Verwendung einer für bestimmte Betriebsverhältnisse nicht geeigneten Flüssigkeit kann zu folgenschweren Störungen führen. Die Auswahl der geeigneten Druckflüssigkeit sollte deshalb zumindest mit der gleichen Sorgfalt erfolgen wie die Auswahl aller Normbauteile, die in einem Antrieb verwendet werden.

Trotzdem hier eigentlich nur ölhydraulische Antriebe behandelt werden, sollen aus folgenden Gründen auch einige Worte über Wasser und Wasseremulsionen erwähnt werden.

Sehr oft wird die Frage gestellt, ob die für die Ölhydraulik entwickelten Regel- und Steuergeräte, insbesondere die Mehrwege-Steuerventile, auch für Wasseremulsionen verwendet werden können. Diese Frage kann aber nur dann beantwortet werden, wenn die charakteristischen Eigenschaften des Druckwassers bekannt sind. In vielen Fällen, z. B. im Pressenbau, tritt aber auch das Druckwasser insbesondere seines niedrigen Preises wegen trotz vieler anderer unvorteilhafter Eigenschaften immer noch als Arbeitsmedium in starken Konkurrenzkampf mit den Mineralölen.

Allerdings wird der Druckwasserantrieb heute durch die rasche Entwicklung der ölhydraulischen Normbauteile sowie durch die Entwicklung bestimmter charakteristischer Eigenschaften der Mineralöle selbst immer mehr zurückgedrängt.

Seit etwa zehn Jahren arbeitet man auch an der Entwicklung von synthetischen Flüssigkeiten für hydrostatische Antriebe, die teilweise die Vorteile des Wassers mit denen der Mineralöle verbinden. In hydrostatischen Antrieben werden somit heute je nach den vorliegenden Betriebsbedingungen die folgenden Druckflüssigkeiten verwendet:

1. Mineralöle (Hydrauliköle),
2. synthetische Flüssigkeiten (nicht brennbare Hydraulikflüssigkeiten),
3. Wasser und Wasseremulsionen.

Die charakteristischen Vor- und Nachteile dieser drei verschiedenen Hydraulikflüssigkeiten sollen nun der Reihe nach besprochen werden.

1. Mineralöle

Nicht nur an der Verbesserung der Pumpen-, Steuer- und Regelgeräte, sondern auch an der Entwicklung der Hydraulikflüssigkeiten wird ständig systematisch weitergearbeitet. Die Zeitspanne, nach deren Ablauf ein Ölwechsel erforderlich ist, konnte dadurch für alle hydrostatischen Antriebe durch geeignete Zusätze gegen Alterungserscheinungen vergrößert, die Schmierfähigkeit verbessert und die Neigung zur Korrosion und Schaumbildung vermindert werden. Auch die Veränderung der Zähigkeit mit der Temperatur konnte in gewissen Grenzen verringert werden. Dadurch ist es heute möglich, daß im allgemeinen auch für Anlagen, die im Freien arbeiten, im Sommer und im Winter das gleiche Öl verwendet wird. Dagegen empfiehlt es sich, auch heute noch in ein und derselben Maschine die Verwendung eines dünnflüssigen Öls vorzusehen, wenn die Maschine in arktischen Gebieten arbeitet, und ein dickflüssiges Öl zu verwenden, wenn die gleiche Maschine in tropischen Gebieten eingesetzt wird. Nur bei sehr starken Unterschieden der Umgebungstemperatur ist unter Umständen ein Ölwechsel infolge der Umgebungstemperatur auch heute noch erforderlich.

In Tab. 10 sind für verschiedene Bereiche der Betriebstemperatur diejenigen Öltypen angegeben, die von den einzelnen und bekanntesten Öllieferanten zur Verwendung als Hydrauliköle empfohlen werden.

Je nach den vorliegenden Betriebsverhältnissen in bezug auf den Betriebsdruck, die Betriebstemperatur, die Empfindlichkeit gegenüber Störungen durch

Tabelle 10. *Richtlinien für die Auswahl von Hydraulikölen*

	Einsatz im Freien und Temperaturen unter 0° C	Normale Bedingungen und normale Temperaturen	Besonders schwere Bedingungen und Temperaturen über + 30° C
Gasolin	Gasolin Spezialöl ASS Motanol SAE 10 W	Gasolin Spezialöl K Gasolin Spezialöl TU 518 Motanol SAE 20/20 W	Gasolin Spezialöl TU 524 Motanol SAE 30
Shell	Shell Tellus Öl 27 oder Shell X-100 Motor Öl 10 W	Shell Tellus Öl 33 oder Shell X-100 Motor Öl 20 W/20	Shell Tellus Öl 41 oder Shell X-100 Motor Öl 30
Esso	Teresso 43 oder Esstic 42	Teresso 47 oder Esstic 45	Teresso 52 oder Esstic 50
BP	Energol Hydraulic 50 Energol HP 10 oder Energol Motoröl SAE 10 W	Energol Hydraulic 50 Energol HP 20 oder Energol Motoröl SAE 20/20 W	Energol Hydraulic 80 Energol HP 40 oder Energol Motoröl SAE 30
Vacuum	Gargoyle D. T. E. Öl Leicht Gargoyle Vactra Öl Leicht	Gargoyle D. T. E. Öl Mittel Gargoyle Vactra Öl Mittelschwer	Gargoyle D. T. E. Öl Schwer Gargoyle D. T. E. Öl Extra Schwer
BV-Aral	BV-Hochleistungsöl E 200 extra	BV-Hochleistungsöl HTU BV-Hochleistungsöl HTX	BV-Hochleistungsöl HTX BV-Hochleistungsöl HTY
Nitag	Nitag NH 40 Nitag Vitam DH oder Nitag Vitamol 10 W	Nitag Vitam EH oder Nitag Vitamol 20/20 W	Nitag Vitam EH oder Nitag Vitamol 30

Schaumbildung, die Genauigkeit, mit der eine Bewegungsgeschwindigkeit eingehalten werden muß, die Forderung nach möglichst geringen Leckölverlusten usw. können von einer Hydraulikflüssigkeit etwa die folgenden Eigenschaften verlangt werden:

1. Eine bestimmte, den Betriebsverhältnissen entsprechende Zähigkeit. Zu geringe Zähigkeit verursacht zu große Leckverluste und dadurch gleichzeitig eine Erwärmung des Öls. Auch der Netzdruck kann oft bei Verwendung dünnflüssiger Öle nicht lange genug aufrechterhalten werden. Zu hohe Zähigkeit verursacht dagegen zu große Strömungsverluste bei der Strömung durch Rohrleitungen und Steuerorgane. Es kann sogar bei allzu großer Zähigkeit des Öls in der Saugleitung zu Kavitationserscheinungen in der Pumpe kommen. Nur wenn eine eigene Speisepumpe vorhanden ist, darf ein besonders zähes Öl verwendet werden. Auch wird die Ansprechgeschwindigkeit von Regelorganen durch eine zu hohe Zähigkeit verringert, Magnetschieber können unter Umständen überhaupt nicht mehr betätigt werden. Bei höheren Betriebsdrücken wählt man meist auch höhere Ölzähigkeiten, und zwar etwa 2 bis 3° Engler bis 50 atü, 3 bis 6° Engler für 50 bis 150 atü, 6 bis 9° Engler über 150 atü.

2. Die Zähigkeit soll sich mit der Temperatur möglichst wenig verändern, damit die optimale Zähigkeit bei allen Betriebstemperaturen erreicht werden kann.

3. Gute Schmierfähigkeit, um die Entstehung von Reibungswärme, insbesondere bei engen Passungen und hohen Flächenpressungen zwischen zwei Metallteilen zu vermeiden.

4. Geringe Neigung zur Schaumbildung oder zumindest die Neigung zur Auflösung eines bereits entstandenen Schaumes.

5. Harz- und Schlammbildungen sollen erst nach möglichst langer Betriebszeit eintreten. Eine Ölfüllung soll mindestens 1 bis 3 Jahre lang verwendet werden können, ohne daß irgendwelche Alterungserscheinungen auftreten.

6. Die Schmierfähigkeit und Alterungsbeständigkeit soll auch bei möglichst hohen Temperaturen erhalten bleiben bzw. die Zunahme der Alterungsgeschwindigkeit bzw. die Abnahme der Schmierfähigkeit mit der Betriebstemperatur soll möglichst gering sein.

7. Das Öl darf keinerlei Säuren oder andere Stoffe enthalten, die die Kolbenstange, Steuerschieber oder Dichtungselemente angreifen.

8. Verunreinigungen in Form von Staubteilchen und abgeriebenen Metallteilchen sollen nach Möglichkeit überhaupt nicht enthalten sein. Solche Teilchen verlegen enge Drosselquerschnitte, tragen zur Korrosion der Steuerelemente und Pumpenteile bei und wirken außerdem als Katalysatoren bei auftretenden Alterungserscheinungen und Zersetzungsvorgängen.

9. Bei geringen Überschreitungen der Betriebstemperatur dürfen keine schädlichen Öldämpfe entstehen.

10. Das Öl soll keine Emulsionen mit Wasser eingehen, denn der Wassergehalt des Öls verschlechtert die Schmierfähigkeit, verändert die Zähigkeit und begünstigt Rostbildungen und Korrosionserscheinungen.

Selbstverständlich kann kein Mineralöl all diesen Forderungen gleichzeitig vollkommen gerecht werden. Bei jedem Öl nimmt die Alterungsgeschwindigkeit mit der Temperatur rasch zu und bei jedem Öl ist die Zähigkeit von der Temperatur etwas mehr oder weniger stark abhängig und es gibt auch kein Öl, das überhaupt keine Luft absorbieren würde.

Da also alle in den Punkten 1 bis 10 oben zusammengestellten Forderungen an eine Hydraulikflüssigkeit immer nur in beschränktem Umfang erfüllt werden können, muß umgekehrt auch jede Konstruktion eines hydraulischen Antriebes auf die Eigenschaften der verwendeten Hydraulikflüssigkeit Rücksicht nehmen Die Schaumbildung kann durch geeignete Ablaufflächen im Ölbehälter vermieden werden, der Rücklauf soll immer tief unter der Oberfläche des Ölspiegels liegen, die Mündung des Saugrohres soll ebenfalls tief unter der Oberfläche des Ölspiegels liegen, damit keine Luft angesaugt werden kann, die eine Schaumbildung verursachen würde. Undichte Stellen in den Saugleitungen, an denen ebenfalls Luft angesaugt werden könnte, sind zu vermeiden. An allen Stellen im System, an denen die Entstehung von Luftsäcken möglich ist, soll eine Möglichkeit zur Entlüftung vorgesehen werden. Diese Entlüftung soll dann auch regelmäßig vorgenommen werden, da sonst die Möglichkeit besteht, daß die im Luftsack enthaltene Luftmenge vom Öl absorbiert wird und dann an einer anderen Stelle des Systems, an der niedrigerer Druck herrscht, wieder unter Schaumbildung ausgeschieden wird.

Die folgenden Eigenschaften der Hydrauliköle können durch geeignete Additive ganz wesentlich beeinflußt werden:

1. Widerstandsfähigkeit gegenüber Emulsion mit Wasser,
2. Neigung zur Schaumbildung,
3. Rostverhütung,
4. Schmierfähigkeit,
5. chemische Stabilität.

Es ist allerdings darauf zu achten, daß durch die Verbesserung des Öls in einer ganz bestimmten Richtung meist andere Eigenschaften des Öls wieder verschlechtert werden. Verwendet man z. B. ein Öl mit Zusätzen für besonders hohe Widerstandsfähigkeit gegen Emulsionen mit Wasser, so muß man dem Öl bestimmte Bestandteile entziehen, die wieder zur Erhaltung der Alterungsbeständigkeit und zur Erhaltung der Widerstandsfähigkeit gegenüber Oxydationserscheinungen erforderlich sind. Verlangt man wieder eine ganz besonders gute Schmierfähigkeit, so werden dem Öl Stoffe entzogen, durch die die Emulsionsfestigkeit und die Rostbeständigkeit erreicht wurden. Ein Hydrauliköl soll aber, um die optimalen Betriebsbedingungen zu erreichen, in einem gewissen Maße eine ganze Reihe von Forderungen erfüllen und es ist deshalb immer ein gewisser Kompromiß in Kauf zu nehmen. Auf keinen Fall darf man aber bei der Forderung nach einer bestimmten Eigenschaft auf andere, vielleicht ebenso wichtige Eigenschaften verzichten.

Um bei Anlagen, die bei sehr verschiedenen Temperaturen arbeiten, eine möglichst weitgehende Unabhängigkeit der Zähigkeit von der Temperatur zu erreichen, kann man ebenfalls durch geeignete Additive ein Öl schaffen, dessen Zähigkeit innerhalb relativ weiter Grenzen dem optimalen Wert entspricht. Leider verursachen aber gerade diese Additive wieder schlechte Schmiereigenschaften und dürfen deshalb nicht ohne Rücksicht auf die Veränderung des Öls in bezug auf seine Schmiereigenschaften verwendet werden.

Auf die einzelnen bisher erwähnten charakteristischen Eigenschaften der Hydraulikflüssigkeiten, die für die Beurteilung der Zweckmäßigkeit eines Hydrauliköls ausschlaggebend sind, soll im folgenden noch etwas näher eingegangen werden:

1. Widerstandsfähigkeit gegenüber Emulsionen mit Wasser. Durch Schwitzwasser gelangt immer etwas Feuchtigkeit in den Ölbehälter. Ein gutes Hydrauliköl geht mit diesem Wasser keine Emulsionen ein, sondern trennt sich von diesem Wasser, nur bei schlechten Ölen wird das Wasser dauernd mit dem Öl durch das System gefördert und es kommt zu einer innigen Vermischung zwischen Öl und Wasser. Der Schmiereffekt der Hydraulikflüssigkeit wird dadurch verschlechtert, die Rostbildung wird begünstigt und die Alterung des Öls beschleunigt.

2. Neigung zur Schaumbildung. Öle von verschiedener Zähigkeit haben im allgemeinen die gleiche Neigung zur Schaumbildung, dagegen setzt sich der entstehende Schaum bei dünnflüssigen Ölen rascher ab. Die Schaumbildung wird dagegen begünstigt durch mitgeführte Feuchtigkeit, durch rasche Expansionen, durch Verunreinigungen in Form von festen Körpern oder dicker Schmieröle, die in der Hydraulikflüssigkeit mitgeführt werden. Auch Additive zur Erhöhung der Schmierfähigkeit erhöhen die Neigung zur Schaumbildung. Lufteinschlüsse und undichte Stellen in den Saugleitungen verursachen ebenfalls eine rasche Schaumbildung.

3. Verhinderung der Rostbildung. Durch das in allen Rohrleitungen und Behältern schon oft vor der ersten Inbetriebnahme entstehende Schwitzwasser entsteht an den verschiedensten Stellen des Systems eine wenn auch zunächst unbedeutende Rostbildung. Es ist deshalb zweckmäßig, jedes hydraulische System vor der Füllung mit Öl mit Spülöl durchzuspülen, damit wenigstens ein Teil dieser Rostteilchen entfernt wird.

4. Schmierfähigkeit. Aufgabe der Schmierung ist es, das Auftreten von Reibungskräften bei der gleitenden Bewegung zwischen zwei starren Teilen soweit als irgend möglich zu verhindern oder zumindest in möglichst engen Grenzen zu halten, d. h. der Gleitvorgang soll so gestaltet werden, daß wenig Reibungsarbeit geleistet wird und somit auch möglichst wenig Reibungswärme entsteht.

Solange zwischen zwei gleitenden Teilen an jeder Stelle eine Flüssigkeitsschicht vorhanden ist, die an keiner Stelle unterbrochen ist, geht die Gleitbewegung mit geringster Wärmeentwicklung vor sich, man nennt eine solche Schmierung, bei der reine Flüssigkeitsreibung auftritt, „Vollschmierung". Eine solche Vollschmierung kann jedoch nur bei relativ geringer Flächenpressung zwischen den beiden gleitenden Teilen erreicht werden, bei höheren Preßdrücken zwischen den aneinandergleitenden Teilen oder bei schlechter Schmierfilmausbildung geht diese Vollschmierung in die sogenannte „Grenzschmierung" über, bei der es bei plötzlichen Belastungsstößen, bei Vibration oder bei örtlichen Temperaturerhöhungen dazu kommt, daß besonders hervorstehende Teile der sich gegeneinander verschiebenden Elemente sich fallweise gegenseitig berühren. Wann der Übergang von der Vollschmierung zur Grenzschmierung erfolgt, hängt aber nicht nur von der Flächenpressung, sondern auch von der Schmiereigenschaft des Öls ab. Öle mit einem besonderen Haftvermögen zwischen den Ölteilchen und zwischen den Metallteilen der Gleitfläche oder mit besonders hoher Filmkohäsion können ebenfalls durch besondere Additive erzeugt werden und erreichen dann auch bei relativ hohen Flächenpressungen eine besonders gute Schmierfähigkeit.

5. Chemische Stabilität. Nach längeren Betriebszeiten neigt jedes Öl mehr oder minder dazu, mit dem Sauerstoff der im Öl gelösten Luft verschiedene Verbindungen einzugehen, es kommt zur Bildung von schwarzen, schlammigen und klebrigen Substanzen (Schlammbildung), teilweise auch zur Entstehung von braunen lackartigen Überzügen (Bildung von Rückständen). Diese unerwünschten Schlamm- und Rückstandsbildungen treten um so eher ein, je inniger die Verbindung zwischen Öl und Sauerstoff der Luft möglich ist.

Es wird also nicht nur die Schaumbildung durch das Eindringen von Luft in das Öl begünstigt, sondern auch die chemische Zersetzung. Die Alterung des Öls geht außerdem um so rascher vor sich, je höher die Temperatur des Öls ist, und zwar verdoppelt sich die Oxydationsgeschwindigkeit des Öls etwa mit einer Temperaturzunahme von 10° C. Die Lebensdauer eines Öls kann also umgekehrt auch durch eine Senkung der mittleren Betriebstemperatur von 10° C verdoppelt werden.

Besonders schädlich sind auch die örtlichen Temperaturerhöhungen in Luftsäcken infolge der adiabatischen Kompression der eingeschlossenen Luft bei plötzlichem Druckanstieg. Bei 14 atü z. B. beträgt diese Verdichtungsendtemperatur nach der adiabatischen Kompression bereits 335° C und bei einer Drucksteigerung von 1 atü auf 70 atü sogar 710° C.

Trotzdem das Luftvolumen, in dem diese Temperaturerhöhung eintritt, sehr klein ist und somit auch nur eine sehr kleine Luftmasse auf diese hohe Temperatur erwärmt wird, kommt es eben doch zu dieser, wenn auch örtlich sehr begrenzten Temperaturerhöhung und damit zur Zersetzung einiger Ölmoleküle. Obwohl die entstehenden Wärmemengen durch diese adiabatische Verdichtung der Luftpolster so klein sind, daß sie so gut wie überhaupt keine Erhöhung der mittleren Öltemperatur verursachen, kommt es somit zu einer beschleunigten Alterung des Öls.

Ähnliche örtliche Überhitzungen, die nur auf ganz kleinen Raum begrenzt sind, treten an allen Stellen ein, an denen es zu einer metallischen Reibung kommt.

Die Alterung des Öls wird außerdem durch Katalysatoren beschleunigt. Sowohl Verunreinigungen, wie Staub, Schmutz, Metall oder Rostteilchen, als auch gelöste Farbpartikeln, die im Öl mitgerissen werden, wirken als solche Katalysatoren des Alterungsprozesses.

Der Grad der Alterung wird durch die sogenannte Neutralisationszahl festgelegt. Man versteht unter dieser Zahl diejenige Anzahl von Milligramm Kaliumhydroxyd, durch die die in einem Gramm Öl enthaltenen freien Säuren neutralisiert werden. Durch den Zusatz geeigneter Wirkstoffe kann die Alterungsgeschwindigkeit von Hydraulikölen wesentlich herabgesetzt werden. Allerdings besteht dann bei solchen Ölen, deren Alterung künstlich hinausgeschoben wird, die Gefahr, daß diese Öle dann plötzlich zusammenbrechen. Da die Alterung solcher Öle nicht rechtzeitig gemessen werden kann, besteht die Gefahr einer weitgehenden Schädigung der ganzen Anlage. Auf die auf S. 49 und 62 bis 64 ausführlich zusammengestellten physikalischen Eigenschaften der wichtigsten Hydrauliköle sei hier nochmals kurz hingewiesen:

Wärmeausdehnung $0,08\%/°C$, Kompressibilität $0,000055$ bei 1 atü und $20°C$, jedoch bei zunehmender Temperatur und zunehmendem Druck rasch zunehmend. Absorptionsvermögen für Luft bei $25°C$ und 1 atü $^{1}/_{10}$ cm^3 Luft pro cm^3 Öl, bei $25°C$ und 14 atü 1,4 cm^3 Luft pro cm^3 Öl.

Richtlinien für die Berechnung der Kolbenbewegung infolge von Temperaturschwankung und der elastischen Dehnung des Öls bei Veränderung des Wirkdruckes unter gleichzeitiger Berücksichtigung der Dehnungen von Zylinderwandungen und Rohrleitungen finden sich auch auf S. 63 und 64.

2. Synthetische Flüssigkeiten

Die Entwicklung der synthetischen „nicht brennbaren Hydraulikflüssigkeiten" begann erst vor etwa zehn Jahren. Es sind dies Flüssigkeiten, die den meisten Anforderungen an eine gute Hydraulikflüssigkeit in bezug auf Zähigkeit, Schmierfähigkeit, Korrosionsbeständigkeit zumindest ebensogut wie die üblichen Mineralöle entsprechen und die außerdem nicht brennbar sind. Man unterscheidet heute zwischen nicht brennbaren Hydraulikflüssigkeiten, die zu 35 bis 50% aus Wasser und geeigneten Zusätzen (morpholine) bestehen, und Phosphorsäureestern. Die folgende Zusammenstellung gibt einen Überblick über einige dieser heute handelsüblichen, nicht brennbaren Hydraulikflüssigkeiten:

A. Nicht brennbare Hydraulikflüssigkeiten auf Wasserbasis:

Handelsübliche Bezeichnung	Hersteller
Ucon Hydrolube	Union Carbide Chemicals Comp., Division of Union Carbide Corp., 30 East 42nd Street, New York 17, N. Y., U. S. A.
Houghto-Safe fire resistant hydraulic fluid	E. F. Houghton & Co., 303 W Lehigh Av., Philadelphia 33, Pa., U. S. A.

B. Phosphorsäureester:

Handelsübliche Bezeichnung	Hersteller
Pydraul Skydrol	Monsanto Chemical Comp.
Cellulube	Celanese Corp.

Weder bei den Flüssigkeiten auf Wasserbasis, noch bei den Estern handelt es sich um Öle in engerem Sinne. Trotzdem werden diese Flüssigkeiten oft auch als „nicht brennbare Hydrauliköle" bezeichnet.

Diese nicht brennbaren Hydraulikflüssigkeiten wurden ausschließlich für den Bedarf der Ölhydraulik entwickelt. Sie haben deshalb auch eine Reihe anderer vorteilhafter Eigenschaften als Arbeitsmittel für Hydraulikanlagen, die ihre Verwendung trotz des wesentlich höheren Preises gegenüber den Mineralölen oft auch rechtfertigt, wenn überhaupt keine Feuergefahr vorhanden ist. So kann z. B. die Lebensdauer dieser Flüssigkeiten unter Umständen 10- bis 20mal so groß sein als die von Mineralölen. Berücksichtigt man außer dem Preis des Öls auch die durch einen Ölwechsel unter Umständen verursachten Betriebskosten, so erscheint schon wegen der längeren Lebensdauer der nicht brennbaren Flüssigkeiten allein der wesentlich höhere Preis durchaus gerechtfertigt.

Auch die Schmiereigenschaften der nicht brennbaren Flüssigkeiten sind meist besser als die der Mineralöle. Versuche mit den oben genannten Flüssigkeiten zeigen, daß z. B. der Abrieb an den Zahnflanken von Zahnradpumpen, gemessen in Milligramm Gewichtsverlust nach 750 Betriebsstunden, bei den nicht brennbaren Flüssigkeiten zum Teil nur halb so groß ist als bei den besten Mineralölen. Es ist allerdings zu berücksichtigen, daß auch bei den Mineralölen die Größenordnung bei den Abnützungserscheinungen sehr stark von der Art der verwendeten Zusätze, die zur Verbesserung der Schmierfähigkeit beitragen, abhängt.

Die Abhängigkeit der Zähigkeit von der Temperatur ist bei nicht brennbaren Hydraulikflüssigkeiten auf Wasserbasis geringer als bei Mineralölen (vgl. Abb. 28). Die Ester dagegen zeigen eine noch stärkere Abhängigkeit der Zähigkeit von der Temperatur als Mineralöle.

Alle oben erwähnten nicht brennbaren Hydraulikflüssigkeiten sind zur Verwendung in allen normalen Hydraulikanlagen geeignet. Stahl, Gußeisen, Aluminium, Messing und Kupfer zeigen keinerlei Korrosionserscheinungen. Gummi wird dagegen von manchen Estern angegriffen.

Werden an Stelle von Mineralölen nicht brennbare Flüssigkeiten auf Esterbasis eingeführt, so sind deshalb Schläuche, Dichtungselemente und Akkumulatorenblasen aus Gummi unter Umständen durch geeignete Bauteile aus Butylkautschuk, Silikon, Teflon oder Neoprene zu ersetzen. Hierbei ist allerdings zu beachten, daß z. B. auch in vollentlasteten Zahnradpumpen oft solche Dichtungsteile mit besonderen Abmessungen Verwendung finden, die dann aus einem Material, das der synthetischen Flüssigkeit standhält, gar nicht hergestellt werden. Solche Pumpen können dann eben nicht zur Förderung synthetischer Flüssigkeiten verwendet werden und es ist deshalb beim Hersteller der Pumpen gegebenenfalls rückzufragen, ob und unter welchen Bedingungen die betreffende Pumpe für synthetische Stoffe verwendet werden kann.

Bei den Flüssigkeiten auf Wasserbasis ist dagegen ein Auswechseln dieser Gummiteile nicht erforderlich.

Korkdichtungen und Kunststoffe auf Korkbasis werden von allen nicht brennbaren Flüssigkeiten angegriffen und sind deshalb bei Übergang von Mineralöl auf nicht brennbare Flüssigkeiten durch andere Dichtungen zu ersetzen. Ebenso sind Bauteile aus Zink und verzinkte Bauteile durch andere Elemente zu ersetzen, da Zink von den meisten, nicht brennbaren Flüssigkeiten angegriffen wird. Die wichtigsten Anhaltspunkte bezüglich des Verhaltens der nicht brennbaren Flüssigkeiten gegenüber folgenden Werkstoffen ist in Tab. 11 zusammengestellt.

Zum Begriff der „Brennbarkeit". Die bisher üblichen Begriffe des „Flammpunktes" und „Brennpunktes", der an offenen Tiegeln gemessen wurde, geben noch keinen Anhaltspunkt für das Verhalten einer Flüssigkeit bei akuter Feuersgefahr, die z. B. eintritt, wenn das Öl mit geschmolzenem Metall in Berührung

Tabelle 11. *Eigenschaften und Verhalten von nicht brennbaren Hydraulikflüssigkeiten gegenüber verschiedenen Werkstoffen*

	Flüssigkeiten auf Wasserbasis	Ester
Feuerbeständigkeit	nach den üblichen Prüfverfahren nicht brennbar	
Verhalten gegenüber Farbanstrichen	Farben werden gelöst und erweisen sich im Betrieb als schädlich	Farben werden gelöst, erweisen sich im Betrieb jedoch nicht als schädlich
Stahl, Gußeisen, Aluminium, Kupfer, Messing	keine Korrosion	
Zink	meist Korrosionserscheinungen	
Buna und Teflon	kein Quellen	
Kork und korkhaltige Stoffe (auch an feststehenden Teilen)	werden angegriffen und sollten vor Verwendung der nicht brennbaren Flüssigkeiten durch Neoprene ersetzt werden	
Handelsübliche Schläuche, Gummiblasen in Akkumulatoren, Gummidichtungen für bewegliche Teile	kein Quellen	quellen meist und sollten durch Elemente aus Butylkautschuk, Silikon oder Teflon ersetzt werden
Gummidichtungen für feststehende Teile	kein Quellen	

kommt oder wenn eine Ölleitung in unmittelbarer Nähe einer Flamme platzt. Zur Beurteilung der ,,Brennbarkeit" von Ölen wurden deshalb die drei folgenden neuen Testmethoden eingeführt:

1. Entzündungstest mit geschmolzenen Metallen. Die Flüssigkeit wird über geschmolzenes Aluminium gegossen, zum Teil auch zusätzlich neben den Tiegel gegossen, um festzustellen, ob die Flüssigkeit eine Flamme weiterträgt.

2. Entzündungstest mit Azetylenbrenner in einem Flüssigkeitsnebel. Die Flüssigkeit von 70 atü wird durch eine Düse zerstäubt. In den Nebelstrahl wird ein Azetylenbrenner gestellt.

3. Entzündungstest durch Tropfen auf heiße Metalloberfläche. Die Flüssigkeit tropft auf ein Metallrohr von 800° C.

Alle oben zusammengestellten, nicht brennbaren Flüssigkeiten können diesen drei Testverfahren unterworfen werden, um zu zeigen, daß die Flüssigkeiten nicht brennen.

Bei den Flüssigkeiten auf Wasserbasis ist jedoch durch ständige Betriebskontrollen darauf zu achten, daß das Wasser dieser nicht brennbaren Flüssigkeit nicht verdunstet, denn die Zusätze allein sind brennbar. Bei dauerndem Zufließen von nicht brennbarer Flüssigkeit auf Wasserbasis in ein flüssiges Metallbad würde ebenfalls das Wasser verdampfen und die Rückstände würden sich schließlich doch entzünden.

Maßnahmen bei der Umstellung von Mineralöl auf nicht brennbare Flüssigkeiten.

1. Beseitigung von Farbanstrichen an Innenseiten von Behältern und Rohren.

2. Betriebstemperaturen durch geeignete Kühlung unter 60° C halten, um die Verdampfung von Wasser zu verhindern.

3. Zink und Kadmiumteile beseitigen, insbesondere verzinkte Filtereinsätze ersetzen.

4. Keine „Aktivfilter" verwenden, die unter Umständen auch wichtige Zusätze der nicht brennbaren Flüssigkeit absorbieren, nur Sieb-, Spalt- und Papierfilter verwenden.

5. Beseitigen von Kork und korkhaltigen Dichtungen.

6. Bei Estern Ersetzen von Schläuchen und Bälgen aus Gummi.

7. Ersetzen aller schadhaften Dichtungen in Pumpen und Steuergeräten usw., Anschlüsse auf Dichtheit prüfen!

8. Beseitigung aller Mineralölreste in Rohrleitungen, Behältern, Zylindern, Akkumulatoren und vor allem in den Filtern durch Ausbau und Reinigung der Filtereinsätze. Beseitigung von Schlamm im Behälter usw.

9. Spülen mit einer kleinen Menge der neuen Flüssigkeit bei niedrigstem Druck. Diese Spülflüssigkeit kann auch für mehrere Anlagen nacheinander wiederholt verwendet werden.

10. Spülflüssigkeit wieder vollkommen, ebenso wie unter Punkt 8, entfernen.

11. In den ersten Wochen laufende Betriebsüberwachung, insbesondere der Filter, um festzustellen, ob irgendwelche Teile gelöst werden. Bei Verlegen der Filter entstehen Kavitationsschäden an der Pumpe. Zwischen Saugfilter und Pumpe ein Vakuummmeter oder Druckschalter einbauen, maximal zulässiger Unterdruck 0,3 Atm.

12. Mineralöl ist leichter als nicht brennbare Flüssigkeiten. Das spezifische Gewicht der nicht brennbaren Flüssigkeiten liegt zwischen 1 und 1,05, das von Mineralöl zwischen 0,85 und 0,95. Das Mineralöl schwimmt deshalb in Behältern und Akkumulatoren auf der nicht brennbaren Flüssigkeit. Die schwimmenden Mineralölreste sollen entfernt werden.

Betriebsüberwachung von Anlagen mit nicht brennbaren Flüssigkeiten auf Wasserbasis. Alle 3 bis 6 Monate ist die Flüssigkeit auf das Vorhandensein des erforderlichen Wassergehaltes zu prüfen. Dies erfolgt am einfachsten durch Messen der Zähigkeit nach den Richtlinien der Lieferfirmen. Diese geben für jede höhere Zähigkeit als die der richtigen Zusammensetzung der Flüssigkeit entsprechende die erforderliche Menge des nachzufüllenden Wassers je Kilogramm Flüssigkeit an.

In größeren Zeitabständen müssen auch die „Morpholine" nach den Betriebsvorschriften der Lieferfirmen ersetzt werden.

In größeren Zeitabständen muß auch der p_H-Wert überprüft werden und durch Zusatz von Morpholinen nach den Betriebsvorschriften korrigiert werden.

3. Wasser und Wasseremulsionen

Wasser hat eine wesentlich geringere Zähigkeit (1° E) als Öl und verursacht daher große Leckverluste, es hat schlechte Schmiereigenschaften, fördert die Korrosion und Rostbildung und hat somit dem Öl gegenüber ganz wesentliche Nachteile, denen nur der niedrige Preis und die Tatsache, daß Wasser nicht brennbar ist und eine von der Temperatur fast unabhängige Zähigkeit hat, als Vorteile gegenüberstehen. Trotzdem war Wasser vor einem halben Jahrhundert noch die wichtigste Druckflüssigkeit für hydraulische Antriebe. Es stehen deshalb heute noch sehr viele Maschinen, insbesondere große Pressen, in Betrieb, in denen Druckwasseranlagen verwendet werden. Auch im Aufzug zum ersten Stock des Eiffelturmes wird heute noch die Druckwasseranlage verwendet, die 1889 gebaut wurde.

In neuen Anlagen wird jedoch heute reines Wasser nur in solchen Fällen verwendet, in denen die Menge des benötigten Wassers für wiederholte Nachfüllung aus bestimmten betriebstechnischen Erfordernissen so groß ist, daß die Verwendung von anderen Medien des höheren Preises wegen nicht in Frage kommt. So werden heute noch Entzunderungsanlagen oder Rohrprüfmaschinen mit Druckwasser betrieben. Aber selbst in solchen Systemen, in denen die Druckflüssigkeit wiederholt ersetzt werden muß, ist es heute üblich, dem Wasser 2 bis 5% Bohröl zuzusetzen, um die Korrosion des Wassers zu verringern und die Rostbildung einzuschränken. In hydrostatischen Antrieben mit wiederholter Verwendung der Druckflüssigkeit wird heute so gut wie überhaupt kein reines Wasser mehr verwendet, sondern nur geeignete Wasseremulsionen. Das Mischungsverhältnis von Emulgator zu Wasser wird dabei von den Lieferanten dieser Zusätze vorgeschrieben. Da während des Betriebes ständig ein Teil der Zusätze an Schmierstellen abgesetzt oder ausgeschieden wird, soll das Mischungsverhältnis ständig durch sogenannte „Emulsionsprüfgeräte" überwacht werden. Je nach dem gemessenen Mischungsverhältnis ist die fehlende Flüssigkeitsmenge dann nicht durch reines Wasser, sondern durch eine Emulsion zu ersetzen, die meist einen höheren Prozentsatz von Zusätzen enthält als die in der Anlage enthaltene Emulsion. Um eine hochwertige und langlebige Emulsion zu erzeugen, ist es auch wichtig, daß die Aufbereitung der Emulsion derart erfolgt, daß eine dauerhafte Mischung zwischen Wasser und Emulgator entsteht. Das Öl muß in das Wasser in einem dünnen Strahl unter ständigem Rühren eingeführt werden. Niemals darf umgekehrt das Wasser in das Öl geschüttet werden. Bei einigen Ölen ist es erforderlich, daß das Wasser vor dem Ansetzen enthärtet wird. Die für die Herstellung von Emulsionen bestimmten Öle sind zunächst geruchlos und bakterienfrei, durch Verunreinigungen gelangen jedoch allmählich Bakterien in das System, die einen Zerfall der Emulsion verursachen und gleichzeitig einen starken unangenehmen Geruch entwickeln. Die Emulsion soll deshalb regelmäßig durch Kontrollen auf alkalische und saure Reaktion, möglichst auch in bezug auf ihren Härtegrad überwacht werden. Bei Eintreten saurer Reaktionen geht die Rostschutzwirkung des Öls verloren und es kommt auch zur Zersetzung des Öls. Die Maßeinheit für den Säuregehalt ist der p_H-Wert. Der neutrale Punkt liegt bei $p_H = 7$, bei einem p_H-Wert unter 7 ist das Wasser sauer und daher aggressiv.

Nach Möglichkeit soll auch kein hartes Wasser verwendet werden. Die Härte des Wassers wird durch den „Deutschen Härtegrad" (dH) angegeben. Für hydraulische Antriebe sollte man im allgemeinen nur ein Wasser verwenden, dessen Härtegrad unter 8 Deutschen Härtegraden liegt.

Infolge der wesentlich geringeren Zähigkeit des Wassers gegenüber der Zähigkeit von Ölen sind die Leckverluste bei Wasser bei gleichen Spaltquerschnitten wesentlich größer. Es können deshalb für Druckölbetrieb gebaute Anlagen und Steuerventile im allgemeinen nicht für Wasser verwendet werden, dagegen können Steuerorgane und Zylinder, die für Wasserbetrieb gebaut wurden, meist ohne weiteres auch für Drucköl verwendet werden.

Steuerkolben für Öl werden meist genau eingeschliffen, ohne daß überhaupt besondere Dichtelemente Verwendung finden. Infolge der für die Abdichtung von Druckwasser viel zu großen Spaltquerschnitte dieser eingeschliffenen Kolben wird bei Verwendung von Normschiebern der Ölhydraulik für Druckwasser niemals eine ausreichende Dichtung möglich sein. Kolbenstangen und Zylinder bei Druckwasseranlagen werden meist verchromt, während Zylinder von ölhydraulischen Anlagen meist nicht verchromt werden, daraus folgt, daß Kolbenstangen und Zylinder rasch korrodieren würden, wenn man für Hydrauliköl bestimmte Zylinder für Druckwasser verwenden würde. Zylinder und Steuerventile für Drucköl werden meist aus unlegierten Stählen (St 50. L oder St 70. L), die ebenfalls von Wasser stark angegriffen werden, hergestellt. Steuerorgane für Druckwasser werden dagegen auch aus nichtrostenden Stählen hergestellt oder zumindest hart verchromt.

VII. Wartung und Instandhaltung hydraulischer Antriebe

Im allgemeinen versteht man unter Wartung die richtige Behandlung einer Maschine und all ihrer Bestandteile oder Zubehörteile, die Suche nach den Ursachen von Betriebsstörungen und die Aufrechterhaltung eines Lagers mit allen erforderlichen Ersatzteilen.

Bereits bei der Projektierung einer Anlage soll deshalb auf die Wartungsmöglichkeiten Rücksicht genommen werden, damit die Erfüllung all dieser zur Wartung gehörenden Aufgaben mit möglichst geringem Aufwand an Material und Lohnkosten ermöglicht wird.

1. Richtlinien für die Planung hydraulischer Antriebe mit Rücksicht auf die Wartungsmöglichkeiten

Maschinen, die in einem Betrieb arbeiten sollen, in dem keine Elektromonteure zur Verfügung stehen, werden besser hydromechanisch gesteuert als elektromagnetisch oder gar mit komplizierten elektrischen Regel- und Steuereinrichtungen. Treten im Netz Spannungsschwankungen auf, so wird man ebenfalls bereits bei der Projektierung pneumatische oder hydraulische Fernbetätigungen der elektrischen Fernbetätigung vorziehen.

Bei der Planung hydraulischer Antriebe für Maschinen, die nach allen Ländern der Welt exportiert werden sollen, wird man trachten, möglichst gleichartige Teile zu verwenden, um mit einer möglichst kleinen Anzahl von erforderlichen Ersatzteilen auszukommen, die in der Nähe der Maschine auf Lager gehalten werden sollen. Man wird also in solchen Fällen trachten, bei allen Steuerventilen die gleiche Nennweite zu verwenden, Vierwegeventile mit einem verschraubten Blindanschluß an Stelle von Dreiwegeventilen verwenden oder ausschließlich 6/3-Ventile einbauen, die aus Vierwegeventilen mit parallelgeschaltetem Zweiwegeventil bestehen, trotzdem teilweise auch 4/3-Ventile ausreichen würden, damit nur eine Schiebertype als Ersatzteil bereitgehalten werden muß. Ähnliche Gesichtspunkte gelten für die Zylinderdurchmesser und Dichtungselemente.

Bei der ersten Inbetriebnahme eines neuentwickelten Antriebes ergeben sich weitere Möglichkeiten für die „Einregelung des Antriebes" nach wartungstechnischen Gesichtspunkten, durch die eine lange und störungsfreie Betriebszeit erreicht werden kann.

Der Antrieb soll, soweit dies durch Einregeln der Drosseln und Vorspannventile möglich ist, möglichst geräuschlos arbeiten und Druckstöße sollen vermieden werden. Dies gilt sowohl für die Drosseln zur Regelung der Schaltgeschwindigkeit, als auch für die Regelung der Bewegungsgeschwindigkeiten der Zylinder selbst. Oft führt ein Zylinder eine schlagartige Bewegung aus und verursacht dadurch Stoßbeanspruchungen an allen mit ihm verbundenen mechanischen Teilen. Nach Beendigung dieser ruckartigen Bewegung vergeht jedoch dann eine längere Zeitspanne bis zum Beginn des folgenden Taktes. Ebensogut könnte in einem solchen Fall die Bewegung stoßfrei und dafür etwas langsamer vor sich gehen. Insbesondere ist es auch oft möglich, daß der nächstfolgende Takt schon beginnt, bevor der vorhergehende Takt beendet ist; dadurch ergibt sich ebenfalls oft die Möglichkeit der Verwendung langsamerer Bewegungsgeschwindigkeiten, ohne daß hierdurch die Zeit des gesamten Arbeitsspiels verkürzt wird. Bei langsameren Bewegungen werden jedoch alle Maschinenteile, die durch den Antrieb betätigt werden, sowie der Antrieb selbst geschont.

Vorspannventile können auf zu geringe Vorspannung eingestellt sein und, falls sie zur Erzeugung eines Gegendruckes dienen, nahezu wirkungslos sein oder sie können auch auf zu hohe Werte eingeregelt sein und dadurch im Augenblick der Öffnung wieder einen Druckstoß erzeugen. Überflüssig hohe Vorspanndrücke erzeugen außerdem eine Reibungswärme, die zu einer unerwünschten Ölerwärmung führt.

Viele Störungsursachen machen sich, sei es sofort bei der ersten Inbetriebnahme oder zumindest schon lange bevor es zu Störungen im Betrieb kommt, durch eine entsprechende Geräuschentwicklung bemerkbar. Besondere Beachtung ist den Geräuschen zu schenken, die bei drohender Kavitationsgefahr entstehen: Zu enge Saugrohre, Verschmutzung oder verlegte Saugfilter, Luftblasen im Ansaugrohr, die im Ölbehälter mitgerissen werden, oder Lufteintritt in das Saugrohr durch undichte Stellen begünstigen die Entstehung eines Vakuums und können zu den gefürchteten Kavitationserscheinungen in der Pumpe führen, die sich durch ein knatterndes Geräusch meist schon bemerkbar machen, bevor es zur Zerstörung der Bauteile der Pumpe kommt.

Auch jede Erwärmung des Öls über eine bestimmte zulässige Temperaturgrenze hinaus begünstigt die Entstehung von Dampfblasen in den Räumen mit entsprechend starkem Unterdruck und kann somit zur Kavitation führen. Es empfiehlt sich deshalb die Überwachung des Unterdruckes im Saugrohr vor der Pumpe, der meist nicht höher als 0,3 bis 0,4 ata werden soll, sowie die Überwachung der Öltemperatur, erforderlichenfalls auch durch akustische und optische Signalapparate.

Das Bedienungspersonal sollte auf diese wichtigen Punkte der Wartung hingewiesen werden und stets darauf achten, ob und an welchen Stellen des Antriebes eine sonst nicht auftretende Ölerwärmung beobachtet wird, ob stärkere Schwingungen in der Ölsäule auftreten, die sich durch Geräusche und an einem pendelnden Manometer bemerkbar machen, ob Lecköl an bestimmten Stellen aus dem System austritt usw.

Meist ist es zu empfehlen, daß an der Maschine ein Schaltplan des hydraulischen Systems angebracht wird oder daß das Bedienungspersonal zumindest mit einem solchen Schaltplan vertraut gemacht wird.

Zur laufenden Prüfung und Überwachung einzelner Elemente kann ein kleines transportierbares hydraulisches Aggregat verwendet werden, das an die einzelnen Elemente angeschlossen wird, um diese auf ihre einwandfreie Funktion und Dichtheit zu prüfen.

Im Flugzeugbau sind solche Aggregate auf fahrbaren kleinen Wagen üblich, die durch Schlauchkupplungen der Reihe nach an die einzelnen hydraulischen Teilkreise angeschlossen werden können, um diese mit erhöhten Prüfdrücken auf ihre einwandfreie Funktion und Dichtheit prüfen zu können.

2. Öl und Ölwechsel

Für die einwandfreie Funktion einer Anlage ist es selbstverständlich sehr wesentlich, daß nur ein reines Öl verwendet wird, das frei von Verunreinigungen, von Wasser- und Luftblasen ist. Verunreinigungen kommen vornehmlich durch Schläuche oder durch die Entstehung von Zunder an Löt- oder Schweißstellen in den Rohrleitungen in das Öl. Auch durch zu grobe oder durch schadhafte Siebfilter im Einfüllstutzen kann Schmutz in das Öl gelangen.

Falls es innerhalb des Ölbehälters zur Kondenswasserbildung kommt, so führt dies in weiterer Folge zur Rostbildung, die ebenfalls die Ursache einer Verunreinigung des Öls sein kann. Auch Gummiteile der Dichtungen, die sich in manchen Ölen auflösen oder die durch nicht brennbare Hydraulikflüssigkeit angegriffen werden, führen oft zur Verunreinigung des Öls. Es kommt auch vor, daß in den Steuergeräten vor der Montage Verunreinigungen enthalten sind, sei es durch eine Unachtsamkeit bei der Fertigung dieser Geräte, sei es durch ein vorzeitiges Herausnehmen der Schutzstopfen aus Kunststoff oder Pappendeckel aus den Gewindeanschlüssen. Schließlich kann auch durch undichte Stellen in den Dichtungen am Ölbehälter Schmutz in das Öl eindringen.

Feuchtigkeit bildet sich im Öl, wenn Kühlschlangen durch den heißen Ölbehälter geführt werden, an denen sich Kondenswasser absetzt. Es kann aber auch durch feuchte Luft, die in den Ölbehälter eindringt, Wasser in das Öl gelangen oder durch die Feuchtigkeit, die sich in den Ölkannen angesammelt hat, die zum Nachfüllen verwendet werden.

Fehlt am tiefsten Punkt des Ölbehälters ein Ablaßstutzen für Wasser und Verunreinigungen, so sammelt sich immer mehr Feuchtigkeit und Schlamm an der tiefsten Stelle des Behälters an und es besteht immer die Gefahr, daß diese Verunreinigungen wieder aufgewirbelt werden und in den Ölkreislauf gelangen.

Luftblasen entstehen, wenn die Rücklaufleitung oberhalb des Ölspiegels im Behälter mündet, oder bei großen Rücklaufgeschwindigkeiten und entsprechender Wirbelbildung im Tank.

Wenn im Öl irgendwelche Verunreinigungen festgestellt werden können, so ist es erforderlich, das verunreinigte Öl sofort durch neues Öl zu ersetzen.

Aber auch dann, wenn keine Verunreinigungen aus den oben erwähnten Gründen in das Öl in stärkerem Maße eindringen, als es den normalen Betriebsbedingungen entspricht, ist ebenso wie beim Schmieröl von Motoren ein regelmäßiger Wechsel des Öls vorzunehmen.

Ein erster Ölwechsel soll nach der Inbetriebnahme bereits nach relativ kurzer Betriebszeit, etwa nach 200 Betriebsstunden, erfolgen. Die Zeitspanne, innerhalb der ein regelmäßiger Ölwechsel dann erforderlich wird, richtet sich natürlich nach den Betriebsverhältnissen, insbesondere aber auch nach der Alterungsgeschwindigkeit des Öls. Im allgemeinen wird empfohlen, das Öl etwa alle 2000 bis 6000 Betriebsstunden zu wechseln. Je öfter eine Filterreinigung erforderlich ist, desto größer ist der Anfall an Verunreinigungen und desto öfter soll auf alle Fälle auch das Öl gewechselt werden. Aber auch dann, wenn so gut wie überhaupt keine Filterreinigung erforderlich wird, treten Alterungserscheinungen im Öl auf, es entstehen Säuren, Harze, Wasser, bituminöse Stoffe, die im Filter nicht festgehalten werden können. Das Öl soll deshalb durch eine Ölanalyse von Zeit zu Zeit auf den Grad der Alterung geprüft werden, damit die Betriebszeit, nach deren Ablauf ein Ölwechsel erforderlich wird, für die betreffende Anlage rechtzeitig richtig festgelegt werden kann. Der regelmäßige Ölwechsel nach bestimmten Betriebszeiten ermöglicht dann eine Schonung der hydraulischen Anlage und dadurch eine höhere Lebensdauer aller hydraulischen Geräte, wie der Pumpe, der Steuerschieber, Zylinder und Motoren.

Vor der ersten Inbetriebnahme eines Antriebes sollte die ganze Anlage mit Spülöl mit gutem Lösungsvermögen oder mit Petroleum mehrmals durchgespült werden und dann erst nach Ablassen des Spülöls die erste Füllung mit Öl durch ein feinmaschiges Sieb vorgenommen werden.

3. Entlüftung

Luftsäcke verursachen infolge der Zusammendrückbarkeit der Luft die verschiedensten Störungen im Betrieb hydraulischer Anlagen. Bei der Verdichtung der eingeschlossenen Luft erwärmt sich die Luft außerdem stark und begünstigt dadurch die Alterung des Öls, außerdem wird die Luft bei hohem Druck zum Teil vom Öl absorbiert und bei der Entspannung wieder unter gleichzeitiger unerwünschter Schaumbildung aus dem Öl ausgeschieden. Es soll deshalb jede Anlage so gestaltet werden, daß die Beseitigung der Luftsäcke durch geeignete Maßnahmen, sei es durch Öffnen von Ventilen oder auch vollautomatisch, jederzeit möglich ist und daß die Bildung von neuen Luftsäcken nach längerem Stillstand vermieden wird.

Die einfachste Vorrichtung zur Entlüftung sind Entlüftungsventile nach Abb. 360a, die an den höchsten Stellen der Anlage angebracht werden können. Diese Entlüftungsventile müssen nach längeren Stillstandzeiten der Anlage jeweils wieder geöffnet werden, und erst nach dem Austreten der ersten Öltropfen wieder geschlossen werden. Wenn statt diesen einfachen Entlüftungsventilen Schwimmerventile nach Abb. 360b verwendet werden, so erfolgt die Entlüftung automatisch sofort nach jeder neuerlichen Bildung eines Luftsackes. Kann der Tank oberhalb der hydraulischen Anlage angebracht werden, so kann auch während längerer Stillstandzeiten kein Luftsack entstehen und eine laufende Entlüftung ist deshalb überflüssig. Wenn für die Unterbringung des ganzen Tanks oberhalb der Hydraulikanlage kein Platz zur Verfügung steht, so kann auch ein kleiner

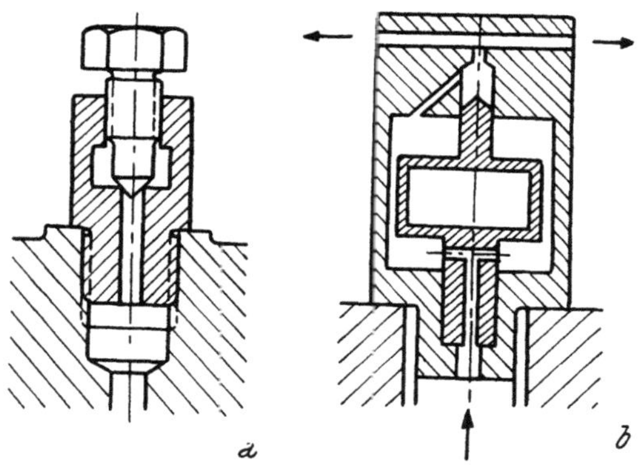

Abb. 360. Entlüftungsventil, a) ohne Schwimmer, b) mit Schwimmer (aus „Technische Rundschau")

Hilfsbehälter oberhalb der Anlage vorgesehen werden, der nach Anlaufen der Pumpe zunächst gefüllt wird, bevor das Drucköl der übrigen Anlage zugeführt wird.

4. Suchen und Beheben von häufig auftretenden Störungen

Trotz Beachtung aller oben zusammengestellten Richtlinien für die richtige Wartung hydraulischer Antriebe sowie für die Vorsichtsmaßnahmen, die vor Inbetriebnahme der Anlage zu empfehlen sind, sind gewisse Störungsquellen durch Abnützungserscheinungen und andere unvorhergesehene Ereignisse unvermeidlich. Es sollen deshalb in Tab. 12 auf S. 298 und 299 einige Richtlinien für die Suche und Behebung von Störungen an den verschiedenen Elementen hydraulischer Antriebe zusammengestellt werden.

VIII. Druckstöße in Rohrleitungen hydraulischer Antriebe

Druckstöße entstehen durch plötzliches Verzögern der strömenden Flüssigkeitssäule und durch Übertragung der kinetischen Energie von Pumpe und Antriebsmotor auf die Ölsäule. Die Funktion des Sicherheitsventils ist für die Ausbildung von Druckstößen und Schwingungserscheinungen in Druckleitungen bzw. für die Beseitigung dieser Schwingungen von ausschlaggebender Bedeutung.

Tabelle 12. *Störungen in hydraulischen Antrieben und ihre Ursachen*

Pumpe:

Störung	Mögliche Ursache
Die Pumpe liefert kein Drucköl.	Die Pumpe läuft mit verkehrter Drehrichtung oder überhaupt nicht, da die Kupplung zwischen Pumpe und Motor beschädigt ist. Die Antriebsdrehzahl stimmt nicht. Das Sicherheitsventil klemmt und schließt nicht. Dreipositionsventile klemmen und bleiben in der Mittellage stehen, wobei der Rücklauf drucklos erfolgen kann, so daß überhaupt kein Druck zustande kommt.
Pumpe liefert unregelmäßig und läuft mit starken Geräuschen.	Saugleitung verstopft, Saugfilter verlegt, Luft wird durch das Saugrohr eingesaugt, Öltank enthält zu wenig Öl. Alterungserscheinungen der Pumpe: Lagerabnützung, Abrieb an den Zahnflanken oder Stirnseiten der Zähne usw. (Grad der Abnützung kann durch Prüfen des volumetrischen Wirkungsgrades festgestellt werden). Zu hoher Gegendruck: Sicherheitsventil klemmt, Sicherheitsventil ist auf zu hohen Wert eingestellt, z. B. weil Manometer falsch anzeigt! Tritt durch Eintauchen der Verbindungsstelle, an der Luft durch die Rohrleitung eintreten könnte, eine Geräuschdämpfung ein, so ist dort eine undichte Stelle.

Überdruck- und Abschaltventile:

Störung	Mögliche Ursache
Brummen des Überdruckventils.	Ventil hat zu kleinen Querschnitt, Öltemperatur zu hoch. Druckschwingungen durch die Pulsationen der Pumpe oder aus dem System.
Pfeifen des Überdruckventils.	Beschädigung des Hauptventilsitzes ermöglicht einen zu starken Zufluß in den Federraum, oder der Eintrittsquerschnitt in den Federraum ist für die verwendete Ölzähigkeit zu groß.
Abschaltventile flattern.	Ab- und Einschaltdruck liegen zu nahe aneinander.

Wegeventile ohne Vorsteuerung:

Störung	Mögliche Ursache
Schieber klemmt.	Thermische Verformung: Heißes Öl bewirkt stärkere Dehnung des Kolbens als des Gehäuses. Wärmestrahlung bewirkt Krümmung des Gehäuses. Zuganker verspannt. Unterlage krümmt sich und bewirkt dadurch ebenfalls eine Krümmung des Gehäuses. Fremdkörper im Öl, z. B. Gummiteile von Dichtungen, Zunder von Schweißstellen usw.
Starke Leckverluste.	Gehäuse dehnt sich stärker als Kolben. Zu dünnflüssiges Öl oder zu hohe Öltemperatur. Abnützungserscheinungen der Steuerfläche.
Kriechbewegungen der Arbeitszylinder infolge von Leckströmen.	a) Steuerschieber mit gesperrtem Durchfluß in der Mittellage: Lecköl strömt vom Drucknetz in eine Zylinderseite und verschiebt den Kolben. Abhilfe: Steuerschieber mit einseitiger Verriegelung des Zylinders verwenden.

Störung	Mögliche Ursache
Kriechbewegungen der Arbeitszylinder infolge von Leckströmen.	b) Steuerschieber mit freiem Durchfluß in der Mittellage: In der Rücklaufleitung entsteht durch lange Rohrleitungen, starke Strömung, verschmutzte Rücklauffilter usw. ein erhöhter Rücklaufdruck, der eine Bewegung des unbelasteten Kolbens bewirkt. Abhilfe: Getrennte Rückölabfuhr in einer kurzen weiten Leitung zum Tank.

Vorgesteuerte Wegeventile:

Störung	Mögliche Ursache
Kein Steuerdruck.	Drosselquerschnitt verstopft. Steuerölpumpe läuft nicht oder in verkehrter Richtung (s.: Pumpe liefert kein Öl).
Zu geringer Steuerdruck.	Starke Zuflußdrosselung, starker Leckölabfluß.
Magnet arbeitet nicht.	Keine oder zu geringe Spannung, Leitungen beschädigt, Magnete falsch geschaltet, so daß der eine Magnet in entgegengesetzter Richtung wie der andere stößt (Prüfung durch zwei Glühbirnen).
Magnet zieht nicht weit genug durch.	Schmutz im Magnetgehäuse oder Steuerkolbengehäuse. Vorsteuerkolben klemmt. Lecköl kann aus dem Magnetgehäuse nicht abfließen. Gemeinsame Leckölabfuhr von Vorsteuer- und Hauptsteuerschieber in einen Raum, in dem zu starker Gegendruck herrscht, oder Drosselung in der Leckölabfuhr. Stoßstange ist schon so abgenützt, daß Kolbenhub zu klein wird. Spannungsabfall in zu dünner elektrischer Leitung. Verschmutzte Kontakte.

Stromregler:

Störung	Mögliche Ursache
Geschwindigkeit ist nicht unabhängig von der Belastung.	Druckausgleichskolben klemmt durch Wärmespannung oder Verunreinigung. Spannung in den Rohrleitungen oder Befestigungsplatten kann im Gehäuse Klemmerscheinungen verursachen. Netzdruck zu niedrig in bezug auf die Federspannung im Druckkompensator. (Der Druckkompensator bleibt offen, bis der durch die Drosselung erzeugte Druckabfall die Feder zusammendrückt.) Starke Leckölströme in den Kanälen um die Steuerkolben.

Wenn man die Rohrleitung eines hydraulischen Antriebes durch Betätigen des Abschlußorgans plötzlich schließt, wird die Strömungsgeschwindigkeit der Flüssigkeitssäule auf null verringert und es wird dadurch ein plötzlicher Druckanstieg verursacht. Dabei überträgt sich auch die kinetische Energie der Pumpe und des Antriebsmotors auf die im Druckrohr eingeschlossene Ölsäule, was ebenso eine weitere plötzliche Drucksteigerung im Rohr zur Folge hat.

Ist nun die Öffnungszeit des Sicherheitsventils in der Leitung kürzer als die Zeit, innerhalb der die Verzögerung der strömenden Flüssigkeit und die Übertragung der Bewegungsenergie von Pumpe und Motor vor sich geht, bleibt der maximale Druck unterhalb des am Sicherheitsventil eingestellten Wertes. Steigt der Druck dagegen schneller, als sich das Ventil öffnen kann, so erreichen die Druckspitzen im Rohr trotz richtiger Einstellung des Sicherheitsventils für stationäre Strömungsvorgänge während der Entstehung dieses Druckstoßes unter Umständen ein Vielfaches des Öffnungsdruckes für stationäre Strömung.

Obwohl diese Druckspitzen schon kurz nach ihrem Entstehen abgebaut werden, weil sich das Sicherheitsventil öffnet, können sie zu Schwingungserscheinungen Anlaß geben und Rohr- und Pumpenbrüche verursachen. Die folgenden Ausführungen haben nun das Ziel, an die mathematisch-physikalische Seite der Problematik heranzuführen und einige Wege zur Lösung zu zeigen.

Zunächst werden allein durch plötzliche Verzögerung der strömenden Flüssigkeitssäule bedingte Druckstöße untersucht. Dann wird der Einfluß der kinetischen Energie von Pumpe und Motor und schließlich der Einfluß der Funktion des Sicherheitsventils auf die Druckstöße behandelt. Eine Zusammenstellung und Erläuterung der wichtigsten Schwingungserscheinungen und das Oszillogramm des Öldruckes in der Druckleitung einer Hydraulikanlage geben schließlich einen weiteren Einblick in die Schwingungsvorgänge eines hydraulischen Systems.

1. Druckstöße durch Verzögerung der strömenden Flüssigkeitssäule

Größe	Bedeutung	Einheit
l	Länge der Flüssigkeitssäule zwischen Pumpe und Abschluß-organ	m
x	Verschiebung eines Flüssigkeitsteilchens am pumpenseitigen Rohrende infolge Drucksteigerung	m
F	Querschnitt der Druckleitung	m²
f	Querschnitt des Kolbens bzw. Angriffsfläche des Zahnes einer Pumpe	m²
r	Teilkreisradius der Pumpe	m
a	Schallgeschwindigkeit in der Flüssigkeit	m/Sek.
v	Strömungsgeschwindigkeit der Flüssigkeit während des Schließvorganges	m/Sek.
v_0	Strömungsgeschwindigkeit der Flüssigkeit vor dem Schließvorgang	m/Sek.
ω	Winkelgeschwindigkeit der schwingenden Flüssigkeitssäule	1/Sek.
ω_0	Winkelgeschwindigkeit der rotierenden Teile der Pumpe	1/Sek.
φ	Drehwinkel des Pumpenzahnrades	
ϱ	Dichte der Flüssigkeit	kp · Sek.²/m⁴
β	Ausdehnungskoeffizient der Flüssigkeit	m²/kp
T	Dauer einer vollen Schwingung der Flüssigkeitssäule	Sek.
G	Gewicht der geradlinig bewegten Teile einer Pumpe	kp
g	Erdbeschleunigung	m/Sek.²
m	Masse der geradlinig bewegten Teile der Pumpe	kp · Sek.²/m
P	Federkraft zwischen Flüssigkeitssäule und Pumpenmasse	kp
J	Trägheitsmoment der rotierenden Massen der Pumpe	kp · m/Sek.²
M	Drehmoment der rotierenden Massen der Pumpe	kp · m
Δp_v	Druckanstieg infolge Verzögerung der Flüssigkeitssäule	kp/m²
Δp	Druckanstieg infolge Übertragung der Bewegungsenergie der Pumpe auf die Flüssigkeitssäule	kp/m²

In diesem und dem folgenden Abschnitt wird vorausgesetzt, daß das Sicherheitsventil überhaupt fehlt, blockiert ist oder erst nach Erreichen des maximalen Druckes öffnet.

Wird ein Steuerschieber einer solchen Druckleitung in der Entfernung l von der Pumpe plötzlich, d. h. innerhalb der Zeit $t = 0$ geschlossen, so steigt der Druck in der Leitung zwischen Steuerschieber und Pumpe auf einen Wert an, der ein Vielfaches des Betriebsdruckes erreichen kann.

In der Praxis wäre der Druckanstieg in einer Leitung ohne Sicherheitsventil bzw. mit blockiertem Sicherheitsventil so groß, daß entweder die Rohrleitung platzt, das Pumpengehäuse bricht oder die Pumpenwelle zerstört wird, wenn die Masse der Pumpe klein und die Masse des Antriebsmotors groß ist. Die Betrachtung einer solchen Druckleitung soll natürlich deshalb hier nur dazu dienen, um die physikalischen Vorgänge bei der Entstehung der Druckstöße zu erläutern.

Der Druckanstieg wird einerseits durch die Verzögerung der Ölsäule allein, andererseits durch die Verzögerung der bewegten Massen von Pumpe und Motor bewirkt.

Wenn der Steuerschieber plötzlich in der Zeit $t = 0$ schließt, so tritt die Druckzunahme durch die Verzögerung der Ölsäule allein auch plötzlich, d. h. innerhalb der Zeit $t = 0$ ein. Die Größenordnung dieses Druckanstieges durch Verzögerung der Strömungsgeschwindigkeit der Flüssigkeit von $v = v_0$ auf $v = 0$ ergibt sich aus der Beziehung (42) nach S. 49

$$\Delta p_v = a\,\varrho\,v_0. \tag{79}$$

2. Druckstöße durch Verzögerung von Pumpe und Antriebsmotor

Durch das plötzliche Abschließen der Druckleitung in der Entfernung l von der Pumpe wird die gesamte kinetische Energie aller bewegten Massen dazu verwendet, um das eingeschlossene Öl zusammenzudrücken. Die Schwungwirkung der rotierenden Massen, deren Bewegungsenergie gleich $\dfrac{J\,\omega_0^2}{2}$ ist, kann dabei auf die Massen mit geradliniger Bewegung, die eine kinetische Energie von $\dfrac{m\,v_0^2}{2}$ haben, reduziert werden und umgekehrt.

Für die Verzögerung einer geradlinig bewegten Masse auf eine elastische Ölsäule ergibt sich folgende „Federkonstante" (Abb. 361): Durch eine Druckerhöhung um Δp wird das im Volumen $F \cdot l$ enthaltene Öl auf einen um $\beta\,\Delta p\,F\,l$ kleineren Raum zusammengedrückt. Es ist also

$$\beta\,\Delta p\,F\,l = f\,x, \tag{80}$$

wenn die Druckerhöhung durch die Bewegung des Kolbens mit der Fläche f um den Weg x entsteht. Also ist

$$\Delta p = \frac{f\,x}{\beta\,F\,l}. \tag{81}$$

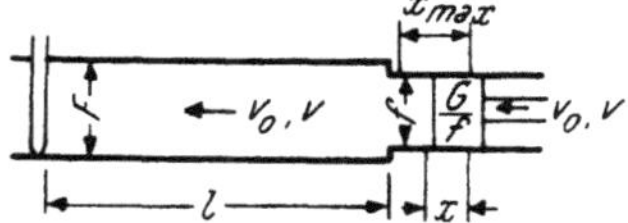

Abb. 361. Schematische Darstellung einer Kolbenpumpe mit Druckleitung

Die zwischen Ölsäule und Masse wirkende Federkraft ist

$$P = c\,x = \Delta p\,f, \tag{82}$$

so daß sich

$$c\,x = \Delta p\,f = \frac{f^2\,x}{\beta\,F\,l} \tag{83}$$

und

$$c = \frac{f^2}{\beta\,F\,l} \tag{84}$$

ergibt.

Denkt man sich die gesamte Masse der Pumpe $m = G/g$ in einem Punkt vereinigt, der im Augenblick des Abschließens der Druckleitung die Geschwindigkeit v_0 hat, so ergibt sich infolge der Verwandlung der Bewegungsenergie der Pumpe in potentielle Energie der elastischen Ölsäule für den ersten Druckstoß

$$P_{\max} = \frac{d^2\,x_{\max}}{dt^2}\,m = x_{\max}\,\omega^2\,m = -\,v_0\,\omega\,m =$$

$$= v_0\sqrt{\frac{c}{m}}\,m = v_0\sqrt{c\,m} = v_0\sqrt{\frac{G\,f^2}{g\,\beta\,F\,l}} = \Delta p_{\max}\,f \tag{85}$$

und

$$\Delta p_{\max} = \sqrt{\frac{G\,v_0^2}{g\,\beta\,F\,l}}. \tag{86}$$

Zahlenmäßig erhält man für ein System mit $G = 1$ kp, $v_0 = 8$ m/Sek., $F = 1$ cm², $l = 1$ m, $\beta = 7 \cdot 10^{-9}$ m²/kp

$$\Delta p_{\max} = \sqrt{\frac{1}{10} \frac{64}{7 \cdot 10^{-9}} \frac{1}{10^{-4}}} \approx 3 \cdot 10^6 \text{ kp/m}^2 = 300 \text{ at.}$$

Für eine Pumpe, an der keine hin- und hergehenden Teile vorhanden sind (Zahnradpumpe), folgt der Druckanstieg in der Leitung aus dem Trägheitsmoment der Pumpe und des Antriebsmotors gemäß folgender Überlegung (Abb. 362): Mit f als Angriffsfläche eines Zahnes und r als Radius des Teilkreises ist das Drehmoment

$$M = \Delta p\, f\, r = k\, \varphi. \tag{87}$$

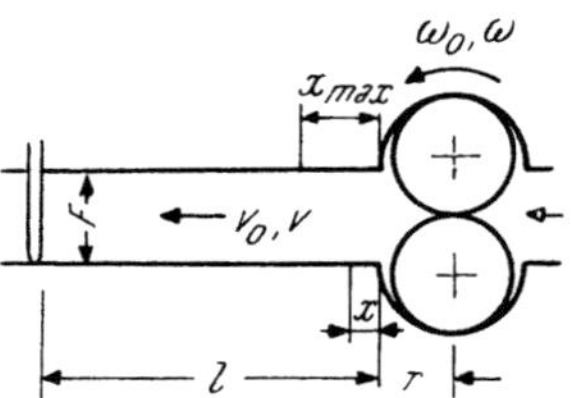

Abb. 362. Schematische Darstellung einer Zahnradpumpe mit Druckleitung

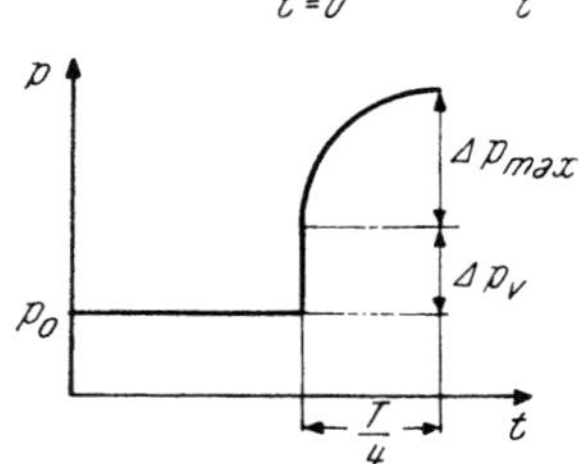

Abb. 363. Überlagerung der Druckerhöhung durch plötzliche Verzögerung der Flüssigkeitssäule und der Druckerhöhung durch Übertragung der kinetischen Energie von Pumpe und Antriebsmotor an die Flüssigkeitssäule

Unter Berücksichtigung von Gl. (80) ergibt sich für die Drehung des Pumpenzahnrades um den Winkel φ

$$\beta\, \Delta p\, F\, l = f\, r\, \varphi \tag{88}$$

und die Druckerhöhung

$$\Delta p = \frac{f\, r\, \varphi}{\beta\, F\, l}. \tag{89}$$

Daraus erhält man entsprechend Gl. (82) und (83)

$$M = k\, \varphi = \Delta p\, f\, r = \frac{f^2\, r^2\, \varphi}{\beta\, F\, l}, \tag{90}$$

die zweite „Federkonstante" also zu

$$k = \frac{f^2\, r^2}{\beta\, F\, l}. \tag{91}$$

Der maximale Druckanstieg nach vollständiger Übertragung der kinetischen Energie der Pumpe an die elastische Ölsäule ist also

$$\Delta p_{\max} = \frac{f\, r\, \varphi_{\max}}{\beta\, F\, l} = \frac{f\, r\, \omega_0}{\beta\, F\, l} \sqrt{\frac{J}{k}} = \frac{f\, r\, \omega_0}{\beta\, F\, l} \sqrt{\frac{J\, \beta\, F\, l}{f^2\, r^2}} =$$
$$= \frac{\omega_0}{\beta\, F\, l} \sqrt{J\, \beta\, F\, l} = \sqrt{\frac{J\, \omega_0^2}{\beta\, F\, l}}. \tag{92}$$

Diese Beziehung ergibt sich natürlich auch aus der Gleichheit der kinetischen Energie der Pumpe und der potentiellen Energie der zusammengedrückten Ölsäule

$$\frac{\Delta p^2_{\max}}{2} \beta\, F\, l = \frac{J\, \omega_0^2}{2}. \tag{93}$$

Der Druckstoß (92) erfolgt innerhalb der Zeit $t = T/4$, wenn T die Schwingungsdauer des schwingenden Systems bedeutet, das aus der elastischen Ölsäule und den rotierenden Teilen von Pumpe und Antriebsmotor besteht. Entsprechendes gilt auch für den Druckstoß (86). Da sich nun die beiden Druckerhöhungen (79) und (92) oder (86) überlagern, ergibt sich der in Abb. 363 dargestellte Kurvenverlauf.

3. Einfluß der Funktion des Sicherheitsventils auf die Ausbildung von Druckstößen

Wie die vorstehenden Ausführungen zeigen, müssen Rohrleitungen, Steuerschieber und Sicherheitsventile hydraulischer Antriebe genau aufeinander abgestimmt sein, wenn es nicht beim Betätigen der einzelnen Elemente zu gefährlichen Vorgängen kommen soll. Insbesondere muß die Schließzeit des Steuerschiebers größer sein als die Öffnungszeit des Sicherheitsventils.

Die Öffnungszeit eines Sicherheitsventils wird bestimmt durch die Größe der zu beschleunigenden Massen aller bewegten Teile am Ventil und die Masse der Flüssigkeitssäule, die gegebenenfalls hinter dem Sicherheitsventil noch beschleunigt werden muß. Um Schwingungen zu vermeiden, muß in jedem Sicherheitsventil eine ausreichende Dämpfung vorhanden sein, welche zwangsläufig die Öffnungszeit verlängert.

Je nach den Abmessungen der Rohrleitung, der bewegten Teile der Pumpe und des Sicherheitsventils sowie je nach der Intensität der Dämpfung in der Rohrleitung, der Pumpe und den anderen Elementen des Systems treten unmittelbar nach dem Abschließen der Druckleitung folgende Schwingungsvorgänge ein:

1. Bei fehlender Dämpfung ergibt sich eine nahezu harmonische Schwingung (Abb. 364a). Die potentielle Energie der zusammengedrückten Ölsäule wird wieder an die Pumpe zurückgegeben, die sich nun in umgekehrter Richtung bewegt. Dieser Antrieb der Pumpe in einer der normalen Bewegungsrichtung entgegengesetzten Richtung ist besonders für voll entlastete Zahnradpumpen sehr schädlich und soll unbedingt durch ein Rückschlagventil vermieden werden.

2. Bei Resonanz zwischen den Schwingungen des Sicherheitsventils und den Eigenschwingungen der Ölsäule ergibt sich eine Schwingung mit zunehmender Amplitude (Abb. 364b). Die dabei auftretende starke Wechselbeanspruchung stellt ebenfalls für alle Bauteile eine große Gefahr dar und ist mit dem Auftreten störender Geräusche verbunden.

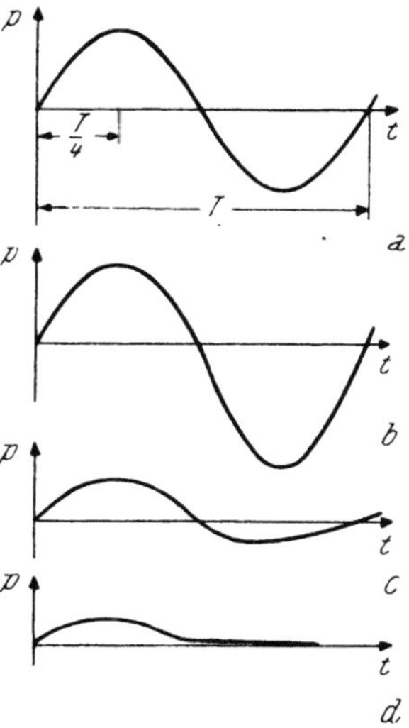

Abb. 364. Schwingungen beim plötzlichen Abschließen der Rohrleitung $(t = 0)$ unter Vernachlässigung des Bezugsdruckes und der Eigenschwingungen der Flüssigkeitssäule

3. Bei mittlerer Dämpfung entsteht eine Schwingung mit langsam abnehmender Amplitude (Abbildung 364c). Der erste Druckanstieg kann dabei schon etwas unter den aus (79) und (86) bzw. (92) ermittelten Werten bleiben.

4. Bei starker Dämpfung entsteht eine Schwingung mit rasch abnehmender Amplitude [aperiodischer Grenzfall (Abb. 364d)]. Der erste Druckanstieg bleibt dabei weit unter den obigen Werten, eine Druckumkehr findet nicht mehr statt.

4. Die wichtigsten Schwingungserscheinungen in Druckleitungen

Prinzipiell können in der Rohrleitung eines hydraulischen Antriebes folgende drei Schwingungserscheinungen einzeln oder miteinander gekoppelt auftreten:

1. Eigenschwingungen der Flüssigkeitssäule,

2. Schwingungen der mit der Flüssigkeitssäule gekoppelten Pumpenmasse,

3. Schwingungen des mit der Flüssigkeitssäule gekoppelten Sicherheitsventils.

Eine Berechnung der einzelnen Vorgänge ist durch die mannigfachen Überlagerungsfähigkeiten und Dämpfungseinwirkungen äußerst schwierig. Aber schon die gesonderte Betrachtung jedes einzelnen Falles bringt einen gewissen Einblick in die Problematik.

Im ersten Fall sollen nur die Eigenschwingungen der Flüssigkeitssäule untersucht werden. Eine Druckwelle benötigt für den Weg zwischen Pumpe und Abschlußschieber und zurück die Zeit

$$T_1 = \frac{2\,l}{a}. \tag{94}$$

Die Grundfrequenz wäre somit

$$\omega_1 = \frac{2\,\pi}{T_1} = \frac{2\,\pi\,a}{2\,l} = \frac{\pi\,a}{l}. \tag{95}$$

Treffen also am pumpenseitigen Ende der Rohrleitung in den Zeitabständen $2\,l/a$ periodische Impulse auf, so sind Flüssigkeitssäule und Impulse in Resonanz, es kommt zur Ausbildung stehender Wellen. Auch wenn die Impulse in den Zeitabständen $4\,l/a$, $6\,l/a$, ... oder l/a, $l/2\,a$, ... eintreten, kommt es zur Resonanz.

Bei größeren Rohrlängen kann auch der einmalige Druckstoß, der beim plötzlichen Abschließen der Druckleitung entsteht, gefährlich sein. Der volle Druckanstieg nach Gl. (79), (86) und (92) wird wohl meist nicht erreicht, weil die beim Abschlußschieber entstehende Druckwelle zur Pumpe zurückgeworfen und dort zum Teil absorbiert wird, nach der Zeit $2\,l/a$ zum Schieber zurückkommt und dort erneut teilweise absorbiert wird, falls der Schieber noch nicht geschlossen ist. Wenn dagegen der Abschlußschieber in einer Zeit, die kleiner als $2\,l/a$ ist, schließt, steigt der Druck auf die berechnete Höhe.

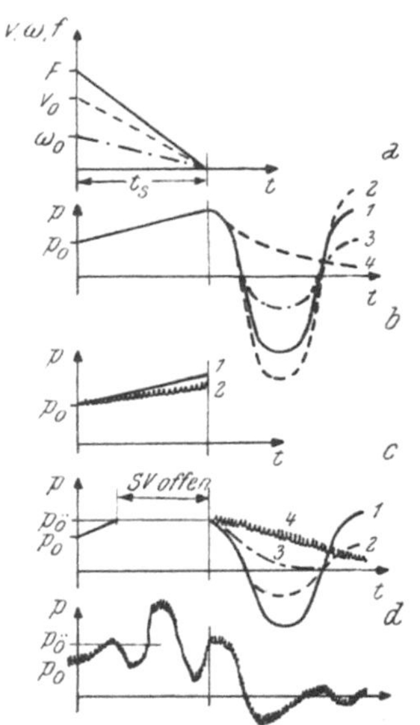

Abb. 365. Schwingungen beim langsamen Abschließen der Rohrleitung $(t = t_s)$ unter Berücksichtigung des Bezugsdruckes und der Eigenschwingungen der Flüssigkeitssäule

Der zweite Fall, daß die Schwingungen der Pumpenmasse sich auf die Flüssigkeitssäule übertragen und die Eigenschwingungen der Flüssigkeitssäule sowie des Sicherheitsventils zu vernachlässigen sind, wurde praktisch schon in Abbildung 364 dargestellt, wobei der Druck im Rohr vor dem Schließen des Schiebers gleich null angenommen worden ist. Diese Schwingungen lassen sich unter Umständen vermeiden, wenn man vor der Pumpe ein Rückschlagventil einbaut, so daß sich die einmal zusammengedrückte Ölsäule nicht wieder ausdehnen kann.

Schließlich können Schwingungen des Sicherheitsventils dadurch auftreten, daß vor dem Sicherheitsventil durch die Beschleunigung der Flüssigkeit unmittelbar nach dem Öffnen desselben ein starker Druckabfall eintritt und das Ventil erneut schließt. Danach steigt der Druck wieder an, das Ventil öffnet zum zweiten Mal. Diese pulsierende Bewegung kann gegebenenfalls auch bei guten Ventilen zu beobachten sein, die unter normalen Betriebsbedingungen einwandfrei arbeiten.

In Abb. 365 sind die wichtigsten Schwingungserscheinungen für den Fall dargestellt, daß in der Leitung vor dem Schließen des Schiebers der Druck $p = p_0$ herrscht und der Schließvorgang innerhalb der Zeit $t = t_s \neq 0$ erfolgt.

Abb. 365a zeigt den zeitlichen Verlauf des Schließvorganges, die Verzögerung der Strömungsgeschwindigkeit der Flüssigkeitssäule und die Verzögerung der Winkelgeschwindigkeit der Pumpenzahnräder.

In Abb. 365b ist der Druckstoß aufgetragen, der nur durch die Verzögerung der Pumpenbewegung hervorgerufen wird. Die Trägheit der Ölsäule wird vernachlässigt, das Sicherheitsventil bleibt geschlossen. Nach vollständigem Schließen des Schiebers sind in der Druckleitung folgende Schwingungen möglich:

1. harmonische ungedämpfte Schwingung,
2. Schwingung mit zunehmender Amplitude durch periodische Anregung,
3. periodische gedämpfte Schwingung,
4. aperiodische gedämpfte Schwingung.

In Abb. 365c ist der allein durch die Trägheit der Ölsäule bedingte Druckstoß unter Vernachlässigung des Einflusses der Pumpe und des Sicherheitsventils dargestellt. Dabei gilt:

1. für gegenüber der Länge der Rohrleitung schnelles Schließen, also $2\,l/a > t_s$,

2. für gegenüber der Länge der Rohrleitung langsames Schließen, also $2\,l/a < t_s$.

Abb. 365d enthält den Fall, daß das Sicherheitsventil beim eingestellten Druck $p = p_\delta$ ohne nachfolgende Schwingungserscheinungen öffnet. Nach vollständigem Schließen des Schiebers können

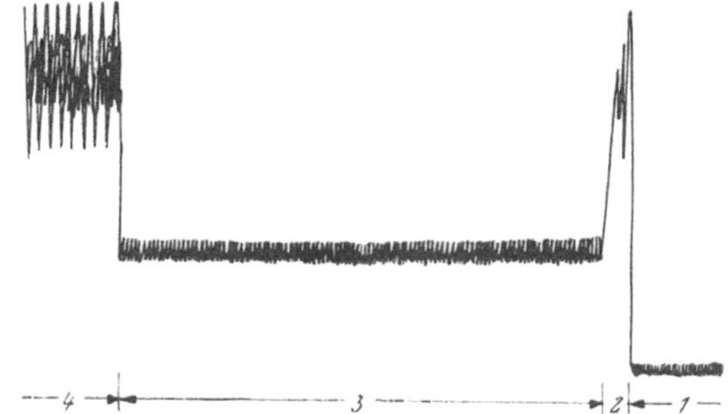

Abb. 366. Oszillogramm des Öldruckes in der Druckleitung einer Hydraulikanlage

dann sowohl Eigenschwingungen der Flüssigkeitssäule als auch Schwingungen des Systems Pumpe-Flüssigkeitssäule auftreten:

1. harmonische ungedämpfte Schwingung,
2. periodische gedämpfte Schwingung,
3. aperiodische gedämpfte Schwingung,
4. Eigenschwingung der Flüssigkeitssäule und aperiodische gedämpfte Schwingung.

Abb. 365e zeigt den Druckverlauf, wenn das Sicherheitsventil bei $p = p_\delta$ öffnet, danach aber Schwingungen ausführt. Diese zeigen zunächst zunehmende Amplitude durch Resonanz und nach vollständigem Schließen des Schiebers abnehmende Amplitude durch Dämpfung. Dem ist noch eine Eigenschwingung der Flüssigkeitssäule überlagert.

5. Oszillogramm des Öldruckes in einer Druckleitung

Zur Ergänzung der bisherigen theoretischen Untersuchungen dient die in Abb. 366 dargestellte oszillographische Aufzeichnung des Öldruckes in der Druckleitung der Hydraulikanlage eines Hubstaplers. Die einzelnen Teile des Oszillogramms sind deutlich voneinander getrennt und stellen folgende Phasen dar:

1. Leerlauf der Pumpe vor der Betätigung des Steuerschiebers. Schwingungen mit der Frequenz der Druckimpulse der einzelnen Zähne der Pumpe. Öldruck etwa 3,5 atü.

2. Druckstoß während der Betätigung des Steuerschiebers infolge Verzögerung der Pumpenmassen. Während des absteigenden Kurvenverlaufes hat sich das

Sicherheitsventil meist bereits geöffnet. Es treten jedoch noch Schwingungen infolge der Trägheit der Ölsäule auf. Spitzendruck etwa 80 atü.

3. Arbeitshub. Schwingungen mit der Frequenz der Druckimpulse der einzelnen Zähne der Pumpe. Öldruck etwa 30 atü.

4. Abfließen des Öls durch das geöffnete Sicherheitsventil. Schwingungen mit Schwebungserscheinungen im Ventil. Mittlerer Öldruck 56 atü, Druckamplituden etwa 20 atü, Spitzendruck etwa 80 atü.

IX. Druckluft als Energiequelle hydraulischer Antriebe

Viele Antriebsaufgaben lassen sich durch hydraulische Elemente allein nicht lösen, z. B. weil eine trägheitsfreie Federung oder eine rasche schlagartige Beschleunigung des Arbeitskolbens verlangt wird, weil mit einer hydraulischen Fernsteuerung nicht die erforderliche Reaktionsgeschwindigkeit erreicht wird, oder weil wegen Feuergefahr oder Verunreinigungsgefahr von Lebensmitteln die Verwendung von Öl ausscheidet usw. Es erhebt sich dann oft die Frage, ob nicht mechanische, elektrische oder pneumatische Antriebe eine zweckmäßigere Lösung der gestellten Aufgabe ermöglichen. Die Hydraulik tritt dabei oft mit der Pneumatik in den schärfsten Wettbewerb, weil auch der — meist billigere — pneumatische Antrieb viele Vorteile, die mit dem hydraulischen Antrieb erreicht werden, bietet.

So schätzt man sowohl am pneumatischen als auch am hydraulischen Antrieb folgende Eigenschaften: Geradlinige Bewegungen ohne Kurbeln, Zahnräder oder Hebel können unmittelbar erzeugt werden, Kolbengeschwindigkeiten, Kräfte oder Arbeitsdrücke können stufenlos geregelt werden. Geschwindigkeit und Druck passen sich selbständig den Arbeitsbedingungen an. Die Massen der bewegten Bauteile sind gering und ermöglichen dadurch eine rasche Bewegungsumkehr. Diese Bewegungsumkehr kann außerdem durch Puffer in den Zylindern sanft und absolut stoßfrei vor sich gehen.

Trotz dieser vielen gemeinsamen Eigenschaften verhalten sich aber hydraulische und pneumatische Antriebe im Betrieb ganz verschieden, da die Hydraulikflüssigkeiten praktisch als starr anzunehmen sind, die Gase dagegen elastisch sind. Soll der Kolben eines Arbeitszylinders in jeder Lage festgehalten werden, so wählt man deshalb eine Hydraulikanlage. Wird aber Wert darauf gelegt, daß der Arbeitszylinder ohne besonderen Eilgang eine Anstellbewegung vornimmt und der Druck erst nach Auftreten eines Widerstandes rasch zunimmt, so ist Luft als Arbeitsmedium angebracht. Dasselbe gilt auch dort, wo ein elastisches Nachgeben des Arbeitskolbens bei zunehmendem Widerstand gewünscht wird.

Konstante Vorschubgeschwindigkeiten können dagegen wieder nur mit hydraulischen Arbeitszylindern eingehalten werden, bei Druckluftzylindern kann bei schwankendem Widerstand eine mehr oder weniger ungleichförmige Bewegung zustande kommen. Diese, die Kolbengeschwindigkeit beeinflussenden Widerstände liegen auch im Arbeitszylinder selbst. Die Reibung der Manschetten oder der O-Ringe zum Abdichten des Kolbens und der Kolbenstange ist von der Bewegungsgeschwindigkeit abhängig. Insbesondere ist die Reibung der Ruhe wesentlich größer als die der Bewegung. Auch diese Einflußgrößen wirken sich somit auf die Gleichmäßigkeit der Kolbengeschwindigkeit aus.

Luft wird meist nur mit Drücken von 4 bis 8 atü für pneumatische Anlagen verwendet. Nur in Ausnahmsfällen werden Drücke bis 40 atü gewählt. Bei großen Kolbenkräften werden deshalb pneumatische Arbeitszylinder nicht nur größer, sondern sogar auch teurer als Hydraulikzylinder.

Die Verwendung höheren Luftdruckes ist nicht zu empfehlen, da damit eine erhöhte Unfallsgefahr verbunden ist, die bei Anlagen mit entsprechendem Flüssigkeitsdruck noch nicht in dem Maße auftreten. Darüber hinaus kommt es beim Einströmen der Luft in den Zylinder durch adiabatische Expansion zur Abkühlung der Luft, und Kondenswasser wird gebildet. Das macht sich aber bei höherem Luftdruck besonders nachhaltig bemerkbar.

Allgemeine Richtlinien im oben angedeuteten Sinne genügen natürlich nicht, um zu entscheiden, ob eine hydraulische oder pneumatische Anlage zweckmäßiger ist. Oft ist es eine einzige Eigenschaft, die zugunsten der Pneumatik oder zugunsten der Hydraulik spricht, die ohne Rücksicht auf andere Überlegungen die Wahl zugunsten der einen oder anderen Variante entscheidet.

In sehr vielen Fällen erscheinen aber sowohl gewisse Vorteile der Hydraulik als auch solche der Pneumatik besonders zweckmäßig zu sein. Es ergibt sich dann oft die Möglichkeit, die zweckmäßigen Eigenschaften der Hydraulik mit denen der Pneumatik zu verbinden und die Frage vor der Lösung einer Antriebsaufgabe sollte dann nicht heißen: „pneumatisch oder hydraulisch", sondern „pneumatisch, hydraulisch oder hydropneumatisch"?

So wird im Papier- und Textilmaschinenbau sowie in der Gummi- und Kunststoffindustrie oft die Aufgabe gestellt, eine Walze mit großen Kräften gegen eine andere Walze zu drücken. Soll dabei vermieden werden, daß der Anpreßdruck beim Eindringen von Fremdkörpern zwischen den beiden Walzen plötzlich ansteigt, so kann dies nur durch einen Luftpolster erreicht werden, der entweder unmittelbar in einem Luftzylinder zur Verfügung steht oder bei hydraulischen

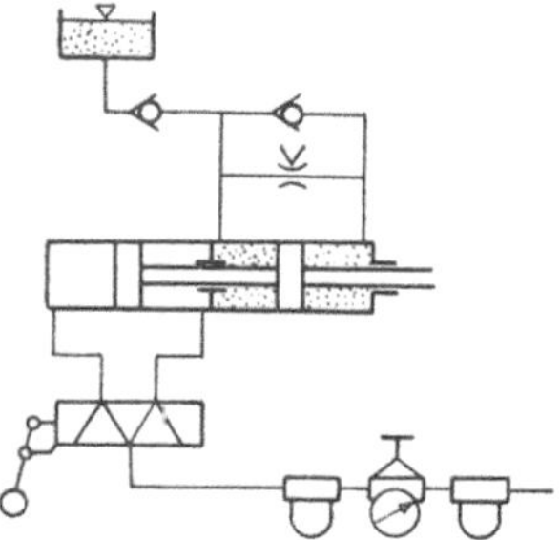

Abb. 367. Luftzylinder mit Ölbremse in Tandemanordnung

Zylindern in einen Akkumulator mit Gasfüllung verlegt wird. Für kleine Kräfte wird diese Aufgabe deshalb durch Luftzylinder allein am besten gelöst. Für große Kräfte ist aber die Hydraulik vorzuziehen, weil die Arbeitszylinder bei hohen Drücken kleiner, leichter und billiger werden.

Sollen nun die wesentlichen Vorteile der hydraulischen Zylinder — kleine Abmessungen, genau regelbare Kolbengeschwindigkeit bei veränderlichem Widerstand, die Möglichkeit, Zylinder in bestimmten Lagen sicher festhalten zu können — als auch die der pneumatischen Zylinder — elastisches Nachgeben, rasche Bewegungsvorgänge — miteinander verbunden werden, so kann diese Aufgabe oft noch besser als durch Normalakkumulatoren durch andere einfache pneumohydraulische Normbauteile, wie z. B. einen Druckübersetzer von Luft auf Öl oder eine Lufthydraulikpumpe, gelöst werden.

Ein anderes charakteristisches Beispiel einer einfachen Vorrichtung, die zur pneumohydraulischen Lösung geradezu prädestiniert erscheint, wäre das folgende:

Langsamer Vorschub einer Bohrspindel mit genau konstanter Geschwindigkeit, die auch dann noch weiter beibehalten werden soll, wenn der Bohrer das Arbeitsstück durchstößt, der Widerstand auf den Vorschubzylinder somit plötzlich aufhört.

Rücklauf des Bohrers mit möglichst hoher Eilgangsgeschwindigkeit.

Die einfachste Lösung dieser Aufgabe wäre z. B. durch einen Luftzylinder mit Ölbremse nach Abb. 367 möglich.

Nach dieser allgemeinen Einführung in die Pneumohydraulik, die sich mit der zweckmäßigen Kombination von pneumatischen und hydraulischen Geräten beschäftigt, sollen die nachstehenden pneumohydraulischen Geräte sowie deren Anwendungsgebiete besprochen werden:

1. Fernsteuerung von Wegeventilen durch Druckluft.

2. Luftzylinder mit Ölbremse oder Hydraulikzylinder mit Rückführung durch Druckluft.

3. Pneumohydraulische Vorschubeinheiten zur Bewegung von Bohrspindeln und Schlitten an Werkzeugmaschinen ohne Druckübersetzer.

4. Vorschubeinheiten wie unter 3., jedoch mit Druckübersetzer.

5. Als Anwendungsbeispiel für die Verwendung von pneumohydraulischen Antrieben ein Einzweckautomat zur Herstellung von Pleuelstangen in vier Takten mit pneumatischen Steuerventilen und vier Vorschubeinheiten.

6. Lufthydraulikpumpen und ihre Anwendung.

7. Pneumohydraulischer Waggonkipper.

1. Fernsteuerung von Wegeventilen durch Druckluft

Bei großen Wegeventilen für hohe Flüssigkeitsdrücke reichen die Zugkräfte eines Elektromagneten nicht mehr aus, um den Steuerkolben zu verschieben, und man wendet daher das Prinzip der Vorsteuerung an. Steigt der Betriebsdruck über 100 atü etwa an, so wählt man im allgemeinen den Steuerdruck niedriger als es der Arbeitsdruck ist. Schon allein, um den Elektromagneten möglichst klein halten zu können. Bei einer hydraulischen Vorsteuerung braucht man also eine besondere Druckölpumpe oder zumindest ein Druckminderventil.

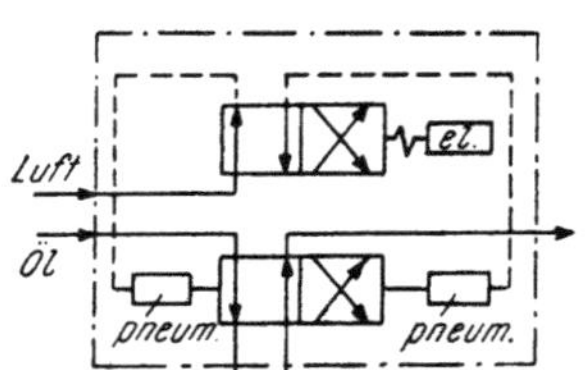

Abb. 368. Schema eines Zweipositions-Vierwegeventils mit Vorsteuerung durch Druckluft

Ist aber ein Druckluftnetz vorhanden, so liegt es nahe, zur Vorsteuerung Druckluftzylinder einzusetzen. Das Schaltungssymbol eines pneumatisch gesteuerten Drucköventils in Abb. 368 mag das verdeutlichen.

Selbstverständlich kann nicht jeder Steuerschieber für hydraulische Fernbetätigung ohne weiteres für Fernsteuerung oder Vorsteuerung durch Luft verwendet werden. Es ist dafür zu sorgen, daß alle Dichtungen so ausgebildet werden, daß unter keinen Umständen Luft in den Ölkreislauf eindringen kann. Vor allem aber sind alle für die Regelung der Bewegungsgeschwindigkeit des Hauptsteuerkolbens ausschlaggebenden Elemente dem Betrieb für Vorsteuerung durch Luft anzupassen. Drosselschrauben in den Rücklaufleitungen des kleinen „Arbeitszylinders" zur Betätigung des Hauptkolbens, die für Öl bestimmt sind, wirken bei Luft praktisch überhaupt nicht, es muß deshalb der Steuerkolben selbst durch entsprechenden konischen Anschliff oder Kerben so geschaltet werden, daß auch bei schlagartiger Betätigung des Steuerkolbens keine unzulässig hohen Druckstöße im Hydrauliknetz entstehen.

Außerdem ist bei Dreipositionsventilen mit Federrückführung in die Mittellage zu berücksichtigen, daß die Kolbenreibung bei Luftzylindern meist größer ist als bei hydraulischer Betätigung und auf alle Fälle größer als bei Hand- oder Nockenbetätigung.

Die Kraft der Rückführungsfedern muß deshalb bei pneumatischer Betätigung meist größer sein als bei mechanischer oder hydraulischer Betätigung.

Viele namhafte Firmen arbeiten an der Weiterentwicklung dieser pneumohydraulischen Schaltgeräte.

Besonders in Stahl- und Walzwerken trifft man diese pneumatisch gesteuerten Ventile, aber auch heute schon im Betrieb häufig an.

Relativ einfache pneumatisch vorgesteuerte Ventile für Flüssigkeiten sind auch alle durch Druckluft betätigten ferngesteuerten Absperrventile, die meist als Membranventile gebaut werden. Für große Leistungsquerschnitte haben sich auch Ventile eingeführt, bei denen durch Aufblasen einer ringförmigen Membran der Strömungsquerschnitt verengt oder sogar ganz geschlossen wird. Die zum Steuern benutzte Druckluft wird über Dreiwegeventile geführt, die selbst bei lichten Weiten des Hauptventils bis 500 mm nur ganz kleine Querschnitte haben.

2. Luftzylinder mit Ölbremse

Gegenüber einer rein hydraulischen Anlage haben Luftzylinder mit Ölbremse den Vorteil, daß bei vorhandener Druckluft keine Ölpumpe und kein Antriebsmotor erforderlich sind. Außerdem wird für die Rückführ- und Anstellbewegung im Eilgang kein besonderes Eilgangventil benötigt, wie dies bei rein hydraulischen Anlagen der Fall wäre.

Abb. 369 zeigt eine einfache Anlage zur pneumohydraulischen Betätigung einer Ofentüre, die langsam und in gleichmäßiger Geschwindigkeit gesenkt werden soll. Die Schließbewegung erfolgt durch Eigengewicht, das Öffnen durch Luftzufuhr zum Zwischenbehälter mit Ölfüllung.

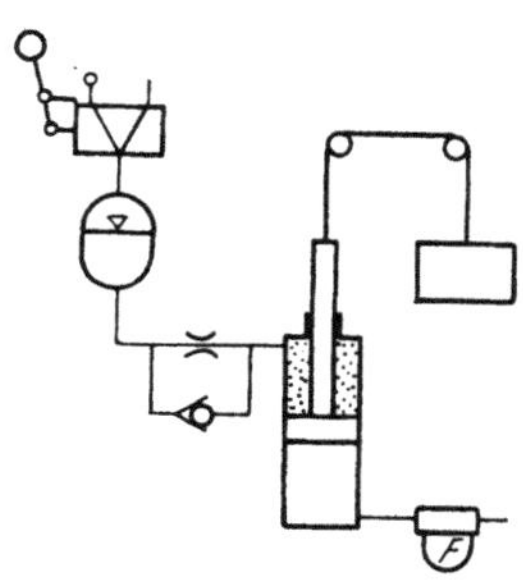

Abb. 369. Pneumohydraulische Betätigung einer Falltüre

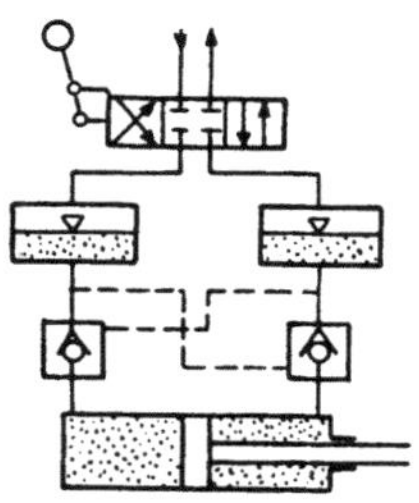

Abb. 370. Festhalten eines pneumohydraulisch betätigten Zylinders in jeder Lage durch Doppelrückschlagventile

Die pneumatische Betätigung eines Arbeitszylinders, der durch gesteuerte Doppelrückschlagventile in jeder Lage festgehalten werden kann, zeigt Abb. 370.

Abb. 367 zeigt eine einfache Anordnung eines Luftzylinders, bei dem der Ölbremszylinder an der gleichen Kolbenstange in Tandemanordnung vorgesehen ist. Durch das Geschwindigkeitsventil im Ölkreislauf wird erreicht, daß der Zylinder rasch einfährt und mit einstellbarer Geschwindigkeit ausfährt. Über ein Rückschlagventil ist außerdem ein Ölbehälter angeschlossen, aus dem Ersatz für Lecköl nachgesaugt werden kann.

Wird neben das Geschwindigkeitsventil noch ein Absperrventil parallel geschaltet, das bei Bewegungsbeginn

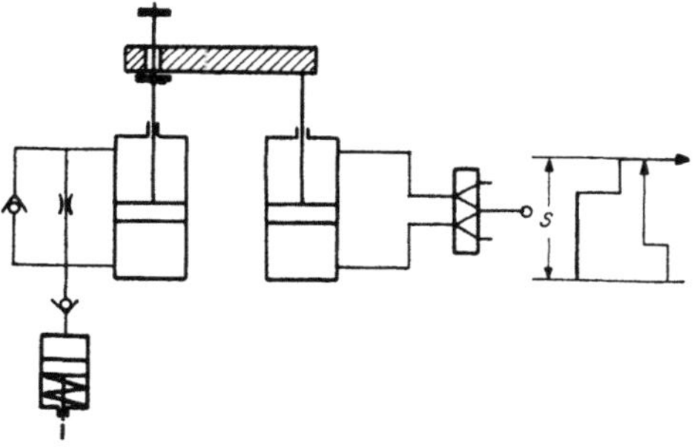

Abb. 371. Luftzylinder mit Ölbremszylinder. Zeitpunkt des Überganges vom Eilvorschub zum Arbeitsvorschub durch verstellbaren Anschlag regelbar

zunächst offen ist und dann während der Bewegung an einer bestimmten Stelle des Schiebers schließt, so wird auch noch eine Anstellbewegung im Eilgang ermöglicht.

Luftzylinder und Ölbremse müssen jedoch nicht, wie in Abb. 367, starr miteinander verbunden sein. Eine Eilgangsbewegung und nachfolgende langsame Arbeitsbewegung können z. B. auch dadurch erreicht werden, daß der Luftzylinder bei jedem Arbeitsspiel einen größeren Hub durchläuft als der Ölbremszylinder, Abb. 371. Der Luftzylinder durchläuft dann zunächst den Eilgang,

der dadurch beendet wird, daß ein Anschlag der Kolbenstange des Luftzylinders
an einem Mitnehmer an der Kolbenstange des Bremszylinders anschlägt. Erst
nach diesem Augenblick muß der Kolben der Ölbremse mitgenommen werden
und bestimmt dadurch die Vorschubgeschwindigkeit während des Arbeitsganges.
Die Rückführung des Bremskolbens mit kleinerem Hub erfolgt durch einen
Schlitzmitnehmer oder durch Einwirkung einer durch Druckluft erzeugten
Rückstellkraft, die ständig auf eine Kolbenseite des Bremszylinders einwirkt.

3. Hydropneumatische Vorschubeinheiten ohne Druckübersetzer

Unter einer hydropneumatischen Vorschubeinheit versteht man einen Luftzylinder mit Ölbremse, der entweder nach Betätigung eines Tasters eine einmalige
Hin- und Herbewegung mit bestimmtem Geschwindigkeitsverlauf über dem Hub oder aber nach einmaliger
Betätigung einer Taste periodisch fortlaufend eine
hin- und hergehende Bewegung mit vorgeschriebenem
Geschwindigkeitsverlauf über dem Hub ausführt.

Eine einfache Ausführungsform einer solchen Vorschubeinheit, bei der der Bremszylinder neben dem
Luftzylinder liegt, arbeitet z. B. nach dem in Abb. 371
gezeigten Prinzip wie folgt:

Eine an der Kolbenstange des Luftzylinders befestigte Lasche schlägt an einer bestimmten Stelle des
Hubes an einen Anschlag, der an der Kolbenstange
des Ölzylinders befestigt ist. Bis zum Erreichen dieses

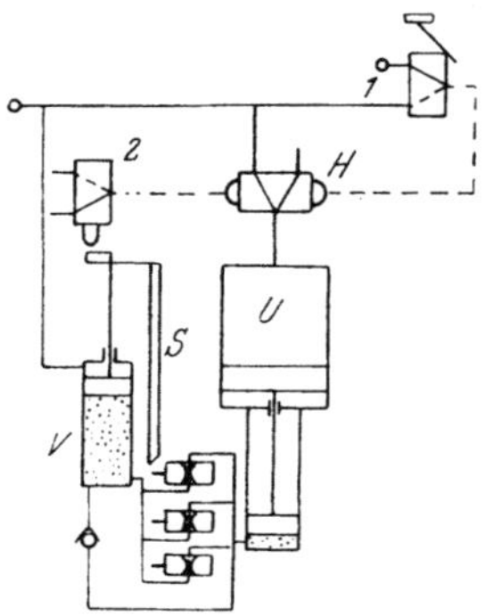

Abb. 372. Vorschubeinheit mit
Druckübersetzer

Anschlages fährt der Luftzylinder im Eilgang aus.
Der Anschlag auf der Kolbenstange des Ölzylinders ist
versetzbar. Damit ist auch die Länge des Eilgangweges einstellbar. Auch der Rückgang erfolgt im Eilgang, da im Ölzylinder
ein Geschwindigkeitsventil vorgesehen ist. Ein Umsteuerventil besonderer Bauart bewirkt bei jedem Hubende die Umstellung eines Vierwegeventils, das die Luftzufuhr zum Luftzylinder steuert. Nach einmaliger Betätigung eines Handhebels
am Umsteuerventil läuft die Vorschubeinheit fortlaufend oszillierend hin und her.

Solche einfache Vorschubeinheiten ohne Druckübersetzer nach Abb. 371
können nur für relativ kleine Kräfte verwendet werden. Für größere Kräfte
wird man im allgemeinen Vorschubeinheiten mit Druckübersetzern vorziehen.

4. Vorschubeinheiten mit Druckübersetzern

Ein Druckübersetzer ist eine Kombination aus einem Luftzylinder mit großer
Kolbenfläche und einem Ölzylinder mit kleiner Kolbenfläche, die in Tandemanordnung miteinander arbeiten. Durch den Luftdruck im Luftzylinder wird
ein dem Verhältnis der Kolbenflächen entsprechender Öldruck im Ölzylinder
erzeugt. Meist wird der Öldruck 4-, 8- oder 16mal so hoch wie der Luftdruck
gewählt, und es können somit zur Erzielung bestimmter Kräfte wesentlich
kleinere Arbeitszylinder eingesetzt werden. Dadurch wird die konstruktive
Gestaltung einer Vorrichtung günstiger und außerdem auch der Preis niedriger.

Das Schema einer Vorschubeinheit mit Druckübersetzer zeigt Abb. 372.
Durch einen Druck auf Taster *1* wird das Dreiwege-Hauptsteuerventil *H* betätigt,
der Übersetzer *U* drückt Öl in den Vorschubzylinder *V*, dessen eine Zylinderseite ständig mit dem Druckluftnetz in Verbindung steht. Als Vorschubkraft
wirkt somit der Luftdruck auf die Differenz zwischen der Fläche des Kolbens
im Übersetzer und der Fläche des Vorschubzylinders. Nach Erreichen der aus-

gefahrenen Endlage betätigt der Vorschubzylinder das Nockenventil *2*, das den Dreiwegeschieber *H* umsteuert. Der Übersetzer wird entlüftet und das Öl im Eilgang in den Übersetzer zurückgeschoben.

Im Zylinderkopf des Vorschubzylinders sind ein Rückschlagventil für den Eilrücklauf sowie ein oder mehrere Drosselventile für den Vorlauf eingebaut. Durch eine Steuerstange *S*, die an der Kolbenstange des Vorschubzylinders befestigt ist, kann erreicht werden, daß während des Vorschubes jeweils bestimmte dieser Drosseln geöffnet oder geschlossen werden oder aber, daß auch der Querschnitt einer Drossel während des Vorschubes stufenlos geregelt und damit die Vorschubgeschwindigkeit verändert wird. So kann jeder beliebige Verlauf der Vorschubgeschwindigkeit in Abhängigkeit von der Kolbenstellung erreicht werden, in gleicher Weise in Sonderfällen auch eine Regelung der Rücklaufgeschwindigkeit erfolgen.

5. Gleichzeitige Verrichtung von vier Arbeitsgängen durch parallellaufende Vorschubeinheiten mit automatischem Arbeitsablauf

Der Schaltplan ist in Abb. 373 wiedergegeben. Die Einleitung des ersten Spieles erfolgt durch Schalter *I*, die automatische Auslösung jedes neuen nachfolgenden Arbeitsspiels durch Schalter *II*.

Durch das Dreiwegemagnetventil *1* werden alle Hauptventile gleichzeitig betätigt, und alle Vorschubeinheiten fahren aus. Nachdem der betreffende Arbeitsgang ausgeführt ist, wird das jeweilige Nockenventil *2* der betreffenden Vorschubeinheit betätigt und dadurch der Rückzug im Eilgang veranlaßt. Erst wenn alle Vorschubeinheiten eingefahren und alle Kontakte *III* betätigt wurden, wird das Magnetventil *3* wieder betätigt und nach Ablauf einer am Zeitrelais *t* einstellbaren Zeit der Vorschubmotor *M* ein-

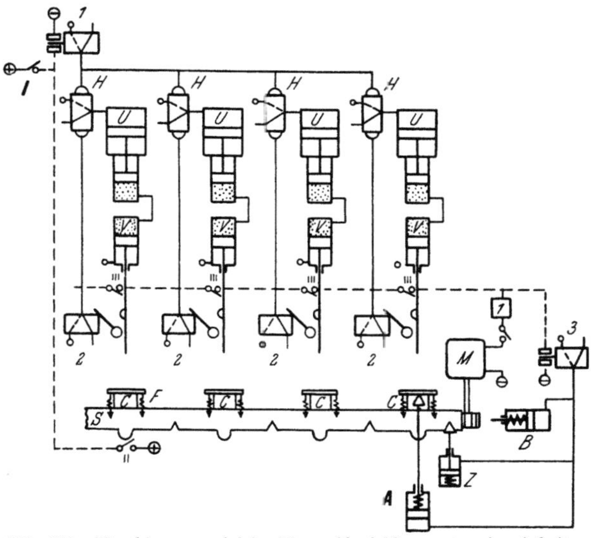

Abb. 373. Maschine zur gleichzeitigen Abwicklung von vier Arbeitsgängen

geschaltet. Das Magnetventil *3* steuert gleichzeitig mit dem Verriegelungszylinder *Z* den Entspannungszylinder *A* und den Vorschubzylinder *B*. Das Auswerfen kann durch Wegblasen mit der Ausblaseluft aus einem Zylinder oder mechanisch durch den Entspannungs-, Verriegelungs- oder Vorschubzylinder erfolgen. Nach Einlegen eines neuen Arbeitsstückes wird das Förderband oder der Drehtisch durch den Motor *M* betätigt und damit der Kontakt *II* wieder eingeschaltet. Dadurch wird das Dreiwegeventil *1* betätigt, und das Arbeitsspiel beginnt von neuem.

6. Druckluft-Hydraulikpumpen

Druckluft-Hydraulikpumpen dienen wie Druckübersetzer zur Übersetzung des niedrigen Luftdruckes auf einen hohen Flüssigkeitsdruck. Während jedoch der Druckübersetzer nur einen einzigen Hub ausführen kann, hat sowohl der Druckluft- als auch der Drucköilzylinder einer Druckluft-Hydraulikpumpe Saug- und Druckventile, so daß ein ständiger Druckmittelstrom erzeugt werden kann. Die Pumpe wird an ein Druckluftnetz mit 2 bis 7 atü Betriebsdruck angeschlossen und gibt einen regelbaren Flüssigkeitsdruck ab, dessen Maximalwert nur durch die Auswahl der geeigneten Pumpentype bestimmt wird. Es werden bereits Pumpen geliefert, die maximal 5000 atü Betriebsdruck auf der Sekundärseite haben. Abbildung 374 zeigt den Schnitt einer solchen Pumpe.

Die Frequenz der oszillierenden Bewegung ist begrenzt, die Förderströme dieser Pumpen sind daher auch nur gering. Man kann sie also nur dort einsetzen, wo der Druckmittelbedarf gering ist, wie etwa beim Abpressen von Rohren oder Behältern. Neuerdings verwendet man sie gern an Filterpressen, wobei für mehrere Pressen je eine Pumpe ausreicht. Auch zur Versorgung von Druckölzylindern mit Drucköl zum Anpressen von Walzen, die auf vielen Gebieten des Maschinenbaues verwendet werden, können Druckluft - Hydraulikpumpen herangezogen werden. Man kann also unter Umständen auf den Einbau eines relativ teuren Druckölspeichers ver-

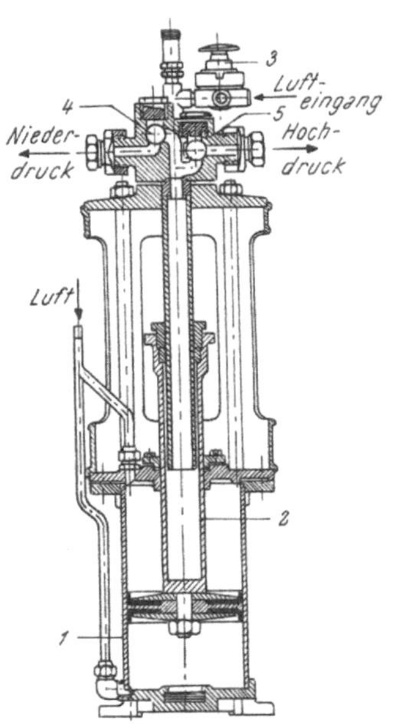

Abb. 374. Schnitt durch eine Druck-luft-Hydraulikpumpe (Tuboflex)

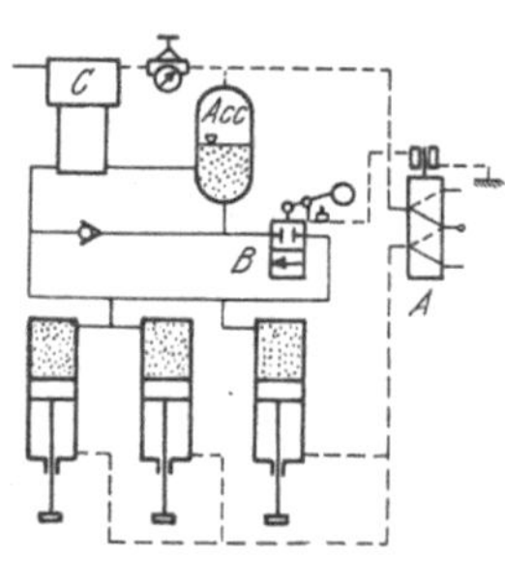

Abb. 375. Furnierpresse.
---- Luft, —— Öl

zichten, weil auch das Luftpolster der Druckluft-Hydraulikpumpe die gleiche elastische Wirkung hat wie das Stickstoffpolster des Flüssigkeitsspeichers.

Druckluft-Hydraulikpumpen werden außerdem zum Eichen von Manometern, zur Druckprüfung der verschiedensten Geräte, wie Dampf-, Flüssigkeits- und Gasmesser, Feuerlöschmittelsysteme, Hähne und Kessel, Kühlanlagen, Stahlflaschen, Ventile usw., sowie zum Ein- und Auspressen von Lagerbuchsen eingesetzt. Sie sind aber auch — ähnlich wie die Vorschubeinheiten — ein wichtiger Normbauteil für die Zusammenstellung von Vorrichtungen und Einzweckmaschinen. Dabei können sie entweder Ölpumpen ersetzen, da sie ja im Grunde nichts anderes als Ölpumpen mit einem Luftkolbenmotor sind, oder auch als Hochdruckpumpe neben einer Niederdruckpumpe Verwendung finden, wobei die Entlastung der Niederdruckpumpe nach Einsetzen des Hochdruckes ebenso durch ein Rückschlagventil erfolgt, wie bei einem aus Eilgang- und Hochdruckpumpe bestehenden Hydraulikaggregat.

Mehrere Druckluft-Hydraulikpumpen mit verschiedenen Lieferströmen und Enddrücken können in gleicher Weise zusammenarbeiten, wie etwa mehrere Eilgang- oder Hochdruckpumpen, die durch Rückschlag- und Entlastungsventile verbunden sind. Solche Aggregate liefern zunächst größere Ströme mit niedrigerem Druck und erzeugen anschließend für den Preßvorgang bei kleinen Lieferströmen den höchsten Druck.

Die Steigerung der Druckkraft nach Beendigung des Hubes durch eine Druckluft-Hydraulikpumpe kann auch in pneumatischen Pressen erreicht werden.

Abb. 375 zeigt eine Furnierpresse mit Steigerung der Preßkraft nach Beendigung des Hubes der Spannzylinder. Die Rückführung der Spannzylinder in die Ausgangsstellung erfolgt nur durch den Luftdruck.

Eine solche Presse arbeitet wie folgt: Im Eilgang und dem automatisch anschließenden Preßvorgang fahren in der gezeichneten Stellung die Zylinder aus. Das unter Einwirkung des Luftdruckes stehende Öl im Ölbehälter strömt über das Rückschlagventil in die Zylinder. Nach Vergrößerung des Widerstandes schließt das Rück- schlagventil und die Pumpe arbeitet mit vollem Preßdruck. Im Rücklauf werden die Arbeits- zylinder nur durch den Luftdruck zurückgeführt. Nach Umstellen des Zweiwegeventils B wird über den an diesem Ventil an- gebauten elektrischen Kontakt auch das Magnetventil A betätigt. Die Verbindung des Druckluft- netzes mit der Zuleitung zur Lufthydraulikpumpe wird unter- brochen, und das Drucköl kann vom Zylinder über das Ventil B in den Ölbehälter zurückfließen.

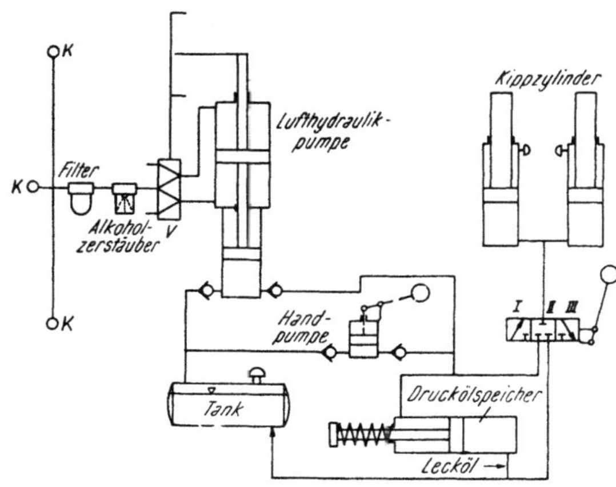

Abb. 376. Schaltplan zum Waggonkipper nach Abb. 377. K Druck- luftanschlüsse (zweimal Fülleitung, einmal zu ortsfestem Netz)

Die Anschaffungskosten einer solchen pneumohydraulischen Presse sind um etwa 40% niedriger als die einer hydraulischen Presse, die die gleichen Drücke und Eilgangsgeschwindigkeiten erreicht.

7. Pneumohydraulischer Antrieb für Waggonkipper

Bei hydraulischen Kippvorrichtungen auf Eisenbahnwagen können entweder auf dem Wagen kleine Verbrennungsmotoren vorgesehen werden, die zum Antrieb

Abb. 377. Waggonkipper

der Ölpumpe für die hydraulische Kippvorrichtung dienen, oder es können Ölpumpen mit elektrischem oder mit pneumatischem Antrieb Verwendung finden.

Bei Verwendung eines Verbrennungsmotors zum Antrieb der Ölpumpe kann der Entladevorgang unabhängig von einer Stromquelle an jeder beliebigen Stelle vorgenommen werden. Die Kosten für einen solchen kleinen Verbrennungsmotor sind jedoch relativ hoch. Bei Antrieb durch Elektromotoren ist die Betätigung der hydraulischen Entladevorrichtung nur an solchen Stellen möglich, an denen elektrische Stromquellen zur Verfügung stehen, wobei jeweils ein Kabel zwischen der Stromquelle und dem Eisenbahnwagen verlegt werden muß. Schließlich besteht die Möglichkeit zur Speicherung von elektrischer Energie in Batterien oder aber auch die Speicherung von Druckluftenergie in Druckluftbehältern, die zum Antrieb einer Lufthydraulikpumpe dienen. Eine andere Möglichkeit der Energiespeicherung sind Drucköfederspeicher, die ebenfalls durch eine Druckluft-Hydraulikpumpe aufgeladen werden können. Abb. 376 zeigt das Schaltschema eines solchen pneumohydraulischen Kipperantriebes für Eisenbahnwaggons und Abb. 377 die Ansicht einer Kippvorrichtung.

Außer der für die Bremsanlage dienenden Druckluftleitung wird eine zweite „Fülleitung" an jedem solchen Eisenbahnwagen vorgesehen. Die Fülleitung führt von einem Ende des Wagens zum anderen und es sind an beiden Wagenenden, ebenso wie für die Bremsluftleitungen, Rohrleitungskupplungen vorgesehen. Die Druckluft dieser Fülleitung steht dann ebenfalls an jeder beliebigen Entladestelle zum Antrieb der Druckluft-Hydraulikpumpe zur Verfügung.

Außer den beiden Kupplungen der Fülleitung am Wagenende ist noch eine dritte Rohrleitungskupplung vorgesehen, durch die die Lufthydraulikpumpe auch an jedes beliebige andere Druckluftnetz angeschlossen werden kann, wenn der betreffende Eisenbahnwagen nicht in einen Zug eingereiht wird, in dem eine durchgehende „Fülleitung" vorgesehen ist.

Die Lufthydraulikpumpe dient zur Erzeugung der Druckenergie im Drucköspeicher mit Federbelastung, die dann innerhalb einer kurzen Entladezeit von 10 Sek. für die Betätigung der Kippzylinder verwertet werden kann.

Die Betätigung der Kippzylinder erfolgt durch das Umstellen eines Dreigewegeventils, das wahlweise in die drei folgenden Stellungen gebracht werden kann:

Stellung I: Kippen. Der Drucköspeicher wird mit den Kippzylindern verbunden.

Stellung II: Festhalten. Die Anschlüsse zum Kippzylinder und zum Speicher werden verschlossen.

Stellung III: Senken. Das Drucköl fließt vom Kippzylinder in den Öltank zurück.

Während des Kippvorganges wird das zum Füllen der Kippzylinder erforderliche Ölvolumen der Hochdruckseite des Drucköspeichers entnommen.

8. Richtlinien für die Wahl zwischen hydraulischen und pneumatischen Antrieben

Allgemeine Richtlinien genügen natürlich nicht in allen Fällen für die Auswahl geeigneter Geräte. Oft ist es eine einzige Eigenschaft, die ohne Rücksicht auf andere Überlegungen die Wahl der einen oder der anderen Anlage verlangt.

So wählt man im allgemeinen für große Kräfte hydraulische Anlagen mit hohen Drücken, weil Druckölzylinder für höhere Drücke und mit kleinen Abmessungen erheblich billiger als Druckluftzylinder mit sehr großen Abmessungen für Betriebsdrücke zwischen 5 und 8 atü sind.

Bei Kunststoffpressen beispielsweise mit großen Kräften werden deshalb auch meist hydraulische Antriebe verwendet. Zum Pressen besonders großer Kunststoffteile, wie sie für Kühlschränke oder auch Badewannen benötigt werden, sind aber hohe Geschwindigkeiten notwendig, da die Formung sehr schnell ablaufen muß; bei langsamer Formung auftretende Temperaturveränderungen könnten nicht in Kauf genommen werden. Diese hohen Geschwindigkeiten werden aber nur mit Druckluftzylindern erreicht. Man verwendet also Druckluftzylinder mit Durchmessern bis 500 mm, obwohl diese Zylinder teuer sind, obwohl die Presse mit ihnen große Abmessungen bekommt, und obwohl der Transport der Presse damit erschwert und sie selbst teurer wird.

Oft wird nur deshalb eine pneumatische oder eine hydraulische Anlage vorgezogen, weil schon ein Verdichter oder eine Drucköpumpe vorhanden ist. Diese Überlegung ist aber nur bei kleinen und untergeordneten Geräten, etwa bei Spannzylindern, gerechtfertigt. Die Anschaffungskosten für einen Verdichter oder eine Drucköpumpe sind meist unbedeutend gegenüber dem Preis der ganzen Anlage und sollten deshalb nicht ins Gewicht fallen, wenn die Aufgabe trotz vorhandener Druckluft hydraulisch, oder trotz vorhandener Drucköpumpe pneumatisch besser gelöst werden kann.

X. Beispiele hydraulischer Antriebe aus allen Industriezweigen

Die zweckmäßige Gestaltung eines hydraulischen Antriebes für eine bestimmte Maschine ist eine Aufgabe, die meist nur dann richtig gelöst wird, wenn die Erfahrungen, die bei ähnlichen Antrieben an anderen Maschinen gesammelt wurden, entsprechend berücksichtigt werden. Die Kenntnis der einzelnen Normbauteile und einzelner häufig verwendeter Schaltgruppen, wie sie in Abschn. V, S, 250, zusammengestellt wurden, reichen auch unter Berücksichtigung der allgemeinen Richtlinien für die Planung hydraulischer Antriebe, wie sie in Abschn. I, 6, S. 11, gegeben wurden, noch lange nicht aus, um für jede Antriebsaufgabe die zweckmäßigste Lösung zu finden.

Es sollen deshalb im folgenden einige hydraulische Antriebe für die verschiedensten Maschinen aus allen Industriezweigen besprochen werden, wobei jeweils darauf Wert gelegt wird, daß zunächst die Aufgabe, die durch den Antrieb gelöst werden soll, kurz erklärt wird, und dann erst die Funktion des hydraulischen Systems besprochen wird. Wenn es auch hier nur möglich ist, einige wenige Beispiele ausgeführter und bewährter Antriebe zu besprechen, so wird doch in vielen Bedarfsfällen die Analogie zwischen den hier besprochenen Aufgaben mit den in anderen Maschinen vorliegenden Antriebsproblemen oft mehr dazu beitragen, eine möglichst zweckmäßige Lösung der gestellten Aufgaben zu finden, als die Kenntnis der Normbauteile und deren prinzipieller Funktion allein.

Es sollen im folgenden als Beispiele für die Gestaltung hydraulischer Systeme in den verschiedensten Maschinen 20 hydraulische Antriebe beschrieben werden, die eine besonders günstige Lösung der gestellten Antriebsaufgaben durch hydraulische Elemente ermöglichten.

1. Antrieb von Betonmischern

Abb. 379 zeigt den Antrieb eines auf einem Kraftwagenfahrgestell aufgebauten Betonmischers nach Abb. 378 durch einen hydrostatischen Antrieb mit einer Regelpumpe PV und einem Ölmotor MF, die im geschlossenen Kreislauf miteinander arbeiten. Die Steuerung der Pumpe erfolgt durch einen Arbeitszylinder 7, der durch den Steuerschieber 6 betätigt wird. Das Drucköl für Betätigung dieses Arbeitszylinders liefert eine Steuerdruckpumpe ST, die in der Regelpumpe eingebaut ist. Das 4/3-Ventil gestattet auch das einwandfreie Festhalten des Arbeitszylinders in jeder beliebigen Lage, so daß der Antrieb der Mischtrommel jeweils auf die gewünschte Drehzahl eingestellt werden kann, in der die Trommel dann weiterläuft, sobald das 4/3-Ventil losgelassen und durch Federrückführung in seine Mittellage zurückgeführt wird.

Abb. 378. Betonmischer mit hydrostatischem Antrieb (Güldner)

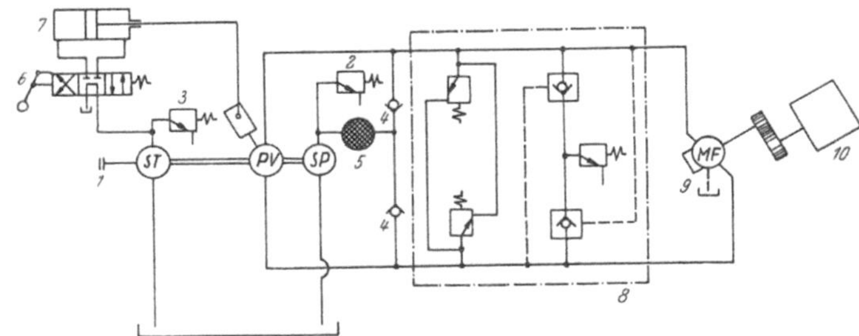

Abb. 379. Hydraulisches System des Antriebes eines Betonmischers nach Abb. 378

2. Windenantrieb

Bei Windenantrieben wird oft verlangt, daß die Hubgeschwindigkeit bzw. die Veränderung der Antriebsdrehahl der Winden in weiten Grenzen dem jeweiligen Belastungszustand entsprechend verändert wird. Durch eine Regelpumpe mit Leistungsregelung allein wäre jedoch äußerstenfalls eine Veränderung der Drehzahl etwa im Verhältnis 1:5 zwischen dem Betriebszustand im Leerlauf und bei voller Belastung möglich. Wird deshalb, z. B. zum Hochziehen eines unbelasteten Kranhakens, eine Regelmöglichkeit über dieses Drehzahlverhältnis verlangt, so wird ein Getriebe, das aus einer regelbaren Pumpe und einem regelbaren Ölmotor besteht, erforderlich (Abb. 380).

Ein solches Getriebe ermöglicht dann eine Regelung der Drehzahl zwischen Leerlauf und Vollast etwa im Verhältnis 1:25.

Die Steuerung des Windenantriebes in Abb. 380 erfolgt durch den Handhebel *11*, bei dessen Betätigung zunächst durch den Endschalter *10* das Magnet-

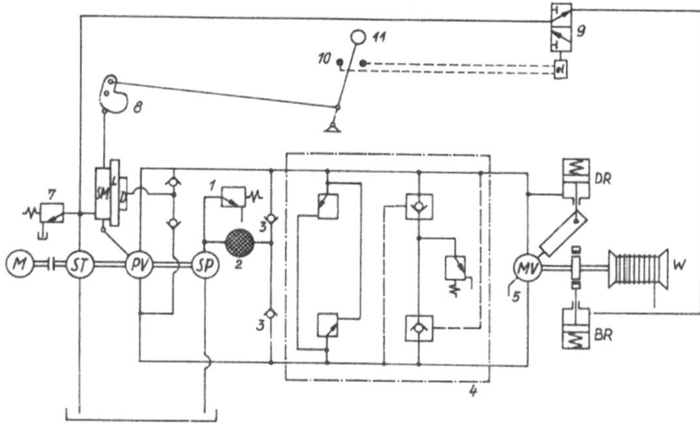

Abb. 380. Hydrostatischer Windenantrieb mit Feststellbremse und automatischer Regelung der Hubgeschwindigkeit in Abhängigkeit von der Last im Verhältnis 1 : 25. *L* Leistungsbegrenzer, *SM* Servomotor,
D Druckabschneider

ventil *9* geschaltet wird. Der Bremszylinder *BR* lüftet dadurch die Feststellbremse und ermöglicht damit den Antrieb der Winde *W* durch den Ölmotor *MV*.

Die Regelpumpe kann in beiden Richtungen ausgeschwenkt
werden, der Ölmotor dagegen
nur in einer Richtung.

Bei Leerlauf wird die Winde
mit maximaler Drehzahl angetrieben, wobei die Pumpe ganz
ausgeschwenkt ist, der Ölmotor
jedoch auf seinen kleinsten
Schwenkwinkel eingestellt ist,
der durch einen Anschlag im
Zylinder *DR* festgelegt ist und
dem die maximale Drehzahl
des Motors entspricht.

Bei steigendem Öldruck wird
zunächst der Motor durch den
Druckregelzylinder *DR* immer
weiter ausgeschwenkt, dadurch
sinkt die Motordrehzahl bei unveränderlicher Stromstärke in
den Ölleitungen. Erst wenn der
volle Schwenkwinkel des Motors
erreicht ist, wird durch den
Leistungsbegrenzer *L* der Regelpumpe ein kleinerer Schwenkwinkel an der Pumpe eingestellt und dadurch die Stromstärke der Pumpe verringert.
Erst nach Erreichen des zu-

Abb. 381. Kran mit vollhydraulischem Antrieb (Güldner)

lässigen Betriebsdruckes stellt der Druckabschneider *D* die Regelpumpe auf
die den LecköÖlmengen entsprechende kleinste Fördermenge zurück.

3. Kran mit hydrostatischem Antrieb von Winde, Wippe und Schwenkwerk

In Abb. 382 ist der Antrieb eines vollhydraulischen Kranes nach Abb. 381 gezeigt, in dem je eine regelbare Pumpe PV_2 und PV_1 für die Druckölversorgung des Hubwerkes und des Schwenkwerkes vorgesehen ist, während die Arbeitszylinder des Wippwerkes durch eine Pumpe mit unveränderlicher Fördermenge PF im offenen Kreislauf mit Drucköl versorgt werden.

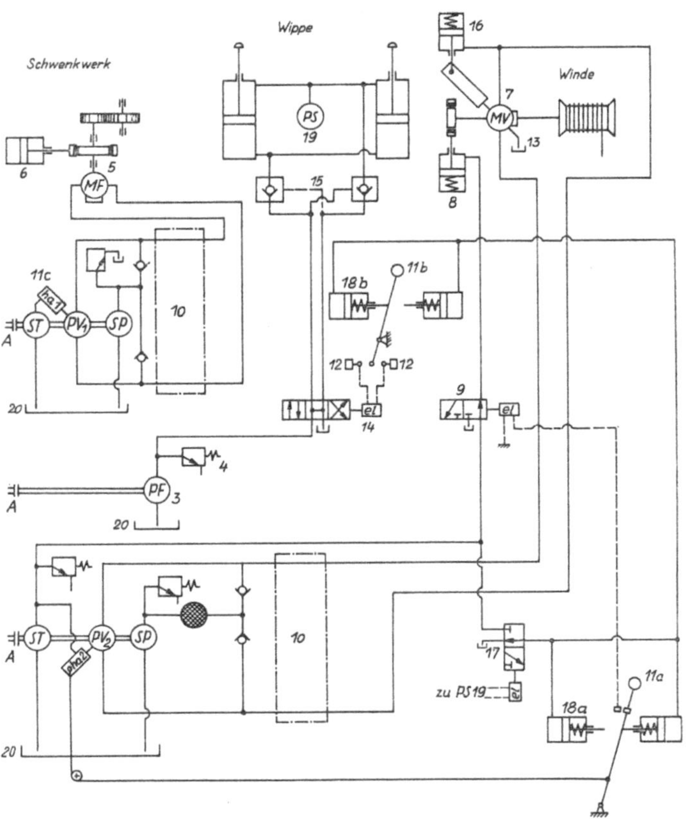

Abb. 382. Hydraulischer Schaltplan des Kranes nach Abb. 381. *A* Antrieb vom Dieselmotor, *10* Ventilblock nach Abb. 252 bis 254

Das Hubwerk kann alternativ je nach den verlangten Hubgeschwindigkeiten im Leerlauf und bei sehr geringer Belastung mit einem Motor mit unveränderlichem Schluckvermögen oder mit veränderlichem Schluckvermögen *7* und dem dann ebenfalls erforderlichen Verstellzylinder *16* für den Schwenkwinkel des Motors ausgerüstet sein.

Um ein sicheres Festhalten der Wippzylinder in jeder beliebigen Lage trotz der unvermeidlichen Leckverluste im Steuerventil *14* zu ermöglichen, wird zwischen die Wippzylinder und das Steuerventil *14* ein gesteuertes Doppelrückschlagventil *15* eingebaut.

Der Druckschalter *19* tritt bei Überlastung der Wippzylinder in Funktion und betätigt das 3/2-Ventil *17*, das nun bei Überlastungsgefahr veranlaßt, daß die Verriegelungszylinder *18 a* und *18 b* ausfahren. Dadurch wird zunächst das Hubwerk stillgesetzt und das Wippwerk von Heben auf Festhalten zurückgestellt, weil die Betätigungshebel *11a* und *11b* in ihre Mittellage gestellt werden.

Außerdem schließt die Nocke am Betätigungshebel des Hubwerkes einen Kontakt, der auf das Magnetventil *9* wirkt und dadurch veranlaßt, daß das Drucköl aus dem Bremszylinder *8* austritt.

Abb. 383. Spritzgußmaschine mit Schneckenverplastifizierung, Formschluß direkt hydraulisch (Engel)

Dadurch wird die Feststellbremse des Hubwerkes betätigt. Die Steuerung des Schwenkwerkes erfolgt ebenfalls durch einen Handhebel, der über Bowdenzüge und eine Nockensteuerung den Servomotor betätigt.

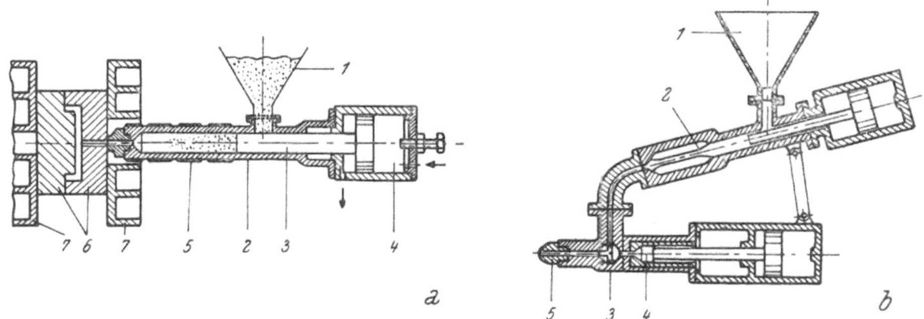

Abb. 384. Funktionsprinzip der Spritzgußmaschinen. a) Mit einfacher Kolbenverplastifizierung, b) mit Kolbenverplastifizierung vor dem Spritzgußzylinder. *1* Fülltrichter, *2* Füllkolben, *3* Dreiwegeventil, *4* Spritzkolben, *5* Düse

4. Spritzgußmaschinen

Spritzgußmaschinen dienen zur Herstellung von Kunststoffteilen. Man unterscheidet zwischen Spritzgußmaschinen mit einfacher Kolbenverplastifizierung und zwischen Maschinen mit Kolbenverplastifizierung außerhalb des Spritzzylinders. Bei den Maschinen mit einfacher Kolbenverplastifizierung (Abb. 384a) wird der Kunststoff in Form von körnigem Gut aus einem Materialtrichter (*1*) entnommen, in einen Spritzzylinder (*2*) gefördert und durch einen Spritzkolben (*3*) aus diesem Zylinder unter sehr hohem Druck — etwa 1000 bis 1500 atü — durch eine Düse in eine teilbare Form (*6*) gespritzt.

Das Schmelzen der Granulate erfolgt im Spritzzylinder selbst und die zum Schmelzen benötigte Wärmemenge wird von außen durch elektrische Heizmanschetten (5) durch die Wandung des Spritzzylinders dem Kunststoff zugeführt.

Bei Maschinen mit Kolbenvorverplastifizierung wird das Spritzgut außerhalb des Spritzzylinders aufgeschmolzen. Das Schema dieser Anordnung zeigt Abb. 384 b. Der Einspritzkolben drückt hier nicht wie bei der Maschine mit einfacher Kolbenverplastifizierung auf die Granulate, sondern auf die bereits plastifizierte Masse.

Der hydraulische Antrieb kann nun in den verschiedenen Systemen der Spritzgußmaschinen zur Lösung folgender Aufgaben herangezogen werden:

1. Öffnen und Schließen der Form.

2. Zusammenpressen der beiden Formteile.

3. Betätigung des Kolbens im Spritzzylinder durch einen Arbeitszylinder für Drucköl.

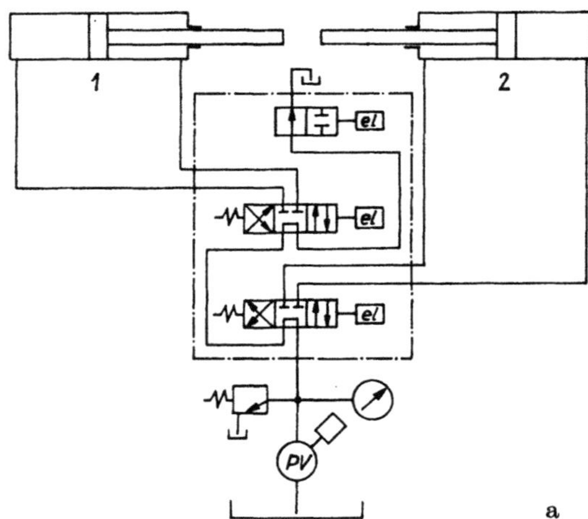

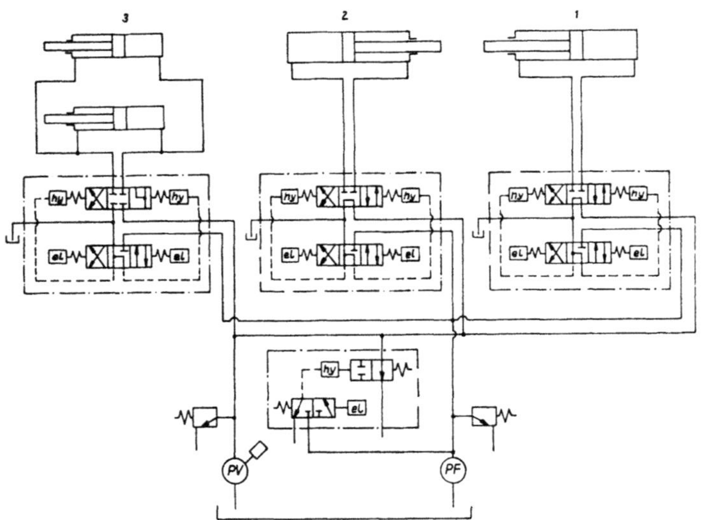

Abb. 385. Schaltplan einer Spritzgußmaschine. a) Mit Kolbenverplastifizierung, b) mit Massezylinderträger

Abb. 385a zeigt z. B. den Schaltplan einer Spritzgußmaschine mit einfacher Kolbenverplastifizierung, bei der ein Arbeitszylinder *1* zum Öffnen und Schließen der Form sowie zum Zusammenpressen der Formteile während des Spritzvorganges verwendet wird, und ein zweiter Arbeitszylinder *2* zur Betätigung des Spritzzylinders dient. Das Verhältnis des Durchmessers des Druckölzylinders zum Durchmesser des Spritzzylinders entspricht dem Verhältnis des verlangten

Spritzdruckes zum verfügbaren Öldruck. Sollen in komplizierteren Maschinen, z. B. mit einem weiteren Zylinder für die Vorverplastifizierung, drei oder mehrere Arbeitszylinder nach einem bestimmten vorgeschriebenen Arbeitsspiel zusammenwirken, so können in ähnlicher Weise wie in Abb. 385a statt zwei auch drei oder mehrere 4/3-Ventile hintereinandergeschaltet werden, die zur Betätigung der verschiedenen Arbeitszylinder dienen.

Abb. 385b zeigt schließlich noch einen Schaltplan einer großen Spritzgußmaschine, in der außer den Zylindern für den Formschluß und die Betätigung des Spritzzylinders noch zwei

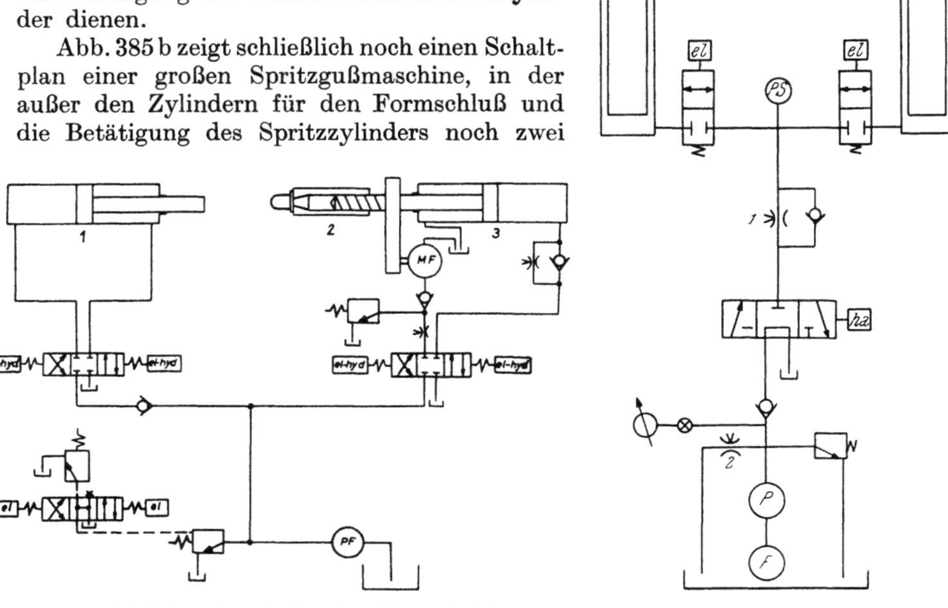

Abb. 386. Schaltplan einer Spritzgußmaschine mit Schneckenverplastifizierung

Abb. 387. Schaltplan eines Pfannen-
kippers

Masseträgerzylinder zum Ausgleich einer vertikal bewegten Masse vorgesehen sind, in der ausschließlich vorgesteuerte 4/3-Ventile verwendet werden. Als Steuerölquelle ist hier eine eigene Steuerölpumpe vorgesehen.

Die meisten Spritzgußmaschinen mit Vorverplastifizierung arbeiten allerdings heute nicht mit Kolbenvorverplastifizierung, sondern mit „Schneckenvorverplastifizierung".

Den hydraulischen Antrieb für eine solche Spritzgußmaschine mit Schneckenvorverplastifizierung zeigt Abb. 386.

Der Formschluß der Maschine erfolgt wie bei den Kolben-Spritzgußmaschinen durch einen hydraulischen Kolben mit Vorwärts- und Rückwärtsgang.

Die Plastifizierung des Rohmaterials erfolgt durch eine rotierende Schnecke, welche durch einen Hydraulikmotor angetrieben wird. Die Schnecke wird durch einen hydraulischen Kolben nach vorwärts bewegt und wirkt dabei gleichzeitig als Einspritzkolben.

Der Arbeitsablauf eines ganzen Spieles geht wie folgt vor sich:

1. Schließen der Form durch Formschließkolben (*1*).

2. Einspritzen des Rohmaterials in die geschlossene Form durch Schnecke ohne Drehbewegung, betätigt durch hydraulischen Spritzkolben (*3*).

3. Plastifizierung des Rohmaterials durch Rotation und gleichzeitigen Rücklauf der Schnecke (*2*).

4. Formöffnung durch Schließkolben (*1*).

Der Antrieb der Kolben und des Hydraulikmotors erfolgt durch eine Pumpe mit konstanter Fördermenge.

5. Pfannenkipper

Abb. 387 zeigt den hydraulischen Schaltplan für die Kippvorrichtung einer Gußpfanne. Die Druckölerzeugung erfolgt in einer voll entlasteten Hochdruck-Zahnradpumpe. Das 4/3-Ventil mit freiem Ölrücklauf in der Mittellage dient zur Umstellung zwischen Heben und Senken der Pfanne. Die gewünschte Senkgeschwindigkeit kann an der Drossel *1* eingestellt werden. Die im Bypass liegende Drossel *2* ermöglicht eine feinfühlige Regelung der Hubbewegung während des Gießvorganges. Das Rückschlagventil ist unbedingt erforderlich, um zu vermeiden, daß die Pfanne bei etwas zu starkem Öffnen der Drossel *2* während des Gießvorganges eine der Hubbewegung entgegengesetzte Senkbewegung ausführt, und dadurch die ganz langsame Hubbewegung unterbricht, so daß überhaupt kein flüssiges Metall mehr aus der Pfanne austritt. Die Zweiwegeventile vor den Arbeitszylindern dienen als Sicherheitsvorrichtung. Beim Platzen einer Rohr- oder Schlauchleitung bewirkt der Druckschalter *PS*, daß diese Zweiwegeventile den Ausfluß des Drucköls aus den Zylindern verhindern.

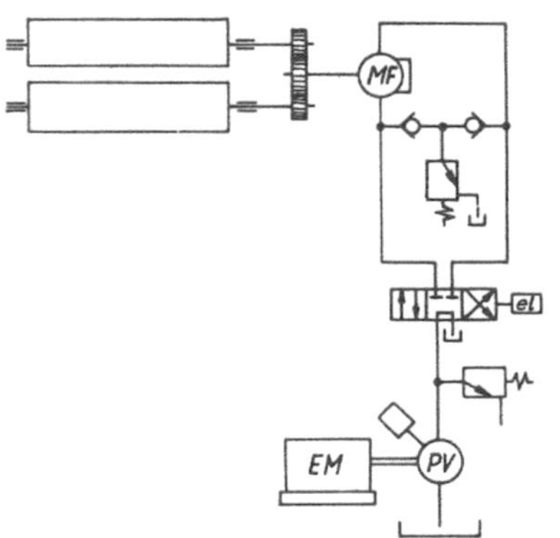

Abb. 388. Walzwerkantrieb

Abb. 389. Walzwerk (Sack)

6. Hydrostatischer Walzwerkantrieb

Um möglichst weitgehend alle überflüssigen Transportwege auszuschalten, bevorzugt man in Walzwerken die Arbeitsweise mit Walzen mit veränderlicher Drehrichtung. Infolge der großen Antriebsleistung, die für den Antrieb von Walzen erforderlich ist, sind auch die Massen der Antriebsmotoren groß und die für die Verzögerung und Beschleunigung in der entgegengesetzten Richtung erforderliche Zeit für die Bewegungsumkehr entsprechend lang. Der Walzwerkantrieb stellt somit ein charakteristisches Beispiel für die Möglichkeit zur Beschleunigung eines Arbeitsprozesses durch die Verkürzung der für die Umkehr der Bewegungsrichtung erforderlichen Zeit dar.

Abb. 388 zeigt den Schaltplan eines einfachen Walzwerkantriebes nach Abb. 389. Ein Kurzschlußmotor mit entsprechend großer rotierender Masse läuft immer in der gleichen Drehrichtung weiter und treibt eine regelbare Axialkolbenpumpe an, die für die Drucköelversorgung des Radialkolbenölmotors mit fixer Schluckmenge dient. Der Wechsel der Drehrichtung erfolgt durch Umstellen des 4/3-Ventils. Das Auftreten von unzulässig hohen Drücken während des Umsteuervorganges wird durch das zwischen den beiden Rückschlagventilen sitzende Sicherheitsventil verhindert.

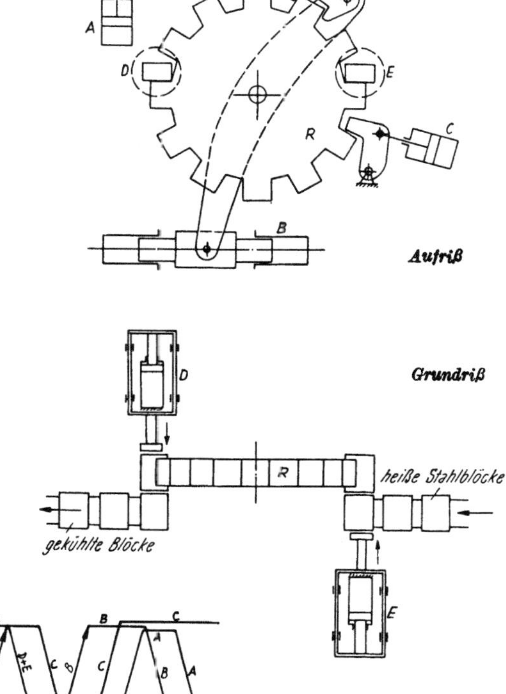

Abb. 390. Kühlradantrieb

Bei der Anlage nach Abb. 389 dient ein 80-PS-Motor zum Antrieb der Hochdruckpumpe für Drücke bis 200 atü, deren Stromstärke zwischen 2 und 200 l/Min. verstellt werden kann. Die Drehzahl des Ölmotors liegt dementsprechend zwischen 10 und 1000 U/Min. Die Bewegungsumkehr des Ölmotors mit dem angeschlossenen Walzenpaar ist innerhalb von 1 Sek. möglich. Das Zahnradgetriebe zwischen Ölmotor und Walzen hat ein Übersetzungsverhältnis von 10 : 1, die Walzen laufen somit mit Drehzahlen zwischen 1 und 100 U/Min.

7. Antrieb eines Kühlrades für Walzwerke

Abb. 390 zeigt den schematischen Aufbau eines Kühlrades für ein Walzwerk, das folgende Aufgabe erfüllt: Durch den Zylinder E werden heiße Barren auf das Kühlrad R geschoben. Das Kühlrad nimmt den Barren dann während einer Drehung um 180° mit, wobei der Barren während dieser Bewegung abgekühlt wird. Der abgekühlte Barren wird dann durch den Zylinder D wieder aus dem Kühlrad herausgeschoben und durch mechanische Vorrichtungen weitertransportiert. Der Antrieb des Kühlrades erfolgt hydraulisch durch den Antriebszylinder B, wobei abwechselnd der Lüftzylinder A und der Verriegelungszylinder C betätigt werden, um das Kühlrad festzuhalten. Das gesamte, aus sechs Takten bestehende Arbeitsspiel geht dabei nach Abb. 390 wie folgt vor sich:

1. Vorschubzylinder D und E fahren aus und wieder ein, wobei jeweils ein heißer Barren aufgelegt und ein kalter aus dem Rad herausgeschoben werden.

2. Verriegelung C wird gelöst.

3. Antriebszylinder B verdreht das Kühlrad um einen Zahn, wobei der Lüftzylinder A eingefahren und die obere Verriegelung am Kühlrad im Eingriff ist.

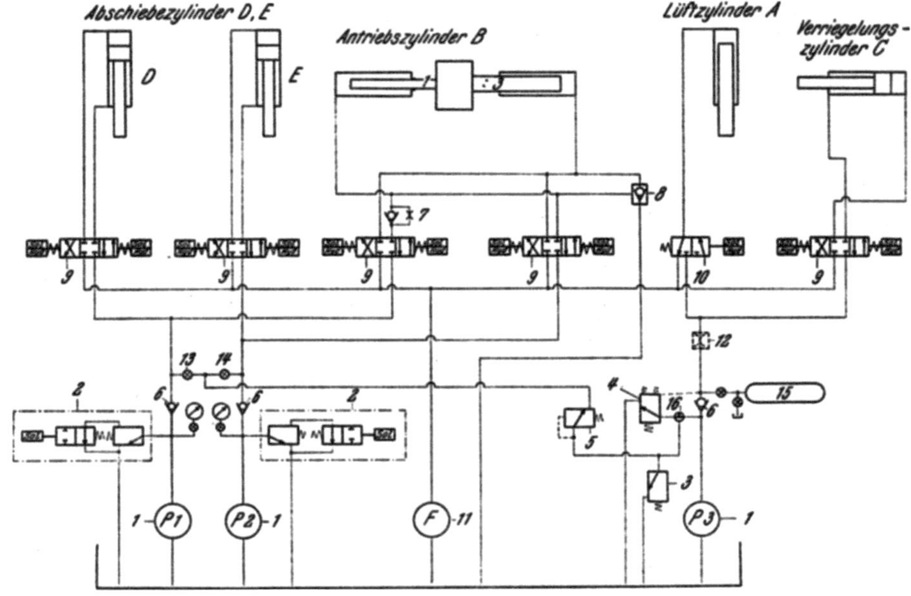

Abb. 391. Schaltplan des Kühlradantriebes

4. Der Zylinder C verriegelt das Kühlrad, der Lüftzylinder A fährt gleichzeitig aus und bleibt ausgefahren.

5. Vorschubzylinder B geht in die Ausgangsstellung zurück.

6. Lüftzylinder A fährt ein und sperrt die obere Verriegelung wieder.

Den Schaltplan des hydraulischen Antriebes zur Lösung dieser Aufgabe zeigt Abb. 391.

Als Druckölquelle dienen die Schraubenradpumpen $P\,1$, $P\,2$ und $P\,3$. Normalerweise versorgt hierbei die Pumpe $P\,1$ den Abschiebezylinder D und die linke Seite des Antriebszylinders B, die Pumpe $P\,2$ den Abschiebezylinder E und die rechte Seite des Antriebszylinders B. Der Rückzugzylinder A und der Verriegelungszylinder C werden durch die Pumpe $P\,3$ versorgt. Bei Ausfall einer der beiden Pumpen $P\,1$ oder $P\,2$ können die Absperrventile 13 und 14 geöffnet werden und die Anlage kann, wenn auch mit verminderter Geschwindigkeit, weiterarbeiten. Es kann aber auch nur eines der beiden Ventile 13 und 14 geöffnet werden, dann liefert die Pumpe $P\,3$ ebenfalls Drucköl für die Zylinder B, D und E.

Durch das Geschwindigkeitsventil *7* wird die Vorschubgeschwindigkeit des Antriebszylinders *B* eingestellt. Der linke Plungerkolben des Antriebszylinders hat nur eine wesentlich kleinere Kolbenquerschnittsfläche als der rechte Antriebskolben. Damit die Rückzugbewegung rasch genug erfolgen kann und nicht durch die Drosselung in dem relativ engen Vierwegeventil *9* gehemmt wird, ist das gesteuerte Rückschlagventil *8* vorgesehen.

Der Stromregler *12* verhindert eine zu plötzliche Entladung des Speichers *15*.

In der gezeichneten Stellung des Dreiwegeventils *16* sorgt das kombinierte Abschalt- und Überdruckventil *4* dafür, daß bei Stillstand der Zylinder *A* und *C* zunächst der Speicher *15* aufgeladen wird, und daß dann nach Erreichen des eingestellten Speicherdruckes der Schalter *4* auf drucklosen Umlauf der Pumpe gestellt wird.

Steht dagegen das Dreiwegeventil *16* in der Stellung, in der die Pumpe *P 3* mit dem Vorspannventil *5* verbunden wird, so sorgt dieses Vorspannventil *5* dafür, daß immer zuerst der Speicher geladen wird und dann erst die Zylinder *B*, *D* oder *E* mit Drucköl versorgt werden.

8. Rohrprüfanlage

Die Anlage dient dazu, um geschweißte Rohre auf Dichtheit zu überprüfen. Die Rohre werden zwischen eine feste und eine bewegliche Spannbacke, die hydraulisch betätigt wird, gespannt und dann mit Preßwasser abgedrückt. Die Spannung während des Abdrückvorganges erfolgt ebenfalls durch einen hydraulischen Arbeitszylinder.

Abb. 392 zeigt den Schaltplan der Anlage.

In der gezeichneten Stellung fördern beide Pumpen in den Ölbehälter zurück. Der notwendige Steuerdruck für die vorgesteuerten Steuerschieber *2* und *3* wird durch das Vorspannventil *4* erzeugt. Das Einspannen des Rohres geht nun wie folgt

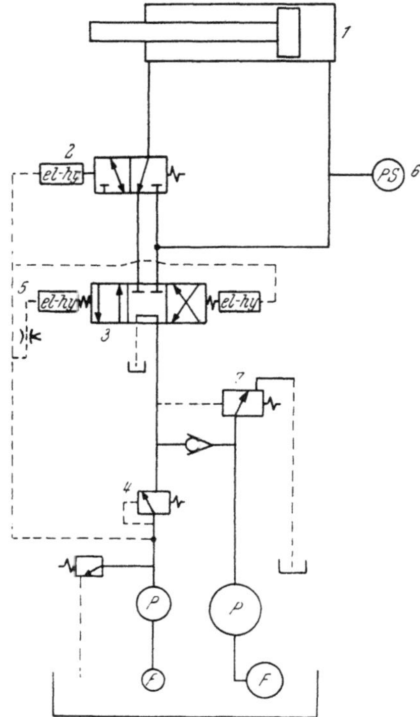

Abb. 392. Rohrprüfanlage

vor sich: Zunächst wird Ventil *2* und *3* erregt, der Zylinder *1* fährt im Eilgang aus. Der Druck steigt an, Druckschalter *6* unterbricht die Spannung bei Magnetventil *2*, gleichzeitig fördert die Eilgangpumpe über das Abschaltventil *7* in den Behälter zurück und die Hochdruckpumpe erzeugt den erforderlichen Anpreßdruck.

Nach vollendetem Prüfungsvorgang wird Magnetventil *3* umgeschaltet, Zylinder *1* fährt ein. Bei Erreichen der Endstellung wird über Endschalter Magnetventil *3* stromlos und beide Pumpen fördern wieder drucklos.

Das Arbeitsspiel kann nun von neuem beginnen.

9. Erdölbohranlagen

a) Das Grundprinzip moderner Bohranlagen

In Großbohranlagen werden heute in Deutschland meist nicht mehr wie bisher die einzelnen Antriebe für den Drehtisch, den Spill, die Spülpumpe usw.

durch Kettenantriebe von einem großen Verteilergetriebe aus angetrieben, sondern es wird nur das schwere Hubwerk und die Spülpumpen von einem großen, auf Flur liegenden Antriebsmotor aus angetrieben. Die etwa 3 bis 4 m ober Flur im Bohrturm angeordneten Antriebe für den Spill und den Drehtisch werden mit gesonderten Antriebsmaschinen ausgerüstet und häufig durch hydrostatische Antriebe angetrieben.

Der Spill dient zum Zusammenschrauben und Auseinanderschrauben von Bohrstangenverbindungen. Sein Antrieb verlangt ein hohes Drehmoment und geringe Antriebsdrehzahlen. Außerdem wird eine genaue Kontrolle des übertragenen Drehmomentes verlangt. Es werden somit vornehmlich alle Eigenschaften verlangt, die gerade durch hydrostatische Antriebe unmittelbar erreicht werden können.

Der Drehtisch dient zum Antrieb des Bohrstranges, an dessen unterem Ende der Bohrmeißel befestigt ist. Da je nach den verwendeten Bohrgestängeverbindungen jeweils ein anderes Drehmoment am Spill verlangt wird, so kann dieses zulässige Drehmoment ohne besondere Schwierigkeiten immer am Überdruckventil eines hydrostatischen Antriebes eingestellt werden.

Große Vorteile bietet beim hydrostatischen Antrieb auch die Möglichkeit, Primär- und Sekundäreinheiten in verschiedenen Höhen unterzubringen, so z. B. Primäreinheit unten und Sekundäreinheit auf der Bühne.

Der zum Antrieb des Spills verwendete Ölmotor kann in einem kombinierten Antrieb für den Spill und eine Lottrommel gleichzeitig auch zum Antrieb der Lottrommel verwendet werden, die z. B. zum Einfahren eines Meßgerätes in das Bohrloch dient.

Der Ölmotor wird größer als die Ölpumpe gewählt, meist etwa doppelt so groß und es ergibt sich dann für die höchste Motordrehzahl schon eine Übersetzung von 1 : 2 vom Motor zur Pumpe. Die restliche Untersetzung kann dann durch einen einzigen mechanischen Antrieb, z. B. durch einen Kettenantrieb, überbrückt werden.

Beim Antrieb des Drehtisches wird die Möglichkeit der getrennten Anordnung von Pumpe und Motor aus konstruktiven Gründen ganz besonders begrüßt, weil es sich hier um größere und schwerere Einheiten handelt. Die Entfernung zwischen den beiden Einheiten beeinflußt den Wirkungsgrad, der etwa bei 85% liegt, nur unwesentlich, da die Strömungsgeschwindigkeiten in den Rohrleitungen klein sind. Die stufenlose Regelung der Stromstärke der Pumpe ermöglicht eine ebenfalls stufenlose Regelung der Drehzahl des Drehantriebes. Der Wechsel der Strömungsrichtung in der Pumpe ermöglicht einen stoßfreien Wechsel der Bewegungsrichtung des Drehtisches durch Schwenken der Pumpen durch die Null-Lage hindurch. Bei manchen Antrieben wird der Wechsel der Bewegungsrichtung jedoch auch durch Vierwegeventile erreicht, die zwischen Motor und Pumpe geschaltet werden. Pumpe und Ölmotor können dann im offenen Kreislauf arbeiten.

Ein Leistungsregler ermöglicht eine besonders günstige Ausnützung der Antriebsenergie, da das zum Antrieb des Drehtisches erforderliche Drehmoment stark schwankt, insbesondere wenn in nicht homogenem Boden gebohrt wird. Vor Überlastungen schützt auch hier wieder das Überdruckventil.

b) Beispiel eines hydrostatischen Antriebes für Spill und Drehtisch

Abb. 393 zeigt den Schaltplan eines kombinierten Antriebes für den Drehtisch und einen kombinierten Spill-Lottrommel-Antrieb. Die Anlage besteht aus zwei mit Leistungsreglern ausgerüsteten Axialkolbenpumpen und zwei Ölmotoren. Die Ölpumpe des Spillkreislaufes ist wesentlich kleiner als die Ölpumpe des Drehtischkreislaufes. Die durch die Ölpumpe angetriebenen Motoren sind jeweils etwa doppelt so groß als die Pumpen und erreichen damit bei jeder Abtriebsdrehzahl schon eine Übersetzung 1 : 2. Die restliche Übersetzung erfolgt durch mechanische Stufen.

Die beiden Dreiwegeventile im Spillkreislauf ermöglichen die folgende Verteilung der in den Pumpen erzeugten Drucköleenergie auf die Ölmotoren:

Der Drehtischmotor kann durch die kleine Pumpe *1* allein, durch die große Pumpe *2* allein oder durch die Pumpen *1* und *2* gleichzeitig angetrieben werden. Da die Pumpe dieses Kreislaufes für den Drehtischantrieb nur in einer Richtung ausgeschwenkt werden kann, ist für den Richtungswechsel des Motors

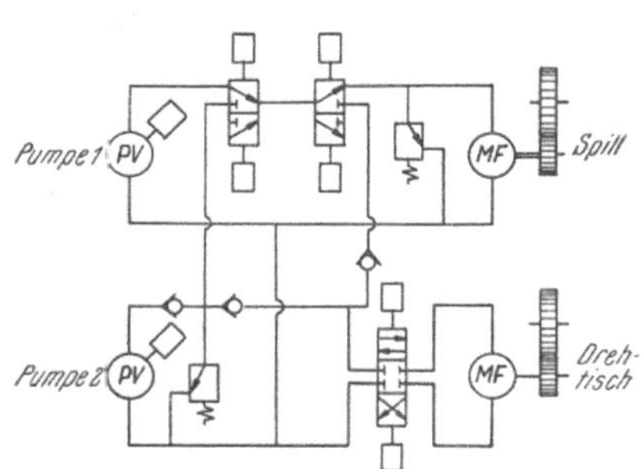

Abb. 393. Erdölbohranlage

für den Drehtisch ein 4/3-Ventil vorgesehen. Außerdem können auch die beiden Kreisläufe getrennt voneinander arbeiten, wobei die Pumpe *1* den Motor des Spills und die Pumpe *2* den Motor des Drehtisches antreibt. Diese Energieverteilung entspricht der gezeichneten Stellung der Dreiwegeventile.

Es kann aber auch der Spill durch die Pumpe *2* angetrieben werden. Die Anlage gestattet somit das Fahren mit einer der beiden Pumpen oder mit beiden Pumpen gleichzeitig, wobei die Energie der laufenden Pumpen bzw. der einen laufenden Pumpe auf den Motor für Spill oder Drehtisch verteilt werden kann, nur die Schaltung beider Pumpen auf Spill ist nicht möglich.

Ein Teil des umlaufenden Öls des hydrostatischen Getriebes (etwa 10%) wird mittels der Spülventile zum Zwecke der Kühlung und Filterung dem Kreislauf entnommen und durch die Speisepumpe, die ständig und auch bei ausgeschalteter Axialkolbenpumpe läuft, über Filter, Kühler und Speiseventile in die Niederdruckleitung wieder eingespeist.

10. Waggonkipper

Abb. 395 zeigt den Schaltplan für eine Waggonkippvorrichtung nach Abb. 394, die für die Abwicklung folgender Arbeitsgänge verwendet werden kann:

1. Ausfahren der Pufferhalter zum Festhalten des Waggons.

2. Ausfahren der Kippzylinder zum Kippen und Entladen des Waggons.

3. Einfahren der Kippzylinder mit dem leeren Waggon.

4. Einfahren der Pufferhalter.

5. Fallweise nochmaliges kurzes Anheben des Kippers zum Abrollen des Waggons.

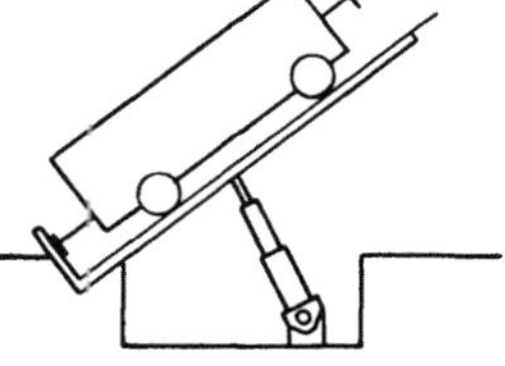

Die einzelnen Takte dieses Spieles werden dabei wie folgt ausgelöst:

Abb. 394. Waggonkipper

Durch die Betätigung eines Tasters werden zunächst die Antriebsmotoren der Hochdruckpumpe PF_1 und der Steuerölpumpe PF_2 eingeschaltet. Der hydraulisch betätigte 4/3-Schieber und der magnetbetätigte Absperrschieber *1* stehen dabei in der gezeichneten Stellung und das Öl fließt zunächst in beiden Pumpen drucklos um. Durch einen zweiten Taster wird dann das Magnetventil *1* betätigt und dadurch der freie Abfluß der Steuerölpumpe verriegelt. Gleichzeitig wird das zur Steuerung der Festhaltezylinder dienende 4/3-Elektroventil an dem Magneten *2* erregt und die Kolben der Pufferhalter fahren aus, betätigen die Kontakte *2* und bringen die Magnete *1* und *2* dadurch wieder in den stromlosen Zustand. Bei manchen Bauarten von Waggonkippern folgt nun noch ein Verriegeln der Pufferhalter, bei anderen wiederum ist eine Verriegelung nicht erforderlich. Durch einen dritten Taster wird nun das Kippen eingeleitet.

Die Magnete *5* und *1* werden betätigt, der Zylinder *a* am hydraulisch betätigten 4/3-Schieber erhält Drucköl von der Pumpe PF_2, die Kippzylinder fahren aus und betätigen nach Beendigung des Kippvorganges den Endschalter *3*, welcher die Magnete *5* und *1* wieder in den stromlosen Zustand bringt. Der hydraulisch betätigte Schieber geht wieder in die Mittellage und die Kippzylinder werden durch die gesteuerten Rückschlagventile in ihrer Lage festgehalten.

Durch Betätigung eines vierten Tasters wird wieder gleichzeitig Magnet *1*, *6* und *4* angezogen. Dadurch erhalten sowohl der Zylinder *b* als auch die gesteuerten Rückschlagventile gleichzeitig Drucköl und die Kippzylinder fahren ein. Das aus den Kippzylindern zurückfließende Öl strömt nun sowohl über den Schieber *c* als auch durch die Drossel *D* zurück. Etwa 200 mm vor der Endlage der Kippzylinder betätigen die Kolben des Kippzylinders den Schalter *5*, der den Magneten *4* auf stromlosen Zustand zurückstellt. Der Durchfluß durch den Schieber *c* wird dadurch verriegelt und das aus dem Kippzylinder abströmende

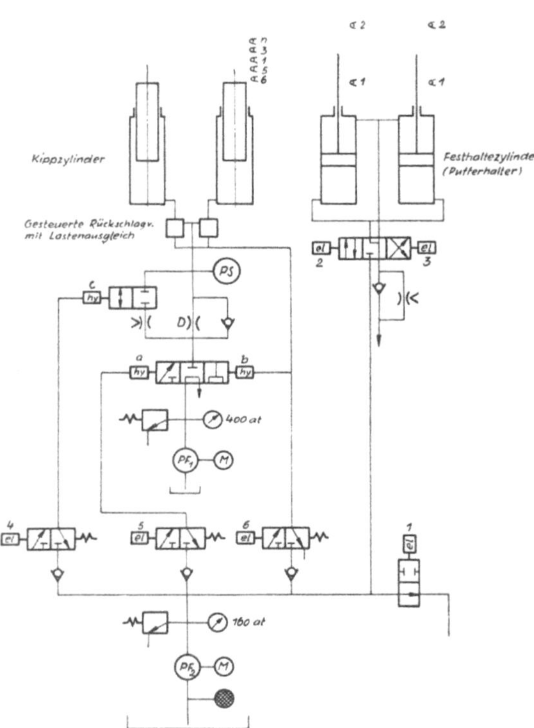

Abb. 395. Schaltplan des Waggonkippers nach Abb. 394

Öl kann nur noch über die relativ enge Drossel *D* abfließen. Die Senkbewegung wird dadurch abgebremst. Durch den Schalter *6* wird schließlich das Einfahren der Pufferhalter zunächst freigegeben und dann erst durch einen Handtaster ausgelöst. Dieser betätigt wieder gleichzeitig den Magneten *1* und *3* und die Kolben der Pufferhalter fahren ein. Vor ihrer Endlage betätigen sie die Kontakte *1*, die die Magnete *3* und *1* wieder auf stromlosen Zustand schalten. Gegebenenfalls muß vor dem Einfahren der Pufferhalter noch die Verriegelung der Pufferhalter durch eine automatische Arbeitsfolge ausgelöst werden. Der Druckschalter *PS* hat folgende Aufgabe:

Bei einem plötzlichen Druckabfall durch das Platzen einer Leitung schaltet der Magnet *1* auf stromlosen Zustand und der Absperrschieber mit dem Magneten *1* gibt dadurch freien Abfluß der Steuerölpumpe. Dadurch bricht der Druck des Steueröls in den gesteuerten Rückschlagventilen zusammen und die Kippzylinder werden in ihrer jeweiligen Lage festgehalten.

Als gesteuerte Rückschlagventile werden bei diesen Anlagen Ventile einer besonderen Ausführung verwendet, die bei ungleicher Belastung der beiden Kippzylinder einen Ausfluß aus dem stärker belasteten Zylinder ermöglichen, um eine Überlastung eines Zylinders zu vermeiden.

11. Vielspindelbohrmaschine

Abb. 396 zeigt ein Mehrspindelbohrgerät, mit dem gleichzeitig etwa 400 Löcher gebohrt werden können. Der Vorschub des Oberteiles, in dem die Bohrspindeln gelagert sind, erfolgt durch vier Arbeitszylinder. Die Führung des vertikal verschiebbaren Oberteiles übernehmen die feststehenden Kolbenstangen. Der Oberteil kann folgende Bewegungen ausführen:

1. Vorschub im Eilgang durch Senken des Oberteiles.
2. Vorschub im langsamen Arbeitsgang.
3. Rückzug im Eilgang durch Heben des Oberteiles.

Während des Eilvorschubes ist ein Gleichlauf nicht erforderlich, wohl aber während des Arbeitsganges, weil die einzelnen Bohrer nicht gleichmäßig über die Fläche des Oberteiles verteilt sind, und außerdem der Widerstand der einzelnen Bohrer mit verschiedenen Durchmessern verschieden groß ist.

Während des Eilvorschubes ist deshalb die Gleichlaufeinrichtung, die aus einer Zusammenstellung von vier Meßzylindern besteht, deren Kolben durch den Kolben eines großen Vorschubzylinders betätigt werden, nicht zugeschaltet. Das 4/3-Ventil steht in Stellung I und vier Zweipositions-Steuerventile stehen in Stellung a (Abb. 355).

Abb. 396. Mehrspindel-Bohrmaschine

Endschalter betätigen kurz vor Beginn des Arbeitsganges die vier gleichen Zweipositions-Steuergeräte und stellen diese in Stellung b, dadurch wird vom Eilgang auf Arbeitsgang umgestellt. Der unmittelbare Rückfluß von der Zylinderoberseite in den Tank wird unterbrochen, und das Rücköl der Arbeitszylinder wird in die einzelnen Meßzylinder geleitet, die für einen absolut synchronen Gleichlauf sorgen. Außerdem kann durch den Stromregler im Abfluß des großen Vorschubzylinders, mit dessen Kolben die Kolben der vier Meßzylinder verbunden sind, die Bewegungsgeschwindigkeit der Arbeitszylinder eingestellt werden. Nach Beendigung des Arbeitsganges wird durch einen Endschalter das 4/3-Ventil umgestellt. Während des ersten Teiles der Rückzugbewegung werden die Meßzylinder wieder in ihre Ausgangsstellung zurückgebracht. Dann erst werden die vier Zweipositionsgeräte umgestellt und die vier Arbeitszylinder weiter im Eilgang in ihre obere Lage zurückgeführt.

Zur Drucköleerzeugung wird in dieser Maschine ein im Schaltplan nicht dargestelltes Aggregat verwendet, das aus einer Hoch- und Niederdruckpumpe sowie aus einem Umsteuerventil besteht.

12. Betonförderpumpe

Eine Betonpumpe dient zur Förderung von Beton aus einem Behälter zur Baustelle. Abb. 397 zeigt eine Ansicht und Abb. 398 die prinzipielle Funktion einer solchen Betonpumpe mit zwei Betonförderzylindern, die eine praktisch kontinuierliche Förderung des Betons gestattet. Der Beton fließt in der gezeichneten Stellung der Flachschieber *2* und *3* aus dem Behälter *1* in den Förderzylinder *5* und wird gleichzeitig durch den Drucköljzylinder *A* aus dem Betonzylinder *4* in die Rohrleitung *6* zur Baustelle geschoben. Nach Beendigung des Kolbenhubes der Zylinder *A* und *4* fahren die Zylinder *D*, *C* aus und es wird nun der in den Zylinder *5* gefüllte Beton aus diesem Zylinder ausgeschoben und in die Leitungen *6* gefördert, während aus dem Behälter *1* wieder neuer Beton in Zylinder *4* gefüllt wird. Das gesamte Arbeitsspiel geht am deutlichsten aus dem Bewegungsdiagramm nach Abb. 399 hervor.

Abb. 397. Betonförderpumpe

Die Lösung des von den Zylindern *A*, *B*, *C* und *D* verlangten Arbeitsspieles wäre z. B. durch eine Kombination von vier Zylindern und zwei Vierwegeventilen nach Abb. 400 möglich, wobei die Kontakte *1* und *3* durch die Kolbenstange des Zylinders *D* betätigt werden und auf den Magnet des Schiebers *I* wirken und die Kontakte *2* und *4* durch die Kolbenstange des Zylinders *B* betätigt werden und auf den Steuerschieber *II* wirken. Statt elektrischer Kontakte könnten auch mechanische Anschläge der Kolbenstange *D* auf den Schieber *I* und der Kolbenstange *B* auf den Schieber *II* wirken.

Abb. 401 zeigt jedoch eine elegantere Lösung, die für den Antrieb der Betonpumpe nach Abb. 397 tatsächlich verwendet wurde:

Die von den Zylindern verlangte Folgesteuerung erfolgt durch mechanische Anschläge. Das Drucköl vom Zylinder *B* wird jedoch in der gezeichneten Stellung unmittelbar in den Zylinder *A* weitergeschoben bzw. bei der entgegengesetzten Bewegungsrichtung unmittelbar von der Kolbenstangenseite des Zylinders *A* in den Zylinder *B* zurückgeschoben. Die gegenseitige Bewegung der Kolben in den Zylindern *A* und *B* wird dadurch zwangsweise, auch bei verschieden großen Widerständen in den beiden Zylindern, in den beiden Bewegungsrichtungen derart gesteuert, daß die Kolben *A* und *B* immer die gleichen Wegstrecken in entgegengesetzter Richtung zurücklegen. Es wird also eine Art

Gleichlaufsteuerung, jedoch mit entgegengesetzter Bewegungsrichtung im Zylinder *A* gegenüber dem Zylinder *B* erreicht.

Der Steuerschieber *III* ermöglicht das Nachfüllen oder Ablassen von Lecköl in den Raum zwischen dem Kolben der Zylinder *A* und *B*.

Durch den Steuerschieber *III* kann aber auch das Ölvolumen in den angeschlossenen Zylinderräumen beliebig vergrößert oder verkleinert werden. Der Hub der Betonkolben kann dadurch auf jede beliebige Länge zwischen 0 und 1500 mm eingestellt werden. Wenn der Beton in der Leitung nicht weiterrutscht, dann kann er durch kurze, schnell hintereinander folgende Hübe wieder in Bewegung gebracht werden. Beim Transport kann durch Ablassen des Öls aus den Zylindern der Hub auf 0 gestellt werden. Dadurch wird die Transportlänge der Maschine wesentlich kürzer. Durch Auffüllen aller vier Zylinderräume werden die beiden Betonkolben auf 1500 mm ausgefahren, was wieder zum Ausbau der Betonkolben erforderlich ist.

In ihrem gesamten Aufbau besteht die Betonförderpumpe aus zwei getrennten Aggregaten, die durch eine lösbare Schlauchkupplung *K* voneinander getrennt werden können. Diese beiden Aggregate sind der sogenannte Druckerzeuger und der oben bereits näher beschriebene Teil der Betonpumpe.

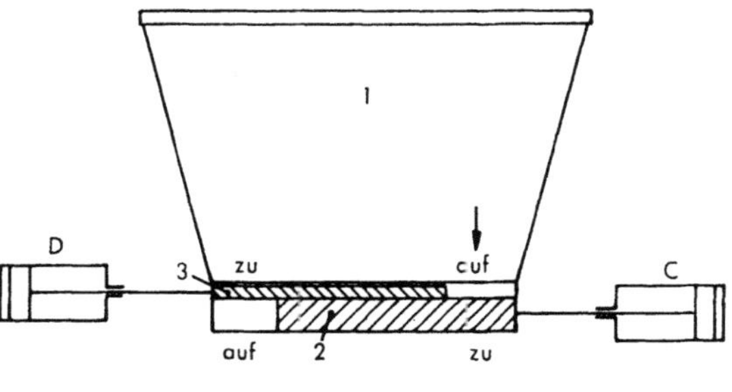
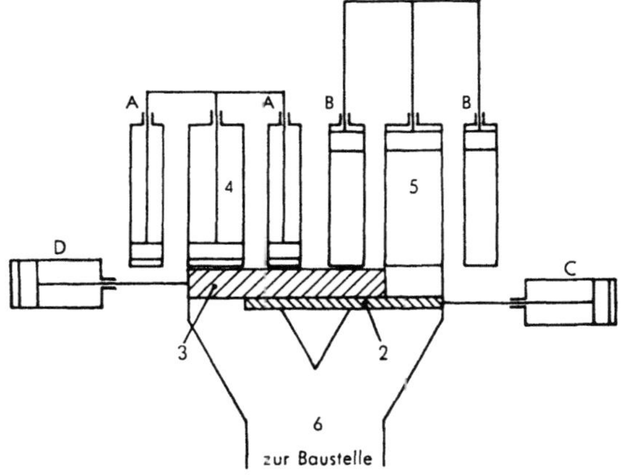

Abb. 398. Funktion der Arbeitszylinder *A*, *B*, *C* und *D* in der Betonförderpumpe nach Abb. 397

Der Druckerzeuger besteht aus einem auf einem Fahrgestell mit Gummirädern aufgebauten Dieselmotor oder Elektromotor von etwa 50 bis 60 PS, der zum Antrieb einer regelbaren Axialkolbenpumpe für 120 l/Min. mit einem Druck von 80 atü dient. Die Pumpe liegt in einem Ölbehälter, in dem auch Filter und Überdruckventil eingebaut sind. Das Zweiwegeventil hinter der Pumpe ermöglicht es, die Betonpumpe kurzzeitig stillzusetzen, während der Antriebsmotor und die Ölpumpe weiterlaufen. Das Öl fließt bei geöffnetem Schieber von der Pumpe drucklos zum Tank zurück.

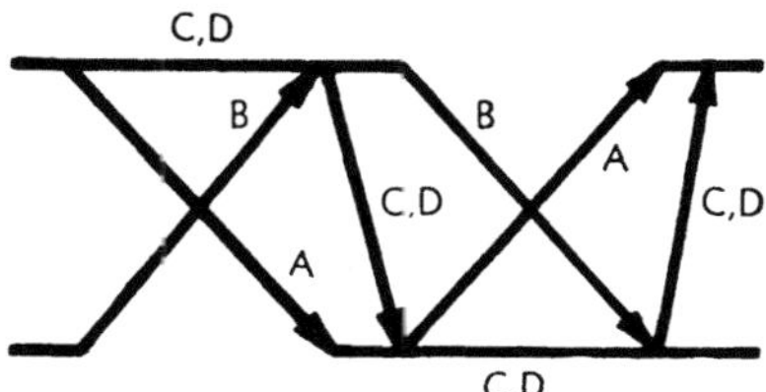

Abb. 399. Arbeitsfolge der Zylinder *A*, *B*, *C* und *D* in Abb. 398

Die eigentliche Betonförderpumpe besteht aus den Betonförderzylindern, die einen Durchmesser von 180 mm und einen Hub von 1500 mm haben, sowie der oben beschriebenen hydraulischen Betätigung der Betonpumpenzylinder und Flachschieber zur Steuerung des Betonflusses. Die Betonförderpumpe kann

23 m³ Beton in der Stunde über Entfernungen bis zu 400 m und einer Höhendifferenz bis zu 50 m fördern. Der Einfülltrichter faßt 1 m³ Beton, die Förderleitungen zur Baustelle können wahlweise mit einem Durchmesser von 180 bis 150 mm gewählt werden.

Bei voll ausgeschwenkter Regelpumpe beträgt die Hubzeit des Betonförderzylinders 5 Sek. Durch Ausschwenken der regelbaren Axialkolbenpumpe kann der Förderstrom der Betonpumpe auf jeden beliebigen Zwischenwert zwischen diesem Maximalwert und 0 stufenlos eingeregelt werden. Dadurch ist es möglich, die geförderte Betonmenge genau dem Tempo des Mischers anzupassen, und es ist bei Betonpumpen mit hydrostatischem Antrieb nicht mehr erforderlich, daß die Förderpumpe während des Betriebes abgeschaltet und wieder eingeschaltet wird.

Der Einfachheit halber ist in den Schaltplänen Abb. 400 und 401 jeweils nur ein Ölzylinder zur Betätigung eines Betonzylinders eingezeichnet. In Wirklichkeit sind in der Maschine nach Abb. 397 und 398 jeweils zwei Öldruckzylinder für die Betätigung jedes einzelnen Betonzylinders vorgesehen, die über ein Querhaupt auf die Kolbenstange der Betonzylinder wirken, wie dies in Abb. 398 angedeutet wurde. Dadurch wird die Länge der Maschine auf ein wesentlich kleineres Maß begrenzt und außerdem wird durch diese Anordnung ein Aufbau der Maschine ermöglicht, der den Ausbau der Betonkolben ohne Demontage der Ölzylinder ermöglicht.

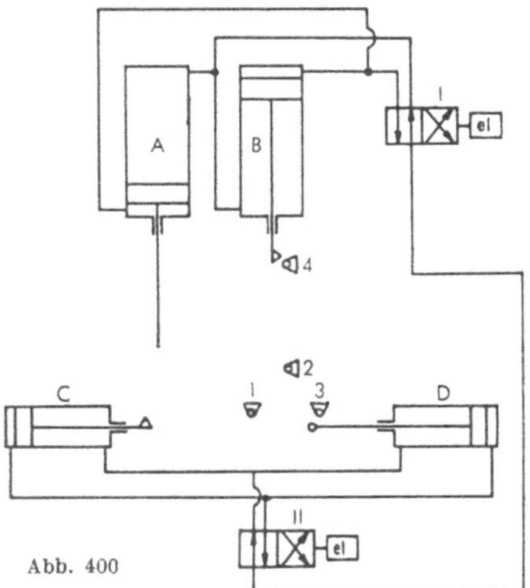

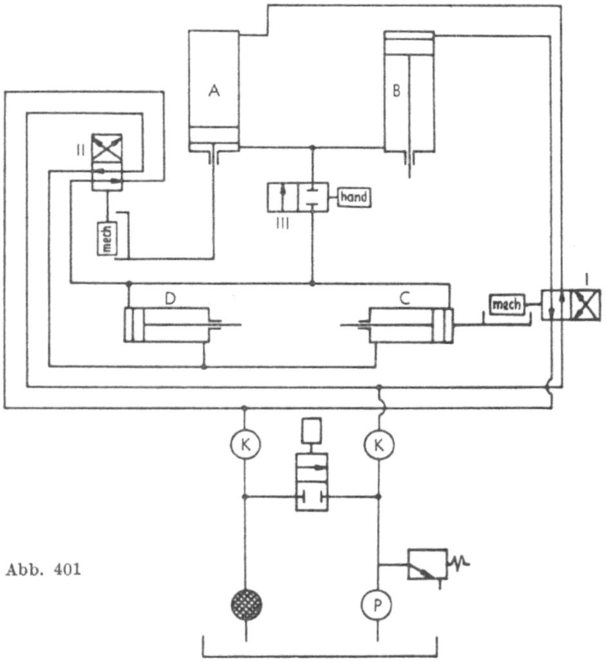

Abb. 400

Abb. 401

Abb. 400 und 401. Schaltpläne für die Erzeugung des Arbeitsspieles der Zylinder *A*, *B*, *C* und *D* in Abb. 399 der Betonförderpumpe nach Abb. 397 und 398

Der Vergleich der beiden Lösungen der Bewegungsaufgabe nach Abb. 399 durch die hydraulischen Antriebe nach Abb. 400 und 401 soll an einem charakteristischen Beispiel zeigen, welche Argumente für die Gestaltung eines hydraulischen Antriebes oft ausschlaggebend sind und wie der Nutzungsgrad einer Maschine oft nicht einfach durch die Einführung eines beliebigen hydraulischen Antriebes, sondern nur durch eine ganz bestimmte Gestaltung des hydraulischen Systems wesentlich gesteigert werden kann.

Bei der elektromagnetischen Steuerung nach Abb. 400 wäre bei Antrieb der Pumpe durch einen Elektromotor ein Transformator zur Erzeugung des elektrischen Stromes für die Magnetsteuerung erforderlich. Bei Antrieb durch Verbrennungsmotoren wäre dagegen eine eigene Stromquelle für die Magnetsteuerung vorzusehen. Das hydraulische System könnte also nicht für alle Betonpumpen einheitlich gestaltet werden. Da während des Saughubes des Betonkolbens nur geringe Kräfte auftreten, beträgt der für die Saughubbewegung erforderliche Öldruck nur etwa 5 bis 10 atü. Würde man, wie in Abb. 400,

Abb. 402. Gesteinsbohrmaschine (Hausherr)

nur ein 4/2-Ventil zur Steuerung der Zylinder A und B verwenden, so würde deshalb Druckhubzylinder B seine Bewegung erst beginnen, wenn der Saugzylinder A seinen Hub beendet hat.

Während der Saugbewegung wäre somit der Antriebsmotor der Pumpe nur mit etwa 10% seiner Volleistung belastet. Da der Saughub, der Stromstärke der Pumpe entsprechend, ebenso lange dauert wie der Druckhub, so wäre die ganze Anlage nur etwa während der halben Betriebszeit voll ausgenützt. Die Schaltung nach Abb. 401 mit gleichzeitiger Abwicklung der Saug- und Druckbewegung in den beiden Betonzylindern ermöglicht somit eine Steigerung des Nutzungsgrades der ganzen Maschine um etwa 40%.

Eine bessere Ausnützung des Antriebsmotors wäre wohl auch dadurch zu erreichen, daß die Saugbewegung durch Verwendung einer Niederdruck-Eilgangpumpe, die durch den gleichen Antriebsmotor wie die Druckpumpe angetrieben wird, innerhalb kürzerer Zeit ausgeführt wird. Abgesehen von den Kosten der Eilgangpumpe und aller erforderlichen Umsteuerventile wäre aber auch die übrige Steuerung des gesamten Antriebes komplizierter, wenn alle Funktionen, die durch den Antrieb nach Abb. 401 erreicht werden, realisiert werden sollen.

Für die Wahl des Antriebes mit Gleichlaufsteuerung nach Abb. 401 für die Betätigung von Betonpumpen waren also weniger die Gleichlaufeigenschaften dieser Steuerung allein ausschlaggebend, sondern vielmehr die Möglichkeit, durch diese Gleichlaufsteuerung den höchsten Nutzungsgrad der Maschine mit relativ wenigen einfachen Normbauteilen zu erreichen.

Die Steuerung nach Abb. 401 ermöglicht somit beim Antrieb von Betonpumpen sowohl in Beziehung auf die Anschaffungskosten als auch auf die Betriebskosten eine wirtschaftlichere Lösung, als die naheliegendere und in vielen Fällen verwendete Folgesteuerung nach Abb. 400 zur Lösung der gleichen Bewegungsaufgabe und wird deshalb in erster Linie dieser wirtschaftlichen Überlegung wegen vorgezogen.

13. Gesteinsbohrmaschine

Abb. 402 zeigt eine Großlochbohrmaschine, mit der in hartem Karbongestein Löcher bis zu 813 mm Durchmesser bis zu einer Bohrtiefe von 220 m gebohrt werden können. Die Drehzahl des Gesteinsbohrers, der durch eine regelbare

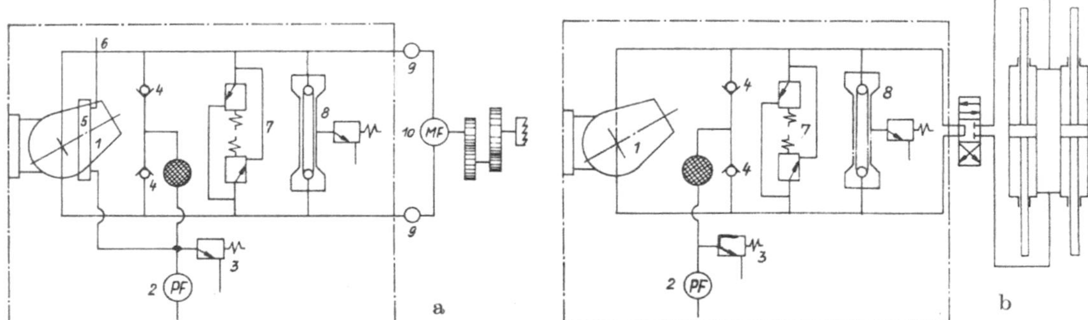

Abb. 403. Schaltplan des hydraulischen Antriebes der Gesteinsbohrmaschine nach Abb. 402

Axialkolbenpumpe angetrieben wird, kann zwischen 0 und 50 U/Min. verändert werden. Der Ölmotor zum Antrieb des Bohrers wirkt dabei über ein vierstufiges Zahnradgetriebe auf den eigentlichen Gesteinsbohrer.

Der Betriebsdruck in dem geschlossenen Ölkreislauf für den Bohrantrieb beträgt bei einem maximalen Drehmoment von 1500 kgm 80 atü.

Der Vorschub der Bohrstange erfolgt durch zwei parallellaufende Druckölzylinder mit durchgehender Kolbenstange, die links und rechts vom Bohrgerät liegen. Das Drucköl wird diesen Zylindern von einer regelbaren Axialkolbenpumpe geliefert und hat bei der maximalen Vorschubkraft von 30 t einen Druck von 120 atü. Die Vorschubgeschwindigkeit kann zwischen 0 und 1 m/Min. stufenlos verändert werden. Sobald der Vorschubzylinder seinen vollen Hub durchlaufen hat, muß das Bohrgestänge gelöst werden, der Vorschubzylinder zurückgezogen und ein neues Bohrstangenelement eingesetzt werden, worauf der Vorschub durch Öldruckzylinder von neuem beginnen kann.

Das hydraulische System des Vorschubantriebes nach Abb. 403b ist von dem hydraulischen System des Bohrantriebes Abb. 403a vollkommen getrennt. Die Schwenkbewegung der Regelpumpe für den Bohrantrieb erfolgt hydraulisch. Das hierzu erforderliche Steueröl wird durch die in der Regelpumpe eingebaute Speisepumpe ersetzt. Die beiden regelbaren Pumpen sind in einer sogenannten „Antriebsstation", in der auch alle Überdruckventile, Speisedruckventile, Speiseventile sowie Manometer für die beiden Pumpenaggregate eingebaut sind, zusammengefaßt. Die Pumpen der Antriebsstation sind durch Schläuche und durch lösbare Schlauchverbindungen mit dem Ölmotor des Bohrerantriebes bzw. mit den beiden Vorschubzylindern verbunden.

Der Antriebsmotor für die Ölpumpen kann ein Elektromotor oder ein Druckluftmotor sein.

In Abb. 402 sind weiters noch folgende Einzelheiten der Maschine zu erkennen:

Je nach den Verhältnissen am Einsatzort können verschiedene Rollmeißel (*1, 2* und *3*) am vorderen Ende der Bohrstange befestigt werden. Position *5* zeigt eine frei liegende Bohrstange. Der Ölmotor sitzt rückwärts hinter dem Zahnradgetriebe, das Drucköl fließt ihm durch die Leitungen *6* zu.

Der Zylinder *4* dient zur Bewegung der Halteklaue und wird meist mit Druckluft betätigt. Er kann aber auch mit Drucköl, das dem Vorschubkreislauf entnommen wird, betätigt werden.

14. Schwebetischpresse

Abb. 405 zeigt den Schaltplan einer Schwebetischpresse nach Abb. 404, in der für die Arbeitsbewegungen ein Hochdrucksystem mit Drücken bis 315 atü und für die Steuerbewegungen ein Niederdrucksystem mit 38 bis 40 atü vorgesehen wurde.

Das Steuerdrucksystem dient zum Gewichtsausgleich des Formträgers (Zylinder F), zur Betätigung des Schiebers (Zylinder B) und gestattet den Transport des Steuerungsöls zum Hauptschieber. Die Pumpe saugt Öl aus dem drucklosen Ölbehälter X und drückt es über das Rückschlagventil in den kleinen Füllwindkessel Y. Ist der Druck von 40 at erreicht, so wird durch den Öldruckschalter PS_a der Zweiwegeschieber a stromlos und da-

Abb. 404. Schwebetischpresse (SGP). (Aus Automatik-Katalog. Laufenburg bei Zürich: Binkert. 1960)

durch die Umlaufleitung zum großen Füllwindkessel geöffnet. Steigt der Druck im großen Füllwindkessel Z über 4 at an, so öffnet das Überdruckventil b, und das überschüssige Öl strömt durch ein Spaltfilter wieder zum drucklosen Ölbehälter X zurück. Sinkt der Druck im kleinen Füllwindkessel Y auf 38 at, so setzt der Öldruckschalter PS_a den Schieber a wieder unter Strom, die Umlaufleitung wird gesperrt und der kleine Füllwindkessel Y wieder aufgeladen.

In Anfangsstellung befinden sich Schieber I, II, III und IV in der gezeichneten Stellung (stromlos). Schieber V ist unter Strom und daher in der nicht gezeichneten Stellung. Nach Drücken der Taste „Ein" wird Schieber I eingeschaltet und Schieber V stromlos. Die Pumpe fördert Öl in den Rückzugzylinder f_1. Der Ausstoßer fährt ein. Endschalter *2* setzt Dreiwegschieber zur Betätigung von B unter Spannung: Der Zylinder B wird mit dem Abfluß verbunden. Der Kolben B, dessen Oberseite ständig mit 40 at belastet ist, bewegt sich nach unten. Anschlag *3* stellt Schieber VI wieder in stromlosen Zustand. B fährt wieder hoch.

Anschlag *4* setzt Schieber I, II und IV unter Spannung: Die Pumpe fördert über I und II in den Zylinder C, während Zylinder E über den Schieber IV mit dem Füllwindkessel verbunden wird. Zylinder C, D und E fahren aus, wobei über die Füllventile *VII* und *VIII* Öl in die Zylinderräume *C* und *D* fließt. Der Preßstempel sinkt im Eilgang bis zum Formenschluß und darüber hinaus rasch ab. Es kommt zur Vorpressung des Materials. Die in dem Zylinder-

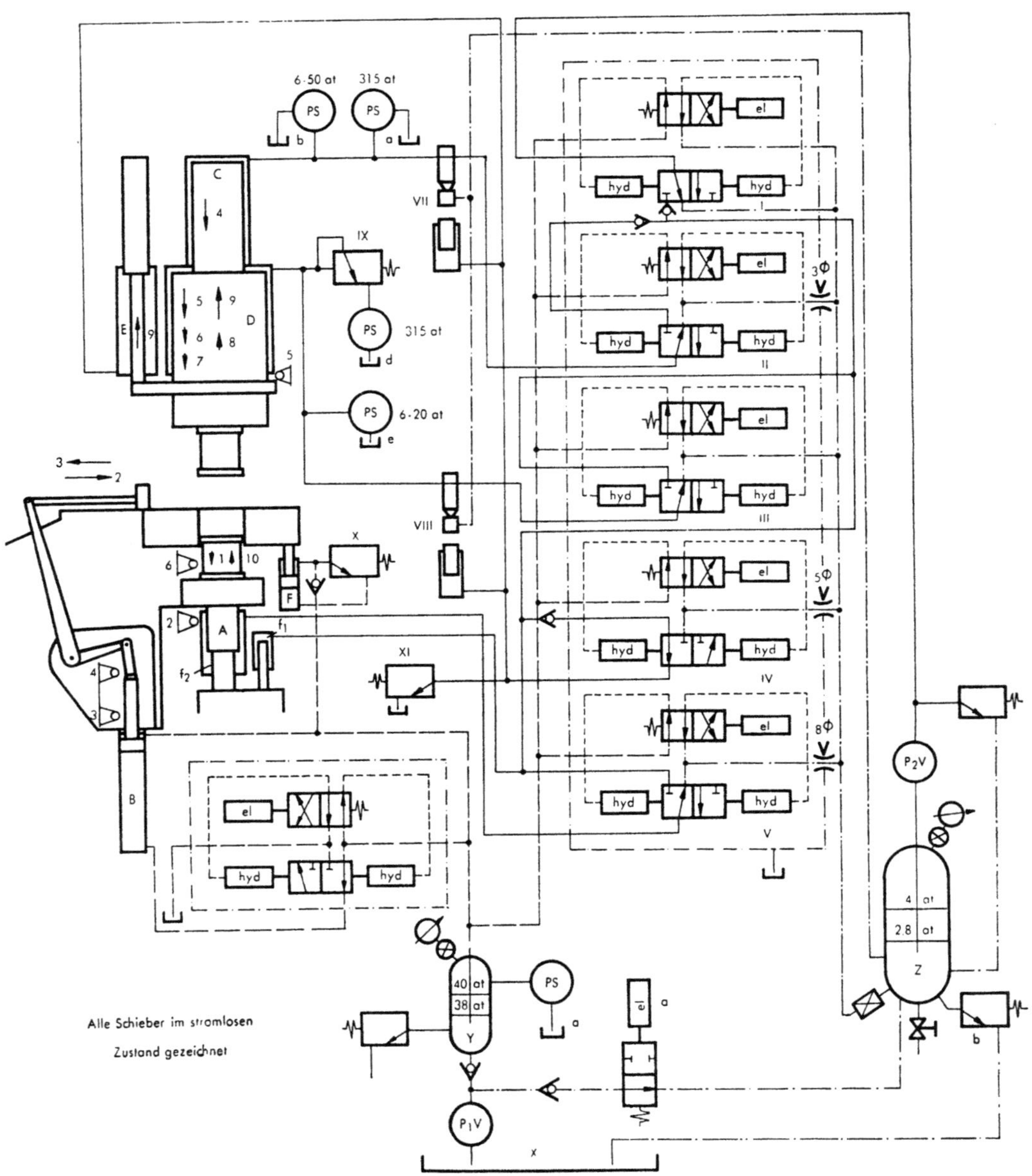

Abb. 405. Schaltplan der Schwebetischpresse nach Abb. 404

raum *C* fördernde Pumpe steigert den Druck bis zu einem durch den Druckschalter *PS_b* eingestellten Wert (Druck $p_b = 6$ bis 50 at).

Der Druckschalter schaltet den Schieber *I* auf drucklosen Umlauf. Gleichzeitig spricht ein Zeitrelais an, nach dessen Ablauf der Schieber *I* wieder auf

Förderung gestellt wird ($p_{c\,\text{max}} = 315$ at). Der Druckschalter PS_c schaltet *III* ein, wodurch nun auch der Zylinder *D* mit der Pumpe $P_2 V$ verbunden wird. Die Presse geht auf den maximalen Druck, der mit Druckschalter PS_d eingeschaltet wurde. Ein gleichzeitig eingeschaltetes Zeitrelais schaltet nach Ablauf der eingestellten Zeitspanne die Schieber *II* und *III* auf Ablauf, wodurch die Zylinderräume *C* und *D* mit dem Füllwindkessel verbunden werden. Die Presse wird entlastet.

Sinkt der Druck bis auf den im Schalter PS_c eingestellten Minimaldruck ab, so werden Schieber *I* und *IV* umgeschaltet, wodurch die Pumpe mit dem Rückzugzylinder *E* verbunden wird. *C*, *D* und *E* fahren ein. In der obersten Rückzugstellung wird durch Schalter *5* der Schieber *V* unter Spannung gesetzt und dadurch die Pumpe $P_2 V$ mit Zylinder *A* verbunden. Der Preßling wird ausgestoßen. Endschalter *6* bringt Schieber *V* in stromlosen Zustand. Die Presse steht wieder in Ausgangsstellung.

Das gesamte Arbeitsspiel der einzelnen Zylinder und Ventile ist übersichtlich nochmals in der folgenden Tabelle zusammengestellt:

Takt	Zylinder	Schieberbewegung	Schieberstellung	Druckschalter + Füllventil	Taste
Ruhestellung	*A B* ausgef. *CDE* eingef.		*I II III IV* *VI* − *V* +		Ein
1	*A* ein	*V* − *I* +	*II III IV V VI* − *I* +		2
2	*B* ein	*VI* + *I* −	*I II III IV V* − *VI* +		3
3	*B* aus	*VI* −	*I II III IV V VI* − +		4
4	*CDE* aus	*I II IV* +	*III* *V VI* − *I II* *IV* +	*VII* u. *VIII* auf	
5	Entlastgs.- pause	*I* −	*I* *III* *V VI* − *II* *IV* +	PS_b Zeit- relais	
6	Vorpressen mit *C*	*I* +	*III* *V VI* − *I II* *IV* +	PS_c *III* + *IV*	
7	Pressen mit *C* + *D*	*IV* − *III* +	*V VI* − *I II III IV* +	PS_d 1 + Zeit- relais	
8	Entlastung	*I II III* −	*I II III* *V VI* − *IV* +	PS_c *I IV*	
9	*CDE* ein Rückzug	*IV* − *I* +	*II III IV V VI* − *I* +		
10	*A* aus Ausstoßen	*V* +	*II III IV* *VI* − *I* *V* +		5
Ruhestellung	*A B* ausgef. *CDE* eingef.	*I* −	*I II III IV* *VI* − *V* +		6

15. Ziehpresse

Abb. 406 zeigt eine 60-t-Ziehpresse, die für die verschiedensten Arbeitsgänge, wie z. B. zum Biegen, Schmieden, Prägen und Tiefziehen, verwendet wird. Der maximale Preßdruck wird vom oberen Preßkolben ausgeübt. Im unteren Teil ist für Zieharbeiten eine hydraulische Ziehvorrichtung eingebaut. Der Blechhaltedruck wird ebenfalls vom oberen Preßzylinder erzeugt, während der untere Zylinder als Gegenhalter dient. Der Blechhaltedruck ist unabhängig vom Ziehdruck, stufenlos zwischen 0 und einem maximalen Wert einstellbar. Die hydraulische Ziehvorrichtung kann auch als Auswerfer bei Präge- und Stanzarbeiten verwendet werden. Den hydraulischen Schaltplan der Presse zeigt Abb. 407.

Der Preßzylinder *26* kann entweder durch Handhebel oder durch Druckknöpfe elektrisch gesteuert werden. Bei der elektrischen Steuerung kann auf halb- oder vollautomatischen Betrieb geschaltet werden. Die Haltezeit im oberen und unteren Umkehrpunkt des Pressenstößels kann zwischen 0 und 10 Sek. gewählt werden. Eine längere Haltezeit ist nach Auswechseln des einstellbaren Zeitrelais möglich.

Alle Ventile sind im Schaltplan nach Abb. 407 in Ruhestellung im stromlosen Zustand gezeichnet. Zur Inbetriebnahme wird der Motor *12* eingeschaltet. Das Öl wird dann durch die Pumpe *11* über Vierwegeventil *15* und *16* im Leerlauf umgewälzt. Der Pressenstößel *27* steht still.

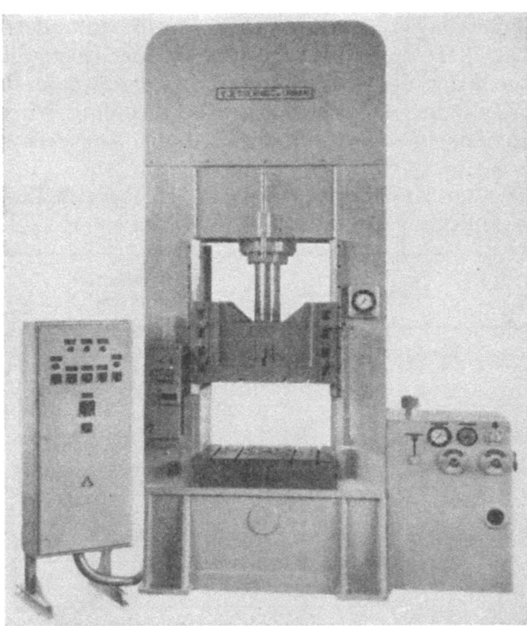

Abb. 406. Ziehpresse (Jessernigg & Urban, Stockerau)

Wenn Ventil *16* auf „Abwärts" geschaltet wird, strömt das Öl durch den Schieber *16* auf die obere Zylinderseite des Preßzylinders *26*. Von der unteren Zylinderseite fließt das Öl über die Drossel *21*, Ventil *17* und Ventil *16* zurück in den Behälter. Auf der unteren Zylinderseite herrscht also zunächst nur der durch die Strömung durch die Drossel *21* entstehende Gegendruck, der Stößel *27* bewegt sich relativ rasch nach unten. Die Senkgeschwindigkeit wird an der Drossel *21* eingestellt. Kurz vor Schließen des Ziehwerkzeuges betätigt Stößel *27* den Endschalter *29* und Ventil *17* schließt. Die Hubgeschwindigkeit wird dadurch erheblich gemindert, da das Öl jetzt nur noch durch die Drossel *20* strömen kann.

Der Zylinder saugt auf der Oberseite während des Abwärtshubes Öl aus dem Behälter *24* über das Nachsaugventil *25* an. Sitzt der Stößel *27* auf, so steigt der Druck auf der Zylinderoberseite an, und das Ventil *25* schließt, dadurch steigt der Druck weiter bis auf den im Ventil *14* eingestellten Wert an. Das untere Hubende wird wegabhängig durch Endschalter *30* oder druckabhängig durch Schalter *18* bestimmt. Nach Anspringen des Druckschalters bzw. des Kontaktes *30* wird der Schieber *16* umgesteuert, die obere Zylinderseite wird drucklos, das Öl fließt über Ventil *16* frei ab. Die Pumpe fördert dann auf die untere Zylinderseite, gleichzeitig öffnet Ventil *25*, da es über die Steuerleitung Öldruck erhält und dadurch hydraulisch geöffnet wird.

Nach Erreichen der oberen Totlage betätigt der Stößel *27* den Endschalter *28*, dadurch wird das Ventil *16* stromlos. Der Stößel wird nun in seiner obersten Stellung festgehalten, die Pumpe fördert wieder über Ventil *15* und *16* im drucklosen Umlauf.

Bei Handsteuerung der Presse übernimmt Ventil *15* die gleiche Funktion, die bei der elektrischen Betätigung das Ventil *16* ausübt. Beide Ventile sind elektrisch verriegelt, so daß Ventil *16* sowie die Endschalter automatisch stromlos und damit außer Funktion sind, sobald Ventil *15* betätigt wird.

Vor dem Pressenstößel *27* liegt eine photoelektrische Lichtschranke, die den Raum vor der Presse etwa 100mal pro Sek. abtastet. Sobald während des Abwärtshubes in die Presse hineingegriffen wird, schaltet diese Lichtschranke Ventil *16* um und der Stößel *27* bewegt sich sofort aufwärts. Bei eingeschaltetem Dauerlauf ist die neue Abwärtsbewegung solange gesperrt, bis der Raum vor dem Pressenstößel wieder freigegeben wird.

Der Arbeitszylinder *1* zur Bewegung des Blockhalters wird durch eine eigene Pumpe *3* mit Antriebsmotor *4* mit Öl versorgt. Nach Einschalten des Motors *4* strömt das Öl von der Pumpe *3* über das Rückschlagventil *8* in den Zylinder *1*. Der Kolben bewegt sich nach oben und bleibt in seiner obersten Stellung. Die Pumpe füllt nun den Speicher *7* und fördert weiter über das Druckbegrenzungsventil *6* zurück in den Behälter. Drückt der Stößel *27* von oben auf den Blechhalter des Ziehwerkzeuges, so wird der Kolben des Zylinders *1* nach unten gedrückt. Es stellt sich ein Gegendruck (Blechhalterdruck) ein, der am Ventil *9* eingestellt wird. Soll der Kolben drucklos gesenkt werden, so wird Ventil *12* geöffnet.

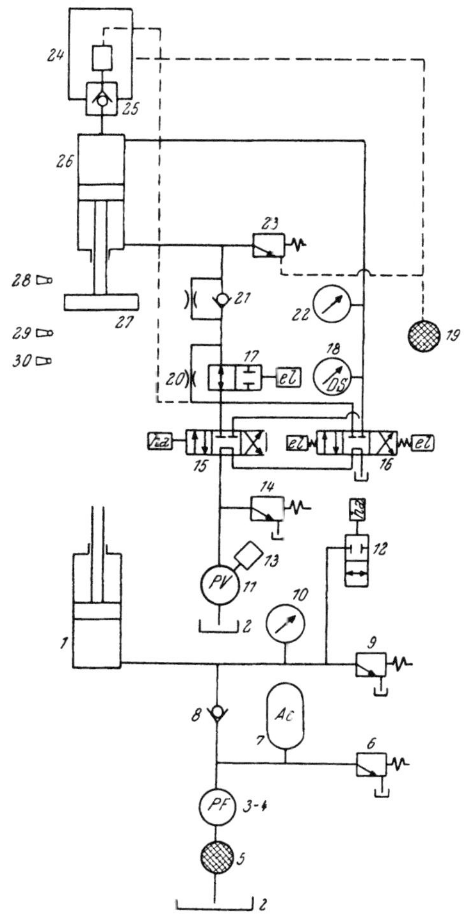

Abb. 407. Schaltplan der Presse nach Abb. 406

Der Preßdruck wird durch Manometer *22*, der Blechhalterdruck durch Manometer *10* angezeigt. Die Geschwindigkeit des Stößels *27* kann auch durch Verstellen der Fördermenge der Pumpe *11* stufenlos geregelt werden.

Größere Ziehpressen, über 80 t Preßdruck, verwenden eine Pumpe mit Reversiersteuerung, die Vierwegeventile *15* und *16* entfallen dann.

16. Kunststoffpresse
mit stufenweiser Regelung des Hochdruckförderstromes

Im Pressenbau werden oft Regelpumpen verwendet, weil sie die automatische Anpassung der Bewegungsgeschwindigkeit an den in den Zylindern auftretenden

Öldruck bei konstanter Antriebsleistung ermöglichen. Für bestimmte Preßvorgänge wird aber auch die Möglichkeit der Einstellung einer ganz bestimmten
unveränderlichen Vorschubgeschwindigkeit während des Preßvorganges bis zum
Erreichen des zulässigen Preßdruckes vor Beendigung der Hubbewegung verlangt.

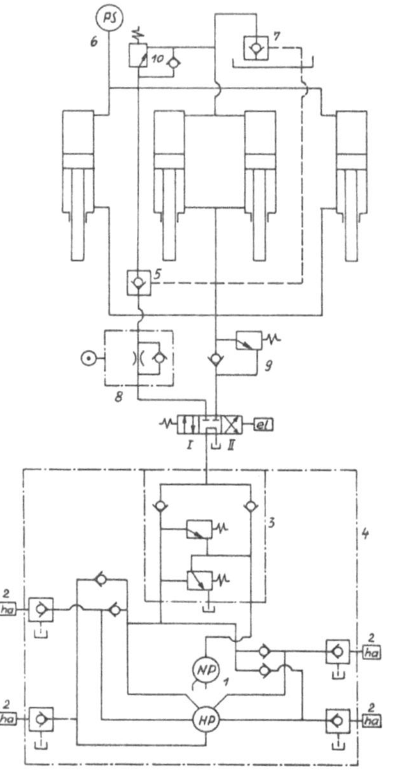

Abb. 408. Kunststoffpresse

Abb. 409. Radialbohrmaschine (Heller)

Den Schaltplan einer Presse, bei der diese Aufgabe dadurch gelöst wird,
das von einer ventilgesteuerten Fünfzylinder-Hochdruckpumpe wahlweise entweder alle fünf Zylinder oder aber auch nur vier, drei, zwei oder ein Zylinder
fördern, zeigt Abb. 408.

Sind alle vier Ablaßventile *2* geöffnet, so fördert nur ein Druckzylinder der
Hochdruckpumpe und die Pumpe hat ihre kleinste Stromstärke. Werden der
Reihe nach ein, zwei, drei oder vier Ventile geschlossen, so arbeiten zwei, drei,
vier oder alle fünf Zylinder und die Hochdruckpumpe hat eine der Anzahl der
fördernden Pumpenzylinder entsprechende Stromstärke und ermöglicht dadurch
die stufenweise Einstellung der Preßgeschwindigkeit.

Im einzelnen arbeitet die Presse sonst wie folgt:

Eilgang schließen: 4/3-Schieber in Stellung *I*. Pumpe fördert über *8* und *5*
in die beiden äußeren Zylinder. Die beiden inneren Zylinder sind mit den äußeren
Zylindern starr verbunden und werden deshalb mitgenommen. Das Öl gelangt
dabei über Nachsaugeventil *7* in die inneren Zylinder. Das abfließende Öl aus
allen vier Zylindern strömt über das Vorspannventil *9* unter 5 atü Vorspannung
in den Ölbehälter zurück.

Pressen: Die ausfahrenden Kolben der Zylinder betätigen die Rolle des Geschwindigkeitsventils *8*, welches den Ölstrom nun soweit abdrosselt, daß *3* auf Hochdruck umschaltet. Die Preßkolben treffen dadurch sanft auf das Preßmaterial auf. Bei Überschreiten des Preßdruckes von 50 atü gelangt das Hochdrucköl über *10* in die beiden mittleren Zylinder, wobei das Nachsaugventil *7* als Rückschlagventil wirkt und ein Rückfließen in den Tank verhindert. Nach Überschreiten des Öffnungsdruckes von 50 atü im Vorspannventil *10* wirkt somit die Hochdruckpumpe auch auf die Oberseite der inneren Zylinder. Die nun durch alle vier Zylinder ausgeübte Preßkraft wird dadurch verdoppelt, die Vorschubgeschwindigkeit der vier Zylinder jedoch auf die Hälfte vermindert.

Halt: Der in Druckschalter *6* eingestellte Preßdruck wird erreicht und der 4/3-Schieber wird durch den Druckschalter in seine Mittellage mit drucklosem Umlauf gebracht.

Eilgang Rückzug: Der 4/3-Schieber ist in Stellung *II*. Die Pumpe fördert über das offene Rückschlagventil im Vorspannventil *9* auf die Unterseiten aller vier Zylinder. *5* wird hierdurch geöffnet und ermöglicht den Druckabbau aus den oberen Zylinderkammern, und zwar zunächst aus den beiden äußeren Zylindern direkt und aus den mittleren über das offene Rückschlagventil im Vorspannventil *10*. Ist in den oberen Zylinderkammern der Druck auf etwa 50 atü abgesunken, dann öffnet das Nachsaugventil *7* und gibt den drucklosen Rücklauf für die beiden mittleren Zylinder frei. Der Öffnungsdruck von etwa 50 atü im Nachsaugeventil *7* ergibt sich aus dem Übersetzungsverhältnis, das durch die Auflagefläche der Kugel und durch die druckbeaufschlagte Fläche des Entsperrungskolbens in diesem Ventil bestimmt wird.

17. Radialbohrmaschine

Die Radialbohrmaschine nach Abb. 409 und 410 zeigt ein Beispiel aus dem Werkzeugmaschinenbau. Durch hydraulische Antriebe für die verschiedensten Hilfsbewegungen soll bei dieser Maschine erreicht werden, daß die Nebenzeiten auf einen möglichst kleinen Bruchteil der Stückzeit gesenkt werden.

Es werden durch hydraulische Antriebe folgende Bewegungen gesteuert:

1. Die horizontale Verschiebung des Bohrsupports durch einen Hydraulikmotor (HM_1).

2. Das Schwenken des Auslegers durch einen Hydraulikmotor (HM_2), gesteuert durch Ventil Sch_2.

3. Rückzug der Pinole durch einen Drehkolbenmotor (K_5), gesteuert durch M_4.

4. Spannen des Werkzeuges durch einen Hydraulikmotor (HM_3), gesteuert durch M_5.

5. Festklemmen des Auslegers in jeder beliebigen Stellung (Heben und Senken des Auslegers erfolgt elektromechanisch) durch Zylinder K_1, gesteuert durch M_1.

6. Festklemmen des Schwenkteiles (Klemme K_2).

7. Festklemmen der Lage des Supports auf dem Ausleger (Klemme K_3), gesteuert durch M_3.

8. Die hydraulische Schaltkopfausrückung K_4, gesteuert durch M_4, dient zur Einleitung des automatischen Pinolenrückzuges.

Der Öldruck wird durch die zwei Pumpen ZP_1 erzeugt, die gleichzeitig als Schmierölpumpen dienen. Die hydraulische Positionierung durch Handhebel H ermöglicht die Einstellung des Bohrsupports auf das gewünschte Maß mit geringstem Kraftaufwand.

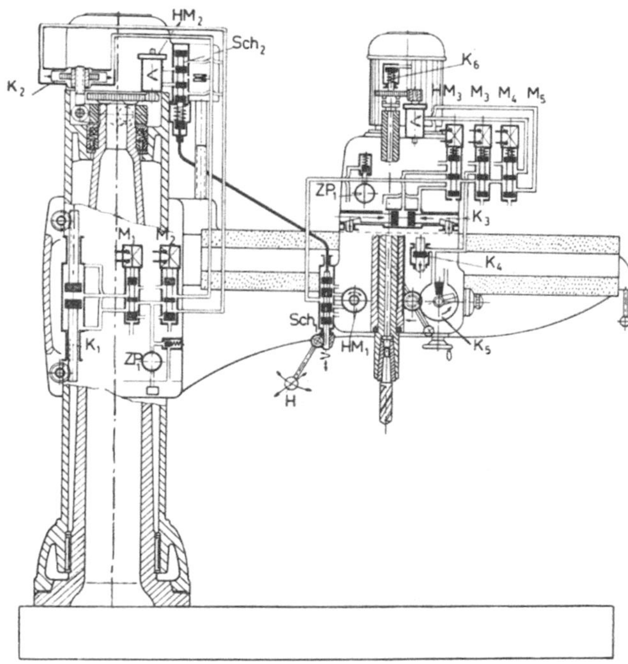

Abb. 410. Schematische Darstellung der Hydraulik der Radialbohrmaschine nach Abb. 409 (Heller)

18. Cellophanimprägniermaschine

Eine Cellophanimprägniermaschine dient zum Imprägnieren des Cellophans, um es wasserabstoßend zu machen. Sie verfügt über mindestens vier Antriebswellen, welche mit geringen Geschwindigkeitsunterschieden gegeneinander angetrieben werden sollen. Die Differenzen in der Drehzahl zwischen den einzelnen Antriebswellen müssen über dem ganzen Regelbereich der Antriebspumpe konstant bleiben. Abb. 411 zeigt die Lösung dieser Aufgabe durch ein hydrostatisches Getriebe, das aus einer regelbaren Pumpe PV und vier hintereinandergeschalteten Ölmotoren besteht, von denen drei ebenfalls regelbar sind, während der letzte Motor ein unveränderliches Schluckvermögen hat. Da die Ölmotoren immer nur in der gleichen Richtung laufen müssen und eine Verzögerung der Walzen zur Erzeugung einer Bremswirkung auch nicht verlangt wird, genügt hier ein geschlossener Kreislauf mit unveränderlicher Förderrichtung. Bei Verwendung eines offenen Kreislaufes müßte man entweder auf eine Speisepumpe überhaupt verzichten und damit größere Ungenauigkeit in der Regelmöglichkeit in Kauf

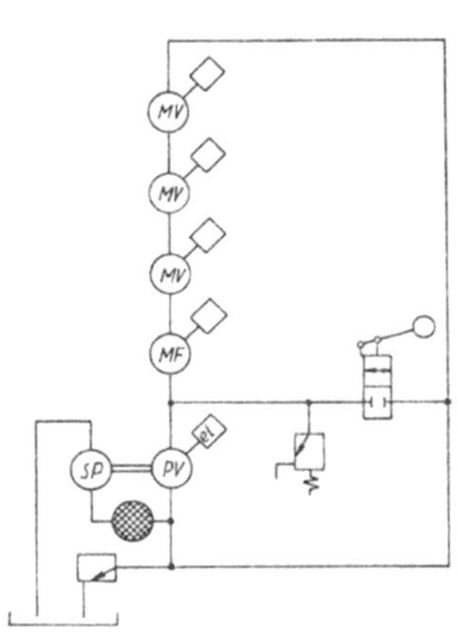

Abb. 411. Cellophanimprägniermaschine (aus HAFFNER)

nehmen, weil durch die Erzeugung eines Eintrittsdruckes in die Regelpumpe auf etwa 10 at die Schluckverluste insbesondere bei Lufteinschlüssen im Öl wesentlich herabgesetzt werden können, oder aber es wäre eine große Speisepumpe für die gesamte maximale Fördermenge der Pumpe zu verwenden.

19. Haupt- und Hilfsantrieb für eine Transparentpapiermaschine

Abb. 412 zeigt den Antrieb einer Transparentpapiermaschine, an den unter anderem folgende Aufgabe gestellt wird:

Die Papiergeschwindigkeit im Trockenteil soll um 3 bis 5% größer sein als im Naßteil der Maschine. Die Geschwindigkeitsdifferenz zwischen dem Antriebsmotor MV_2 und MF_1 soll mit einer Genauigkeit von $5^0/_{00}$ eingehalten werden können. Durch die Verwendung eines Ölmotors mit fixem Schluckvermögen und eines solchen mit veränderlicher Schluckmenge in der in Abbildung 412 dargestellten Schaltung kann diese Aufgabe bei Verwendung von hochwertigen Ölmotoren ohne weiteres gelöst werden.

Außer dem Hauptantrieb in der Maschine sind noch zwei hydraulische Wellen für den Antrieb der Wickelvorrichtung und für den Antrieb der Viskosepumpe vorgesehen.

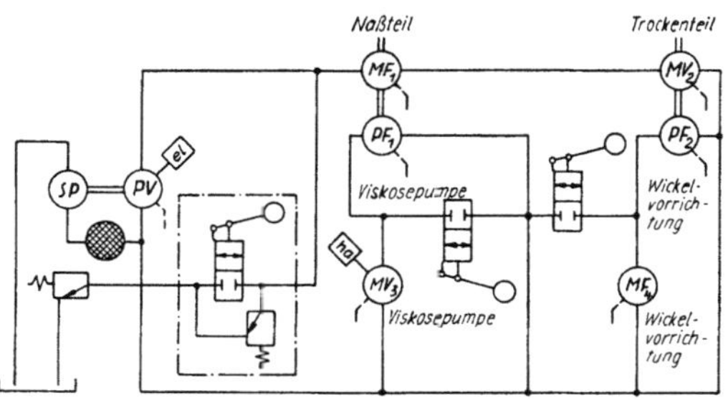

Abb. 412. Transparentpapiermaschine (aus HAFFNER)

XI. Propellerantrieb durch hydrostatische Getriebe

Der Antrieb von Propellern durch hydrostatische Getriebe hat sich bis heute in erster Linie auf drei Gebieten der Technik allgemein durchgesetzt:

1. Antrieb des Lüfters großer Verbrennungsmotoren mit regelbarer Drehzahl.
2. Antrieb von Gebläsen mit regelbarer Drehzahl.
3. Antrieb der Schiffsschraube von Schleppern mit besonderen Anforderungen an die Manövrierfähigkeit.

Der Beschreibung dieser drei verschiedenen Propellerantriebe durch hydrostatische Getriebe sollen einige für alle diese Antriebe gemeinsame Bemerkungen vorangestellt werden.

Die Regelung der Drehzahl eines Propellers mit hydrostatischem Antrieb kann prinzipiell erfolgen

a) durch ein Getriebe, das aus einer schwenkbaren Pumpe mit veränderlicher Fördermenge und einem Motor mit fixem Schluckvermögen besteht;

b) durch ein Getriebe, das aus einer Pumpe mit unveränderlicher Fördermenge und einem Motor mit konstantem Schluckvermögen besteht, wobei durch eine Bypassregelung dafür gesorgt wird, daß nur ein Teil der von der Pumpe geförderten Ölmenge zum Antrieb des Motors für den Propeller verwendet wird.

Im allgemeinen wird man bei hydrostatischen Antrieben — z. B. bei Betätigung einer Kranwinde mit konstantem Drehmoment — die Drehzahlregelung durch eine Regelpumpe in Verbindung mit einer Leistungsbegrenzung vorziehen, weil bei einer Bypassregelung große Leistungsverluste in Kauf genommen werden müssen.

Abb. 65 b zeigt z. B. den Zusammenhang zwischen dem Druck in der Ölleitung eines Motors p bzw. dem Drehmoment M und der Drehzahl des Ölmotors n, sowie die Leistung des Ölmotors N in Abhängigkeit von der Drehzahl für eine Lasthebemaschine. Nur bei geringer Last und bei geringem Öldruck vor dem Motor (Punkt 1) ist eine hohe Hubgeschwindigkeit mit entsprechend hoher Drehzahl (n_{max}) möglich. Bei starker Belastung (durch ein Moment M_2, Punkt 2) schwenkt der Regler die Pumpe auf einen kleineren Winkel zurück und es wird automatisch nur mit der der geringen Drehzahl n_2 entsprechenden Hubgeschwindigkeit gehoben. Nur innerhalb des Drehzahlbereiches zwischen 0 und n_3 kann die Last dem Schwenkwinkel der Pumpe proportional beliebig schnell gehoben werden. Bei einer Belastung der Winde, die dem Drehmoment im Punkt *3* bzw. dem Öldruck im Punkt *3* entspricht, kann also eine Drehzahl höher als n_3 nicht mehr eingestellt werden, weil der Leistungsbegrenzer ein Ausschwenken über den der Drehzahl n_3 entsprechenden Winkel hinaus nicht mehr gestattet.

Bei einer solchen Regelung der Pumpe auf konstante maximale Antriebsleistung treten so gut wie keine Energieverluste ein. Bei einem Antrieb durch eine starre Pumpe und einen Motor mit fixem Schluckvermögen würde bei einem solchen Windenantrieb auf alle Fälle bei einer Drehzahlregelung durch Drosselung und Rückleitung eines Teiles der geförderten Ölmenge in den Ölbehälter ein großer Drosselverlust entstehen. Alle durch die Drosselung verursachten Leistungsverluste würden in Wärme umgesetzt werden und dadurch unzulässig hohe Öltemperaturen verursachen.

Dies gilt sowohl für einen Antrieb mit starrer Pumpe, dessen Pumpe für den Betriebszustand mit der maximalen Drehzahl $n_{\max} = n_{\max}$ von Abb. 65 b und dem maximalen Drehmoment $M_{\max} = M_1$ von Abb. 65 b ausgelegt wird,

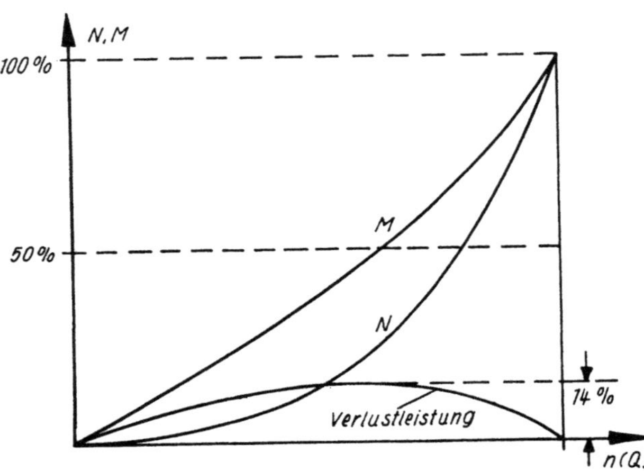

Abb. 413.   Regelung der Propellerdrehzahl durch hydrostatischen Antrieb mit Bypassregelung

als auch für einen Antrieb, der für die maximale Drehzahl $n_{\max} = n_{\max}$ und das maximale Drehmoment $M_{\max} = M_{\max}$ von Abb. 65 b ausgelegt wird. Im ersten Fall kann eine große Last $M_{\max}$ von Abb. 65 b entsprechend überhaupt nicht gehoben werden. Pumpe und Ölmotor hätten bei dieser Anlage die gleichen kleinen Abmessungen wie Pumpe und Ölmotor in dem Antrieb mit Regelpumpe. Im zweiten Fall kann bei kleiner Last eine Hubgeschwindigkeit ($n_{\max}$) entsprechend Abb. 65 b überhaupt nicht erreicht werden. Sowohl bei der Auslegung für hohe Drehzahl und kleines Drehmoment als auch bei einer solchen für kleine Drehzahl und hohes Drehmoment müssen aber z. B. beim Heben mit halber Drehzahl auf alle Fälle 50% der Antriebsleistung der Pumpe vernichtet und in Wärme verwandelt werden. Bei einem Antrieb einer Welle mit konstantem Drehmoment wird man also meist keine Bypassregelung zur Verstellung der Drehzahl wählen.

Ganz anders liegen die Verhältnisse jedoch beim Antrieb eines Propellers, bei dem die Leistung der Drehzahl nicht linear proportional ist, sondern etwa mit der dritten Potenz der Drehzahl zunimmt. Hier ist bei niedrigen Drehzahlen das Drehmoment und damit der Öldruck vor dem Ölmotor sehr gering (Abb. 413). Der maximale Verlust durch Drosseln liegt etwa bei zwei Drittel der maximalen Last, für die der Propellerantrieb ausgelegt ist und beträgt nur 14% der vollen Leistung bei voller Drehzahl. Der mittlere Leistungsverlust über dem gesamten Drehzahlbereich liegt etwa bei 7% und ist somit geringer als z. B. der Leistungsverlust eines Verstellpropellers bei verschiedenen Leistungen. Die Ölerwärmung bleibt bei diesem geringen Leistungsverlust auf alle Fälle innerhalb tragbarer

Grenzen. Bei Teillast des Antriebsmotors liegen die Verluste durch die Drosselung im Ölkreislauf noch entsprechend niedriger. Da der Lüfterantrieb durch eine Pumpe mit unveränderlicher Fördermenge einfacher und billiger ist als ein Antrieb durch eine Regelpumpe, wird man beim Antrieb von Lüftern im allgemeinen von dieser Bypassregelung Gebrauch machen und nur dann Regelpumpen verwenden, wenn bei großen Antriebsleistungen ein möglichst verlustloser Antrieb verlangt wird.

Beim Antrieb von Schiffsschrauben mit großen Leistungen hingegen wird meist die Regelung der Drehzahl durch Regelpumpen der Drosselregelung trotz der relativ geringen Verluste bei der Drosselung vorgezogen. Durch die Schwenkung des Pumpenkörpers durch die Null-Lage hindurch wird dann bei Verwendung einer Regelpumpe auch die Änderung der Drehrichtung und damit eine bessere Manövrierfähigkeit ermöglicht. Die Überlastung des Dieselmotors bei plötzlicher Beanspruchung kann durch Leistungsbegrenzer verhindert werden. Die Antriebsdieselmotoren können dann immer mit voller Leistung und bei voller Drehzahl weiterlaufen und die Regelung erfolgt außerdem nahezu verlustlos.

Für große Antriebe ergibt sich den oben angestellten Überlegungen entsprechend auch noch die Möglichkeit, einen größeren Drehzahlbereich mit einem hydrostatischen Getriebe von relativ kleinen Abmessungen zu bestreiten.

1. Antrieb des Lüfters von Verbrennungsmotoren

Kühler und Lüfter einer Verbrennungskraftmaschine müssen für die maximal auftretende Lufttemperatur — in Europa für etwa 35° C und in den Tropen für etwa 40 bis 50° C — bemessen werden. Der Kühler muß dann in der Lage sein, an den heißesten Sommertagen soviel Wärme abzuführen, daß die zulässige Motortemperatur bei keinem Betriebszustand überschritten wird. Bei den bis vor kurzem ausschließlich verwendeten Kühlsystemen wurde dann bei niedrigen Umgebungstemperaturen eine Verringerung der Wärmeabfuhr durch den Kühler dadurch erreicht, daß ein Thermostat mit abnehmender Kühlwassertemperatur einen immer größeren Teil des Kühlwassers nicht mehr durch den Kühler, sondern durch eine Nebenflußleitung unmittelbar wieder zur Wasserpumpe zurückführte. Der Lüfter wurde dabei unabhängig von der Umgebungstemperatur und dem Bedarf an Kühlmittel mit konstanter Drehzahl angetrieben. Dadurch traf insbesondere im Winter bei niedrigeren Umgebungstemperaturen, bei denen unter Umständen überhaupt kein Kühlwasser mehr durch den Kühler fließt, ein Leistungsverlust in der Größenordnung von 3 bis 5% der Motorleistung ein. Da keine geeigneten Mittel zur stufenlosen Drehzahländerung des Lüfters zur Verfügung standen, nahm man bis vor kurzem diesen Leistungsverlust in Kauf.

Bei einer Diesellokomotive mit 1000 PS beträgt aber dieser Leistungsverlust etwa 40 PS, aber auch bei Dieselmotoren mit nur 500 PS schon etwa 20 PS! Diese relativ hohen Leistungsverluste wollte man nun nicht mehr in Kauf nehmen und man suchte deshalb nach einer Regelung der abgeführten Wärmemenge in Abhängigkeit von der Umgebungstemperatur durch die Veränderung der Lüfterdrehzahl.

Um den zur Erhaltung der günstigsten Motortemperatur erforderlichen Luftstrom zu erzeugen, wurden bisher schon folgende Regelsysteme erprobt: Lüfter mit verstellbarem Anstellwinkel, ähnlich den Propellern von Flugzeugen, erwiesen sich ebenso als zu komplizierte Lösungen für die Anpassung der Lüfterleistung an den Kühlluftbedarf, wie hydrodynamische Getriebe und elektrische Getriebe, die aus einem Generator und einem Elektromotor bestanden. Der hydrostatische Antrieb des Lüfters durch Axialkolbenmotoren, deren Drucköl in Axialkolbenpumpen erzeugt wird, hat sich dagegen bei dem Lüfterantrieb für Schienenfahrzeuge bereits gut eingeführt. Die Diesellokomotiven der Transeuropaexpreßzüge werden z. B. mit solchen hydrostatischen Antrieben für den Lüfter ausgerüstet. Bei Straßenfahrzeugen, insbesondere bei Omnibussen mit Dieselmotoren, werden die relativ teuren Axialkolbenpumpen durch Flügelpumpen ersetzt. Der Antriebsmotor des Lüfters ist jedoch auch bei den Straßenfahrzeugen meist ein Axialkolbenölmotor. Im übrigen arbeiten die Lüfterantriebe mit veränderlicher Drehzahl für Omnibusse aber nach dem gleichen Prinzip wie die im folgenden näher beschriebenen Antriebe für Schienenfahrzeuge.

Aber auch in stationären Kompressoranlagen werden hydrostatische Lüfterantriebe in zunehmendem Maße verwendet, und zwar sowohl um die Kühlwassertemperatur als auch die Temperatur der komprimierten Luft auf einem bestimmten konstanten Wert zu halten.

Abb. 414 zeigt den Lüfterantrieb eines Dieselmotors. Die Ölpumpe mit konstanter Fördermenge liefert einen Ölstrom, der zum Ölmotor mit fixem Schluckvermögen geleitet wird. Durch den Lüfterregler kann ein Teil des Ölstromes oder auch der ganze Ölstrom auch unmittelbar wieder dem Ölbehälter zugeleitet werden. Zur Betätigung der Lüfterjalousie dient ein kleiner Arbeitszylinder.

Der Lüfterregler (Abb. 415) besteht aus einer mit einer wachsartigen Masse gefüllten Dose. Die wachsartige Masse hat die Eigenschaft, daß sie bei einer bestimmten Temperatur von etwa 74 bis 78° C aus dem teigartigen in den flüssigen Aggregatzustand übergeht und dabei ihr Volumen plötzlich um etwa 15% vergrößert. Beim Übergang der Kühlwassertemperatur von 74 auf 78° C drückt deshalb diese Masse auf eine Membran in der Druckdose, die wieder einen Steuerkolben um etwa 14 mm verschieben kann. Dieses Regelventil ermöglicht es, den mit einer Kraft von 75 kg belasteten Kolben ohne Hilfskraft zu bewegen. Der Regler arbeitet dabei wie folgt: Ist das Wasser relativ kalt, so ist der Nebenfluß ganz geöffnet und das Öl fließt von der Pumpe durch den Nebenfluß unmittelbar

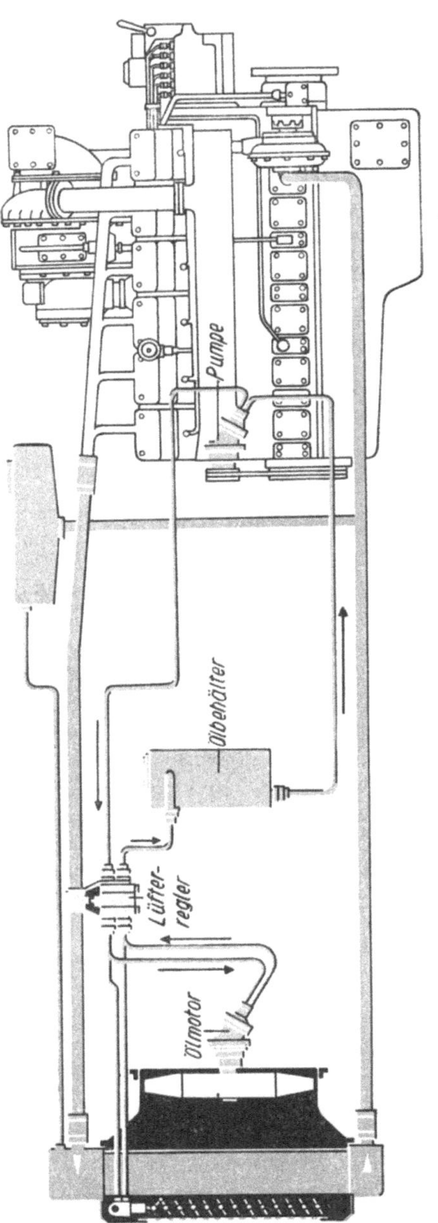

Abb. 414. Schema des hydrostatischen Lüfterantriebes für die Kühlung eines Verbrennungsmotors (Behr)

wieder in den Tank zurück. Mit zunehmender Wassertemperatur schließt der Steuerkolben den Nebenfluß ab und öffnet die Verbindung zum Ölmotor des Lüfters. Innerhalb eines Temperaturbereiches von etwa 5° C wird somit der Nebenfluß vollständig geschlossen und die Drehzahl des Lüfters steigt von 0° auf den Maximalwert der Lüfterdrehzahl. Im Lüfterregelventil ist auch das Überdruckventil eingebaut, dessen Öffnungsdruck über dem maximalen Arbeitsdruck des Ölmotors liegt. Das Überdruckventil tritt somit nur in Funktion, wenn der Lüfter aus irgendeinem Grunde mechanisch blockiert ist und wenn durch das Schwungmoment des Lüfters bei geschlossenem Nebenfluß oder bei plötzlicher Beschleunigung des Dieselmotors unzulässig hohe Drücke in den Rohrleitungen entstehen.

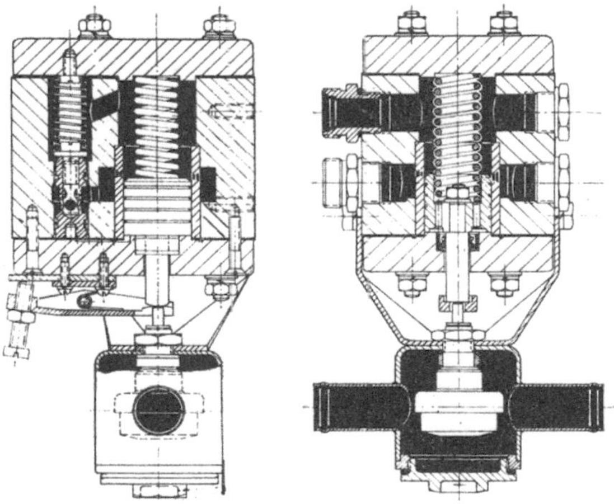

Die Kühlerjalousie hat die Aufgabe, das Abkühlen des Motors

Abb. 415. Schnitt durch den Behr-Lüfterregler

bei langen Talfahrten oder bei Stillstand zu vermeiden. Die Betätigung der Jalousieklappen läßt sich sehr einfach im hydrostatischen Kreislauf einbauen, in dem der Arbeitszylinder zur Jalousiebetätigung mit der Druckleitung zum Ölmotor verbunden wird. Der Arbeitszylinder öffnet dann kurz vor dem Anlaufen des Ölmotors die Lüfterjalousie, wenn der Öffnungsdruck im Jalousiezylinder etwas unter dem Anlaufdruck des Lüftermotors liegt. Da dieser Anlaufdruck des Lüftermotors etwa zwischen 5 und 8 atü liegt, wird der Jalousiezylinder zweckmäßigerweise für einen Öffnungsdruck von etwa 4 atü ausgelegt.

Abb. 416 zeigt schließlich noch einen Lüfterantrieb mit stufenloser Regelung der Drehzahl für ein Kühlsystem mit

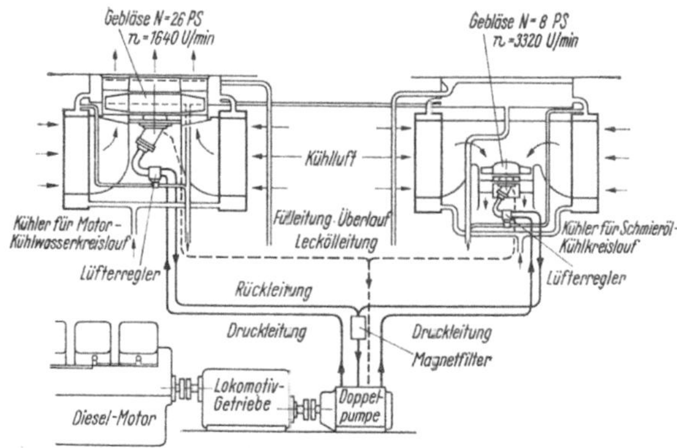

Abb. 416. Behr-Lüfterregelsystem mit Doppelpumpe und zwei getrennt geregelten Lüftern

zwei Lüftern, die durch eine Doppelpumpe angetrieben werden. Jeder Lüfter wird durch einen eigenen Ölmotor angetrieben. Einer der beiden Lüfter dient zur Kühlung des Kühlwasserkreislaufes, der andere zur Kühlung des Schmierkreislaufes. Vor jedem der beiden Ölmotoren liegt ein Lüfterregler, der durch Drosselung dafür sorgt, daß bei niedriger Temperatur des Kühlers ein Teil des Öles oder auch das gesamte Öl zum Behälter zurückgeführt wird, ohne in den Ölmotor einzutreten.

2. Antrieb von Gebläsen mit regelbarer Drehzahl

Bei großen Leistungen wird auch bei Lüfterantrieben oft darauf Wert gelegt, daß der beim Propellerantrieb zwar relativ geringe, aber immerhin keinesfalls ganz zu vernachlässigende Leistungsverlust durch die Drosselregelung vermieden wird, und es ist dann zum Antrieb des Lüftermotors mit fixem Schluckvermögen eine Regelpumpe erforderlich, deren Stromstärke durch einen Thermostat beeinflußt wird.

Abb. 417 zeigt einen solchen verlustlosen hydrostatischen Antrieb eines Lüfters, der sowohl zur Erzeugung eines Kühlluftstromes für einen Motor oder auch beliebigen anderen Aufgaben dienen kann. Der Temperaturfühler steuert einen als Verstärker wirkenden Thermostat, in dem ein Arbeitskolben in Abhängigkeit von der Temperatur hin- und herbewegt wird. Über den Verstellhebel wirkt dann der Kolben des Thermostaten auf den Steuerkolben des Servomotors, der schließlich den Schwenkwinkel der Pumpe und damit die Stromstärke verstellt.

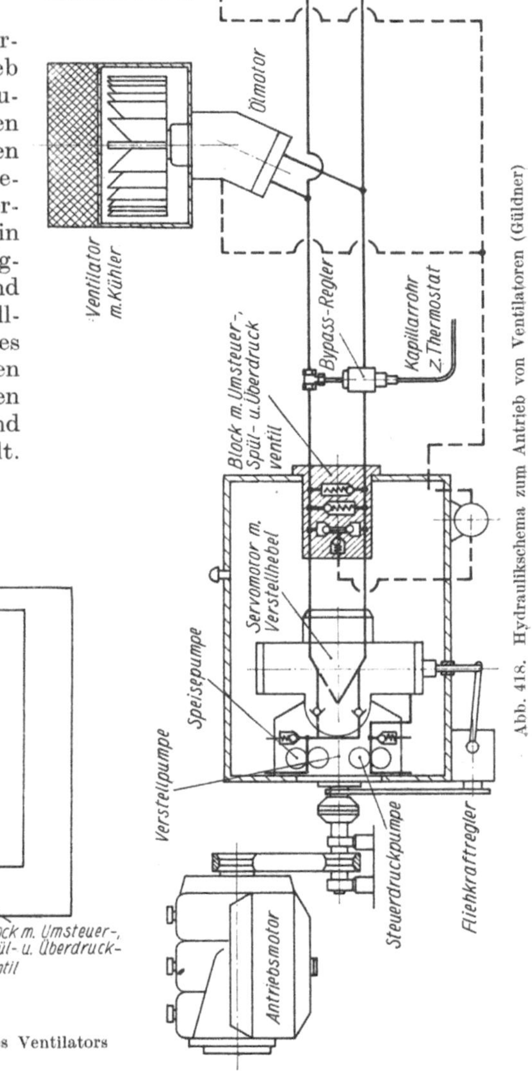

Abb. 418. Hydraulikschema zum Antrieb von Ventilatoren (Güldner)

Abb. 417. Hydraulikschema zum Antrieb eines Ventilators (Güldner)

Abb. 418 zeigt schließlich noch einen hydrostatischen Antrieb eines Gebläses für eine stationäre Anlage, bei der die beiden Lüfterräder nicht zur Kühlung des Motors, sondern zur Erzeugung eines Luftstromes für andere Zwecke dienen. Der Dieselmotor dient also entweder überhaupt nur zum Antrieb der Lüfter oder gibt einen Großteil seiner Leistung an die Lüfter ab. Er soll dabei etwa mit Drehzahlen zwischen 500 und 1400 U/Min. laufen, wobei die beiden Lüfter trotz dieser Schwankungen in der Antriebsdrehzahl der Pumpe immer mit konstanter Drehzahl unabhängig von der Drehzahl der Pumpe angetrieben werden sollen.

Dies wird durch eine regelbare Axialkolbenpumpe erreicht, deren Schwenkwinkel derart durch einen Fliehkraftregler jeweils bei steigender Drehzahl verkleinert bzw. bei sinkender Drehzahl vergrößert wird, daß die Stromstärke konstant bleibt. Die Pumpe liefert also auch bei wechselnder Antriebsdrehzahl einen konstanten Förderstrom.

Der Bypassregler dient zur Regelung der Drehzahl der Ölmotoren in Abhängigkeit von der Temperatur und arbeitet nach dem Prinzip des Lüfterreglers Abb. 415.

3. Hydrostatischer Antrieb von Schiffsschrauben

Hydrostatische Antriebe ermöglichen die stufenlose Regelung des Übersetzungsverhältnisses zwischen Antriebswelle und Abtriebswelle innerhalb relativ weiter Grenzen im Drehzahlbereich. Es ergibt sich dadurch oft die Möglichkeit einer wesentlichen Verbesserung der Manövrierfähigkeit von Fahrzeugen, die sonst im allgemeinen mit stufenweiser Regelung der Übersetzung von Antriebsmotor auf den Abtrieb ausgerüstet sind. Ebenso wie beim Antrieb von Kraftfahrzeugen wird deshalb der hydrostatische Antrieb auch beim Antrieb der Schiffsschrauben nur dann Verwendung finden, wenn der im Vergleich zu einem Zahnradgetriebe wesentlich schlechtere Wirkungsgrad des hydrostatischen Getriebes in Kauf genommen wird, um eine besonders gute Manövrierfähigkeit z. B. durch eine in ganz besonders weiten Grenzen veränderliche Antriebsdrehzahl der Schiffsschraube zu erreichen.

Es werden deshalb heute z. B. auch Hafenschlepper, die vornehmlich mit besonders geringer Geschwindigkeit und entsprechend niedriger Drehzahl der Schiffsschraube arbeiten, mit hydro-

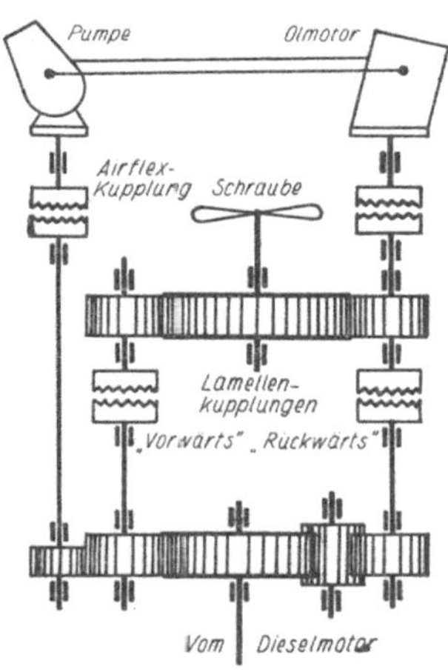

Abb. 419. Schiffswendegetriebe mit „hydrostatischem Kriechgang" (Zahnradfabrik Renk, Augsburg)

statischen Getrieben zwischen Antriebsmotor und Schraube ausgerüstet. Da solche Schiffe meist überhaupt nur kurzzeitig mit voller Leistung angetrieben werden, spielt der relativ geringe Wirkungsgrad der Energieübertragung keine ausschlaggebende Rolle, wohl dagegen wird die Steigerung des Nutzungsgrades des ganzen Schleppers durch die verbesserte Manövrierfähigkeit infolge der Möglichkeit der Einstellung jeder beliebigen Antriebsdrehzahl der Schiffsschraube begrüßt.

Es besteht aber auch die Möglichkeit, eine Schiffsschraube durch ein kombiniertes Getriebe anzutreiben, das wahlweise mit Zahnradübersetzung oder hydraulischer Übersetzung zwischen Antriebsmotor- und Schiffsschraube arbeitet. Bei Vollast und Teillast arbeitet das Zahnradgetriebe mit hohem Wirkungsgrad, bei besonders langsamer Fahrt und entsprechend geringer Drehzahl der Schiffsschraube und somit auch bei entsprechend geringer Antriebsleistung besteht dagegen die Möglichkeit der Wahl einer beliebigen Drehzahl der Schiffsschraube zwischen 0 und einem gewählten Grenzwert für eine bestimmte Teillastgrenze.

Abb. 419 zeigt z. B. ein solches kombiniertes Schiffswendegetriebe „mit hydrostatischem Kriechgang", das in den Schleppern Hamasah und Habab der Crossley Brothers Ltd. (Manchester) von der Zahnradfabrik Renk (Augsburg) eingebaut wurde. Die Schiffe werden durch einen Dieselmotor von 1500 PS angetrieben. Der Schiffsdieselmotor hat eine maximale Drehzahl von 320 U/Min. Durch die Übersetzung im Zahnradgetriebe im Verhältnis $i = 2,66$ ergibt sich damit bei Vollast eine Drehzahl der Schiffsschraube von 120 U/Min. Das hydraulische Getriebe ist nur für eine maximale Leistungsübertragung von 150 PS ausgelegt, wobei die Pumpendrehzahl infolge des Schlupfes mit 693 U/Min. etwas höher liegt als die Drehzahl des Ölmotors von 655 U/Min.

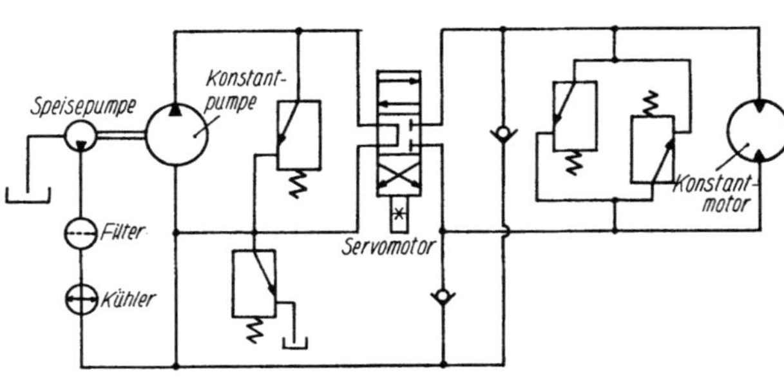

Abb. 420. Hydraulischer Schaltplan des Schiffswendegetriebes nach Abb. 419

Durch dieses kombinierte Getriebe ergeben sich folgende Antriebsmöglichkeiten:

Durch die Veränderung der Drehzahl des Antriebsdieselmotors zwischen 320 und 107 U/Min. kann die Drehzahl der Propellerwelle bei Verwendung des Zahnradgetriebes zwischen 120 und 40 U/Min. verändert werden. Vorwärts- und Rückwärtsgang bei normaler Fahrt wird dabei durch Einrücken der entsprechenden Lamellenkupplung für Vorwärts- bzw. Rückwärtsfahrt gewählt.

Bei Verwendung des Kriechganggetriebes dagegen kann die Drehzahl der Schiffsschraube zwischen 0 und 40 U/Min. verändert werden. Die beiden Airflex-Kupplungen sind dabei eingerückt, die Lamellenkupplungen dagegen ausgerückt. Die Wahl zwischen Vorwärts- und Rückwärtsgang erfolgt, wie der Schaltplan des hydraulischen Getriebes, Abb. 420, zeigt, durch die Umstellung eines Steuerschiebers, der durch Druckknöpfe für vorwärts und rückwärts über einen Servomotor betätigt wird. Das hydrostatische Getriebe besteht aus einer Axialkolbenpumpe mit konstanter Fördermenge und einem Axialkolbenölmotor mit konstanter Schluckmenge je Umdrehung. Die Drehzahl des Ölmotors und damit die Drehzahl der Schiffsschraube wird durch die Stellung des kombinierten „Mehrwege-Drosselventils" bestimmt. Der Hub des Steuerkolbens in diesem Schieber wird durch einen Elektromotor verstellt. Es ist dadurch möglich, die Drehzahl des Ölmotors durch die Zeitdauer zu bestimmen, während der der entsprechende Druckknopf betätigt wird.

Die Wahl zwischen dem mechanischen und hydraulischen Getriebe, d. h. das Ein- und Ausrücken der entsprechenden Kupplungen, erfolgt ebenfalls durch „Bereitschaftsknöpfe". Bei der Umschaltung auf normale Fahrt mit Übersetzung durch das Zahnradgetriebe während der Fahrt im Kriechgang und eingeschaltetem hydrostatischem Getriebe sorgen entsprechende Absicherungsvorrichtungen dafür, daß die Airflex-Kupplungen zuerst entlüftet und die Lamellenkupplungen dann erst entsprechend eingeschaltet werden.

XII. Hydrostatische Antriebe für Fahrzeuge

Fahrzeuge, die in erster Linie mit möglichst hoher und meist unveränderter Geschwindigkeit durch einen Verbrennungsmotor angetrieben werden sollen, werden wohl auch in der nächsten Zukunft nach wie vor mit Zahnradwechselgetrieben bzw. mit stufenlos regelbaren hydrodynamischen Zwischengetrieben ausgerüstet werden, weil durch diese im Kraftfahrzeugbau heute allgemein eingeführten Getriebe während des größten Teiles der Betriebszeit die besten Wirkungsgrade der Kraftübertragung erreicht werden.

Ganz anders aber liegen die Verhältnisse bei vielen Spezialfahrzeugen, bei denen die Manövrierfähigkeit ausschlaggebend für die Leistungsfähigkeit des ganzen Fahrzeuges bzw. der mit dem Fahrzeug verbundenen Maschinen ist. Bei Transportkarren für kleine Geschwindigkeiten, bei Industriekranen oder Baggern, die auf ein Kraftfahrzeuggestell aufgebaut werden, bei Gabelstaplern, bei Raupenfahrzeugen und Gesteinsbohrmaschinen, bei fahrbaren Bohrtürmen und auch bei manchen Schienenfahrzeugen, wie Rangierlokomotiven und Gleisbaumaschinen, kommt es oft vor allem darauf an, daß das Bedienungspersonal Hände und Füße möglichst weitgehend für die Betätigung anderer Mechanismen frei hat, daß eine rasche Umsteuerung vom Vorwärts- auf Rückwärtsgang ermöglicht wird, daß eine feinfühlige, stufenlose Regelung der Geschwindigkeit innerhalb weiter Grenzen unter ständiger Ausnützung der maximal verfügbaren Antriebsleistung bei der günstigsten Drehzahl des Antriebsmotors überhaupt ermöglicht wird, daß für Vor- und Rückwärtsfahrt die gleichen Geschwindigkeitsbereiche verfügbar sind usw.

In allen diesen Fällen bietet das hydrostatische Getriebe eine ideale Lösung insbesondere dann, wenn an den betreffenden Fahrzeugen auch andere Arbeitsbewegungen durch hydraulische Motoren und Arbeitszylinder betätigt werden sollen. Der hydrostatische Antrieb hat sich deshalb bei solchen Fahrzeugen in den letzten Jahren sehr rasch durchgesetzt und wird in neuester Zeit auch in zunehmendem Maße an Straßen- und Schienenfahrzeugen verwendet, in denen er ausschließlich zur Übertragung der Energie vom Motor auf die Antriebsräder des Fahrzeuges verwendet wird. So verwendet man z. B. in letzter Zeit für die Müllabfuhr Fahrzeuge mit hydrostatischem Antrieb, die durch jedes Bedienungspersonal betreut werden können und außerdem für den Fahrbetrieb mit fortlaufender Unterbrechung und mit relativ geringen Fahrgeschwindigkeiten besonders geeignet sind.

Das Getriebe zwischen dem Verbrennungsmotor und den Antriebsrädern für Fahrzeuge mit vier Rädern kann prinzipiell je nach den Anforderungen, die an das Getriebe gestellt werden, aus folgenden Elementen zusammengestellt werden:

Die Leistung des Verbrennungsmotors wird bei allen hydrostatischen Getrieben zunächst über eine starre Kupplung auf eine regelbare Kolbenpumpe übertragen. Der Förderstrom dieser Pumpe kann entweder nur zwischen 0 und einem Maximum stufenlos verändert werden, wobei die Änderung der Drehrichtung der für den Antrieb der Räder bestimmten Ölmotoren durch die Umstellung eines Vierwegeschiebers erfolgt, oder aber es wird eine Pumpe verwendet, deren Förderstrom in beiden Förderrichtungen zwischen je einem Maximum und Null verändert werden kann. Der Förderstrom der Regelpumpe wirkt wieder, je nach den Anforderungen an das Fahrzeug, entweder auf mehrere Ölmotoren, die unmittelbar auf der Welle jedes Antriebsrades sitzen, oder auf einen einzigen Ölmotor, der seine Leistung dann über ein Zahnradgetriebe und Differentialgetriebe an die Antriebsräder weiterleitet. Ein Fahrzeug mit Vierradantrieb kann somit entweder durch vier Ölmotoren, die unmittelbar auf je ein Rad wirken, angetrieben werden, oder durch einen einzigen Ölmotor, der wie bei den üblichen Geländefahrzeugen auf ein Zahnradgetriebe wirkt, das mit allen vier Antriebsrädern in Verbindung steht. Ein Fahrzeug, bei dem nur die beiden Hinterräder angetrieben werden, benötigt entweder zwei Ölmotoren, wobei jeder der beiden Motoren auf ein Hinterrad wirkt und das Differentialgetriebe somit überflüssig wird, oder einem einzigen Ölmotor, der wieder über ein Zahnradzwischengetriebe auf ein Differentialgetriebe und schließlich auf die beiden Hinterräder wirkt.

Durch die Verwendung je eines Ölmotors für ein Antriebsrad kann wohl das Differentialgetriebe erspart werden, dagegen hat diese Art des Antriebes insbesondere bei Fahrzeugen mit sehr kleinen Fahrgeschwindigkeiten den Nachteil, daß die ohnedies relativ teuren Ölmotoren infolge der hohen Drehmomente und kleinen Drehzahlen große Abmessungen erhalten. Bei Fahrzeugen mit großen Lasten und kleinen Fahrgeschwindigkeiten wird deshalb meist ein Antrieb durch einen Ölmotor mit nachgeschaltetem Zahnradgetriebe vorgezogen. Dabei wird sowohl die Funktion der Kupplung als auch die des Zahnradwechselgetriebes eines normalen Kraftfahrzeuges durch das hydrostatische Getriebe übernommen. Der Kupplungsvorgang durch das hydrostatische Getriebe erfolgt dabei nahezu verlustlos und der Antriebsmotor läuft ständig mit derjenigen Drehzahl, bei der der günstigste Wirkungsgrad des Motors erreicht wird.

Alle bisher erwähnten prinzipiell möglichen Kombinationen zwischen Ölmotoren und Zahnradgetrieben für die Energieübertragung von Verbrennungsmotoren auf die Antriebsräder eines Fahrzeuges werden heute bereits an den verschiedensten Sonderfahrzeugen verwendet. Bei vielen anderen Maschinen wieder ist der hydrostatische Antrieb erst in der Entwicklung. So werden z. B. für den Antrieb von Mähdreschern, deren Produktionszahlen zur Zeit etwa zehnmal so rasch zunehmen wie die der Automobile und Traktoren, die verschiedensten Kombinationen der Kraftübertragung vom Verbrennungsmotor auf die Antriebsräder mit einem, zwei und vier Ölmotoren systematisch erprobt und es ist anzunehmen, daß sich erst in den nächsten Jahren eine bestimmte Antriebsart mit hydrostatischer Kraftübertragung endgültig als günstigste Antriebsart für Mähdrescher durchsetzen wird. Die Entwicklung solcher Fahrzeugantriebe für bestimmte Maschinen geht dabei gleichzeitig mit der Entwicklung der Ölmotoren selbst zu immer höheren Drehzahlen und zu höheren Öldrücken Hand in Hand.

Im folgenden soll zunächst der hydrostatische Antrieb für Fahrzeuge besprochen werden, in denen die Ölhydraulik ausschließlich zur Energieübertragung vom Verbrennungsmotor auf die Antriebsräder des Fahrzeuges verwendet wird. Anschließend soll die hydraulische Ausrüstung einiger ortsbeweglicher Maschinen gezeigt werden, in denen für die Verrichtung verschiedener Arbeitsgänge hydraulische Antriebselemente verwendet werden, wobei dann oft die gleiche Ölpumpe zur Druckölversorgung für den Antrieb des Fahrzeuges selbst und für die verschiedenen Arbeitsbewegungen der hydraulischen Arbeitszylinder und Ölmotoren verwendet werden kann.

1. Der hydrostatische Antrieb für Transportfahrzeuge

Transportfahrzeuge, die vornehmlich zum Transport über kürzere Strecken verwendet werden, und deren Fahrgeschwindigkeit nahezu ständig verändert wird, stellen an die Antriebselemente ganz andere Forderungen als normale

Kraftfahrzeuge. Die hydrostatische Kraftübertragung vom Motor auf die Antriebsräder bietet in solchen Fahrzeugen dann folgende Vorteile:

1. Stoßfreies Anfahren und Bremsen ohne nennenswerte Energieverluste auch bei Bedienung durch relativ wenig geschultes Personal.

2. Der Verbrennungsmotor kann immer mit seiner günstigsten Drehzahl laufen, die Energieübertragung erfolgt bei stufenloser Regelung der Fahrgeschwindigkeit ohne Reibungsverluste in der Kupplung.

3. Die stufenlose Regelung der Fahrgeschwindigkeit innerhalb der gleichen Grenzwerte für Vor- und Rückwärtsfahrt ermöglicht eine relativ bessere Manövrierfähigkeit.

4. Es gibt keine Abnützungserscheinungen am Kupplungsbelag. Auch alle anderen Getriebeteile werden durch das Fortfallen der stoßweisen Beanspruchung beim Einkuppeln geschont und die Lebensdauer des Motors und aller an der Kraftübertragung beteiligten Bauteile wird erhöht.

5. Die Kupplung sowie ein Differentialgetriebe bei Verwendung von je einem Ölmotor für ein Antriebsrad sind nicht mehr erforderlich.

6. Antriebsmotor und Ölmotor sind nicht durch starre Wellen wie bei mechanischen Getrieben, sondern nur durch Druckölleitungen miteinander kraftschlüssig verbunden. Bei besonderen Anforderungen an die Gestaltung des Fahrgestells mit Rücksicht auf die Abmessungen der Lasten oder des Lade- und Entladevorganges ermöglicht die Verlegung der Druckölleitungen eine wesentlich bessere Anpassung an diese Anforderungen als eine Energieübertragung durch Zahnräder, Wellen und Kardangelenke.

Abb. 421 zeigt das Schema eines Fahrzeuggetriebes, das aus einer in beiden Förderrichtungen stufenlos regelbaren Axialkolbenpumpe und je einem Ölmotor mit unveränderlicher Schluckmenge zum Antrieb der beiden Hinterräder eines Transportfahrzeuges besteht.

Das Getriebe arbeitet mit geschlossenem Ölkreislauf, d. h. das von den Ölmotoren zurückströmende drucklose Öl fließt der Saugseite der Pumpe zu. Das in der Pumpe erzeugte Drucköl fließt zu den beiden parallelgeschalteten Ölmotoren zurück.

Der Druck, der sich hinter der Pumpe einstellt, hängt von der Belastung der Ölmotoren ab, kann aber den in dem Druckbegrenzungsventil *1* eingestellten Höchstdruck nicht überschreiten.

Der im geschlossenen Kreislauf umgewälzten Ölmenge wird durch eine Zahnradspeisepumpe *3* ständig eine kleine Ölmenge, die aus einem Ölbehälter entnommen wird, beigesetzt. Da die Förderrichtung der Pumpe beim Schwenken des Pumpengehäuses durch die Null-Lage ihre Richtung wechselt, werden Druck und Saugleitung beim Schwenken des Gehäuses durch die Null-Lage immer gegeneinander vertauscht. Es sind deshalb besondere Rückschlagventile erforderlich, die dafür sorgen, daß die Förderung der Speisepumpe immer in diejenige Leitung erfolgt, aus der die Pumpe jeweils gerade Öl ansaugt. Die von der Speisepumpe geförderte Ölmenge ist wesentlich größer als die Summe aller auftretenden Leckölmengen. Der Ölüberschuß wird durch ein Spülventil *6* aus der Niederdruckleitung in den Ölbehälter zurückgefördert. Durch diesen ständigen Ölaustausch zwischen Ölbehälter und Kreislauföl ergibt sich eine Verbesserung der Kühlung.

In der Null-Lage der Pumpe läuft der Antriebsmotor vollständig entlastet und das Fahrzeug steht still. Die Ölmotoren wirken dabei gleichzeitig als Bremse. Bei Einwirkung einer Kraft auf die Ölmotoren — z. B. beim Stillstand auf einer Steigung — wirken die Ölmotoren als Pumpen, die einen Druck aufbauen, der sich gegen das Überdruckventil abstützt. Durch Schwenken der mit dem Motor verbundenen Pumpe kann somit ohne besondere Bremse auch die Fahrgeschwindigkeit beim Bergabfahren geregelt werden.

Ein Kurzschlußschieber *9* ermöglicht eine Verbindung zwischen Druck und Saugseite und damit eine Aufhebung der Bremswirkung, die beim Abschleppen des Fahrzeuges unter Umständen benötigt wird.

Zwischen der Antriebsdrehzahl der regelbaren Pumpe n_p, der jeweiligen Fördermenge der Pumpe je Umdrehung Q_p und der Abtriebsdrehzahl n_s der beiden Ölmotoren mit der Schluckmenge Q_s je Umdrehung eines Motors besteht die Beziehung

$$Q_p \cdot n_p = 2\,Q_s \cdot n_s \cdot \eta_{\text{vol}},$$

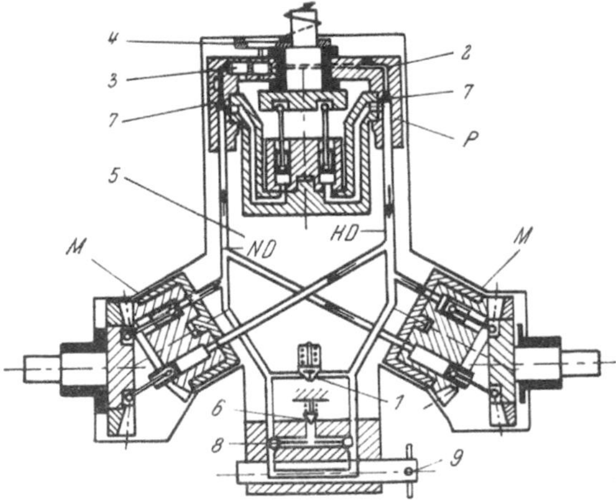

Abb. 421. Schema eines hydrostatischen Antriebes für ein Transportfahrzeug mit Antrieb durch die Hinterräder (Güldner)

aus der sich dann das Übersetzungsverhältnis des hydrostatischen Antriebes ergibt.

Bei konstanter Antriebsdrehzahl n_p und konstanter Schluckmenge Q_s ist die Abtriebsdrehzahl

$$n_s = \frac{Q_p \cdot n_p}{2\,Q_s \cdot \eta_{\text{vol}}}$$

nur eine Funktion der stufenlos regelbaren Fördermenge der Pumpe Q_p und des volumetrischen Wirkungsgrades. Der volumetrische Wirkungsgrad ist keine Konstante, sondern hängt vom

Abb. 422. Schnitt durch einen hydrostatischen Antrieb für ein Fahrzeug mit Antrieb durch die Hinterräder (Güldner)

Öldruck im geschlossenen System und von der jeweiligen Fördermenge der Pumpe ab. Bei jedem Betriebsdruck gibt es einen bestimmten Schwenkwinkel, bei dem gerade soviel Öl gefördert wird, daß die Leckölmengen ausgeglichen werden. Abb. 55 zeigt die Abhängigkeit des volumetrischen Wirkungsgrades vom Schwenkwinkel für verschiedene Öldrücke, für das aus einer Regelpumpe und zwei Ölmotoren sowie den erwähnten Ventilen und Rohrverbindungen bestehende Getriebe nach

Abb. 421 und 422. In diesen Kurven sind die folgenden Einflußgrößen auf den volumetrischen Wirkungsgrad berücksichtigt:

1. Lecköverluste an Kolbensteuerflächen und Ventilen.

2. Verluste durch die Zusammendrückbarkeit des Öls bei Lufteinschlüssen bis zu 2%.

3. Drucköentnahme zur Schmierung der Pleuellager.

Das Getriebe hat also bei maximalen Fördermengen und einem Druck von 50 atü einen volumetrischen Wirkungsgrad von 98% und bei 200 atü nur 92%. Bei 50 atü wird bei einem Schwenkwinkel von 2° und bei 200 atü bei 8° die zur Deckung der Lecköverluste erforderliche Fördermenge erreicht. Die Abtriebsleistung sinkt also bei diesem Schwenkwinkel auf Null.

Der Gesamtwirkungsgrad des gleichen Fahrzeugantriebes (Abbildung 423) ergibt sich aus der Berücksichtigung folgender Verlustquellen:

1. Reibung an Kolben-, Pleuel- und Steuerflächen.

2. Strömungsverluste in den Leitungen und in den Kanälen und Schlitzen der Pumpe selbst, Antriebsleistung der Speisepumpe (etwa 4%) usw.

3. Wirbelverluste durch die im Ölbad rotierenden Teile.

In Abb. 423 ist außer dem Wirkungsgrad auch das Fahrdiagramm für ein Fahrzeug von 5,5 t Gesamtgewicht und eine Antriebsleistung von 20 PS bei 1800 U/Min. eingetragen. Der gesamte Antrieb hat einen Wirkungsgrad von 70 bis 80% bei einer Drehmomentwandlung von etwa 1 : 5, wenn das Getriebe für eine maximale Fahrgeschwindigkeit von 12,5 km/Std. ausgelegt wird.

Etwa bei einer Steigerung von 3% wird gerade die Gesamtleistung bei voller Fahrgeschwindigkeit ausgenützt. Bei einer Steigung von 5% ergibt sich eine maximale Fahrgeschwindigkeit von 10,5 km/Std. Beim Vergleich dieser

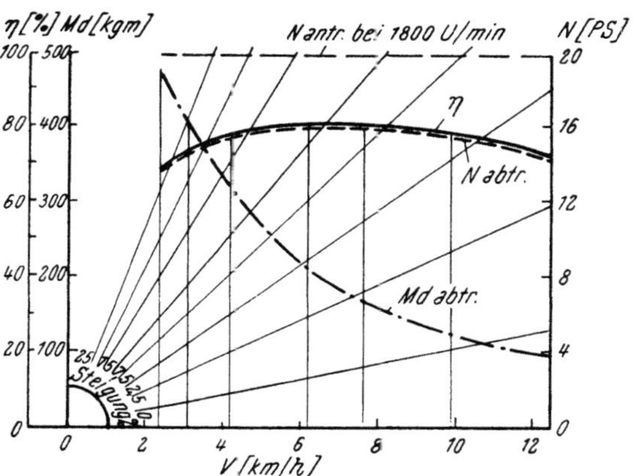

Abb. 423. Gesamtwirkungsgrad eines hydrostatischen Antriebes nach Abb. 421 und 422 und Fahrdiagramm für ein Fahrzeug von 5,5 t Gesamtgewicht mit einer Antriebsleistung von 20 PS bei 1800 U/Min. (Güldner)

Abb. 424. „Hydrocar"-Transportfahrzeug mit Antrieb durch einen Dieselmotor von 6 PS bei 2200 U/Min. und hydrostatischer Kraftübertragung auf die Hinterräder durch ein Getriebe nach Abb. 421 und 422 (Güldner)

Wirkungsgrade mit denen eines mechanischen Übersetzungsgetriebes einschließlich des Differentialgetriebes ist zu berücksichtigen, daß bei Verwendung eines hydrostatischen Getriebes der Antriebsmotor selbst immer mit der günstigsten Drehzahl laufen kann, daß somit in vielen Betriebszuständen der Wirkungsgrad des Antriebsmotors beim hydrostatischen Antrieb wesentlich günstiger liegen wird als beim mechanischen Antrieb. Unter Berücksichtigung dieser Tatsache liegen die Gesamtwirkungsgrade eines Fahrzeuges mit hydrostatischem Antrieb meist relativ günstig, wenn man bedenkt, daß diese Fahrzeuge ja meist gerade bei sehr kleinen und stets wechselnden Fahrgeschwindigkeiten betrieben werden.

Abb. 424 zeigt ein kleines Transportfahrzeug mit einem Antrieb durch einen Dieselmotor mit 6 PS bei 2000 U/Min. und hydrostatischer Kraftübertragung auf die Hinterräder durch ein Getriebe nach Abb. 421 und 422. Durch die Betätigung eines einzigen Fahrhebels auf einer Seite des Führersitzes erfolgt die Einstellung der Fahrrichtung und Fahrgeschwindigkeit. Durch den zweiten Hebel auf der anderen Seite des Fahrzeuges wird die Lenkung betätigt. Da das Getriebe auch als Bremse verwendet werden kann, ist das Fahrzeug den gesetzlichen Vorschriften entsprechend nur noch mit einer Feststellbremse ausgerüstet.

2. Hydrostatischer Fahrzeugantrieb für ortsbewegliche Maschinen mit hydraulischer Betätigung verschiedener Arbeitsbewegungen

Abb. 425 zeigt einen Bagger mit Raupenantrieb, an dem sowohl der Antrieb der Raupen als auch der Antrieb aller Arbeitsbewegungen durch hydraulische Elemente erfolgt. Die hydraulische Ausrüstung des Baggers besteht aus zwei getrennten Kreisläufen, von denen jeder einzelne durch eine stufenlos regelbare Radialkolbenpumpe 1 mit Leistungsregler und einer Fördermenge von 160 l/Min. bei einer Antriebsdrehzahl von 1500 U/Min. mit Drucköl versorgt wird.

Je eine dieser Pumpen speist im Fahrbetrieb einen Radialkolbenölmotor 2 und $2\,a$ mit einer konstanten Schluckmenge von 1 l/U. Dadurch wird eine besonders gute Manövrierfähigkeit erreicht, weil jede Pumpe unabhängig von der anderen mit jeder beliebigen Geschwindigkeit und Drehrichtung angetrieben werden kann.

Auch während der Drucköldzufuhr zum Raupenantrieb kann im Kreislauf I der Ölmotor 3 zur Betätigung des Schwenkwerkes und im Kreislauf II der Zylinder 4 zur Bewegung des Löffels betätigt werden. Die unvermeidliche

Abb. 425. Bagger mit hydrostatischem Raupenantrieb und hydraulischem Antrieb aller Arbeitsvorgänge

Rückwirkung der auf einen Antrieb
einwirkenden äußeren Kräfte auf den
parallel geschalteten anderen Antrieb
wird durch Verwendung von Drosselelementen in dem Steuerventil in zulässigen Grenzen gehalten. Bei abge-
schaltetem Fahrwerk speisen die beiden
Ölpumpen unabhängig voneinander
wahlweise die Zylinder *5* und *6* zur
Betätigung der Auslegerarme und den
Ölmotor *3* zur Betätigung des Schwenkwerkes und den Zylinder *4* zur Betätigung des Löffels.

Ein einfacher Bagger, der auf einem
Kraftwagenfahrgestell mit Vierradantrieb aufgebaut wird, arbeitet etwa
nach dem Schema von Abb. 426. Es
kann sowohl der Fahrantrieb als auch
die Bewegung der einzelnen Arbeits-

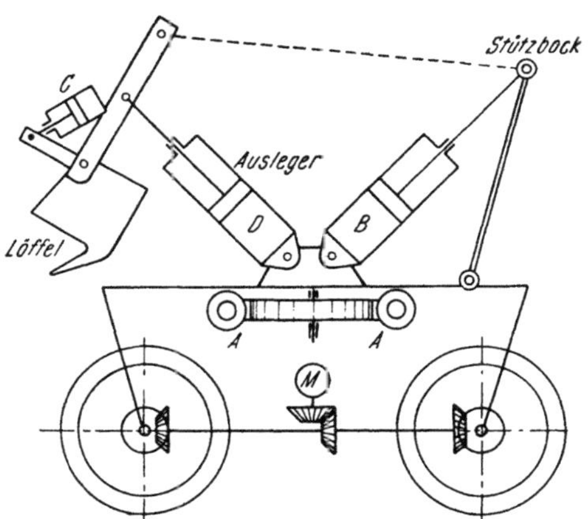

Abb. 426. Funktionsschema eines Löffelbaggers mit
hydraulischer Betätigung aller Arbeitsbewegungen auf
einem Kraftwagenfahrgestell mit hydrostatischer
Kraftübertragung vom Dieselmotor auf alle vier
Antriebsräder

zylinder für die Betätigung des Löffels, des Auslegers und des Stützbockes durch
eine einzige Regelpumpe erfolgen. Abb. 427 zeigt den Schaltplan für einen solchen
Autobagger. Je nach der Stellung des 6/3-Schiebers *G* wird das Drucköl der

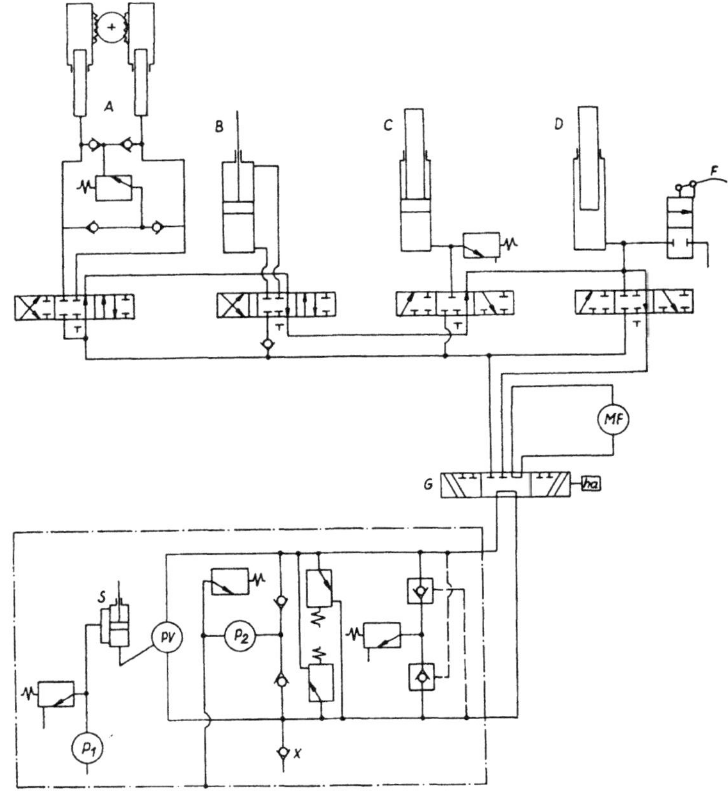

Abb. 427. Hydraulischer Schaltplan zum Bagger nach Abb. 426

Pumpe im geschlossenen Kreislauf entweder einem Ölmotor zugeführt, der über eine Zahnradübersetzung mit einer Schaltstufe auf den Vierradantrieb mit Differentialgetrieben wirkt, oder den Arbeitszylindern A, B, C und D im offenen Kreislauf, wobei über das Nachsaugeventil X angesaugt wird.

Ein rasches Einfahren der Auslegezylinder D wird durch ein zusätzliches Absperrventil mit Fußbetätigung F ermöglicht. Die Verbindung zwischen den Ölleitungen von der Regelpumpe zum Fahrwerk erfolgt durch eine Drehdurchführung, falls der Dieselmotor mit dem Führerhaus mitgeschwenkt wird.

Um Druckstöße durch eine plötzliche Verzögerung bei der Schwenkbewegung zu vermeiden, wird ein Blockventil mit vier Rückschlagventilen und einem Überdruckventil in die Rohrleitungen, die zum Zylinder A führen, eingebaut.

Die Betätigung der Arbeitszylinder A, B, C und D im geschlossenen Kreislauf ohne Nachsaugeventil ist nur möglich,

Abb. 428. Industriekran mit hydraulischer Betätigung aller Arbeitsbewegungen und hydrostatischer Kraftübertragung vom Dieselmotor auf die Antriebsräder

wenn das in diesem Zylinder während der Bewegung aufgenommene Ölvolumen kleiner ist als der Förderstrom der Speisepumpe. Das von den Zylindern aufgenommene Ölvolumen entspricht bei doppeltwirkenden Zylindern mit einseitig

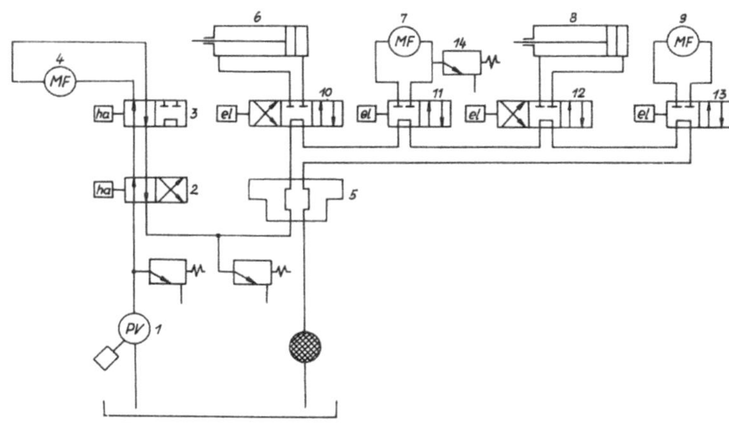

Abb. 429. Hydraulischer Schaltplan des Industriekrans nach Abb. 428

herausgeführter Kolbenstange dem Volumen der Kolbenstange, bei Plungerzylindern dagegen dem Volumen des Plungerkolbens. Nur bei durchgehender Kolbenstange kann auch ein geschlossener Kreislauf ohne Nachsaugeventil verwendet werden (vgl. Abb. 80).

Abb. 428 zeigt einen Industriekran, bei dem ebenfalls die vier durch ein mechanisches Getriebe miteinander gekoppelten Antriebsräder des Fahrzeuges durch einen einzigen Ölmotor angetrieben werden. Außer dem Antrieb des Fahrzeuges erfolgt auch der Antrieb aller Hub- und Schwenkbewegungen dieses Krans durch hydraulische Elemente. Aus dem Schaltplan Abb. 429 geht die Funktion und Steuerung der einzelnen Hub- und Drehbewegungen des Krans hervor.

Zur Erzeugung der Druckölenergie dient eine regelbare, selbstsaugende, jedoch nur in einer Förderrichtung arbeitende Axialkolbenpumpe *1* mit Antrieb des Schwenkwerkes durch Servomotor. Die Drehrichtung des Fahrzeugantriebes wird durch die Stellung des Vierwege-Zweipositionsventils *2* bestimmt. Durch den Steuerschieber *3* wird der Förderstrom entweder dem Ölmotor *4* zugeleitet oder über eine Drehdurchführung *5* dem hydraulischen System der Kranbetätigung im Oberteil des Fahrzeuges. Durch die Magnetventile *10, 11, 12, 13* werden wahlweise folgende Zylinder und Ölmotoren betätigt:

Ein Hubzylinder *6* für die Auslegerbewegung,

ein Ölmotor *7* für den Antrieb des Kranhakens,

ein Hubzylinder *8* für den Auslegervorschub und

ein Ölmotor *9* für den Antrieb des Schwenkwerkes.

Das Überdruckventil *14* dient sowohl als Sicherheitsventil als auch als Bremsventil für den Ölmotor *7*. Die Magnetventile

Abb. 430. Flugzeugträger mit hydrostatischer Kraftübertragung von einem Dieselmotor auf die Antriebsräder und hydraulischer Betätigung aller Dreh- und Hubbewegungen des Krans

gestatten sowohl die Betätigung jeder einzelnen Bewegung für sich als auch die gleichzeitige Betätigung mehrerer Organe während des Fahrbetriebes, allerdings natürlich dann nur bei geringerer Bewegungsgeschwindigkeit.

Der große Mobilkran für Lasten von 10 t bei einer Ausladung des Schwenkarmes von 6 m (Abb. 430), der als Flugzeugträger verwendet wird, zeigt ein Beispiel für die Möglichkeit zu besonders eleganter Gestaltung solcher Fördermittel ohne Seilzüge und Hebelgestänge. Abb. 431 zeigt einen vereinfachten Schaltplan des hydrostatischen Antriebes für das Fahrwerk und die Betätigung der einzelnen Arbeitsbewegungen:

Der Steuerschieber *1* ermöglicht in drei verschiedenen Stellungen (I, II und III) die Herstellung der folgenden Verbindungen zwischen den insgesamt zehn Anschlüssen an dem Schiebergehäuse:

Stellung I: Die Anschlüsse der Ölmotoren des Fahrwerkes werden in Kurzschlußstellung miteinander verbunden. Beim Abschleppen des Fahrzeuges rotieren also beide Ölmotoren in gleicher Richtung, wobei das Öl nahezu widerstandslos umgewälzt wird. Die Anschlüsse von den beiden Regelpumpen zum Steuerschieber *1* können verriegelt sein.

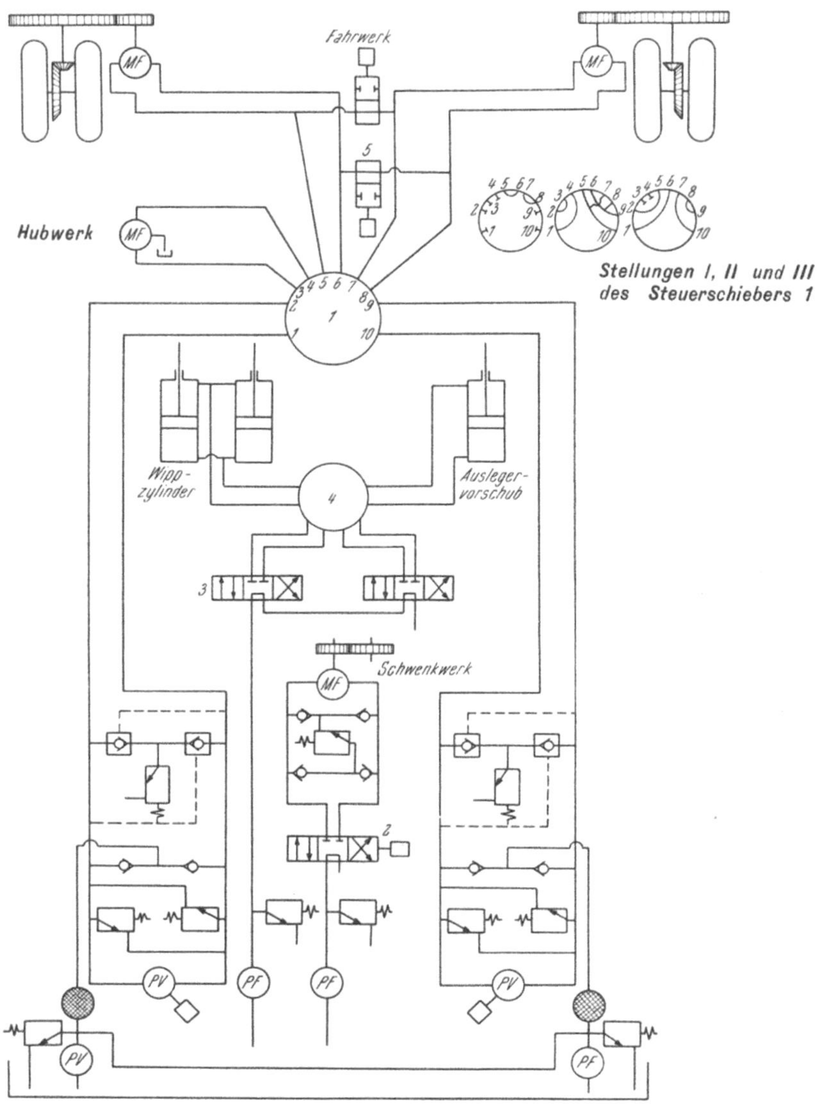

Abb. 431. Schaltplan zu Abb. 430 (Flugzeugträger)

Stellung II: Eine Regelpumpe fördert nur in die zwei parallelgeschalteten Motoren des Fahrwerkes, die andere Regelpumpe fördert nur zum Ölmotor des Hubwerkes (Anschlüsse *3* und *4*).

Stellung III: Jede der Regelpumpen fördert zu je einem der beiden Ölmotoren des Fahrwerkes.

Eine der beiden Pumpen mit unveränderlicher Fördermenge fördert im offenen Kreislauf über den Schieber *2* zum Ölmotor des Schwenkwerkes. Die andere über die Steuerschieber *3* und durch die Drehdurchführung *4* zum Arbeitszylinder des Auslegervorschubes und zum Hubzylinder für die Wippbewegung des Auslegerarmes.

Da sich der Ölstrom der beiden Regelpumpen auf die Antriebsmotoren der Hinterräder frei verteilen kann, ist ein Differentialgetriebe überflüssig. Dagegen würden die insgesamt acht Hinterräder beim Befahren von Kurven radieren; es können deshalb durch eine besondere hydraulische Hubeinrichtung, die hier nicht gezeigt wird, vier der insgesamt acht Hinterräder beim Befahren von Kurven hochgehoben werden.

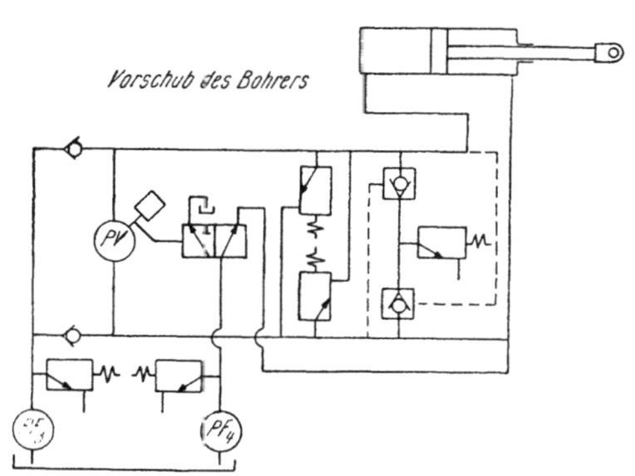

Abb. 432. Hydraulischer Schaltplan einer Großlochbohrmaschine. Verschub des Bohrers

Durch die Möglichkeit, das Hubwerk während der Fahrt zu betätigen, ergibt sich eine wesentliche Steigerung des Nutzungsgrades der ganzen Maschine durch den hydrostatischen Antrieb gegenüber einem mechanischen Antrieb mit Kupplung.

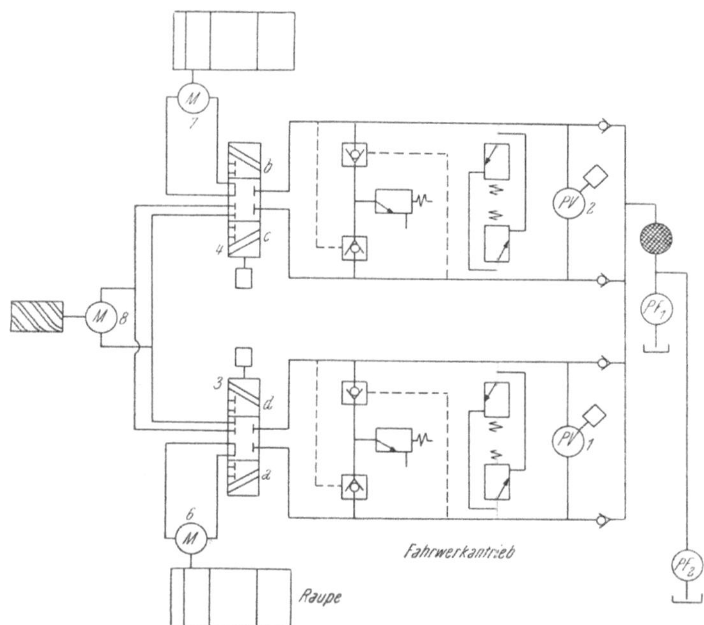

Abb. 433. Hydraulischer Schaltplan einer Großlochbohrmaschine. Antrieb des Bohrers und des Fahrwerkes

Das Bremsen kann durch Zurückschwenken der Pumpen erfolgen, das Festhalten des Fahrzeuges an einer bestimmten Stelle für Verladearbeiten ohne Fahrbewegung kann durch Festhaltezylinder erfolgen, die aus dem Fahrzeug ausgefahren und gegen den Boden gepreßt werden.

Die Zweiwegeschieber *5* ermöglichen schließlich noch das Festhalten eines Hinterrades bei gleichzeitigem Antrieb des gegenüberliegenden Rades und somit ein Schwenken des Fahrzeuges um ein Hinterrad.

Abb. 432 und 433 zeigen die Funktion der hydraulischen Ausrüstung einer Großlochbohrmaschine. Zwei regelbare Axialkolbenpumpen *1* und *2* liefern ihren Ölstrom wahlweise, je nach der Stellung der Steuerschieber *3* und *4*, entweder getrennt voneinander zu den beiden Ölmotoren für den Raupenantrieb *6* und *7* oder aber gemeinsam zum Ölmotor *8*, der zum Antrieb des Bohrers dient. Die Speisepumpe PF_1 sitzt im Gehäuse der Regelpumpe PV_1 und die Speisepumpe PF_2 im Gehäuse der Regelpumpe PV_2. Beide Speisepumpen fördern durch einen gemeinsamen Filter in die Niederdruckleitungen der Regelpumpe.

Abb. 434. Stollenbohrmaschine (Österreichisch-Alpine Montangesellschaft)

Beim Antrieb der Gleisketten durch die Ölmotoren *6* und *7* ist der Kreislauf, der aus der Pumpe PV_1 und dem Motor *6* besteht, vollkommen getrennt von dem Kreislauf, der aus der Pumpe PV_2 und dem Motor *7* besteht. Jeder dieser beiden Kreisläufe hat ein eigenes Überdruckventil, Spülventil und Kurzschlußventil. Die Steuerschieber *3* und *4* stellen während des Fahrbetriebes die Kanalverbindungen *a* und *b* her. Die beiden Ketten können also unabhängig voneinander mit jeder beliebigen Geschwindigkeit und Bewegungsrichtung angetrieben werden. Ebenso wie bei dem Bagger nach Abb. 425 ergibt sich dadurch eine besonders günstige Manövrierfähigkeit für das Fahrzeug. Werden die beiden Förderströme der Pumpen *1* und *2* dagegen in den Schiebern *3* und *4* miteinander vereinigt (Stellung *c*, *d*), so sind die Anschlüsse der Motoren *6* und *7* zu den Schiebern *3* und *4* verriegelt und die Ölmotoren des Fahrzeuges dienen dadurch gleichzeitig als Feststellbremse.

Der Vorschub des Bohrers erfolgt durch einen vollkommen getrennten Ölkreislauf ebenfalls durch eine Regelpumpe im geschlossenen Kreislauf. Neben der kleinen, im Gehäuse der Regelpumpe eingebauten Speisepumpe PF_3 ist noch eine zusätzliche große Zahnradspeisepumpe PF_4 vorgesehen, die dazu dient, um beim Ausfahren des Kolbens die dem Volumen der Kolbenstange entsprechende

Ölmenge in die Speiseleitung zu fördern, und der Dreiwegeschieber zur Steuerung dieses Speiseölstromes wird über ein mechanisches Gestänge mit der Betätigung des Servomotors zur Steuerung der Regelpumpe gekoppelt.

Abb. 434 zeigt eine Stollenbohrmaschine und Abb. 435 und 436 die hydraulischen Schaltpläne dieser Maschine.

Es werden bei dieser Maschine drei voneinander vollkommen getrennte hydraulische Systeme verwendet. Und zwar: Ein hydraulisches System mit zwei regelbaren Pumpen, das zum Fahrantrieb für die Raupen und zum Antrieb der Ölmotoren für den Trommelantrieb verwendet wird (Abb. 435), und zwei nahezu gleichartige Systeme mit je einer Vierzylinderkolbenpumpe für die Betätigung von vier Arbeitszylindern zur Lenkung der Maschine (Abb. 436).

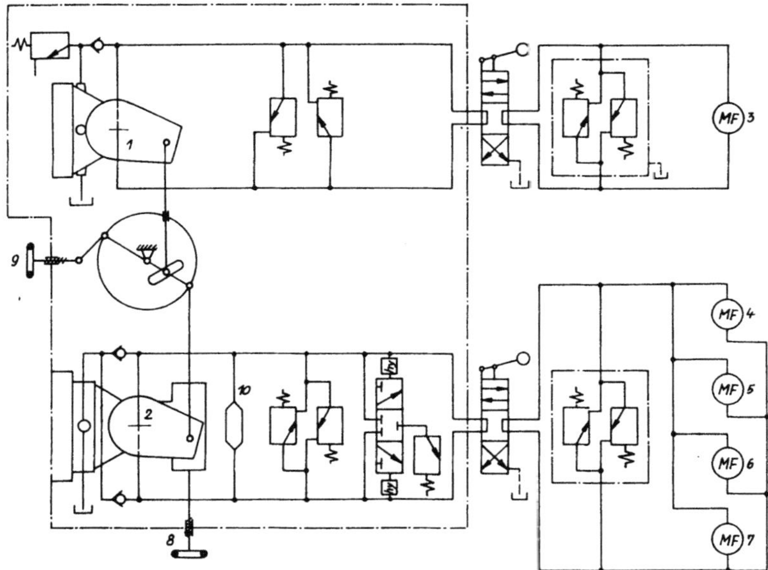

Abb. 435. Schaltplan des Trommelantriebes der Stollenbohrmaschine nach Abb. 434
(Entwurf: Ing.-Büro WOHLMEYER, Wien)

Eines dieser beiden prinzipiell gleichartig arbeitenden hydraulischen Systeme mit einer Vierzylinderkolbenpumpe nach Abb. 436 dient dabei für die Betätigung der Zylinder für die Lenkung der Maschine von links nach rechts und das andere für die Steuerung der Zylinder für die Lenkung in vertikaler Richtung. An die vier Zylinder in diesen beiden Lenksystemen werden folgende Bewegungsaufgaben gestellt:

1. Es muß der Kolben des Zylinders *1* und *2* mit gleicher Geschwindigkeit und gleichzeitig von links nach rechts oder von rechts nach links bewegt werden können. Dieser Vorgang entspricht dem eigentlichen Lenkvorgang.

2. Es muß der Kolben des Zylinders *1* nach links und gleichzeitig der Kolben des Zylinders *2* nach rechts bewegt werden können. Diese Anstellbewegung der Lenkrollen erfolgt vor Beginn des Lenkvorganges.

3. Es muß Zylinder *1* unabhängig von Zylinder *2* jederzeit allein nach links oder nach rechts bewegt werden können.

4. Zylinder *3* und *4* müssen unabhängig voneinander in jeder Richtung bewegt werden oder auch gleichzeitig in gleicher oder entgegengesetzter Richtung ausgefahren werden können. Synchronlauf mit gleicher Geschwindigkeit der

beiden Kolben wird jedoch bei diesen beiden Zylindern nicht wie bei den beiden Zylindern *1* und *2* verlangt, weil die eigentliche Lenkbewegung nur durch die Zylinder *1* und *2* erfolgt, während die Zylinder *3* und *4* nur Führungsaufgaben übernehmen. Der Schaltplan nach Abb. 436 zeigt die Lösung dieser Aufgabe.

Die nockenbetätigten Wegeventile *1, 2, 3, 4, 5, 6* und *7* werden durch zwei Nockenwellen mit fünf Schaltstellungen derart gesteuert, daß jeder Stellung

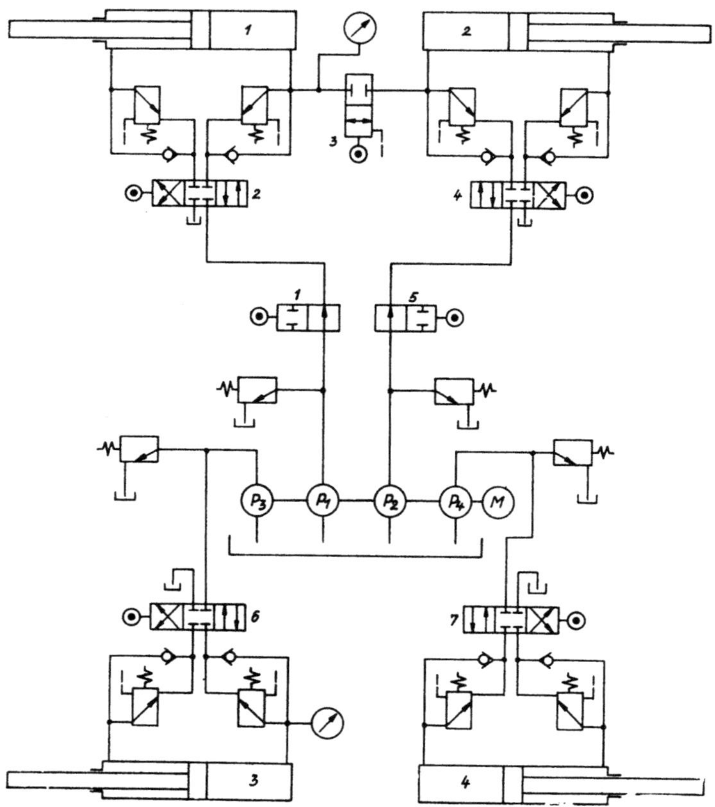

Abb. 436. Schaltplan der Lenkvorrichtung der Stollenbohrmaschine nach Abb. 434
(Entwurf: Ing.-Büro WOHLMEYER, Wien)

der Nockenwellen, die miteinander gekoppelt sind, eine bestimmte Bewegung der Kolben entspricht. Und zwar:

Lenkbewegungen in Stellung *1* und *2*:

1. Synchronbewegung des Kolbens des Zylinders *1* und *2* nach rechts: Ventil *3* offen, Ventil *5* geschlossen. Die Pumpe *P 1* liefert Drucköl über das Ventil *1* und *2* und das offene Rückschlagventil in die linke Seite des Zylinders *1*. Von der rechten Seite des Zylinders *1* strömt das Öl über das offene Ventil *3* in die linke Seite des Zylinders *2*. Da die beiden Kolbenflächen gleich groß sind, bewegen sich die beiden Kolben mit der gleichen Geschwindigkeit von links nach rechts. Das Öl von der rechten Seite des Zylinders *2* fließt über den Schieber *4* zum Tank.

2. Synchronbewegung von rechts nach links erfolgt in analoger Weise, wobei wieder das Ventil *3* offen, dagegen das Ventil *5* offen und das Ventil *1* geschlossen ist.

3. Anstellbewegung: Die Kolben der Zylinder *1* und *2* fahren gleichzeitig in entgegengesetzter Richtung aus. Das Ventil *3* ist geschlossen, die Ventile *1*

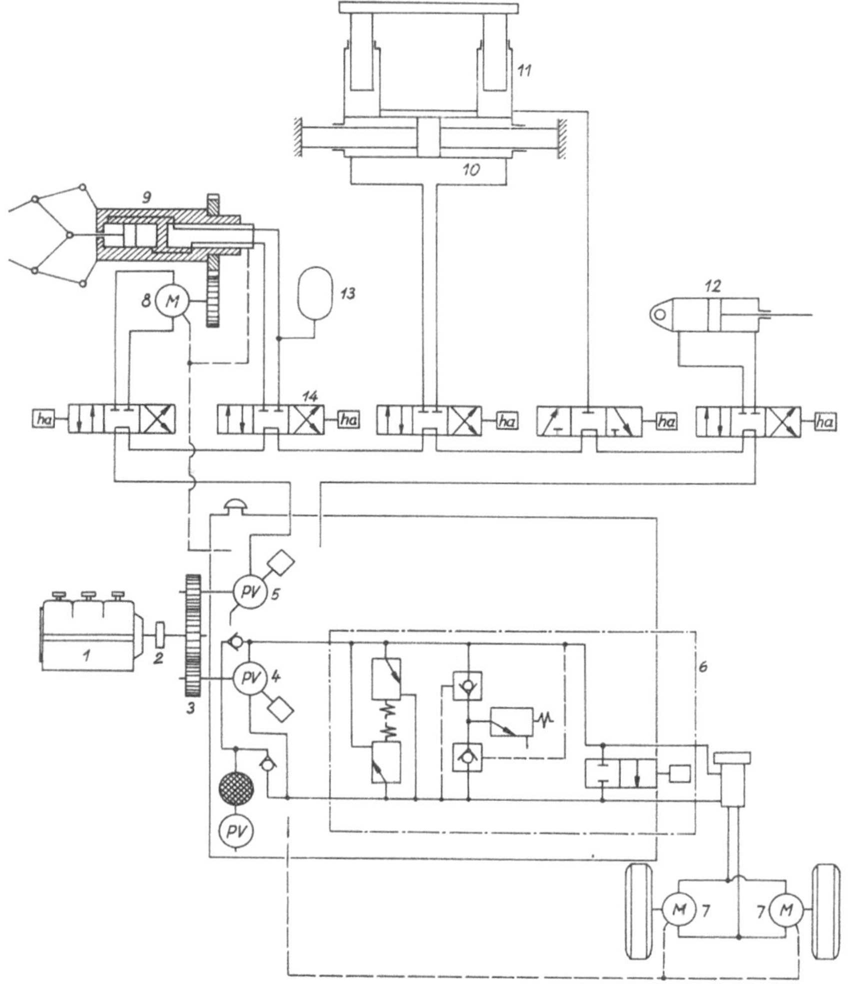

Abb. 437. Schaltplan eines Schmiedemanipulators mit hydraulischem Antrieb des Fahrzeuges und aller Arbeitsbewegungen

und *5* sind offen. Die Wegeventile *2* und *4* befinden sich in den entsprechenden Stellungen.

4. Einziehbewegung: Die Kolben der Zylinder *1* und *2* fahren gleichzeitig ein, wobei die Vierwegeventile *2* und *4* wieder in die für das Einfahren erforderliche Stellung gebracht werden müssen.

5. Handsteuerung: Die Wirkung der Nockenwelle ist ausgeschaltet und es ist dann durch die unabhängige Betätigung jedes einzelnen Ventils ohne Betätigung

der Nockenwelle im beliebigen Sinne die gewünschte Manövrierbewegung jedes Zylinders in beiden Bewegungsrichtungen möglich.

Alle Vorspannventile vor den einzelnen Zylindern sind auf der Kolbenstangenseite der Zylinder auf 66 at und auf der Deckelseite der Zylinder auf 40 at eingestellt. Da sich auch die Kolbenflächen auf den beiden Zylinderseiten wie 66 : 40 verhalten, sprechen die Vorspannventile beim Auftreten einer bestimmten, für beide Teile gleich großen Kraft an.

Das hydraulische System für den Fahrantrieb und den Trommelantrieb nach Abbildung 435 arbeitet wie folgt:

Die regelbare Axialkolbenpumpe *1* dient zum Antrieb der Raupen durch einen einzigen Ölmotor *3*, die regelbare Axialkolbenpumpe *2* zum Antrieb der vier parallelgeschalteten Ölmotoren *4, 5, 6, 7* für den Trommelantrieb. Beide Pumpen fördern nur in einer Richtung, für den Wechsel der Drehrichtung der Ölmotoren sind deshalb zwei 4/3-Ventile vorzusehen. Der Antrieb der Drehbewegung der Gesteinsfräser erfolgt mechanisch.

Die Verstellung des Schwenkwinkels der beiden Pumpen *1* und *2* ist durch ein mechanisches Gestänge gekoppelt und erfolgt durch die Betätigung des Handrades *8*. Mit zunehmender Fahrgeschwindigkeit nimmt

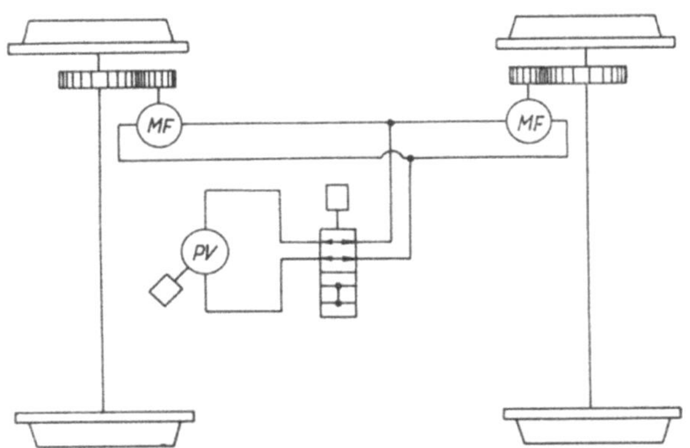

Abb. 438. Antrieb einer Diesellokomotive

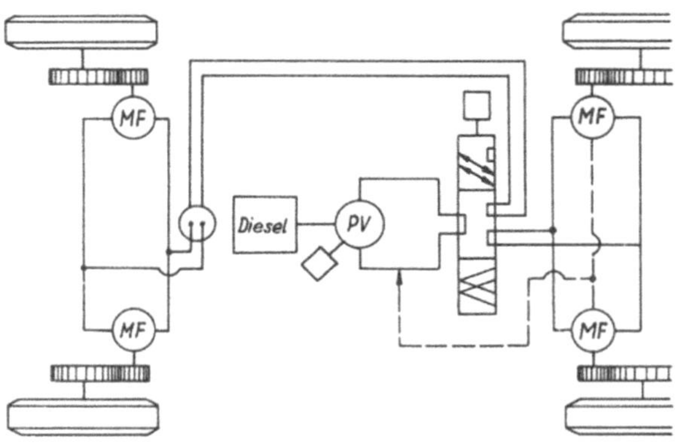

Abb. 439. Hydraulischer Antrieb eines Fahrzeuges, bei dem wahlweise Vierradantrieb und Zweiradantrieb verlangt wird

dadurch auch die Drehzahl der Trommel zu, der Steigungswinkel der Schraubenbewegung, mit der sich die Fräser in das Gestein einarbeiten, bleibt deshalb bei Verstellung der Drehzahl am Handrad *8* konstant. Eine Verstellung des Steigungswinkels ist dagegen am Handrad *9* möglich, das über ein geeignetes Gestänge den Unterschied im Schwenkwinkel zwischen den beiden Regelpumpen einstellt. Der als Leistungsbegrenzer wirkende Leistungsregler in der Pumpe *2* verhindert eine Ausschwenkung der Pumpe über den durch die Belastung der Pumpe gegebenen zulässigen Schwenkwinkel hinaus und damit eine Überlastung des Pumpenantriebes. Das Umsteuerventil *10* ermöglicht eine Betätigung des Leistungsreglers sowohl bei der normalen Förderrichtung der Pumpe *2* beim Antrieb der Ölmotoren *4, 5, 6* und *7* als auch bei umgekehrtem Energiestrom, wenn die Aggregate *4, 5, 6* und *7* als Pumpe wirken und das Aggregat *2* als Bremsmotor verwendet wird.

Abb. 437 zeigt den hydraulischen Schaltplan eines Schmiedemanipulators. Der Dieselmotor treibt über ein Zahnradgetriebe zwei Regelpumpen *4* und *5* mit Servomotorsteuerung an. Die Pumpe *4* dient für den Fahrantrieb und arbeitet im geschlossenen Kreislauf auf die beiden Ölmotoren *7*.

Im Ventilblock *6* mit eingebautem Spülventil, Überdruckventil und Umsteuerventil ist noch ein Kurzschlußschieber eingebaut, der in Kurzschlußstellung die beiden Zuleitungen zum Ölmotor miteinander verbindet und dadurch das Abschleppen des Fahrzeuges ermöglicht.

Die Regelpumpe *5* arbeitet im offenen Kreislauf und dient zur Druckölversorgung des Ölmotors *8*, der die Drehbewegung der Zange steuert, des Spannzylinders *9*, des Vorschubzylinders *10*, des Hubzylinders *11*, des Kippzylinders *12* und schließlich zur Ladung des Akkumulators. Die Pumpe *5* hat ebenso wie die Pumpe *4* eine Steuerdruckpumpe zur Versorgung des Servomotors mit Steuerdrucköl.

Da der Spannzylinder *9* rotiert, ist eine Drehdurchführung mit besonderer Leckölrückleitung für die Ölzu- und -abfuhr zu dem Spannzylinder erforderlich.

Durch den Akkumulator wird das Festhalten des Arbeitszylinders *9* innerhalb längerer Zeitspannen auch beim Auftreten von unvermeidlichen Leckölverlusten in dem Schieber *14* sowie in der Drehdurchführung ermöglicht.

Abb. 438 zeigt den Antrieb einer Diesellokomotive mit hydrostatischer Kraftübertragung von einem Dieselmotor auf die Achsen der Antriebsräder. Je eine Achse der Lokomotive wird über ein Zahnradgetriebe von einem Ölmotor mit unveränderlicher Schluckmenge angetrieben. Der Dieselmotor treibt eine regelbare Pumpe mit Leistungsbegrenzer, Druckabschneider und Servomotor an.

Der Wechsel der Fahrrichtung erfolgt durch Schwenken der Pumpe durch die Null-Lage.

Das Spezialfahrzeug nach Abb. 439 verwendet zur hydrostatischen Kraftübertragung von einem Dieselmotor auf die Antriebsräder eine Regelpumpe. Je nach der Stellung des Sechswege-Dreipositionsventils werden entweder nur die beiden Ölmotoren zum Antrieb der Hinterräder oder gleichzeitig alle vier Ölmotoren angetrieben. Da sowohl die beiden Motoren zum Antrieb der Hinterräder als auch die beiden Motoren zum Antrieb der Vorderräder parallelgeschaltet sind, erreicht man außer der stufenlosen Geschwindigkeitsregelung durch das Schwenken der Pumpe eine stufenweise Veränderung der Fahrgeschwindigkeit im Verhältnis 1 : 2 durch die entsprechende Verstellung des Sechswege-Dreipositionsventils.

Der Fahrtrichtungswechsel erfolgt wieder durch Schwenken der Pumpe durch die Null-Lage.

XIII. Langlebige Produktionsmittel durch Verknüpfung hydraulischer Elemente und mechanischer Normbauteile

In zunehmendem Maße macht sich heute auf allen Gebieten der Technik der Übergang von der „Universalwerkzeugmaschine" zu „universell verwendbaren Normbauteilen" bemerkbar, die fallweise zu Vorrichtungen oder Einzweckmaschinen zusammengebaut werden können. Einzelne Bohreinheiten, die nur aus einem elektrischen Antriebsmotor und einer Bohrspindel bestehen, und ähnliche Schleif- oder Fräseinheiten mit getrenntem mechanischem Antrieb lassen sich immer zweckmäßig für bestimmte Sonderaufgaben zu Einzweckwerkzeugmaschinen zusammensetzen. Es ergibt sich damit eine ganz neue Richtlinie für die Art der zweckmäßigsten Investition, die prinzipiell auch für alle hydraulischen Normbauteile gilt: Ein Wegeventil, ein Arbeitszylinder, ein Stromregler oder eine Druckölpumpe läßt sich immer wieder für die verschiedensten Verwendungszwecke heranziehen, wenn eine Einzweckmaschine, in der diese Elemente verwendet wurden, für denjenigen Zweck, für den sie ursprünglich entwickelt wurde, nicht mehr benötigt wird. Es ergibt sich dadurch die Möglichkeit, diese einzelnen Bauteile während wesentlich längerer Betriebszeiten zu verwenden, als Maschinen, die nur einem bestimmten Verwendungszweck dienen.

Wir kennen eine analoge Entwicklung aus jener Zeit, in der wohl serienmäßig erzeugte Elektromotoren in jeder Größe und Einbauform verfügbar waren und trotzdem fast ausschließlich Werkzeugmaschinen mit Transmissionsriemenantrieb verwendet wurden. So wie seinerzeit die Einführung der Elektronormgeräte, wie Motoren und Schalter, in den Maschinenbau längere Zeit in Anspruch nahm, so finden auch heute pneumatische und hydraulische Normgeräte nur allmählich Eingang in den Maschinenbau und es wird noch eine Zeit dauern, bis wirklich für alle im Rahmen der technischen Entwicklung benötigten Arbeits- oder Fertigungsmethoden in jedem einzelnen Fall geklärt sein wird, wo und wann diese neuen Geräte wirtschaftlicher und zweckmäßiger sind als die bisher üblichen.

Zweifellos ist es wesentlich mühsamer, solche Vorrichtungen und Einzweckmaschinen zu konstruieren und zu entwickeln, als etwa Automaten einzurichten. Findet man aber wirklich zweckmäßige Lösungen für bestimmte Arbeitsmaschinen oder Fertigungsaufgaben, so lohnt sich die investierte Entwicklungsarbeit fast immer und ermöglicht damit den allmählichen Übergang von der ausschließlichen Verwendung von Universalmaschinen zu universell verwendbaren Normbauteilen und damit zu einer wirtschaftlicheren Gestaltung des Maschinenparkes mit langlebigeren Produktionsmitteln.

XIV. Die Bedeutung hydraulischer Antriebe für die Automatik

Mit dem Begriff der Automatik wird heute vielfach auch zwangsläufig der Begriff der Regelung verbunden. Man versteht dann auch unter einem automatischen Ablauf eines Produktionsprozesses einen solchen, bei dem eine Eingangsgröße ohne Eingriff eines Bedienungspersonals so gesteuert wird, daß bestimmte vorgeschriebene Abweichungen vom Sollwert einer Meßgröße am Ende oder im Verlauf des Prozesses nicht überschritten werden.

Das gesamte Aufgabengebiet der Automatik im weiteren Sinne umfaßt aber alle Vorrichtungen und Elemente, die dazu dienen, um das Bedienungspersonal während eines Arbeitsablaufes irgendwie zu entlasten, also ein wesentlich größeres Gebiet als die Regelungsautomatik im oben angedeuteten Sinne. Jede Werkzeugmaschine mit mechanischem Vorschub z. B. sollte deshalb als eine Maschine mit mechanischen Vorrichtungen zur Automatisierung betrachtet werden. Ja, sogar das in der Landwirtschaft wohl schon seit Jahrtausenden verwendete Gittertor, das sich, sobald es nach der Öffnung wieder losgelassen wird, durch die Wirkung der Schwerkraft automatisch schließt, wäre somit im weiteren Sinne als ein Element der Automatik zu betrachten.

Der Automatisierung und Teilautomatisierung einzelner Arbeitsgänge in diesem Sinne der Automatik kommt heute im gesamten Wirtschaftspotential eine wesentlich größere wirtschaftliche Bedeutung zu als der Regelungsautomatik allein, die im allgemeinen nur für bestimmte Vorgänge der Verfahrenstechnik und in der Produktion an Transferstraßen, also in bezug auf die gesamte Wirtschaft doch nur in vereinzelten Fällen verwendet wird. Die Automatisierung einzelner Arbeitsgänge, die lediglich darin besteht, daß schrittweise immer mehr Bewegungsvorgänge ohne Eingriffe des Bedienungspersonals in vorgeschriebener Reihenfolge erfolgen, ist dagegen eine Aufgabe, die heute für jeden Betrieb von Bedeutung ist und die Leistungsfähigkeit und Konkurrenzfähigkeit des Betriebes weitgehend bestimmt, unabhängig davon, ob es sich um einen ganz kleinen oder sehr großen Betrieb handelt. Die Arbeitszylinder für Drucköl, die heute in den verschiedensten Größen und Befestigungsarten, wie mit Füßen, Flanschen, Schwenkaugen, Drehzapfen usw., als Normbauteile hergestellt werden, sowie die verschiedensten Mehrwegesteuerventile für die Betätigung dieser Zylinder, die ebenfalls als universell verwendbare Normbauteile für Handbetätigung, Fußbetätigung, Nocken- oder Rollenbetätigung, also mechanische Betätigungen, aber auch für elektromagnetische oder pneumatische bzw. hydraulische Fernbetätigung in den verschiedensten Größen und Abmessungen auf den Markt gebracht wurden, bieten sich insbesondere für alle geradlinigen Bewegungen als ideale Maschinenelemente für die automatische Abwicklung der verschiedensten Bewegungsvorgänge im Maschinenbau an.

Trotzdem diese universell verwendbaren Normbauteile der Hydraulik oft wesentlich einfachere Maschinenelemente sind als die Normbauteile in der Elektrotechnik, wie Schalter, Motoren, Verstärker, Transistoren usw., sind die Vorteile und Möglichkeiten, die diese hydraulischen und pneumatischen Normbauteile der Entwicklung der Automatik bieten, noch wenig bekannt. Dies ist wohl auch darauf zurückzuführen, daß die Automatisierung durch hydraulische Antriebe oft in gewissem Sinne ihre eigenen Wege geht, die dem traditionellen Maschinenbauer und Elektrotechniker immer noch etwas ungewohnt erschienen. Es sind deshalb auch die wesentlichen, charakteristischen Vorteile, die diese Hubantriebe oft bieten, noch relativ wenig bekannt. Insbesondere die vielen Variationsmöglichkeiten, die sich durch die Verbindung elektrischer, mechanischer, pneumatischer und hydraulischer Elemente für die Lösung der gestellten Antriebsaufgaben oft ergeben, werden heute fast niemals systematisch untersucht, da es meist schon an Sachbearbeitern fehlt, die sowohl die hydraulischen und pneumatischen als auch die mechanischen und elektrischen Normbauteile für solche Antriebe überhaupt kennen. Diese Überlegung gilt sowohl für die Verbindung zwischen hydraulischen bzw. pneumatischen und elektrischen Elementen als auch für die Verbindung zwischen hydraulischen und pneumatischen Elementen zu hydropneumatischen Bauteilen (Abb. 367 bis 377).

Sowohl die charakteristischen Vorteile der Pneumatik als auch die charakteristischen Vorteile der Hydraulik können gleichzeitig durch eine geeignete Kombination pneumatischer und hydraulischer Geräte erreicht werden. Selbstverständlich können auch Elemente der Hydraulik und Pneumatik und der Elektrotechnik miteinander verknüpft werden (Abb. 368).

Die Entwicklungsmöglichkeiten für die Automatisierung der verschiedensten Antriebs- und Fertigungsaufgaben liegen heute zweifellos weniger in der Entwicklung der einzelnen universell verwendbaren Normgeräte auf dem Gebiete der Mechanik oder Elektrotechnik oder Hydraulik oder Pneumatik selbst, sondern vor allem in der zweckmäßigen Verbindung dieser Elemente zu bestimmten Baugruppen, die dann für bestimmte Fertigungsaufgaben oder Bewegungsaufgaben in ähnlicher Art und Weise in den verschiedensten Industriezweigen und Gewerbebetrieben herangezogen werden können. Diese Entwicklung der möglichst universell verwendbaren Normbaugruppen ist aber nur möglich, wenn den Betriebs- und Entwicklungsingenieuren der verschiedensten Betriebe wenigstens die wichtigsten Bauelemente sowohl auf dem Gebiete der

Mechanik und Elektrotechnik als auch der Hydraulik und Pneumatik bekannt sind und wenn die Baugruppen, die für die Lösung bestimmter charakteristischer Bewegungsaufgaben in den verschiedenen Industriezweigen für ganz verschiedene Aufgaben immer wieder verwendet werden, auch in anderen Industriezweigen bekannt gemacht werden.

Die Zusammenstellung der Grundschaltpläne Abb. 286 bis 359 sollte in erster Linie dazu dienen, um die Erfahrungen, die zur Lösung bestimmter Bewegungsaufgaben auf einem bestimmten Gebiet der Technik gesammelt wurden, auch für alle anderen Gebiete des Maschinenbaues zugänglich zu machen.

Literatur

a) Bücher

Berns, W.: Druckwasserfibel. Wiesbaden: Krausskopf. 1960.
Chaimowitsch, E. M.: Ölhydraulik, 4. Aufl. Berlin: Verlag Technik. 1961.
Conway, H. G.: Aircraft Hydraulics, I and II. London: Chapman and Hall. 1957.
Dieter, W.: Ölhydraulikfibel. Wiesbaden: Krausskopf. 1960.
Dürr, A., und O. Wachter: Hydraulische Antriebe. München: Hanser. 1958.
Ernst, W.: Oil Hydraulic Power and Its Industrial Applications. New York: McGraw Hill. 1949.
Fluid Power Directory. Cleveland, Ohio: Industrial Publishing Corp. 1958/59.
Himmler, C. R.: La commande hydraulique. Paris: Dunod. 1959.
— Commandes hydrauliques et électro-hydrauliques des machines outils. Paris: Dunod. 1959.
Hoffmann, G.: Einführung in die Hydraulik. Berlin: Verlag Technik. 1953.
Hydraulic Handbook. Herausgegeben von „Hydraulic Power Transmission“. Morden, Surrey: Trade and Technical Press. 1958.
The Master Catalogue of Fluid Power Products. Hydraulic — Pneumatic — Electrical. Compiled by the Editors of „Applied Hydraulics and Pneumatics“. Cleveland, Ohio: Industrial Publishing Corp.
Pippenger, J. J.: Fluid-Power Controls. New York und London: McGraw Hill. 1959.
Pomper, V.: La commande hydraulique. Paris: Société SIGMA.
Zoebl, H.: Grundschaltpläne hydraulischer Anlagen. Wiesbaden: Krausskopf. 1959.
— Pneumatikfibel. Wiesbaden: Krausskopf. 1960.

b) Fachzeitschriften

Applied Hydraulics and Pneumatics. Cleveland, Ohio: Industrial Publishing Corp.
Compressed Air and Hydraulics. London.
Hydraulic Power Transmission. Morden, Surrey: Trade and Technical Press.
Ölhydraulik und Pneumatik. Wiesbaden: Krausskopf.
Revue des transmissions hydromécaniques. Paris: Borsch.

c) Originalarbeiten

Erdt, F.: Hydraulische Synchronisierung. Technische Rundschau, Bern, Nr. 10 (1959).
Haffner, H.: Stufenlos regelbare hydrostatische Antriebe für Papier- und Textilmaschinen. Textil-Rundschau (St. Gallen), Heft 4/5 (1959).
— Hydro-Titan-Antriebe, Berechnungsgrundlagen, hydraulische Kreisläufe und Anwendungen. Schweizerische Bauzeitung, 77. Jg., Heft 41/42 (1959).
Mikroschalter. Technische Rundschau, Bern, Nr. 17 (1959).
Rauchberg, H.: Ölhydraulische Antriebe im Schiffbau. Jahrbuch der Schiffbautechnischen Gesellschaft, 51. Band 1957. Berlin-Göttingen-Heidelberg: Springer-Verlag. 1957.
Wanner, W.: Grundlagen hydraulischer Antriebe. Technische Rundschau, Bern, Nr. 47 und 50 (1958); Nr. 6 und 10 (1959).
Zoebl, H.: Charakteristische Eigenschaften hydraulischer, pneumatischer und hydropneumatischer Antriebe. Ölhydraulik und Pneumatik, Heft 7 (1958).
— Grundschaltpläne hydraulischer Anlagen, I bis VIII. Ölhydraulik und Pneumatik, Heft 1 bis 8 (1959).
— Hydraulik, Pneumatik und Hydroautomatik. Maschinenwelt und Elektrotechnik, Heft 1, S. 17 (1959).
— Druckstöße in Rohrleitungen hydraulischer Antriebe. Ölhydraulik und Pneumatik, Heft 4 (1959).

ZOEBL, H.: Richtlinien für den Konstrukteur von Maschinen mit hydraulischen Antrieben. Industrieanzeiger, Nr. 30 (1962). Essen: Girardet.
— Hydraulische und pneumatische Antriebe. Automatik-Katalog. Laufenburg bei Zürich: Binkert. 1960.
— Ölmotoren und Flüssigkeitsgetriebe für automatische Antriebe. Automatik-Katalog. Laufenburg bei Zürich: Binkert. 1962.

Sachverzeichnis

MIX
Papier aus verantwortungsvollen Quellen
Paper from responsible sources
FSC® C105338
www.fsc.org
FSC

If you have any concerns about our products,
you can contact us on
ProductSafety@springernature.com

In case Publisher is established outside the EU,
the EU authorized representative is:
**Springer Nature Customer Service Center GmbH
Europaplatz 3, 69115 Heidelberg, Germany**

Printed by Libri Plureos GmbH
in Hamburg, Germany